KURZES LEHRBUCH DER PHYSIOLOGISCHEN CHEMIE

VON

Dr. PAUL HÁRI

O. Ö. PROFESSOR DER PHYSIOLOGISCHEN UND PATHOLOGISCHEN CHEMIE AN DER UNIVERSITAT BUDAPEST

VIERTE VERBESSERTE AUFLAGE

MIT 10 ABBILDUNGEN

BERLIN
VERLAG VON JULIUS SPRINGER
1932

ISBN 978-3-642-98612-3   ISBN 978-3-642-99427-2 (eBook)
DOI 10.1007/978-3-642-99427-2

Vorwort zur vierten Auflage.

Von Jahr zu Jahr vor dem Hörerkreise, von einer Auflage eines Lehrbuches zur nächsten mehren sich die Schwierigkeiten bei der Behandlung des Materials der physiologischen Chemie; nicht nur, weil die bereits bestehenden Grenzgebiete sich stets verbreitern, und sich jüngst erkannte Zusammenhänge als neue Grenzgebiete geltend machen, sondern auch, weil es stets schwerer wird, Weizen von Spreu zu scheiden. Der rapide Fortschritt ist selbstverständlich nur zu begrüßen, weniger so manche neue Befunde, die sich nachträglich als irrtümlich erweisen und in dieser Form auch in Lehrbücher Eingang finden. Doch hieße es, das Kind mit dem Bade ausgießen, wenn man alles, nur weil es dem Hergebrachten widerspricht, ohne weiteres ablehnen würde, bzw. unberücksichtigt ließe. Ein Lehrbuch hat nicht den Anspruch, als lückenlose Sammlung von Daten zu gelten; es soll nur in alle grundlegende Beziehungen einführen. Daher ist es das kleinere Übel, wenn es Neues nur möglichst gesichert und demzufolge zuweilen verspätet aufnimmt, als, wenn vorher als Tatsache Mitgeteiltes in einer nächsten Auflage zuruckgezogen werden muß. Das solches allen auf unserem Gebiete tätigen Autoren nicht einmal widerfahren ist, wird wohl nicht erst bewiesen werden müssen.

In diesem Zeichen wurde die vierte Auflage dieses Lehrbuches verfaßt, und es soll gegenuber einer etwaigen Kritik, die das Buch als nicht genügend modern erachtet, die bewußte Unterlassung wenn auch nicht als mildernder Umstand, doch immerhin als Erklarung meines Vorgehens angefuhrt werden.

Wieder aus einem anderen Gesichtspunkte könnten Textstellen bemängelt werden, die physikalisch-chemische Beziehungen zum Stoffe haben. Daß die Darstellung solcher Beziehungen nur dann als einwandfreie bezeichnet werden kann, wenn sie sich auf die neuesten Feststellungen stützt, ist nicht zu bezweifeln; doch ist es fraglich, ob auf diese Weise dem Zweck eines „kurzen Lehrbuchs der physiologischen Chemie" gedient ist. Daß veraltete Theorien und Auslegungen mitgeschleppt werden sollen, sei durch obiges durchaus nicht gemeint, sondern, daß es nur von einem Lehrbuche der physikalischen Chemie gefordert werden kann, daß im Texte alles auf den Boden der neuesten Theorien dieser Disziplin gestellt sei. Jeder Versuch, Ähnliches in einem Lehrbuch der physiologischen Chemie durchzuführen, die ja physikalischchemische Überlegungen bloß als zu einem der vielen Grenzgebiete gehörend behandeln kann, wurde zur Folge haben, daß sich der Adept der physiologischen Chemie, ob Anfänger oder Vorgeschrittener, bald in einem unentwirrbaren Knäuel von Mißverständnissen verfangen sähe.

Von einer Beschreibung der Mikro-, Fluorescenz-, colorimetrischen usw. Methoden, die aufgetaucht sind, habe ich aus begreiflichen Grunden abgesehen. Ebenso begreiflich ist, daß zwar auch die meisten anderen Kapitel mehr oder minder umgearbeitet wurden, die Beschreibung der Inkrete und der Vitamine, das zur Zeit beliebteste und am erfolgreichsten bearbeitete Gebiet der physiologischen Chemie, von Grund auf geändert werden mußte.

Der Umfang des Buches ist unverändert geblieben.

Budapest, im März 1932.

Dr. PAUL HÁRI.

Inhaltsverzeichnis.

Erstes Kapitel.

Zweites Kapitel.

Drittes Kapitel.
Kohlenhydrate 77

Viertes Kapitel.
Fette und fettartige Körper (Lipoide) 107

Inhaltsverzeichnis.   VII

Neuntes Kapitel.
Der Harn

Zehntes Kapitel.
Stoffwechsel und Energieumsatz

Berichtigung zu S. 187.

Die beiden in der Strukturformel des Hämins zu unterst befindlichen COCH-Gruppen sind durch je eine Carboxylgruppe COOH zu ersetzen.

Physikalisch-chemische Vorbemerkungen.

Der tierische Körper sowohl, wie auch seine Zellen und die meisten seiner Zwischengewebe bestehen zum größeren Teile aus Wasser, in dem verschiedenste Stoffe gelöst oder in einem lösungsähnlichen Zustand enthalten sind. Es ist daher begreiflich, daß Gesetzmäßigkeiten, die in Lösungen oder Lösungen ähnlichen Flüssigkeiten bestehen, zum Verständnis der Vorgänge im Tierkörper von höchster Wichtigkeit sind. In nachstehendem sollen die wichtigsten dieser Gesetzmäßigkeiten kurz erörtert werden.

I. Elektrolytische Dissoziation.

Unter den Krystalloiden gibt es viele (z. B. Rohrzucker, Traubenzucker), deren wäßrige Lösungen den elektrischen Strom kaum leiten; dann wieder andere (Säure, Basen, Salze), deren Lösungen den elektrischen Strom mehr oder weniger gut leiten. Von letzteren Stoffen, die als Elektrolyten bezeichnet werden, hat es sich herausgestellt, daß sie teilweise oder gänzlich in sog. Ionen zerfallen, „dissoziieren".

Diese Dissoziation wird als elektrolytische Dissoziation[1] bezeichnet, weil die Zerfallsprodukte, die Ionen, je eine oder mehrere elektrische Ladungen besitzen und dadurch gleichsam Träger der Elektrizität sind. Die Art und Anzahl der Ladungen wird verschiedenartig, so z. B. auch wie in nachstehenden Formeln, mit kleinen „Plus-" bzw. „Minus-"Zeichen angedeutet.

So dissoziieren HCl, KOH, NaCl, $CaCl_2$, $AlCl_3$ wie folgt:

$$HCl = H^+ + Cl^-; \quad KOH = K^+ + OH^-; \quad NaCl = Na^+ + Cl^-;$$
$$CaCl_2 = Ca^{++} + Cl^- + Cl^-; \quad AlCl_3 = Al^{+++} + Cl^- + Cl^- + Cl^-.$$

Die elektrischen Ladungen sind es, denen die Lösung eines Elektrolyten das Vermögen, Elektrizität zu leiten, verdankt, welches Vermögen als elektrische Leitfähigkeit bezeichnet wird. Lösungen, in denen die Moleküle nicht in Ionen zerfallen sind, haben keine elektrische Leitfähigkeit.

---

[1] Nicht so einfach wie an einwertigen Sauren und Basen liegen die Verhältnisse an den mehrwertigen; so dissoziiert z. B. die dreibasische Phosphorsäure bei einer bestimmten Konzentration ihrer Lösung zunächst wie folgt: $H_3PO_4 = H^+ + H_2PO_4^-$. Aber auch dieser Rest von H_2PO_4 dissoziiert, wenn auch in weit geringerem Grade: $H_2PO_4^- = H^+ + HPO_4^=$; endlich dissoziiert auch HPO_4, jedoch nur mehr in ganz geringem Grade: $HPO_4^= = H^+ + PO_4^{\equiv}$. Es gehen also aus der Dissoziation der Phosphorsäure verschiedene Ionen hervor, es erfolgt eine sog. stufenweise Dissoziation.

Die elektrische Leitfähigkeit wird an dem in Ohm ausgedrückten Widerstand gemessen, den der elektrische Strom in der Lösung erfährt, und in reziproken Werten dieses Widerstandes ausgedrückt. Als Maß der elektrischen Leitfähigkeit einer Lösung gilt ihre **spezifische Leitfähigkeit** $\varkappa$, das ist der reziproke Wert des Widerstandes (in Ohm ausgedrückt), wenn die Elektroden eine Oberfläche von 1 cm² haben und in einer Entfernung von 1 cm voneinander stehen, also zwischen den Elektroden ein Flüssigkeitsprisma sich befindet, dessen Länge 1 cm und dessen Querschnitt 1 cm² betragt. Ist in einem solchen Prisma die aquivalente Menge des Elektrolyten gelöst, so wird der aus dem Widerstande berechnete Wert von $\varkappa$ als **äquivalente Leitfähigkeit** Λ bezeichnet.

Denkt man sich dieselbe Losung auf das Doppelte, Dreifache usw. verdünnt, so daß in dem genannten Prisma von den erwähnten Dimensionen bloß die Halfte, der Dritteil usw. der aquivalenten Menge des Elektrolyten gelöst ist, wird man vorerst meinen können, daß die spezifische Leitfähigkeit, auf äquivalente Konzentration der Lösung umgerechnet, immer wieder Λ ergibt. Die Messungen ergeben jedoch, daß die so erhaltenen Werte von Λ um so **größer** ausfallen, je weiter man verdünnt, bis bei einer unendlichen Verdünnung — an guten Leitern praktisch bereits bei einer 1000fachen Verdünnung, d. h. wenn die äquivalente Menge in 1000 Liter Wasser gelöst ist — ein **Grenzwert**, Λ_∞, erlangt wird. Diese Zunahme der äquivalenten Leitfahigkeit bei zunehmender Verdünnung wird durch die zunehmende Dissoziation der Elektrolytmoleküle verursacht.

Aus nachstehender Zusammenstellung ist gut ersichtlich, daß die aquivalente Leitfähigkeit einer Lösung von KCl bei stufenweiser Verdünnung zuerst ganz ansehnlich zunimmt, sich aber kaum mehr verandert, sobald die Verdunnung einen gewissen Grad erreicht hat.

Äquivalentmenge gelost in	Äquivalente Leitfahigkeit
1 Liter	98,2
100 ,,	122,5
5000 ,,	129,1
10000 ,,	129,5

Setzt man die Zahl sämtlicher in Lösung gebrachter Moleküle gleich 1, so wird die Zahl der dissoziierten Moleküle durch einen Bruch angezeigt, dessen Wert bei endlichen Verdünnungen **kleiner** ist als 1, und der bei unendlicher Verdünnung, im Falle vollkommener Dissoziation, **gleich 1** ist. Dieser Bruch stellt einen für den Elektrolyten und für die betreffende Verdünnung v charakteristischen Wert dar, wird **Dissoziationsgrad** genannt und mit δ_v bezeichnet. Da die äquivalente Leitfähigkeit Λ_v bei einer bestimmten Verdünnung (nach obigem) von dem Grade der Dissoziation abhängt, ja ihr direkt proportional ist, besteht auch die Gleichung

$$\Lambda_v : \Lambda_\infty = \delta_v : 1 \,; \text{ und hieraus}$$

$$\delta_v = \frac{\Lambda_v}{\Lambda_\infty}. \quad \cdots \cdots \cdots \cdots \cdots \text{(I)}$$

Es gibt Säuren und Basen, die bereits in mäßiger Verdünnung zum größten Teile, in sehr großen Verdünnungen praktisch vollkommen in ihre Ionen zerfallen: es sind dies die sog. starken Säuren und Basen; andere sind sogar in größerer Verdünnung nur in geringerem Grade dissoziiert: es sind dies die Säuren und Basen, die man als schwache zu bezeichnen pflegt (S. 21). (Alle Salze, auch die der schwachen Säuren bzw. Basen, sind bereits in mäßig verdünnten wäßrigen Lösungen weitgehend dissoziiert.)

So betragt z. B. der Dissoziationsgrad in Normallösungen von

Salpetersaure	0,82	Kalilauge	0,77
Salzsaure	0,79	Natronlauge	0,72
Ameisensaure	0,014	Ammoniak	0,0037
Essigsaure	0,0038		

Die Zunahme des Dissoziationsgrades mit zunehmender Verdünnung ergibt sich aus nachfolgenden, auf die Salzsaure bezüglichen Daten:

Konzentration	δ_v
Normal	0,79
$^1/_{10}$ Normal	0,92
$^1/_{100}$ Normal	0,97
$^1/_{1000}$ Normal	0,99

Aktivitatstheorie. Nach der neuen sog. Aktivitatstheorie sind die starken Säuren und Basen und deren Salze auch in konzentrierteren Lösungen vollkommen dissozuert. Wenn sie daher (z. B. mittels Konzentrationselementen nach S. 23 gepruft) in sehr stark verdunnten Losungen vollkommen, in konzentrierteren aber um so weniger stark dissoziiert gefunden werden, je konzentrierter die Losung ist, so rührt dies davon her, daß in den sehr stark verdunnten Lösungen die Ionenpaare weitab voneinander gelegen sind, und einander nicht beeinflussen; hingegen in konzentrierteren Lösungen um so näher aneinander herankommen, je konzentrierter die Lösung ist. Einzelne Ionen konnen hierbei so nahe aneinander herankommen, daß sich ihre entgegengesetzt gerichteten Ladungen aufheben, daher die Konzentration der im Vollbesitz ihrer Ladungen befindlichen sog. „aktiven" Ionen abnimmt. Da nun an den Vorgangen, die der Bestimmung des Dissoziationsgrades (z. B. mittels der Konzentrationselemente) zugrunde liegen, ausschließlich die „aktiven" Ionen beteiligt sind, ist es klar, daß man die starken Elektrolyte in sehr stark verdünnten Lösungen zwar vollkommen, in konzentrierteren hingegen weniger stark dissoziiert findet, obwohl die Dissoziation auch im letzteren Falle eine vollkommene ist. Die Zahl, durch die das Verhältnis zwischen dem im Versuche gefundenen und dem wirklichen Dissoziationsgrad (stets = 1) ausgedrückt wird, ist der sog. „Aktivitatskoeffizient"; in sehr stark verdunnten Lösungen der starken Elektrolyten hat dieser den maximalen Wert 1, in konzentrierteren ist er stets kleiner als 1. Wird der Dissoziationsgrad auf andere Weise als mittels der Konzentrationselemente, also z. B. auf Grund der elektrischen Leitfahigkeit oder des osmotischen Druckes (auf Grund der Gefrierpunktserniedrigung) bestimmt, so erhalt man in konzentrierteren Lösungen ebenfalls Werte, die eine unvollkommene Dissoziation vortauschen, nur weichen die Zahlen, die in diesem Fall das Verhaltnis zwischen dem wirklichen und dem gefundenen Dissoziationsgrad angeben, vom obigen „Aktivitätskoeffizienten" etwas ab. Der Einfachheit und Einheitlichkeit halber soll aber in allen weiteren Ausführungen die bisherige Annahme aufrecht erhalten bleiben, wonach mit zunehmender Konzentration die Dissoziation der starken Elektrolyte abnimmt.

II. Gasgesetze.

In wäßrigen Lösungen von festen Stoffen bestehen wichtige Gesetzmäßigkeiten, die zu allererst an Gasen festgestellt wurden, daher erst in der Form besprochen werden sollen, wie sie an Gasen in Erscheinung treten.

a) Hat eine gewisse Menge eines Gases bei einer bestimmten Temperatur das Volumen v und den Druck p, und verändert man dann bei unveränderter Temperatur den Druck, so wird das Volumen des Gases sich dem Drucke umgekehrt proportional verändern.

Beträgt nämlich der neue Druck	so ist das neue Volumen	Volumen $\times$ Druck
$p/3$	$3\,v$	$v \cdot p$
$p/2$	$2\,v$	$v \cdot p$
$2\,p$	$v/2$	$v \cdot p$
$3\,p$	$v/3$	$v \cdot p$

Wie aus dem 3. Stabe hervorgeht, ist

$$v \cdot p = \text{konst.} \quad\ldots\ldots\ldots\ldots\ldots \text{(II)}$$

d. h. das Produkt aus Druck und Volumen ist bei unveränderter Temperatur stets konstant (BOYLE-MARIOTTEsches Gesetz).

b) Wird eine gewisse Menge eines Gases von 0^0 auf t^0 C erwärmt, dabei jedoch bei konstantem Volumen erhalten, so wird sein neuer Druck p größer sein, als der Druck p_0, den es bei 0^0 hatte; und zwar beträgt der Zuwachs pro je 1 Grad des Unterschiedes zwischen alter und neuer Temperatur den 273. Teil des bei 0^0 ausgeübten Druckes; ist die neue Temperatur t^0 C, so beträgt der Druckzuwachs das t-fache davon, also ist

$$p = p_0 + \frac{p_0}{273} \cdot t = p_0\left(1 + \frac{1}{273}t\right)^* . \quad\ldots\ldots \text{(III)}$$

Das ist das GAY-LUSSACsche Druckgesetz.

c) Wird eine gewisse Menge eines Gases von 0^0 auf t^0 C erwärmt, dabei jedoch sein Druck konstant erhalten, so wird sein Volumen v größer sein als das Volumen v_0, das es bei 0^0 hatte, und zwar beträgt der Zuwachs pro je 1 Grad des Unterschiedes zwischen alter und neuer Temperatur den 273. Teil des bei 0^0 eingenommenen Volumens; ist die neue Temperatur t^0 C, so beträgt der Zuwachs das t-fache; also

$$v = v_0 + \frac{v_0}{273} \cdot t = v_0\left(1 + \frac{1}{273}t\right)^* \ldots\ldots \text{(IV)}$$

Das ist das GAY-LUSSACsche Volumengesetz.

d) Stellen wir uns endlich vor, daß eine gewisse Menge eines Gases, das bei 0^0 das Volumen v_0 hatte und den Druck p_0 ausübte, nun auf t^0 C erwärmt wird, dabei jedoch der Druck p_0 zunächst unverändert bleibt, dann muß es ein neues Volumen v_1 annehmen, dem laut Gleichung IV folgender Wert zukommt:

$$v_1 = v_0\left(1 + \frac{1}{273}t\right).$$

---

* Der Bruch $\dfrac{1}{273}$ wird auch mit α bezeichnet.

Wird nun der Druck des Gases unter Beibehaltung der neuen Temperatur t^0 C von p_0 auf einen neuen Druck p gebracht, so wird es wieder ein neues Volumen v annehmen, das leicht berechnet werden kann, da sich laut Gleichung II Volumen und Druck umgekehrt proportional verhalten. Also ist

$$v : v_1 = p_0 : p.$$

Setzt man obigen Wert von v_1 ein, so ist

$$v : v_0 \left(1 + \frac{1}{273} t\right) = p_0 : p;$$

woraus dann

$$v\,p = v_0\,p_0 \left(1 + \frac{1}{273} t\right). \quad \ldots \ldots \ldots \ldots \text{(V)}$$

Die Temperaturen waren in obigen Ausführungen und Formeln in der willkürlich geschaffenen Skala angegeben, wo die Gefriertemperatur des Wassers als 0^0 bezeichnet wird. Aus den GAY-LUSSACSCHEN Feststellungen geht jedoch hervor, daß bei einer Temperatur von -273^0 C sowohl der Druck p, als auch das Volumen v der Gase den Wert 0 annimmt. Es ist also folgerichtig, für gewisse Berechnungen diese -273^0 C als sog. „absoluten Nullpunkt" anzunehmen und auch die Versuchstemperaturen in diesem Sinne umzurechnen, also in sog. „absoluten Temperaturen" T zu rechnen. Da $T^0 = t^0 + 273^0$, ist $t^0 = T^0 - 273^0$, und wird in Gleichung V dieser Wert von t eingesetzt, so erhält man

$$v\,p = v_0\,p_0 \left[1 + \frac{1}{273} \cdot (T - 273)\right] = \frac{v_0\,p_0}{273} \cdot T. \quad \ldots \ldots \text{(VI)}$$

In dieser Gleichung sind sowohl das BOYLE-MARIOTTESCHE, als auch die beiden GAY-LUSSACSCHEN Gesetze enthalten, und sie sagt aus, daß das **Produkt aus Volumen und Druck der absoluten Temperatur proportional ist.**

Der Ausdruck $\frac{v_0\,p_0}{273}$ wird abgekürzt mit R bezeichnet und Gaskonstante genannt, also nimmt Gleichung VI die Form an:

$$v\,p = R\,T. \quad \ldots \ldots \ldots \ldots \ldots \text{(VII)}$$

R hat, sofern es sich um gramm-molekulare Mengen von Gasen handelt, den konstanten Wert von 0,082, denn die gramm-molekulare Menge eines beliebigen Gases hat bei 0^0 und bei dem Druck von 1 das Volumen von 22,4 Liter, daher

$$\frac{v_0\,p_0}{273} = \frac{22{,}4}{273} = 0{,}082.$$

III. Osmotischer Druck.

A. Definition und direkte Bestimmung.

Schichtet man vorsichtig über die konzentrierte Lösung eines krystalloiden Stoffes die weniger konzentrierte Lösung desselben Stoffes oder das reine Lösungsmittel, so beginnt sofort ein Abströmen der gelösten Teilchen in der Richtung ihres Konzentrationsgefälles, also von der Flüssigkeit, die in bezug auf den gelösten Stoff die konzentriertere ist, gegen die weniger konzentrierte. Gleichzeitig beginnt aber auch ein Abströmen des Lösungsmittels in umgekehrter Richtung, in der Richtung seines Konzentrationsgefälles, also von der Flüssigkeit, die in Bezug auf das Lösungsmittel die konzentriertere (in Bezug auf den gelösten Stoff allerdings die weniger konzentrierte) ist, gegen die andere. Dieses entgegengesetzt gerichtete Abströmen von gelöstem Stoff und Lösungsmittel wird als Diffusion bezeichnet und führt nach einer gewissen Zeit zu einem völligen Ausgleich der Konzentrationsunterschiede. Man spricht von freier Diffusion, wenn, wie im obigen Beispiele, die beiden Flüssigkeiten einander unmittelbar berühren; von ihr unterscheidet sich nicht wesentlich die Diffusion durch eine Membran, durch die die Flüssigkeiten voneinander getrennt sind, vorausgesetzt, daß diese Membran für das Lösungsmittel sowohl, wie auch für den gelösten Stoff völlig durchgängig ist.

Ist jedoch die Membran für das Lösungsmittel vollkommen, fur den gelösten Stoff jedoch gar nicht durchgangig — man bezeichnet solche als semipermeable Membranen —, so kommt es zu den Erscheinungen der sog. Osmose, die von der Diffusion nicht nur darin verschieden ist, daß nun das Lösungsmittel allein durch die Membran tritt, sondern, hiermit im Zusammenhange, auch in gewissen Druckerscheinungen. Eine semipermeable Membran kann auch auf folgende Weise hergestellt werden· In der Wandung eines porösen Tongefaßes, das erst in die Lösung von schwefelsaurem Kupfer, dann in eine solche von Ferrocyankalium getaucht wird, entsteht eine aus Ferrocyankupfer bestehende zusammenhängende Niederschlagsmembran, die zwar an sich sehr leicht zerreißlich ist, der jedoch die tonernen Gefäßwandungen als starres Gerüst dienen. Diese Membran ist semipermeabel, also für das Lösungsmittel durchgängig, hingegen undurchgängig für den gelösten Stoff. Wird das Gefäß mit einer konzentrierteren wäßrigen Lösung eines krystalloiden Stoffes vollstandig (also mit Ausschluß von Luft bzw. Luftblasen) gefullt, und nachher in eine weniger konzentrierte Losung desselben Stoffes, oder in reines Wasser getaucht, so strömt Wasser von außen durch die Gefäßwand hindurch zur Lösung im Gefaße, und man sieht die Flussigkeit in einem Steigrohre, das mit dem Gefaßinneren verbunden ist, mehr und mehr ansteigen. Nach einiger Zeit hort dieser Anstieg auf, denn es ist ein Gleichgewicht eingetreten zwischen dem Drucke (Gewicht) der emporgehobenen Flussigkeit und dem gleich großen Drucke, der das Ansteigen der Flussigkeit verursacht hat. Dieser letzterwahnte Druck wird, da er bei der oben erwähnten Osmose in Erscheinung tritt, als osmotischer Druck der Losung bezeichnet

Der osmotische Druck kann verschiedenartig aufgefaßt werden. So kann man sich z. B. ein zylindrisches, allseits luftdicht geschlossenes Gefaß denken, dessen Innenraum durch einen leicht beweglichen, gasdicht schließenden Stempel in zwei Abteilungen geteilt ist. Wird die untere Abteilung mit einem Gas gefullt, die obere jedoch luftleer gelassen, so wird der Stempel nach oben verschoben, weil ja die Gasmolekule das Bestreben haben, sich von einander zu entfernen, bzw. einen moglichst großen Raum einzunehmen. Ein analoges Bestreben, sich auf einen moglichst großen Raum zu verteilen, haben auch die Teilchen des in einem Losungsmittel gelosten Stoffes, und sind zwei Flussigkeiten, das reine Losungsmittel und die Lösung, von einander durch eine semipermeable Membran getrennt, so besteht für die gelösten Moleküle die Möglichkeit, die erstrebte größere Ausbreitung zu erlangen, nur in einer Vergrößerung des Volumens der Flüssigkeit, in der sie gelöst sind. Diese Volumenvergrößerung kann jedoch nur durch den Übertritt des Lösungsmittels durch die Membran hindurch erreicht werden; es wird also das Lösungsmittel vom gelösten Stoff förmlich angesaugt.

Semipermeable Membranen oder solche, die jenen wenigstens annähernd analog funktionieren, kommen auch im Pflanzen- und Tierkörper in großer Mannigfaltigkeit vor, und es kommt ihnen im Ablauf der Lebenserscheinungen, namentlich in Austauschprozessen zwischen dem Zellinhalt und der die Zellen umgebenden Flüssigkeit, die jede für sich eine Lösung von sehr komplizierter Zusammensetzung darstellen, eine überaus große Wichtigkeit zu.

B. Analogie zwischen Gas- und Lösungsgesetzen.

Bestimmungen des osmotischen Druckes sind mit Hilfe der oben beschriebenen künstlichen Membranen zuerst von PFEFFER, später von anderen ausgeführt worden und haben eine Reihe von wichtigen Gesetzmäßigkeiten ergeben, aus denen eine weitgehende Übereinstimmung zwischen Gasen und gelösten Stoffen abgeleitet werden konnte.

a) Es wurde in einer Reihe von Versuchen der osmotische Druck in Rohrzuckerlösungen von verschiedener prozentualer Konzentration n bei annähernd derselben Temperatur bestimmt und folgendes gefunden:

n (Prozentgehalt)	p (Osmotischer Druck, mm Hg)	$p:n$
1	535	535
2	1016	508
4	2082	521
6	3075	513

Es ergab sich aus diesen Versuchen, daß der Wert von $p:n=$ konst., hieraus auch $p=n\cdot$ konst., also der osmotische Druck der Lösungen ihrer Konzentration proportional ist. Da sich die Konzentration einer Lösung auf die Hälfte verringert, wenn man ihr Volumen durch Hinzufügen vom Lösungsmittel z. B. auf das Doppelte vergrößert, umgekehrt ihre Konzentration auf das Doppelte ansteigt, wenn man ihr Volumen etwa durch Eindampfen z. B. auf die Hälfte verringert, so sind bei gegebener Stoffmenge Konzentration und Volumen einer Lösung einander umgekehrt proportional, also ist $n = 1/v$. Ersetzt man nun im obigen Ausdruck n durch $1/v$, so erhält man

$$p = \frac{1}{v}\,\text{konst.}$$

und hieraus

$$v\cdot p = \text{konst.} \quad\ldots\ldots\ldots\ldots\ldots (\text{VIII})$$

Also hat, genau wie an den Gasen (s. Gleichung II auf S. 4), auch in den Lösungen das Produkt aus Volumen und Druck einen konstanten Wert.

b) Wurden die Bestimmungen an einer 1%igen Rohrzuckerlösung bei verschiedenen Temperaturen ausgeführt, so ergab sich, daß der osmotische Druck der Lösung der absoluten Temperatur proportional ist.

Versuchstemp. $t^0\,C$	Absolute Temp. T^0	Druck, Atm. p	p/T^0
6,8	279,8	0,664	0,002373
13,7	286,7	0,691	2410
14,2	287,2	0,671	2336
15,5	288,5	0,684	2371
22,0	295,0	0,721	2444
32,0	305,0	0,716	2347
36,0	309,0	0,746	2414

Mittelwert: 0,002385

Es ist also $p/T = 0,002385$, oder $p = 0,002385 \cdot T$; oder nach einer geringen Umformung

$$p = (0,002385 \cdot 273)\left(\frac{T}{273}\right) = 0,653 \cdot \frac{273 + t}{273} = 0,653 \cdot \left(1 + \frac{1}{273} \cdot t\right)$$

bzw., wenn es sich nicht um eine 1%ige Lösung handelt, sondern um eine solche, die $n\%$ gelöst enthält,

$$p = n \cdot 0,653\left(1 + \frac{1}{273}\, t\right).$$

Vergleicht man hiermit die auf Seite 4 mitgeteilte Gleichung III des Druckgesetzes von GAY-LUSSAC

$$p = p_0\left(1 + \frac{1}{273}\, t\right),$$

so fällt wieder die völlige Analogie zwischen Gas- und Lösungsgesetzen auf, und ist zu erwarten, daß die Gleichung VI (von S. 5) und VII (von S. 5)

$$v\,p = \frac{v_0\,p_0}{273} \cdot T = R\,T$$

auch für die Lösungen ihre Gultigkeit hat, und daß die Konstante R, die wir auf Seite 5 zu 0,082 errechnet haben, auch bezüglich der Lösungen denselben Wert haben wird.

Aus $v\,p = R\,T$ ist $R = \frac{v \cdot p}{T}$, und wird es genugen, diesen Wert aus den Daten der beiden ersten und beiden letzten Versuche (siehe oben) zu berechnen. Wir haben zu dieser Berechnung die in der Tabelle angegebenen Werte von p und T^0 zur Verfugung; ferner auch den Wert von v; denn v bedeutet das in Litern ausgedruckte Volumen, in dem ein Gramm-Molekul des Rohrzuckers gelost enthalten ist; dies ist aber, da es sich um eine 1%ige Lösung von Rohrzucker mit dem Molekulargewicht von 342 handelt, gleich 34,2.

$$\text{Im ersten Versuch ist } R = \frac{34,2 \times 0,664}{279,8} = 0,081,$$

$$\text{,, zweiten ,, ,, } R = \frac{34,2 \times 0,691}{286,7} = 0,082,$$

$$\text{,, sechsten ,, ,, } R = \frac{34,2 \times 0,716}{305,0} = 0,080,$$

$$\text{,, siebenten ,, ,, } R = \frac{34,2 \times 0,746}{309,0} = 0,082.$$

Die oben erwähnte Analogie wird durch den VEN'T HOFFschen Satz wie folgt ausgedrückt: **Der osmotische Druck eines gelösten Stoffes ist genau so groß, wie demselben Stoffe zukäme, falls er dasselbe Volumen, wie in seiner Lösung, bei derselben Temperatur im gasförmigen Zustande einnehmen würde** (wobei jedoch zu bemerken ist, daß dieser Satz nur für verdünnte Lösungen gultig ist).

C. Indirekte Methoden der Bestimmung des osmotischen Druckes.

Herstellung und Gebrauch der (S. 6) beschriebenen semipermeablen Membranen sind mit technischen Schwierigkeiten verbunden; man bedient sich daher der weit sichereren und bequemeren sog. indirekten Methoden, deren Wesen immer darin besteht, daß man das Lösungsmittel vom gelösten Stoff (in Dampfform, in festem Zustand) trennt. Die Erfahrung zeigt, und es läßt sich auch theoretisch ableiten, daß der Siedepunkt einer Lösung höher, ihr Gefrierpunkt niedriger ist als der des reinen Lösungsmittels; Erhöhung des Siedepunktes und Erniedrigung des Gefrierpunktes sind aber alle Male dem osmotischen Drucke der Lösung proportional.

Von den indirekten Methoden ist fur unsere Zwecke die Bestimmung der Gefrierpunktserniedrigung, die sog. Kryoskopie, die wichtigere. Sie wird mit einer für praktische Zwecke hinreichenden Genauigkeit mittels des BECKMANN-schen Apparates bestimmt. Ein großeres Gefaß dient zur Aufnahme eines Kaltegemisches, bereitet aus drei Teilen zerkleinerten Eises, einem Teil Kochsalz und aus Wasser. In dieses Kaltegemisch taucht ein weites reagensglasartiges Rohr und dient zur Aufnahme eines engeren Rohres, in das 15—20 ccm der zu untersuchenden Flussigkeit eingefullt werden. Der Raum zwischen beiden Glasrohren dient als Luftmantel, der die Flussigkeit von allen Seiten her gleichmaßig kuhlt. In die Flussigkeit taucht der Quecksilberbehalter eines in 0,01 Grade geteilten Thermometers, sowie ein aus Platin angefertigter, an einem Glasstab befestigter Ring, durch dessen abwechselndes Heben und Senken die Flussigkeit in standiger Bewegung und ın allen Schichten in gleichmaßiger Temperatur erhalten wird. Im Augenblicke, wo es zur Eisbildung kommt, schnellt die Quecksilbersaule des Thermometers, dıe bisher konstant gesunken ist, infolge des Freiwerdens der latenten Warme des Eıses ein wenig empor, um dort eine Zeitlang stehen zu bleiben; diese Skalenstelle wird abgelesen. Nun wird das die Flussigkeit enthaltende Glasrohr herausgehoben, mit der Handflache durch bloßes Berühren angewarmt und wieder an seine Stelle gebracht; in der angewarmten Flussigkeit, die jedoch noch Eis enthalt, zeigt die Quecksilbersaule zunächst einen höheren Stand, um jedoch alsbald wieder zu sinken, und an einer Stelle, dıe der zuerst abgelesenen recht nahe ist, stehen zu bleiben; auch diese wird abgelesen. Dann wird das ınnere Rohr wieder herausgehoben, alles Eis durch langere Anwarmung zum Schmelzen gebracht und die früheren Prozeduren noch 1—2mal wiederholt. Aus den bei an- und absteigendem Quecksilber abgelesenen Skalenstellen wird der Mittelwert berechnet; dıeser ist der Gefrierpunkt der untersuchten Losung. Da die Losungen sich oft weit unter ihren Gefrierpunkt kuhlen lassen, ohne zu gefrieren, und diese Unterkühlung einen bedeutenden Versuchsfehler ausmachen kann, wird die Flussigkeit, sobald sie, ohne zu gefrieren, mehrere Zehntelgrade unter ihren beım ersten Versuch erhaltenen Gefrierpunkt gekuhlt ist, mıt einem Eiskrystallchen aus destıllıertem Wasser geimpft, worauf dann sofort die Eisbildung beginnt.

Die Gefrierpunktserniedrigung einer wäßrigen Lösung, die die grammmolekulare Menge des Stoffes in 1 Liter enthalt, wird als „molekulare

Gefrierpunktserniedrigung" bezeichnet, und ist gleich 1,85° C. Da aber eine wäßrige Lösung von der molaren Konzentration 1 und der Gefrierpunktserniedrigung 1,85° C einen osmotischen Druck von 22,4 Atmosphären hat, besteht für eine beliebige Lösung vom gesuchten osmotischen Druck p und der Gefrierpunktserniedrigung Δ die Gleichung $p : 22,4 = \Delta : 1,85$, woraus

$$p = \frac{\Delta \cdot 22,4}{1\,85} \text{ Atmosphären} \qquad \ldots \ldots \ldots \ldots \text{(IX)}$$

Da ferner die Gefrierpunktserniedrigung Δ einer Lösung proportional ist ihrer molaren Konzentration c, d. h. $\Delta = c \cdot 1,85$, so läßt sich aus der Gefrierpunktserniedrigung einer Lösung ihre molare Konzentration c berechnen, indem

$$c = \frac{\Delta}{1,85} \qquad \ldots \ldots \ldots \ldots \ldots \ldots \text{(X)}$$

D. Osmotischer Druck und elektrolytische Dissoziation.

Die strenge Proportionalität zwischen molarer Konzentration und Gefrierpunktserniedrigung (also auch dem osmotischen Druck) ist in Lösungen von Traubenzucker, Rohrzucker usw. sicher nachgewiesen; sie besteht jedoch nicht in verdünnten Lösungen von starken Säuren, Basen und deren Salzen, indem hier Δ_{gef}, d. h. die im Experiment gefundene Gefrierpunktserniedrigung, i-mal größer ist als $\Delta_{\text{ber.}}$, d. h. die der Menge des im Wasser aufgelösten Stoffes entsprechende Gefrierpunktserniedrigung. Es ist also

$$\Delta_{\text{gef}} = i \cdot \Delta_{\text{ber.}}, \qquad \ldots \ldots \ldots \ldots \text{(XI)}$$

wobei mit i, isotonischer Koeffizient oder VAN'T HOFFscher Faktor (siehe weiter unten), eine jeweils aus den Versuchen berechnete Verhaltniszahl bezeichnet wird, die diesem Befunde Rechnung trägt. Der Grund dieses wesentlich verschiedenen Verhaltens zwischen genannten beiden Gruppen der krystalloiden Stoffe ist darin gelegen, daß die Moleküle der erstgenannten Gruppe, als Nichtelektrolyten, in ihren Losungen undissoziiert, die der zweitgenannten Gruppe aber, als Elektrolyten, in ihren verdünnten wäßrigen Lösungen mehr oder weniger in Ionen zerfallen, also dissoziiert sind. Nun hängt aber der osmotische Druck einer Lösung von der Konzentration aller in der Lösung befindlichen Teilchen ab, ungeachtet dessen, ob es Moleküle oder Ionen sind. Es wird also von zwei Lösungen, die den betreffenden Stoff beide in gramm-molekularer Konzentration gelöst enthalten, die eine, die eines Nichtelektrolyten, einen osmotischen Druck haben, der seiner molekularen Konzentration genau entspricht; die andere hingegen, die Lösung eines Elektrolyten, wird einen größeren osmotischen Druck haben, weil ja in der Lösung die Teilchenzahl, die einzig ausschlaggebend ist, infolge der Dissoziation zugenommen hat.

Daß diese Deutung richtig ist, geht aus folgendem hervor: Wenn (wie auf S. 2) die gesamte Anzahl der Moleküle gleich 1 gesetzt, ferner die Anzahl der durch elektrolytische Dissoziation gespaltenen Moleküle mit δ, endlich die Anzahl der Ionen, in die jedes Molekul zerfallen kann, mit n bezeichnet wird, so sind in der Lösung $1 - \delta$ ungeteilte Moleküle und $n \cdot \delta$ Ionen vorhanden; die gesamte Teilchenzahl (Moleküle $+$ Ionen) beträgt dann $1 - \delta + n\,\delta = 1 + (n - 1)\,\delta$. Es ist also infolge der elektrolytischen Dissoziation die Teilchenzahl in der Lösung von 1 auf $1 + (n - 1)\,\delta$ angestiegen, und muß auch die Gefrierpunktserniedrigung Δ infolge der Zunahme der in Lösung befindlichen Teilchen im selben Maße angestiegen sein. Also muß auch die Gleichung bestehen

$$\Delta_{\text{gef.}} = [1 + (n - 1)\,\delta]\,\Delta_{\text{ber.}} \quad \ldots \ldots \ldots \text{(XII)}$$

Dann ist aber aus Gleichungen XI und XII

$$i = 1 + (n - 1)\,\delta.$$

Dies trifft in der Tat zu; wird nämlich an einer und derselben Lösung i aus der Gefrierpunktserniedrigung berechnet $\left(\text{aus Gleichung XI ist } i = \dfrac{\Delta\,\text{gef}}{\Delta\,\text{ber.}}\right)$, andererseits der Wert von $1 + (n - 1)\,\delta$ durch Leitfähigkeitsbestimmungen ermittelt $\left(\text{laut Gleichung I ist } \delta_v = \dfrac{\Lambda v}{\Lambda\infty}\right)$, so erhält man nach beiden Methoden annähernd denselben Wert. So war in einer

Lösung von	i	$1 + (n - 1)\,\delta$
$MgSO_4$	1,20	1,35
KCl	1,93	1,86
$SrCl_2$	2,52	2,51

E. Osmotische Erscheinungen an Pflanzen- und Tierzellen.

Der Anstoß zur Feststellung der vorangehend geschilderten Gesetzmäßigkeiten wurde durch Beobachtungen von Nägeli und dann von de Vries (an Pflanzenzellen), später durch die von Hamburger (an roten Blutkörperchen) gegeben. Erstere fanden, daß gewisse Pflanzenzellen, in eine Reihe von Lösungen verschiedener Konzentration getaucht, sich verschieden verhalten. In verdünnten Lösungen erscheinen die Zellen strotzend mit Plasma gefüllt, das sich überall eng an die Wände anlegt, in konzentrierteren Lösungen sieht man hingegen den Zellinhalt geschrumpft, von den Zellwänden zurückgezogen (Plasmolyse nach Nägeli). Zwischen verdünnten und konzentrierten Lösungen wird dann eine gefunden, in der die Zellen überhaupt keinerlei Veränderung ihres Inhaltes erfahren.

Nach unseren früheren Erörterungen fällt die Erklärung dieser Erscheinungen überhaupt nicht schwer. Das Zellplasma ist (innerhalb der Zellulosewände, die hier nicht in Betracht kommen) von einer semipermeablen Membran, richtiger Schichte, umgeben, durch die Zellinhalt und Außenflüssigkeit voneinander geschieden sind. Ist es der Zellinhalt, der die krystalloiden Stoffe in der größeren Konzentration gelost enthält, daher einen größeren osmotischen Druck hat, so muß aus der Außenflüssigkeit, die in diesem Falle dem Zellinneren gegenüber als hypotonisch bezeichnet wird, Wasser in die Zelle eintreten. Ist es hingegen die Außenlösung, in der die krystalloiden Stoffe in größerer Konzentration gelöst enthalten sind, daher die Außenlösung den höheren osmotischen Druck hat, und dem Zellinneren gegenüber hypertonisch ist, so muß Wasser aus dem Zellinneren nach außen gelangen. Ist endlich kein Unterschied in den Konzentrationen, daher auch in den osmotischen Drucken zwischen Zellinnerem und Außenflüssigkeit vorhanden, findet daher auch kein Wasseraustausch statt, so ist, wie die Autoren sich ausdrückten, die sog. Grenzlösung bzw. Grenzkonzentration gefunden; in diesem Falle ist die Außenflüssigkeit dem Zellinneren gegenüber isotonisch.

Die quantitative Analyse der aus verschiedenen Stoffen angefertigten als isotonisch befundenen Lösungen ergab, daß in einer Reihe derselben die Stoffe in einander äquivalenten Mengen gelöst enthalten waren; in einer anderen Reihe aber in einer von Stoff zu Stoff verschiedenen, selbstverständlich auch von der ersten Reihe verschiedenen Konzentration. Die Stoffe der ersten Reihe waren dieselben, die später als Nichtelektrolyte, die der zweiten Reihe solche, die später als Elektrolyte erkannt wurden. Insbesondere waren die als isotonisch befundenen Elektrolytlösungen immer von einer geringeren molaren Konzentration, als zu erwarten war. Die Verhältniszahl, durch die diese Abweichung quantitativ ausgedruckt wird, hat man den isotonischen Koeffizienten genannt und wurde diese Bezeichnung auch für das Verhältnis beibehalten, in dem sich nach Seite 10 der osmotische Druck infolge der elektrolytischen Dissoziation vergrößert.

Ein den Pflanzenzellen analoges Verhalten zeigen, in Lösungen von verschiedener Konzentration eingelegt, die roten Blutkörperchen (weiteres hierüber siehe auf S. 169).

F. Permeabilität.

Im Anschluß an die Erscheinungen der Osmose sei hier die „Permeabilität" der Zellen im allgemeinen erörtert, die ebenfalls auf Konzentrationsunterschieden zwischen Zellinnerem und Außenflüssigkeit beruht. Wären die Körperzellen von wirklich vollkommen semipermeablen Membranen bzw. Schichten umgeben (da ja an tierischen Zellen Membranen nur ausnahmsweise festgestellt sind), so würde kein gelöster Stoff aus den Körpersaften in das Zellinnere gelangen und umgekehrt aus dem Zellinneren nach außen abgegeben werden können. Dies ist jedoch bereits mit Rücksicht auf die Ernahrungsbedürfnisse der Zelle undenkbar und steht auch mit allen Erfahrungen in Widerspruch. Denn es haben diesbezügliche Untersuchungen, die meistens an roten Blutkörperchen ausgeführt wurden, und deren Ergebnisse auf die übrigen Körperzellen übertragen werden können, ergeben, daß man sich die genannten Membranen bzw. Außenschichten bloß als unvollkommen semipermeabel vorzustellen habe: für manche gelöste Stoffe sind sie tatsächlich undurchgängig, impermeabel, hingegen lassen sie andere Stoffe durchtreten, sind also für diese durchlässig, permeabel.

Die uber die Permeabilitat der roten Blutkorperchen gewonnenen Erfahrungen sollen an einer anderen Stelle (S. 171) zusammengefaßt werden. Hier sei nur das angefuhrt, was in der beruhmt gewordenen Lipoidtheorie von H. H. MEYER und von OVERTON uber das Zustandekommen der Narkose durch gewisse „fettlosliche" Narkotica mit der Permeabilitat der Zellen zusammenhangt. Nach dem HENRYSCHEN Verteilungsgesetz wird ein Stoff zwischen zwei miteinander nicht mischbaren Losungsmitteln, mit denen er gleichzeitig in Beruhrung kommt, derart verteilt, daß das Verhaltnis seiner Konzentrationen in den beiden Losungsmitteln, der sog. Verteilungsquotient, eine fur den betreffenden Stoff und fur die beiden Losungsmittel charakteristische Konstante darstellt, d. h. unabhangig ist von der Menge der gelösten Stoffe und der Menge der beiden Lösungsmittel. Wenn es sich also um ein Narkoticum handelt, das in Fetten bzw. in fettahnlichen Stoffen, den sog. Lipoiden (S. 107), besser loslich ist als in Wasser, so ist es begreiflich, daß es einmal resorbiert und in den Saften zirkulierend, aus der die Nervenzellen umspulenden waßrigen Flussigkeit leicht durch die an Fett und fettahnlichen Stoffen reichen Außenschichten der Nervenzellen in deren Inneres gelangt, und daselbst schließlich in einer großeren Konzentration enthalten sein wird, als in der waßrigen Außenflussigkeit. Ebenso begreiflich ist es, daß, wenn es sich um äquimolekulare Mengen verschiedener Narkotica handelt, deren Fettlöslichkeit verschieden ist, von den verschiedenen Narkoticis das in Fett am leichtesten losliche Narkoticum in großter Konzentration in das Zellinnere eindringen wird, bzw. wie obige Autoren in der Tat gefunden haben, die fettloslichen Narkotica in um so geringerer molarer Konzentration bereits wirksam sind, je größer das Verhaltnis zwischen ihrer Loslichkeit in Fett und ihrer Löslichkeit in Wasser ist. Die auf die Permeabilitat der Nervenzellen fur gewisse Narkotica gegrundete Theorie der Narkose ist sehr ansprechend; doch gibt es gewichtige Tatsachen, die ihr widersprechen. Eine solche ist, daß Wasser, das doch lipoidunloslich ist, in die Zellen bzw. aus den Zellen nachgewiesenermaßen ein- bzw. austritt; eine zweite, daß lipoidunlosliche Nahrstoffe bzw. Stoffwechselprodukte in die Zellen bzw. aus ihnen schlechterdings ebenfalls ein- bzw. austreten mussen. Auch wurde gefunden, daß es bezuglich des Grades der Permeabilitat auch auf die Art und auf die relativen Mengen des in den besagten Außenschichten der Zellen vorhandenen Lipoide ankommt: durch Lecithine soll die Permeabilitat erhoht, durch Cholesterin aber herabgesetzt zu werden.

IV. Chemische Gleichgewichte.

A. Irreversible Reaktionen.

Es gibt Reaktionen, die bloß in einer Richtung, dabei aber vollkommen verlaufen. Es sind dies die sog. nicht umkehrbaren, irreversiblen Reaktionen. Unter ihnen gibt es mono-, bi-, trimolekulare usw. Reaktionen, je nachdem sich an der Reaktion bloß eine Art von Molekülen, oder deren zwei, drei usw. beteiligen. Charakteristisch ist für je eine Reaktion die Reaktionsgeschwindigkeit v, das ist die in Gramm-Molekülen pro 1 Liter ausgedrückte Menge des wahrend einer gewählten Zeiteinheit umgesetzten Stoffes, daher im allgemeinen

$$v = \frac{\text{umgesetzte Menge}}{\text{Zeit}}.$$

Andererseits ist nach dem Massenwirkungsgesetz von GULDBERG und WAAGE die Reaktionsgeschwindigkeit proportional dem Produkte der molaren Konzentrationen der an der Reaktion beteiligten Stoffe. Sind z. B. an der Reaktion drei Stoffe mit den molaren Konzentrationen c_1, c_2 und c_3 beteiligt, so ist die Reaktionsgeschwindigkeit

$$v = K \cdot c_1 \cdot c_2 \cdot c_3,$$

wobei K eine fur die betreffende Reaktion charakteristische Konstante, die sog. Geschwindigkeitskonstante, darstellt.

Der Wert von K kann wie folgt ermittelt werden:

a) In einer monomolekularen Reaktion sei C die Anfangskonzentration des sich umsetzenden Stoffes; dann ist zwar zur Zeit 0, wo der Prozeß einsetzt,

$$v = K \cdot C,$$

doch gilt dieser Wert von v nur für den allerersten Augenblick, in dem die genannte Konzentration auch tatsächlich vorhanden ist; denn bereits im nachsten Augenblick hat die Umsetzung des Stoffes begonnen, derzufolge die Konzentration nicht mehr C, sondern um so vieles weniger betragt, als bis dahin von dem Stoffe umgesetzt wurde. Nehmen wir an, daß die bis zu einem gewissen Zeitpunkte zersetzte Menge x betragt, demzufolge die Konzentration von C auf $C-x$ abgesunken ist; bezeichnen wir ferner die während der nun folgenden unendlich geringen Zeitdauer dt umgesetzte Stoffmenge mit dx, so ist, da nach oben

$$v = \frac{\text{umgesetzte Menge}}{\text{Zeit}}$$

auch

$$v = \frac{dx}{dt}.$$

Da ferner nach obigem $v = K \cdot c$, hier speziell $v = K \cdot (C - x)$; so besteht auch die Gleichung

$$\frac{dx}{dt} = K \cdot (C - x),$$

woraus nach Integration

$$K = \frac{1}{t} \cdot \ln \frac{C}{C-x}; \text{ bzw. } K = \frac{1}{0{,}4343} \frac{1}{t} \log \frac{C}{C-x}.$$

Eine monomolekulare Reaktion ist z. B. die Spaltung des Rohrzuckers durch Saure, da die Konzentration des in großem Überschuß vorhandenen Lösungsmittels (Wasser) als konstant angesehen werden kann, die Saure aber sich an der Reaktion scheinbar nicht beteiligt, sondern nur durch ihre Gegenwart wirkt (indessen siehe hierüber auf S. 16 und 71).

b) In bimolekularen Reaktionen ist der Vorgang ein analoger. Es sei der eine Stoff in der Anfangskonzentration C_1, der andere in der Anfangskonzentration C_2 enthalten. Werden von beiden Stoffen nach einer bestimmten Zeit je x umgesetzt, so ist im darauffolgenden Augenblicke die Reaktionsgeschwindigkeit

$$\frac{dx}{dt} = K \cdot (C_1 - x)(C_2 - x),$$

bzw. wenn die beiden Stoffe in der namlichen Anfangskonzentration C vorhanden waren,

$$\frac{dx}{dt} = K \cdot (C - x)^2,$$

woraus nach Integration

$$K = \frac{1}{t} \cdot \frac{x}{C(C-x)}.$$

Bimolekular ist z. B. die Reaktion zwischen Essigsaureäthylester und Natronlauge, da hier zwei Molekularten unter fortlaufender Abnahme ihrer Konzentrationen miteinander reagieren, und dabei zwei neue Molekularten, namlich essigsaures Natrium und Äthylalkohol entstehen.

B. Reversible Reaktionen.

Außer den sub A behandelten vollkommen verlaufenden, irreversiblen Reaktionen gibt es auch solche, die unvollkommen verlaufen, indem die Umsetzungen zu einer Zeit stille stehen, wo neben den Umwandlungsprodukten auch die Ausgangskörper noch in einer meßbaren Konzentration vorhanden sind. Sobald nämlich die Umwandlung der Ausgangskörper mit einer gewissen Geschwindigkeit beginnt und Umwandlungsprodukte entstehen, setzt sofort auch der entgegengesetzte Vorgang mit einer gewissen Geschwindigkeit ein, demzufolge aus den Umwandlungsprodukten wieder die Ausgangskorper entstehen. Aus diesem Grunde werden derlei unvollkommen ablaufende Reaktionen auch als **umkehrbare, reversible** bezeichnet.

Bei den umkehrbaren Reaktionen haben die Konzentrationen der Ausgangskörper, daher auch die Geschwindigkeit ihrer Umwandlung zu Beginn der Reaktion ein Maximum, müssen also im weiteren Verlaufe stetig abnehmen. Umgekehrt haben die Konzentrationen der Umwandlungsprodukte sowie die Geschwindigkeit ihrer Rückverwandlung in die Ausgangskörper zu Beginn der Reaktion ein Minimum, nehmen aber im weiteren Verlaufe stetig zu. Die entgegengesetzt gerichtete Änderung der beiden Geschwindigkeiten hat aber zur unausbleiblichen Folge, daß sie sich zu einem gewissen Zeitpunkte gegenseitig aufheben: es tritt der Zustand eines sog. **chemischen Gleichgewichtes** ein.

Es beginne z. B. in einem Gemische der Stoffe a und b ein Vorgang mit der Geschwindigkeit v_1, und es entstehen die Stoffe c und d. Nach S. 13 ist

$$v_1 = k_1 \cdot c_a \cdot c_b.$$

Es setzt aber sofort auch der entgegengesetzt gerichtete Vorgang mit der Geschwindigkeit v_2 ein, und es entstehen aus c und d wieder die Ausgangskörper a und b. Hierbei ist

$$v_2 = k_2 \cdot c_c \cdot c_d.$$

Da v_1 fortwährend abnimmt, v_2 aber fortwährend zunimmt, muß es zu einem bestimmten Zeitpunkt dazu kommen, daß $v_1 = v_2$; dann ist der oben erwähnte Gleichgewichtszustand eingetreten, in dem selbstverständlich auch

$$k_1 \cdot c_a \cdot c_b = k_2 \cdot c_c \cdot c_d. \quad \ldots \ldots \ldots \ldots \text{(XIII)}$$

Hieraus ist $\dfrac{k_1}{k_2} = \dfrac{c_c \cdot c_d}{c_a \cdot c_b}$; weiterhin, da $\dfrac{k_1}{k_2}$ ebenfalls konstant ist, also gleich K gesetzt werden kann, ist

$$K = \frac{c_c \cdot c_d}{c_a \cdot c_b} \quad \ldots \ldots \ldots \ldots \ldots \text{(XIV)}$$

K ist für die betreffende Reaktion charakteristisch und wird als deren **Gleichgewichtskonstante** bezeichnet.

So entsteht z. B. in einem Gemische von Äthylalkohol und Essigsäure Äthylacetat und Wasser mit der Geschwindigkeit v_1; gleichzeitig setzt aber auch die Gegenreaktion ein, bei der aus Äthylacetat und Wasser wieder Äthylalkohol und Essigsäure mit der Geschwindigkeit v_2 gebildet werden.

$$CH_3COOH + C_2H_5OH \rightleftarrows {}^* CH_3COO \cdot C_2H_5 + H_2O.$$

Bezüglich dieses reversiblen Vorganges ist

$$K = \frac{C_{\text{Äthylacetat}} \cdot C_{\text{Wasser}}}{C_{\text{Äthylalkohol}} \cdot C_{\text{Essigsäure}} \,{}^{**}} = \frac{{}^2/_3 \cdot {}^2/_3}{{}^1/_3 \cdot {}^1/_3} = 4.$$

---

* Durch diese beiden Pfeile ist angedeutet, daß der Vorgang in beiden Richtungen vor sich geht. Durch solche Pfeile wären eigentlich auch die Gleichheitszeichen bei der Darstellung der Dissoziation (S. 1) zu ersetzen, um eben anzudeuten, daß der Dissoziationsprozeß auch rückgängig gemacht werden kann.

** Um die molare Konzentration, z. B. der Essigsäure bzw. des Acetat-Iones anzugeben, wurden verschiedene Schreibweisen, wie

$$C_{CH_3 \cdot COOH}, \text{ bzw. } C_{CH_3COO^-} \text{ oder } [CH_3COOH], \text{ bzw. } [CH_3COO^-],$$

vorgeschlagen. Hier und im nachfolgenden Texte wird stets die erstangeführte verwendet.

Das, was im vorangehenden fur die reversiblen Reaktionen gezeigt wurde, gilt auch für die früher behandelten vollkommen verlaufenden, irreversiblen Reaktionen, denn diese können ohne weiteres als reversible aufgefaßt werden, mit dem Unterschied, daß ihre Gleichgewichtskonstante K unendlich groß ist, weil im Gleichgewichtszustande die Konzentration des Ausgangskörpers (Nenner!) eine unendlich kleine ist.

C. Katalyse.

Unter den chemischen Reaktionen gibt es solche, die, wie z. B. die Ionenreaktionen, mit äußerster, oft unmeßbarer Geschwindigkeit verlaufen, und wieder andere, deren Geschwindigkeit eine wesentlich geringere, ja ohne Hinzutritt eines fördernden Momentes unmeßbar gering ist. Die Geschwindigkeit solcher freiwillig, wenn auch sehr langsam verlaufender Reaktionen kann durch gewisse Stoffe beschleunigt werden, ohne daß dabei Energie von außen zugefuhrt werden müßte. Solche Stoffe werden als Katalysatoren [1] bezeichnet. Charakteristisch für katalytische Vorgange ist, daß der Katalysator dabei nicht verändert wird, und in keines der Reaktionsprodukte eintritt, obwohl für manche Falle angenommen werden muß, daß der Katalysator mit dem zu katalysierenden Stoff, dem Substrat, wennauch vorübergehend, in nahere Beziehung tritt, und mit ihm eine Art Verbindung eingeht. Ferner ist für die Katalyse charakteristisch, daß vom Katalysator sehr geringe Mengen genügen, um Umsetzungen sehr großen Umfanges hervorzurufen.

Als Beispiel der katalytischen Vorgange seien angefuhrt die S. 14 erwahnte Spaltung des Rohrzuckers durch Sauren und die Vereinigung von gasformigem Sauerstoff und Wasserstoff (Knallgas) durch feinverteiltes Platin. Beide Vorgange gehen auch von selbst von statten, jedoch mit einer äußerst geringen Geschwindigkeit. Durch die H-Ionen, die in der Saure in unverhaltnismaßig größerer Konzentration als im Wasser enthalten sind, wird die Reaktionsgeschwindigkeit im ersten Falle, und durch das feinverteilte Platin mit seiner enormen Oberflachenentwicklung im zweiten Falle zu einer merklichen, meßbaren gesteigert.

Es wird auch unterschieden zwischen Katalysen in homogenen und Katalysen in heterogenen Systemen. Im ersteren Falle befinden sich die aufeinander einwirkenden Stoffe in einem homogenen Medium, in dem wir uns raumlich getrennte Partikelchen hochstens nur vorstellen können; im zweiten Falle befinden sie sich in aber verschiedenen Phasen eines heterogenen Systems (S. 35), z. B. an den Grenzflachen eines Adsorbens, in Suspensionen, Emulsionen. Die Saurespaltung des Rohrzuckers erfolgt in seiner waßrigen Losung, also in einem sonst homogenen Medium, die Vereinigung von Sauerstoff und Wasserstoff hingegen an der Grenzflache der beiden Phasen des durch Platin und durch das Gas gebildeten heterogenen Mediums. Es ist vorauszusehen, daß sich die Verhaltnisse im heterogenen Medium um vieles komplizierter gestalten, denn es handelt sich ja hier nicht nur um die Geschwindigkeit, mit der die zwei Stoffe aufeinander einwirken, sondern auch um die Geschwindigkeit, mit der einer der beiden Stoffe aus dem Inneren seiner Phase an die Grenzflache, und von hier aus in die andere Phase gelangt, um dort mit dem anderen Stoffe reagieren zu konnen. Besonders wichtig fur uns, aber auch besonders kompliziert sind die Katalysen in den heterogenen Systemen, die man als Kolloide bezeichnet (S. 36).

---

[1] Katalysatoren konnen auch im Sinne einer Verlangsamung einer Reaktion wirksam sein. In solchen Fallen spricht man von einer negativen, in obigen Fallen von einer positiven Katalyse.

Auf S. 15 wurde gezeigt, daß der Wert von K für je eine Reaktion ein für allemal gegeben ist. Hieraus folgt, daß man durch Verwendung von Katalysatoren das Zustandekommen des Gleichgewichtszustandes wohl beschleunigen, das Gleichgewicht einer Reaktion jedoch nicht verschieben kann: das Verhältnis zwischen Umwandlungsprodukt und Ausgangskörper bleibt unverändert, denn durch den Katalysator werden die entgegengesetzten Geschwindigkeiten v_1 und v_2 gleichmäßig beschleunigt. Wohl läßt sich jedoch die Ausbeute an Umwandlungsprodukten erhöhen, wenn sich mindestens eines derselben aus dem Reaktionsgemisch auf irgendeine Weise (Verflüchtigung, Niederschlagsbildung usw.) fortlaufend entfernt. Damit nämlich K seinen Wert auch unter diesen Umstanden beibehalten könne, muß, da der Zähler im Ausdruck XIV kleiner geworden ist, auch der Nenner entsprechend kleiner werden, also die Konzentration des Ausgangskörpers abnehmen, was ja gleichlautend ist mit seiner gesteigerten Umwandlung. Oder aber: waren in einem solchen System zwei Ausgangskörper vorhanden, so läßt sich die Umwandlung des einen dadurch zu einer nahezu vollkommenen steigern, daß man die Konzentration des anderen stark steigert. Dies hat nämlich, da K seinen Wert auch hier konstant beibehalten muß, zur Folge, daß, da nun der Nenner im Ausdruck XIV größer geworden ist, auch der Zähler größer werden, also die Konzentration der Umwandlungsprodukte eine größere werden muß.

D. Gleichgewichte in Elektrolytlösungen.

Außer den sub B (S. 14 u. 15) angeführten Vorgängen gibt es noch viele andere, deren Verlauf durch die Einstellung auf ein bestimmtes chemisches Gleichgewicht geregelt wird. Zu diesen gehört die elektrolytische Dissoziation, die vom Verdünnungsgrade der Lösung abhängt, und, da sie durch einen Überschuß am Lösungsmittel gesteigert, durch dessen Entziehung herabgesetzt werden kann, sich als ein reversibler Vorgang auffassen läßt. Wird z. B. Essigsäure in Wasser gelöst, so beginnt sie sofort in die Ionen CH_3COO^- und H^+ zu zerfallen; daneben setzt aber sofort auch der entgegengesetzt gerichtete Prozeß ein, wobei aus CH_3COO^- und H^+ wieder molekulare Essigsäure gebildet wird, also

$$CH_3COOH \rightleftarrows CH_3COO^- + H^+.$$

Die Reaktionsgeschwindigkeiten v_1 und v_2 der beiden entgegengesetzt gerichteten Vorgänge sind

$$v_1 = k_1 \cdot C_{CH_3COOH} \quad \text{und} \quad v_2 = k_2 \cdot C_{CH_3COO^-} \cdot C_{H^+}.$$

Im Gleichgewichtszustande ist

$$k_1 \cdot C_{CH_3COOH} = k_2 \cdot C_{CH_3COO^-} \cdot C_{H^+},$$

hieraus aber

$$\frac{k_1}{k_2} = K = \frac{C_{CH_3COO^-} \cdot C_{H^+}}{C_{CH_3COOH}} *$$

oder, da die Konzentration der beiden aus je einem Moleküle entstehenden Ionen die gleiche ist, also $C_{CH_3COO^-} = C_{H^+}$, ist auch

$$K = \frac{C^2_{H^+}}{C_{CH_3COOH}}.$$

K hat selbstverständlich auch in diesem Ausdruck die Bedeutung einer Gleichgewichtskonstante, wie in den sub A behandelten Fällen.

---

* C_{CH_3COOH} bedeutet nicht die Konzentration der ursprünglich vorhandenen, sondern die der undissoziiert gebliebenen Essigsäure, des sog. Dissoziationsrestes.

Da aber der Wert von K in bezug auf die elektrolytische Dissoziation bei einer bestimmten Verdünnung bloß eine Funktion des Dissoziationsgrades (S. 2) darstellt, wird K hier auch als **Dissoziationskonstante** bezeichnet.

Die Dissoziationskonstante laßt sich auch auf Grund des OSTWALDschen Verdunnungsgesetzes, allerdings nur fur schwache Sauren und Basen, berechnen. Wird nämlich angenommen, daß von dem betreffenden Stoff 1 Mol, und zwar in v Litern Wasser gelöst vorhanden ist, und wird mit δ der Bruchteil eines Moles bezeichnet, der in Ionen zerfallt, so ist im Gleichgewichtszustande die Anzahl der nichtdissoziierten Mole $1 - \delta$, ihre Konzentration $\dfrac{1-\delta}{v}$, die Konzentration der beiden Ionen je $\dfrac{\delta}{v}$. Dann ist aber nach obigem

$$K = \frac{\dfrac{\delta^2}{v^2}}{\dfrac{1-\delta}{v}} = \frac{\delta^2}{v\,(1-\delta)}. \qquad \ldots \ldots \quad \text{(XV)}$$

Die für je eine Substanz auf verschiedenen Wegen erhaltenen Werte der Dissoziationskonstante stimmen recht gut überein. So beträgt z. B. die Dissoziationskonstante an der

Ameisensaure . . . . . $2{,}14 \times 10^{-4}$ Kohlensaure (I. Dissozia-
Essigsaure . .   . . $1{,}80 \times 10^{-5}$ tions-Stufe) . . . $3{,}04 \times 10^{-7}$
Buttersaure   . . . $1{,}49 \times 10^{-5}$ Cyanwasserstoff .   . . $4{,}70 \times 10^{-10}$

Aus der Beziehung $K = \dfrac{C^2_{\mathrm{H}^+}}{C_{\mathrm{CH_3COOH}}}$ von S. 17 folgt, daß

$$C_{\mathrm{H}^+} = \sqrt{K \cdot C_{\mathrm{CH_3COOH}}}$$

bzw. im allgemeinen fur eine schwache Saure S mit der Dissoziationskonstante K_S und von der Konzentration C_S

$$C_{\mathrm{H}^+} = \sqrt{K_S \cdot C_S},$$

und naturgemaß auch für jede schwache Base B mit der Dissoziationskonstante K_B und von der Konzentration C_B

$$C_{\mathrm{OH}^-} = \sqrt{K_B \cdot C_B}.$$

Dies hat zur wichtigen Folge, daß sich die H- bzw. OH-Ionenkonzentration, wenn ein Teil der Saure bzw. der Base neutralisiert wird, nicht proportional dem neutralisierenden Zusatze verringert, sondern in geringerem Grade, und zwar in um so geringerem Grade, je geringer die Dissoziationskonstante der betreffenden Base bzw. Saure ist.

E. Zurückdrängung der Dissoziation eines Elektrolyten.

Hat sich ein in Wasser gelöster Elektrolyt in einem der betreffenden Verdünnung entsprechenden Dissoziationsgleichgewicht befunden und wird nun ein zweiter Elektrolyt hinzugefügt, von dessen Ionen eines mit einem der Ionen des ursprünglichen Elektrolyten identisch ist, so wird hierdurch die Dissoziation des ursprünglichen Elektrolyten zurückgedrängt. Es besteht namlich bezüglich eines in Wasser gelösten Elektrolyten das Gleichgewicht

$$\frac{C_{\mathrm{Anion}} \cdot C_{\mathrm{Kation}}}{C_{\mathrm{Molekul}}} = K.$$

Wird nun zu dieser Losung das Anion in der Konzentration a hinzugefügt, so wird die Gesamtkonzentration der Anionen nunmehr $C_{\mathrm{Anion}} + a$ betragen, und dadurch das System (infolge der Vergrößerung des Zahlers) aus dem Gleichgewicht gebracht. Damit jedoch das gestörte Gleichgewicht wieder hergestellt werde, und K seinen Wert unverändert beibehalte, muß der Wert des Nenners um einen gewissen Betrag, z. B. β, zunehmen, indem β-Moleküle aus den Ionen wieder aufgebaut werden; dies hat aber zur Folge, daß die Konzentration des Anions (natürlich auch des Kations) um den Betrag β abnimmt. Im neu entstandenen Gleichgewichtszustande ist also

$$\frac{(C_{\text{Anion}} + a - \beta)(C_{\text{Kation}} - \beta)}{C_{\text{Molekül}} + \beta} = K.$$

Es betrage z. B. in der Lösung eines schwach dissoziierenden Elektrolyten C_{Anion} und C_{Kation} je 0,1, $C_{\text{Molekül}}$ aber 0,8; dann besteht, wenn der Dissoziationsgrad des Elektrolyten (S. 2) $\frac{0,1}{0,9} = 0,111$ beträgt, das Gleichgewicht $K = \frac{0,1 \cdot 0,1}{0,8} = 0,0125$. Setzen wir nun den Fall, daß C_{Anion} durch Zusatz eines stark dissoziierten Elektrolyten um $a = 0,9$ zunimmt, so kann das Gleichgewicht nur erhalten bleiben, wenn $C_{\text{Molekül}}$ um β zu-, $C_{\text{Anion}} + 0,9$ und C_{Kation} aber um je β abnehmen. Die Ausrechnung ergibt

$$\frac{(0,1 + 0,9 - \beta)(0,1 - \beta)}{0,8 + \beta} = 0,0125,$$

woraus

$$\beta^2 - 1,1125\,\beta + 0,09 = 0;$$

hieraus aber

$$\beta = \frac{1,1125}{2} \pm \sqrt{\left(\frac{1,1125}{2}\right)^2 - 0,09} = 0,08784 = \text{rund } 0,09.$$

Von der Konzentration des Anions, die nach dem Zusatze 1 hatte betragen sollen, verbleiben nur mehr $1 - 0,09 = 0,91$, und da hiervon 0,9 vom zugesetzten starken Elektrolyten herrühren, verbleiben für die Anion- (und selbstverständlich auch für die Kation-) Konzentration des ursprünglichen schwachen Elektrolyten nur mehr je 0,01. Dementsprechend beträgt sein Dissoziationsgrad nunmehr $\frac{0,01}{0,91} = 0,0110$, ist also infolge des Elektrolytzusatzes etwa auf den zehnten Teil zurückgedrängt worden.

Bezüglich der Essigsäure besteht (nach S. 18) das Dissoziationsgleichgewicht

$$\frac{C_{\text{CH}_3\text{COO}^-} \cdot C_{\text{H}^+}}{C_{\text{CH}_3\text{COOH}}} = 1,8 \cdot 10^{-5}.$$

Wird zu einer Lösung, die Essigsäure in einer molaren Konzentration von C_E enthält, essigsaures Natrium in einer größeren molaren Konzentration C_{EN} hinzugefügt, so wird durch die große Menge der aus dem stark dissoziierenden Salze frei gewordenen CH_3COO-Ionen die Dissoziation der von vornherein bloß schwach dissoziierten Essigsäure sehr stark zurückgedrängt, ja praktisch gänzlich aufgehoben, so daß die Konzentration der undissoziierten Essigsäuremoleküle gleich gesetzt werden kann der von vornherein bekannten Konzentration C_E der Essigsäure. Hingegen ist das essigsaure Natrium in der stark verdünnten Lösung praktisch vollkommen dissoziiert, daher die molare Konzentration der CH_3COO-Ionen der des hinzugefügten essigsauren Natriums C_{EN} gleich gesetzt werden kann. Setzen wir diese Werte in obige Gleichung ein, also C_E statt $C_{\text{CH}_3\text{COOH}}$ und C_{EN} statt $C_{\text{CH}_3\text{COO}^-}$, so ergibt sich·

$$\frac{C_{EN} \cdot C_{\text{H}^+}}{C_E} = 1,8 \cdot 10^{-5}, \quad \text{woraus } C_{\text{H}^+} = 1,8 \cdot 10^{-5} \cdot \frac{C_E}{C_{EN}},$$

was nichts anderes bedeutet, als daß in diesen und ähnlichen Lösungsgemischen die H-Ionenkonzentration bloß von dem Verhältnis
abhängt zwischen der Konzentration der Säure und des
zugehörigen Salzes, also im allgemeinen

$$C_{H^+} = K \cdot \frac{C_{\text{Säure}}}{C_{\text{Salz}}}.$$

Zu den wichtigsten Beziehungen dieser Art gehört die (S. 153 behandelte) Beziehung

$$C_{H^+} = K \cdot \frac{C_{H_2CO_3}}{C_{NaHCO_3}}.$$

F. Dissoziation des Wassers.

Gewöhnliches Wasser leitet den elektrischen Strom in ganz erheblichem Grade, begreiflicherweise, da es eine ganze Reihe von Elektrolyten gelöst enthält; doch ist seine Leitfähigkeit um so geringer, je
gründlicher man es durch Destillation reinigt, um endlich an wirklich
reinem Wasser einen nunmehr konstanten minimalen Wert zu erlangen.
Es muß also auch reinstes Wasser eine wennauch geringe Menge von
Elektrizitätstragern, Ionen, enthalten, und zwar sind es nachgewiesenermaßen H- und OH-Ionen, in die das Wasser in sehr geringem Grade
dissoziiert ist. Die Dissoziationskonstante K_{H_2O} reinsten Wassers ist von
der Temperatur stark abhängig, und beträgt bei 18⁰ C 0,72 · 10⁻¹⁴, d. h.

$$\frac{C_{H^+} \cdot C_{OH^-}}{C_{H_2O}} = K_{H_2O} = 0{,}72 \cdot 10^{-14}$$

oder, da die Konzentration der nicht dissoziierten Wassermoleküle, die
in enormem Überschuß vorhanden sind, als konstant angesehen
werden kann

$$C_{H^+} \cdot C_{OH^-} = K_{H_2O} = 0{,}72 \cdot 10^{-14}.$$

Da ferner die Konzentration der beiden Ionen, die aus einem Molekül
hervorgehen, selbstredend die gleiche ist, also $C_{H^+} = C_{OH^-}$; besteht auch
die Gleichung

$$C_{H^+} = C_{OH^-} = \sqrt{0{,}72 \cdot 10^{-14}} = 0{,}85 \cdot 10^{-7}.$$

G. Über die neutrale, saure und alkalische Reaktion wäßriger Lösungen im physikalisch-chemischen Sinne.

Es gibt wäßrige Lösungen, die sich bezüglich der H- und OH-Ionenkonzentration wie destilliertes Wasser verhalten, in denen also $C_{H^+} = C_{OH^-}$;
sie werden als neutral im physikalisch-chemischen Sinne bezeichnet.
Dann gibt es eine Reihe von Stoffen, in deren waßrigen Lösungen zwar
ebenfalls sowohl H- als auch OH-Ionen abdissoziiert werden, mit dem
Unterschiede jedoch, daß hier C_{H^+} nicht gleich ist C_{OH^-}, und gerade
durch das Überwiegen entweder der H- oder der OH-Ionenkonzentration
werden solchen Lösungen gewisse charakteristische Eigenschaften verliehen: Lösungen, in denen C_{H^+} überwiegt, werden als sauer in physikalisch-chemischem Sinne, Lösungen, in denen C_{OH^-} überwiegt, als
alkalisch bezeichnet Zu den Stoffen, die ein solches Verhalten zeigen,

gehören in erster Linie solche, die von längs her als Sauren bzw. als Basen bekannt sind: in Lösungen von Sauren ist C_{H^+} größer als C_{OH^-}; umgekehrt in Lösungen von Basen C_{OH^-} größer als C_{H^+}. Die Gleichung $C_{H^+} \cdot C_{OH^-} = 0,72 \cdot 10^{-14}$ gilt aber bei 18° C auch für diese Lösungen.

Wenn daher z. B. in der Losung einer Säure
$C_{H^+} = 1,2 \cdot 10^{-7}$, so ist daselbst $C_{OH^-} = 0,6 \cdot 10^{-7}$
$C_{H^+} = 0,8 \cdot 10^{-5}$, so ist daselbst $C_{OH^-} = 0,9 \cdot 10^{-9}$
bzw. in der Losung einer Base
$C_{H^+} = 0,4 \cdot 10^{-7}$, so ist daselbst $C_{OH^-} = 1,8 \cdot 10^{-7}$
$C_{H^+} = 0,9 \cdot 10^{-10}$, so ist daselbst $C_{OH^-} = 0,8 \cdot 10^{-4}$.

Die Reaktion einer wäßrigen Lösung im physikalisch-chemischen Sinne wird demzufolge ganz eindeutig definiert, wenn man bloß die Konzentration des einen der beiden Ionen, z. B. die des Wasserstoffes, angibt, welcher Wert auch als „Wasserstoffzahl" bezeichnet wird.

Eine wesentlich einfachere von SÖRENSEN empfohlene Ausdrucksweise besteht in folgendem. Es sei z. B. die Wasserstoffzahl $0,85 \cdot 10^{-7}$; dies kann auch geschrieben werden: $10^{\log 0,85} \cdot 10^{-7} = 10^{\log 0,85-7} = 10^{0,93-1-7} = 10^{-7,07}$. Der negative Logarithmus dieser Zahl, oder anders ausgedrückt, der negative Wert des Exponenten obiger Zahl, in diesem Falle 7,07, wird „Wasserstoffionen-Exponent" genannt, und mit p_H bezeichnet [1]. Durch den Ausdruck $p_H = 7,07$ ist die Wasserstoffionenkonzentration obiger Lösung eindeutig charakterisiert, wobei allerdings nicht vergessen werden darf, daß, da es sich eigentlich um einen Exponenten mit negativem Vorzeichen handelt, die Wasserstoffionenkonzentration um so größer ist, je geringer der Wert p_H ist und umgekehrt.

Diese Ausdrucksweise ist nicht nur einfach und bequem, sondern auch aus dem Grunde gerechtfertigt, weil man bei der Bestimmung der H-Ionenkonzentration mittels Gasketten das Ergebnis in Form des negativen Logarithmus der gesuchten H-Ionenkonzentration erhält (S. 24).

H. Über die Stärke von Säuren und Basen.

Werden verschiedene Säuren und Basen auf ihre Wirkungen hin geprüft, die sie auf gewisse andere Verbindungen ausüben, so wird man finden, daß manche unter ihnen stärker, andere wieder schwächer wirken; jedoch auch, daß starker dissoziierende Säuren und Basen stärker, schwächer dissoziierende schwächer wirken. Der von jeher gebrauchlichen Unterscheidung zwischen starken und schwachen Sauren und Basen ist durch diese Tatsache eine eindeutige Grundlage gegeben; gleichzeitig ist auch, da bloß der in Ionenform abspaltbare H bzw. OH den gemeinsamen Bestandteil aller Sauren bzw. Basen darstellt, erwiesen, daß die Wirksamkeit, d. h. die Stärke einer Säure bzw. Base von der H- bzw. OH-Ionenkonzentration ihrer wäßrigen Lösungen abhangt.

---

[1] Analogerweise laßt sich die OH-Ionenkonzentration mit p_{OH}, die Dissoziationskonstante des Wassers aber mit p_{H_2O} bezeichnen, und ist es nach obigen Ausfuhrungen leicht begreiflich, daß $p_{H_2O} = p_H + p_{OH}$.

J. Über die neutrale, saure und alkalische Reaktion wäßriger Lösungen, durch Indicatoren bestimmt.

Wäßrige Lösungen, die freie Säure enthalten, werden durch gewisse Farbstoffe anders gefarbt als Lösungen, die freie Basen enthalten; ja es gibt Farbstoffe, die einen dritten Farbenton annehmen, wenn die Lösung weder freie Säuren, noch freie Basen enthält. Ausschließlich auf dieser Grundlage wurde früher die saure bzw. alkalische, bzw. neutrale Reaktion einer Lösung festgestellt, wobei sich jedoch unter anderen auch die Schwierigkeit ergab, daß manche Lösungen mit einem Farbstoff geprüft sich als sauer, mit einem anderen als alkalisch erwiesen hatten.

Man erklärt dies entweder so, daß die zu obigen Zwecken verwendeten Farbstoffe, die sog. Indicatoren, die alle sehr schwache Säuren (seltener Basen) sind, je nach der herrschenden H- bzw. OH-Ionenkonzentration eine verschiedene Innenstruktur, und damit einhergehend auch eine verschiedene Farbe haben; oder aber einfacher so, daß ihr Molekül eine andere Farbe hat, als ihre Ionen, demzufolge ihre Farbe verschieden ist, je nachdem sie sich in nichtdissoziiertem Zustande oder zu Ionen dissoziiert befinden. So ist z. B. Phenolphthalein eine sehr schwache Säure, deren Moleküle farblos sind, während das Anion rot gefarbt ist Wird zu einer angesäuerten waßrigen Flüssigkeit, die also H-Ionen in großerer Konzentration als OH-Ionen enthält, Phenolphthalein hinzugefugt, so wird die ohnehin geringe Dissoziation der schwachen Farbstoffsäure vollends zuruckgedrangt, in der Lösung werden nur die farblosen Phenolphthaleinmoleküle vorhanden sein, die Flussigkeit wird farblos bleiben. Wird hingegen Phenolphthalein zu einer durch Lauge alkalisch gemachten Flüssigkeit hinzugefügt, die also OH-Ionen in größerer Konzentration als H-Ionen enthält, so werden die wenigen H-Ionen, die aus dem Phenolphthalein abgespalten werden konnen, durch die OH-Ionen der Lauge sofort abgefangen und mit denselben zu Wasser vereinigt. Dasselbe Schicksal erfahren auch alle übrigen H-Ionen, die aus dem in geringer Menge hinzugefügten Phenolphthalein zur Herstellung des Dissoziationsgleichgewichtes nacheinander noch abgespalten werden können, so, daß in der Flüssigkeit nur mehr das rotgefärbte Anion des Phenolphthaleins frei zuruckbleibt, daher die Flüssigkeit rot gefärbt wird.

Handelt es sich nicht um Phenolphthalein, sondern um Methylorange, dessen undissoziierte Moleküle rot, dessen Anionen aber gelb sind, so ist der Vorgang, der sich abspielt, derselbe: in einer sauren Flüssigkeit, die H-Ionen in größerer Konzentration enthält, wird die Dissoziation der Farbstoffsäure zurückgedrangt, es sind daher nur ihre roten Moleküle vorhanden; in einer alkalischen Flüssigkeit, in der die OH-Ionenkonzentration die größere ist, werden die Farbstoffmoleküle aufgespalten, und es erscheinen dessen gelbe Anionen.

Was nun das Verhalten der Indicatoren in einer im physikalischchemischen Sinne neutralen Lösung betrifft (wo demnach die H-Ionen- und OH-Ionenkonzentration die gleiche ist), so würde man nach alledem erwarten, daß der Farbenumschlag eines jeden Indicators bei dem

minimalsten Überwiegen der H- oder der OH-Ionen in der Lösung
eintritt, bzw. daß der Zustand der Neutralität einer Lösung durch jeden
Farbstoff in gleicher Weise und im oben definierten Sinne der Neutralität
angezeigt wird. Das wäre tatsächlich der Fall, wenn alle als Indicatoren
verwendeten Farbstoffe in genau demselben Grade dissoziabel wären.
Dem ist aber durchaus nicht so. Die Untersuchungen, die an einer großen
Anzahl als Indicatoren verwendeter Farbstoffe ausgeführt wurden,
haben ergeben, daß ihre Dissoziation und damit auch ihr Farbenumschlag bei verschiedenen H- bzw. OH-Ionenkonzentrationen erfolgt.
Es ist also durchaus begreiflich, daß in einer Lösung, die nur sehr
geringe Mengen von freier Säure oder freiem Alkali enthält (und nur
von solchen Fällen ist hier die Rede) sich zwei Indicatoren nicht
identisch verhalten müssen. Enthält z. B. eine wäßrige Lösung, die
man mit Phenolphthalein versetzt hat, eine wohl schwache Säure, die
aber doch stärker ist, als das Phenolphthalein als Säure, so wird die
Dissoziation des Phenolphthaleins zurückgedrangt, die Lösung bleibt
farblos und wird als neutral oder sauer bezeichnet. Ist jedoch dieselbe
in Lösung befindliche Säure schwächer als Methylorange, so wird,
wenn man die Lösung mit diesem Farbstoff versetzt, seine Dissoziation
nicht zurückgedrängt, seine Anionen werden die Lösung gelb färben,
und man wird dieselbe Lösung, die oben als sauer erachtet wurde, als
alkalisch bezeichnen. Die mittels eines Indicators gefundene Reaktion
ist also nur eindeutig, wenn man jedesmal auch angibt, welcher Indicator
verwendet wurde, also z. B. sagt: ,,neutral gegen Lackmus'' oder ,,sauer
gegen Phenolphthalein'' oder ,,alkalisch gegen Methylorange''. Hingegen
wird die wahre Reaktion einer wäßrigen Lösung ohne jeden
Vorbehalt aus dem Verhältnis ihrer H- und OH-Ionenkonzentrationen (im Sinne des auf Seite 20 Gesagten) beurteilt
werden können.

K. Bestimmung der H- (und OH-)Ionenkonzentration mittels Konzentrationselementen.

Die H- (und OH-)Ionenkonzentration wäßriger Lösungen wird mit
einer Wasserstoffgaskette bestimmt, die zu den sog. Konzentrationselementen gehört. Läßt man die eine Elektrode der Kette,
die sog. Bezugselektrode, in eine Lösung mit der bekannten H-Ionenkonzentration a, die andere Elektrode in die Lösung mit der zu bestimmen-
den H-Ionenkonzentration x tauchen, wobei die Kette wie nachstehend
zusammengestellt ist;

H$_2$	Lösung mit der bekannten H-Ionenkonzentration a	Lösung mit der unbekannten H-Ionenkonzentration x	H$_2$;

merzt man ferner durch eine geeignete Vorrichtung das Grenzflachenpotential zwischen beiden Lösungen aus und bestimmt die elektromotorische Kraft π des Elementes, so besteht die Gleichung

$$\pi = 0{,}0001983 \cdot T \cdot \log \frac{a}{x},$$

woraus

$$- \log x = \frac{\pi}{0,000\,1983 \cdot T} \cdot (- \log a) \, *.$$

Arbeitet man bei der durchschnittlichen Laboratoriumstemperatur von 18° C, so hat der Nenner $0,000\,1983 \cdot T$ den Wert von $0,000\,1983 \times (273 + 18) = 0,058$, daher

$$- \log x = \frac{\pi}{0,058} \cdot (- \log a).$$

Der Umstand, daß man die H-Ionenkonzentration in Form ihres negativen Logarithmus erhält, zeugt für die Berechtigung des „Wasserstoffionen-Exponenten", der, wie auf S. 21 gezeigt wurde, nichts anderes ist, als der negative Logarithmus der H-Ionenkonzentration.

Die Wasserstoffgaskette, bzw. die Konzentrationselemente uberhaupt, beruhen auf dem Prinzip der galvanischen Elemente. Wird ein Metallstab in Wasser getaucht, das ein gut dissoziierendes Salz desselben Metalles gelöst enthält, so treten zwei entgegengesetzt gerichtete Vorgänge ein, deren einer oder anderer das Übergewicht hat. Einerseits sendet nämlich das Metall seine eigenen Atome in Ionenform in die Lösung (man bezeichnet dies Bestreben des Metalles als dessen Lösungsdruck oder elektrolytische Lösungstension); andererseits lagern sich die in Lösung befindlichen Ionen infolge ihres sog. Entladungsdruckes in Form von elektrisch neutralen Molekülen an den Metallstab an. Im ersten Falle nehmen die vom Metallstab in Ionenform sich loslösenden Atome positive Ladungen in die Lösung mit und hinterlassen negative Ladungen am Stabe. Im zweiten Falle übergeben die Ionen in dem Augenblicke, wo sie zu Molekülen werden, ihre positive Ladung dem Metallstabe. Welcher der beiden Vorgänge im Einzelfall das Übergewicht hat, hangt sowohl von der Große des Lösungsdruckes des Metalles, bzw. des Entladungsdruckes des Metalliones ab, wie auch von der Konzentration der Losung. Ist der Lösungsdruck des Metalles der großere, wie z. B. der des Zinkes, so wird der erstgenannte Vorgang das Übergewicht haben, und zwar in einem um so stärkeren Grade, je verdünnter die Losung ist. Ist der Lösungsdruck des Metalliones der geringere, wie z. B. der des Kupferiones, so wird der zweitgenannte Vorgang das Übergewicht haben, und zwar in einem um so starkeren Grade, je konzentrierter die Losung ist.

Es kann jedoch das Loslösen des Zinks vom Stabe in Ionenform, bzw. die damit einhergehende Aufladung von negativer Elektrizitat am Stabe uber die ersten minimalen Anfänge nicht hinaus, denn die elektrostatische Anziehung zwischen dem negativ geladenen Stabe und den positiv geladenen Ionen, die noch weiterhin in die Losung gesandt werden sollten, tut dem Prozeß in kürzester Zeit Einhalt. Desgleichen kann auch am Kupferstabe die Auflagerung molekularen Kupfers uber die ersten Anfänge nicht hinaus, da die positive Elektrizitat, die dem Kupferstabe durch die in molekularer Form sich anlagernden Kupferionen mitgeteilt wurde und die positiven Ladungen der Ionen, die sich noch weiter anlagern wollten, sich gegenseitig abstoßen, daher auch dieser Vorgang sehr bald aufhört. Werden jedoch Zink- und Kupferstab miteinander durch einen Draht leitend verbunden, und auch die beiden Lösungen miteinander leitend in Verbindung gebracht, so werden die beiden entgegengesetzten Elektrizitaten gegeneinander abstromen: demzufolge wird das Zink nicht weiter daran verhindert, in Lösung zu gehen, das Kupfer nicht weiter daran verhindert, sich in molekularer Form anzulagern. Gleichzeitig wird es auch ermoglicht, daß positive Elektrizität am Kupferstabe immerfort sich ansammelt, durch den Verbindungsdraht nach dem Zinkstabe abstromt, und dort den Zinkatomen mitgegeben wird, wenn diese fort und fort als Ionen in Lösung gehen sollen. Die zwei Metallstabe und die zwei Losungen, in die jene eintauchen, stellen, so verbunden, das Beispiel eines galvanischen

---

* Wird, wie dies zur Zeit wohl stets geschieht, die Wasserstoffelektrode mit der bekannten H-Ionenkonzentration a durch eine andere Bezugselektrode ersetzt, so muß der hierdurch bedingten Änderung der elektromotorischen Kraft des Elementes bei der Ermittlung von x Rechnung getragen werden.

Elementes dar, dessen positiver Pol durch den Kupfer-, der negative durch den Zinkstab gebildet wird. Sein Aufbau kann wie folgt versinnbildlicht werden.

$$\mathrm{Zn/ZnSO_4//CuSO_4/Cu.}$$

Die elektromotorische Kraft eines solchen Elementes setzt sich aus drei Potentialdifferenzen zusammen: aus dem Elektrodenpotential zwischen Kupfer und Kupferlösung, dem Elektrodenpotential zwischen Zink und Zinklösung, und dem Grenzflachenpotential zwischen beiden Lösungen. Die elektromotorische Kraft eines solchen Elementes ist aber nicht ohne weiteres genau zu berechnen, da der Losungsdruck des Kupfers und des Zinks nicht bekannt sind.

Mit denselben Erscheinungen, jedoch in einfacherer und übersichtlicherer Form hat man es zu tun, wenn man die zwei Stabe aus einem und demselben Metall bereitet und sie in Lösungen taucht, die dasselbe Metall in Form von Ionen, jedoch in zwei verschiedenen Konzentrationen enthalten: also z. B. zwei Silberstabe, die in verschieden konzentrierte Losungen von salpetersaurem Silber tauchen. Solche Elemente werden als Konzentrationselemente bezeichnet. Zu diesen gehoren auch diejenigen, die als Gasketten bezeichnet werden, und von denen die folgendermaßen konstruierte fur uns am wichtigsten ist: Wird fein verteiltes Platin, sog. Platinschwarz, das einem Platinblech aufgelagert ist, eine Zeit lang von einer H-Atmosphäre umspult, so nimmt es große Mengen von H auf, kann also auch als eine H-Elektrode angesehen werden. Werden nun zwei solche H-Elektroden in je ein Gefaß mit verdunnter Säure getaucht (die ja auch als eine Lösung von H-Ionen angesehen werden kann), wobei aber die eine Lösung konzentrierter als die andere genommen werden muß, so haben wir es hier mit einem Analogon der obigen Einrichtung zu tun. Es wird namlich, da der Losungsdruck des H ein geringer ist, an beiden H-Elektroden (wie oben Cu an den Kupferstaben) molekularer H angelagert und den Elektroden positive Elektrizität mitgeteilt. Aus den (S. 24) angefuhrten Grunden wird aber dieser Vorgang an beiden Elektroden eben nur einsetzen konnen, und erst wenn beide Elektroden und beide Lösungen untereinander leitend verbunden sind, wird Folgendes vor sich gehen: Es wird sich an beiden Elektroden positive Elektrizitat ansammeln, jedoch in großerer Menge an derjenigen, die in die konzentriertere Losung taucht; die Elektrizitat wird von dieser Elektrode durch den Draht gegen die andere abströmen und an der anderen Elektrode an den Wasserstoff, der in Form von H-Ionen in die Losung geht, abgegeben werden. Die in die konzentriertere Losung tauchende Elektrode wird die positive, die andere die negative darstellen.

Die elektromotorische Kraft E eines solchen Elementes ist ohne weiteres zu ermitteln, da der Lösungsdruck des einzigen hier vorhandenen Metalliones, des Wasserstoffs, aus der Rechnung fallt. Umgekehrt laßt sich, und dies ist fur unsere Zwecke von großer Wichtigkeit, mittels solcher Wasserstoffgasketten die unbekannte H-Ionenkonzentration x in einer zu untersuchenden Losung bestimmen, wenn man ihr in der Kette eine Lösung von genau bekannter H-Ionenkonzentration a nach dem S. 23 mitgeteilten Schema gegenuberschaltet.

L. Bestimmung der H- (und OH-)Ionenkonzentration mittels Indicatorensätzen.

Die auf S. 22 erörterte Tatsache, daß der Farbenumschlag verschiedener als Indicatoren verwendeter Farbstoffe bei je einer bestimmten H- (bzw. OH-)Ionenkonzentration eintritt, läßt sich zur Bestimmung der H-Ionenkonzentrationen der Lösungen verwenden. Hierbei lassen sich verschiedene Wege einschlagen.

Fur primitive Zwecke genugt es, Losungen von Indicatoren in der Reihenfolge zu einem Indicatorensatze zusammenzustellen, wie ihr Farbenumschlag bei an- oder absteigenden H-Ionenkonzentrationen erfolgt. Es sei dies z. B. der Fall:

am Indicator	A	B	C	D	E
bei der H-Ionenkonzentration .	10^{-4}	10^{-5}	10^{-6}	10^{-7}	10^{-8}

Versetzt man je eine Probe der zu untersuchenden Lösung der Reihe nach mit den Indicatoren des obigen Satzes und findet z. B., daß die Farbe von A, B, C nicht, wohl aber die von D umschlägt, so ist es erwiesen, daß die H-Ionenkonzentration bei dem Umschlagspunkte von D herum gelegen ist.

Auf ahnlicher Grundlage, jedoch ungleich exakter lassen sich solche Bestimmungen nach der SORENSENschen Methode ausführen. Sie beruht auf der Verwendung von Losungsgemischen, in denen die H-Ionenkonzentration bloß von dem gegenseitigen Verhaltnisse der Konzentrationen ihrer Bestandteile abhängt. Als solche wurden (auf S. 19) die Gemische erörtert, die eine schwache Saure und das zugehorige Salz enthalten; in analoger Weise verhalten sich aber auch andere, von SORENSEN verwendete Gemische, die Glykokoll und Salzsaure, Glykokoll und Natronlauge, Borsaure und Salzsaure, primares und sekundares Phosphat enthalten. Variiert man in diesen Gemischen die Konzentration der Bestandteile, so lassen sich beliebig dichte Intervalle der H-Ionenkonzentrationen reproduzieren, allerdings fur je ein Gemisch nur innerhalb eines gewissen Bereiches der H-Ionenkonzentration. Durch Verwendung der oben angeführten Gemische, deren jedes einen anderen Bereich hat, laßt es sich aber erreichen, daß man alle praktisch in Betracht kommenden H-Ionenkonzentrationen in der Hand hat.

Als Indicatoren werden hierbei mit Vorteil solche verwendet, die ihre Farbe bei Änderung der H-Ionenkonzentration nicht plotzlich, sondern allmahlich andern, so daß der durch verschiedene Nuancen gekennzeichnete Farbenumschlag innerhalb eines H-Ionenkonzentrationsbereiches stattfindet, der mehrere Einheiten im Ausdruck p_H betragen kann. Soll die H-Ionenkonzentration einer Losung bestimmt werden, so wird zunachst, wie oben, durch Ausprobieren der Indicator ermittelt, der in der zu untersuchenden Losung den Farbenumschlag erfahrt, sodann einer Hilfstabelle einerseits die ungefahre H-Ionenkonzentration, bei der dieser Umschlag erfolgt, andererseits die Art des Losungsgemisches entnommen, in dessen H-Ionenkonzentrationsbereich die zunachst nur ungefahr gekannte H-Ionenkonzentration gehort. Hat man z. B. gefunden, daß p_H etwa gleich ist 7,5, so wird man, da erfahrungsgemaß dieser H-Ionenkonzentrationsbereich den Phosphatgemischen eigentümlich ist, solche verwenden. Man geht von der Tatsache aus, daß in dem Phosphatgemische

$$
\begin{array}{lllllllll}
\text{Nr. 1} & \text{das} & 1 & \text{Mol} & NaH_2PO_4 & \text{auf} & 2 & \text{Mole } Na_2HPO_4 \text{ enthalt,} & p_H = 7,0 \\
\text{,, } 2 & \text{,, } 1 & \text{,,} & \text{,,} & \text{,,} & 4 & \text{,,} & \text{,,} & p_H = 7,3 \\
\text{,, } 3 & \text{,, } 1 & \text{,,} & \text{,,} & \text{,,} & 8 & \text{,,} & \text{,,} & p_H = 7,7 \\
\text{,, } 4 & \text{,, } 1 & \text{,,} & \text{,,} & \text{,,} & 16 & \text{,,} & \text{,,} & p_H = 8,0 \\
\text{,, } 5 & \text{,, } 1 & \text{,,} & \text{,,} & \text{,,} & 32 & \text{,,} & \text{,,} & p_H = 8,3.
\end{array}
$$

Versetzt man nun einerseits die zu untersuchende Lösung, andererseits die Phosphatgemische 1—5 mit dem Indicator, dessen Farbenumschlag in diesen Bereich fallt, so wird man z. B. finden, daß die Farbennuance in der zu prüfenden Losung von der in den Phosphatgemischen 1 und 5 deutlich, von der in den Phosphatgemischen 2 und 4 weniger verschieden, mit der in dem Gemische 3 aber identisch ist. Die H-Ionenkonzentration betragt daher $p_H = 7,7$. Das Untersuchungsergebnis kann durch mitanwesende Neutralsalze, durch Eiweiß bzw. dessen Spaltprodukte, und wenn die zu untersuchende Lösung an und für sich gefarbt ist, durch ihre Eigenfarbe modifiziert werden, welchem Umstande Rechnung getragen werden muß.

Ein anderer Weg wurde von MICHAELIS eingeschlagen. Einige Tropfen des Indicators, der eine schwache Saure darstellt, und der im undissoziierten Zustande farblos ist, wird mit einem Überschuß von Lauge versetzt, so daß die Farbstoffsaure ganzlich dissoziiert und der Farbstoff nur mehr in Form seiner gefarbten Ionen vorhanden ist. Fügt man zu der zu untersuchenden Losung die gleiche Menge des Indicators, so wird die hierbei entstehende Farbtiefe von dem Verhaltnisse der farblosen Indicatormolekule zu den gefarbten Indicatorionen bestimmt. Praktisch wird die Bestimmung so ausgefuhrt, daß man die Menge des Indicators vergleicht, die einerseits zur starken Lauge, andererseits zu der zu untersuchenden Lösung hinzugefugt werden muß, um eine gleich tiefe Farbung zu erlangen.

M. Über die Bestimmung der Acidität bzw. Alkalinität einer Lösung durch Titration unter Verwendung von Indicatoren.

Die Bestimmung der Acidität bzw. Alkalinität einer Lösung durch Titration unter Verwendung von Indicatoren beruht auf Vorgangen, die sich zwischen den H- bzw. OH-Ionen der Lösung einerseits, und den OH- bzw. H-Ionen der Titrierflüssigkeit andererseits abspielen. Soll z. B. die Acidität einer verdünnten Säure durch Titration bestimmt werden, so läßt man von der Titrierlauge so viel zufließen, bis durch die hinzugefügten OH-Ionen der Lauge die H-Ionen der Säure zu Wasser neutralisiert sind. Der Zeitpunkt der Neutralisation bzw. des ersten kleinen Überschusses an Titrierlauge wird durch den Indicator angezeigt, wobei allerdings zu bemerken ist, daß man bei Verwendung verschiedener Indicatoren (laut S. 23) zur Neutralisation bald um eine Spur mehr, bald um eine Spur weniger Lauge benötigt.

Da (nach S. 20) die saure Reaktion durch einen Überschuß an H-, die alkalische durch einen Überschuß an OH-Ionen verursacht wird, konnte man vorerst annehmen, daß das Untersuchungsergebnis, sei es durch die Bestimmung der H-Ionenkonzentration mit Hilfe von Gasketten (S. 23), sei es durch Titration erlangt, in jedem Falle das gleiche sei. Dem ist jedoch durchaus nicht so. Haben wir es mit einer hinreichend verdunnten Lösung einer **starken** Saure bzw. Base (im Sinne von S. 21) zu tun, so ist die H- bzw. OH-Ionenkonzentration nach beiden Methoden bestimmt, annahernd **identisch**. Ist es jedoch eine s**chwache** Säure bzw. Base, deren H- bzw. OH-Ionenkonzentration bestimmt werden soll, so wird der durch Titration erhaltene Wert ganz erheblich **größer** ausfallen müssen.

Dies hat folgenden Grund. Haben wir es z. B. mit einer starken Saure zu tun, die in der großen Verdünnung praktisch als vollkommen dissoziiert angesehen werden kann, so spielt sich der Neutralisationsvorgang, der dem Titrationsverfahren zugrunde liegt, zwischen den vollkommen abdissoziierten H-Ionen der Saure und den OH-Ionen der Titrierlauge ab. Von letzterer wird man genau so viel zufließen lassen müssen, als zur Bindung samtlicher, auch durch die Gaskettenmethode angegebener H-Ionen notig ist. Anders, wenn es sich z. B. um eine **schwache** Saure handelt, die (nach S. 21) wenig dissoziiert ist. Mittels der Gasketten erhält man hier wieder den wahren Wert, namlich die Konzentration der H-Ionen, die in der wenig dissoziierenden Saure zur Zeit der Bestimmung tatsächlich vorhanden sind; bei der Titration werden hingegen durch die zu allererst (mit der Lauge) zufließenden OH-Ionen zwar wieder nur die sparlichen H-Ionen der schwach dissoziierten Saure neutralisiert, doch ist der Vorgang hiermit noch nicht abgeschlossen. In der Losung der schwach dissoziierenden Saure hat namlich vor dem Beginn der Titration ein dem Verdünnungsgrade entsprechender Gleichgewichtszustand bestanden, indem

$$\frac{C_{\text{Saureanion}^-} \cdot C_{\text{H}^+}}{C_{\text{Saure-Molekul}}} = K.$$

Werden nun die wenigen freien H-Ionen der Saure durch die OH-Ionen der Lauge abgefangen, so hat dies eine Störung des besagten Gleichgewichtes zur Folge, das jedoch dadurch sofort wiederhergestellt wird, daß weitere H-Ionen abdissoziieren. Doch werden auch diese durch die OH-Ionen der einfallenden Lauge abgefangen, das Gleichgewicht wird wieder gestort, durch Abspaltung von H-Ionen wiederhergestellt, und so fort, bis überhaupt noch abspaltbare H-Ionen vorhanden sind, also bis die ursprunglich bloß schwach dissoziierende Saure ganz aufgespalten ist. Es ist demnach klar, daß im Falle schwacher Sauren bzw. Basen durch Titration ein weit größerer Wert, als mittels der Gasketten erhalten wird, denn durch die letztere Methode werden nur die von vornherein abdissoziierten freien, sog. **aktuellen** H-Ionen angezeigt, durch die Titration hingegen außer diesen auch diejenigen, die zu Beginn der Untersuchung an Anionen gebunden, als sog. **potentielle** Ionen vorhanden waren, und bloß im Verlaufe der Titration eines nach dem anderen abdissoziiert wurden.

Hieraus geht aber noch ein weiteres hervor: Wird in zwei Lösungen von der gleichen molaren Konzentration, deren eine eine starke, die andere eine schwache Säure enthält, die H-Ionenkonzentration mittels Gasketten bestimmt, so muß dieselbe in der ersten Lösung weit größer als in der zweiten befunden werden, das Ergebnis der Titration muß jedoch in beiden Lösungen identisch sein.

Der (S. 23) erwähnte Umstand, wonach der Umschlag der verschiedenen Indicatoren bei verschiedenen H- bzw. OH-Ionenkonzentration stattfindet, verursacht bei der Aciditäts- bzw. Alkalinitätsbestimmung von Flüssigkeiten, die überwiegend bloß schwache Säuren und schwache Basen enthalten — dies ist der Fall bezüglich der wichtigsten physiologischen Flüssigkeiten — noch weitere Unstimmigkeiten. Es soll z. B. eine solche, schwache Säuren enthaltende Lösung mit der sehr schwachen Säure Phenolphthalein als Indicator titriert werden. Die in der Lösung anwesenden Säuren sind alle, wennauch schwache Säuren, doch mit Einschluß von H_2PO_4 (S. 1) stärker, als der Farbstoff es ist; daher wird die Dissoziation des Farbstoffes vollkommen zurückgedrängt und es werden nur seine farblosen Moleküle vorhanden sein. Durch die während der Titration (mit der Lauge) portionsweise zugesetzten OH-Ionen werden die H-Ionen der Säuren der Reihe nach neutralisiert, es werden frische abdissoziiert, wieder neutralisiert usw., bis endlich auch alle potentiellen H-Ionen der Säuren abgespalten und neutralisiert sind. Nun erst kann das Phenolphthalein, dessen Dissoziation bisnun vollkommen zurückgedrängt war, seinem geringen Dissoziationsgrade entsprechend H-Ionen abspalten, wobei gleichzeitig auch sein rot gefärbtes Anion in der Lösung erscheint; erst jetzt ist die Titration, nachdem eine ganz bestimmte Menge an Lauge verbraucht wurde, beendet.

Anders verhält sich die Sache, wenn man dieselbe Flüssigkeit mit Methylorange als Indicator titrieren wollte, das weit stärker als Phenolphthalein, und auch stärker als so manche der in den genannten Flüssigkeiten enthaltenen Säuren dissoziiert. So ist z. B. die dreibasische Phosphorsäure eine weit stärkere Säure als das Methylorange, die Dissoziation des Farbstoffes wird also, solange H_3PO_4 noch nicht gänzlich in H^+ und $H_2PO_4^-$ aufgespalten ist (erste Dissoziationsstufe nach S. 1), noch zurückgedrängt und die Flüssigkeit bleibt rot. Auch H_2PO_4 ist eine wennauch schwache Säure; sie dissoziiert weiter in H^+ und $HPO_4^=$; da jedoch H_2PO_4 eine **schwächere** Säure ist als das Methylorange, so wird zu diesem Zeitpunkt, wo noch potentielle, nicht abdissoziierte H-Ionen der Säure H_2PO_4 in der Lösung vorhanden sind, diese also noch nicht gänzlich neutralisiert ist, die Dissoziation des Farbstoffes nicht mehr zurückgedrängt; die aus ihm abdissoziierten H-Ionen werden von den OH-Ionen der einfallenden Lauge abgefangen werden und es werden dementsprechend die gelbgefärbten Farbstoff-Anionen in der Flüssigkeit erscheinen: die Titration wird früher, als bei Verwendung von Phenolphthalein als Indicator beendet, und der Verbrauch an Titrierlauge ein geringerer sein müssen, denn bei Verwendung von Methylorange als Indicator wird bloß das erste abdissoziierte H-Ion der Phosphorsäure, bei Verwendung von Phenolphthalein aber auch das zweite bestimmt.

N. Amphotere Elektrolyte.

Der Säurecharakter wird einer Verbindung nach der alten Definition dadurch verliehen, daß sie mit Basen Salze bildet, bzw. der Basencharakter dadurch, daß sie mit Sauren Salze bildet; nach der neueren Definition aber dadurch, daß die Säuren genannten Verbindungen in ihren wäßrigen Lösungen H-Ionen, die Basen genannten Verbindungen aber OH-Ionen abdissoziieren vermögen, und auf diese Weise in den Lösungen entweder ein Überschuß an H-, oder ein solcher an OH-Ionen entsteht.

Es sind aber schon von lange her auch Verbindungen bekannt, die sowohl mit Basen, wie auch mit Sauren Salze zu bilden vermögen. Es sind dies, wie erkannt wurde, solche Verbindungen, die in ihren wäßrigen Lösungen je nach den Umständen entweder H- oder OH-Ionen, oder aber beide abdissoziieren. Man nennt sie **amphotere Elektrolyte** oder **Ampholyte.** Zu diesen gehören unter anderen die Purinkörper, Peptide, Aminosauren, deren Molekule man sich, wie z. B. das des Glykokolls (S. 118) in wäßriger Losung durch den Eintritt von einem Molekül Wasser an der Aminogruppe wie folgt vorzustellen hat:

$$NH_2.CH_2.COOH + H_2O = OH.NH_3.CH_2.COOH.$$

In der rein wäßrigen, neutralen Lösung besteht die Möglichkeit der Abspaltung von H- sowohl als auch von OH-Ionen:

$$OH.NH_3.CH_2.COOH \rightleftarrows OH^- + NH_3.CH_2.COO^\pm + H^+,$$

wobei also außer den H- und OH-Ionen auch ein sog. Zwitter-Ion, u. z. $NH_3.CH_2.COO^\pm$ entsteht.

Wird diese Lösung mit ein wenig Saure versetzt, so wird durch deren freie H-Ionen die H-Abdissoziierung aus dem Glykokoll zurückgedrängt, so daß aus dem Glykokoll nur OH-Ionen abgespalten werden können.

$$OH.NH_3.CH_2.COOH \rightleftarrows OH^- + NH_3.CH_2.COOH^+.$$

Wird hingegen die neutrale Lösung mit ein wenig Lauge versetzt, so wird umgekehrt die OH-Abspaltung aus dem Glykokoll zurückgedrängt, und es kommt bloß zum Abdissoziieren von H-Ionen:

$$OH.NH_3.CH_2.COOH \rightleftarrows OH.NH_3.CH_2COO^- + H^+.$$

O. Hydrolytische Dissoziation.

Die (S. 20) erwahnte Dissoziation des Wassers hat zur Folge, daß gewisse Verbindungen in ihren waßrigen Lösungen infolge der Anwesenheit der aus dissoziiertem Wasser hervorgegangenen H- bzw. OH-Ionen Veränderungen erleiden, die man eben aus diesem Grunde als **Hydrolyse,** richtiger **hydrolytische Dissoziation** bezeichnet.

Wird die Verbindung einer starken Base mit einer schwachen Saure, z. B KCN in Wasser gelost, so erleidet sie zunachst eine elektrolytische Dissoziation in K^+ und CN^-; daneben sind in der Losung auch die aus dem Wasser abdisssoziierten H- und OH-Ionen enthalten. Nun ist aber in einer Losung, die freie H^+- und CN^--Ionen enthalt, die Gelegenheit gegeben, HCN zu bilden. Diese Saure wird auch tatsächlich gebildet, bleibt jedoch, da sie sehr schwach ist, zum weitaus größten Teile undissoziiert. Damit ist aber eine gewisse Zahl von freien H+-Ionen aus der Lösung verschwunden, während die freien OH⁻-Ionen zunächst in unveränderter Zahl verbleiben. Durch die Abnahme der freien H+-Ionen würde es aber zu einem Absinken des Wertes des Produktes $C_H \times C_{OH}$ (S. 20) bzw. des durch dieses Produkt ausgedruckten Gleichgewichtszustandes kommen. Es werden daher weitere Wassermoleküle dissoziiert: die frisch entstandenen H-Ionen vereinigen sich mit der äquivalenten Zahl von CN-Ionen zu HCN, durch die freien OH-Ionen aber, deren Zahl im selben Verhältnisse zugenommen hat, wie die der H-Ionen abnahm, wird bewirkt, daß das Produkt $C_H \times C_{OH}$ seinen konstanten Wert beibehält. Da auf diese Weise die OH-Ionen gegenüber den H-Ionen das Übergewicht erlangt haben, nimmt die Lösung, obzwar das Salz, das zur Auflösung kam, seiner Konstitution nach ein neutrales war, eine ausgesprochen alkalische Reaktion an.

Umgekehrt: Wird die Verbindung einer starken Säure mit einer schwachen Base, z. B. NH_4Cl, wieder ein seiner Konstitution nach neutrales Salz, in Wasser gelöst, so entstehen durch elektrolytische Dissoziation NH_4- und Cl-Ionen, daneben sind noch die aus der Dissoziation des Wassers hervorgegangenen H- und OH-Ionen vorhanden. Nun ist aber in einer Lösung, die freie OH⁻- und NH_4+-Ionen enthält, die Gelegenheit gegeben $(NH_4)OH$ zu bilden. Diese Base wird auch tatsächlich gebildet, bleibt jedoch, da sie sehr schwach ist, zum weitaus größten Teile undissoziiert. Damit ist aber eine gewisse Zahl von freien OH⁻-Ionen aus der Lösung verschwunden, während die freien H+-Ionen zunächst in unveränderter Zahl verbleiben. Durch die Abnahme der freien OH⁻-Ionen würde es aber zu einer Abnahme des Produktes $C_{H+} \cdot C_{OH^-}$ (S. 20) kommen, daher müssen zur Herstellung des auf diese Weise gestörten Dissoziationsgleichgewichtes des Wassers weitere Wassermoleküle aufgespalten werden. Die frisch entstandenen OH-Ionen verbinden sich mit der äquivalenten Zahl von NH_4 zu NH_4OH, durch die freien H-Ionen aber, deren Zahl im selben Verhältnisse zugenommen hat, wie das der OH-Ionen abnahm, wird bewirkt, daß der Gleichgewichtszustand, ausgedruckt durch das Produkt $C_H \times C_{OH}$, seinen konstanten Wert behält. Da jedoch nun die H-Ionen gegenüber den OH-Ionen das Übergewicht erlangt haben, muß die Lösung sauer reagieren.

Wird endlich die Verbindung einer schwachen Säure mit einer schwachen Base, wie z. B. $CH_3COO(NH_4)$, eines seiner Konstitution nach ebenfalls neutralen Salzes, in Wasser gelöst, so werden beide oben geschilderten Vorgänge statthaben, und es werden in einer gewissen Menge sowohl CH_3COOH wie auch $(NH_4)OH$ in undissoziiertem Zustande vorhanden sein.

Die hydrolytische Dissoziation solcher, aus der Vereinigung starker Basen und schwacher Säuren bzw. starker Säuren und schwacher Basen hervorgegangener Verbindungen ist ein reversibler Vorgang, gleichwie die (auf S. 17) erörterte elektrolytische Dissoziation der schwachen Säuren und Basen, und auch bezüglich der hydrolytischen Dissoziation kommt es zu einem charakteristischen Gleichgewichtszustand, dessen Konstante bestimmt werden kann. Da sich nämlich der Vorgang der Hydrolyse z. B. im Falle des CNK zwischen den H-+ und CN⁻-Ionen abspielt, besteht die Beziehung

$$\frac{C_{H^+} \cdot C_{CN^-}}{C_{HCN}} = k$$

Bezüglich des Wassers gilt aber nach S. 20

$$C_{H^+} \cdot C_{OH^-} = k_{H_2O}$$

Wird die zweite Gleichung durch die erste dividiert, so erhält man

$$\frac{C_{H^+} \cdot C_{OH^-} \cdot C_{HCN}}{C_{H^+} \cdot C_{CN^-}} = \frac{C_{OH^-} \cdot C_{HCN}}{C_{CN^-}} = K_{Hydr.} \text{ (Hydrolysenkonstante).}$$

P. Reaktionsregulatoren oder Puffer.

Am Beispiele des essigsauren Natriums und der Essigsäure wurde (S. 19) gezeigt, daß in Lösungen von Salzen, gebildet durch eine schwache Säure (bzw. Base) mit einer starken Base (bzw. Säure), wenn diesen Lösungen auch die betreffende schwache Säure (bzw. Base) in freiem Zustande beigemischt ist, eine genau definierte und stets reproduzierbare H-Ionenkonzentration besteht, die bloß vom gegenseitigen Verhältnis der Konzentration des Salzes und der betreffenden schwachen Säure (bzw. Base) abhängt. Andererseits wurde gezeigt (S. 29), daß dieselben Salze in ihren wäßrigen Lösungen nebst der elektrolytischen Dissoziation auch eine hydrolytische Dissoziation erleiden, die sich ebenfalls auf ein bestimmtes Gleichgewicht einstellt.

Nun sind aber solche im elektrolytischen und hydrolytischen Gleichgewichtszustand befindliche Lösungsgemische nicht nur durch eine ganz bestimmte H-, bzw. OH-Ionenkonzentration ausgezeichnet, sondern auch dadurch, daß diese Konzentrationen mit großer Hartnackigkeit aufrecht erhalten werden, wenn das bestehende Gleichgewicht etwa durch Hinzutritt von H- oder OH-Ionen gestört zu werden droht.

Wird nämlich freie Säure, wenn auch in sehr geringer Menge, zu reinem Wasser hinzugefügt, so erfolgt eine genau entsprechende Zunahme der H-Ionenkonzentration. Fügt man hingegen dieselbe Säuremenge zu einem der oben behandelten Lösungsgemische, z. B. zu einem essigsauren Natrium-Essigsäuregemisch, so treten viele der zugesetzten H-Ionen mit einer äquivalenten Menge von Acetat-Ionen zur sehr schwach dissoziierenden Essigsäure zusammen, demzufolge die H-Ionenkonzentration nur eine ganz geringe Zunahme erfährt, und zwar eine um so geringere, je mehr Acetat-Ionen im Verhältnis zu den hinzugetretenen H-Ionen vorhanden waren, daher je mehr H-Ionen in Form von Essigsäure gebunden werden konnten.

Dies wird erklärlich, wenn man bedenkt, daß die Gleichung

$$C_{\text{H}^+} = K \cdot \frac{C_{\text{Säure}}}{C_{\text{Salz}}}$$

(S. 20) unter gewissen Vernachlässigungen aus der Gleichung

$$\frac{C_{\text{Anion}} \cdot C_{\text{Kation}}}{C_{\text{Molekul (undiss.)}}} = K$$

(S. 18) bzw. auf den hier behandelten Spezialfall bezogen

$$\frac{C_{\text{Säureanion}} \cdot C_{\text{H}^+}}{C_{\text{Säure (undiss.)}}} = K$$

hervorgegangen ist, woraus aber

$$C_{\text{H}^+} = K \cdot \frac{C_{\text{Säure (undiss.)}}}{C_{\text{Säureanion}}}.$$

Durch die Zunahme der Konzentration der undissoziierten Säure und durch die gleichzeitige Abnahme der Konzentration der Säureanionen muß, da K seinen Wert stets beibehält, die Konzentration der H-Ionen zunehmen; doch ist diese Zunahme um so geringer, je größer die ursprüngliche Konzentration der Säureanionen, bzw. je geringer demzufolge ihre verhältnismäßige Abnahme infolge obiger Vorgänge war.

Essigsaures Natrium und freie Essigsäure, in einem Lösungsgemisch gleichzeitig vorhanden, sowie andere Stoffe, die sich ähnlich verhalten, werden, da sie von außen drohende Störungen des für sie charakteristischen Gleichgewichtes der H- bzw. OH-Ionenkonzentration, d. h. der Reaktion der Lösung, gleichsam auffangen, „Reaktionsregulatoren“

oder auch als „Puffer" bezeichnet; von den Lösungen aber, in denen sie enthalten sind, sagt man, daß sie „gepuffert" sind. Ihre „Pufferkapazität" ist durch ihren Gehalt an solchen Ionen (im obigen Beispiele sind es Acetat-Ionen) bestimmt, die sich mit etwa hinzutretenden $H+$-, bzw. OH^--Ionen zu schwach dissoziierenden Säuren bzw. Basen verbinden.

V. Viscosität.

Strömt Flüssigkeit durch eine enge Capillare, so wird infolge der inneren Reibung der Flüssigkeitsteilchen die Strömungsgeschwindigkeit merklich verringert, und zwar ist diese Geschwindigkeit der **inneren Reibung**, der **Viscosität** umgekehrt proportional. Für physiologische Zwecke bestimmt man nur die **relative Viscosität**, d. h. die Verhältniszahl, die angibt, wie sich die Viscosität einer Lösung zu der des Lösungsmittels (Wasser) verhält, wenn beide Flüssigkeiten im selben Apparate und bei derselben Temperatur untersucht werden. Als Maßstab der Viscosität gilt die Zeitdauer, deren ein gewisses Flüssigkeitsquantum bedarf, um eine gewisse Strecke der Capillare zu durchlaufen, wobei die Flüssigkeit durch ihr Eigengewicht angetrieben wird. Da die Auslaufzeiten auch vom spezifischen Gewicht der Flüssigkeiten, und zwar in gerader Proportion abhängen, wird auch dieses zu berücksichtigen sein. Ist η die Viscosität der zu untersuchenden Flüssigkeit, η_0 die des Wassers (gleich 1), s das spezifische Gewicht der Flüssigkeit, s_0 das des Wassers (gleich 1), t die Auslaufgeschwindigkeit der Flüssigkeit, t_0 die des Wassers, so ist

$$\eta : \eta_0 = s \cdot t : s_0 \cdot t_0 \text{ bzw. } \eta : 1 = s \cdot t : t_0, \text{ woraus}$$

$$\eta = \frac{s \cdot t}{t_0} \quad \dots \dots \dots \dots \dots \quad \text{(XVI)}$$

VI. Oberflächenspannung und Adsorption.

Einander benachbarte Teilchen einer Flüssigkeit ziehen sich gegenseitig in gleichmaßiger Stärke an, und zwar ist ein Teilchen, das sich im Flüssigkeitsinneren befindet, einem in jeder Richtung gleichmäßigen Zug ausgesetzt, daher die entgegengesetzt gerichteten Anziehungen sich gegenseitig aufheben. Hingegen wird ein Teilchen, das sich an der Oberfläche, also an der Grenze zwischen Flüssigkeit und Luft befindet, von den Seiten her zwar wieder gleichmäßig angezogen, in vertikaler Richtung aber ist es einem ungleichmaßigen Zuge ausgesetzt; denn es wird von den Teilchen, die tiefer gelegen sind, wohl mit einer bestimmten Kraft nach dem Flussigkeitsinneren gezcgen; diesem gegen das Flüssigkeitsinnere gerichteten Zuge wirkt aber kein nach oben gerichteter Zug entgegen (wenn man von der geringen Anziehung absieht, die von den oberhalb der Flussigkeit befindlichen Luftteilchen ausgeübt wird). Dieser einseitige, nach dem Flussigkeitsinneren gerichtete Zug, den die in der Oberfläche befindlichen Teilchen erleiden, hat zur Folge, daß die sog. **Oberflachenspannung** zustande kommt, wobei die Flussigkeit stets das Bestreben hat, **ihre Oberflache zu verringern**.

Erscheinungen der beschriebenen Art sind an den Grenzflachen zwischen Körpern aller dreier Aggregatzustände denkbar; für uns sind aber bloß diejenigen wichtig, die sich an der Grenze zwischen Flüssigkeiten und Gasen (Luft), ferner zwischen Flüssigkeiten und festen Stoffen abspielen, daher im nachfolgenden immer nur von diesen beiden Fällen die Rede sein wird.

1. An der Grenze zwischen Flüssigkeit und Luft gibt sich das Bestreben der Flüssigkeit, ihre Oberfläche zu verringern, in zwei allbekannten Erscheinungen kund.

a) Wird eine Capillare in eine Flüssigkeit getaucht, die ihre Wandungen benetzt, so steigt die Flussigkeit in der Capillare uber das Niveau der Außenflussigkeit an.

b) Flüssigkeiten nehmen in einem fremden Medium, mit dem sie sich nicht mischen (Flüssigkeit oder Luft), die Gestalt einer Kugel an. Hierauf ist eine häufig geübte Methode zur Bestimmung der Oberflächenspannung gegründet: die sog. Tropfmethode, Stalagmometrie.

Laßt man eine auf ihre Oberflachenspannung zu untersuchende Flussigkeit beim unteren Ende einer engen Capillarröhre, eines sog. Stalagmometers, ausfließen, so wird sie daselbst zu einer Kugel, zu einem Tropfen geformt, der zunachst dort noch hangen bleibt. Der Tropfen wird durch Nachfließen der Flussigkeit immer noch anwachsen, aber infolge seines zunehmenden Gewichtes abreißen, sobald die Oberflachenspannung durch das Gewicht des Tropfens uberwunden ist (denn beim Abreißen wird ja eine neue Oberflache gebildet, die fruhere vergrößert und das hiergegen gerichtete Widerstreben der Flüssigkeit ist es, das durch das Gewicht des Tropfens überwunden werden muß). Die Oberflachenspannung ist also eine um so größere, zu je größeren Tropfen die ausfließende Flussigkeit anwachsen kann, bzw. je geringer die Anzahl der Tropfen ist, die in einer gegebenen Zeit sich von dem Capillarende losreißen. Außerdem wird es aber auch einer um so größeren Oberflächenspannung bedurfen, um einen Tropfen am Losreißen zu hindern, je großer dessen spezifisches Gewicht ist. Es ist demnach bei dieser Methode die Oberflachenspannung γ_1 einer Flüssigkeit im Vergleiche zu der des Wassers, die man gleich 1 setzt, um so großer, je kleiner ihre Tropfenzahl z_1 im Vergleiche zu der Tropfenzahl z des Wassers, und je großer das spezifische Gewicht s_1 der Flussigkeit ist im Vergleich zu dem des Wassers, das gleich 1 ist. Naturlich muß die Tropfenzahl der Flüssigkeit und des Wassers im selben Stalagmometer bestimmt werden. Unter solchen Umstanden ist

$$\gamma_1 = \frac{z \cdot s_1}{z_1} \ldots \ldots \ldots \ldots \ldots \ldots (XVII)$$

Oft begnugt man sich damit, die Tropfenzahl z_1 der zu untersuchenden Flussigkeit mit der Tropfenzahl z des Wassers zu vergleichen, welch letztere gleich 100 gesetzt wird. Auf diese Weise erhalt man fur die untersuchte Flussigkeit den Wert $\frac{100\,z_1}{z}$.

Die Bestimmungen der Oberflachenspannung haben ergeben, daß es eine ganze Reihe von biologisch wichtigen Stoffen gibt, durch die, wenn sie im Wasser gelost werden, die Oberflächenspannung des Wassers an der Grenze gegen Luft nicht verändert wird: man nennt diese Stoffe „oberflacheninaktiv". Dann hat man solche gefunden, durch die die Oberflachenspannung des Wassers verändert wird: man bezeichnet solche Stoffe als „oberflachenaktiv", und zwar besteht die Veranderung entweder in einer (oft starken) Herabsetzung, oder in einer (meistens nur geringen) Steigerung der Oberflachenspannung

Eine fur uns wichtige Erscheinung, die mit obigen Anderungen der Oberflachenspannung einhergeht, ist die Adsorption. Nach dem von GIBBS und THOMSON abgeleiteten Theorem kommt es namlich im Falle der Veranderung der Oberflachenspannung zu folgenden Erscheinungen.

Die Konzentration der Stoffe, die die Oberflachenspannung des Wassers herabsetzen, nimmt in der Oberflache zu, es findet hier eine Anreicherung des Stoffes statt, sie werden „positiv adsorbiert‘‘ Die Zunahme der Konzentration hat naturlich ihre Grenzen, denn die großere Konzentration in der Oberflache fuhrt alsbald zu Diffusionsvorgangen, die gegen das Flussigkeitsinnere gerichtet sind, so daß es zu einem Gleichgewichtszustande zwischen beiden entgegengesetzt gerichteten Vorgangen kommen muß. Positiv adsorbiert werden freie Fettsauren, Seifen (Salze der hoheren Fettsauren), Eiweiß und deren Abbauprodukte usw

Die Konzentration der Stoffe, die die Oberflachenspannung erhohen, nimmt nach obigem Gesetze in der Oberflache ab, sie werden in das Flussigkeitsinnere gedrangt, negativ adsorbiert. Eine solche Wirkung kommt manchen Neutralsalzen zu.

Die Konzentration der Stoffe, die oberflacheninaktiv sind, erleidet in der Oberflache keinerlei Veranderungen, sie werden nicht adsorbiert Solche sind. die meisten Neutralsalze, Zuckerarten, hohere Alkohole.

2. An der Grenzflache zwischen Flüssigkeit und festem Stoffe ist die Oberflachenspannung einer direkten Messung nicht zugangig, doch hat man bezuglich einer Reihe von Stoffen, die an der Grenze zwischen Wasser und Luft positiv adsorbiert werden, gefunden, daß sie an der Grenze von Wasser und festen Stoffen sich ebenso verhalten. Die positive Adsorption laßt sich, wenn das Adsorbens fest ist, auf folgende Weise nachweisen· Schuttelt man die waßrige Losung des zu untersuchenden Stoffes mit einem festen Körper von moglichst großer Oberflachenentwicklung (z. B. Kohle oder Kaolin in fein verteiltem Zustande, oder Seide, Baumwolle usw.), so wird eine etwa stattgehabte positive Adsorption an der Konzentrationsabnahme der Flussigkeit zu erkennen sein, wenn diese von dem Adsorbens durch Filtrieren getrennt wird Von manchen Stoffen hat es sich herausgestellt, daß sie sich verschiedenen Adsorbenzien gegenuber verschieden verhalten. an das eine werden sie positiv adsorbiert, an das andere nicht. Teilchen eines Stoffes werden von einem festen Adsorbens nicht adsorbiert, wenn sie und das Adsorbens die gleichen elektrischen Ladungen besitzen, hingegen findet eine positive Adsorption statt, wenn die gelosten Teilchen und das Adsorbens entgegengesetzt gerichtete Ladungen besitzen So werden z. B. die Anionen gewisser Farbstoffe durch Tonerde adsorbiert, weil die letztere positiv geladen ist, durch das negativ geladene Kaolin aber nicht.

Der Adsorptionsvorgang hat so manche Ähnlichkeit mit den (S. 14) beschriebenen reversiblen Vorgangen. Sowie bei den letzteren, gibt es auch bei der Adsorption zwei einander entgegengesetzt gerichtete Vorgange: einerseits die Anderung der Konzentration in der Oberflache, andererseits das Bestreben der einander sich beruhrenden Losungen, die entstandenen Konzentrationsunterschiede auf dem Wege der Diffusion auszugleichen. Zu einem Gleichgewichtszustande kommt es, wenn die Geschwindigkeit der beiden entgegengesetzten Vorgange gleich groß geworden ist.

Ein wesentlicher Unterschied gegenuber den in chemischen Vorgangen beobachteten Gesetzmaßigkeiten ist, daß man in Losungen von verschiedener Konzentration die Adsorption relativ um so stärker findet, je geringer ihre Konzentration ist; hingegen wurde in Übereinstimmung mit den reversiblen chemischen Vorgängen gefunden, daß dasselbe Gleichgewicht erreicht wird, ob zu Beginn des Vorganges der zu adsorbierende Stoff in der Flüssigkeit oder im Adsorbens sich befunden hat. Mit der Reversibilität hängt es auch zusammen, daß der adsorbierte Stoff von dem Adsorbens durch einen Überfluß an reinem Lösungsmittel, also durch „Auswaschen" wieder getrennt werden kann; desgleichen auch, daß durch einen Stoff, der stärker als ein anderer adsorbiert wird, letzterer aus der Oberfläche verdrängt werden kann. Doch kann die Adsorption auch eine irreversible sein.

VII. Kolloide Lösungen.

A. Definition.

Ältere Definition. Nach der ursprünglichen Definition werden solche Stoffe als kolloide bezeichnet, die, wie der Leim ($= \varkappa o\lambda\lambda a$), im Gegensatz zu den krystalloiden nicht krystallisieren, und an deren wäßrigen Lösungen eine freie „Diffusion" (S. 6) sehr langsam, eine solche „durch Membranen" kaum oder gar nicht stattfindet. Spätere Forschungen haben jedoch ergeben, daß es sehr viele, für gewöhnlich als krystalloid angesehene Stoffe gibt, die auch als Kolloide auftreten können, und umgekehrt, auch einige als typische Kolloide angesehenen Stoffe unter Umständen krystallisiert werden können, daher man, anstatt von krystalloiden und kolloiden Stoffen zu sprechen, richtiger einen krystalloiden und kolloiden Zustand der Stoffe unterscheiden muß. Andererseits hat sich, was noch wichtiger ist, herausgestellt, daß ein prinzipieller Gegensatz zwischen krystalloiden und kolloidem Zustand schon aus dem Grunde nicht besteht, weil ein stetiger Übergang von einem zum anderen nachgewiesen werden kann.

Neuere Definition. Als homogen im strengsten Sinne des Wortes können von allen Flüssigkeiten bloß die reinen Lösungsmittel selbst angesehen werden, denn diese allein sind es, in denen wir voneinander räumlich getrennte Teilchen von abweichenden Eigenschaften weder nachweisen, noch uns vorstellen können. Sobald aber dem reinen Lösungsmittel ein Stoff von beliebiger Art in beliebiger Form zugefügt wird, besteht im Sinne der neueren Auffassung keine Homogenität (die ältere Auffassung kannte auch homogene Lösungen). Solche Flüssigkeiten bilden ein heterogenes System, in dem wir verschiedene „Phasen", das ist räumlich getrennte Teilchen von abweichenden Eigenschaften und dazwischen gelegene Trennungsflächen wahrnehmen oder zum mindesten uns vorstellen können.

Man bezeichnet die Teilchen des Stoffes, der in der Flüssigkeit zerstreut, „dispergiert", ist, als die „disperse Phase", die andere Phase, d. h. das Lösungsmittel, in dem der Stoff dispergiert ist, als „Dispersionsmittel". In Wirklichkeit können außer flüssigen Körpern auch feste und gasförmige das Dispersionsmittel abgeben, und kann auch die disperse Phase eine beliebige der drei Aggregatzustände haben. Für uns sind aber ausschließlich die Fälle von Wichtigkeit, in denen das Dispersionsmittel Wasser, die disperse Phase jedoch flüssig oder fest ist.

Die Eigenschaften der heterogenen Systeme letzterer Art hängen in erster Reihe von dem Aggregatzustande der dispersen Phase ab. Ist diese fest, so hat man es mit einer **Suspension** zu tun (z. B. Kohlenpulver in Wasser aufgeschwemmt); ist auch die disperse Phase flüssig, so sprechen wir von einer **Emulsion** (z. B. Öl mit Wasser geschüttelt). Die Eigenschaften der heterogenen Systeme sind aber auch darum verschieden, weil die Dimensionen der dispersen Phase naturgemäß sehr verschieden sein können, und eben auf dieser Grundlage unterscheidet man einerseits die sog. **makroheterogenen** Systeme, in denen die disperse Phase aus gröberen Teilchen besteht, die unter dem Makroskop erkannt, oder sogar mit dem freien Auge gesehen werden können; andererseits die sog. **mikroheterogenen** Systeme. Letztere allein sind für uns wichtig. Es gibt unter ihnen solche,

a) in denen die Teilchen der dispersen Phase einen Durchmesser von mehr als $0,1\ \mu$ haben.

b) Ein anderes Mal ist die Verteilung des Stoffes sehr weitgehend; der Stoff ist **echt gelöst**, also in Moleküle zerlegt, oder gar, falls es sich um einen Elektrolyten handelt, in Ionen zerfallen im Dispersionsmitttel enthalten; dies sind die **molekular-** bzw. **ion-dispersen** Systeme, die sog. „**echten Lösungen**", in denen die Teilchen der dispersen Phase einen Durchmesser von **weniger** als $0,001\ \mu$ haben.

c) **Die dazwischen liegenden mikroheterogenen Systeme, in denen die disperse Phase aus Molekülaggregaten (Micellen) mit einem Durchmesser von etwa $0,1\ u$ bis herunter zu etwa $0,001\ \mu$ besteht**, weisen eine Reihe von besonderen Eigenschaften auf, und werden als **kolloide Lösungen** bezeichnet.

Diese auf der Teilchengröße beruhende Einteilung deckt sich im großen und ganzen mit der Sichtbarkeit der dispergierten Teilchen. Sie sind im Falle a) mikroskopisch wahrzunehmen und werden als **Mikronen** bezeichnet. Die unter b) erwähnten Teilchen sind auch ultramikroskopisch (S. 38) nicht sichtbar, und werden **Amikronen** genannt. In vielen der sub c) angeführten kolloiden Lösungen sind die Teilchen mikroskopisch nicht, wohl aber ultramikroskopisch wahrzunehmen. und werden als **Submikronen** oder **Ultramikronen** bezeichnet.

B. Eigenschaften.

Die kolloiden Lösungen sind durch eine Reihe von Eigenschaften ausgezeichnet, die teilweise durch die verhältnismäßig bedeutende Teilchengröße bedingt sind; doch ist es nach obigem selbstverständlich, daß diese oder aber ihnen ähnliche Eigenschaften auch jenseits der den Kolloiden gesteckten Grenzen, also an mikroheterogenen Systemen mit einem geringeren oder größeren Teilchendurchmesser angetroffen werden können.

Herstellung. Manche der als Kolloide bekannten Stoffe, wie z. B. gewisse Eiweißarten, gehen in Berührung mit Wasser ohne weiteres in Lösung (sofern dieser Ausdruck hier, wo es sich um keine „echten" Lösungen handelt, verwendet werden darf). Andere, wie z. B. gewisse Metalle, liefern solche Lösungen nur, wenn sie unter Wasser elektrisch zerstäubt oder aus ihren Verbindungen unter ganz bestimmten Bedingungen durch Reduktion in Freiheit gesetzt werden.

Reversibilität. Eingetrocknet können manche Kolloide, wie Stärke, Eiweiß, Gummi usw., wieder in Lösung gebracht werden; an anderen, wie z. B. an kolloiden Metallhydroxyden, Metallsulfiden usw., ist dies nicht der Fall. Aus diesem Grunde wird die erstere Art von Kolloiden auch als reversibel (resolubel), die letztere als irreversibel bezeichnet.

Sole, Gele, Gallerten. Manche kolloide Lösungen, namentlich diejenigen, in denen die disperse Phase in verhältnismäßig geringer Konzentration enthalten ist, sind leicht beweglich und gleichen, von manchen Eigenschaften abgesehen, durchaus den „echten" Lösungen; sie werden auch als Sole (von Solution), bzw. in den uns hier ausschließlich interessierenden Fällen, wo das Dispersionsmittel Wasser ist, als Hydrosole bezeichnet. Stärker konzentrierte kolloide Lösungen sind schwer beweglich oder halbstarr. Es sind dies die sog. Gallerten oder Gele (von Gelatine)[1]. Ist das Dispersionsmittel Wasser, so wird das entsprechende Gel als ein Hydrogel bezeichnet. Manche Gallerten, wie z. B. die des Glutins (Leim), lassen sich durch Erwarmen mit Wasser wieder zu einem Sol verwandeln, sind also reversibel.

Quellung. Wasserarme Gallerten (als solche sind auch gewisse eingetrocknete Teile von Pflanzen- oder Tierkörpern anzusehen) nehmen, in Wasser eingelegt, gierig Wasser auf, wobei das eingelegte Stück ein Vielfaches seiner ursprünglichen Dimensionen annehmen kann. Dieser Vorgang wird als Quellung bezeichnet und ist mit Druckerscheinungen, dem sog. Quellungsdruck verbunden, der als „Wasseranziehungskraft" dem osmotischen Druck der Krystalloide analog oder ihm gar gleich gesetzt werden kann. Die Menge des aufgenommenen Wassers, die ja maßgebend ist zur Beurteilung des Quellungsgrades, ist am geringsten bei dem isoelektrischen Punkte (S. 133) des betreffenden Kolloides und steigt sowohl nach Zusatz von Säure als von Laugen an. Den der Quellung entgegengesetzt gerichteten Vorgang, wenn nämlich einer Gallerte auf natürlichem oder künstlichem Wege Wasser entzogen wird, bezeichnet man als Entquellung.

Die althergebrachte Ausdrucksweise, wonach man den Zellinhalt als halbflüssig bezeichnete, ist dahin zu modifizieren, daß innerhalb der Zelle Kolloide sowohl in verdünnter, leichtbeweglicher, wie auch in konzentrierter, halbstarrer Lösung, als Gallerten, enthalten sind. Auf diese Weise wird es verständlich, daß die Zellen unter ganz bestimmten Bedingungen die Erscheinungen der Quellung, unter anderen Umständen wieder die der Entquellung zeigen.

Oberflächenentwicklung. Von besonderer Bedeutung zum Zustandekommen mancher für kolloide Systeme charakteristischer Vorgänge, wie z. B. für die Adsorptionserscheinungen, ist die überaus große Oberflächenentwicklung innerhalb der kolloiden Lösung. Wenn man bedenkt, daß eine Stoffmenge von 1 cm³ in kompakter Würfelform eine Gesamtoberfläche von 6 cm², dieselbe Stoffmenge aber in Würfel mit einer Seitenlänge von 1 μ zerteilt eine Gesamtoberfläche von 60000 cm², gleich 6 m², hat, so wird man sich die enorme Oberflächenentwicklung in einer kolloiden Lösung vorstellen können, in der der Durchmesser der dispergierten Teilchen (nach S. 36) 0,1 bis herunter zu 0,001 μ beträgt (60 bis 6000 m² pro 1 cm³ des Stoffes).

Diffusionsfähigkeit. Frei diffundieren die Kolloide langsam, durch eine Membran kaum oder gar nicht. Auf dieser letzteren Eigenschaft beruht die sog. Dialyse, bestehend in einer Trennung der kolloiden Bestandteile einer Lösung von den Krystalloiden, indem letztere in das umgebende Lösungsmittel (Wasser) durch eine die Lösung umgebende Membran hindurchdiffundieren, erstere jedoch in der Lösung zurückbleiben.

Filtrierbarkeit, Ultrafiltrierbarkeit. Durch gewöhnliche Papierfilter treten die Kolloide wie Krystalloide hindurch. Es lassen sich jedoch mit Gallerten (Gelatine, Kollodium) durchtränkte und nachher gehärtete Filter von sehr geringer Porenweite herstellen, durch die unter Anwendung eines entsprechenden Druckes das Dispersionsmittel nebst den mit anwesenden Krystalloiden durchtritt, die dispergierte kolloide Phase aber obenauf am Filter zurückbleibt. Dieser Vorgang wird als Ultrafiltration bezeichnet. Es lassen sich auch solche Ultrafilter

---

[1] Als Unterschied zwischen Sol und Gel wird angeführt, daß im Sol die disperse Phase durch das Kolloid, im Gel aber durch das Lösungsmittel gebildet wird, das im Kolloid verteilt ist. Auch wird von manchen Autoren als Gel die disperse Phase bezeichnet, wenn sie auf irgendeine Weise vom Dispersionsmittel getrennt wird, dabei aber mehr oder weniger vom letzteren noch enthält.

herstellen, durch deren Poren Kolloide von kleinerem Teilchendurchmesser durchtreten, grobkornige aber zurückgehalten werden; da die Porenweite solcher Filter frei gewahlt werden kann, so lassen sich mit ihrer Hilfe Kolloide von verschiedener Teilchengroße voneinander trennen.

Osmotischer Druck. Der osmotische Druck kolloider Losungen ist gering, jedoch besonders an einigen sog. hydrophilen Kolloiden (siehe S. 39) meßbar. Die Geringfügigkeit der Ausschlage bei diesen Messungen ist bei dem sehr hohen Molekulargewicht der hierher gehörenden Verbindungen begreiflich, denn die molare Konzentration, der ja der osmotische Druck proportional ist, kann auch in prozentual hochkonzentrierten Lösungen dieser Stoffe bloß ein geringer sein. Genauere Messungen wurden am Hamoglobin ausgefuhrt (S. 175). Über den osmotischen Druck der Blutkolloide siehe auf S. 159.

Optische Eigenschaften. Kolloide Losungen zeigen die Erscheinung der Opalescenz. Diese, sowie das nach TYNDALL benannte Phanomen beruht darauf, daß das seitlich durchtretende Licht von der Oberflache der dispergierten Teilchen teilweise abgelenkt wird, und so in das beobachtende Auge gelangt. Auf demselben Vorgange beruht auch die Moglichkeit, die dispergierten Teilchen durch Ultramikroskopie (wennauch nicht in ihren wahren Konturen) sichtbar zu machen, indem die Belichtung im Ultramikroskop von der Seite her erfolgt. An den auf diese Weise sichtbar gemachten Teilchen ist die BROWNsche Molekularbewegung, die auch feinen Suspensionen eigentumlich ist, deutlich wahrzunehmen.

Zustandsanderung, Fallung. Unter gewissen Umstanden nimmt die Teilchengroße eines Kolloides derart zu und damit seine Stabilitat derart ab, daß es sich in Form eines Niederschlages vom Dispersionsmittel sondert, daher seine charakteristische kolloide Verteilung im Dispersionsmittel aufhort. Diese Zustandsanderung der Kolloide hangt vielfach von gewissen außeren Einflussen, wie von der Temperatur ab; in hervorragender Weise aber von der Mitanwesenheit gewisser Ionen. So wirken OH-Ionen im allgemeinen in der Richtung der Zunahme des Dispersitatsgrades, d. h. im Sinne einer vollkommeneren Auflösung, H-Ionen aber im Sinne einer Abnahme des Dispersitatsgrades, d. h. im Sinne einer Fallung. Bezuglich anderer Ionen, insbesondere der Ionen der sog. Neutralsalze, wurden folgende bemerkenswerte Gesetzmaßigkeiten festgestellt: a) Die Fallung positiv geladener Kolloide hangt hauptsachlich von den Anionen des zugesetzten Elektrolyten ab, die Fallung negativ geladener Kolloide aber von dessen Kationen, was leicht begreiflich ist, wenn man die Fallung der Kolloide als einen Neutralisierungsvorgang auffaßt, bei dem die entgegengesetzten Ladungen je eines Kolloidteilchens bzw. eines zugesetzten Iones sich gegenseitig aufheben; b) die fallende Wirkung der Ionen nimmt mit ihrer Wertigkeit zu; c) auch gleichwertige Anionen bzw. Kationen sind unter sich ungleich wirksam, und konnen bezuglich ihrer Wirksamkeit in charakteristische Reihen gegliedert werden, die auch bezuglich verschiedenster biochemisch wichtiger Vorgange, wie z. B. Quellung, Permeabilitat, Zellerregbarkeit usw., ihre Gultigkeit haben. Sie werden als „lyotrope Reihen" oder auch „HOFMEISTERsche Reihen" bezeichnet (siehe hieruber weiteres auf S. 134). Es konnen aber die Kolloide sich auch gegenseitig ausfallen und es gehört zur Regel, daß diese Wirkung Kolloiden zukommt, die entgegengesetzt elektrisch geladen sind, wahrend sie den Kolloiden von gleicher Ladung abgeht. Der Fallungsvorgang kann sich an einem Kolloide auch spontan abspielen. Hierauf beruht die Erscheinung der Hysterese, des Alterns, darin bestehend, daß bei noch so feiner, noch so stabil erscheinender Verteilung des Stoffes dieser sich mit der Zeit zu größeren Teilchen von immerfort zunehmenden Dimensionen zusammenballt, um endlich aus dem Dispersionsmittel formlich auszutreten. An manchen Kolloiden nimmt dieser Vorgang Stunden und Tage, an anderen Wochen und Monate in Anspruch.

Kataphorese. Die in kolloider Losung befindlichen Teilchen wandern, falls in der Losung ein elektrisches Potentialgefalle erzeugt wird, entweder zur Kathode oder zur Anode. Diese Wanderung im elektrischen Potentialgefalle wird als Kataphorese bezeichnet. (Werden die Teilchen auf irgendeine Weise fixiert, so werden sich im elektrischen Potentialgefalle nicht die Teilchen im Dispersionsmittel, sondern umgekehrt, es wird sich letzteres gegen die fixierten Teilchen verschieben. Das ist die sog. Elektrosmose.)

Einteilung der Kolloide. Mit Rucksicht auf gewisse Eigenschaften lassen sich die Kolloide in zwei voneinander recht scharf zu trennende Gruppen teilen. Die eine Gruppe, zu der kolloides Arsentrisulfid, Eisenhydroxyd, Kieselsaure, Gold, Silber, alkoholische Lösungen von Mastix oder Kolophonium, die in viel Wasser eingegossen wurden, usw. gehoren, weist eher die Eigenschaften von Suspensionen auf, indem die disperse Phase vom Dispersionsmittel scharf getrennt ist, und beim Ausscheiden aus der Losung sehr wasserarm ausfallt; man nennt sie daher Suspensoide oder hydrophobe Kolloide. Eine andere Gruppe der kolloiden Stoffe wird durch solche gebildet, die auch physiologisch besonders wichtig sind, wie z. B. Eiweiß, Leim, Lecithin, Starke, Glykogen, Seifen, ferner die Phosphatide und Cerebroside (S. 221) usw.; ihre Losungen stehen den Emulsionen naher, indem auch die disperse Phase, weil sie vom Dispersionsmittel gleichsam durchdrungen ist, nicht als fest angesehen werden kann und beim Ausscheiden aus der Losung tatsachlich in wasserreichem Zustande erhalten wird; man nennt sie Emulsionskolloide oder Emulsoide oder hydrophile Kolloide.

Die Hauptunterschiede in den Eigenschaften dieser beiden Gruppen sind die folgenden:

a) In den Suspensionskolloiden (S.K.) ist die Oberflachenspannung der Flussigkeit kaum, in den Emulsionskolloiden (E.K.) merklich, oft stark herabgesetzt: daher kommt es in den letzteren oft zu einer besonders starken Anreicherung der dispersen Phase an der Grenzschicht und demzufolge zu einer „Hautchenbildung", als Ausdruck einer irreversiblen Adsorption (S. 35).

b) Die innere Reibung eines S.K. ist kaum großer, als die des reinen Wassers, die eines E.K. großer, oft sogar sehr bedeutend. Wenn ein solches E.K. von etwas großerer Konzentration zu einer sog. Gallerte gesteht, so hat man es eigentlich mit einem heterogenen System von außergewohnlich großer innerer Reibung zu tun.

c) Die elektrischen Ladungen der dispergierten Teilchen, auf denen die Kataphorese (S. 38) beruht, sind verschiedenen Ursprunges. An den S.K. durften sie von minimalen Mengen adsorbierter Verunreinigungen herruhren, aus denen H- bzw. OH-Ionen abdissoziieren und an den suspendierten Teilchen negative bzw. positive Ladungen hinterlassen; an den E.K. aber, insbesondere an den sog. „Kolloidelektrolyten" (z. B. Seifen, Eiweißsalzen) von richtigen Ionen, die jene neben dem eigentlichen Kolloid enthalten.

d) S.K. werden durch relativ geringe Mengen von Elektrolyten irreversibel gefallt (siehe hieruber S. 38), wahrend E.K. sich gegenuber der fallenden Wirkung der Neutralsalze weit resistenter verhalten: zu ihrer Fallung bedarf es weit konzentrierterer Salzlosungen, auch konnen diese Fallungen nach der Entfernung des fallenden Elektrolyten durch Wasser wieder in Losung gebracht werden; also ist die Fallung hier eine reversible.

Die weit geringere Fallbarkeit eines E.K. kommt, wenn ein solches in der Losung eines S.K. oder auch in einer echten Suspension mitanwesend ist, auch den beiden letzteren zugute. Die suspendierten Teilchen werden von dem E.K. gleichsam eingehüllt, hierdurch zu Teilchen umgeformt, die nicht mehr den Charakter eines leicht fallbaren S.K. bzw. einer Suspension haben, und auf diese Weise gegen fallende Wirkungen geschutzt: der kolloide Losungszustand wird „stabilisiert". Daher werden die E.K. mit Bezug auf die von ihnen geschutzten S.K. als deren „Schutzkolloide" bezeichnet. Eine solche schutzende Wirkung wird z. B. vom Eiweiß auf eine kolloide Goldlosung ausgeubt, und auch in den Saften des Tierkorpers gibt es eine Reihe von Suspensionskolloiden, die durch Schutzkolloide vor dem Fallen bewahrt, d. h. in Losung erhalten werden.

Um die schutzende Wirkung eines E.K. zahlenmaßig bewerten zu konnen, bedient man sich der sog. ZSIGMONDYschen „Goldzahl". Man bereitet ein etwa $0,0055\%$ Gold enthaltendes Goldsol und eine 10%ige Kochsalzlosung. Sodann bestimmt man die Menge des auf seine Schutzwirkung hin zu prufenden E.K. in Milligramm, die nicht mehr hinreicht, um 10 cm^3 des Goldsols vor der fallenden Wirkung von 1 cm^3 der Kochsalzlosung zu bewahren. Dies ist die ZSIGMONDYsche Goldzahl.

Zweites Kapitel.

Die chemischen Bestandteile des tierischen Körpers.

(Mit Ausnahme der Kohlenhydrate, Fette und Eiweißkörper.)

I. Elemente.

Der menschliche Körper ist aus folgenden Elementen aufgebaut: Wasserstoff, Kalium, Natrium, Calcium, Magnesium, Eisen (Mangan); Chlor, Jod, Fluor; Kohlenstoff, Sauerstoff, Schwefel, Phosphor, Stickstoff: mit alleiniger Ausnahme des Jodes (und Eisens) lauter Elemente mit verhältnismäßig niedrigen Atomgewichten. Ferner enthält er sehr geringe Mengen Silicium und nur akzidentell Kupfer, Zink, Blei, Quecksilber, Brom und Arsen. Unter obigen Elementen befinden sich die wichtigsten in ständigem Austausch zwischen der Erdoberfläche und der Atmosphäre, zwischen der Atmosphäre und der lebenden Welt, außerdem zwischen Pflanzen- und Tierreich.

Wasserstoff. Als ein Bestandteil des Wassers und der meisten organischen Verbindungen ist er unentbehrlich im Aufbau und in den Lebensprozessen sowohl der Pflanzen als der Tiere. Freier Wasserstoff entsteht im Magen- und Darmkanal der Tiere (hauptsächlich der Pflanzenfresser) wahrend der daselbst stattfindenden Garungen und gelangt durch Resorption in geringen Mengen in das Blut und von hier in die Exspirationsluft.

Kalium und Natrium kommen hauptsachlich an Chlor, in geringeren Mengen an Kohlen-, Phosphor- und Schwefelsaure gebunden im tierischen und pflanzlichen Korper vor. Das Mengenverhaltnis zwischen Kalium und Natrium ist verschieden: Pflanzen enthalten in der Regel weniger, nieder organisierte Tiere mehr Natrium als Kalium; hochorganisierte Tiere ungefahr gleiche Mengen. Die Verteilung ist jedoch auch in den letzteren ungleichmaßig, indem die Natriumsalze hauptsachlich in den Saften (im Blutplasma, in der Lymphe, in den meisten Sekreten), Kaliumsalze aber hauptsachlich in den Zellen und Zellderivaten (so z. B. in den Muskeln), aber auch in der Milch und in der Galle enthalten sind. Es wurde versucht, gewisse physiologische Wirkungen des Kaliums mit der allerdings geringfugigen Radioaktivitat dieses Elementes in Zusammenhang zu bringen.

Calcium bildet den überwiegenden Bestandteil der Asche des tierischen Körpers; das Gerust vieler niedriger Organismen besteht sogar fast ausschließlich aus Calciumsalzen. In besonders großen Mengen ist Calcium im Knochen- und Zahngewebe enthalten; in geringerer Menge im Speichel, Darmsaft, Harn, in jeder Zelle, in allen Zellsaften. Es kommt hauptsachlich an Kohlen- und Phosphorsaure, in geringeren Mengen an Fluorwasserstoffsaure (Knochen) gebunden vor.

Magnesium ist uberall neben dem Calcium aufzufinden.

Eisen ist im erwachsenen Menschen in einer Menge von etwa 3 g in Form verschiedener Verbindungen, und zwar zu etwa 2 g in Form von Hamoglobin enthalten, das die Zufuhr von atmospharischem Sauerstoff zu den lebenden Zellen vermittelt; der Rest ist in minimaler Konzentration in jeder tierischen Zelle, hauptsachlich in den Zellkernen, in allen Körpersaften, in Sekreten, besonders in der Galle, enthalten. In großeren Mengen kommt es in der Leber vor, in welcher die eisenhaltige Komponente des Hamoglobins der zugrunde gegangenen roten Blutkörperchen abgelagert wird; ferner an Stellen, wo ein Blutaustritt in die Gewebslücken stattgefunden hat.

Mangan ist in geringen Mengen neben dem Eisen nachzuweisen.

Kupfer. Im Blute verschiedener Weichtiere sind kupferhaltige, dem Gaswechsel dienende Farbstoffe, wie verschiedene Hamocyanine, Chlorocuorin usw. enthalten, die dem Hamoglobin (S. 175) entsprechen. Kupfer wurde in den Federn mancher Vogelarten als Bestandteil eines Porphyrins (S. 187) gefunden; hingegen rühren die Spuren, die man in der Leber und Galle hoherer Tiere nachgewiesen hat, offenbar nur von Verunreinigung von Speisen und Getranken her, die in den Korper miteingefuhrt worden sind.

Chlor. Als Alkali gebunden kommt es in Blut, Lymphe und in allen Korpersaften, in Form freier Salzsaure im Magensaft vor.

Jod ist im Boden enthalten; ferner in Mengen, die den Bedarf des Menschen reichlich decken, in den meisten Trinkwassern; in weit geringerer Menge in der Nahrung pflanzlichen und tierischen Ursprungs. Es bildet in Form eines Dijodtyrosins (auch Jod-Gorgosaure genannt) einen Bestandteil verschiedener Skeletine (S. 148), die zur Gerustsubstanz mancher Spongien- und Korallenarten gehoren. In der Schilddruse der Saugetiere ist es in organischer Bindung enthalten. (Siehe hieruber auf S. 318.) In weit geringeren Mengen ist Jod auch in anderen Organen nachgewiesen worden.

Fluor ist in großeren Mengen als Calciumfluorid im Knochen- und Zahngewebe, spurenweise in den Epidermoidalgebilden, im Blut, in der Milch, im Gehirn und im Harn enthalten.

Kohlenstoff bildet ungefahr die Halfte der Trockensubstanz des pflanzlichen und tierischen Organismus, und zwar uberwiegend als charakteristischer Bestandteil der organischen Verbindungen, in geringerer Menge in Form von Carbonaten und Bicarbonaten.

Sauerstoff ist im tierischen Korper in verschiedenen Formen enthalten: als elementarer Sauerstoff in den Luftwegen und in den oberen Verdauungswegen; absorbiert im Blutplasma und in der Lymphe; in lockerer chemischer Bindung im Oxyhamoglobin des Blutes; als Bestandteil von organischen und anorganischen Verbindungen (darunter auch des Wassers), aus welchen der tierische Korper aufgebaut ist. Er unterhalt als Bestandteil der atmospharischen Luft die Verbrennungsprozesse, auf denen die Lebensvorgange beruhen; endlich besteht auch unsere Nahrung aus sauerstoffhaltigen Verbindungen.

Schwefel ist hauptsachlich in Form von Eiweißkorpern im tierischen Organismus enthalten; in großten Mengen in den Haaren, in Federn usw.; ferner als Chondroitinschwefelsaure im Knorpel und in vielen anderen Geweben. Im Speichel kommt Schwefel als Rhodanalkali vor, im Kot als Eisensulfid, in den Darmgasen als Schwefelwasserstoff. Im Speichel einer Meerschnecke wurde neben schwefelsaurem Alkali freie Schwefelsaure in einer Konzentration bis zu $1\,^0/_0(^1)$ gefunden.

Phosphor ist in Form von phosphorsaurem Kalium in Muskeln und in der Milch, als phosphorsaures Calcium und Magnesium in den Knochen enthalten; Phosphate finden sich in allen Saften und Zellflussigkeiten des tierischen Organismus. In organischer Bindung kommt Phosphor im Lecithin und anderen Phosphatiden, ferner in den Nucleinsauren vor.

Stickstoff. Elementarer gasformiger Stickstoff ist wohl in den lufthaltigen Korperhohlen, ferner im Blutplasma und in der Lymphe absorbiert enthalten, am tierischen Stoffwechsel ist er jedoch nicht beteiligt; hingegen sind die stickstoffhaltigen organischen Verbindungen und unter diesen in erster Reihe die Eiweißkorper als Bestandteile des tierischen Korpers und der Nahrung von besonderer Wichtigkeit.

Silicium kommt, vielleicht in organischer Bindung, in verschiedenen Geweben des tierischen Korpers in sehr geringen Mengen vor. Verhaltnismaßig großere Mengen werden in embryonalen Geweben gefunden, so in der WHARTONschen Sulze des Nabelstranges, ferner im Glaskorper des Auges, in Haaren und Federn. In sehr geringen Mengen ist es auch im Harn von Fleischfressern nachzuweisen, in großeren Mengen im Harn von Pflanzenfressern.

Brom wurde im Magensaft mancher Fischarten nachgewiesen.

Arsen soll nach manchen (franzosischen) Autoren spurenweise in samtlichen Geweben des tierischen Korpers nachzuweisen sein; nach anderen Autoren jedoch soll es sich da um Spuren von Arsen handeln, die den zum Nachweis verwendeten Reagenzien als Verunreinigung beigemischt waren.

Zink, Blei und **Quecksilber,** die spurenweise in verschiedenen Organen (Leber) und Sekreten (Galle) gefunden wurden, durften als Verunreinigung von Speisen und Getranken eingefuhrt und dann vom Organismus zuruckgehalten worden sein.

II. Anorganische Verbindungen.

Wasser. Der Körper des erwachsenen Menschen besteht zum größeren Anteil, etwa zu 65%, aus Wasser; der des Neugeborenen enthält mehr, der des Embryo noch weit mehr Wasser. Weichteile enthalten etwa 75%, das Blut bis 80%. Mehr als die Hälfte des Körperwassers ist in den Muskeln enthalten, nur etwa 5% im Blute. Es ist unentbehrlich als Hauptbestandteil des Blutes, der Lymphe, der Gewebesäfte, der Sekrete; und ebenso unentbehrlich in dem durch Eiweiß, Fett, Lecithin, Salze und Wasser gebildeten Komplex, den wir „lebendes Eiweiß" nennen. Niedere Organismen enthalten mehr Wasser, als höher differenzierte; ein jugendlicher, in Entwicklung begriffener Organismus mehr, als ein erwachsener. Der Wassergehalt des normalen Organismus bleibt bei Entziehung des Trinkwassers, nach Wasserverlusten oder nach Einfuhr größerer Wassermengen nahezu unverändert, bzw., wird bloß vorübergehend geändert; dagegen können unter pathologischen Verhältnissen so manche Veränderungen im Wassergehalt eintreten, wobei wieder die Muskeln die Hauptmasse eines etwaigen Wasserplus aufnehmen, und nicht das Blut.

H- und OH-Ionen; anorganische Salze. Die angenähert neutrale Reaktion des Blutes (S. 153) bzw. auch der Körpersäfte, eine unentbehrliche Lebensbedingung des Organismus, beruht auf einer ganz bestimmten H- und OH-Ionenkonzentration. Ihre Wichtigkeit kann an überlebenden Organen, wie am Herzen, am Darm usw., experimentell erhärtet werden, indem diese Organe die für sie charakteristischen Bewegungserscheinungen nur bei der genannten Reaktion der Nahrflüssigkeit ausführen. Von der herrschenden Reaktion wird auch der Quellungszustand des Plasmaeiweißes in allen Organzellen beeinflußt. Besonders empfindlich für minimale Schwankungen der Reaktion ist das Atemzentrum (S. 155). Es werden aber dort, wo es sich um Spezialfunktionen handelt, von obigen erheblich abweichende H- und OH-Ionenkonzentrationen angetroffen; so z. B. erhöhte H-Ionenkonzentration im Magensaft, erhöhte OH-Ionenkonzentration im Bauchspeichel usw.

Von den **anorganischen Salzen** ist ein Teil, namentlich die Calciumsalze, in ungelöstem Zustande in gewissen Geweben (Knochen, Zähne) enthalten, worauf eben ihre Festigkeit beruht; ein anderer Teil kommt in Zellen und Zellsäften gelöst und offenbar teilweise durch die Eiweißkörper adsorbiert vor. Den gelösten Salzen kommt eine zweifache Funktion zu.

Erstens sind es die Salze, auf denen der in den Warmblütern konstante osmotische Druck der Säfte (S. 158), eine ebenfalls unentbehrliche Lebensbedingung dieser Tiere, hauptsächlich beruht.

Zweitens kommt den Ionen, in die die Salze als Elektrolyte größenteils dissoziiert sind (S. 1), eine besonders wichtige Rolle in den Lebensvorgängen zu, denn wie längst bekannt, muß man dem Tierkörper entnommene Organe und Gewebe, sofern man sie lebend und funktionstüchtig erhalten will, nicht nur in Lösungen von einem ganz bestimmten osmotischen Drucke und von einer ganz bestimmten H- bzw. OH-Ionenkonzentration, sondern in solchen halten, die außerdem noch eine ganz bestimmte qualitative Zusammensetzung bezüglich der in ihnen enthaltenen Ionen aufweisen.

Legt man ein Frosch-Nerv-Muskelpraparat in eine Losung eines Nichtelektrolyten, z. B. in eine 6%ige Rohrzuckerlosung ein, so verliert es alsbald seine Erregbarkeit, obwohl diese Losung mit den Saften des Froschkörpers genau isotonisch ist; erlangt sie aber wieder, wenn man obige Lösung mit einer Kochsalzlosung vertauscht, die mit den Saften des Froschkörpers isotonisch ist, oder aber mit einer dem Froschmuskel isotonischen Losung, die außer Rohrzucker auch Kochsalz enthalt.

Auf Grund entsprechend variierter Versuche hat es sich herausgestellt, daß hierbei zweifellos die Natrium-Ionen wirksam sind, und ohne diese Ionenwirkung zu kennen, war es bloß die Erfahrung, durch die die fruheren Physiologen veranlaßt wurden, die sog. „physiologische Kochsalzlosung" zu verwenden, die, je nachdem es sich um Gewebe eines Saugetiers oder eines Frosches handelte, 0,9—1,0 bzw. 0,6—0,7% stark genommen werden mußte. Spater wurde gefunden, daß diese „physiologischen Kochsalzlosungen" in ihrer Verwendbarkeit von solchen Flussigkeiten weit ubertroffen werden, in denen verschiedene Salze, bzw. deren Ionen, gelost enthalten sind. Denn das Froschmuskelpraparat bleibt zwar, in eine reine isotonische Kochsalzlösung eingelegt, eine Zeitlang am Leben, gerat aber alsbald in anhaltende fibrillare Zuckungen und stirbt bald ab; hingegen horen die Zuckungen auf und wird auch die Lebensdauer des Praparates wesentlich verlangert, wenn man die Kochsalzlosung mit einer sehr geringen Menge einer Kalium- und Calcium-Losung versetzt. Diese und ahnliche Beobachtungen veranlaßten RINGER und nach ihm LOCKE zur Bereitung der nach ihnen benannten physiologischen Losungen, in denen, jenachdem Gewebe bzw. Organe vom Frosch oder von Saugetieren funktionstuchtig erhalten werden sollen, etwa 0,6—1,0% NaCl, 0,01—0,04% KCl, 0,01—0,02% $CaCl_2$ und 0,01—0,03% $NaHCO_3$ gelost enthalten sind.

Einer naheren Analyse wurden diese Erscheinungen durch J. LOEB unterworfen. Er fand, daß der Seefisch Fundulus heteroclitus in destilliertem Wasser eine Zeitlang sich ebensogut wie im Meerwasser erhalt, hingegen unfehlbar zugrunde geht in einer Lösung von NaCl allein oder KCl allein. Wird aber die NaCl-Lösung mit ein wenig KCl oder die KCl-Losung mit ein wenig NaCl und $CaCl_2$ versetzt, so bleibt das Tier am Leben. Ähnlich verhalten sich auch die Eier dieses Fisches, indem NaCl in der Konzentration, wie es im Meerwasser enthalten ist, auf sie giftig wirkt, hingegen durch geringe Mengen irgendeines mehrwertigen Kationes entgiftet wird.

Es besteht also die Tatsache, daß Elektrolytlosungen, die bloß eine einzige Art von Kationen enthalten, schadigend auf das Zellprotoplasma einwirken, diese Giftwirkung jedoch durch die antagonistische Wirkung gleichzeitig mitanwesender anderer Kationen aufgehoben wird. Insbesondere wird ein einwertiges Kation durch ein beliebiges, entsprechend dosiertes mehrwertiges Kation entgiftet. Bezuglich der Giftwirkung der Na-Ionen wird angenommen, daß sie auf die Zellkolloide im Sinne einer Erhohung ihrer Dispersitat, also im Sinne einer vollkommeneren Auflosung, bezuglich der Ca-Ionen aber, daß sie im Sinne einer Verringerung der Dispersitat, also im Sinne einer Kolloidfestigung wirken.

Losungen, in denen Art und Menge der Ionen so gewahlt ist, daß ihre Giftwirkungen sich gegenseitig aufheben, werden als „physiologisch aquilibrierte Losungen" bezeichnet. Als besonders gut aquilibriert hat sich eine Losung erwiesen, die auf 100 Molekule NaCl je 2 Molekule KCl und $CaCl_2$ enthalt; und es ist außerst bedeutungsvoll, daß dieses Verhaltnis der Salze in den Saften aller Tierarten, von den hochstorganisierten bis herunter zu den niedersten wieder gefunden wird; noch bedeutungsvoller, daß es auch im Meerwasser, dem Aufenthaltsort der primitiven Vorfahren aller heutiger Lebewesen, besteht.

Zu den spezifischen Ionenwirkungen gehort die der Phosphat-Ionen bei der Zuckergarung (S. 82) und bei der Muskelkontraktion (S. 384), sowie offenbar auch die Erscheinung, daß durch Einbringung von großeren Mengen von Natrium-Ionen Glucosurie (S. 307) bzw. auch eine Steigerung der Korpertemperatur herbeigefuhrt wird, diese Folgezustande aber durch Ca-Ionen wieder unterdruckt werden konnen; ferner auch, daß eine bestimmte Menge von $MgSO_4$, bzw. von Mg-Ionen, einem Tiere subcutan beigebracht, Narkose erzeugt, die aber beinahe sofort behoben wird, wenn man hinterher eine Ca-Ionen enthaltende Lösung intravenös einspritzt.

Endlich ist es sehr bemerkenswert, daß die Ionen der Neutralsalze sich bezüglich ihrer physiologischen Wirksamkeit in genau dieselben Reihen gliedern lassen, die für ihre zustandsändernde Wirkung auf Kolloide (S. 38), insbesondere auf Eiweißkörper (S. 134) gültig sind.

III. Stickstofffreie organische Verbindungen.
(Mit Ausnahme von Kohlenhydraten und Fetten.)

A. Aliphatische Reihe.

Kohlenwasserstoffe.

Methan, CH_4, entsteht im Darm von Pflanzenfressern bei der Gärung der Kohlenhydrate; vom Darm wird es teilweise resorbiert, gelangt in das Blut und von dort in die Exspirationsluft.

Alkohole.

Äthylalkohol, C_2H_6O, ist eine farblose Flüssigkeit von charakteristischem Geruch, die bei 78^0 C siedet; wurde in sehr geringen Mengen im Gehirn, in Muskeln und in der Leber nachgewiesen; entsteht neben Kohlendioxyd bei der alkoholischen Gärung des Traubenzuckers (S. 82 u. 91).

$$CH_3$$
$$|$$
$$CH_2OH$$
Äthylalkohol

Cetylalkohol, $C_{16}H_{34}O$, ein krystallisierbarer Körper, der in Walrat (S. 111), **Oktadecylalkohol,** $C_{18}H_{38}O$, der im Bürzeldrüsensekret der Vögel (S. 111), **Karnaubylalkohol,** $C_{24}H_{50}O$, der im Wollfett (S. 113), **Cerylalkohol,** $C_{26}H_{54}O$, und **Myricylalkohol** (Melissylalkohol), $C_{30}H_{62}O$, die im Bienenwachs (S. 111) enthalten sind.

Glycerin, $C_3H_8O_3$, ist eine dicke, farblose, geruchlose, stark süß schmeckende Flüssigkeit, die mit Wasser und Alkohol in jedem Verhältnisse mischbar, in Äther jedoch unlöslich ist. Es entsteht in geringer

$$CH_2OH$$
$$|$$
$$CHOH$$
$$|$$
$$CH_2OH$$
Glycerin

Menge als Nebenprodukt bei der alkoholischen Gärung der d-Glucose; ist ferner in sehr geringer Menge im Dünndarminhalt, im Blut enthalten. Von besonderer Wichtigkeit sind die Fettsäureester des Glycerins, die sog. Fette (S. 107f.).

Nachweis. Wird Glycerin mit wasserfreier Phosphorsäure oder mit trockener Borsäure oder mit wasserfreiem saurem schwefelsaurem Kalium erhitzt, so entsteht Acrolein

$$CH_2$$
$$||$$
$$CH$$
$$|$$
$$COH$$
Acrolein

das an seinem charakteristischen Geruch nach verbranntem Fett erkannt werden kann.

Die quantitative Bestimmung erfolgt mittels des ZEISEL-FANTOSchen Verfahrens; dieses beruht darauf, daß aus dem Glycerin unter Einwirkung von Jodwasserstoffsaure Isopropyljodid, $CH_3.CHI.CH_3$, entsteht, das uberdestilliert und in einer Losung von salpetersaurem Silber aufgefangen wird; dabei entsteht Silberjodid, das als Niederschlag gesammelt, getrocknet und gewogen wird.

Glycerinphosphorsäure, $C_3H_9PO_6$, ist eine sirupartige farblose Flussigkeit, die durch längeres Erhitzen eines Gemisches von Glycerin und Phosphorsäure dargestellt werden kann; ist in zwei Modifikationen (I und II) bekannt, von welchen die erste, weil sie ein asymmetrisches C-Atom

$$
\begin{array}{ll}
\text{(I)} & \text{(II)} \\
CH_2OH & CH_2OH \\
| & | \\
CHOH & CHO{-}PO(OH)_2 \\
| & | \\
CH_2O{-}PO(OH)_2 & CH_2OH \\
\end{array}
$$

Glycerinphosphorsaure

(s. S. 49) enthält, optisch aktiv ist; kommt als Spaltungsprodukt des Lecithins in geringen Mengen im Gehirn, im Eigelb, in Transsudaten, vielleicht auch im Harn vor.

Thioalkohole, Mercaptane.

Methylmercaptan, CH_4S, entsteht bei der bakteriellen Zersetzung von Eiweiß und Leim; in geringen Mengen ist es im Harn nach Genuß von Karfiol, Spargeln enthalten.

$$
\begin{array}{c}
CH_3 \\
| \\
SH \\
\end{array}
$$

Methylmercaptan

Thioäther.

Äthylsulfid, $C_4H_{10}S$, kommt im Hundeharn in Form von komplizierten Verbindungen vor, aus welchen es durch Zusatz von Lauge oder Kalkmilch abgespalten werden kann.

$$
\begin{array}{cc}
CH_3 & CH_3 \\
| & | \\
CH_2 & CH_2 \\
\end{array}
\!\!\diagdown S \diagup
$$

Äthylsulfid

Aldehyde.

Acetaldehyd, C_2H_4O. Eine leichtbewegliche farblose Flüssigkeit von eigentümlichem Geruche, die sich in Wasser, Alkohol und Äther leicht lost; geht krystallisierbare Verbindungen mit Natriumbisulfit und namentlich mit Dimethylhydroresorcin ein; reduziert Kupferoxydsalze in alkalischer Lösung und ammoniakalische Silberlösung. Es wurde in sehr geringen Mengen im normalen, etwas mehr im diabetischen Harn, stets neben Aceton, außerdem auch im Blute von Diabetikern nachgewiesen. (Über den Nachweis im Harn siehe auf S. 261.)

$$
\begin{array}{c}
CH_3 \\
| \\
C{<}^O_H \\
\end{array}
$$

Acetaldehyd

Ketone.

Aceton, Dimethylketon, C_3H_6O, eine farblose, leichtbewegliche Flüssigkeit von eigentümlichem obstartigem Geruch, die sich mit Wasser, Alkohol und Äther in allen Verhältnissen mischt. Mit Natriumbisulfit, desgleichen auch, wenn es mit einer Lösung von Mercurisulfat in Gegenwart von

$$CH_3 - CO - CH_3$$
Aceton

Schwefelsäure erhitzt wird, liefert es eine krystallisierbare Verbindung. Mit Jod bildet es in Gegenwart von Alkali **Jodoform** nach folgender Gleichung:

$$2\,KOH + 2\,I = H_2O + KI + KOI$$
$$CH_3.CO.CH_3 + 3\,KOI = CH_3.CO\,CI_3 + 3\,KOH$$
$$CH_3.CO\,CI_3 + KOH = CHI_3 + CH_3.COOK.$$

Geringe Mengen von Aceton sind im Harn und in der Exspirationsluft regelmäßig nachzuweisen; unter gewissen pathologischen Umständen wird wesentlich mehr ausgeschieden (Bildung im Tierkörper S. 310 f., Nachweis und quantitative Bestimmung, S. 263).

Einbasische gesättigte Fettsäuren.

Ameisensäure, CH_2O_2, entsteht aus Eiweiß beim Oxydieren mit Braunstein und Schwefelsäure, ferner bei der Spaltung von Kohlenhydraten; ist in Ameisen und in manchen Raupen in verhältnismäßig bedeutender Konzentration enthalten; wurde spurenweise im Blut, im Schweiß und im Harn des Menschen nachgewiesen.

$$H - COOH \qquad\qquad CH_3 - COOH$$
Ameisensaure $\qquad\qquad$ Essigsaure

Essigsäure, $C_2H_4O_2$, entsteht durch Oxydation des Äthylalkohols unter dem Einfluß des Mykoderma aceti, ferner bei der trockenen Destillation von Holz; aus Eiweiß durch Fäulnis oder durch Oxydation mit Calciumpermanganat; ferner aus gärenden Kohlenhydraten. In geringen Mengen ist sie auch im normalen Kot enthalten; in größeren Mengen im Falle einer akuten Dyspepsie (verdorbener Magen!) im Mageninhalt bzw. im Erbrochenen. Spurenweise wurde sie auch im Schweiße, ferner im Leukämikerblut nachgewiesen.

Normale Buttersäure, $C_4H_8O_2$, ist in größeren Mengen in verdorbener, „ranziger" Butter enthalten; entsteht aus Eiweiß durch Schmelzen mit Kali, oder bei der Faulnis, oder bei der Oxydation mit Braunstein und Schwefelsaure; aus Fett durch Oxydation mit Salpetersäure; aus Kohlenhydraten bei der sog. buttersauren Gärung. Sie wurde in geringen Mengen im Kot nachgewiesen; kommt manchmal im Mageninhalt, zuweilen auch im Harn vor

Isobuttersäure, Dimethylessigsaure, $C_4H_8O_2$, wurde neben der normalen Buttersaure im Kot nachgewiesen.

$$
\begin{array}{cccc}
CH_3 & & CH_3\;CH_3 & CH_3 \\
| & CH_3\;CH_3 & \diagdown\!\diagup & | \\
CH_2 & \diagdown\!\diagup & CH & CH_3\;CH_2 \\
| & CH & | & \diagdown\!\diagup \\
CH_2 & | & CH_2 & CH \\
| & COOH & | & | \\
COOH & & COOH & COOH \\
\text{Normale Buttersaure} & \text{Isobuttersaure} & \text{Isovaleriansaure} & \text{d-Valeriansaure}
\end{array}
$$

Isovaleriansäure, Isopropylessigsaure, $C_5H_{10}O_2$, entsteht bei der Oxydation von Eiweiß mit Chromsäure; ist im Fett von Delphinarten enthalten; wurde im menschlichen Kot und Schweiß nachgewiesen.

d-Valeriansäure, Methyläthylessigsäure, $C_5H_{10}O_2$; rechtsdrehend, wurde in faulendem Käse und Leim nachgewiesen.

Normale Capronsäure, $C_6H_{12}O_2$, ist in größeren Mengen in faulendem Käse, in Form ihres Glycerides im Milchfett (S. 234) enthalten; wurde auch im Kot des Menschen nachgewiesen. **d-Capronsäure,** $C_6H_{12}O_2$, ist wahrscheinlich kein einheitlicher Körper, sondern ein Gemisch zweier

$$
\begin{array}{ccccc}
CH_3 & CH_3 & CH_3 & CH_3 & CH_3 \\
| & | & | & | & | \\
(CH_2)_4 & (CH_2)_6 & (CH_2)_8 & (CH_2)_{10} & (CH_2)_{12} \\
| & | & | & | & | \\
COOH & COOH & COOH & COOH & COOH \\
\text{Normale Capronsaure} & \text{Caprylsaure} & \text{Caprinsaure} & \text{Laurinsaure} & \text{Myristinsaure}
\end{array}
$$

Isomeren: der Isobutylessigsaure und der Methyläthylpropionsaure; wurde in faulendem Käse und Leim gefunden. **Caprylsäure,** $C_8H_{16}O_2$, und **Caprinsäure,** $C_{10}H_{20}O_2$, wurden in Milchfett, letztere auch im Schweiß nachgewiesen.

Laurinsäure, $C_{12}H_{24}O_2$, und **Myristinsäure,** $C_{14}H_{28}O_2$, kommen in Milchfett in Form ihrer Glyceride, ferner im Cetaceum (S. 111) an Cetylalkohol gebunden vor.

Palmitinsäure, $C_{16}H_{32}O_2$, und **Stearinsäure,** $C_{18}H_{36}O_2$; krystallisierbare Körper mit dem Schmelzpunkte 62,6 bzw. 69,2° C. Sie sind im Wasser unlöslich; lösen sich schwer in kaltem, leichter in heißem Alkohol, leicht in Äther, Benzol, Chloroform. Ihre Salze sind als Seifen bekannt; die Alkaliseifen sind in Wasser leicht löslich. In Form ihrer Triglyceride

$$
\begin{array}{ccc}
& & CH_3 \\
& & | \\
& & (CH_2)_7 \\
& & | \\
& & CH \\
& & \| \\
CH_3 & CH_3 & CH \\
| & | & | \\
(CH_2)_{14} & (CH_2)_{16} & (CH_2)_7 \\
| & | & | \\
COOH & COOH & COOH \\
\text{Palmitinsaure} & \text{Stearinsaure} & \text{Oleinsaure}
\end{array}
$$

(S. 108) sind sie im Fett, neben Phosphorsäure und Cholin an Glycerin gebunden in Lecithinen (S. 111) enthalten; mit Cetylalkohol bzw. Cholesterin bilden sie Ester, die im Cetaceum (S. 111) bzw. im Lanolin (S. 113) enthalten sind. In Form ihrer Calciumsalze kommen sie im Kot, als Natriumsalze im Blutserum, im Eiter, im Harn, in freiem Zustande in verkasten

Tuberkeln, in altem Eiter usw. vor. Die in den physiologischen Flüssigkeiten vorkommenden Salze der Palmitin-, Stearin- und Ölsäure geben mit Wasser Lösungen kolloider Natur, während die entsprechenden Salze der niederen Fettsäuren ausgesprochene Krystalloide sind.

Arachinsäure, $C_{20}H_{40}O_2$, ein krystallisierbarer Körper, der im Milchfett enthalten ist; **Karnaubasäure**, $C_{24}H_{48}O_2$, im Wollfett (S. 113); **Lignocerinsäure**, $C_{24}H_{48}O_2$, Bestandteil der Sphingomyeline (S. 113) und des Kerasins (S. 221); **Cerotinsäure**, $C_{26}H_{52}O_2$, und **Melissinsäure**, $C_{30}H_{60}O_2$, krystallisierbare Körper, die zum großen Teil in freiem Zustande im Wachs (S. 111) enthalten sind.

Einbasische ungesättigte Fettsäuren.

Oleinsäure, $C_{18}H_{34}O_2$, ein farbloser, geschmackloser, bei Zimmertemperatur flüssiger Körper, der bei $+ 4^0$ C erstarrt, und bei $+ 14^0$ C schmilzt, in Wasser unlöslich ist, sich in Äther, Benzol, Chloroform leicht löst, und durch salpetrige Säure in die isomere, krystallisierende Elaidinsäure verwandelt wird. Als ungesättigte Verbindung nimmt die Oleinsäure Jod und Brom durch Addition auf. Von ihren Alkalisalzen ist das Natriumoleinat bei Zimmertemperatur fest, das Kaliumoleinat flüssig; von dem Mengenverhältnisse dieser beiden Verbindungen hängt die Konsistenz der gebräuchlichen Seifen ab. Das Bleisalz ist in Äther und Benzol löslich, und wird zur Bereitung von Pflastern verwendet. Die Oleinsäure ist in Form ihrer Glyceride in den Fetten, ferner in Lecithinen und anderen Phosphatiden enthalten.

Außer der Oleinsäure sind noch andere ungesättigte Fettsäuren mit einer Doppelbindung bekannt; so die **Nervonsäure**, $C_{24}H_{46}O_2$, die einen Bestandteil des Nervon (S. 221) bildet; ferner die **Gadolinsäure**, die in manchem Fischtran, die **Erucasäure**, die in Fischtran und in Rüböl enthalten ist. Es sind auch ungesättigte Fettsäuren bekannt, die mehr als eine Doppelbindung enthalten, so die **Linolsäure**, $C_{18}H_{32}O_2$, und **Linolensäure**, $C_{18}H_{30}O_2$, die außer in den weiter unten genannten Pflanzenölen nach manchen Autoren auch im Rindstalg, im Schweinefett, ferner im Fett der Leber, des Herzmuskels, vorkommen sollen; endlich die **Arachidonsäure**, $C_{20}H_{32}O_2$ in Lecithinen (S. 111) und Kephalinen (S. 113). Viele mehrfach ungesättigte Fettsäuren werden durch Aufnahme von Sauerstoff in feste harzartige Verbindungen verwandelt; solchen Säuren verdanken manche Öle (Mohn-, Lein-, Hanf-, Sonnenblumen-Öl) die Eigenschaft, an der Luft einzutrocknen.

Mehrbasische Fettsäuren.

Oxalsäure, $C_2H_2O_4$, krystallisiert mit zwei Molekülen Krystallwasser; ist in Wasser und in Alkohol leicht, in Äther schwer löslich; wird in wäßriger Lösung bei 40^0 C in Gegenwart von Schwefelsäure durch Kaliumpermanganat rasch und vollständig zu Wasser und Kohlendioxyd oxydiert. Ihr Calciumsalz ist in Wasser und in Essigsäure unlöslich, löst sich in Salzsäure. Oxalsäure ist in verschiedensten Pflanzen oft in größeren Mengen enthalten; in den tierischen Organismus gelangt sie teils mit der pflanzlichen Nahrung, teils wird sie im Organismus selbst gebildet (S. 260). Nachweis und quantitative Bestimmung im Harn s. S. 261.

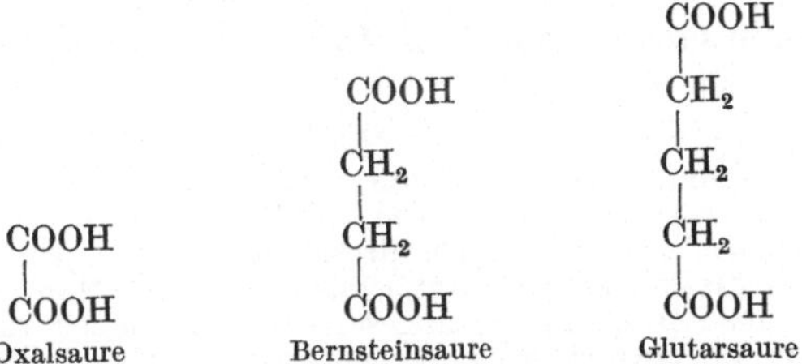

COOH   COOH
| |
      CH$_2$ CH$_2$
      | |
COOH   CH$_2$ CH$_2$
| | |
COOH   COOH   COOH
Oxalsaure   Bernsteinsaure   Glutarsaure

Bernsteinsäure, $C_4H_6O_4$, entsteht aus Eiweiß durch Oxydation mit Permanganaten; als Nebenprodukt auch bei der alkoholischen Gärung der d-Glucose; ist in verhältnismäßig größeren Mengen in der Echinokokkus-flüssigkeit, in geringen Mengen im Darminhalt, im Eiter, in der sauren Milch, ferner im Thymus- und Schilddrusenpreßsaft enthalten.

Glutarsäure, $C_5H_8O_4$, wurde neben Bernsteinsaure im Eiter nachgewiesen.

Oxyfettsäuren.

Milchsäure, Oxypropionsaure, $C_3H_6O_3$, ist in Form zweier Isomeren bekannt: α-Oxypropionsäure (Äthylidenmilchsäure) und β-Oxypropionsäure

CH$_3$ CH$_2$OH
| |
CHOH   CH$_2$
| |
COOH   COOH
α-Oxypropionsaure   β-Oxypropionsaure

(Äthylenmilchsäure). Im tierischen Organismus kommt bloß die optisch aktive α-Oxypropionsaure vor, die ein asymmetrisches C-Atom enthalt.

Als asymmetrisch wird ein C-Atom bezeichnet, das an allen vier Valenzen mit verschiedenen Atomen bzw. Atomgruppen belegt ist, wodurch die Existenz von zwei stereoisomeren Modifikationen der betreffenden Verbindung ihre Erklarung findet. Da namlich die prozentuale Zusammensetzung der beiden Modifikationen identisch ist und sie auch an den einzelnen C-Atomen dieselben Atome bzw. Atomgruppen tragen, kann nach unserer Vorstellung ein

CH$_3$ CH$_3$
| |
HO—C*—H   H—C*—OH
| |
COOH   COOH

Unterschied zwischen den beiden nur in der Anordnung der Atome bzw. Atomgruppen bestehen, wie sie um das asymmetrische C-Atom gelagert sind. Sie verhalten sich an dem mit einem * bezeichneten C-Atom der voranstehenden Formelbilder wie Spiegelbilder zu einander, und dieser unserer Annahme entspricht auch die Tatsache, daß sie in ihren chemischen und, mit Ausnahme der optischen, auch in ihren physikalischen Eigenschaften vollig identisch sind. Diese Ausnahme bezieht sich darauf, daß sie entgegengesetzt gerichtet optisch aktiv sind. Die rechtsdrehende Modifikation wird mit dem vorgesetzten Buchstaben „d-", die linksdrehende mit „l-", eine optisch inaktive, die durch Vereinigung von zwei entgegengesetzt aktiven Molekulen entsteht, mit „d.l-" bezeichnet. Dementsprechend unterscheidet man die rechtsdrehende d.α-Oxypropionsaure, die linksdrehende l.α-Oxypropionsaure und die optisch inaktive d.l.α-Oxypropionsaure. Doch muß ausdrucklich hervorgehoben werden, daß manche andere optisch-aktive Stoffe mit einem asymmetrischen C-Atome, um welches herum H und OH so gelagert sind, wie z. B. in der d-α-Oxypropionsäure, nicht rechts-, sondern linksdrehend sind, und umgekehrt (siehe hierüber S. 80).

Die Milchsäuren sind schwerflüssig, farblos, lassen sich unter bestimmten Umständen krystallisiert erhalten, lösen sich in Wasser, Alkohol und Äther. Wichtig sind die Zinksalze, die gut krystallisieren.

Nachweis. Verdünnte Lösungen von Eisenchlorid werden durch die Milchsauren grunlichgelb gefarbt (siehe S. 204). Will man beim Nachweis der Milchsäure möglichst sicher vorgehen, so muß sie aus der zu prufenden Flüssigkeit erst in Form ihres Zinksalzes wie folgt isoliert werden. Man extrahiert aus der eingeengten und mit Phosphorsaure angesauerten Flussigkeit die Milchsäure mit Äther, erhitzt den in Wasser gelösten Ätherruckstand mit kohlensaurem Blei, entbleit das Filtrat, das milchsaures Blei gelöst enthalt, mit Schwefelwasserstoff, kocht das abermalige Filtrat mit kohlensaurem Zink, engt das nun gewonnene Filtrat ein, und laßt daraus das milchsaure Zink auskrystallisieren. (Die Einzelheiten dieses Vorganges sind naturlich verschieden, je nachdem es sich um den Nachweis im Blutplasma, im Harn usw. handelt.) An der isolierten Milchsäure konnen verschiedene Farbenreaktionen ausgefuhrt werden.

Auch fur die quantitative Bestimmung muß die Milchsäure erst nach obigem Verfahren isoliert werden. Eine viel gebrauchte Methode beruht auf ihrer Eigenschaft, daß sie in saurer Losung mit Kaliumpermanganat behandelt, zu Acetaldehyd oxydiert wird. Destilliert man nun diese Flussigkeit, und leitet das Destillat in eine Kaliumbisulfitlosung von bekannter Konzentration ein, so wird durch das ubergegangene Acetaldehyd eine entsprechende Menge des Bisulfites gebunden, der Überschuß aber jodometrisch bestimmt.

d.α-Oxypropionsäure, d-Milchsäure, Para- oder Fleischmilchsäure. Die freie Saure ist rechtsdrehend; ihre Salze sind linksdrehend. Sie entsteht bei der bakteriellen Gärung der Kohlenhydrate neben größeren Mengen von inaktiver Milchsäure; ist enthalten in Muskeln, im Fleischextrakt, im Gehirn, ferner im Blutplasma und im Harn unter gewissen pathologischen Umständen (S. 168, 261).

l.α-Oxypropionsäure, l-Milchsäure ist ein Stoffwechselprodukt des Typhusbacillus, ferner des Choleravibrio, wenn er auf zuckerhaltigem Nährboden gezüchtet wird. In höheren Organismen wurde sie bisher nicht nachgewiesen. Die freie Saure dreht nach links; ihre Salze nach rechts.

Inaktive oder d.l-Milchsäure, Garungsmilchsäure, besteht aus je einem Molekül der d- und der l-Milchsäure. Sie laßt sich aus den meisten Monosacchariden, ferner auch aus Saccharose und Lactose durch Erhitzen mit verdünnten Laugen darstellen. In größeren Mengen entsteht sie bei der sog. milchsauren Gärung der Kohlenhydrate, z. B. in der Milch, im Inhalt des Magen- und Darmkanals.

Oxybuttersäure, $C_4H_8O_3$, ist in Form dreier Isomeren bekannt: der α-, β- und γ-Oxybuttersäure, von denen die beiden ersten je ein asymmetrisches C-Atom enthalten, daher in je zwei stereoisomeren Modifikationen erscheinen können. (Siehe oben bei der Milchsäure.) Von den je zwei, also insgesamt vier stereoisomeren Oxybuttersauren wird allein die l.β-Oxybuttersäure im tierischen Organismus gebildet.

l.β-Oxybuttersäure ist eine farblose Flüssigkeit, die zur Krystallisation gebracht werden kann. Sie ist in Wasser, Alkohol und Äther löslich; sie ist linksdrehend: $[\alpha_D] = -24{,}1^0$ (über die Bedeutung von $[\alpha]_D$ siehe S. 88). Mit starker Schwefelsaure erhitzt, verwandelt sie sich unter Austritt von 1 Molekul Wasser in Crotonsaure; diese Eigenschaft wird auch zu ihrem Nachweis verwendet (S. 262). Mit Wasserstoffsuperoxyd in Gegenwart von Eisensalzen oxydiert, wird sie in Acetessigsäure (s. unten)

$$\begin{array}{cc}
CH_3 & CH_3 \\
| & | \\
CHOH & CH \\
| & \| \\
CH_2 & CH \\
| & | \\
COOH & COOH \\
\beta\text{-Oxybuttersaure} & \text{Crotonsaure}
\end{array}$$

verwandelt. Im menschlichen Organismus werden unter gewissen Umständen bedeutende Mengen von β-Oxybuttersäure gebildet (S. 310f.).

Citronensäure, $C_6H_8O_7$, ein sehr häufiger Bestandteil verschiedenster Fruchtarten; kommt in geringen Mengen in der Milch verschiedener Tierarten vor.

Ricinolsäure, ein Derivat der Oleinsäure, in der ein Atom Wasserstoff durch eine Hydroxylgruppe ersetzt ist, wurde im Ricinusöl, **Dioxystearinsäure**, ein Derivat der Stearinsäure, in der zwei Atome Wasserstoff durch je eine Hydroxylgruppe ersetzt sind, in Milchfett nachgewiesen; ferner **Cerebronsäure**, $C_{24}H_{48}O_3$, die in der Hirnsubstanz (S. 221), und **Lanocerinsäure**, $C_{30}H_{60}O_4$, die im Wollfett nachgewiesen wurde (S. 113).

$$\begin{array}{l}
COOH \\
| \\
CH_2 \\
| \\
OHC\!-\!COOH \\
| \\
CH_2 \\
| \\
COOH \\
\text{Citronensaure}
\end{array}$$

Ketosäuren.

Brenztraubensäure, $C_3H_4O_3$, eine in Wasser, Alkohol und Äther gut lösliche Flüssigkeit, die bei der hydrolytischen Spaltung verschiedener Eiweißkörper entsteht. Unter der Einwirkung der Carboxylase, eines in

$$\begin{array}{ccc}
 & & CH_3 \\
 & CH_3 & | \\
 & | & CO \\
CH_3 & CO & | \\
| & | & CH_2 \\
CO & CH_2 & | \\
| & | & CH_2 \\
COOH & COOH & | \\
 & & COOH \\
\text{Brenztraubensaure} & \text{Acetessigsaure} & \text{Lavulinsaure}
\end{array}$$

der Hefe enthaltenen Enzymes, zerfällt sie rasch in Kohlendioxyd und Acetaldehyd (siehe auch S. 82), ein Beispiel der sog. „zuckerfreien Garung":

$$CH_3 . CO . COOH = CO_2 + CH_3 . COH.$$

Acetessigsäure, Diacetsäure, $C_4H_6O_3$; eine farblose Flüssigkeit, die bereits bei Zimmertemperatur und noch viel rascher in der Wärme in Aceton und Kohlensaure zerfällt; ihre Alkalisalze zerfallen ebenso rasch. In den Harn gelangt sie als Oxydationsprodukt der β-Oxybuttersäure. (Nachweis und Bestimmung im Harn auf S. 262; Bildung auf S. 310.)

Lävulinsäure, $C_5H_8O_3$, in Wasser, Alkohol und Äther leicht löslich; entsteht aus Hexosen und aus Polysacchariden, die aus Hexosen aufgebaut sind, beim Kochen mit Mineralsäuren (S. 81).

B. Aromatische Reihe.

Phenole.

Phenol, Carbolsäure, C_6H_6O, ein krystallisierbarer Körper von eigentümlichem Geruch; schmilzt bei $+ 42^0$ C; verflüssigt sich mit wenig Wasser; ist in Wasser bloß zu $6—7^0/_0$ löslich. Es bildet sich bei der Eiweißfäulnis im Darm und wird als Phenolschwefelsäure (S. 267) im Harn ausgeschieden. (Über den Nachweis im Harn s. S. 267.)

p-Kresol, C_7H_8O, ein krystallisierbarer Körper, der bei $+ 35^0$ C schmilzt. Bildung und Ausscheidung wie beim Phenol (S. 267).

Brenzcatechin, o-Dioxybenzol, $C_6H_6O_2$, ein krystallisierbarer Körper, der bei 104^0 C schmilzt. Im Harn der Pflanzenfresser ist es stets, im Menschenharn oft, jedoch nur in geringen Mengen, und zwar an Schwefelsäure gebunden enthalten; im Harn der Fleischfresser ist es nicht vorhanden. Als sein Derivat kann das Adrenalin (S. 320) aufgefaßt werden. In wäßriger Lösung gibt es mit Eisenchlorid eine charakteristische Grünfärbung, die auf Zusatz einiger Tropfen einer Lösung von kohlensaurem Natrium in Violett umschlägt.

Hydrochinon, p-Dioxybenzol, $C_6H_6O_2$, ein krystallisierbarer Körper, der bei 170^0 C schmilzt; im normalen Harn ist es, mit Schwefelsäure gepaart,

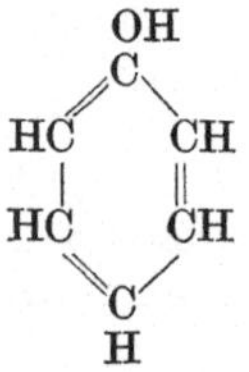

Phenol 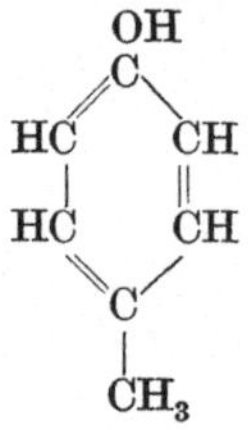   p-Kresol 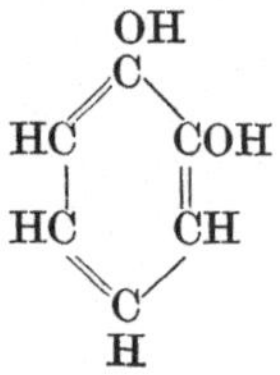   Brenzcatechin 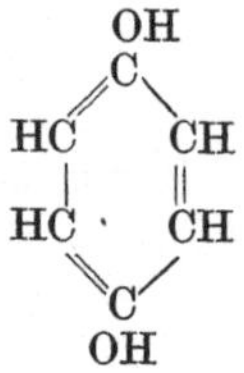   Hydrochinon

bloß in geringen Mengen nachzuweisen, in größerer Menge nach Einfuhr von Benzol oder Phenol.

Aromatische Säuren.

Benzoesäure, $C_7H_6O_2$, ein farbloser, krystallisierbarer Körper von charakteristischem Geruch; in warmem Wasser gut, in Alkohol und Äther leicht löslich; mit Wasserdämpfen destillierbar. Sie kommt in frischem Harn nicht frei, sondern in Form gepaarter Verbindungen, wie Hippursäure (S. 271), Ornithursäure (S. 122) vor; die Synthese dieser Verbindungen erfolgt nicht nur aus der Benzoesäure, die im Organismus (nach S. 264) entsteht, sondern auch aus der von außen eingeführten Benzoesäure. In freiem Zustande ist die Benzoesäure in gestandenem Pflanzenfresserharn enthalten, entstanden durch bakterielle Zersetzung der Hippursäure.

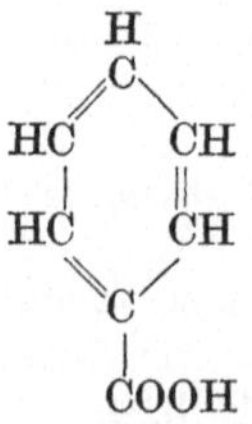

Benzoesäure

Phenylessigsäure, Phenylpropionsäure, Aromatische Oxysäuren. (Ausführlich S. 264 f.)

C. Hydroaromatische Verbindungen.

Diese Verbindungen lassen sich aus Kohlenwasserstoffen der aliphatischen Reihe ableiten, indem man sich die Kohlenstoffkette, z. B. des Hexans, unter Ausfall je eines Wasserstoffatomes an beiden Enden der Kette zu einem Ring, z. B. zum Cyclohexan geschlossen vorstellt. Dieses läßt sich aber auch als ein hydriertes Benzol auffassen, das keine Doppelbindungen, und anstatt der sechs Wasserstoffatome des Benzols deren zwölf enthält, daher auch Hexahydrobenzol genannt wird.

Hydrobenzole.

Inosit, auch Muskelzucker genannt, Hexaoxyhexahydrobenzol, $C_6H_{12}O_6$, entsteht aus dem Cyclohexan, indem sechs Wasserstoffatome durch je eine Hydroxylgruppe ersetzt werden. Es krystallisiert im monoklinen System mit 1 Molekül Krystallwasser; sein Schmelzpunkt liegt bei 225^0 C; es löst sich auch in kaltem Wasser; in Alkohol, Äther ist es unlöslich. Im Pflanzenreich kommt es entweder in freiem Zustande oder in Form zusammengesetzter Verbindungen vor, unter denen das Phytin, ein Phosphorsaureester des Inosits, am bekanntesten ist. Inosit kommt auch im Tierreich vor; man findet es in Muskeln, in der Leber, in der Milz usw. und zuweilen auch im Harn. Es ist in zwei optisch aktiven, jedoch auch in einer optisch inaktiven Modifikation bekannt; im Tierkörper hat man es mit der inaktiven zu tun. Kupfer-, Wismut- und Quecksilbersalze

<pre>
         H₂
          C
        /   \
   H₂C   CH₂
    | |
   H₂C   CH₂
        \   /
          C
         H₂
   Hexahydrobenzol
</pre>

<pre>
        HOH
          C
        /   \
  HOHC   CHOH
    | |
  HOHC   CHOH
        \   /
          C
        HOH
      Inosit
</pre>

werden durch Inosit nicht reduziert, wohl aber Silbernitrat in ammoniakalischer Lösung; es ist nicht zu vergären; bei der trockenen Destillation liefert es so wie die Kohlenhydrate Furfurol (S. 81). Dieser Umstand weist auf eine gewisse Zugehörigkeit des Inosits zu den Kohlenhydraten hin, und wird dem dadurch Rechnung getragen, daß man Inosit und ähnliche Verbindungen mit Rucksicht auf ihre ringförmige Struktur und auf die bei den Zuckern ubliche Nomenklatur (S. 78) als Cyclosen bezeichnet.

Der Nachweis erfolgt durch a) die SCHERERsche Probe: Werden einige Tropfen einer inosithaltigen Losung mit einigen Tropfen Salpetersaure eingedampft, und der Ruckstand mit einigen Tropfen Ammoniak und 1 Tropfen einer Calciumchloridlosung wieder eingetrocknet, so bleibt ein rosenrot gefarbter Ruckstand zuruck.

b) GALLOISsche Probe: Eine Losung von Inosit gibt nach dem Eintrocknen mit einem Tropfen einer Losung von Mercurinitrat benetzt einen gelben Niederschlag, der beim Erwarmen rot wird, beim Abkuhlen verblaßt, und bei nochmaligem Erwarmen sich wieder rot farbt.

Sterine.

Im tierischen Organismus sowohl, wie auch im Pflanzenreich kommen außer den Hydrobenzolen kompliziert gebaute hydroaromatische Verbindungen, die sog. Sterine vor. Zu diesen gehort:

Cholesterin, $C_{27}H_{46}O$; krystallisiert in weißen, perlmutterglanzenden Schichten oder in farblosen, durchsichtigen Nadeln oder Tafeln; letztere sind in mehreren Lagen übereinander geschichtet und haben charakteristisch zackig ausgebrochene Rander. Es ist in Wasser, in verdünnten Säuren und Laugen unloslich; löst sich leicht in Äther, Chloroform, Benzol, in Fetten und atherischen Ölen; in geringer Menge auch in einer alkalischen Lösung von gallensauren Salzen. In der atherischen Lösung ist $[\alpha]_D$ gleich $- 31^0$ (Über die Bedeutung dieses Ausdruckes siehe auf S. 88.) Über seine Struktur ist zur Zeit folgendes bekannt: Es ist ein einwertiger ungesattigter Alkohol, der aus einem zusammengesetzten hydroaromatischen Kern und aus einer aliphatischen verzweigten Seitenkette (Nonylkette) besteht. Der hydroaromatische Kern besteht aus vier hydrierten Ringen, deren einer eine bindungen, Alkoholgruppe, ein zweiter aber eine Doppelbindung enthalt.

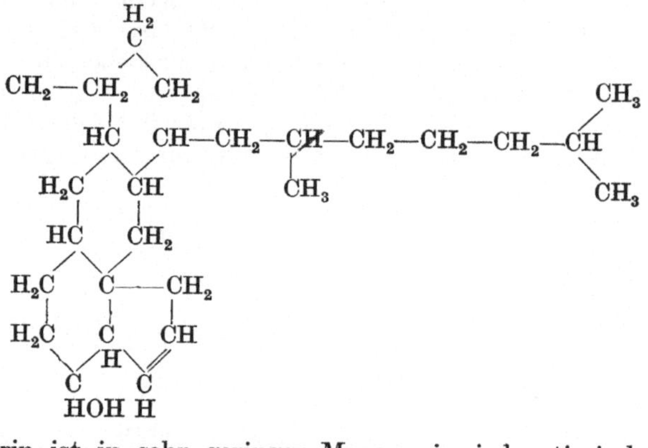

$$
\begin{array}{l}
\overset{H_2}{C} \\
\mathrm{CH_2-CH_2\ \ CH_2} \\
\mathrm{HC\ \ CH-CH_2-CH-CH_2-CH_2-CH_2-CH} \\
\mathrm{H_2C\ \ CH\quad\quad CH_3\quad\quad\quad\quad CH_3\ \ CH_3} \\
\mathrm{HC\ \ CH_2} \\
\mathrm{H_2C\ \ C---CH_2} \\
\mathrm{H_2C\ \ C\ \ CH} \\
\mathrm{H} \\
\mathrm{C\ \ C} \\
\mathrm{HOH\ H}
\end{array}
$$

Cholesterin ist in sehr geringen Mengen in jeder tierischen Zelle, in jedem Gewebe, in jeder tierischen Flussigkeit enthalten, ist auch jedem tierischen Fette, namentlich dem Wollfett, beigemengt. Durch einen höheren Gehalt sind ausgezeichnet das Eigelb, die Hirnsubstanz (Nervengewebe), die Galle, die Nebennierenrinde, das Sekret der Talgdrüsen der Haut; auch im Blutplasma und den Blutkörperchen, im Sperma, im Darminhalte fehlt es nicht, ebensowenig in pathologischen Gebilden. So bestehen manche Gallensteine beinahe aus reinem Cholesterin; es findet sich im Eiter, in Transsudaten, im Cysteninhalt, in alten Tuberkeln, namentlich aber in verfetteten Organen. Es kommt teils in freiem Zustande, teils in Form seiner Ester vor, die es mit hochmolekularen Fettsauren, namentlich mit Oleinsaure bildet. Diese Ester sind es, die die Doppelbrechung des Lichtes in verfetteten Organen verursachen.

Bis vor kurzem hat man gemeint, daß der tierische Organismus nicht befähigt ist, Cholesterin synthetisch zu bilden, und seinen ganzen Bedarf den in der Nahrung eingeführten Pflanzenteilen entnimmt, in denen dem

Cholesterin verwandte hydroaromatische Verbindungen enthalten sind (siehe weiter unten). Da es jedoch erwiesen ist, daß neugeborene Tiere auch bei wochenlanger cholesterinfreier Nahrung ihren Cholesterinbestand parallel den übrigen Bestandteilen ihres Körpers vermehren, muß zugegeben werden, daß wenigstens ein Teil des Cholesterins auch im tierischen Körper synthetisch gebildet wird.

Die Darstellung erfolgt aus Gallensteinen von Menschen; die Steine werden gepulvert und mit einer Mischung von Alkohol und Äther extrahiert, und der Rückstand des Auszuges mehrmals aus $65^0/_0$igem Alkohol umkrystallisiert.

Nachweis. a) Nach SALKOWSKI wird ein wenig trockenes Cholesterin in 2—3 cm³ Chloroform gelöst und die Losung mit konzentrierter Schwefelsaure unterschichtet, worauf eine purpurrote Farbung des Chloroforms und eine grune Fluorescenz der Schwefelsaure entsteht.

b) Nach LIEBERMANN wird ein wenig Cholesterin in 2—3 cm³ Chloroform gelöst und mit 2—3 Tropfen Essigsäureanhydrid, dann tropfenweise mit konzentrierter Schwefelsaure versetzt; es tritt eine rosenrote Farbenreaktion ein, die spater über Blau in Grun übergeht, besonders wenn man auch noch etwas sehr verdunnte Jodlosung hinzufugt.

c) Soll von tafelformigen Krystallen, die im mikroskopischen Praparat aus dem Sediment eines Harnes, Transsudates usw. gefunden wurden, entschieden werden, ob sie aus Cholesterin bestehen, so laßt man aus einer Mischung von 5 Teilen konzentrierter Schwefelsaure und 1 Teil Wasser einige Tropfen unter das Deckglas fließen. Falls es sich um Cholesterin bandelt, sieht man eine von den Randern der Tafeln ausgehende zarte oder intensivere Carminfarbung, die spater in Violett übergeht.

d) Löst man Cholesterin in heißem Alkohol und versetzt mit einer ebenfalls heißen $1^0/_0$igen Lösung von Digitonin in $96^0/_0$igem Alkohol, so entsteht ein unlöslicher Niederschlag, der aus je einem Molekul Cholesterin und Digitonin besteht.

Zur quantitativen Bestimmung wurden verschiedene colorimetrische Verfahren ausgearbeitet, die auf obigen Farbenreaktionen beruhen. Das WINDAUSsche gravimetrische Verfahren beruht auf der Darstellung der oben erwähnten Cholesterin-Digitonin-Doppelverbindung.

Dem Cholesterin isomer ist das **Isocholesterin**, $C_{27}H_{46}O$, das neben dem Cholesterin im Wollfett enthalten ist. Durch Eintritt von zwei H-Atomen in das Cholesterin-Molekül entsteht das **Dihydrocholesterin**, $C_{27}H_{48}O$. Auf dieselbe Weise entsteht aus Cholesterin im Darme unter Einwirkung reduzierender Bakterien das obigem isomere **Koprosterin**; eine andere Isomere ist das **Spongosterin**, das in Spongienarten enthalten ist. Koprosterin läßt sich zum entsprechenden Kohlenwasserstoff reduzieren, dieser aber zu **Cholansäure** oxydieren, einer Verbindung, die auch aus den Gallensäuren (S. 209) erhalten werden kann, woraus sich auf nahe Beziehungen zwischen diesen und den Sterinen schließen läßt.

Eine ganze Anzahl von Verbindungen, die in gewisser Beziehung dem Cholesterin nahestehen, sich jedoch von diesem unterscheiden lassen, wurden aus Pflanzenteilen dargestellt; sie werden als **Phytosterine** bezeichnet, im Gegensatz zu den vorangehend beschriebenen sog. **Zoosterinen**.

Eine ganz besondere Wichtigkeit kommt dem **Ergosterin** $C_{27}H_{42}O$ zu, das drei Doppelbindungen enthält, und dessen Vorkommen im Mutterkorn, in der Hefe usw. bereits seit längerer Zeit bekannt ist, von dem es sich aber erst vor kurzer Zeit herausgestellt hat, daß ihm eine wichtige Rolle in der Verhütung gewisser Erkrankungsformen namentlich des jugendlichen Organismus zukommt (hierüber siehe weiteres auf S. 380).

Cholsäure oder **Cholalsäure**, $C_{24}H_{40}O_5$. (Ausführlich S. 209.)

IV. Stickstoffhaltige organische Verbindungen.

(Mit Ausnahme der Aminosäuren und Eiweißkörper.)

A. Stickstoffhaltige aliphatische Verbindungen.

Rhodansalze.

Alkalisalze der Rhodanwasserstoffsäure kommen im Speichel vor (S. 198), ferner im Magensaft des Hundes und der Katze (S. 200), im normalen Harn von Menschen und Tieren usw. Nachweis S. 198.

$$N\equiv C-SH$$

Rhodanwasserstoffsäure

Monoamine[1].

Die Monoamine können aus Ammoniak abgeleitet werden, in dem ein, zwei oder drei Wasserstoffatome durch Methylgruppen ersetzt werden; auf diese Weise entstehen **Methylamin,** NH_2CH_3, **Dimethylamin,** $NH(CH_3)_2$ und **Trimethylamin,** $N(CH_3)_3$, basische Körper, die mit Gold- und Platinchlorid krystallisierbare Doppelverbindungen bilden. In waßriger Lösung verbinden sie sich wie Ammoniak mit den Elementen des Wassers:

$$NH_3 + HOH = NH_4OH$$
$$CH_3 . NH_2 + HOH = CH_3 . NH_3 . OH.$$

Sie kommen in Heringslake vor, und entstehen auch bei der Faulnis von Fibrin, Eiern, Harn. Dimethyl- und Trimethylamin sind intermediäre Stoffwechselprodukte, die bei dem Abbau des Cholin und der Betaine entstehen.

Colamin, Amino-Äthylalkohol, Oxyathylamin, C_2H_7NO, eine ölartig dicke, farblose, mit Wasser in jedem Verhältnis mischbare, stark alkalische Flüssigkeit. Es bildet einen Bestandteil gewisser Phosphatide (S. 111).

Cholin, Trimethyl-oxyathyl-ammoniumhydroxyd, $C_5H_{15}NO_2$, nur als eine sirupartige Flüssigkeit von stark basischen Eigenschaften bekannt; bildet mit Salzsäure, ferner auch mit Platinchlorid charakteristische krystallisierbare Verbindungen. Es ist in Wasser und Alkohol löslich,

CH_2OH	CH_2OH	CH_2
CH_2	CH_2	CH
NH_2	$(OH)N(CH_3)_3$	$(OH)N(CH_3)_3$
Colamin	Cholin	Neurin

in Äther unloslich, bildet einen Bestandteil gewisser Phosphatide (S. 111), als deren Spaltprodukt es in verschiedenen Organen und Körperflüssigkeiten nachgewiesen wurde. Besonders reichlich ist es in der Nebennierenrinde enthalten; wurde auch in verschiedensten Pflanzen nachgewiesen. Es ist ein starkes Gift (sein Derivat, das **Acetylcholin**. ein noch viel

---

[1] Fur die Verbindungen, die hier als **Monoamine**, weiter unten als **Diamine** beschrieben werden, ferner fur gewisse Aminosaure-Derivate (S. 313) wurde, da sie die NH_2-Guppe enthalten und viele unter ihnen aus Eiweißkörpern abgeleitet werden konnen, der Namen „proteinogene Amine", oder auch „biogene Amine" vorgeschlagen.

stärkeres). Auf Grund seiner im Experiment nachgewiesenen Eigenschaft, die Darmperistaltik zu steigern, darf angenommen werden, daß ihm bei dem Zustandekommen der normalen peristaltischen Bewegungen des Darmes eine Rolle zukommt.

Neurin, Trimethylvinyl-Ammoniumhydroxyd, $C_5H_{13}NO$; entsteht aus Cholin durch Austritt von 1 Molekul Wasser; nur als eine sirupartige Flüssigkeit von stark basischen Eigenschaften bekannt. Es bildet mit Salzsäure und mit Platinchlorid charakteristische, krystallisierbare Verbindungen. Es wurde von manchen Autoren im Blut, im Hirnextrakt nachgewiesen.

Betaine. Sie können a) als vollkommen methylierte Aminosauren (S. 115f.) aufgefaßt werden, oder aber b) als vollkommen methylierte Ammoniumbasen, die sich mit einem Saurerest verbunden haben. Unter Austritt von 1 Molekül Wasser findet hinterher eine Anhydrid-Ringbildung

$$
\begin{array}{ccc}
CH_2-NH_2 & CH_2-N\big\langle\begin{smallmatrix}CH_3\\CH_3\\CH_3\\OH\end{smallmatrix} & CH_2-N\big\langle\begin{smallmatrix}CH_3\\CH_3\end{smallmatrix}\\
| & | & |\quad\quad|\;\backslash CH_3\\
COOH & COOH & CO\!-\!O\\
\text{Glykokoll} & \text{Glykokoll-Betain} & \text{Glykokoll-Betain-Anhydrid}
\end{array}
$$

statt. Sie sind pflanzlichen oder tierischen Ursprungs; so findet man in der Rübenmelasse das **Glykokoll-Betain** mit Glykokoll (S. 225) als Aminosäure-Komponente, im Muskel das **Karnitin** (S. 118) mit γ-Amino-β-oxybuttersaure, und in roten Blutkörperchen das **Ergothionein** mit einem SH-substituierten Histidin (S. 125) als Aminosäure-Komponente.

Muscarin, $C_5H_{13}NO_2$, ein im Fliegenpilz vorkommender giftiger Körper, der leicht zerfließliche Krystalle bildet. Einem aus Cholin mittels rauchender Salpetersäure künstlich dargestellten Muscarin, das dem natürlich vorkommenden bloß isomer und mit demselben nicht identisch ist, kommt die aus nebenstehender Formel ersichtliche Struktur zu.

$$
\begin{array}{c}
COH\\
|\\
CH_2\\
|\\
(OH)N(CH_3)_3
\end{array}
$$
Muscarin

Sphingosin, $C_{18}H_{37}NO_2$, ein ungesättigter zweiwertiger Amino-Alkohol; Bestandteil der **Sphingomyeline** und des **Cerebron** (S. 221).

Diamine.

Die Diamine sind Körper, die in vielen ihrer Eigenschaften an Pflanzenalkaloide erinnern; aus diesem Grunde, und da sie zuerst aus faulenden Kadaverteilen dargestellt wurden, hatte man sie **Cadavaralkaloide** genannt; später wurden sie als **Ptomaine** bezeichnet. Am bekanntesten unter ihnen sind:

Putrescin, Tetramethylendiamin, $C_4H_{12}N_2$, und **Cadaverin,** Pentamethylendiamin, $C_5H_{14}N_2$. Putrescin ist krystallisierbar, Cadaverin nicht. Beide sind farblose, in Wasser leicht losliche Verbindungen von ammoniakahnlichem Geruch, die mit Gold- und Platinchlorid gut krystallisierbare Verbindungen bilden. Beide kommen in Käse, in faulendem Fleisch, ferner im Harn von Cystinurikern (S. 270) vor.

$$
\begin{array}{cc}
 & CH_2NH_2\\
 & |\\
CH_2NH_2 & CH_2\\
| & |\\
CH_2 & CH_2\\
| & |\\
CH_2 & CH_2\\
| & |\\
CH_2NH_2 & CH_2NH_2\\
\text{Putrescin} & \text{Cadaverin}
\end{array}
$$

Isoliert werden sie in Form ihrer Benzoylverbindungen; zu diesem Behufe wird die betreffende Lösung mit Ammoniak schwach alkalisch gemacht, dann mit $10\,^0/_0$iger Natronlauge versetzt und unter ständigem Kuhlen Benzoylchlorid

$$
\begin{array}{ccc}
\mathrm{C}{<}^{H_2}_{NH\,H} & & \mathrm{C}{<}^{H_2}_{NH-OC-C_6H_5} \\
| & Cl\;O\!-\!C\!-\!C_6H_5 & | \\
(CH_2)n & +\quad Cl\;O\!-\!C\!-\!C_6H_5 = 2\,HCl\quad + & (CH_2)n \\
| & & | \\
\mathrm{C}{<}^{H_2}_{NH\,H} & & \mathrm{C}{<}^{H_2}_{NH-OC-C_6H_5} \\
\text{Diamın} & \text{2 mol. Benzoylchlorid} & \text{Benzoyldiamin}
\end{array}
$$

hınzugefügt. Nun wird so lange geschüttelt, bıs der Geruch nach Benzoylchlorid verschwindet, der Niederschlag am Filter gesammelt, mit Wasser gewaschen, in Alkohol gelost und die alkoholische Lösung in Äther gegossen, wobei eine Ausscheidung der Benzoyldiamine erfolgt.

$$
\begin{array}{l}
CH_2\cdot NH\cdot CH_2\cdot CH_2\cdot CH_2\cdot NH_2 \\
| \\
CH_2 \\
| \\
CH_2 \\
| \\
CH_2\cdot NH\cdot CH_2\cdot CH_2\cdot CH_2\cdot NH_2 \\
\quad\quad\text{Spermin}
\end{array}
$$

Spermin, $C_{10}H_{26}N_4$, ein Diamin, in dessen beiden NH_2-Gruppen je 1 Wasserstoff durch je ein Mono-Amin ersetzt ist, wurde aus menschlichem Sperma, aber auch aus Pankreas, Muskeln verschiedener Säugetiere dargestellt. Bezüglich der CHARCOT-LEYDENschen Krystalle, die im Sputum, und der SCHREINER-BÖTTCHERschen Krystalle, die im eingetrockneten Sperma vorkommen, und als phosphorsaure Salze des Spermin angesehen wurden, sind die Ansichten geteilt.

Stickstoffhaltige Kohlensäurederivate.

Carbaminsäure, CH_3NO_2, als Kohlensäure, $CO(OH)_2$, zu betrachten, in der eine OH-Gruppe durch eine NH_2-Gruppe ersetzt wird. Sie ist in freiem Zustande nicht bekannt, bloß in Form ihrer Salze; entsteht aus Eiweiß bei der Oxydation mit Kaliumpermanganat; charakteristisch ist ihr Calciumsalz, das in Wasser leicht, in Alkohol nicht löslich ist. Über ihr Vorkommen im Harn siehe auf S. 272.

Harnstoff, Carbamid, CH_4N_2O, als Kohlensäure, $CO(OH)_2$ zu betrachten, in der beide OH-Gruppen durch je eine NH_2-Gruppe ersetzt sind. Der Harnstoff ist unter allen im Tierkörper vorkommenden organischen Verbindungen die erste gewesen, die (von WÖHLER) künstlich dargestellt wurde, und zwar durch Eindampfen einer Lösung von isocyansaurem Ammonium, in der es zu nebenstehender Umlagerung kommt.

$$
\mathrm{C}{<}^{N-(NH_4)}_{O} \;=\; \mathrm{CO}{<}^{NH_2}_{NH_2}
$$

Eigenschaften. Harnstoff krystallisiert ohne Krystallwasser in farblosen Prismen, die in Wasser sehr leicht, in Alkohol leicht, in einem Gemisch von Alkohol und Äther genügend löslich, in Äther unlöslich sind, und bei 132^0 C schmelzen. Mit Säuren und Salzen bildet der Harnstoff Doppelverbindungen; unter diesen sind für uns infolge ihrer Schwerlöslichkeit besonders wichtig die Verbindung mit Salpetersäure, $CO(NH_2)_2$. HNO_3, und mit Oxalsäure, $2\ CO(NH_2)_2$. $(COOH)_2$, die in konzentrierten Lösungen des Harnstoffes durch konzentrierte Salpeter- bzw. Oxalsäure erzeugt werden; ferner eine komplexe, in Wasser schwer lösliche Verbindung, die aus wechselnden Anteilen von Harnstoff, Mercurinitrat und Mercurioxyd besteht, und durch Fällen der Harnstofflösung mit einer Lösung von Mercurinitrat erzeugt wird.

Bringt man trockenen Harnstoff in einem Reagensglas zum Schmelzen und erhitzt vorsichtig weiter, so tritt eine Zersetzung unter Gasbildung ein; das Gas ist Ammoniak, während der feste Rest Biuret und Cyanursäure enthält. Ersteres ist in der Lösung der Schmelze durch die Reaktion nachzuweisen, die nach ihm als Biuretprobe bezeichnet wird: die Losung wird stark alkalisch gemacht, und mit einigen Tropfen einer sehr verdünnten Lösung von Kupfersulfat versetzt; der entstehende blaue Niederschlag von Cuprihydroxyd löst sich beim Umschütteln der Flüssigkeit mit violettroter Farbe (siehe auch S. 135).

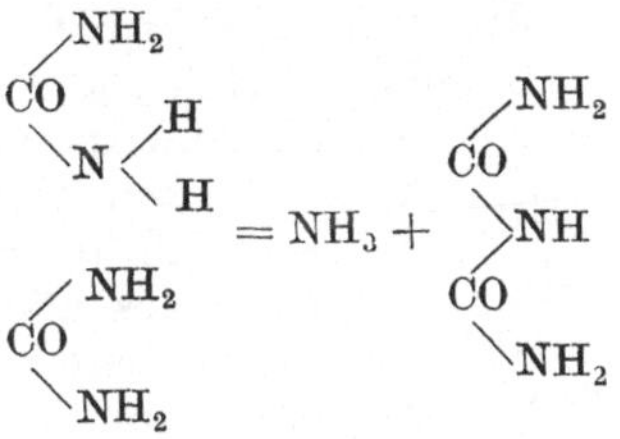

$$CO\langle^{NH_2}_{N\langle^H_H} + CO\langle^{NH_2}_{NH_2} = NH_3 + CO\langle^{NH_2}_{NH} \rangle CO\langle^{NH_2}_{NH_2}$$

2 Mol. Harnstoff   Biuret

Unter der Einwirkung von salpetriger Saure wird der Harnstoff in Kohlendioxyd, Wasser und Stickstoff zersetzt:

$$CO(NH_2)_2 + 2\ HNO_2 = CO_2 + 3\ H_2O + 2\ N_2.$$

Auch mit unterbromsaurem oder unterchlorsaurem Alkali liefert der Harnstoff Kohlendioxyd, Wasser und Stickstoff:

$$CO(NH_2)_2 + 3\ NaOBr = 3\ NaBr + CO_2 + N_2 + 2\ H_2O.$$

Unter Einwirkung mancher Bakterien, wie z. B. des Micrococcus ureae, ferner durch Urease (S. 274) wird er in kohlensaures Ammonium, mit konzentrierter Phosphorsäure erhitzt, in Ammoniumphosphat verwandelt.

Zur Darstellung des Harnstoffes wird Harn bei schwachsaurer Reaktion zum Sirup eingeengt und unter Kuhlen mit konzentrierter Salpetersäure versetzt, worauf ein Niederschlag von salpetersaurem Harnstoff entsteht. Der Krystallbrei wird abgepreßt, in Wasser suspendiert und mit Bariumcarbonat zersetzt, wobei Bariumnitrat und Harnstoff entstehen. Nun wird das Ganze am Wasserbad eingedampft und aus dem Ruckstand der Harnstoff mit Alkohol extrahiert, wahrend Bariumnitrat ungelöst zurückbleibt.

Nachweis. a) Zur Identifizierung von Harnstoffkrystallen, die aus einer tierischen Flussigkeit isoliert wurden, dient die Reaktion nach SCHIFF: in einer Porzellanschale werden 2 cm³ einer konzentrierten waßrigen Lösung von Furfurol mit 4—5 Tropfen konzentrierter Salzsaure versetzt und ein Krystallchen der Substanz hineingeworfen; tritt um dasselbe herum eine gelbe, dann bläuliche, violette und endlich eine purpurviolette Farbenreaktion auf, so hatte es sich um Harnstoff gehandelt.

b) Soll Harnstoff in einer Korperflussigkeit nachgewiesen werden, so wird diese mit Essigsaure neutralisiert, mit dem vierfachen Volumen Alkohol gefallt, der Ruckstand des eingeengten Filtrates in Alkohol gelost, das Filtrat eingedampft, in Wasser gelost, mit salpetersaurem Quecksilber gefallt, der in Wasser suspendierte Niederschlag mit Schwefelwasserstoff zersetzt, einige Tropfen des eingeengten Filtrates auf einem Objekttrager mit 1 Tropfen Salpetersaure vorsichtig erwarmt, und dann bei Zimmertemperatur eingetrocknet; im Rückstand sind die sechseckigen Krystalltafeln des salpetersauren Harnstoffes unter dem Mikroskop leicht zu erkennen.

c) Die empfindlichste Reaktion, um Harnstoff nachzuweisen, beruht auf seiner Eigenschaft, in essigsaurer Lösung auf Zusatz einer 10%igen methylalkoholischen Lösung von Xanthydrol einen in Wasser unlöslichen krystallinischen Niederschlag zu liefern, der aus der Verbindung von 1 Molekül Harnstoff und 2 Molekülen Xanthydrol besteht.

Xanthydrol

Über Vorkommen und quantitative Bestimmung des Harnstoffs im Blutplasma siehe auf S. 165, im Harn auf S. 272.

Oxalursäure, $C_3H_4N_2O_4$ (siehe S. 274).

Guanidin, CH_5N_3, kann als Harnstoff betrachtet werden, in dem der Sauerstoff durch eine Iminogruppe ersetzt ist, und erinnert auch in seinen Eigenschaften stark an Harnstoff. Es ist krystallisierbar, in Wasser und in Alkohol leicht löslich; seine wäßrige Lösung reagiert stark alkalisch und wirkt giftig; mit Säuren bildet es krystallisierbare Verbindungen. Es entsteht aus Eiweiß bei dessen Oxydation mit Permanganaten, und zwar wird der Hauptanteil durch den Argininkern (S. 121) der Eiweißkörper geliefert. Über Methyl- und Dimethylguanidin im Blutplasma und im Harn siehe auf S. 274, 318.

Kreatin, Methylguanidinessigsäure, $C_4H_9N_3O_2$, kann als Guanidin angesehen werden, in dem ein Wasserstoffatom einer Aminogruppe durch eine Methylgruppe, ein zweites aber durch Essigsäure ersetzt ist. Das Kreatin ist ein krystallisierbarer Körper, der in kaltem Wasser schwer, in warmem Wasser leichter löslich ist. Mit verdünnten Mineralsäuren, am besten mit Salzsäure erhitzt, wird es in Kreatinin verwandelt. Es ist offenbar in jedem Gewebe enthalten, doch meistens in Konzentrationen unterhalb $0,01\%$; mehr findet sich in der Hirnsubstanz, weit mehr in den quergestreiften Muskeln (S. 225); sehr wenig im Harn (S. 274).

Die Darstellung erfolgt, indem man Muskelbrei während $^1/_4$ Stunde mit 50^0 warmem Wasser extrahiert, das Eiweiß aus dem Extrakt durch Kochen, andere Verbindungen durch Fällen mit Bleiessig entfernt. Aus dem Filtrat wird das Blei durch Schwefelwasserstoff entfernt, die abermals filtrierte Flüssigkeit eingeengt und zur Krystallisation hingestellt.

Der Nachweis und die quantitative Bestimmung des Kreatin kann nur nach vorangehender Umwandlung in Kreatinin ausgeführt werden.

Kreatinin, Methylguanidinessigsäure-Anhydrid, $C_4H_7N_3O$. Es ist in kaltem Wasser schwer, in warmem leichter, in Alkohol schwer löslich; aus einer heißen wäßrigen Lösung fällt es beim Abkühlen in wasserfreien Krystallen aus. Mit gewissen Salzen bildet es krystallisierbare Doppelverbindungen, unter denen die mit Zinkchlorid gebildete $(C_4H_7N_3O)_2 \cdot ZnCl_2$, am wichtigsten ist, und in Form von schwer löslichen Rosetten erhalten wird, wenn man eine konzentriertere wäßrige oder alkoholische Lösung von Kreatinin mit einer Lösung von Zinkchlorid versetzt. Kreatinin reduziert in alkalischer Lösung Kupferoxydsalze, doch wird das entstandene Cuprooxyd in Form einer farblosen Verbindung in Lösung erhalten. Bezüglich seines Entstehens gibt es mehrere Möglichkeiten. Es kann abgeleitet werden

a) vom Kreatin, dessen Anhydrid es ist;

$$\text{Kreatin} \qquad = H_2O + \qquad \text{Kreatinin}$$

b) dann vom Hydantoin, dem Oxydationsprodukt des Imidazols (s. unten); auf diese Weise bildet das Kreatinin einen Übergang von den stickstoffhaltigen Kohlensäurederivaten zu den Imidazolkörpern;

Imidazol   Hydantoin   Methylhydantoin   Kreatinin

c) endlich nach neueren Autoren aus dem Guanidinkern des Arginins (S. 121).

Es ist im Muskel nur spurenweise enthalten, hingegen stets in ansehnlicher Konzentration im Harn. Über Nachweis und quantitative Bestimmung daselbst siehe Näheres auf S. 274, 275.

B. Stickstoffhaltige homocyclische Verbindungen.

Homocyclische Aminosäuren (ausführlich S. 122) und gepaarte aromatische Aminosäuren, wie Hippursäure, Phenacetursäure, Mercaptursäuren (ausführlich S. 271).

C. Stickstoffhaltige heterocyclische Verbindungen.

Pyrrol- und Pyrrolidinverbindungen.

Diese Verbindungen enthalten einen Pyrrol-, bzw. Pyrollidinkern. Über substituierte Pyrrole siehe auf S. 185, über Pyrrolidinabkömmlinge auf S. 123.

Pyrrol   Pyrrolidin

Imidazol- oder Glyoxalinverbindungen.

Imidazol (Glyoxalin) entsteht durch den Zusammentritt von je 1 Molekul Formaldehyd und Glyoxal und 2 Molekulen Ammoniak, wobei 3 Moleküle Wasser abgespalten werden.

Glyoxal $+ OH\,CH = 3\,H_2O +$ Imidazol

Histidin, β-Imidazol-α-Aminopropionsäure (S. 125), ein Bestandteil vieler Eiweißkörper.

Allantoin, $C_4H_6N_4O_3$. Es wurde zuerst in der Allantoisflüssigkeit des Kalbes, dann auch im Kälberharn, später im Harne anderer Tiere, endlich auch im Menschenharn nachgewiesen. Seine Konfiguration wird verschiedenartig dargestellt:

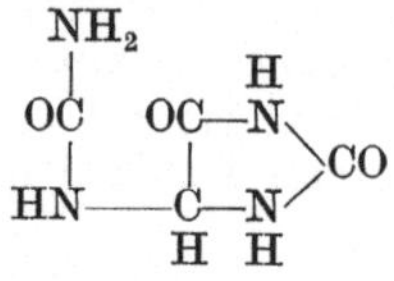

NH₂   H   HN

OC   OC—N CO   **oder**   OC C—N CO

HN——C—N   HN—C—N

H H   OH H

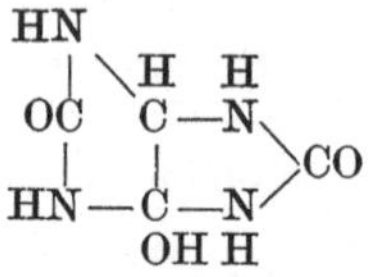

Es läßt sich aus dem Hydantoin (S. 61), dem Oxydationsprodukte des Imidazols, ableiten, das mit 1 Molekül Harnstoff Allantoin gibt; aber auch als Harnstoffderivat, **Glyoxyldiureid** auffassen, das aus der Verbindung von 2 Molekülen Harnstoff und 1 Molekül Glyoxylsäure unter Austritt von 3 Molekülen Wasser entsteht. Das Allantoin steht aber auch der Harnsäure nahe, wie dies unter anderem auch aus dem Vergleich ihrer Strukturformeln, sowie daraus hervorgeht, daß Harnsäure bei alkalischer Reaktion oxydiert Allantoin liefert (siehe S. 65).

Es krystallisiert in monoklinen Prismen, ist in warmem Wasser und in Alkohol löslich; es kann am einfachsten aus Harnsäure durch Oxydation mit Bleisuperoxyd dargestellt werden. Bei der SCHIFFschen Harnstoffreaktion (S. 59) verhält es sich positiv, bei der Murexidprobe (S. 276) negativ; nach längerem Kochen reduziert es Kupfersalze.

Über sein Vorkommen im Harn siehe Naheres auf S. 276, 279.

Pyrimidinkörper.

Werden im Benzol zwei Kohlenstoffatome durch je ein Stickstoffatom ersetzt, so erhält man die sog. **Diazine,** die je nach der Art der Substitution als Ortho-, Meta- und Paradiazine bezeichnet werden. Von diesen sind für uns bloß die Metadiazine von Wichtigkeit, die auch

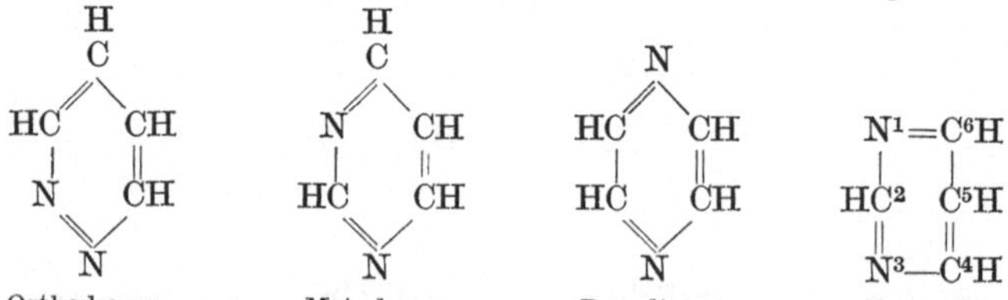

Orthodiazin   Metadiazin   Paradiazin   Pyrimidin

Pyrimidine genannt werden. Ihre Grundsubstanz ist das Pyrimidin, ein basischer Körper von charakteristischem Geruch. Um die isomeren Derivate des Pyrimidin voneinander besser unterscheiden zu können, werden in dessen Strukturformel, die gewöhnlich, wie beistehend, aufgezeichnet wird, die Kohlenstoff- und Stickstoffatome im Kern durch fortlaufende Zahlen bezeichnet.

Oxypyrimidine entstehen, wenn ein oder mehrere Wasserstoffatome des Pyrimidins durch Hydroxylgruppen ersetzt werden; hierbei kommt unter gleichzeitiger Umwandlung einiger oder aller Doppelbindungen in

einfache Bindungen der Sauerstoff an die Substitutionsstelle, der Wasserstoff jedoch an das nächste Kohlen- oder Stickstoffatom zu stehen. Je
nachdem ein oder mehrere Wasserstoffatome ersetzt wurden, erhält man
verschiedene Oxyprimidine, von denen Uracil und Barbitursäure am

$$
\begin{array}{cccc}
\mathrm{HN-CO} & \mathrm{HN-CO} & \mathrm{HN-CO} & \mathrm{HN-CO} \\
\mathrm{OC\ \ CH} & \mathrm{OC\ \ CH_2} & \mathrm{OC\ \ CHOH} & \mathrm{OC\ \ CO} \\
\mathrm{HN-CH} & \mathrm{HN-CO} & \mathrm{HN-CO} & \mathrm{HN-CO} \\
\text{Uracil} & \text{Barbitursäure} & \text{Dialursäure} & \text{Alloxan} \\
\text{(2.6-Dioxypyrimidin)} & \text{(2.4 6-Trioxypyrimidin)} & &
\end{array}
$$

wichtigsten sind. Ersetzt man einen Wasserstoff am Kohlenstoffatom „5"
der Barbitursäure durch eine Hydroxylgruppe, so erhält man die
Dialursäure; ersetzt man beide Wasserstoffatome durch ein Sauerstoffatom, so entsteht das Alloxan.

Nun kann man aber die Barbitursaure, die Dialursäure und das Alloxan
auch als Harnstoffverbindung der Malonsäure, bzw. der Tartronsäure,
bzw. der Mesoxalsäure, d. h. als Ureide dieser Säuren betrachten. Hierdurch ist der Zusammenhang zwischen Pyrimidinen und Harnstoff erwiesen.
Da ferner Alloxan auch aus Harnsäure entsteht, wenn diese in der Kälte
mit Salpetersäure behandelt wird (S. 65), so besteht auch der Zusammenhang zwischen Harnsäure und Pyrimidin.

Der Wasserstoff der Pyrimidine läßt sich auch durch Methyl- und
Aminogruppen ersetzen. So entstehen Cytosin, Thymin und Uramil,

$$
\begin{array}{ccc}
\mathrm{N=C-NH_2} & \mathrm{HN-CO} & \mathrm{HN-CO} \\
\mathrm{OC\ \ CH} & \mathrm{OC\ \ C-CH_3} & \mathrm{OC\ \ C{<}^{H}_{HN_2}} \\
\mathrm{HN-CH} & \mathrm{HN-CH} & \mathrm{HN-CO} \\
\text{2-Oxy-6-Aminopyrimidin} & \text{2 6-Dioxy-5-Methylpyrimidin} & \text{Uramil} \\
\text{oder Cytosin} & \text{oder Thymin} &
\end{array}
$$

in kaltem Wasser schwer, in warmem Wasser leicht lösliche Verbindungen;
die beiden ersteren sind in der Nucleinsäurekomponente von Nucleoproteiden enthalten (S. 144f.).

Purinkörper.

Die Purinkörper sind Verbindungen, die, wie EMIL FISCEHR gezeigt
hat, aus dem Purin abgeleitet werden können, in dem ein oder mehrere
Wasserstoffatome durch Hydroxyl-, Amino- oder Methylgruppen ersetzt
werden.

Das **Purin,** $C_5H_4N_4$, kann man sich aus der Vereinigung von je 1 Molekül
Pyrimidin und Imidazol entstanden denken. Zur leichteren Unterscheidung der isomeren Purinderivate werden die Kohlenstoff- und Stickstoff-

$$
\begin{array}{ccc}
\mathrm{N=CH} & & \mathrm{N^1=C^6-H} \\
\mathrm{HC\ \ C-H} & \mathrm{HC-N{>}^{H}CH} & \mathrm{HC^2\ \ C^5-N^7{>}C^8H} \\
\mathrm{N-C-H} & \mathrm{HC-N} & \mathrm{N^3-C^4-N^9} \\
\text{Pyrimidin} & \text{Imidazol} & \text{Purin}
\end{array}
$$

atome im Purinkern, wie in nachstehender Formel sichtbar, mit fortlaufenden Zahlen bezeichnet und die durch Substitution erhaltenen Verbindungen entsprechend benannt.

Die für uns am wichtigsten Purinkörper sind die **Harnsäure**, eine Anzahl von **Purinkörpern basischer Natur** und einige in Nahrungs- und Genußmitteln enthaltene **Methyl-Purine**.

Harnsäure, Acidum uricum, 2-6-8 Trioxypurin, $C_5H_4N_4O_3$, entsteht aus dem Purin (siehe oben) durch Substitution von 3 Wasserstoffatomen durch je eine Hydroxylgruppe, und zwar entweder nach I oder II der nachstehenden Strukturbilder. Im Falle II tritt nur das Sauerstoffatom der Hydroxylgruppe an Stelle des zu substituierenden Wasserstoffes, während das Wasserstoffatom der Hydroxylgruppe an eine nächste Stelle

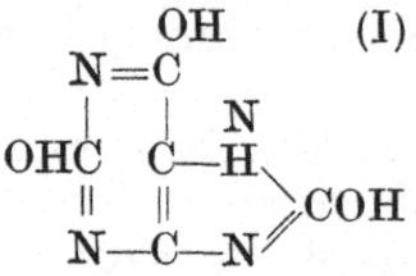

$$
\text{(I)} \qquad\qquad \text{(II)}
$$

Harnsaure (Lactimform)   Harnsaure (Lactamform)

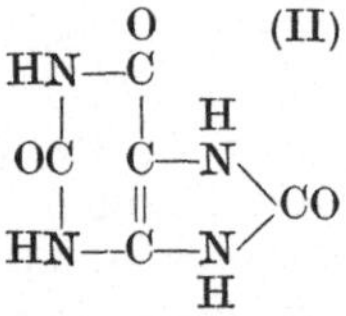

ruckt, wo eine Valenz durch Umwandlung einer doppelten Bindung in eine einfache frei geworden ist.

Eigenschaften. Synthetisch dargestellt krystallisiert die Harnsäure in farblosen, mikroskopischen, dem rhombischen Systeme angehörenden Krystallen, die, wenn sie aus dem Harn spontan ausfallen oder abgeschieden werden, stets von mitgerissenen Harnfarbstoffen gelb bis gelbbraun gefärbt sind (siehe S. 296). Die Harnsäure ist bei Körpertemperatur in der 15000fachen, bei 18⁰ C in der 40000fachen Menge Wasser, in Anwesenheit von etwas Säure noch schwerer löslich, leichter in Laugen, organischen Basen (z. B. Piperazin), sie ist unlöslich in Alkohol und Äther, leicht löslich in Glycerin, sehr leicht in kalter konzentrierter Schwefelsäure. Aus letzterer scheidet sie sich durch Verdünnen mit Wasser unverändert aus, wird aber durch Erhitzen der schwefelsauren Lösung vollkommen zu Kohlendioxyd, Wasser und Ammoniak verbrannt.

Mit Metallen bildet sie Salze, und zwar kann der Ersatz an **einem** oder an **zwei** Wasserstoffatomen erfolgen; dementsprechend unterscheidet man saure (primäre) und neutrale (sekundäre) Urate; in wäßriger Lösung sind bloß die sauren Urate, auch Monourate genannt, beständig; die neutralen verwandeln sich beim Lösen in das saure Salz. Von den sog. Quadriuraten hat es sich herausgestellt, daß sie aus einem Gemische von freier Harnsäure und saurem Urate bestehen. In destilliertem Wasser beträgt die Löslichkeit der Kalium-, Natrium- und Ammoniumsalze bei 18⁰ C etwa 1:700 bzw. 1300, bzw. 3300; in warmem Wasser sind sie weit besser loslich. Von allen darstellbaren harnsauren Salzen ist das mit Lithium gebildete in Wasser am leichtesten löslich. Bezüglich der (wirklichen oder scheinbaren) Löslichkeit der harnsauren Salze und auch der freien Harnsäure in Korperflussigkeiten muß aber bemerkt werden, daß sie durch mitanwesende Krystalloide und andere Kolloide stark beeinflußt, meistens erhöht wird (siehe auch S. 165).

Wird eine Lösung von harnsauren Alkalien mit einer Lösung von schwefelsaurem Kupfer (ohne Zusatz von Lauge) erhitzt, so erfolgt eine Fällung von wasserunlöslichem Kupfersalz. Gefällt werden harnsaure Salze auch durch Phosphorwolframsäure, sowie auch durch ammoniakalische Silberlösung. In stark alkalischer Lösung wird durch harnsaure Salze Cuprioxyd zu Cuprooxyd reduziert (siehe S. 255); Bismutsalze werden durch die Harnsäure nicht reduziert.

Unter dem Einfluß oxydierender Mittel entstehen aus der Harnsäure verschiedene Produkte. So wird sie, in alkalischer Lösung mit Natriumpermanganat oder mit Bleisuperoxyd behandelt, in Allantoin (S. 62) verwandelt. Wirkt konzentrierte Salpetersäure in der Kälte auf Harnsäure ein, so wird sie zu Harnstoff und Alloxan zerlegt:

$$\begin{array}{l}
\text{HN——CO} \\
\quad|\qquad|\quad\text{H} \\
\text{OC}\quad\text{C——N}\!\!\diagdown \\
\quad|\qquad\|\qquad\qquad\diagup\text{CO} + \text{H}_2\text{O} + \text{O} = \\
\text{HN——C——N}\!\!\diagup \\
\qquad\qquad\text{H}
\end{array}
\qquad
\begin{array}{l}
\text{HN——CO}\qquad\diagup\text{NH}_2 \\
\quad|\qquad|\qquad\diagup \\
\text{OC}\quad\text{CO} + \text{CO} \\
\quad|\qquad|\qquad\diagdown \\
\text{HN——CO}\qquad\diagdown\text{NH}_2
\end{array}$$

Harnsaure   Alloxan

Durch vorsichtiges Erhitzen mit Salpetersäure entsteht aus der Harnsäure **Alloxantin**, vielleicht, indem ihre Zersetzungsprodukte Alloxan und Dialursäure zu einem Moleküle zusammentreten. Für das Alloxantin werden verschiedene Formeln angegeben, die sich voneinander durch die Verbindung zwischen den beiden Molekülhälften unterscheiden, wie z. B.:

$$
\begin{array}{c}
\diagup\text{H}\quad\text{H}\diagdown \\
\text{C——O——O——C}
\end{array}
\quad\text{oder}\quad
\begin{array}{c}
\diagup\text{OH} \\
\text{C————C} \\
\text{HO}\diagup
\end{array}
\quad\text{oder}\quad
\begin{array}{c}
\diagup\text{OH} \\
\text{C——O——C} \\
\text{HO}
\end{array}
$$

oder noch anders. Alloxantin liefert mit Ammoniak die sog. Purpursäure, bzw. dessen Ammoniumsalz, das sog. **Murexid**, einen Körper von prachtvoll roter Farbe, der bei der Murexidprobe (S. 276) entsteht, und dessen Konstitution ebenfalls verschiedenartig aufgefaßt wird.

Vorkommen. Harnsäure, bzw. ihre Salze bilden einen regelmäßigen Bestandteil des Menschenharns, sowie auch des Harns vieler Säugetiere, besonders aber des Harns von Vögeln, Reptilien und vielen niederen Tieren; in geringen Mengen im Blutplasma der Saugetiere (S. 165), in etwas größeren Mengen im Blutplasma der Vögel enthalten. Harnsaures Natrium wird in Form eines Krystallbreies in den sog. Gichtknoten gefunden (Nachweis siehe S. 276).

Die **Darstellung** der Harnsäure erfolgt:

a) auf dem Wege der Synthese, indem Harnstoff mit Glykokoll geschmolzen wird;

b) aus Harn; eine größere Menge wird mit Salzsäure stark angesauert (25 cm³ einer 25⁰/₀igen Salzsäure pro 1 Liter Harn) und nach zwei Tagen der am Boden des Gefäßes befindliche Niederschlag am Filter gesammelt, in verdünnter Lauge gelöst, die Lösung durch Kochen mit Tierkohle entfärbt und mit Salzsäure stark angesauert, worauf die Harnsäure krystallinisch ausfällt;

c) am bequemsten aus Schlangenexkrementen (oder Guano), die zum großen Teil aus Harnsäure bestehen. Die Exkremente werden mit 4⁰/₀iger Lauge (Guano mit einer verdünnten Lösung von Borax) gekocht, die Lösung wird heiß filtriert, durch Einleiten von Kohlendioxyd gefällt und der so entstandene Niederschlag von saurem harnsaurem Natrium durch Salzsäure zersetzt.

Purinbasen. Mit Ausnahme der Harnsäure haben alle übrigen Purinkörper basische Eigenschaften, werden daher auch als **Purinbasen** bezeichnet. Sie wurden früher nach dem Xanthin, einem lange bekannten Vertreter dieser Gruppe von Verbindungen mit dem Sammelnamen **Xanthinbasen** belegt; ferner als Komponenten der Nucleinsäuren (S. 145) auch als **Nucleinbasen** bezeichnet; endlich, da in ihrer Strukturformel ein dem Alloxan entsprechender Kern zu erkennen ist, und, wie oben erwähnt, auch tatsächlich abgespalten werden kann (S. 65), **Alloxurbasen** genannt.

Sie sind in Wasser und Alkohol schwer löslich; mit Säuren bilden sie krystallisierbare Verbindungen; aus ihren Lösungen werden sie unter bestimmten Bedingungen durch Phosphorwolframsäure, durch ammoniakalische Silberlösung und durch Kupferlösungen gefällt:

Die wichtigsten Purinbasen sind:

6-Oxypurin = Hypoxanthin.

2.6-Dioxypurin = Xanthin.

6-Aminopurin = Adenin.

2-Amino-6-Oxypurin = Guanin.

1-Methyl-, 2.6-Dioxypurin = 1-Methylxanthin.

7-Methyl-, 2.6-Dioxypurin = Heteroxanthin.

1.7-Methyl-, 2.6-Dioxypurin = Paraxanthin.

7-Methyl-, 2-Amino-, 6-Oxypurin = Epiguanin.

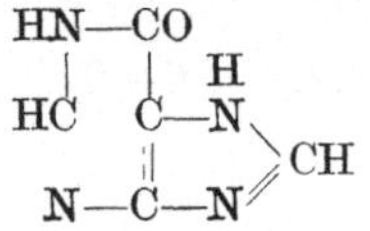

Hypoxanthin
(6-Oxypurin)

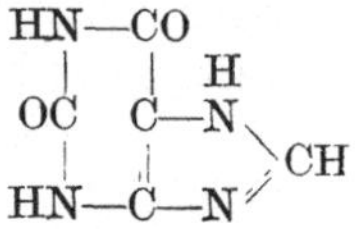

Xanthin
(2.6-Dioxypurin)

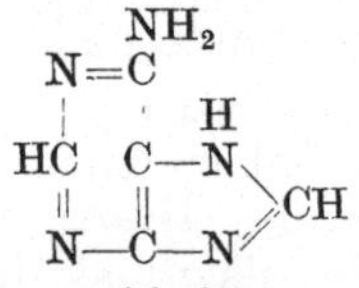

Adenin
(6-Aminopurin)

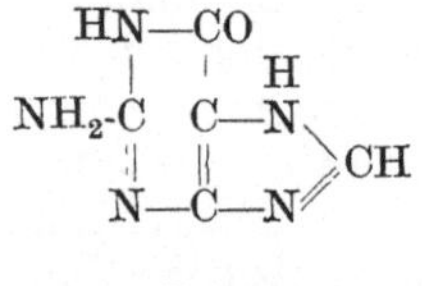

Guanin
(2-Amino-, 6-Oxypurin)

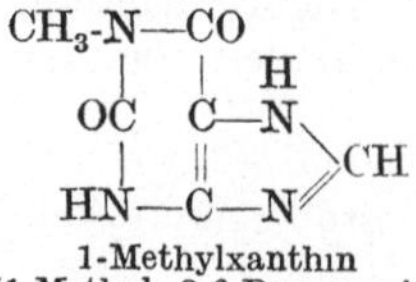

1-Methylxanthin
(1-Methyl, 2.6-Dioxypurin)

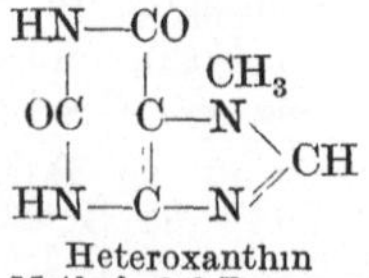

Heteroxanthin
(7-Methyl, 2.6-Dioxypurin)

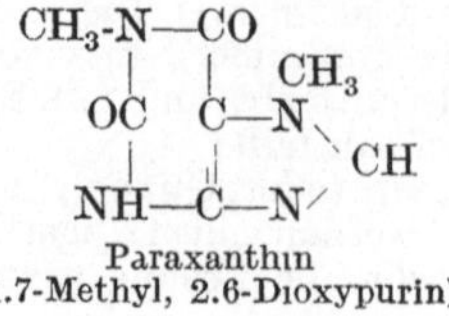

Paraxanthin
(1.7-Methyl, 2.6-Dioxypurin)

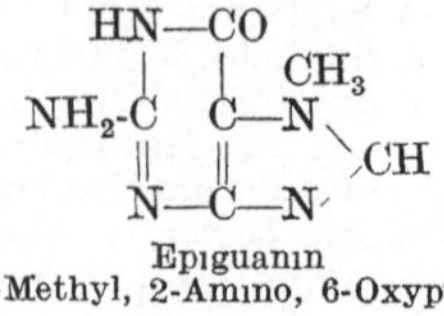

Epiguanin
(7-Methyl, 2-Amino, 6-Oxypurin)

Über die Purinbasen-Komponente der in den Zellkernen enthaltenen Nucleoproteide bzw. Nucleinsäuren siehe Näheres auf S. 145; über das Vorkommen von Purinbasen in der Muskelsubstanz auf S. 225; im Harn auf S. 277.

Methylpurine pflanzlichen Ursprungs in Nahrungs-, bzw. Genußmitteln sind: in Teeblättern 1.3-Dimethyl-2.6-Dioxypurin (1.3-Dimethylxanthin) = **Theophyllin**; im Kakao 3.7-Dimethyl-2.6-Dioxypurin (3.7-Dimethylxanthin) = **Theobromin**; in Kaffebohnen, im Tee 1.3.7-Trimethyl-2.6-Dioxypurin (1.3.7-Trimethylxanthin) = **Coffein** oder **Thein**.

Indol und Derivate.

Indol, C_8H_7N. Das Indol müssen wir uns als aus je einem Molekul Benzol und Pyrrol entstanden denken. Es bildet seidenglänzende Krystallblättchen von durchdringendem Geruch. In kaltem Wasser ist es schwer, in warmem Wasser leichter löslich; in Alkohol, Chloroform, Äther löst es sich leicht, mit Wasserdampf kann es uberdestilliert werden. Indol entsteht aus Eiweißkörpern im Dickdarm bei der Eiweißfaulnis, daher ist es ein standiger Bestandteil des Kotes.

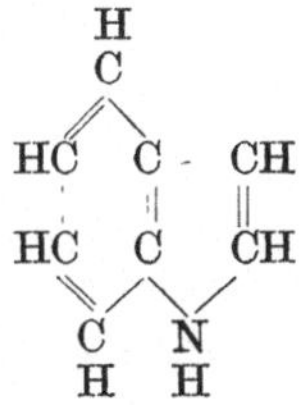

Nachweis. a) Die zu untersuchende Losung wird mit einigen Tropfen Salpetersaure und 1—2 Tropfen einer 0,02%igen Lösung von Kaliumnitrit versetzt, worauf bei Anwesenheit von Indol eine Rotfarbung eintritt oder gar sich ein roter Niederschlag von Nitrosoindol bildet.

b) EHRLICHsche Probe. Die Losung wird mit dem halben Volumen einer 2%igen alkoholischen Losung von p-Dimethylaminobenzaldehyd und tropfenweise mit 25%iger Salzsaure versetzt, worauf die Flussigkeit sich rotet, und noch dunkler wird, wenn 1—2 Tropfen einer 0,5%igen Lösung von Natriumnitrit hinzugefugt werden.

c) Die Losung wird mit je einigen Tropfen einer waßrigen Lösung von Natriumnitroprussid und Natronlauge versetzt, worauf eine blauviolette Farbenreaktion auftritt, die in reines Blau umschlagt, wenn mit Essigsaure oder Salzsäure angesauert wird.

d) Indol gibt auch die Pyrrolreaktion; wird ein mit starker Salzsaure durchtrankter Fichtenspan in eine alkoholische Losung von Indol getaucht, so farbt sich der Span kirschrot.

Indolessigsäure, Indolpropionsäure. (Ausführlich S. 281.)

Indoxyl, C_8H_7NO, ein gelber krystallisierbarer Körper, der in Wasser, Alkohol, Äther löslich ist. Im tierischen Körper wird es standig durch Oxydation des bei der Eiweißfaulnis entstehenden Indols gebildet, jedoch alsbald an Schwefel- oder Glucuronsäure gebunden (S. 281).

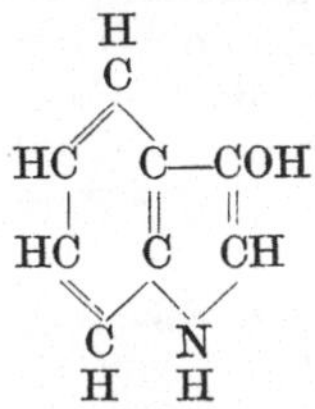

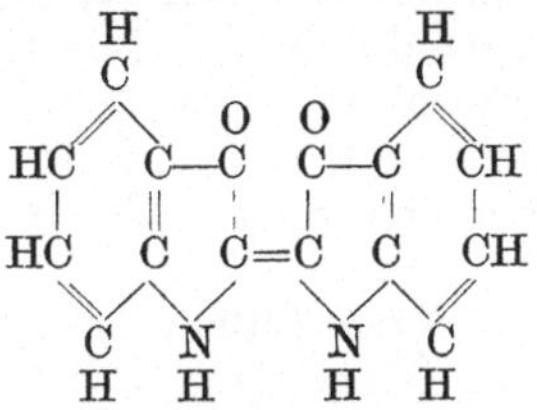

Wird seine alkalische Lösung an der Luft stehen gelassen, oder mit oxydierenden Reagenzien behandelt (S. 282), so verbinden sich zwei Moleküle Indoxyl zu Indigoblau, Indigotin, $C_{16}H_{10}N_2O_2$.

Von dem Farbstoff der Purpurschnecke, dem berühmten Purpur längst vergangener Zeiten, wurde nachgewiesen, daß es Indigo ist, in welchem zwei Wasserstoffatome durch je ein Bromatom substituiert sind.

Indoxylschwefelsäure. (Ausführlich S. 281.)

Skatol, Methylindol, C_9H_9N, krystallisiert in mikroskopischen Blättchen, die einen widerlichen Kotgeruch haben. Es löst sich schwer in Wasser, leicht in Alkohol, Äther, Chloroform usw., mit Wasserdampf läßt es sich leichter als Indol überdestillieren. Es entsteht neben Indol bei der Oxydation und Faulnis der Eiweißkörper und ist ein ständiger Bestandteil des Kotes.

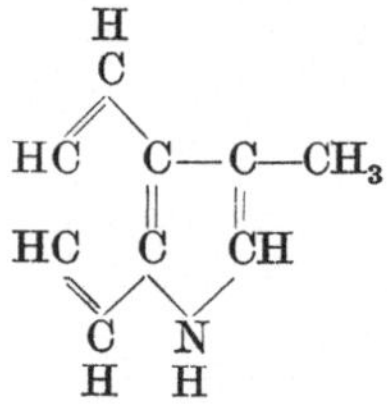

Nachweis. Skatol gibt teilweise die Reaktionen des Indols (s. S. 67), doch in etwas abweichender Form:

a) Die Salpetersaure-Kaliumnitritprobe fällt negativ aus.

b) Die EHRLICHsche Probe fällt positiv aus, jedoch mit einem blauvioletten Farbenton.

c) Die Nitroprussidnatrium-Laugenprobe fallt positiv mit gelber Farbenreaktion aus; wird die gelbe Flüssigkeit wahrend einiger Minuten mit dem halben Volumen Eisessig gekocht, so schlagt die Farbe in blauviolett um.

d) Die Pyrrolreaktion fallt nur dann positiv aus, wenn der Fichtenspan zuerst mit der heißen alkoholischen Lösung des Skatols durchtränkt und dann in kalte Salzsaure getaucht wird.

Skatoxylschwefelsäure. (Ausführlich S. 282.)

D. Farbstoffe
(mit Ausnahme der Blut-, Gallen-, Harnfarbstoffe).

Melanine. Es sind dies stickstoffhaltige, eisenfreie, amorphe, braune oder schwarze Körper von je nach der Herkunft ungleicher Zusammensetzung, unter denen manche auch Schwefel enthalten. Die wichtigsten Melanine sind die Pigmente der Retina, der Chorioidea, im Rete Malpighii, in den melanotischen Neubildungen, sowie in manchen Harnen. Sie sind in Wasser, Alkohol, Äther, ja sogar in konzentrierter Salzsäure unlöslich. Über ihre Struktur wissen wir nichts.

Der vermeintliche Eisengehalt mancher Melanine war es, der die Autoren zur Annahme veranlaßt hatte, daß die Melanine Abkommlinge des Blutfarbstoffs seien. Aber auf Grund dessen, was hieruber (S. 123) gefunden wurde, kann zur Zeit nicht daran gezweifelt werden, daß gewisse Aminosauren als Muttersubstanz der Melanine anzusehen sind.

Rhodopsin (Erythropsin, Sehpurpur) wurde in der Retina der meisten Tiere, bzw. in den äußeren Teilen der Stäbchen gefunden, und läßt sich aus der Retina durch eine schwach alkalische Lösung von gallensaurem Natrium herauslösen; seine Lösung ist purpurrot, die Farbe schlägt aber im Sonnenlicht sehr bald in Gelb um. Dem Rhodopsin kommt im Sehakt wahrscheinlich eine wichtige Rolle zu; doch fehlt es in der Retina mancher gut sehender Tierarten.

Lipochrome oder **Luteine** sind stickstofffreie gelbe bis rote, in Fetten, in Chloroform, Äther usw. losliche Farbstoffe. Man findet sie im Corpus luteum, im Eigelb, im Blutplasma usw. Der aus dem Corpus luteum isolierte Farbstoff scheint identisch zu sein mit dem ungesättigten Kohlenwasserstoff Carotin, $C_{40}H_{56}$ (S. 234), der im Eigelb enthaltene aber mit dem Oxydationsprodukte des Carotins, dem Xanthophyll, $C_{40}H_{56}O_2$

(S. 234). (Nach dem Carotin wird eine ganz große Gruppe verwandter Farbstoffe pflanzlichen Ursprungs als die der Carotinoide bezeichnet.)

E. Stoffe mit spezifischen Wirkungen und größtenteils gänzlich unbekannter Zusammensetzung und Struktur.

Außer den vorangehend behandelten, chemisch mehr oder minder definierten Stoffen und den weiter unten zu behandelnden Kohlenhydraten, Fetten und Eiweißkörpern gibt es auch solche, wahrscheinlich in noch weit größerer Anzahl, die sich der Beobachtung nur in ihren für den tierischen und pflanzlichen Haushalt äußerst wichtigen, ja ausschlaggebenden Wirkungen offenbaren, jedoch chemisch nur ganz ausnahmsweise faßbar sind. Sie sollen hier im Zusammenhange behandelt werden.

1. Enzyme.

Die chemischen Vorgänge, die sich im pflanzlichen und tierischen Organismus abspielen, lassen sich nur in einer verschwindend geringen Anzahl von Fällen auf so einfache Bedingungen zurückführen, wie sie in der Laboratoriumschemie gegeben sind; weitaus in den meisten Fällen sind sie so verwickelt und von dem uns vom Laboratorium her bekannten Geschehen so verschieden, daß früher die Intervention einer wohl recht mystisch gedachten „Lebenskraft" angenommen werden mußte. Heute ist nicht mehr daran zu zweifeln, daß man es auch im lebenden Organismus mit rein physikalischen und chemischen Vorgängen zu tun hat, deren Ablauf jedoch durch gewisse Produkte der lebenden Zellen, durch die sog. Enzyme, sehr wesentlich modifiziert wird.

Die Enzyme gehören zu den auf S. 16 beschriebenen Katalysatoren, von denen gesagt wurde, daß sie Reaktionen zu beschleunigen imstande sind, die auch von selbst, wenn auch nur langsam verlaufen. Als Katalysatoren können sowohl anorganische wie auch organische Stoffe wirken. Den anorganischen Katalysatoren kommt offenbar auch im tierischen Organismus eine wichtige, zur Zeit jedoch nicht recht erforschte Rolle zu, daher diesbezüglich bloß auf die Katalyse der Oxydationen durch Eisen (S. 301) verwiesen sei. Besser sind wir unterrichtet über die durch organische Stoffe bewirkten Katalysen. Zwei altbekannte Beispiele hierfür sind: a) Die Spaltung des Traubenzuckers in Kohlendioxyd und Äthylalkohol durch Hefe, und b) die Spaltung der Eiweißkörper in Aminosäuren durch gewisse Bestandteile des Bauchspeichels.

Entsprechend diesen beiden Beispielen hat man früher zwei Gruppen der durch organische Stoffe bewirkten Katalysen unterschieden. In die erste Gruppe reihte man die Spaltung des Traubenzuckers durch lebende Hefezellen, die auf Grund ihrer Stoffwechselvorgänge als katalysierendes Prinzip wirken sollten: solche lebende Katalysatoren hat man als geformte Fermente bezeichnet. In die zweite Gruppe der durch organische Stoffe bewirkten Katalysen reihte man solche, in denen die betreffenden Stoffe, wie das eiweißspaltende Prinzip im Bauchspeichel, die katalytische Wirkung ohne Mitwirkung der Zellen, bloß im Sekret gelöst, ausüben: diese Stoffe hat man als ungeformte Fermente, später als Enzyme bezeichnet. Diese Unterscheidung schien auch aus dem

Grunde gerechtfertigt zu sein, weil durch gewisse Stoffe, wie Toluol, Borsäure, Chloroform usw., die katalytische Wirkung der „Fermente", womit ja lebende Zellen gemeint waren, aufgehoben wird, während die der Enzyme, d. h. gewisser in den Sekreten gelöster Stoffe, sich durch die genannten Agenzien kaum beeinträchtigen läßt. Seitdem jedoch von BUCHNER der Beweis erbracht worden ist, daß auch der filtrierte Preßsaft der Hefe, der keinerlei Zellen oder Bruchstücke solcher enthält, genau so ·wirksam ist, wie die lebenden Hefezellen selbst, ja, daß aus ihrem Preßsaft das wirksame Prinzip niedergeschlagen und in Form eines trockenen Pulvers erhalten und wirksam aufbewahrt werden kann, liegt kein Grund mehr vor, neben Enzymen auch Fermente zu unterscheiden. Wenn daher durch die obenerwähnten Agenzien die Wirkung der früher sog. Fermente aufgehoben, die der Enzyme aber nicht beeinträchtigt wird, liegt dies nur daran, daß die „vergifteten" Zellen nicht mehr imstande sind, das wirksame Prinzip zu erzeugen, den fertigen, bereits außerhalb der Zelle befindlichen Enzymen aber das „Gift" nichts mehr anhaben kann.

Nach allem dem können wir aussagen, daß unter Enzymen organische Katalysatoren zu verstehen sind, die von lebenden Zellen erzeugt werden, jedoch ihre Wirkung unabhängig von den Zellen ausüben können.

Vorkommen. Manche Enzyme, z. B. Pepsin, Trypsin, sind in den Sekreten enthalten; man nennt sie extracellulare Enzyme; andere, z. B. die autolytischen Enzyme bleiben innerhalb des Zellkörpers; man nennt sie Endoenzyme.

Darstellung. Manche Enzyme können aus den Sekreten, in denen sie enthalten sind, isoliert werden, andere werden mit Wasser oder Glycerin oder Alkohol aus den Zellen, in denen sie eingeschlossen sind (s. oben), in Lösung gebracht; zu letzterem Behufe mussen manche Zellarten durch Verreiben mit Quarzsand zertrümmert, unter Umständen muß sogar die so erhaltene Masse unter hohem Druck ausgepreßt werden. Die Fallung des Enzyms aus seiner Lösung gelingt bald durch Alkohol, bald durch Aceton, bald aber auf Grund ihrer Eigenschaft durch feinverteilte Kohle, Kaolin, Tonerde usw., ferner durch Niederschläge, die man in den Lösungen erzeugt, adsorbiert zu werden. Die Trennung mehrerer nebeneinander in Lösung befindlicher Enzyme ist darauf gegrundet, daß es zwischen ihnen vielfach spezifische Unterschiede bezüglich der Adsorbierbarkeit durch ein bestimmtes Adsorbens gibt. Aus dem Verbande mit letzterem kann das Enzym wieder herausgelöst werden; man nennt dies Elution. So erhalt man endlich die Enzyme in Form von trockenen Pulvern oder von Lösungen, die aber durchaus nicht frei von fremden Beimengungen sind. In neuester Zeit wurden von WILLSTATTER Methoden ausgearbeitet, durch die verschiedene Enzyme, so z. B. die des Pankreassaftes (S. 206), in weit reinerem Zustande, als durch welche immer der bis dahin gebräuchlichen Methoden erhalten werden konnen. Nach diesem Verfahren wird aus dem mit Glycerin angefertigten, mit Wasser verdünnten und angesäuerten Auszug des gepulverten Pankreas die Lipase durch Aluminiumhydroxyd adsorbiert, kann aber aus diesem Verbande wieder herausgelöst werden. Aus der nunmehr lipasefreien, mit Essigsaure angesauerten Lösung laßt man das Trypsin durch Kaolin adsorbieren, wahrend in der Losung nunmehr die Pankreasdiastase zuruckbleibt.

Chemische und physikalische Eigenschaften. Da die Reindarstellung der Enzyme bisher nicht gelungen ist, können wir uber ihre Zusammensetzung, über ihre Struktur nichts aussagen. Manche von ihnen geben in dem Zustande, in dem sie isoliert werden, Eiweißreaktionen, andere sind eiweißfrei. In ihren Losungen zeigen sie vielfach die Eigenschaften der Kolloide; sie sind kaum diffundierbar und in ihren Losungen (manchmal auch in trockenem Zustande) unstabil. Ihre Losungen sind thermolabil, d. h. die Enzyme verlieren ihre Wirksamkeit (sie werden inaktiviert) durch Erwarmen uber etwa 70⁰ C. Besonders empfindlich sind manche Enzyme gegen Lauge, andere wieder gegen Sauren, einzelne auch gegen Licht. Manche Enzyme werden durch Schutteln inaktiviert, und wird für diese Falle eine irreversible Adsorption in der Oberfläche S. 35 als Ursache angenommen.

Spezifität. Die meisten Enzyme sind streng spezifisch, indem sie nur auf ganz bestimmte Verbindungen, bzw. auf ganz bestimmte Gruppen derselben, und zwar in einer ganz bestimmten Weise einwirken. Nach EMIL FISCHER besteht zwischen dem Enzym und der betreffenden Substanz, dem Substrat, dasselbe Verhältnis, wie zwischen einem Schlussel und dem Schloß, zu dem jener gehört: das Schloß kann nur mit diesem Schlussel geoffnet werden, bzw. ein Schlussel öffnet nur ein ganz bestimmtes Schloß. So wirken manche Enzyme bloß auf Eiweiß- körper, andere wieder bloß auf Kohlenhydrate, und auch von diesen das eine bloß auf kolloide Polysaccharide, das andere bloß auf krystallisierbare Disaccharide.

Zur Erklärung der sonst ziemlich ratselhaften Erscheinung der Spezifität werden sog. „Zwischenreaktionen" herangezogen, worunter folgendes zu verstehen ist. Wie bezuglich der Katalysatoren im allgemeinen, kann auch für die enzymatischen Vorgange eine vorubergehende chemische Bindung zwischen Enzym und Substrat angenommen werden, die gleichsam zu einer Auflockerung des Gefuges des anzugreifenden Moleküls fuhrt; trifft diese Annahme zu, so ist es ohne weiteres begreiflich, daß ein bestimmtes Enzym mit einem Substrat von einer ganz bestimmten sterischen Konfiguration wohl eine chemische Bindung einzugehen vermag, mit einem anderen Substrat aber nicht. Im ersten Falle folgt der chemischen Bindung (Zwischenreaktion) der enzymatische Vorgang (Haupt- vorgang) auf dem Fuß, im zweiten Falle kann er überhaupt nicht zustande kommen. Als Beispiel hierfur kann das Verhalten eines Enzyms gegenüber einer Verbindung angefuhrt werden, von der zwei optisch aktive Antipoden bekannt sind; die eine dieser Antipoden, und zwar diejenige, die auch in der Natur vorkommt, wird vom Enzym angegriffen, die andere nicht (siehe das Verhalten der Hefe gegenüber der d-Glucose und l-Glucose auf S. 82).

Aktivierung. Viele, vielleicht sogar alle Enzyme sind in den Zellleibern oder aber in den Sekreten in Form einer unwirksamen Vorstufe, des sog. Proenzyms oder Zymogens vorhanden, das erst durch Hinzutritt eines sog. Aktivators (auch Kinase genannt) in die wirksame Form uberfuhrt wird. Auch gibt es Enzyme, die an und fur sich schwach wirksam sind, und eine energische Wir- kung erst in Gegenwart eines Aktivators erlangen. So wird das Trypsinogen durch die Enterokinase (S. 215), die Pankreaslipase durch die in der Galle enthaltenen Gallensauren aktiviert (S. 213). Als Aktivatoren können auch anorga- nische Verbindungen fungieren, so z. B. Kalksalze, richtiger Ca-Ionen, bei der Aktivierung des Prothrombins (S. 149), Sauren bei der Aktivierung des Pepsins (S. 201). Hierher gehoren auch die sog. Co-Enzyme, hochmolekulare Stoffe unbekannter Natur, die hitzebeständig, also selbst keine Enzyme sind, an deren Anwesenheit jedoch das Zustandekommen gewisser Enzymwirkungen geknüpft ist. So wurde z. B. nachgewiesen, daß Hefepreßsaft sich durch Ultrafiltration (S. 37) in einen thermolabilen und einen thermostabilen Anteil trennen läßt, die fur sich allein beide unwirksam sind, wieder zusammengebracht aber voll wirken. Das eigentliche Enzym, die Zymase, ist thermolabil, das Co-Enzym ist thermostabil.

Hemmung. Viele enzymatische Vorgange werden verlangsamt oder gehemmt durch zugesetzte feinverteilte Kohle, was so erklärt werden kann, daß das Enzym auf der großen Oberflache der Kohlenpartikelchen adsorbiert, also gleichsam aus der Lösung entfernt wird. Hemmend wirken, und zwar vielleicht ebenfalls auf Grund von Adsorptionsvorgangen, gewisse im Blutplasma enthaltene Stoffe, die sog. Antienzyme oder Antifermente, die daselbst vorgebildet vorkommen, wie z. B. das Antienzym, durch das die Wirkung des Chymosins (S. 203) gehemmt wird, oder aber als Antikorper (S. 75) im Blutplasma des Lebenden entstehen, bzw. kunstlich erzeugt werden. Ferner werden die Enzyme entweder direkt geschadigt oder bloß in ihren Wirkungen gehemmt durch eine Reihe von sog. Paralysatoren oder Enzymgiften, wie z. B. Sublimat, Wasserstoffhyperoxyd, Formaldehyd, Blausaure, die jedoch oft nur auf die eine oder andere Enzymart einwirken. Hemmend wirken auch die durch die Enzymwirkung entstandenen Spaltprodukte selbst; daher kommt es, daß z. B. in Verdauungsversuchen, die im Reagensglase ausgefuhrt werden, infolge der rasch zunehmenden Konzentration der Spaltprodukte der Vorgang weit weniger vorschreitet, bzw. weit früher stille steht, als am Orte seines natürlichen Ablaufes, z. B. im Darme, aus dem die Spaltprodukte durch Resorption in dem Maße fortlaufend entfernt werden, wie sie entstehen. Allerdings hat man umgekehrt auch beobachtet, daß bei gewissen Enzymspaltungen die Reaktionsgeschwindigkeit, anstatt wie gewöhnlich mit der Zeit abzunehmen, zu einem bestimmten Zeitpunkt plötzlich zuzunehmen beginnt. Man spricht in solchen Fallen von einer sog. Autokatalyse und schreibt sie der reaktionsbeschleunigenden Wirkung der in zunehmenden Mengen entstehenden Umwandlungsprodukte zu.

Wirksamkeit. Die Wirksamkeit der Enzyme ist an gewisse Bedingungen geknupft. So wurde fur viele Enzyme je eine bestimmte H-, bzw. OH-Ionenkonzentration als optimale, d. h. solche festgestellt, bei der die betreffende Reaktion am raschesten verlauft; diesseits und jenseits der so gefundenen Konzentrationen ist die Wirksamkeit eine weit geringere. Die Wirksamkeit der Enzyme ist auch an eine gewisse Temperatur des Mediums gebunden. Diejenige Temperatur, bei der die Reaktion am raschesten verlauft, wird als die optimale, die niedrigste, bzw. hochste, bei der eine Wirksamkeit noch uberhaupt vorhanden ist, als die minimale, bzw. maximale bezeichnet.

Synthesen durch Enzyme. Die meisten der von alters her bekannten enzymatischen Vorgange bestehen in einer Zerlegung hochmolekularer Stoffe in einfachere, und erst spater ist es von gewissen Enzymen bekannt geworden, daß sie zwar für gewöhnlich gewisse Stoffe aufspalten, unter ganz bestimmten Bedingungen aber aus den Spaltprodukten wieder denselben Stoff aufzubauen vermogen. Zum ersten Male wurde dies von der Maltase festgestellt, die nicht nur, wie gewohnlich, die Maltose in zwei Molekule d-Glucose zu zerlegen, sondern unter Umstanden auch aus d-Glucosemolekulen ein Disaccharid (wieder Maltose? oder vielleicht Isomaltose?) aufzubauen vermag. Zur Erklarung dieser Erscheinung genugt es, die enzymatischen Vorgange als reversible anzusehen, und das vor Augen zu halten, was bezuglich der Gleichgewichtszustande in reversiblen Vorgängen schon langst bekannt ist (S. 14). Da namlich der Gleichgewichtszustand unabhangig davon ist, ob zu Beginn der Reaktion bloß der Ausgangskorper oder bloß die Endprodukte vorhanden waren, muß, sobald es zu einem Gleichgewicht gekommen ist, z. B. im obigen Falle dasselbe Verhaltnis zwischen der Konzentration der Maltose und der d-Glucose bestehen, ob man die Maltase auf eine Losung von Maltose oder auf eine Losung von d-Glucose einwirken laßt. Der Nachweis, daß dem so ist, laßt sich allerdings nur schwer erbringen, denn die Reaktionsgeschwindigkeit ist in der Richtung Maltose → Glucose unverhaltnismäßig großer als in der entgegengesetzten, so daß im Gleichgewichtszustand die Konzentration der Maltose neben der d-Glucose beinahe verschwindet, und demzufolge die mit der Maltase zu versetzenden Losung der d-Glucose außerst konzentriert genommen werden muß, damit in derselben nachher eben nur nachweisbare Mengen des Disaccharides gefunden werden konnen.

Hierher gehort auch der fur den Organismus so lebenswichtige Aufbau von Glykogen aus d-Glucose und umgekehrt, der Abbau des Glykogens zu d-Glucose, welche beide entgegengesetzt gerichteten Vorgange offenbar unter Einwirkung desselben Enzymes oder derselben Enzymgruppe hauptsachlich in den Leberzellen ablaufen. Allerdings sind hier die Verhaltnisse wesentlich andere, als in dem oben angefuhrten Laboratoriumsversuche. Einerseits wird namlich der Schauplatz der Vorgange hier durch das außerst komplizierte Kolloidsystem, als das wir uns das Zellinnere vorzustellen haben, gebildet; andererseits darf der Beeinflussung dieses Systemes durch außerhalb der Leber gelegene Momente nicht vergessen werden, die ja stets zu Verschiebungen der Gleichgewichtslage fuhren konnen. Die Beeinflussung einer Art liegt in der Verarmung des Blutes an Zucker infolge des Zuckerverbrauches wahrend der Muskelbewegungen und sonstiger Zellvorgange; die andere Art der Beeinflussung besteht in einer Überschwemmung des Blutes mit dem soeben aus dem Darme resorbierten Zucker; diese beiden entgegengesetzt gerichteten Änderungen konnen auf direktem oder indirektem Wege Änderungen in der momentanen Beschaffenheit der Leberzellen bedingen, die ausschlaggebend auf die Art bzw. Richtung des Vorganges einwirken, der sich abspielen soll.

Die Fähigkeit, eine der Fettsynthese homologen Vorgang zu fördern, ist an den fettspaltenden Enzymen, den Lipasen festgestellt worden, indem diese imstande sind, aus einer niederen Fettsäure und einem niederen Alkohol den Ester, d. h. die den Fetten homologe Verbindung aufzubauen. Phosphorsäure-Kohlenhydratester werden durch die Phosphatasen gespalten, durch die sog. Phosphatesen aufgebaut. Hierher gehört auch die Beobachtung, daß in einer konzentrierten Lösung von Albumosen durch Pepsin ein Niederschlag erzeugt wird, den man als ein durch Enzymsynthese wieder hergestelltes Eiweiß betrachtet, und als Plastein oder als Koagulose bezeichnet. Ähnliche Ergebnisse lassen sich auch mit Pankreassekret, sowie auch mit dem Auszug autolysierter Organe erhalten. Im Sinne einer Synthese wirkt endlich auch die von NEUBERG in der Hefe nachgewiesene Carboligase, unter deren Einwirkung aus Brenztraubensäure durch Kohlendioxydabspaltung Acetaldehyd entsteht, zwei Moleküle des Aldehydes aber zu einem Ketonalkohol, enthaltend 4 C-Atome, zusammentreten.

Kinetik der enzymatischen Vorgange. Die für das Leben so wichtigen enzymatischen Vorgänge spielen sich im Zellinneren, bzw. in Säften ab, die typische heterogene, insbesondere kolloide Systeme darstellen; daher das, was über die Kompliziertheit der Katalyse in heterogenen Systemen (auf S. 16) gesagt wurde, hier in erhöhtem Maße gilt. Dies um so eher, da ja die Enzyme höchstwahrscheinlich selbst Kolloide sind, also an sich schon heterogene Systeme bilden; ferner auch, weil nicht nur die Reaktionsgeschwindigkeit des eigentlichen enzymatischen Vorganges, sondern auch die Geschwindigkeit der (S. 71 erwähnten) vorbereitenden Zwischenreaktion, d. h. der Vereinigung von Enzym und Substrat eine von Fall zu Fall verschiedene sein kann. Dementsprechend ist auch die Mehrzahl der enzymatischen Vorgänge einer genauen quantitativen Analyse zur Zeit noch nicht zugänglich. Immerhin gibt es unter ihnen auch solche, in denen eine Abhängigkeit der Reaktionsgeschwindigkeit von der Konzentration der an der Reaktion beteiligten Stoffe in dem Sinne vorhanden ist, wie wir es (S. 14) bezüglich der monomolekularen, bzw. bimolekularen Reaktionen gesehen haben. In anderen Fällen wurden andere Gesetzmäßigkeiten festgestellt; so z. B. bezüglich der Eiweißspaltung durch Pepsin die sog. SCHUTZsche Regel, wonach die Menge des durch Pepsin gespaltenen Eiweißes proportional ist der Quadratwurzel aus dem Produkte der Konzentration des Pepsines und der Reaktionsdauer.

Benennung. Die Benennung der Enzyme erfolgt teils nach dem Substrat, auf das sie einwirken (z. B. Proteasen, Amylasen usw.), teils nach ihrer Wirkungsart (z. B. Oxydasen, Hydrolasen usw.).

Einteilung. Die Einteilung der Enzyme erfolgt am besten auf Grund der chemischen Vorgänge, die sie zu beschleunigen imstande sind.

1. Oxydierende Enzyme, Oxydasen. Sie beschleunigen die Oxydation gewisser Verbindungen. Ihre Anwesenheit kann durch verschiedene Reaktionen nachgewiesen werden; so z. B. dadurch, daß sie die im Guajac-Harz enthaltene Guajaconsäure zu einer derzeit noch unbekannten Verbindung von blauer Farbe oxydieren; oder, daß sie aus einer angesäuerten verdünnten Lösung von Jodkalium Jod in Freiheit setzen, durch das zugesetzte Stärke blau gefärbt wird; oder durch die Indophenolreaktion, indem man die zu prüfende Flüssigkeit mit einem Reagens versetzt, bestehend aus einer alkalischen Lösung von äquimolekularen Mengen von p-Phenylendiamin und α-Naphthol, worauf in Gegenwart eines oxydierenden Enzyms Indophenolblau entsteht. Oxydierende Enzyme können in den verschiedensten Geweben und Säften des Pflanzen- und Tierkörpers nachgewiesen werden; sie haben wahrscheinlich eine wichtige Rolle bei den im lebenden Organismus ablaufenden Oxydationsvorgängen. Hierher gehören die Xanthinoxydasen, die das Hypoxanthin und Xanthin zu Harnsäure oxydieren, die „Uricasen" oder Uricoxydasen, die Harnsäure oxydativ abzubauen vermögen (S. 279) usw.

Es sind aber auch oxydierende Enzyme bekannt, die diese ihre Wirkung nur in Gegenwart von Peroxyden (wie z. B. H_2O_2) ausüben; und zwar derart, daß sie zunächst aus dem anwesenden Peroxyde aktiven Sauerstoff abspalten, der dann auf das zu oxydierende Substrat einwirkt. Solche Enzyme werden als Peroxydasen bezeichnet. Sie sind daran zu erkennen, daß sie Guajac-Harz bloß in Anwesenheit von H_2O_2 bläuen. Zu den Peroxyden werden gezählt die Phenolasen, die verschiedene Phenole zu oxydieren vermögen; am besten ist

unter diesen bekannt die Tyrosinase (S. 123), die die Fähigkeit hat, den Tyrosinkern der Eiweißkörper in gefärbte Substanzen zu verwandeln, sowie eine zweite,
die das Dioxyphenyl-Alanin (S. 123) in seinen Lösungen bräunt. Über peroxyd-
ähnliche Verbindungen im Tierkörper, die sog. Oxygenasen siehe S. 301.

2. Oxydo-Reduktasen. Als Vermittler gewisser enzymatischer Vorgänge,
in denen Oxydation und Reduktion miteinander „gekoppelt" verlaufen, wirken
die sog. Oxydo-Reduktasen. Zu diesen gehört die sog. Aldehydmutase, unter
deren Einwirkung zwei Aldehydmoleküle die Elemente des Wassers derart aufnehmen, daß das eine durch Eintritt des Wasserstoffs in den entsprechenden
Alkohol, das andere aber durch den Eintritt des Sauerstoffs in die entsprechende
Säure verwandelt wird (Cannizzaro-Reaktion). Hierher gehört auch das in der
Milch enthaltene Enzym, das bei der Schardingerschen Reaktion (S. 236)
wirksam ist.

3. Hydrolasen oder hydrolytische Enzyme, die die hydrolytische
Spaltung verschiedener Verbindungen beschleunigen. Es ist hierunter der Vorgang
zu verstehen, daß eine Verbindung die Bestandteile des Wassers in sein Molekül
aufnimmt, dabei aber selbst in kleinere Moleküle zerfällt. Hydrolytisch wirken:

a) Die Proteasen oder proteolytischen Enzyme, durch die die Eiweißkörper gespalten werden; z. B. Pepsin (S. 201), Trypsin (S. 206), Chymosin S. 203).
Hierher gehören auch die autolytischen Enzyme. Werden Leber, Muskel usw.
in möglichst frischem Zustande im ganzen oder zu Brei verrieben, bei Körpertemperatur stehen gelassen, und durch Zusatz von Chloroform oder Toluol vor
Fäulnis bewahrt, so kommt es allmählich zu einer Verflüssigung des Gewebes;
in der Flüssigkeit lassen sich hydrolytische Abbaustufen der Eiweißkörper,
daneben aber auch solche nachweisen, die durch Oxydation, Reduktion usw.
entstanden sind. Diese Autolyse oder Autodigestion der Gewebe wird dem in
ihnen enthaltenen proteolytisch wirkenden autolytischen Enzym zugeschrieben,
wobei jedoch einerseits zu bemerken ist, daß es mit dem Pepsin nicht identisch
ist, andererseits, daß es neben dem eiweißspaltenden auch ein fett- und kohlen-
hydratspaltendes Prinzip enthält, also nicht einheitlich ist. Autolytische Enzyme
spielen wahrscheinlich auch im lebenden gesunden Organismus, sicherlich aber
in gewissen pathologischen Vorgängen, wie in der akuten gelben Leberatrophie,
Phosphorvergiftung, bei der Verflüssigung von festeren Exsudaten, die erst in
diesem verflüssigten Zustande resorbiert werden können, endlich in bösartigen
Neubildungen eine wichtige Rolle.

b) Esterasen, durch die die Ester des Glycerins mit niederen Fettsäuren,
z. B. Monobutyrin, gespalten werden; ihnen analog wirken die Lipasen, die
die Glyceride der höheren Fettsäuren spalten (S. 109).

c) Carbohydrasen oder kohlenhydratspaltende Enzyme, z. B. Diastasen
oder Amylasen (S. 100), die Stärke und Glykogen zu Maltose spalten; Maltase
(S. 97), die Maltose in d-Glucose zerlegt; Invertin (S. 97), das Rohrzucker
spaltet usw.

d) Phosphatase, die gewisse Phosphorsäure-Kohlenhydratester (s. S. 82),
Sulfatasen, die Ätherschwefelsäuren (S. 251) sowie auch Chondroitinschwefelsäure (S. 143) zu spalten vermögen.

e) Arginase, die Arginin spaltet (S. 122).

f) Nucleinasen oder Nucleinacidasen, durch die die Nucleinsäuren in
Nucleotide (S. 145) gespalten werden; weiterhin Nucleotidasen, durch die
Nucleotide und Nucleosidasen, durch die die Nucleoside (S. 145) abgebaut
werden.

g) Adenase, Guanase, die Adenin, Guanin desaminieren (S. 279).

h) Urease, durch die Harnstoff zersetzt wird (S. 59).

4. Enzyme, die gewisse Verbindungen ohne Hydrolyse spalten:

a) Emulsin, das im Pflanzenreich sehr verbreitet ist, und Glucoside (S. 103),
ferner Raffinose, Stachyose (S. 98) usw. spaltet.

b) Zymase, einer der wirksamen Bestandteile der Hefe; sie spaltet verschiedene
Monosaccharide in Kohlendioxyd und Äthylalkohol (S. 82). (Über das entsprechende Coenzym siehe auf S. 71.)

c) Carboxylase, die ebenfalls in der Hefe enthalten ist, und Brenztraubensäure spaltet (S. 51).

5. **Katalasen**, die Wasserstoffsuperoxyd sehr energisch in Wasser und Sauerstoff zerlegen. Sie sind in den roten Blutkorperchen, jedoch auch in jedem anderen bisher darauf untersuchten pflanzlichen und tierischen Gewebe, in besonders kraftiger Form im subcutanen Fettgewebe enthalten.

6. **Carboligasen** (s. S. 73).

2. Toxine, Antitoxine, Agglutinine, Lysine, Präcipitine, proteolytische Abwehrfermente; Anaphylaxie.

Wird einem Tiere Eiweiß einer anderen Tierart, sog. „artfremdes" Eiweiß, nicht per os, sondern parenteral, d. h. unter Vermeidung des Darmtraktes, unter die Haut oder aber in das Blutgefäßsystem eingeführt, so kommt es je nach der Menge des eingeführten Eiweißes zu leichteren oder schwereren Vergiftungserscheinungen. Dies hat folgenden Grund. Wird das Eiweiß per os (z. B. als Fleischnahrung) eingeführt, so wird es im Darm weitgehend abgebaut (S. 218), aus den Abbauprodukten aber nach erfolgter Resorption so aufgebaut, wie es der Beschaffenheit des Eiweißes der betreffenden Tierart entspricht; das so umgeformte Eiweiß eignet sich zu verschiedenen Zwecken, so auch zum Ansatz im Organismus. Findet jedoch, wie oben, die Einfuhr auf parenteralem Wege statt, so kann es nicht zu dem Abbau im Darme, bzw. zu dem Umbau kommen, durch den aus dem „artfremden" Eiweiß „arteigenes" geworden ist. Artfremdes Eiweiß wirkt aber wie ein Gift; es hat außerdem auch die merkwürdige Eigenschaft, als „Antigen" zu wirken, d. h. die Neubildung gewisser Stoffe auszulösen, die man, weil sie in den sog. Immunisationsvorgängen eine wichtige Rolle spielen, als „Immunkörper", oder, weil ihre Wirkung gleichsam gegen die betreffenden Antigene gerichtet ist, als „Antikörper" bezeichnet. Dabei besteht, wie bei den Enzymen, strenge Spezifität, indem durch ein Antigen immer nur ein bestimmter Antikörper erzeugt wird, die Wirkung eines Antikörpers aber immer nur gegen das betreffende Antigen gerichtet ist.

Nachstehend seien die wichtigsten Antigene und Antikörper angefuhrt:

a) **Toxine und Antitoxine.** Die Toxine sind organische Verbindungen unbekannter Zusammensetzung, die bereits in sehr geringen Mengen stark giftig wirken. Sie kommen sowohl in Pflanzen, wie auch in Tieren vor. Von den pflanzlichen Toxinen sind diejenigen am wichtigsten, die durch Bakterien erzeugt werden und entweder in ihre Nahrböden übergehen, oder in den Bakterienleibern verbleiben. Tierische Toxine kommen vielfach im Blute und in den Sekreten von Kaltblütern vor; so im Blut und im Hautsekret der Kröte, in gewissen Spinnen, im Speichel und Blut mancher Schlangen, Skorpionen, im Blute des Aales usw. Charakteristischerweise bedarf es immer einer gewissen Zeit, Inkubationsdauer genannt, bis die Giftwirkung der Toxine zur Entfaltung kommt. Neben der Giftwirkung haben die Toxine die besondere Eigenschaft, im Tierkörper, in welchem sie entstanden sind, oder welchem sie beigebracht wurden, die Bildung ihrer eigenen Gegengifte, der sog. Antitoxine, hervorzurufen: ein bestimmtes Toxin kann nur die Bildung des ihm entsprechenden Antitoxins veranlassen, und ein bestimmtes Antitoxin wirkt nur gegen das betreffende Toxin als Gegengift. Gegen hohere Temperaturen sind die Toxine meistens ebenso empfindlich wie die Enzyme, desgleichen auch gegen oxydierende Reagenzien, Sauren und Laugen; doch kann ein Toxin, das seine Giftwirkung infolge der Behandlung mit gewissen chemischen Agenzien verloren hat, noch die Fahigkeit beibehalten haben, die Bildung von Antitoxin hervorzurufen. Die meisten Toxine werden durch die Enzyme des Verdauungstraktus, insbesondere durch das Trypsin, zerstort. Über die chemische Konstitution der Toxine und Antitoxine wissen wir derzeit gar nichts, da ihre Reindarstellung noch in keinem Falle gelungen ist. In manchen von ihnen ist Eiweiß nachzuweisen, das aber offenbar nur eine Verunreinigung darstellt; andere sind ganz eiweißfrei.

b) **Agglutinine** sind Stoffe, unter deren Einwirkung korpuskulare Elemente, wie rote oder weiße Blutkörperchen, Bakterien usw. miteinander verkleben, zusammenbacken. Ein solches Agglutinin entsteht z. B. im Blute eines Exemplares der Tierart *A*, dem rote Blutkorperchen der Tierart *B* parenteral beigebracht wurden, und verleiht dem Blutserum *A* die Eigenschaft, die roten Blutkörperchen der Tierart *B* zusammenbacken, agglutinieren lassen. Auf Grund solcher Agglutininreaktionen ist es moglich geworden, von einer kleinen Blutmenge zu entscheiden, ob sie menschlichen oder tierischen Ursprunges ist, bzw. auch zu entscheiden, von welcher Tierart sie herrührt. Agglutinine werden aber auch im Serum normaler, parenteral nicht vorbehandelter Tiere, bzw. Menschen gefunden; sie bewirken, daß die Blutkörperchen eines Individuums von dem Blute eines anderen Individuums derselben Tierart agglutiniert werden konnen, u. z. sind dies nicht zufallige, sondern regelmäßige Befunde, indem man Gruppen von Menschen unterscheiden kann, deren Blutkorperchen durch Blutserum eines anderen Menschen derselben Gruppe nicht agglutiniert wird, wohl aber durch das eines Menschen, der einer anderen Gruppe angehort.

c) **Lysine.** Werden einem Tiere zellige Gebilde, wie Bakterien oder fremde Blutkorperchen oder fremde parenchymatose Zellen (der Niere, der Leber) beigebracht, so entstehen im Blute des Tieres Stoffe, die Lysine (Bakterio-, Hamo-, Cyto-Lysine) genannt werden, weil sie die genannten zelligen Gebilde aufzulosen vermogen.

d) **Pracipitine.** Wird einem Tiere Milch oder Serumeiweiß einer anderen Tierart parenteral beigebracht, so erhalt das Blutserum des Tieres die Eigenschaft, mit der zu dem Versuche verwendeten Milch oder dem Serumeiweiß (jedoch nicht mit einer anderen Milch oder mit einem anderen Serum) einen Niederschlag zu bilden. Man sagt: es haben sich in dem Blut des behandelten Tieres „Pracipitine" gebildet.

e) **Proteolytische Abwehrfermente.** Die Bildung obiger eigenartig und streng spezifisch wirkender Stoffe wird nicht nur durch die Einfuhr von „artfremdem" Eiweiß ausgelost, sondern auch durch Eiweißstoffe oder eiweißahnliche Stoffe, die im Tierkorper nur unter gewissen Umstanden entstehen, in sein Blut gelangen und nun, wennauch nicht als artfremde, doch als „blutfremde Stoffe" Veranlassung zur Bildung von Antikorpern geben. Solche eiweißartige blutfremde Substanzen entstehen in der Placenta der graviden Frau, gelangen in ihr Blut, worauf Stoffe gebildet werden, die gegen die blutfremde Substanz, in diesem Falle gegen Placentaeiweiß, gerichtet sind und dieses abbauen. Hierauf ist die Abderhaldensche Schwangerschaftsdiagnose gegrundet: dem Blutserum der graviden Frau kommt die Fahigkeit zu, das Eiweiß der menschlichen Placenta abzubauen, eine Fahigkeit, die dem Serum der Nichtgraviden abgeht. (Über eine neuere Fruhdiagnose der Schwangerschaft siehe auf S. 319.)

f) Merkwürdige stoffliche Veranderungen mussen es sein, die der sog. **Anaphylaxie** zugrunde liegen. Wird einem Menschen oder einem Tiere artfremdes Blutserum in geringen Mengen parenteral beigebracht, so kommt es zunächst nur zu unbedeutenden oder gar keinen Vergiftungserscheinungen; wird jedoch dasselbe Blutserum nach einiger Zeit, etwa nach 2—3 Wochen, wieder parenteral beigebracht, so kommt es zu schweren, oft außerst bedrohlichen Erscheinungen (Krampfe, Abfall der Korpertemperatur). Man sagt: durch die erste Dosis des artfremden Eiweißes hat sich am Tiere im Verlaufe von 2—3 Wochen eine Uberempfindlichkeit dem besagten Eiweiße gegenuber, ein Zustand sog. **Anaphylaxie**. ausgebildet; durch die zweite kleinere Dosis wurde an dem uberempfindlich gewordenen Tiere ein sog. **anaphylaktischer Shock** ausgelost.

3. Inkrete (Hormone).

Es ist eine langst bekannte Tatsache, daß die verschiedenen Organe und Gewebe des tierischen Korpers nicht ganz unabhangig voneinander sind; namentlich, daß Veränderungen (sowohl physiologische als auch pathologische), die in einem Organe eintreten, von Veranderungen in einem anderen, entfernt gelegenen Organe gefolgt sein können, daß demnach eine Korrelation zwischen verschiedenen Organen besteht. Früher wurde angenommen, daß diese Korrelation überall durch Nervenbahnen vermittelt wird, die die verschiedenen Organe miteinander teils unmittelbar, teils auf dem Wege uber das zentrale Nervensystem verbinden. Heute wissen wir, daß die Korrelation vieler Organe nicht auf Nervenverbindungen beruht, sondern auf chemischem Wege vermittelt wird, indem Produkte des einen Organes (auf dem Wege der Lymphbahnen) in die Blutbahn, und mit dem Blute zu einem anderen Organe gelangen, und dort entweder physiologische oder pathologische Vorgänge hervorrufen können. Diese Produkte wurden mit verschiedenen Namen belegt u. z. früher als Hormone, spater richtiger als Inkrete bezeichnet. Sie werden auf S. 315f. ausführlich behandelt.

Drittes Kapitel.

Kohlenhydrate.

Als Kohlenhydrate werden die Aldehyde und Ketone mehrwertiger Alkohole, die sog. Oxyaldehyde und Oxyketone bezeichnet. Zu ihnen gehört eine große Gruppe von stickstofffreien organischen Verbindungen, die im Reiche der Pflanzen hauptsächlich als massigstes Aufbaumaterial ihres Körpers dienen. Am Tiere gehören sie ebenfalls, wennauch zu einem weit geringeren Anteile, zum Körperbestand, erlangen aber eine Bedeutung durch die großen Mengen von Pflanzennahrung, die die Tiere (mit Ausnahme der reinen Fleischfresser) zu sich nehmen.

Die zu dieser Gruppe gehörenden Verbindungen werden außer zahlreichen gemeinsamen chemischen Eigenschaften auch dadurch charakterisiert, daß in den meisten von ihnen Wasserstoff und Sauerstoff in demselben Verhältnis (H_2 : O), wie im Wasser enthalten sind: daher wurden sie als Kohlenhydrate bezeichnet. Nun werden aber einerseits natürlich nicht alle organischen Verbindungen, die Wasserstoff und Sauerstoff in genanntem Verhältnis enthalten, zu den Kohlenhydraten gezählt (so z. B. weder Essigsaure, $C_2H_4O_2$, noch Milchsaure, $C_3H_6O_3$): andererseits hat man chemische Verbindungen, wie z. B. Rhamnose, $C_6H_{12}O_5$, kennengelernt, die vermöge ihrer Abstammung, sowie auch zufolge ihrer physikalischen und chemischen Eigenschaften unbedingt den Kohlenhydraten angehören, wiewohl sie Wasserstoff und Sauerstoff nicht im genannten Verhaltnis enthalten. Trotz allemdem hat man für diese Verbindungen die Bezeichnung „Kohlenhydrate" beibehalten, jedoch ihre Definition in dem eingangs erwähnten Sinne geändert.

Die Kohlenhydrate lassen sich in folgende Hauptgruppen einteilen

I. Je ein Oxyaldehyd oder Oxyketon stellt für sich allein ein Kohlenhydrat dar, dessen Spaltprodukte jedoch nicht mehr den Charakter eines Kohlenhydrates haben. Sie werden als Monosaccharide bezeichnet.

II. Zwei oder mehrere gleich- oder verschiedenartige Monosaccharidmoleküle treten unter Austritt von Wasser zu größeren atherartig verbundenen Molekülen zusammen, und stellen krystallisierbare Verbindungen dar: die sog. krystallisierbaren Polysaccharide. Die Monosaccharide und die krystallisierbaren Polysaccharide werden auch Zucker genannt.

III. Die Anzahl der zu einem Äther vereinigten gleich- oder verschiedenartigen Monosaccharidmoleküle kann eine sehr große sein, wobei Polysaccharide mit sehr großem Molekulargewichte und von kolloider Natur entstehen. Die Zahl der bisher bekannten kolloiden Polysaccharide, die sich voneinander in der Art und in der Zahl der zusammentretenden Monosaccharidkomponenten unterscheiden, ist eine große, die Zahl der möglichen Kombinationen eine noch weit größere.

IV. Wichtige Derivate der Kohlenhydrate sind: Glucoside, in denen ein Monosaccharid mit einem Alkohol ätherartig verknüpft ist; Kohlenhydratester, die durch ein Kohlenhydrat als Alkoholkomponente und durch eine Säure gebildet werden; Aminozucker, in denen das OH einer CHOH-Gruppe durch NH_2 ersetzt ist; Glucuronsäure (und Galakturonsäure), in der eine endständige CH_2OH-Gruppe des Kohlenhydrates zu COOH oxydiert ist.

Die Monosaccharide werden, je nachdem sie Oxyaldehyde bzw. Oxyketone sind, als Aldosen bzw. Ketosen, nach der Anzahl der C-Atome als Diosen, Triosen, Tetrosen usw. bezeichnet. Für uns am wichtigsten sind die Pentosen und Hexosen, die je nach ihrer Struktur und der Zahl der C Atome als Aldopentosen und Aldohexosen, bzw. als Ketopentosen und Ketohexosen bezeichnet werden. Die krystallisierbaren Polysaccharide werden nach der Anzahl der Monosaccharide, die zu ihrer Bildung zusammengetreten sind, Di-, Tri- und Tetrasaccharide genannt.

Bezüglich der nachfolgenden Beschreibung der Monosaccharide sei bemerkt, daß viele ihrer Eigenschaften und Reaktionen auch an den übrigen Kohlenhydraten und deren Derivaten gefunden werden.

I. Monosaccharide.

A. Allgemeine Eigenschaften.

Sie sind farblose, geruchlose, meistens gut krystallisierbare Verbindungen, die in Wasser leicht löslich sind und Lösungen von süßem Geschmack geben. (Der Grad der Süßigkeit ist an verschiedenen Zuckern nicht gleich: von den Monosacchariden ist die Fructose süßer, die Glucose weniger süß, als die S. 96 zu beschreibende Saccharose). In Alkohol sind sie schwerer, in Äther gar nicht löslich.

Bildung von Isomeren. Die Anzahl der Monosaccharide, die teils in der Natur vorkommen, teils Laboratoriumsprodukte sind, ist eine recht große. Ihre Vielfältigkeit beruht nicht nur auf der verschiedenen Länge der in ihrem Moleküle vorhandenen Kohlenstoffkette, sondern auch auf der Bildung von Isomeren.

a) So kann dieselbe monosaccharidartige Verbindung mit einer Kohlenstoffkette von derselben Länge und von derselben prozentischen Zusammensetzung bereits dadurch in zwei einander isomeren Modifikationen, jedoch mit abweichenden physikalischen und chemischen

Eigenschaften, vorkommen, daß die eine ein Oxyaldehyd, die andere aber ein Oxyketon ist; z. B. Glucose und Fructose.

$$
\begin{array}{cc}
\text{COH} & \text{CH}_2\text{OH} \\
\text{CHOH} & \text{CO} \\
\text{CHOH} & \text{CHOH} \\
\text{CHOH} & \text{CHOH} \\
\text{CHOH} & \text{CHOH} \\
\text{CH}_2\text{OH} & \text{CH}_2\text{OH} \\
\text{Glucose} & \text{Fructose}
\end{array}
$$

b) Die Monosaccharide, deren Kohlenstoffkette aus drei Gliedern besteht, enthalten ein asymmetrisches C-Atom (S. 49), die für uns am wichtigsten Monosaccharide mit 5 oder 6 C-Atomen deren mehrere. Ist im Molekül eines Monosaccharides bloß ein asymmetrisches C-Atom enthalten, so sind bloß ein Stereoisomerenpaar bzw. zwei Stereoisomeren denkbar, die sich bezüglich der räumlichen Anordnung des um das asymmetrische C-Atom gelagerten H und OH und auch in ihrer optischen Aktivität wie Spiegelbilder verhalten, in allen ihren sonstigen Eigenschaften jedoch identisch sind. Sind mehrere asymmetrische C-Atome vorhanden, und bezeichnet man ihre Zahl mit n, so sind $\dfrac{2^n}{2}$ Stereoisomerenpaare, bzw. 2^n Stereoisomeren denkbar; woraus sich berechnen läßt, daß

$$
\begin{array}{cccc}
\text{(I)} & \text{(II)} & \text{(III)} & \text{(IV)} \\
\text{H—C—OH} & \text{HO—C—H} & \text{H—C—OH} & \text{HO—C—H} \\
\text{H—C—OH} & \text{HO—C—H} & \text{HO—C—H} & \text{H—C—OH} \\
\text{H—C—OH} & \text{HO—C—H} & \text{H—C—OH} & \text{HO—C—H} \\
\text{H—C—OH} & \text{HO—C—H} & \text{HO—C—H} & \text{H—C—OH} \\
\text{CH}_2\text{OH} & \text{CH}_2\text{OH} & \text{CH}_2\text{OH} & \text{CH}_2\text{OH}
\end{array}
$$

von den für uns am wichtigsten Monosacchariden, den Aldohexosen, insgesamt $\dfrac{2^4}{2} = 8$ Stereoisomerenpaare, bzw. $2^4 = 16$ Stereoisomeren existieren; von diesen sind zur Zeit vierzehn teils aus der Natur bekannt, teils wurden sie künstlich dargestellt. Im Gegensatz zu den Gliedern eines Stereoisomerenpaares weisen die verschiedenen Stereoisomerenpaare verschiedene Gruppierungen des H und OH auf, und verhalten sich sowohl in ihren physikalischen wie auch in ihren chemischen Eigenschaften voneinander verschieden. Unter den Verbindungen, deren Strukturformeln voranstehend beispielsweise mitgeteilt sind, verhalten sich I und II, bzw. III und IV genau wie Spiegelbilder, während Paar III—IV sich von Paar I—II in der Anordnung des H und OH unterscheidet.

Die Strukturformeln der verschiedenen Monosaccharide sind bei ihrer Einzelbeschreibung auf S. 90 bis 94 angegeben. Darüber, daß zur Erklärung gewisser Erscheinungen noch andere Strukturformeln angenommen werden müssen, siehe Näheres auf S. 83 und 91.

Natürliche Synthese. Die grün gefärbten Pflanzenteile nehmen nachgewiesenermaßen am Licht Kohlendioxyd auf, und scheiden Sauerstoff aus. Diese ihre Eigenschaft (sowie auch die Grünfärbung) verdanken sie ihrem Gehalte an Chlorophyll, das die Fähigkeit hat, vom Sonnenlicht die roten und gelben Strahlen zu absorbieren, und deren strahlende Energie unter Mitwirkung eines bisher noch nicht bekannten, offenbar enzymartigen Stoffes in chemische Energie zu verwandeln. Hierbei wird aus Kohlendioxyd und Wasser, die chemische Energie nicht enthalten, unter Reduktion des Kohlendioxydes chemische Energie enthaltendes Formaldehyd nach der (vereinfachten) Formel:

$$CO_2 + H_2O = HCOH + O_2$$

gebildet, das so gebildete Formaldehyd aber auf eine bisher nicht sicher erwiesene Weise erst zu Mono-, dann zu Polysacchariden polymerisiert.

Die **künstliche Synthese** der Monosaccharide ist zuallererst EMIL FISCHER gelungen, indem er Glycerin durch gelinde Oxydation in Glycerose, eine Aldotriose, verwandelte, und zwei Moleküle der Triose in Gegenwart von Lauge zu Acrose s. unten vereinigte. Später ist es gelungen, Glucose durch Vereinigung von sechs Molekülen Formaldehyd zu erzeugen. Durch Anlagerung einer CN-Gruppe (aus Blausäure) und nachfolgende Verseifung und Reduktion läßt sich die C-Kette eines Monosaccharides zunächst um ein Glied, nachher auf dieselbe Weise wieder um ein Glied usw. verlängern. Mittels dieses Verfahrens lassen sich Heptosen (die nunmehr auch in der Natur, und zwar in Pflanzengebilden, aufgefunden wurden), Oktosen und Nonosen künstlich darstellen.

Optische Aktivität. Die asymmetrischen Kohlenstoffatome, die die (S. 79) erwähnte Bildung von Stereoisomeren bedingen, verursachen, daß die Lösungen der Monosaccharide die Ebene des polarisierten Lichtes drehen, also optisch aktiv sind. Von den S. 79 abgebildeten Stereoisomeren sind diejenigen (I. und II. bzw. III. und IV.), die als gegenseitige Spiegelbilder betrachtet werden können, gleich stark, jedoch in entgegengesetztem Sinne optisch aktiv. Durch Vereinigung der stereoisomeren Moleküle mit entgegengesetzter, doch gleich starker optischer Aktivität entstehen optisch inaktive, sog. Racemverbindungen. Eine solche inaktive Modifikation liegt in dem oben erwähnten, Acrose genannten synthetischen Produkte vor, das höchstwahrscheinlich aus je einem Molekül d- und l-Fructose besteht (siehe unten).

Die rechts-aktive Modifikation der Glucose wird auf Grund des S. 49 entwickelten Prinzipes als d-Glucose, die links-aktive als l-Glucose bezeichnet; die Bezeichnung sämtlicher anderer Monosaccharide mit dem Vorzeichen **d-** bzw. **l-** erfolgt jedoch, unabhangig davon, ob sie rechts- oder links-aktiv sind, nur danach, ob sie strukturell aus der d-Glucose, bzw. aus der l-Glucose abgeleitet werden können. So wird

z. B. jene Fructose, die von der d-Glucose abgeleitet werden kann, d-Fructose [1] genannt, obzwar sie links-aktiv ist.

Reduktions- und Oxydationsprodukte. Mittels Natriumamalgam lassen sich die Monosaccharide zu den betreffenden Polyalkoholen reduzieren, z. B. die d-Glucose zu Sorbit, Mannose zu Mannit, Galaktose zu Dulcit. Unter der Einwirkung gelinder Oxydationsmittel, wie Chlor- oder Bromwasser, werden die Aldohexosen zu Monocarbonsäuren, z. B. die Glucose zu Gluconsäure, durch energische Oxydationsmittel aber,

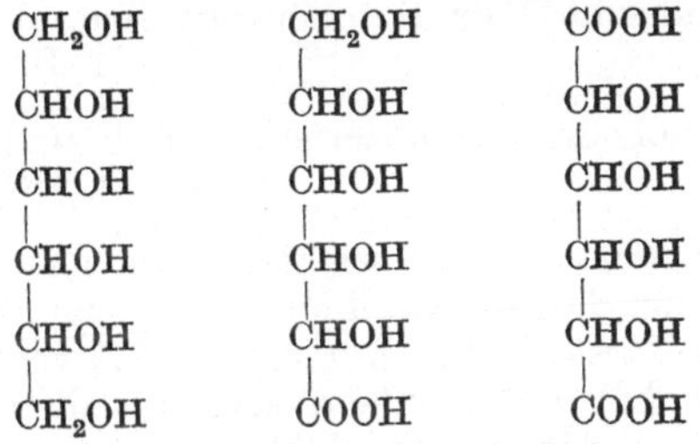

$$
\begin{array}{ccc}
\mathrm{CH_2OH} & \mathrm{CH_2OH} & \mathrm{COOH} \\
\mathrm{CHOH} & \mathrm{CHOH} & \mathrm{CHOH} \\
\mathrm{CHOH} & \mathrm{CHOH} & \mathrm{CHOH} \\
\mathrm{CHOH} & \mathrm{CHOH} & \mathrm{CHOH} \\
\mathrm{CHOH} & \mathrm{CHOH} & \mathrm{CHOH} \\
\mathrm{CH_2OH} & \mathrm{COOH} & \mathrm{COOH} \\
\text{Sorbit} & \text{Gluconsaure} & \text{Zuckersaure}
\end{array}
$$

wie Salpetersäure, zu Dicarbonsäuren mit unveränderter Kohlenstoff- anzahl oxydiert, z. B. die Glucose zu Zuckersäure. Ketohexosen werden bei ihrer Oxydation in Moleküle mit kleinerer Kohlenstoffanzahl zerlegt. Mit Mineralsäuren erhitzt werden die Pentosen in Furfurol (Furan- aldehyd), die Hexosen in Oxymethylfurfurol, dieses dann weiter in Lävulinsäure (S. 51) verwandelt.

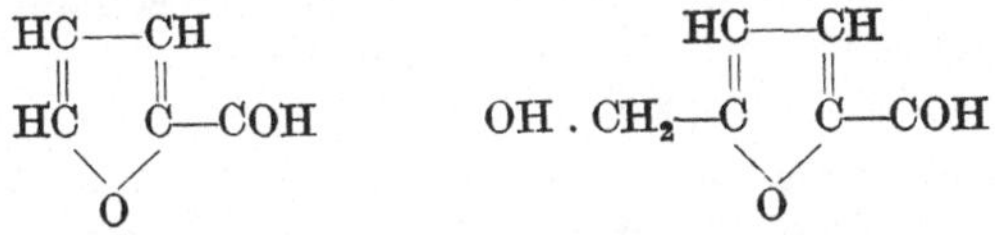

$$
\text{Furfurol} \qquad\qquad \text{Oxymethylfurfurol}
$$

Einwirkung von OH-Ionen. Unter Einwirkung von verdünnten Laugen, Carbonaten, Acetaten usw. sind einige der weiter unten an- zuführenden Monosaccharide einer gegenseitigen Umwandlung fähig,

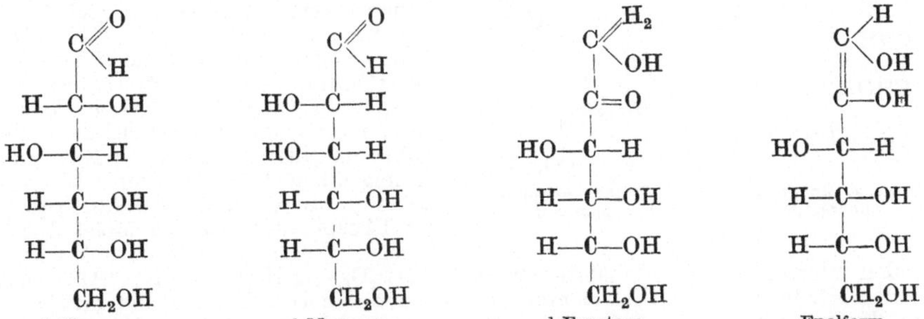

$$
\begin{array}{cccc}
\text{d-Glucose} & \text{d-Mannose} & \text{d-Fructose} & \text{Enolform}
\end{array}
$$

<hr>

[1] Es wurde auch vorgeschlagen, die linksdrehende Fructose, ihrer optischen Aktivität Rechnung tragend, als l-Fructose zu bezeichnen, ihre Abstammung von der d-Glucose aber wie folgt anzudeuten: l-Fructose(d); oder aber bei der alten Bezeichnung zu bleiben, und die Linksdrehung durch ein Minuszeichen anzu- deuten: d-(—)-Fructose.

so daß z. B. in einer Lösung von d-Glucose, wenn sie schwach alkalisch
gemacht wird, nach einer gewissen Zeit auch die d-Mannose und d-Fructose,
in einer Lösung von d-Mannose auch d-Clucose und d-Fructose usw.,
erscheinen. Dieser Übergang wird dem Verständnis näher gerückt,
wenn man bedenkt, daß die genannten drei Zuckerarten bezüglich
ihrer sterischen Konfiguration an den (in obigen Formeln fettgedruckten)
vier unteren C-Atomen identisch sind, daher sich ohne Zwang vorstellen läßt, daß sie unter gewissen Umständen leicht ineinander übergehen, und zwar vielleicht über die oben abgebildete ungesättigte Enol-

form [so benannt nach der charakteristischen $\mathrm{C} \begin{smallmatrix} \diagup \mathrm{H} \\ \diagdown \mathrm{OH} \end{smallmatrix}$ - Gruppe].
$\mathrm{C{-}OH}$

Alkoholische Gärung. Eine wichtige Eigentümlichkeit mancher
Monosaccharide ist die, daß sie mit Bierhefe (Saccharomyces cerevisiae),
bzw. mit der aus ihr darstellbaren Zymase (S. 74) vergären und im Endergebnis zu Äthylalkohol und Kohlendioxyd zerfallen (S. 91); und zwar
sind es nur die Triosen, Hexosen und Nonosen, deren gewisse Vertreter
vergärbar sind, während Monosaccharide mit einer anderen C-Zahl
überhaupt nicht vergären. Ferner ist es besonders lehrreich, daß von
den Hexosen d-Glucose, d-Mannose und d-Fructose leicht vergären
(was wieder mit der oben erwähnten teilweisen Übereinstimmung in
der sterischen Konfiguration zusammenhängen mag), d-Galaktose
jedoch weit schwerer, ihre optischen Antipoden, die l-Modifikationen
der obigen drei Zuckerarten aber gar nicht. Ja sogar, es vergärt von
beiden Komponenten der d.l-Modifikation die d-Glucose, während die
l-Glucose unverändert zurückbleibt.

Der Mechanismus der alkoholischen Garung der Glucose ist zur Zeit in den
meisten Einzelheiten klar. Es wird angenommen, daß das Zuckermolekül sich
unter Einwirkung eines Enzyms, der sog. Phosphatese, mit Phosphorsaure zur
Hexose-Monophosphorsaure. $C_6H_{11}O_5 \cdot H_2PO_4$, dann mit weiterer Phosphorsaure auch zu Hexose-Diphosphorsaure, $C_6H_{10}O_4(H_2PO_4)_2$, verbindet. Man
benützt den allgemeinen Ausdruck Hexosephosphorsaure, weil es nicht genau

COH
$|$
$(\mathrm{CHOH})_4$
$|$
$\mathrm{CH_2O \cdot PO(OH)_2}$

Glucose-Monophos-
phorsaure

$\mathrm{CH_2O \cdot PO(OH)_2}$
$|$
CO
$|$
$(\mathrm{CHOH})_3$
$|$
$\mathrm{CH_2O \cdot PO(OH)_2}$

Fructose-Diphos-
phorsaure

bekannt ist, in welcher Form der Zucker
in den Estern enthalten ist; doch ist es
wahrscheinlich, daß erst Glucose-
Monophosphorsaure und aus dieser uber
die Enolform (S. 81) Fructose-Di-
phosphorsaure entsteht. Erst in diesem
Verbande ist das Zuckermolekül einem
Abbau zuganglich, der nach Neuberg
in folgendem besteht: Zunächst entstehen (unter gleichzeitiger Abspaltung
der Phosphorsaure) aus 1 Molekul der
Glucose durch Austritt von 2 Mole-

kulen Wasser 2 Molekule Methylglyoxal, $C_6H_{12}O_6 - 2\,H_2O = 2\,CH_3 \cdot CO \cdot COH$,
welch letzteres von den Elementen des Wassers den O aufnimmt und hierdurch
in Brenztraubensaure, $CH_3 \cdot CO \cdot COOH$ verwandelt wird. Diese Saure wird
durch das Enzym Carboxylase, das ebenfalls in der Hefe enthalten ist, in Acetaldehyd und Kohlendioxyd zerlegt (siehe S. 51). Dadurch ware das Entstehen
eines der beiden Endprodukte der alkoholischen Garung, das des Kohlendioxydes,
bereits erklart. Das andere Endprodukt, der Äthylalkohol entsteht aus dem
Acetaldehyd durch Aufnahme von zwei H-Atomen des Wassermolekuls, das
oben auch den O lieferte. Daß dies richtig ist, geht aus folgendem hervor. Wird

der aus der Zerlegung der Brenztraubensaure entstehende Aldehyd durch Zusatz
von Sulfit gebunden, „abgefangen", so entsteht zwar aus der Brenztraubensäure
die berechnete Menge an Kohlendioxyd, jedoch kein Alkohol. Auch findet der H,
der sonst zur Überfuhrung des Acetaldehydes in Alkohol verwendet wird, nunmehr
eine andere Verwendung: Da er in den durch das Sulfit gebundenen Aldehyd
nicht eintreten kann, tritt er in das Molekül des Methylglyoxals ein, das hierdurch
in Brenztraubenalkohol, $CH_3 . CO . CH_2OH$, verwandelt wird; dieser wird aber
durch Aufnahme von Wasser leicht in Glycerin uberfuhrt. Daß dem in der Tat
so ist, geht aus der Erfahrung NEUBERGs hervor, daß bei dem genannten Sulfit-
verfahren kein Alkohol, sondern Glycerin in großen Mengen entsteht, sowie auch
aus der langst bekannten Tatsache, daß Glycerin in geringen Mengen auch bei
dem normal ablaufenden Garungsprozeß stets gebildet wird.

Verhalten der Stereoisomeren im Organismus. Die optischen Antipoden können sich auch innerhalb des höheren Tierorganismus abweichend
verhalten: die eine wird zersetzt, die andere nicht. Diese Erscheinung,
sowie die verschiedene Gärfähigkeit zeugen für die besondere biologische
Wichtigkeit der sterischen Konfiguration der Monosaccharide.

Reduktionsfähigkeit. Zu den auch praktisch wichtigsten Eigenschaften
aller Monosaccharide gehört, daß sie in alkalischer Lösung
gewisse Metalloxyde, wie die des Kupfers, des Wismuts, des Silbers
und des Quecksilbers bei höherer Temperatur, teilweise aber bereits
bei Zimmertemperatur zu sauerstoffärmeren, oft anders gefärbten
Verbindungen zu reduzieren imstande sind, was auch zu ihrem Nachweis S. 87 verwendet wird. Diese ihre Eigenschaft verdanken sie
ihrer freien $C{=}^O_H$- bzw. $C{=}O$-Gruppe.

Oxydo-Form der Monosaccharide. Aus gewissen Gründen muß angenommen werden, daß die Monosaccharide, wenn sie in Wasser gelöst
werden, durch Bildung einer „Sauerstoffbrücke" in die sog. Oxydoform
übergehen, wobei in ihrem Moleküle die $C{-}^O_H$-, bzw. $C{}O$-Gruppe, auf
der ihre charakteristische Reduktionsfähigkeit (und nach S. 86 ihr
charakteristisches Verhalten gegenüber Phenylhydrazin) beruht, in die
$C{-}^H_{OH}$-, bzw. $C{-}OH$-Gruppen verwandelt wird, denen jene charakteristische Eigenschaften abgehen. Daß aber die Monosaccharidlösungen
trotzdem reduzieren, (und sich in der Phenylhydrazinprobe nach S. 86
verhalten) rührt davon her, daß die oben beschriebene Umwandlung
nie eine vollkommene ist, daher neben den umgewandelten auch die
unveränderten Gruppen in einer gewissen Konzentration stets vorhanden
sind; ja, dieser Gleichgewichtszustand während der Reduktions- (bzw.
Phenylhydrazinprobe) durch fortwährende Rückverwandlung der veränderten in die ursprünglichen Gruppen stets erhalten wird. Unter
welchen Umständen ein Monosaccharid im Verbande mit anderen Molekülen seine Reduktionsfähigkeit verliert (bzw. sein Verhalten gegenüber
Phenylhydrazin ändert), wird auf S. 94 gezeigt.

Nachfolgend soll am Beispiele der d-Glucose und der d-Fructose gezeigt werden,
wie aus der gewohnlichen Form (Strukturformel I) die Oxydo-Form (Strukturformel II oder III) entsteht.

```
(I)    C<H                (II)   C<H                (III)   C<H
         \O                        \OH                       \OH
                                                
     H—C—OH                    H—C—OH                     H—C—OH

    HO—C—H                    HO—C—H                     HO—C—H

     H—C—OH                    H—C—O—                     H—C—OH

     H—C—OH                    H—C—OH                     H—C—O—

      CH₂OH                     CH₂OH                      CH₂OH
```

d-Glucose

```
(I)    CH₂OH             (II)   CH₂OH             (III)   CH₂OH

        C=O                      C—OH                      C--OH

    HO—C—H                   HO—C—H                    HO—C—H

     H—C—OH                   H—C—OH                    H—C—OH

     H—C—OH                   H—C—O—                    H—C—OH

      CH₂OH                    CH₂OH                     CH₂O--
```

d-Fructose

Im Glucosemolekul ruckt der H des Hydroxyles von γ-, bzw. δ-C-Atome (so bezeichnet, weil es von der $C{=}^O_H$-Gruppe angerechnet das dritt- bzw. viertnächste ist) zu eben dieser Gruppe, wodurch die oben beschriebene Umwandlung in die $C{=}^H_{OH}$-Gruppe erfolgt, wahrend der O desselben Hydroxyls sich mittels seiner freigewordenen Valenz mit der ebenfalls freigewordenen Valenz des C der umgewandelten Gruppe verbindet. Es hat also mit Hilfe einer „Sauerstoffbrucke" eine „Ringbildung" stattgefunden, und zwar eine γ-Oxydringbildung (Strukturbilder II) oder eine δ-Oxydringbildung (Strukturbilder III). Man sagt auch, daß sich die Glucose nun in der γ-Oxydoform oder in der δ-Oxydoform befinden; oder indem die C-Atome mit fortlaufenden Zahlen bezeichnet werden, spricht man mit Rucksicht auf die C-Atome, die durch die Sauerstoffbrucke verbunden sind. von einer 1,4- oder 1,5-Oxydoform der Glucose. Auch wird die 1,4-Oxydoform der Glucose, weil in ihr ein Butylenradikal enthalten ist (Strukturbild II), als Butylen-Oxydoform, die 1,5-Oxydoform aber, weil sie das Amylenradikal enthalt (Strukturbild III), als Amylen-Oxydoform bezeichnet Endlich wird die 1,4-Oxydoform, weil in ihr der Furanring zu erkennen ist, als eine Furanose (z. B. bezüglich der Glucose als Glucofuranose) bezeichnet; die 1,5-Oxydoform aber auf Grund des in ihr enthaltenen Pyranringes Pyranose

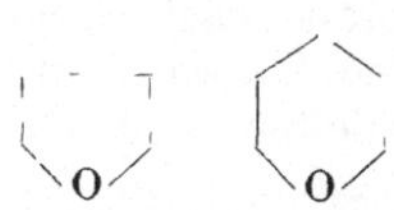

Furanring   Pyranring

(z. B. bezuglich der Glucose Glucopyranose) genannt. Dasselbe gilt auch bezüglich anderer Aldosen; bezuglich der Ketosen aber, so z. B. bezüglich der d-Fructose, mit dem Unterschiede, daß man es hier mit der $\overset{|}{C}{=}O$-Gruppe zu tun hat, und das γ- bzw. δ-C-Atom, von dem der H der Hydroxyles hinaufruckt, von dieser Gruppe an gerechnet wird; dabei erfolgt ihre Umwandlung in eine $C{-}^{OH}$-Gruppe. Der

Bezeichnung γ- bzw. δ-Oxydoform entspricht hier die Bezeichnung 2,5- und 2,6-Oxydoform.

Bezüglich der meisten Fälle ist noch keine volle Einigung darüber erzielt worden, welche C-Atome, d. h. 1 und 4 oder 1 und 5 usw. durch die Sauerstoffbrücke miteinander verbunden sind; so viel wird jedoch allgemein zugegeben, daß die d-Glucose bzw. auch die anderen Monosaccharide, auch andere Oxydoformen, z. B. die 1,2- oder 1,3-, oder andere Formen annehmen können, die jedoch weit labiler sind, als die oben behandelten 1,4- bzw. 1,5-Formen. In dieser labilen Form werden sie auch Hetero-Zucker, oder auch alloiomorphe Zucker (mit am- bezeichnet) oder auch γ-Zucker genannt. Bezüglich der letzteren Bezeichnungsart siehe die Anmerkung auf S. 91.

Anhydrozucker. Stellen wir uns in einem Monosaccharid-Molekül, z. B. in einer Hexose, $C_6H_{12}O_6$, das die Oxydoform angenommen hat, vor, daß die endständige $C{\overset{H}{\underset{OH}{=}}}$-Gruppe, und eine zweite ein Hydroxyl tragende Gruppe zusammen die Elemente eines Wassermoleküls abgeben, so gelangen wir zu der um 1 Molekül Wasser ärmeren Verbindung von der Zusammensetzung $C_6H_{10}O_5$, d. h. zum Anhydrid des betreffenden Monosaccharides. Ein solches Anhydrid ist durch zwei Sauerstoffbrücken ausgezeichnet, deren eine bei der Bildung der Oxydoform (siehe oben), die andere aber bei der Bildung des Anhydrides entsteht. Solche Anhydrozucker sind Làvoglucosan, Glucosan usw.; es scheint, daß ihnen eine praktische Bedeutung zukommt. Die Elemente des austretenden Wassers werden geliefert durch H bzw. OH am Kohlenstoff 1 und 6, oder 2 und 5 usw. z. B.:

$$
\begin{array}{ccc}
C\!\!\nwarrow_{O\,H}^{H} & & C\!\!\nwarrow_{O}^{H}\!\!\rule{} \\
| & & | \\
CHOH   & & CHOH   \\
| & & | \\
CHOH   & -H_2O = & CHOH   \\
| & & | \\
CHOH   & & CHOH   \\
| & & | \\
C\!-\!O   & & C\!-\!O   \\
| & & | \\
CH_2\,OH   & & CH_2
\end{array}
$$

Hexose   Anhydrohexose

Glucale. Durch den Austritt von zwei Hydroxylgruppen entstehen aus den Monosacchariden sog. Glucale; z. B. aus Hexosen das Glucal $C_6H_{10}O_4$.

$$
\begin{array}{cc}
C\!\!\nwarrow_{OH}^{H} & C\!\!\nwarrow^{H} \\
| & \| \\
CHOH   & CH   \\
| & | \\
CHOH   & CHOH   \\
| & | \\
CH\quad O   & CH\!-\!-O   \\
| & | \\
CHOH   & CHOH   \\
| & | \\
CH_2OH   & CH_2OH
\end{array}
$$

Hexose   Glucal

Bildung von Hydrazonen und Osazonen. Mit Phenlyhydrazin bzw. mit dessen Substitutionsprodukten (S. 88) geben die Monosaccharide charakteristische Verbindungen:

a) Findet die Reaktion in verdünnter alkoholischer Lösung ohne Zusatz von Säure derart statt, daß je ein Molekül Zucker und Hydrazin

$$\begin{array}{ccc}
\overset{\displaystyle O}{\underset{\displaystyle H}{C}} & H_2=N-NH(C_6H_5) & \\
| & & \overset{\displaystyle N-NH(C_6H_5)}{\underset{\displaystyle H}{C}} \\
(CHOH)_4 \;+ & = H_2O + & | \\
| & & (CHOH)_4 \\
CH_2OH & & | \\
 & & CH_2OH
\end{array}$$

Glucose   Phenylhydrazin   Phenyl-Glucose-Hydrazon

$$\begin{array}{ccc}
CH_2OH & & CH_2OH \\
| & & | \\
C=O \;+\; H_2=N-NH(C_6H_5) \;=\; H_2O \;+ & & C=N-NH(C_6H_5) \\
| & & | \\
(CHOH)_3 & & (CHOH)_3 \\
| & & | \\
CH_2OH & & CH_2OH
\end{array}$$

Fructose   Phenylhydrazin   Phenyl-Fructose-Hydrazon

aufeinander einwirken, so entstehen sog. Hydrazone. Manche dieser Hydrazone sind schwer löslich, lassen sich daher aus der Lösung, in der sie entstanden sind, leicht isolieren; in solchen Fällen kann ihr Schmelzpunkt und ihre optische Aktivität auch zu Identifizierung des fraglichen Monosaccharides dienen. Da ferner die Hydrazone mittels konzentrierter Salzsäure, oder mit Benzaldehyd, oder auch mit Formaldehyd zersetzt werden können, läßt sich auf diese Weise das betreffende Monosaccharid rein gewinnen.

b) Findet die Reaktion in wäßriger Lösung in Gegenwart von Essigsäure und bei Überschuß des Hydrazins statt, so bildet je ein

$$\begin{array}{ccc}
\overset{\displaystyle O}{\underset{\displaystyle H}{C}} & H_2=N-NH(C_6H_5) & \overset{\displaystyle N-NH(C_6H_5)}{\underset{\displaystyle H}{C}} \\
| & + & | \\
C-HOH & H_2=N-NH(C_6H_5) \;=\; 2\,H_2O + H_2 + & C=N-NH(C_6H_5) \\
| & & | \\
(CHOH)_3 & & (CHOH)_3 \\
| & & | \\
CH_2OH & & CH_2OH
\end{array}$$

Glucose   Phenylhydrazin   Phenylglucosazon

$$\begin{array}{ccc}
\overset{\displaystyle H}{\underset{\displaystyle OH}{C}}\!\!-H & H_2=N-NH(C_6H_5) & \overset{\displaystyle N-NH(C_6H_5)}{\underset{\displaystyle H}{C}} \\
| & & | \\
C=O & H_2=N-NH(C_6H_5) \;=\; 2\,H_2O + H_2 + & C=N \;\; NH(C_6H_5) \\
| & & | \\
(CHOH)_3 & & (CHOH)_3 \\
| & & | \\
CH_2OH & & CH_2OH
\end{array}$$

Fructose   Phenylhydrazin   Phenylfructosazon

Molekül des Zuckers mit zwei Molekülen des Hydrazins krystallisierte, meistens gelbgefärbte Verbindungen, die sog. Osazone.

Die Osazonbildung ist hier in vereinfachter Form abgebildet, denn tatsächlich verläuft sie unter gleichzeitiger Bildung von Ammoniak und von Anilin. Auch geht aus einem Vergleich der beiden Strukturformelgruppen hervor, daß die Hydrazone der Isomeren, die an den vier C-Atomen (nach S. 81) die gleiche räumliche Anordnung der H- und OH-Gruppen haben, verschieden, ihre Osazone jedoch, Phenylglucosazon, Phenylfructosazon und Phenylmannosazon, identisch sind.

Die Osazone sind zur Identifizierung der Monosaccharide in mancher Hinsicht den Hydrazonen überlegen, da sie in Wasser fast durchwegs schwer löslich und daher auch in geringen Mengen leichter zu isolieren sind; ihr Schmelzpunkt, sowie auch ihre optische Aktivität ist für die meisten Monosaccharide charakteristisch; so schmilzt z. B. das Phenylosazon der Arabinose bei 160°, der Glucose und der Fructose bei 205°, und der Lactose bei 210°. Hingegen lassen sich aus den Osazonen die Monosaccharide nicht wie aus den Hydrazonen zurückgewinnen.

B. Nachweis der Monosaccharide.

Manche der im vorangehenden erwähnten Eigenschaften der Monosaccharide werden zu ihrem Nachweise und zu ihrer Bestimmung verwendet, wobei aber zu bemerken ist, daß die betreffenden Verfahren teilweise auf alle Kohlenhydrate bezw. Zuckerarten, ja sogar auf ihre Derivate, teilweise jedoch bloß auf einzelne Gruppen der Monosaccharide anwendbar sind.

Man unterscheidet a) allgemeine und b) Spezialreaktionen auf Zuckerarten. Letztere sollen, da sie weitaus am häufigsten bei der Untersuchung des Harns, bzw. auch des Blutes zur Anwendung kommen, dort (S. 255—259) beschrieben werden.

a) Allgemeine Reaktionen.

1. Die Schiffsche Anilinacetatprobe. Wird Zucker in einem Reagensglase mit starker Schwefelsäure gekocht oder trocken destilliert, so entwickeln sich Dämpfe von Furfurol, die einen mit Anilinacetat getränkten Filtrierpapierstreifen kirschrot färben.

2. Die Molisch-Udránszkysche α-Naphtholprobe. Zu 1 cm³ der auf Zucker zu untersuchenden Lösung wird ein Tropfen einer 20%igen alkoholischen Lösung von α-Naphthol hinzugefügt, und werden 2 cm³ konzentrierter Schwefelsäure unterschichtet, worauf an der Berührungsfläche der beiden Flüssigkeiten eine violette Schicht entsteht; werden diese Flüssigkeiten durch Schütteln vermischt, so entsteht eine diffuse, violettrote Färbung. Diese Farbenreaktion rührt von einem Farbstoff her, der wahrscheinlich aus der Vereinigung des α-Naphthols mit dem aus dem Zucker abgespaltenen Furfurol hervorgeht.

b) Spezialreaktionen.

1. Reduktionsproben. Alle Monosaccharide und mehrere krystallisierbare Polysaccharide reduzieren in alkalischer Lösung und in der Wärme Kupfer-, Wismut- (S. 255), Quecksilber- und Silbersalze; letztere vielfach auch in der Kälte. Durch die Barfoedsche Probe können auch Monosaccharide und Disaccharide voneinander unterschieden werden, da letztere das Barfoedsche Reagens nicht reduzieren (S. 96).

2. **Phenylhydrazinprobe.** Alle Monosaccharide und mehrere krystallisierbare Polysaccharide bilden mit Phenylhydrazin oder mit dessen Substitutionsprodukten (Diphenyl-, Methylphenyl-, p-Bromphenylhydrazin) charakteristische Verbindungen (S. 86).

3. Die SELIWANOFFsche Resorcinprobe, die nur von Ketosen gegeben wird (S. 257).

4. Die TOLLENSsche Orcin- und die TOLLENSsche Phlorogluzinproben, die nur von Pentosen und Glucuronsäure gegeben werden (S. 258).

C. Quantitative Bestimmungsmethoden.

1. Das Polarisationsverfahren.

Stellt man mittels des Polarimeters die Drehung fest, die die Ebene des polarisierten Lichtes durch eine optisch-aktive Lösung erleidet, und ist das spezifische Drehungsvermögen der gelösten Substanz bekannt, so läßt sich aus diesen beiden Daten und aus der Länge des Polarisationsrohres die Konzentration der gelösten Substanz berechnen.

Als spezifisches Drehungsvermögen einer Substanz wird nach allgemeiner Vereinbarung der Winkel bezeichnet, um den die Ebene des polarisierten Lichtes gedreht wird, wenn 1 cm³ der Lösung 1 g der betreffenden Substanz gelost enthalt und wenn das Polarisationsrohr 1 dm lang ist. [Es ist nicht nötig, und an den meisten Stoffen auch nicht möglich, Losungen von solcher Konzentration herzustellen; man verwendet geringere Konzentrationen und rechnet das Ergebnis entsprechend um.] Da die Starke der Drehung auch von der Temperatur der Losung, sowie auch von der Wellenlänge des verwendeten Lichtes abhängt, mußte auch diesbezuglich eine Vereinbarung getroffen werden: man bestimmt das spezifische Drehungsvermogen bei 20⁰ C und bei homogenem Natriumlicht. entsprechend der D-Linie des Sonnenspektrums und bezeichnet das Ergebnis mit $[a]_D$ bzw. mit $[a]_D^{20}$. In der Lösung solcher farbiger Stoffe, die das Licht gerade im Gebiete der D-Linie stark absorbieren, wird das spezifische Drehungsvermögen (und auf Grundlage dieses die Konzentration der Lösung) in einer anderen Spektralregion bestimmt. (Siehe z. B. am Oxyhamoglobin auf S. 88.)

Die quantitative Bestimmung des Zuckergehaltes einer Losung mittels des Polarimeters auf Grund des spezifischen Drehungsvermogens des betreffenden Zuckers beruht auf folgender Uberlegung. Wird zur Polarisation nicht ein Rohr von 1 dm, sondern von L dm Lange benutzt, und enthalt 1 cm³ der Losung nicht 1 g, sondern p g der Substanz, so ist der am Polarimeter abgelesene Drehungswinkel β dem spezifischen Drehungsvermogen $[a]_D$ nicht gleich, sondern

$$\beta = [a]_D \times L \times p.$$

Hieraus berechnet betragt p, das ist die Menge der in einem Kubikzentimeter gelösten Substanz

$$p = \frac{\beta}{[a]_D \times L}\,\text{g}$$

und die Menge der in 100 cm³ gelösten Substanz, das ist die gesuchte prozentuale Konzentration der Lösung

$$\frac{100 \times \beta}{[a]_D \times L}\,{}^0/_0.$$

Bei der polarimetrischen Bestimmung darf es nicht unbeachtet bleiben, daß die frisch bereitete Lösung mancher Zuckerarten ein starkeres oder schwacheres Drehungsvermogen besitzt, als sich aus der Konzentration der Losung berechnen läßt, und daß erst, nachdem man die Losung eine Zeitlang stehen gelassen hat, sich die dem spezifischen Drehungsvermogen entsprechende Drehung einstellt, dann aber auch konstant bleibt. Diese abweichende optische Aktivitat einer frisch bereiteten Losung wird als **Mutarotation**, der Umstand, daß eine frisch bereitete Lösung anfangs starker optisch aktiv ist, als **Multirotation** bezeichnet. Eine Multirotation wird z. B. an der d-Glucose beobachtet, das Entgegengesetzte an der Maltose, deren frisch bereitete Losung weniger stark optisch aktiv ist, als nachdem sie eine Zeitlang gestanden hatte. Über die Erklärung der Mutarotation siehe Näheres auf S. 91.

Es muß weiterhin beachtet werden, daß die Monosaccharide bei längerer Beruhrung mit Alkalien eine Umwandlung in stereoisomere Verbindungen erfahren konnen (S. 82), wodurch auch das Drehungsvermögen der Lösung verandert wird.

2. Reduktionsverfahren.

Die Reduktionsfähigkeit des Zuckers kann zu dessen quantitativer Bestimmung verwendet werden; nur muß man beachten, daß die Menge des reduzierten Salzes mit der Menge des anwesenden Zuckers nicht in einer stöchiometrischen Proportion, sondern bloß in einem empirisch festgestellten Verhältnis steht, dieses Verhältnis aber a) bezüglich verschiedener Zuckerarten verschieden ist; b) sogar bei einer und derselben Zuckerart je nach der Konzentration der Lösung sich ändert; c) endlich auch von der Konzentration der zu reduzierenden Salzlösung abhängt.

So werden nach Soxhlet durch je (in 50 g Wasser gelöste) 0,5 g der nachstehenden Zuckerarten folgende Volumina der Fehlingschen Lösung (s. unten) reduziert:

$$
\begin{aligned}
&\text{d-Glucose} \ . \ . \ . \ . \ . \ . \ . \ 105{,}2 \text{ ccm} \\
&\text{d-Fructose} \ . \ . \ . \ . \ . \ . \ . \ \ 97{,}2 \ \text{,,} \\
&\text{d-Galaktose} \ . \ . \ . \ . \ . \ . \ \ 98{,}0 \ \text{,,}
\end{aligned}
$$

Andererseits ergeben z. B. nach Allihn-Pfluger (siehe unten) bestimmt:

25 mg	d-Glucose in 85 ccm Wasser gelöst	67,6 mg Cuprooxyd,
50 „	„ „ 85 „ „ „	124,8 „ „
100 „	„ „ 85 „ „ „	239,0 „ „
200 „	„ „ 85 „ „ „	444,3 „ „

Es sind daher die Vorschriften, die für jede einzelne der Reduktionsbestimmungen ausgearbeitet wurden, streng vor Augen zu halten, und sind zur Berechnung des Ergebnisses empirisch ermittelte Tabellen zu verwenden.

Am altesten ist das Fehlingsche Titrationsverfahren, das jedoch in seiner ursprünglichen Form kaum mehr gebrauchlich ist. Von den hier kurz angegebenen ubrigen Verfahren ist zur Zeit das Bertrandsche weitaus am besten.

a) Zum Fehlingschen Verfahren, das zur Bestimmung etwa 1%iger Zuckerlosungen geeignet ist, gehoren eine Lösung von Kupfersulfat und eine Losung von Natronlauge, die auch Seignettesalz (weinsaures Kalinatron) enthält. Von diesen beiden Lösungen werden unmittelbar vor dem Gebrauch genau gleiche Volumina vermischt, genau abgemessene 20 cm³ dieser Mischung mit 40 cm³ destilliertem Wasser in einer tieferen Porzellanschale bis zum Sieden erhitzt, und ihr nun von der zu untersuchenden Zuckerlosung aus einer Burette so lange zugesetzt, bis die letzte Spur des Kupfersulfates aus der Flussigkeit verschwunden ist. (Wird eine kleine der Flussigkeit entnommene Probe auf Zusatz von Ammoniak blau oder auf Zusatz von Essigsaure und Ferrocyankalium braun, so ist noch unreduziertes Kupfersulfat vorhanden und die Titration noch nicht beendet.)

b) Im Allihn-Pflugerschen Verfahren wird das Reduktionsprodukt gravimetrisch bestimmt, und zwar entweder als solches (Cuprooxyd), oder nach seiner Umwandlung in metallisches Kupfer oder in Cuprioxyd.

c) Das Prinzip des Titrationsverfahrens nach Pavy in der Modifikation von Sahli, noch besser in der von Kumagawa und Suto, das in 0,1—0,2%igen Lösungen gute Resultate gibt, besteht darin, daß das durch die Reduktion entstehende Cuprohydroxyd in Gegenwart von Ammoniak und unter Ausschluß des Sauerstoffes sich zu einer farblosen Verbindung löst, und so die Entfärbung der Flüssigkeit, die die Beendigung der Reduktion anzeigt, scharf erkannt werden kann.

d) Nach BERTRAND wird das durch die Reduktion entstandene Cuprooxyd auf einem Asbestfilter gesammelt, in Ferrisulfat enthaltender Schwefelsäure gelöst, wobei durch das Cuprooxyd ein entsprechender Teil des Ferrisulfates zu Ferrosulfat reduziert wird:

$$Cu_2O + Fe_2(SO_4)_3 + H_2SO_4 = 2\,CuSO_4 + 2\,FeSO_4 + H_2O$$

dessen Menge man durch Titration mit einer Lösung von Kaliumhypermanganat bestimmt. Dieses Verfahren läßt sich für 0,05 bis 0,5%ige Zuckerlösungen verwenden.

e) Zur Bestimmung ganz geringer Zuckermengen wurde eine ganze Reihe von sog. Mikroverfahren ausgearbeitet, von denen die von BANG zur Bestimmung des Blutzuckers auf S. 166 ausführlich beschrieben ist.

3. Gärverfahren.

Die Menge eines gärungsfähigen Zuckers kann auch aus dem Kohlendioxyd ermittelt werden, das bei der alkoholischen Gärung entsteht (S. 256).

D. Einzelbeschreibung der Monosaccharide.

Aldohexosen.

d-Glucose (Dextrose, Traubenzucker), $C_6H_{12}O_6$, kommt im Pflanzenreich besonders in Trauben, aber auch in anderen Früchten vor; im Tierreich in großen Mengen im Honig, in geringerer Menge im Blutplasma, im Harn gesunder Tiere und Menschen; in größerer Menge im Harn von zuckerkranken Tieren und Menschen.

Die Darstellung erfolgt am zweckmäßigsten durch Spaltung des Rohrzuckers; zu diesem Behufe wird 90%iger Alkohol im Verhältnis von 100:4 mit Salzsäure versetzt, das Gemisch auf 40—50° C erhitzt und darin Rohrzucker zu 32% gelöst; nach Ablauf von zwei Stunden wird das Gemisch auf Zimmertemperatur abgekühlt, mit einigen Krystallchen von d-Glucose geimpft und stehen gelassen. Die im Verlaufe der nächsten Tage ausfallende Krystallmasse wird 1—2mal aus Alkohol umkrystallisiert. Oder es wird eine konzentrierte Lösung von käuflichem Kartoffelzucker (d. h. unreinem Traubenzucker) mit dem gleichen Volumen starken Alkohols versetzt, die Lösung mittels Tierkohle entfärbt und das Filtrat wie oben zur Krystallisation gebracht.

Eigenschaften. Die d-Glucose krystallisiert entweder in wasserfreien Nadeln, oder mit 1 Molekül Krystallwasser in tafelförmigen Krystallen, bzw. Krystallmassen; ist in Wasser und in heißem Alkohol leicht löslich; schwerer in kaltem Alkohol. Das Phenylglucosazon schmilzt bei 205°; in Pyridinalkoholgemisch (4:6) gelöst, ist es linksaktiv und hierdurch leicht von der rechts-aktiven Lösung des Phenylmaltosazon zu unterscheiden. Die d-Glucose ist optisch aktiv: $[\alpha]_D^{20} = + 52,8°$; doch zeigt die frisch bereitete Lösung eine starke Multirotation (S. 88), die in kürzester Zeit verschwindet, wenn man die Lösung mit ein wenig Ammoniak versetzt; viel langsamer, wenn man sie einfach stehen läßt.

Als Ursache der Multirotation der d-Glucose [1] wurde gefunden, daß es nicht

---

[1] Diese auf die Multirotation der d-Glucose bezüglichen Ausführungen gelten in gleicher Weise auch für andere Monosaccharide, an denen die Erscheinung der Mutarotation beobachtet wurde.

eine d-Glucose allein gibt, sondern eine α- und β-Modifikation, die voneinander in ihrer optischen Aktivität wesentlich verschieden sind und sich strukturell voneinander bloß in der Lagerung des H und des OH am endstandigen, in der

<table>
<tr><td>

```
       H
HO—C
       |
 H—C—OH
       |
HO—C—H
       |
 H—C—O
       |
 H—C—OH
       |
     CH₂OH
```

α-d-Glucose
</td><td>

```
       OH
 H—C
       |
 H—C—OH
       |
HO—C—H
       |
 H—C—O
       |
 H—C—OH
       |
     CH₂OH
```

β-d-Glucose
</td></tr>
</table>

Abbildung zuoberst befindlichen, funften asymmetrischen C-Atome unterscheiden, das jedoch nur der S. 84 beschriebenen Oxydoform eigen ist. Man erhält sie durch Auskrystallisieren unter verschiedenen Bedingungen, so z. B. die α-d-Glucose durch Auskrystallisieren aus der durch Abkuhlen ubersättigten waßrigen Losung, die β-d-Glucose aber aus der Losung in Pyridin. Die optische Aktivität der beiden Modifikationen ist eine verschiedene, indem an der α-d-Glucose $[\alpha]_D^{20}$ zu $+111^0$ oder auch $+120^0$, an der β-d-Glucose aber zu $+17,5^0$ oder auch $+20^0$ angegeben wird. Dies bezieht sich jedoch bloß auf die frisch bereiteten Losungen; laßt man die Losung der α-Modifikation stehen, so nimmt, da sie teilweise in die β-Form ubergeht, die optische Aktivitat stetig ab; in der Losung der β-Modifikation nimmt sie, da diese teilweise in die α-Form ubergeht, stetig zu; in beiden Lösungen stellt sich aber mit der Zeit zwischen den beiden Modifikationen derselbe Gleichgewichtszustand ein, demzufolge die optische Aktivitat genau den Wert hat, der ihr vermoge ihres Zuckergehaltes auf Grund des oben erwahnten spezifischen Drehungsvermögens von $+52,8^0$ zukommt. Von manchen Autoren wird dieser Gleichgewichtszustand so aufgefaßt, daß sich die d-Glucose nunmehr in Form einer von ihnen sog. γ-d-Glucose [1] befindet.

Die beiden Modifikationen α und β unterscheiden sich aber auch in ihrem Verhalten im lebenden Organismus; so wird z. B. angegeben, daß die α-Form im Froschmuskel rascher in Milchsaure umgewandelt und auch durch Hefe rascher als die β-Form vergoren wird.

Zur Begründung gewisser auf die Zuckerverbrennung bezüglicher Vorgänge wurde die Existenz einer weiteren, sehr labilen, daher leicht verbrennlichen Stereoisomere der d-Glucose angenommen und ebenfalls als γ-d-Glucose bezeichnet [1] (siehe auch S. 85, 308).

Durch Bierhefe (Saccharomyces cerevisiae) wird die d-Glucose vergoren (am raschesten bei 28—30⁰), wobei zwar auch geringe Mengen von Glycerin, Bernsteinsäure usw. entstehen, die Hauptmenge des Zuckers aber in Alkohol und Kohlendioxyd verwandelt wird (S. 82).

$$C_6H_{12}O_6 = 2\,CO_2 + 2\,CH_3 . CH_2OH.$$

Unter Einwirkung des Bacterium lactis wird die d-Glucose zu Milchsaure, und zwar zur inaktiven d.l-Modifikation (S. 50) vergoren.

$$C_6H_{12}O_6 = 2\,CH_3 . CHOH . COOH.$$

[1] Das Vorzeichen „γ" ist (S. 84) ursprunglich empfohlen worden, um die Lage der Sauerstoffbrücke in der nicht reduzierenden Nebenform des Zuckermoleküls anzudeuten. Wenn nun dasselbe Vorzeichen auch zur Bezeichnung von Verhaltnissen verwendet wird, die nichts mit der γ-Stellung der Sauerstoffbrucke zu tun haben, kann dies nur zu einer Verwirrung führen.

Sie kann auch eine Buttersäuregärung erleiden, wobei zunächst ebenfalls Acetaldehyd, und erst aus diesem durch Synthese Buttersäure entsteht.

$$C_6H_{12}O_6 = CH_3 . CH_2 . CH_2 . COOH + 2 CO_2 + 2 H_2.$$

Auch bei der Essigsäure-Gärung der d-Glucose wird zunächst Acetaldehyd gebildet, unter der Einwirkung der betreffenden Bakterien aber ein Molekül des Aldehydes zum Alkohol reduziert, ein anderes zu Essigsäure oxydiert.

d-Galaktose, $C_6H_{12}O_6$, kommt im Pflanzenreich in Form von Galaktanen, d. h. aus Galaktosemolekülen aufgebauten Polysacchariden; ferner in Form von Galaktosiden vor (S. 103); im Tierkörper als Komponente der Cerebroside im Gehirn (S. 221), als Komponente der Lactose (S. 233) in der Milch enthalten. Sie ist durch Spaltung der Lactose leicht darzustellen, wenn diese mit der zehnfachen Menge $2^0/_0$iger Schwefelsäure am Wasserbade erwärmt wird.

Eigenschaften. Die d-Galaktose ist krystallisierbar; optische Aktivitat: $[\alpha]_D = + 81^0$; doch besteht auch hier die Erscheinung der Mutarotation, wie an der d-Glucose (S. 91), und wird durch die Existenz einer α- und einer β-Form verursacht. Durch Bierhefe wird sie langsam, jedoch vollständig vergoren; sie reduziert weniger Kupfer als die d-Glucose; das Phenylgalaktosazon schmilzt bei 186^0. Die Galaktose gibt mit der TOLLENSschen Phlorogluzinprobe (S. 258) eine rote Reaktion, doch fehlt im Spektrum der Flüssigkeit der charakteristische Absorptionsstreifen; mit Salpetersäure erhitzt wird sie zu einer sehr charakteristischen Dicarbonsäure, zur Schleimsäure oxydiert, die in Wasser schwer löslich ist und in Form von Krystallen ausfällt (Näheres siehe auf S. 257).

<pre>
        O   O
      //   //
    C   C
      \   \
        H   H
    H—C—OH   HO—C—H
    HO—C—H   HO—C—H
    HO—C—H   H—C—OH
    H—C—OH   H—C—OH
    CH2OH   CH2OH
  d-Galaktose   d-Mannose
</pre>

d-Mannose, $C_6H_{12}O_6$, kommt im Pflanzenreiche vor; und zwar hauptsächlich in Form von glucosidartigen Verbindungen und von Polysacchariden (den sog. Mannanen), z. B. im Dattelkern und in der Kaffeebohne. Durch Bierhefe wird sie leicht vergoren.

Ketohexosen.

d-Fructose, Lavulose, Fruchtzucker, $C_6H_{12}O_6$. Im Pflanzenreich kommt sie neben der d-Glucose in vielen Fruchten, ferner als eine Komponente der Saccharose im Zuckerrohr, in der Zuckerrube vor; im Tierreich im Honig; selten im Menschenharn. Ihre Darstellung erfolgt am leichtesten durch Spaltung des Inulins (S. 101), das zu diesem Zweck mit der zwei- bis dreifachen Menge 0,2%iger Salzsäure am Wasserbad erwärmt wird. Sie läßt sich auch durch Fällen von invertiertem Rohrzucker (S. 97) mit Calciumhydroxyd darstellen, wobei eine wasserunlösliche Kalkverbindung der d-Fructose entsteht, die von der Flüssigkeit getrennt und mit Salzsäure zersetzt wird. (Über die Oxydoform der Fructose siehe auf S. 84.)

Eigenschaften. Die d-Fructose ist weit schwerer zu krystallisieren als die d-Glucose; sie ist in Wasser sehr leicht, in heißem Alkohol leicht löslich. Ihre optische Aktivität wechselt mit der Konzentration, indem $[\alpha]_D$ zwischen — 92° und — 94° angegeben wird, doch besteht auch hier wie an der d-Glucose (S. 91) eine Mutarotation, die durch die Existenz einer a- und β-Form verursacht wird. Durch Bierhefe wird sie leicht vergoren; sie reduziert weniger Kupfersalz als die d-Glucose; Phenylfructosazon und Phenylglucosazon sind identisch (S. 87). Charakteristisch ist das Methylphenyl-Fructosazon, das bei 153° C schmilzt, und die SELIWANOFFsche Probe (S. 257).

$$CH_2OH$$
$$|$$
$$C=O$$
$$|$$
$$HO-C-H$$
$$|$$
$$H-C-OH$$
$$|$$
$$H-C-OH$$
$$|$$
$$CH_2OH$$

d-Fructose

Sorbose, $C_6H_{12}O_6$, bildet sich im Preßsaft der Früchte von Sorbus Ancuparia offenbar unter der Einwirkung von Spaltpilzen.

Pentosen.

Die Pentosen kommen in größeren Mengen in den Pflanzen vor, und zwar zu Polysacchariden, den sog. Pentosanen verbunden. Im Tierkörper sind sie in geringer Menge enthalten, und zwar in esterartiger Bindung als Bestandteil der Nucleoproteide (S. 144); sie bilden etwa 2,5% der Trockensubstanz des Pankreas und etwa 0,5% der der Leber, Thymus, Thyreoidea, Milz, der Nieren.

Eigenschaften. Sie reduzieren Kupfer- und andere Salze, und bilden krystallisierte Osazone; mit Bierhefe können sie zumeist nicht vergoren werden; mit Mineralsäuren erwärmt, liefern sie Furfurol (S. 81), jedoch keine Lävulinsäure, wie die Hexosen.

Ihr Nachweis erfolgt mittels der Reduktionsproben (S. 255), ihre Unterscheidung von anderen reduzierenden Kohlenhydraten mit der TOLLENSschen Orcin- und der TOLLENSschen Phlorogluzinprobe (S. 257), welche beide aber auch von den gepaarten Glucuronsäuren gegeben werden.

Ihre quantitative Bestimmung erfolgt:

a) mittels Reduktionsverfahren (S. 89);

b) in Substanzen, die Pentosen oder Pentosane enthalten, wird die Bestimmung des gesamten Pentosegehaltes nach dem TOLLENSschen Verfahren ausgeführt. Dieses Verfahren beruht auf der Eigenschaft der Pentosen und der etwa anwesenden Glucuronsäuren, daß sie mit Salzsäure destilliert, Furfurol liefern (während aus anderen Kohlenhydraten, wie z. B. aus Hexosen, unter gleichen Umständen kein Furfurol abgespalten wird). Man fängt das Furfurol enthaltende Destillat in Salzsäure auf, das einen Überschuß von Phlorogluzin gelöst enthält, wobei Furfurol und Phlorogluzin zu einer blaugrünen unlöslichen Verbindung zusammentreten. Der Niederschlag wird nach einigen Stunden auf einem Filter gesammelt, getrocknet und gewogen. Aus dem Gewicht des Furfurolphloroglezins wird die Menge der Pentosen nicht nach einem stöchiometrischen Verhältnis, sondern auf Grund einer empirisch ermittelten Tabelle berechnet.

Alle bisher in der Natur angetroffenen Pentosen wurden als Aldosen erkannt; die bekanntesten sind:

l-Arabinose, $C_5H_{10}O_5$, bildet prismen- und tafelförmige Krystalle und kann aus Kirschgummi dargestellt werden. Die optische Aktivität ist $[\alpha]_D = +104{,}5^0$, doch ist auch hier, wie an der d-Glucose (S. 91) zwischen einer α- und einer β-Form mit verschiedenen Drehungsvermögen zu unterscheiden. Die l-Arabinose schmilzt bei 164, ihr Phenylosazon bei 166^0 C. Sie wurde im Menschenharn nach dem Genuß von pentosanhaltigen Früchten, wie Pflaumen, Kirschen, gefunden (alimentäre Pentosurie, S. 257).

l-Arabinose	l-Xylose	d-Ribose
C(=O)H	C(=O)H	C(=O)H
H—C—OH	H—C—OH	H—C—OH
HO—C—H	HO—C—H	H—C—OH
HO—C—H	H—C—OH	H—C—OH
CH_2OH	CH_2OH	CH_2OH

d.l-Arabinose, $C_5H_{10}O_5$. Ihr Vorkommen im Harn (S. 257) wurde wiederholt beschrieben und ist unabhängig von der Nahrungsaufnahme; ihr Diphenylhydrazon schmilzt bei 206^0, ihr Phenylosazon bei 167^0 C.

l-Xylose, $C_5H_{10}O_5$, bildet nadelförmige Krystalle und wird am besten aus Weizenstroh dargestellt; Phenylxylosazon schmilzt bei 157^0. Über ihr Vorkommen im Harn siehe auf S. 257.

d-Ribose, $C_5H_{10}O_5$, wurde in Nucleinsäuren (S. 146) nachgewiesen.

In den Pflanzen kommen sog. Methylpentosen vor, wie z. B. die Rhamnose, Fucose usw., und zwar wahrscheinlich in Form von Methylpentosanen bzw. von Polysacchariden, die sie mit Hexosen bilden.

II. Krystallisierbare Polysaccharide.

Sie entstehen dadurch, daß sich 2—4 Moleküle gleichartiger oder verschiedenartiger Monosaccharide von derselben, seltener von verschiedener C-Zahl, in den meisten Fällen Hexosemoleküle, unter Wasseraustritt zu einem größeren Molekül vereinigen, wodurch Gelegenheit gegeben ist zur Bildung von zahlreichen Isomeren. Sie können auch als Kohlenhydratäther, bzw. als Glucoside (S. 103) betrachtet werden. Durch manche von ihnen werden Kupfer- und andere Salze ebenso reduziert wie durch die Monosaccharide; andere wieder ermangeln dieser reduzierenden Wirkung. Ob einem krystallisierbaren Polysaccharide reduzierende Eigenschaften zukommen oder nicht, hängt davon ab, an welchen C-Atomen die stets in der Oxydoform vorhandenen Monosaccharid-Komponenten unter gleichzeitiger Abgabe von 1 Molekül Wasser zusammentreten. Erfolgt dieser Zusammentritt an den aus den ehemaligen $\overset{|}{\underset{|}{C}}=O$ bzw. $\overset{|}{\underset{|}{C}}=O$-Gruppen entstandenen $\overset{-H}{\underset{|}{C}-OH}$, bzw.

$C{=}_H^{OH}$ - Gruppen, sind es daher diese, die die Elemente des austretenden Wassers liefern, so geht dem neuen Moleküle die Reduktionsfähigkeit ab (Strukturbild I); ist aber wenigstens eine dieser Gruppen frei,
bzw. an der Wasserabgabe unbeteiligt geblieben, so kommt dem neuen
Moleküle eine reduzierende Wirkung zu (Strukturbild II). Auch auf
dieser Grundlage kann es zur Bildung von Isomeren kommen, wenn

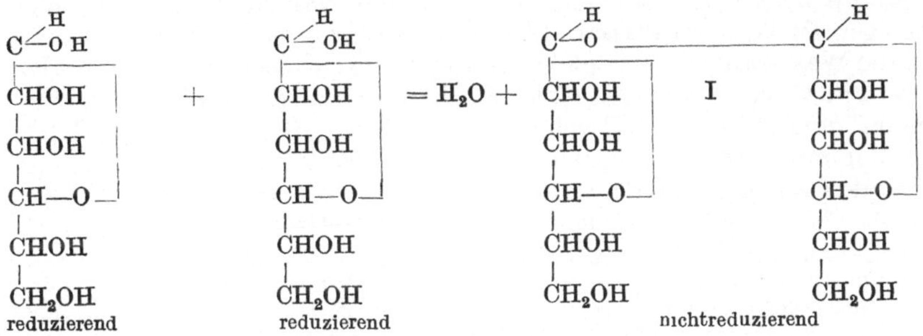

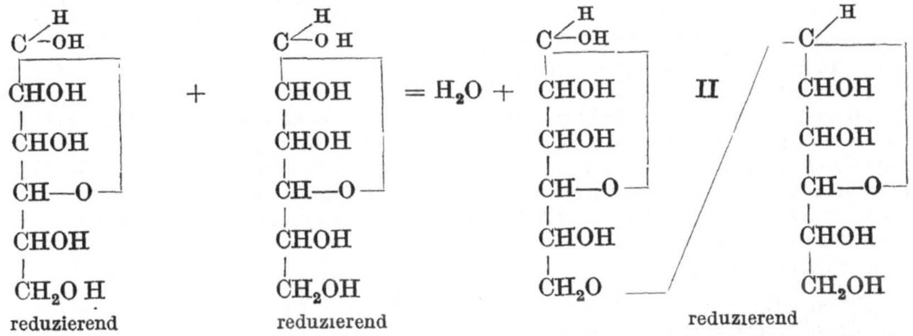

$$
\begin{array}{ccccccc}
\text{C}\!\!<_{\text{O}}^{\text{H}}\text{H} & & \text{C}\!\!<_{\text{OH}}^{\text{H}} & & \text{C}\!\!<_{\text{O}}^{\text{H}} & & \text{C}\!\!<^{\text{H}} \\
\text{CHOH} & + & \text{CHOH} & = \text{H}_2\text{O} + & \text{CHOH} & \text{I} & \text{CHOH} \\
\text{CHOH} & & \text{CHOH} & & \text{CHOH} & & \text{CHOH} \\
\text{CH—O} & & \text{CH—O} & & \text{CH—O} & & \text{CH—O} \\
\text{CHOH} & & \text{CHOH} & & \text{CHOH} & & \text{CHOH} \\
\text{CH}_2\text{OH} & & \text{CH}_2\text{OH} & & \text{CH}_2\text{OH} & & \text{CH}_2\text{OH} \\
\text{reduzierend} & & \text{reduzierend} & & \text{nichtreduzierend} & & \\
\end{array}
$$

$$
\begin{array}{ccccccc}
\text{C}\!\!<_{\text{OH}}^{\text{H}} & & \text{C}\!\!<_{\text{O}}^{\text{H}}\text{H} & & \text{C}\!\!<_{\text{OH}}^{\text{H}} & & \text{C}\!\!<^{\text{H}} \\
\text{CHOH} & + & \text{CHOH} & = \text{H}_2\text{O} + & \text{CHOH} & \text{II} & \text{CHOH} \\
\text{CHOH} & & \text{CHOH} & & \text{CHOH} & & \text{CHOH} \\
\text{CH—O} & & \text{CH—O} & & \text{CH—O} & & \text{CH—O} \\
\text{CHOH} & & \text{CHOH} & & \text{CHOH} & & \text{CHOH} \\
\text{CH}_2\text{O H} & & \text{CH}_2\text{OH} & & \text{CH}_2\text{O} & & \text{CH}_2\text{OH} \\
\text{reduzierend} & & \text{reduzierend} & & \text{reduzierend} & & \\
\end{array}
$$

nämlich in zwei Polysacchariden die Komponenten identisch sind,
jedoch auf obige Weise einmal zu einem reduzierenden, ein anderes Mal
zu einem nichtreduzierenden Moleküle zusammentreten. Es können
aber zwei Polysaccharide auch, wenn sie dieselben Komponenten enthalten und in gleicher Weise reduzieren oder nicht reduzieren, verschieden
sein, wenn der Zusammentritt der beiden Komponenten an verschiedenen
C-Atomen erfolgt; endlich kann der Unterschied zwischen zwei Polysacchariden darin bestehen, daß in einem die eine Komponente in
der α-, im anderen aber in der β-Form (nach S. 91) enthalten ist,
usw. Es darf aber nicht verschwiegen werden, daß die verschiedenen,
auch die neuesten Angaben über die Struktur der Disaccharide (geschweige
denn der übrigen krystallisierbaren Polysaccharide) nicht übereinstimmen;
bezüglich der Saccharose (S. 96) bestehen diese Divergenzen allerdings
nur im Betreffe der Lage der Sauerstoffbrücken in den beiden Komponenten, indem entweder eine 1,4-Glucose mit einer 2,5-Fructose
zusammentritt, wie im Strukturbild auf S. 97, oder aber eine 1,5-Glucose
mit einer 2,6-Fructose. Bezüglich der anderen krystallisierbaren Polysaccharide bestehen auch im Betreffe der C-Atome, an denen die beiden

Komponenten zusammentreten, Divergenzen. Was endlich die Nomenklatur anbelangt, die angesichts der vielen Isomeren einige Schwierigkeiten bereitet, ist man übereingekommen, dem betreffenden Polysaccharid
z. B. dem Disaccharid, (da es sich meistens um solche handelt),
den Namen der Komponente zu geben, deren $C{<}^H_{OH}$, bzw. $C{=}^{OH}$-Gruppe
intakt geblieben ist, d. h. an der Wasserabgabe beim Zusammentritt
der Komponenten nicht beteiligt ist; diesem Namen wird der Namen
desjenigen Zuckers, an dessen obenerwähnter Gruppe der Zusammentritt
bzw. die Wasserabgabe erfolgt ist, in der Form: Glucosido-, Fructosido-,
Galaktosido-, usw. vorangesetzt. So kann es z. B. eine Galaktosido-
Glucose, eine Mannosido-Fructose usw. geben. Sind aber beide Komponenten mit ihren genannten Gruppen an der Wasserabgabe beteiligt,
so nennt man es: -ido-id; wenn es sich z. B. um obige Komponenten
handelt, Galaktosido-Glucosid, Mannosido-Fructosid usw.

Der Nachweis der krystallisierbaren Polysaccharide erfolgt auf Grund ihres
Verhaltens in den (S. 255) angefuhrten Reduktionsproben, ihres optischen Verhaltens, der Eigenschaften ihrer Osazone und ihrer Spaltungsprodukte. Zu einer
vorläufigen Orientierung kann das BARFOEDsche Reagens (eine 3—4%ige Lösung
von essigsaurem Kupfer in 1%iger Essigsaure) verwendet werden, indem durch
eine Lösung von d-Glucose das essigsaure Kupfer beim Kochen reduziert wird,
durch die sonst reduzierenden Polysaccharide jedoch nicht.

Die quantitative Bestimmung der krystallisierbaren Polysaccharide erfolgt
durch Polarisation, die der reduzierenden Polysaccharide auch durch die (S. 89)
beschriebenen Reduktionsverfahren, wobei jedoch zu bemerken ist, daß zwischen
der Menge eines reduzierenden Polysaccharides und der Menge des reduzierten
Kupfersalzes ebenso wie bei den Monosacchariden (S. 89) kein stöchiometrisches,
sondern nur ein empirisch festgestelltes Verhaltnis besteht; das Verhältnis ist
ein verschiedenes, je nach der Qualitat der Polysaccharide, nach der Konzentration
der aufeinander einwirkenden Losungen usw.

Von allen krystallisierbaren Polysacchariden sind für uns am
wichtigsten die folgenden Disaccharide: Saccharose, bestehend aus
je 1 Molekül d-Glucose und d-Fructose, Maltose, bestehend aus 2 Molekülen d-Glucose, Lactose, bestehend aus je 1 Molekül d-Glucose und
d-Galaktose.

Saccharose, Rohrzucker, $C_{12}H_{22}O_{11}$, besteht aus je 1 Molekül
d-Glucose und d-Fructose, ist im Pflanzenreich stark verbreitet.
In größter Menge kommt sie im Zuckerrohr und in der Zuckerrübe
vor. Die Angabe, wonach sie synthetisch dargestellt werden könnte,
hat sich als unrichtig erwiesen. Sie krystallisiert im monoklinen
System; ihr Schmelzpunkt liegt bei 160°; bei weiterer Erhitzung
bis gegen 200° findet eine Bräunung statt, wobei die Saccharose
in „Caramel" verwandelt wird. Sie ist in Wasser sehr leicht löslich:
schwerer in konzentriertem Alkohol. Optische Aktivität: $[\alpha]_D = + 66{,}5°$.
Durch Saccharose werden Kupfer- und andere Salze nicht reduziert,
sie geht auch keine Verbindung mit Phenylhydrazin ein. Mit verdünnter
Mineralsäure erhitzt, oder unter der Einwirkung eines Enzymes (siehe
weiter unten), zerfällt sie in ihre beiden Komponenten. Eine Lösung
von Saccharose, in der diese Spaltung vorgenommen wurde, reduziert
Kupfer- und andere Salze so, wie es die Monosaccharide tun. Da von
beiden Komponenten die links-aktive d-Fructose ein stärkeres spezifisches

$$\text{d-Glucose} + \text{d-Fructose} = H_2O + \text{Saccharose}$$

Drehungsvermögen besitzt, als die rechts-aktive d-Glucose, wird die ursprünglich rechts-aktive Lösung von Saccharose nach erfolgter Spaltung links aktiv: ihre optische Aktivität hat also eine Umkehrung, eine Inversion, erfahren. Diese Bezeichnung wird auch auf den Vorgang der Spaltung selbst übertragen, und die mit Säure oder dem Enzym behandelte Rohrzuckerlösung als invertiert, als eine Lösung von Invertzucker, bezeichnet; desgleichen auch das Enzym, dem eine saccharosespaltende Wirkung zukommt, Invertin oder Invertase (auch Saccharase) genannt. Ein solches Enzym ist in der Dünndarmschleimhaut, ferner neben Zymase auch in der Hefe vorhanden, und diesem ihrem Invertasegehalte verdankt die Hefe ihre Fähigkeit, auch Saccharose zu vergären: durch die Invertase wird die vorangehende Spaltung, durch die Zymase aber die Vergärung besorgt. Ein wäßriger Auszug der Hefe enthält reichlich die leicht lösliche Invertase, jedoch keine Zymase und es läßt sich mit ihm die Saccharose spalten, ohne daß sie vergärt. Da das Blut keine Invertase enthält, wird Saccharose, die unter die Haut oder in das Blut eingespritzt wurde, unverändert im Harn ausgeschieden.

Maltose, Malzzucker, $C_{12}H_{22}O_{11}$, besteht aus 2 Molekülen d-Glucose; krystallisiert in feinen Nadeln mit 1 Molekül Krystallwasser; ist in Wasser leicht, auch in Alkohol gut löslich. Optische Aktivität: $[\alpha]_D = +138^0$. Auch die Maltose zeigt die Erscheinungen der Mutarotation (S. 88), jedoch im Gegensatz zur d-Glucose in dem Sinne, daß die frisch bereitete Lösung weniger stark optisch aktiv ist, und die Lösung ihre volle optische Aktivität erst nach mehrere Stunden langem Stehen erhält. Es muß also auch hier, wie bei der d-Glucose, eine α- und β-Form geben, deren Drehungsvermögen ein verschiedenes ist. Die Lösung der Maltose wirkt reduzierend auf Kupfer- und andere Salze; jedoch reduziert sie von FEHLINGscher Lösung weit weniger als die d-Glucose. Sie vergärt mit Bierhefe. Die Maltose entsteht aus Stärke und Glykogen unter der Einwirkung gewisser Enzyme pflanzlichen und tierischen Ursprunges, Diastasen oder auch Amylasen genannt, wie solche z. B. im keimenden Samen, ferner im Mund- und Bauchspeichel des Menschen enthalten sind. (Indessen sieh hierüber bei der Stärke auf S. 101). Mit verdünnten Mineralsauren erhitzt, ferner unter der Einwirkung einer Maltase genannten Enzymes, das in der Dünndarmschleimhaut, sowie auch im menschlichen Blutserum enthalten ist, zerfällt sie in zwei Moleküle d-Glucose. Durch Invertase und Lactase wird Maltose nicht gespalten. Mit Phenylhydrazin liefert sie das Phenylmaltosazon mit dem Schmelzpunkt 205°; dieses kann durch seine weit bessere Wasserlöslichkeit vom Phenylglucosazon unterschieden bzw. isoliert werden.

Anhydromaltose, $C_{12}H_{20}O_{10}$. Wie an den Monosacchariden (S. 85) kann es auch an den Disacchariden, namentlich an der Maltose zu einer Anhydridbildung kommen, indem 2 Moleküle d-Glucose, die sich für gewöhnlich unter Austritt **eines** Wassermoleküles zur Maltose verbinden, nun an den freien Enden des Doppelmoleküles die Elemente eines **zweiten** Wassermoleküles abgeben, sich zusammenschließen und

$$
\begin{array}{ccccc}
\overset{H}{C}\!\!\diagup\!\!OH & & HO-CH_2 & & \overset{H}{C}\!\!\diagup\quad\quad O-CH_2 \\
| & & | & & |\qquad\qquad\qquad | \\
CHOH & & CHOH & & CHOH \qquad\qquad CHOH \\
| & + & | & -H_2O = & | \qquad\qquad\qquad | \\
CHOH & & O-CH & & CHOH \qquad\quad O-CH \\
| & & | & & |\qquad\qquad\qquad | \\
CH-O & & CHOH & & CH-O \qquad\qquad CHOH \\
| & & | & & |\qquad\qquad\qquad | \\
CHOH & & CHOH & & CHOH \qquad\qquad CHOH \\
| & & | & & |\qquad\qquad\qquad | \\
CH_2O\,H & & HO-CH & & CH_2-O \qquad\qquad C-H \\
\text{Hexose} & & \text{Hexose} & & \text{Anhydrodisaccharid}
\end{array}
$$

so die Anhydromaltose bilden. (Da offenbar auch andere Disaccharide derlei Anhydride bilden können, ist in voranstehendem Strukturbilde bloß die allgemeine Formel zweier Hexose-Moleküle und eines Disaccharid-Anhydrid-Moleküls wiedergegeben). Die Anhydromaltose hat aus dem Grunde aktuelle Wichtigkeit erlangt, weil mehrere ähnliche Komplexe, bzw. deren Multipla in den kolloiden Polysacchariden nachgewiesen wurden (S. 100).

Isomaltose, $C_{12}H_{22}O_{11}$, ist der Maltose isomer (siehe auch S. 72), ist von dieser durch ihr Phenylosazon zu unterscheiden, dessen Schmelzpunkt bei 153° liegt.

Lactose, Milchzucker, $C_{12}H_{22}O_{11}$ (S. 233).

Melibiose, $C_{12}H_{22}O_{11}$, ist ein reduzierendes, der Lactose (S. 233) isomeres Disaccharid.

Cellobiose, $C_{12}H_{22}O_{11}$, besteht aus zwei Molekülen d-Glucose, und entsteht bei der hydrolytischen Spaltung der Cellulose mittels verdünnter Mineralsäure. Sie wirkt reduzierend, ist jedoch nicht vergärbar.

Raffinose, $C_{18}H_{32}O_{16}$, ist im Pflanzenreich sehr verbreitet; kommt unter anderem im Baumwollsamen, ferner häufig in bedeutender Menge neben der Saccharose in der Zuckerrübe (und in der Melasse) vor. Die Raffinose besteht aus je einem Molekül d-Glucose, d-Fructose und d-Galaktose; sie ist in feinen Nadeln krystallisierbar und enthält fünf Moleküle Krystallwasser. Ihre Lösung ist sehr wenig süß. Optische Aktivität: $[\alpha]_D = +105°$; sie reduziert nicht. Sie wird durch verschiedene Enzyme gespalten doch wechselt die Stelle der Spaltung je nach der Art des spaltenden Prinzipes, so daß einmal Fructose und Melibiose, ein anderes Mal aber Saccharose und Galaktose als Spaltprodukte entstehen.

Stachyose, $C_{24}H_{42}O_{21}$, kommt in Knollen von Stachys tuberifera vor, und besteht aus je einem Molekül d-Glucose und d-Fructose und zwei Molekülen d-Galaktose.

III. Polysaccharide kolloider Natur.

Kolloide Polysaccharide entstehen dadurch, daß sich eine sehr große Anzahl gleichartiger oder verschiedenartiger Monosaccharide bzw. solche mit gleicher oder verschiedener C-Zahl zu einem großen Molekül vereinigen, wobei aber die einzelnen Monosaccharidkomponenten nicht immer wie früher angenommen wurde, einfach zu einer langen Kette verbunden sind, sondern an vielen Polysacchariden zunächst Anhydrozucker (S. 85 und 98) bilden, die sich dann zum Polysaccharidmolekül verbinden. Ihr Molekulargewicht ist sehr groß, konnte aber bis jetzt nicht festgestellt werden; auf alle Fälle sind sie aber in ihren kolloiden Lösungen nicht als Moleküle, sondern in Form von Molekülaggregaten (sog. Micellen) dispergiert.

Pflanzlichen Ursprunges sind: 1. aus Aldohexosen bestehend: Mannane, Galaktane, Stärke und ihre Umwandlungsprodukte (verschiedene Dextrine), Cellulose; 2. aus Ketohexosen bestehend: Inulin; 3. aus Pentosen zusammengesetzt: Pentosane; 4. aus verschiedenartigen Monosacchariden zusammengesetzt: Pflanzengummi, Pektin- und Schleimsubstanzen. Tierischen Ursprunges sind: Glykogen und das sog. tierische Gummi.

Stärke, Amylum $[C_6H_{10}O_5]x$, richtiger $(C_{12}H_{20}O_{10})x$, da vor einiger Zeit nachgewiesen wurde, daß die Stärke aus Anhydromaltosemolekülen (S. 98) aufgebaut ist. Sie ist in Samen, Wurzeln und Knollen vieler Pflanzen in großer Menge enthalten, und zwar in Körnchen von krystallinischer Struktur, deren Größe, Form und Schichtung für die betreffende Pflanze charakteristisch ist. Sie stellt ein weißes Pulver dar, und enthält auch in reinstem Zustande Phosphorsäure, die zum Moleküle gehört; ist in Alkohol, in Äther und auch in kaltem Wasser unlöslich, quillt aber in heißem Wasser an, wobei eine Sprengung der einzelnen Stärkekörnchen erfolgt. Wird hierbei im Verhältnisse zur Stärke wenig Wasser verwendet, so erhält man den sog. Stärkekleister; verwendet man mehr Wasser, so erhält man eine klare Lösung von typischem Kolloidcharakter. Durch Stärkelösungen werden Metalloxyde in alkalischer Lösung auch in der Wärme nicht reduziert.

Durch Jod werden in Anwesenheit von Jodkali oder Jodwasserstoffsäure sowohl die Stärkekörnchen, wie auch gequollene und lösliche Stärke (siehe S. 100) dunkelblau gefärbt; diese Färbung, die offenbar nicht auf einer chemischen, sondern einer Adsorptionsbindung des Jodes durch die Stärke beruht, schwindet auf Zusatz von Alkohol oder durch Erwärmen, kehrt jedoch nach dem Abkühlen der Flüssigkeit zurück. Die Stärkekörner bestehen aus zwei Substanzen: a) aus Amylose, die in Lauge und in heißem Wasser löslich, und auch Trägerin der blauen Jodreaktion ist; b) aus dem wenige Zehntel-Prozente Phosphorsäure enthaltenden Amylopektin, das sich mit Jod violett färbt, in heißem Wasser aufquillt und der Stärke die Kleisterkonsistenz gibt, wenn sie mit kochendem Wasser behandelt wird. Der Gehalt verschiedener Stärkearten an Amylose und an Amylopektin ist ein verschiedener.

Die Stärke läßt sich durch verschiedene Eingriffe in Verbindungen von kleinerem Molekulargewicht abbauen:

Mit Wasser überhitzt oder mit Glycerin gekocht, wird Stärke in eine wasserlösliche Modifikation, in sog. lösliche Stärke (Amylum solubile, Amidulin) überführt.

Wird sie trocken auf 200—210° erhitzt (geröstet), oder mit Wasser, das ein wenig Salpetersäure enthält, befeuchtet und dann bei 110° getrocknet, entsteht das Dextrin. Unter diesem Worte hat man sich keine einheitliche Verbindung vorzustellen, sondern ein Gemenge, bestehend aus einer Reihe von hochmolekularen Abbauprodukten verschiedenster Molekulargröße. Dieses gewöhnliche Dextrin stellt ein weißes oder gelbes Pulver dar, das sich in Wasser in der Regel leicht, in Alkohol und Äther nicht löst. Die Lösung übt keine reduzierende Wirkung auf Kupfer- und andere Salze aus; sie vergärt nicht; ist rechtsdrehend. Konzentriertere Lösungen sind gummiartig klebend.

Durch Einwirkung des Bacillus macerans anf Stärke erhielt man sog. krystallisierte Dextrine. Solche sind einerseits die Diamylose [1] $(C_6H_{10}O_5)_2$ und Tetraamylose $(C_6H_{10}O_5)_4$, die sich mit Jod blau färben; andererseits die Triamylose $(C_6H_{10}O_5)_3$ und Hexaamylose $(C_6H_{10}O_5)_6$, die sich mit Jod braun färben, und es wird behauptet, daß die S. 99 erwähnte Amylose aus Diamylose-Komplexen, das Amylopektin aber aus Triamylose-Komplexen besteht. Bezüglich der Diamylose ist es so ziemlich erwiesen, daß sie identisch ist mit der Anhydromaltose (S. 98), aus dem die Stärke aufgebaut ist, jedoch zunächst noch unerwiesen, wie diese Doppelmoleküle untereinander zum großen Stärkemolekül verbunden sind.

Stärkelösungen färben sich, wie erwähnt, mit Jod blau, und wirken nicht reduzierend; läßt man sie aber mit Diastase aus keimenden Pflanzensamen, oder mit dem Mund- oder Bauchspeichel des Menschen stehen, so bleibt die blaue Jodreaktion kurze Zeit erhalten, später erhält man nur mehr eine rotliche, schließlich aber überhaupt keine Farbenreaktion mehr, und gleichzeitig nimmt die Reduktionsfähigkeit der Lösung infolge reichlicher Bildung von Maltose immerfort zu. Ist in der zum Versuche verwendeten Enzymlösung auch Maltase vorhanden, so wird die aus der Stärke entstandene Maltose weiter in d-Glucosemoleküle gespalten.

Man hat früher die Existenz einer Reihe von Dextrinen angenommen, die mit Jod verschiedenartig reagieren; auf diese Weise sollte die obenerwähnte Änderung der Farbenreaktion der Starke mit Jod im Verlaufe ihrer enzymatischen Spaltung erklart werden, und man hat diese verschiedenen, einer naheren Untersuchung oder gar Trennung kaum zuganglichen Dextrine mit entsprechenden Namen belegt. Insbesondere hat man ein Amylodextrin unterschieden, das sich mit Jod blau farbt, ein Erythrodextrin, das sich rötlich, und ein Achroodextrin,

---

[1] Das Wort Amylose wurde zuerst (S. 99) zur Bezeichnung eines der beiden Stärkebestandteile gepragt; der Umstand, daß die spater aufgefundenen Anhydromaltosekomplexe ebenfalls als Amylosen bezeichnet werden, kann zu Verwechslungen Anlaß geben.

das sich überhaupt nicht mehr färbt. Auch hat man sich früher vorgestellt, daß jedes einzelne Starkemolekul der Reihe nach alle genannten Stadien bis zu seinem Abbau durchmachen muß, und Maltose nur zum Schlusse entstehen kann. Später wurde festgestellt, daß dies nicht richtig ist, und Maltose bereits am Beginn des Zerfalles des Starkemolekules entsteht; ja sogar, es wird behauptet, daß das Starkemolekül ganz in Glucosemoleküle zerfällt und diese erst hinterher paarweise zu Maltosemolekulen zusammentreten. Von mancher Seite wird auch behauptet, daß die Stärke, soweit es sich um ihre Amylosekomponente handelt, direkt, ohne erst in Dextrine verwandelt zu werden, quantitativ zu den genannten Zuckern abgebaut wird und nur die Amylopektinkomponente bei ihrem Abbau Dextrine liefert.

Wird Stärke mit verdünnter Mineralsäure gekocht, so zerfällt ihr Molekül in kurzer Zeit zu d-Glucose, wobei aber vorübergehend auch obige Spaltprodukte von höherem Molekulargewicht entstehen.

Die quantitative Bestimmung der Stärke erfolgt nach Spaltung in d-Glucose mittels einer der (S. 89) erwähnten Methoden.

Inulin, $(C_6H_{10}O_5)_x$, ist allem Anscheine nach aus Anhydrofructosemolekülen (Bildung der Anhydrozucker siehe auf S. 85) aufgebaut. Es kommt in verschiedenen Kompositenarten, in besonders großer Menge in den Wurzeln von Inula Helenium, in Knollen von Dahlien in Form von Sphärokrystallen vor; es bildet ein stärkemehlartiges Pulver, das in heißem Wasser ohne Kleisterbildung löslich ist. Die Lösung ist optisch links-aktiv, wird durch Jod gelb gefärbt; mit verdünnter Schwefelsäure gespalten, zerfällt es in d-Fructose.

Cellulose $(C_6H_{10}O_5)_x$; es ist noch unentschieden, ob sie aus Anhydrodisaccharid-, oder aus Anhydrotrisaccharid-, oder gar bloß aus Anhydroglucose-Molekülen aufgebaut ist. In letzterem Falle würde, abweichend von der Starke, ihr Molekül eine einfache langgestreckte Kette bilden. Sie bildet den Hauptbestandteil der Zellmembran der Pflanzen, doch sind allem Anscheine nach die verschiedenen Pflanzencellulosen nicht alle identisch. Die Cellulose wird im ganzen Tierreiche bloß bei den Tunicaten angetroffen; diese als Tunicin bezeichnete Cellulose läßt sich von der Pflanzencellulose nicht unterscheiden. Die Cellulose löst sich bloß in Kupferoxydammoniak, dem sog. SCHWEIZERschen Reagens. Aus dieser Lösung durch Säure gefällt, stellt sie ein weißes amorphes Pulver dar. Mit Salpetersäure oder einem Gemisch von Salpetersäure und Schwefelsäure behandelt, wird sie in Nitrocellulose verwandelt. Wird sie eine Zeitlang mit Schwefelsäure in der Kälte behandelt, und dann längere Zeit mit verdünnter Schwefelsäure gekocht, so zerfällt sie erst in Cellobiose- (S. 98), sodann in d-Glucose-Moleküle. Im menschlichen Darm wird nur die Cellulose der zartesten Pflanzengebilde (Gemüse), und auch diese bloß zum Teil abgebaut; im Darm des Pflanzenfressers wird auch die Cellulose gröberer Pflanzengebilde zu einem größeren Anteile verdaut, d. h. erst in d-Glucosemoleküle und diese in niedere Fettsäuren gespalten, wobei den Darmbakterien eine wichtige Rolle zukommt.

Die celluloseartigen Körper, die im Holz und in Baumrinden enthalten sind, unterscheiden sich in mancher Hinsicht von der gewöhnlichen Cellulose; sie sind aus Hexosen und Pentosen zusammengesetzt und werden als Hemicellulosen bezeichnet.

Pflanzengummi-, Schleim- und Pektinsubstanzen. Sie sind keine einheitlichen chemischen Verbindungen, sondern Gemische verschiedener Polysaccharide. **Pflanzengummi** besteht hauptsächlich aus Pentosanen und wird durch beschädigte oder erkrankte Pflanzenzellen gebildet; es löst sich in Wasser zu der bekannten viscösen Flüssigkeit. Die **Schleimsubstanzen** quellen in Wasser auf, liefern bei der hydrolytischen Spaltung nicht nur d-Glucose, sondern auch d-Galaktose und Pentosen; zu ihnen gehört das von den Bakteriologen verwendete, in gewissen Meeralgen enthaltene Agar-Agar. **Pektinsubstanzen** sind in gewissen Früchten, wie Kirschen, Äpfeln, Erdbeeren, Orangenschalen enthalten: als charakteristisches Produkt enthalten sie die sog. **Pektinsäure**, die bei der Spaltung Galakturonsäure (S. 106) in polymerisierter Form liefert; dieser verdanken die betreffenden Fruchtsäfte die Gerinnungsfähigkeit.

Glykogen, auch tierische Stärke genannt, (doch fälschlich, da es auch in Pilzen, in Hefezellen enthalten ist); $(C_6H_{10}O_5)_x$, oder richtiger $(C_{12}H_{20}O_{10})_x$, da das Glykogen ebenso wie die Stärke aus Anhydromaltose-Molekülen (S. 98) aufgebaut ist; enthält ebenso wie die Stärke Phosphorsäure (nicht als Verunreinigung!). Es wurde in jedem der bisher untersuchten Tiere, ob Wirbeltiere oder Wirbellose, aufgefunden; doch gibt es Autoren, die an der Identität der aus verschiedenen Tieren bzw. aus verschiedenen Geweben dargestellten Glykogenpräparate zweifeln. Seine Menge kann bei den Askariden bis zu 34%, bei den Tänien sogar bis 47% der Trockensubstanz betragen. Es ist beinahe in jedem Gewebe der Wirbeltiere nachgewiesen, und in größter Menge in der Leber und in den Muskeln, ferner in Leukocyten, in embryonalen Geweben enthalten. Es stellt ein amorphes weißes Pulver dar, das in kaltem Wasser schwer, in heißem Wasser leicht, in Alkohol und Äther nicht löslich ist. Seine wäßrige Lösung zeigt auffallende Opalescenz. Optische Aktivität: $[\alpha]_D = $ etwa $+ 196^0$. Aus seiner wäßrigen Lösung wird es durch Alkohol, konzentriertes Barytwasser, Tanninlösung, Bleiessig usw. gefällt. Seine Lösung färbt sich mit Jod je nach ihrer Konzentration gelbrot bis rot. Kupfer- und andere Salze werden durch Glykogen nicht reduziert, wohl aber wird frisch gefälltes Cuprihydroxyd wie durch Zucker gelöst. Mit Mineralsäure erhitzt oder unter Einwirkung von Diastase (Amylase) liefert es dieselben Spaltungsprodukte wie die Stärke (S. 100, 101).

Die Darstellung erfolgt am besten aus Leber oder aus Pferdefleisch.

a) Nach Bruckes Verfahren wird das Glykogen der zerkleinerten Organe durch kochendes Wasser oder starke Lauge im Wasserbad in Lösung gebracht, die Losung eingeengt, durch Fallen mit Quecksilberjodid-Jodkalium und Salzsäure enteiweißt, und im Filtrat das Glykogen mit Alkohol gefällt.

b) Weit zweckmäßiger ist das Isolierungsverfahren, das Pfluger in der von ihm ausgearbeiteten, nachstehend beschriebenen Bestimmungsmethode eingeschlagen hat.

Die quantitative Bestimmung des Glykogens nach Pflüger geschieht folgenderweise: Das zu untersuchende Organ wird zu einem Brei verkleinert und 100 g des Breies werden mit 100 cm³ 60%iger Kalilauge 2—3 Stunden lang in einem in kochendes Wasser getauchten Becherglas erhitzt. Nach dieser Zeit hat sich der Organbrei in der Regel restlos gelost; die Flüssigkeit wird nach dem Abkuhlen mit Wasser auf 400 cm³ aufgefullt und mit 800 cm³ 96%igem Alkohol gefällt. Nach 12 Stunden wird die uber dem Glykogenniederschlag stehende

Flüssigkeit durch ein Filter dekantiert, das am Boden des Becherglases befindliche Glykogen wiederholt mit $66\,^0/_0$igem Alkohol (dem 1 cm³ gesattigte Kochsalzlosung pro 1 Liter beigemischt war) gewaschen und die Waschflussigkeit immer durch dasselbe Filter gegossen. Nun wird der Niederschlag mit absolutem Alkohol und Äther gewaschen und endlich sowohl das auf dem Filter befindliche, wie auch das im Becherglas verbliebene Glykogen in heißem Wasser gelost. Ist die Lösung noch etwas gefärbt, so wird sie mit einigen Tropfen Essigsaure angesauert, wodurch die Verunreinigung in Form von braunen Flocken aus der Losung fallt. Die nunmehr farblose Lösung wird auf ein bestimmtes Volumen gebracht, und ihr Glykogengehalt entweder durch Polarisation oder aber nach Verzuckerung des Glykogens durch irgendein Reduktionsverfahren (S. 89) bestimmt. Zur Verzuckerung werden 100 cm³ der Glykogenlosung mit 5 cm³ Salzsaure vom spezifischen Gewicht 1,19 versetzt, drei Stunden lang am Wasserbad erwarmt, nach dem Abkuhlen schwach alkalisch gemacht, und die wahrend der Erwarmung eingeengte Flüssigkeit wieder auf 100 cm³ erganzt.

Das tierische Gummi (tierisches Dextrin), das im Harn, in der Milch usw. gefunden wird, ist nach neueren Untersuchungen kein einheitlicher Körper, sondern ein Gemisch von stickstoffhaltigen Kohlenhydraten.

IV. Kohlenhydrat-Derivate.

Glucoside, Galaktoside usw.

Als Polyalkohole bilden die Monosaccharide ätherartige Verbindungen nicht nur miteinander (wobei die S. 94—103 behandelten Polysaccharide entstehen), sondern auch mit anderen Alkoholen. Man nennt diese Verbindungen, je nach dem in ihnen die Monosaccharid-Komponente durch Glucose oder Galaktose usw. gebildet wird, Glucoside, Galaktoside usw.; doch werden auch heute noch oft Verbindungen als Glucoside im weiteren Sinne des Wortes bezeichnet, in denen die Zuckerkomponente nachgewiesenermaßen nicht Glucose ist. Mit verdünnten Mineralsäuren erhitzt, zerfallen sie in ihre Komponenten (Zucker und Alkohol), desgleichen auch unter der Einwirkung spezifisch wirkender Enzyme (siehe weiter unten). Da Kupfer- und andere Salze durch Glucoside nicht reduziert werden, muß angenommen werden, daß sich das in seiner Oxydoform (S. 84) befindliche Zuckermolekül an seiner in $C{<}^{OH}_{\ H}$ bzw.

$C{=}^{OH}$ verwandelten reduzierenden Gruppe mit dem Alkoholmolekül unter Austritt von 1 Molekül Wasser verbunden hat.

Das einfachste Beispiel eines Glucosids ist das Methylglucosid, entstanden aus Methylalkohol und d-Glucose unter Austritt von einem Molekül Wasser.

Vom Methylglucosid sind zwei Isomeren bekannt, die sich voneinander bezüglich ihrer Spaltbarkeit durch Enzyme unterscheiden, indem die eine der beiden Isomeren bloß durch Hefe, die andere aber bloß durch das weiter unten zu erwahnende Enzym Emulsin in seine Komponenten zerlegt wird. Die durch Hefe spaltbare Isomere wurde als α-Methylglucosid, die durch Emulsin spaltbare aber als β-Methylglucosid bezeichnet. Als wichtiger Unterschied zwischen den beiden Isomeren hat sich erwiesen, daß sich aus der α-Modifikation die auf S. 91 erwähnte α-d-Glucose, aus der β-Modifikation aber die β-d-Glucose abspalten laßt. Dementsprechend läßt sich auch die Konfiguration der beiden isomeren Methylglucoside nachfolgend darstellen.

$$\text{CH}_3\text{O H} + \text{HO}-\overset{\text{H}}{\text{C}}\!\!<\!\!\begin{array}{c}\end{array}\qquad \text{CH}_3\text{O}-\overset{\text{H}}{\text{C}}\!\!<\!\!\begin{array}{c}\end{array}$$

$$\begin{array}{c}\text{H}-\text{C}-\text{OH}\\ \text{HO}-\text{C}-\text{H}\\ \text{H}-\text{C}-\text{O}\\ \text{H}-\text{C}-\text{OH}\\ \text{CH}_2\text{OH}\end{array}\;=\;\begin{array}{c}\text{H}-\text{C}-\text{OH}\\ \text{HO}-\text{C}-\text{H}\\ \text{H}-\text{C}-\text{O}\\ \text{H}-\text{C}-\text{OH}\\ \text{CH}_2\text{OH}\end{array}\;+\;\text{H}_2\text{O}$$

α-d-Glucose   α-Methyl-d-Glucosid

$$\text{H}-\overset{\text{OH}}{\text{C}}\!\!<\!\!\begin{array}{c}\end{array}+ \text{H OCH}_3 \qquad \text{H}-\overset{\text{OCH}_3}{\text{C}}\!\!<\!\!\begin{array}{c}\end{array}$$

$$\begin{array}{c}\text{H}-\text{C}-\text{OH}\\ \text{HO}-\text{C}-\text{H}\\ \text{H}-\text{C}-\text{O}\\ \text{H}-\text{C}-\text{OH}\\ \text{CH}_2\text{OH}\end{array}\;=\;\begin{array}{c}\text{H}-\text{C}-\text{OH}\\ \text{HO}-\text{C}-\text{H}\\ \text{H}-\text{C}-\text{O}\\ \text{H}-\text{C}-\text{OH}\\ \text{CH}_2\text{OH}\end{array}\;+\;\text{H}_2\text{O}$$

β-d-Glucose   β-Methyl-d-Glucosid

Es gibt auch Glucoside von komplizierterem Bau, wie z. B. das in bitteren Mandeln enthaltene Amygdalin, das aus zwei Molekülen d-Glucose und je einem Molekül Benzaldehyd und Cyanwasserstoffsäure besteht und durch das Enzym Emulsin, das gleichfalls in den bitteren Mandeln enthalten ist, vollständig in seine Komponenten zerlegt wird. Zu den Glucosiden gehört auch das Phlorrhizin (S. 304), das sich in Glucose, Phlorogluzin und Phloretinsäure, (p‑Oxyphenylpropionsäure) spalten läßt. Wegen ihrer Heilwirkung sind sehr wichtig die zu den Glucosiden gehörenden wirksamen Bestandteile der Digitalisblätter, ferner das Strophantin. Hierher gehoren auch die verschiedenen Saponine, ferner auch das sog. pflanzliche Indican (S. 281), bestehend aus d-Glucose und Indoxyl, endlich die sog. Anthocyane, die verschiedenen Blüten ihre Farbe verleihen.

Kohlenhydratester.

Die Monosaccharide gehen als Polyalkohole mit Säuren esterartige Verbindungen ein; unter diesen sind besonders wichtig: der mit stickstoffhaltigen Verbindungen kombinierte Phosphorsäureester, der im Molekül der Nucleinsauren (S. 145), der Schwefelsäureester, der im Molekul der Chondroitinschwefelsäure (S. 143) enthalten ist; ferner die Glucothionsaure, der Schwefelsäureester eines zur Zeit noch nicht bekannten Kohlenhydrates, die namentlich in der Milz, aber auch in vielen anderen Organen nachgewiesen wurde. Den mit Phosphorsäuren gebildeten Estern kommt eine Rolle in der alkoholischen Gärung der Monosaccharide (S. 82), namentlich aber wahrend der Kontraktionsvorgange in den Muskeln (S. 384) zu.

Aminozucker.

Es sind dies Monosaccharide oder Komplexe von solchen, in denen das OH einer CHOH-Gruppe durch die Gruppe NH_2 ersetzt ist. Diese Verbindungen können auch als Übergangsverbindungen von Kohlenhydraten zu den Eiweißkörpern betrachtet werden; um so mehr, als der aus den Eiweißkörpern abspaltbare Zucker (S. 114) im Eiweißmolekül in Form eines einfachen oder zusammengesetzten Aminozuckers enthalten ist.

α-**Amino-d-Glucose,** Glucosamin, Chitosamin, $C_6H_{13}NO_5$; ist schwer zum Krystallisieren zu bringen; löst sich in Wasser mit alkalischer Reaktion. Ihre Salzsäureverbindung ist leicht krystallisierbar. Optische Aktivitat: $[\alpha]_\text{D} = + 70^0$. Sie reduziert Kupfersalze; ist mit Bierhefe nicht vergärbar. Das Phenylosazon ist mit dem der d-Glucose identisch. Es wird am besten aus entkalkten Hummerschalen mit konzentrierter Salzsäure dargestellt.

$$
\begin{array}{c}
C\!\!\diagdown\!\!{}^O_H \\
| \\
H\!-\!C\!-\!NH_2 \\
| \\
HO\!-\!C\!-\!H \\
| \\
H\!-\!C\!-\!OH \\
| \\
H\!-\!C\!-\!OH \\
| \\
CH_2OH
\end{array}
$$

α-Amino-d-Glucose

Zum Nachweis eignet sich am besten die in alkalischer Losung entstehende Verbindung mit Phenylisocyanat, die auf Zusatz von Salzsaure in das in Essigsaure schwer losliche Anhydrid verwandelt wird.

Das bei den Crustaceen und Insekten so ausgebreitet vorkommende **Chitin** ist ein Polymerisationsprodukt von Acetyl-Glucosamin-Molekülen.

In neuerer Zeit wurde nachgewiesen, daß, wie es scheint, uberall dort, wo bisher Glucosamin (bzw. Chitosamin) gefunden wurde, nicht dieses, sondern die ihm isomere α-**Amino-d-Mannose (Mannosamin)** vorhanden ist.

$$
\begin{array}{c}
C\!\!\diagdown\!\!{}^O_H \\
| \\
NH_2\!-\!C\!-\!H \\
| \\
HO\!-\!C\!-\!H \\
| \\
H\!-\!C\!-\!OH \\
| \\
H\!-\!C\!-\!OH \\
| \\
CH_2OH
\end{array}
$$

α-Amino-d-Mannose

Chondrosamin, eine dem Glucosamin isomere Verbindung, die offenbar als α-Amino-d-Galaktose anzusehen ist, bildet einen Bestandteil der Chondroitinschwefelsaure (S. 143).

Glucuronsäure, Galakturonsäure.

d - Glucuronsäure, $C_6H_{10}O_7$, eine d - Glucose, deren endständige CH_2OH - Gruppe zu $COOH$ oxydiert ist. Die freie Glucuronsäure war längste Zeit hindurch bloß als eine sirupdicke, farblose, nicht krystallisierbare Verbindung bekannt, die beim Kochen oder nach längerem Stehen in ihr Lacton (inneres Anhydrid), in das sog. Glucuron $C_6H_8O_6$, übergeht, und erst in dieser Form krystallisiert. Vor einiger Zeit wurde auch die unveränderte Glucuronsäure krystallisiert

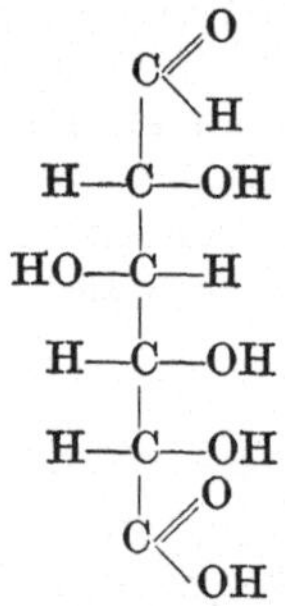

Glucuronsaure 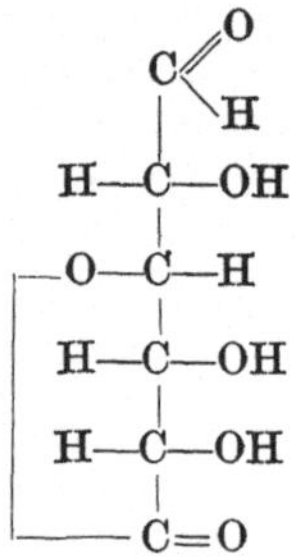   Glucuron

erhalten. Sie ist optisch aktiv. Besonders charakteristisch ist ihre Bromphenylhydrazinverbindung, die in Alkohol vollkommen unlöslich, in einem Alkohol-Pyridingemisch (4:6) jedoch leicht löslich ist; in dieser Lösung ist $[\alpha]_D = -369^0$. Kupferoxydsalze werden durch sie bereits in der Kälte reduziert. Unter dem Einfluß von Fäulnisbakterien wird aus der Gluconsäure ein Molekül Kohlendioxyd abgespalten, und es bleibt ein Rest, bestehend aus Xylose, zurück. Die Alkalisalze der Glucuronsäure sind leichter krystallisierbar.

Galakturonsäure, $C_6H_{10}O_7$; das Vorkommen dieser Isomere der Glucuronsäure ist seit kurzem sichergestellt, und zwar als Bestandteil kompliziert zusammengesetzter **Pektinsäuren** in verschiedenen Früchten (S. 102).

Gepaarte Glucuronsäuren. In der Natur kommt die Glucuronsäure in freiem Zustande nicht vor, bloß in Form der sog. gepaarten Glucuronsäuren, die teils zur Gruppe der Glucoside, teils zu den Estern gehören. Da nämlich die Glucuronsäure mehrere Hydroxylgruppen enthält, hat sie gleichzeitig auch den Charakter eines Alkohols, und als solcher tritt sie mit anderen Alkoholen zu zusammengesetzten Äthern, mit Säuren zu Estern zusammen; die zusammengesetzten Äther können aber auch als Glucoside betrachtet werden, deren Kohlenhydratkomponente nicht d-Glucose, sondern d-Glucuronsäure ist.

Im tierischen Organismus wird hauptsächlich die glucosidische Gruppe der gepaarten Glucuronsäuren gebildet; es sind dies die Phenol-, p-Kresol- und Indoxyl-Glucuronsäure. Ihre Glucuronsäurekomponente entsteht wahrscheinlich als intermediäres Oxydationsprodukt aus der d Glucose, die andere Komponente bei dem Abbau von Eiweiß. Werden Campher, Menthol, Chloralhydrat usw. in den Organismus eingeführt, so gehen diese ebenfalls glucosidische Verbindungen ein,

und werden in Form von Campher- bzw. Menthol-Glucuronsäure, bzw.
Urochloralsäure usw. im Harn ausgeschieden.

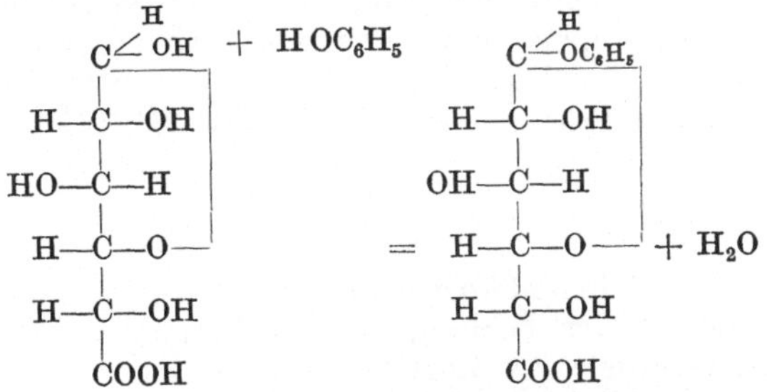

$$
\underset{\text{COOH}}{\overset{\overset{\text{H}}{|}}{\text{C}}} ... \quad = \quad ... \;+\; H_2O
$$

Phenolglucuronsaure

Eigenschaften. Die gepaarten Glucuronsäuren sind in einem
Gemisch von Alkohol und Äther, ihre Alkalisalze meistens auch in Wasser
löslich. Mit verdünnter Mineralsäure gekocht oder auch unter der Einwirkung gewisser Enzyme zerfallen sie in ihre Komponenten. Charakteristisch für sie ist, daß sie (mit wenigen Ausnahmen) links-aktiv sind,
während die freie Säure rechts-aktiv ist. In Gegenwart von Ammoniak
werden sie aus ihren Lösungen durch Bleiessig gefällt. Während, wie
erwähnt, die freie Säure Kupfersalze reduziert, tun dies die gepaarten
Glucuronsäuren mit wenigen Ausnahmen erst nach ihrer Spaltung durch
Mineralsäuren. Man nimmt daher hier ebenso wie bei den nicht reduzierenden Disacchariden (S. 95) an, daß in den gepaarten Glucuronsäuren die in der Oxydoform befindliche Kohlenhydratkomponente, also
die Glucuronsäure sich an ihrer in $C{\overset{\text{OH}}{\underset{\text{H}}{=}}}$ verwandelten reduzierenden

Gruppe mit der anderen Komponente unter Austritt von 1 Molekül
Wasser verbindet.

Die fruher am häufigsten untersuchte gepaarte Glucuronsäure war die sog.
Euxanthinsäure, eine aus dem Alkohol **Euxanthon** und Glucuronsäure
bestehende Verbindung, in Form des Magnesiumsalzes im ostindischen Farbstoffe
„Piuri“ oder „Jaune indien“ enthalten. Zur Zeit ist dieser kaum mehr zu erhalten
und wird zum Studium der gepaarten Glucuronsäuren sowie auch zur Darstellung
der freien Glucuronsäure am zweckmäßigsten die Mentholglucuronsaure verwendet,
die man in Form des Ammoniumsalzes aus dem Harne von Kaninchen rein
krystallisiert erhalten kann, wenn man ihnen Menthol in Alkohol gelöst und ʻin
Wasser eingegossen durch die Schlundsonde einführt.

Die **quantitative** Bestimmung der Glucuronsäure erfolgt: a) nach dem
Phlorogluzidverfahren (S. 93 u. 258); b) durch Destillation mit Salzsäure, wobei
aus ihr neben Furfurol auch Kohlendioxyd abgespalten wird, das aufgefangen
werden kann; c) durch Bestimmung der anderen Komponente.

Viertes Kapitel.

Fette und fettartige Körper (Lipoide).

In diesem Kapitel werden außer den als Fette allgemein bekannten
Körpern auch die „fettähnlichen Substanzen“ oder „Lipoide“
erörtert, worunter einerseits solche Stoffe zu verstehen sind, die in ihrer

chemischen Struktur den Fetten mehr oder minder nahestehen, und in gewissen physikalisch-chemischen, daher offenbar auch physiologischen Beziehungen sich wie Fette verhalten, andererseits solche Stoffe, die mit den Fetten nur die genannten physikalisch-chemischen bzw. physiologischen Eigenschaften, nicht aber die chemische Struktur gemeinsam haben, so z. B. Cholesterin (S. 54), Cerebroside (S. 221).

I. Fette.

Neben Wasser und Eiweißkörpern sind es die Fette, die den hervorragendsten Anteil an der Bildung des Tierkörpers nehmen. Sie sind nie fehlende Bestandteile der Zellen; doch ist der Fettgehalt der verschiedenen Organe und Gewebe sehr verschieden. So wird an manchen Körperstellen das Innere jeder Gewebszelle vollständig von einem einzigen großen Fetttropfen eingenommen: auf diese Weise kommt es zur Bildung des sog. Fettgewebes, das am reichlichsten unter der Haut, unter dem Bauchfell, im interstitiellen Gewebe zwischen den Muskeln usw. angetroffen wird. Das im Fettgewebe befindliche Fett wird als „Lagerfett", das in allen anderen Körperzellen enthaltene Fett, das daselbst teilweise an andere Zellbestandteile gebunden ist, als „Organfett" bezeichnet.

Als Fette werden die Glycerinester oder Triglyceride der höheren Fettsäuren bezeichnet; sie entstehen aus Glycerin

$$
\begin{array}{lllll}
C_{17}H_{35}\text{—CO OH} & H\,O\text{—}CH_2 & & C_{17}H_{35}\text{—CO—O—}CH_2 \\
C_{17}H_{35}\text{—CO OH} + & H\,O\text{—}CH & = 3\,H_2O + & C_{17}H_{35}\text{—CO—O—}CH \\
C_{17}H_{35}\text{—CO OH} & H\,O\text{—}CH_2 & & C_{17}H_{35}\text{—CO—O—}CH_2 \\
\text{3 mol. Stearinsäure} & \text{Glycerin} & & \text{Stearinsäuretriglycerid}
\end{array}
$$

und Fettsäuren (in voranstehendem Beispiele ist es die Stearinsäure) unter Wasseraustritt beim Erhitzen in geschlossenem Rohre, und werden je nach der Fettsäure, die sie enthalten, als Tripalmitin, Tristearin und Triolein bezeichnet. Außer diesen „homoaciden" Fetten gibt es auch „heteroacide" Fette, so genannt, weil innerhalb eines Moleküls verschiedene Fettsäuren enthalten sind; solche sind z. B. das Stearo-Dipalmitin, das Oleo-Distearin usw.; es gibt auch ein Palmito-Stearo-Olein.

In chemisch reinem Zustande sind die Fette farblose und geruchlose Körper, die in Wasser nicht, in kaltem Alkohol schwer, in warmem Alkohol leichter, in Äther, Benzol, Chloroform, Schwefelkohlenstoff, Kohlenstofftetrachlorid und in ätherischen Ölen leicht löslich sind. Sie sind nicht flüchtig; ihr Schmelzpunkt liegt verschieden hoch: so z. B. für Tripalmitin bei 65, Tristearin bei 71^0 C; Triolein erstarrt bei — 5 bis — 6^0 C, daher sind Tristearin und Tripalmitin bei Zimmertemperatur fest, Triolein flüssig.

Im Vergleiche zu den Kohlenhydraten sind die Fette sauerstoffarme Verbindungen. Bemerkenswert ist ihr hoher Gehalt an chemischer Energie (S. 340).

Schüttelt man Fett mit Wasser, so erhält man eine wenig haltbare Emulsion; fügt man jedoch vorangehend einige Tropfen einer verdünnten Lösung von Na_2CO_3 hinzu, so erhält man durch Schütteln eine haltbare Emulsion; und zwar aus dem Grunde, weil das Na_2CO_3 mit den freien Fettsäuren, die im Fett als Verunreinigung enthalten sind, Seifen bildet, die Seife aber ein vorzügliches Emulgens für Fett darstellt. Haltbare Emulsionen entstehen auch, wenn Fett mit einer Lösung von Gummi oder Eiweiß geschüttelt wird.

Die Fette werden, wenn sie frei an der Luft und am Licht stehen, verändert, indem die Fettsäuren zu flüchtigen, übelriechenden Verbindungen (Oxyfettsäuren, Aldehyden) gespalten werden: das Fett wird „ranzig". Es sind insbesondere die viel ungesättigte Fettsäuren enthaltenden Fette, die dieser Veränderung leicht unterliegen. Durch Säuren, durch überhitzten Wasserdampf und durch die Lipasen (S. 74) werden die Fette unter Aufnahme von Wasser in ihre Komponenten Glycerin und Fettsäure gespalten. Dassselbe geschieht unter der Einwirkung starker Lauge in der Wärme, wobei sich aber die in Freiheit gesetzten Fettsäuren mit der betreffenden Base zu sog. Seifen verbinden. Werden die Fette über 250⁰ erhitzt, besonders in Anwesenheit von trockenem Kaliumbisulfat, wasserfreier Phosphorsäure oder von Borsäure, so wird die Glycerinkomponente in Acrolein (S. 44) verwandelt, das sich durch seinen charakteristischen stechenden Geruch kennbar macht.

Tierische Fette. Das Fett verschiedener Tiere ist infolge seines verschiedenen Gehaltes an Tripalmitin, Tristearin und Triolein bei Zimmertemperatur von verschiedener Konsistenz, und zwar sind diejenigen Fette, die mehr Tripalmitin und Tristearin enthalten, fester, als diejenigen, die mehr Triolein enthalten. Das bei Zimmertemperatur festere Fett des Hammels, der sog. Hammeltalg, schmilzt bei etwa 44—50⁰ C, das weichere Schweinefett bei etwa 36—46⁰ C, Hundefett bei 37 bis 40⁰ C, Gänsefett bei 26—34⁰ C, Menschenfett bei 18⁰ C; das Fett der Kältblüter ist aber bei Zimmertemperatur flüssig. Aber auch in einem Tierkörper gibt es diesbezügliche Verschiedenheiten, indem z. B. das Lagerfett (S. 108) höher schmilzt, als das Organfett (S. 108). Im gewöhnlichen tierischen Fett sind neben den obenerwähnten Triglyceriden auch solche der Arachinsäure, Myristinsäure und Laurinsäure, im Milchfett (S. 234) auch die der flüchtigen Fettsäuren Capryl-, Caprin-, Capron- und Buttersäure, im sog. Fischtran auch solche verschiedener ungesättigter Fettsäuren enthalten.

Pflanzenfette. Von Pflanzenfetten haben die festeren, wie z. B. Palmöl, Cocosfett, Kakaobutter, eine ähnliche Zusammensetzung wie das festere Fett der Warmblüter; die bei Zimmertemperatur flüssigen Pflanzenfette, die sog. Pflanzenöle, wie Olivenöl, Mandelöl usw. bestehen hauptsächlich aus Triolein, das Ricinusöl aus Triglyceriden der Ricinolsäure (S. 51). Während die Fette tierischen Ursprunges und die meisten Pflanzenfette und Pflanzenöle nicht eintrocknen, gibt es einige Pflanzenöle, die in dünner Schicht ausgebreitet, an der Luft unter Sauerstoffaufnahme eintrocknen (S. 48).

Tierische und Pflanzenfette, die infolge ihres hohen Gehaltes an ungesättigten Fettsäuren verschiedener Art leichter verderblich, daher weder zu Nahrungs- noch zu technischen Zwecken verwendbar sind, können „gehärtet" werden, indem an Stelle der Doppelbindung in der ungesättigten Fettsäurekomponente Wasserstoffatome eingeführt werden, dadurch die ungesättigte Säure in die entsprechende gesättigte verwandelt wird und so ihre abträglichen Eigenschaften verliert. So geht z. B. Oleinsäure in Stearinsäure, also das bei Zimmertemperatur flüssige Triolein in das bei Zimmertemperatur feste, „harte" Tristearin über.

Der Nachweis der Fette gründet sich auf ihre Unlöslichkeit in Wasser, Löslichkeit in Äther und auf die Acroleinreaktion (S. 44), die von der Glycerinkomponente herrührt.

Agnoszierung der Fette. Die tierischen sowohl wie die Pflanzenfette sind wie erwähnt, Gemische der oben erwähnten Triglyceride; die Mengen aber, mit denen diese in den Gemischen vertreten sind, können als für je eine Fettart charakteristisch angesehen werden, obzwar Nachweis und quantitative Bestimmung der Komponenten des Gemisches praktisch kaum durchführbar ist. Für praktische Zwecke (Ursprungsnachweis, Aufdeckung von Fälschungen) genügen Feststellungen, die sich auf Menge und gewisse allgemeine Eigenschaften der in dem zu prüfenden Fett enthaltenen Fettsäuren beziehen.

a) Verseifungszahl oder KÖTTSDORFER-Zahl: Kaliumhydroxyd in Milligramm, das zur Neutralisation aller aus 1 g des verseiften Fettes abspaltbaren Fettsäuren nötig ist;

b) Säurezahl: Kaliumhydroxyd in Milligramm, das zur Neutralisation der in 1 g Fett enthaltenen freien Fettsäuren bei Verwendung von Phenolphthalein als Indicator nötig ist;

c) HEHNERsche Zahl: Menge der aus 100 g des verseiften Fettes abgespaltenen, in Wasser unlöslichen Fettsäuren;

d) REICHERT-MEISSLsche Zahl: $n/_{10}$-Lauge in Kubikzentimeter, die zur Neutralisation der aus 5 g des verseiften Fettes abspaltbaren und mit Wasserdampf abdestillierbaren flüchtigen Fettsäuren nötig ist;

e) HÜBLsche Jodzahl: Jod in Gramm, das von 100 g Fett vermöge seines Gehaltes an ungesättigten Fettsäureradikalen durch Addition aufgenommen wird.

Quantitative Bestimmung der Fette.

1. Einige Gramm der im Vakuumtrockenschrank oder im Exsiccator über Schwefelsäure getrockneten und gut pulverisierten Substanz werden in eine Hülse aus entfettetem Filtrierpapier gefüllt, und im SOXHLETschen Apparat mit Äthyläther oder mit Petroleumäther, der unter 60° C siedet, 48 Stunden lang extrahiert, der ätherische Auszug eingedampft und der Rückstand im Vakuumtrockenschrank bis zur Gewichtskonstanz getrocknet und gewogen.

Nach DORMEYER wird die zu extrahierende Substanz vorangehend mit Pepsinsalzsäure digeriert, wodurch auch das etwa an Eiweiß gebundene Fett in Freiheit gesetzt und extrahierbar wird. Für gewisse Fälle ist es angezeigt, die Extraktion mit siedendem Alkohol zu beginnen, und erst dann im SOXHLETschen Apparat zu vollenden.

2. Nach LIEBERMANN und SZÉKELY wird in der zu untersuchenden Substanz durch Kochen mit Kalilauge das gesamte Fett verseift; nachdem die Flüssigkeit erkaltet ist, werden die Fettsäuren durch Zusatz von Schwefelsäure in Freiheit gesetzt, mit Petroleumäther ausgeschüttelt, und ein aliquoter Teil des Petroleumäthers mit alkoholischer $n/_{10}$-Kalilauge (Phenolphthalein als Indicator) titriert.

3. Auch die Fettbestimmung nach KUMAGAWA und SUTO beruht auf der Verseifung der Fette mit nachfolgender Spaltung der entstandenen Seifen, deren Fettsäurekomponente in Freiheit gesetzt, und dann mit Äther extrahiert wird. In manchen Substanzen läßt sich die Verseifung nach dieser Methode direkt ausführen, andere (z. B. Blut, Faeces usw.) müssen erst mit Alkohol extrahiert werden; in diesem Extrakt erfolgt dann die Verseifung.

II. Wachsarten.

Zu den Fetten im weiteren Sinne gehören die Wachsarten, die ebenfalls aus esterartigen Verbindungen zwischen Alkoholen und höheren Fettsäuren bestehen; mit dem Unterschiede, daß ihr Schmelzpunkt in der Regel höher ist, als der der Fette, daß die Alkoholkomponente nicht Glycerin ist, sondern ein einwertiger Alkohol mit längerer Kohlenstoffkette, daß sie mit Lauge schwerer verseifbar sind und, daß sie durch lipolytische Enzyme in der Regel nicht gespalten werden können. Hierher gehört das Pflanzenwachs, das auf der Oberfläche von Blättern und Früchten anzutreffen ist; ferner auch der Walrat (Cetaceum, Cetin, Spermacet), der sich aus dem ölartigen Inhalt der subcutanen Taschen am Schädel mancher Walarten krystallisiert abscheidet und hauptsächlich aus dem Palmitinsäureester des Cetylalkohols (S. 44) besteht. Hierher gehört auch der im Bürzeldrüsensekret der Vögel enthaltene Ester, dessen Alkoholkomponente der Oktadecylalkohol (S. 44), die Fettsäurekomponente aber Stearinsäure ist. Das Bienenwachs besteht aus einem in warmem Alkohol löslichen Teil, der Cerotinsäure (S. 48), und aus einem nicht löslichen Teil, dem sog. Myricin, dem Palmitinsäureester des Myricylalkohols (S. 44).

III. Phosphatide (Sulfatide).

Eng an die Fette schließen sich manche phosphor- und stickstoffhaltige Verbindungen an, die an Glycerin gebundene Fettsäuren enthalten, also wie die Fette Glycerinester sind; jedoch mit dem Unterschiede, daß sie auch Orthophosphorsäure (manche angeblich Schwefelsäure) enthalten, an die wieder eine oder mehrere substituierte, organische Basen gebunden sind. Diese Verbindungen werden Phosphatide (bzw. Sulfatide), und zwar je nach der Anzahl der in ihnen enthaltenen Phosphorsäureradikale Mono-, Diphosphatide usw. und nach der Anzahl ihrer Basen Monoamino-, Diaminophosphatide usw. genannt. Am wichtigsten sind unter ihnen die Lecithine und Kephaline, und zu ihnen werden auch Verbindungen gereiht, die an Stelle des Glycerines eine andere Alkohol-Komponente enthalten, die aber wie die Lecithine, die wichtige Eigenschaft haben, mit Wasser anzuquellen oder haltbare Emulsionen zu bilden.

Lecithine. Es sind dies Monoaminophosphatide, in denen das Glycerin einerseits mit 2 Molekülen Fettsäuren von hoher C-Zahl, andererseits mit Phosphorsäure verbunden ist; ob die so entstandene Glycerinphosphorsäure die (auf S. 45 erwähnte) optisch inaktive oder aktive Struktur hat, ist nicht bekannt. An die Phosphorsäure schließt sich als Basenkomponente das Cholin (S. 56). Im nachstehenden Beispiel eines Lecithins sind zwei Moleküle Oleinsäure enthalten; doch können in einem Lecithinmolekül zwei verschiedene Fettsäuren enthalten sein, von denen aber nach den neueren Angaben wenigstens eine immer eine ungesättigte Fettsäure (Olein-, Linol- oder Arachidonsäure) ist. „Lecithin" ist daher eine allgemeine Bezeichnung für Verbindungen

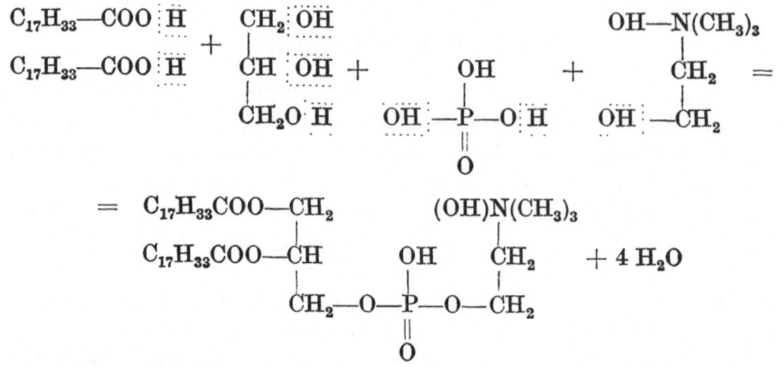

$$\begin{array}{c}
C_{17}H_{33}\!-\!COO\,\vdots\,H \qquad CH_2\vdots\,OH \qquad\qquad\qquad\qquad OH\!-\!N(CH_3)_3 \\
\qquad\qquad\qquad + \qquad | \qquad\qquad\qquad\qquad\qquad\qquad\quad | \\
C_{17}H_{33}\!-\!COO\,\vdots\,H \qquad CH\;\vdots\,OH \;+\qquad OH \qquad + \qquad CH_2 \;= \\
\qquad\qquad\qquad\qquad\quad | \qquad\qquad\qquad\qquad\qquad\qquad | \\
CH_2O\,\vdots\,H \qquad OH\,\vdots\,-\!P\!-\!O\,\vdots\,H \qquad OH\,\vdots\,-\!CH_2 \\
\qquad\qquad\qquad\qquad\qquad\qquad \| \\
\qquad\qquad\qquad\qquad\qquad\qquad O
\end{array}$$

$$\begin{array}{c}
=\; C_{17}H_{33}COO\!-\!CH_2 \qquad\qquad (OH)N(CH_3)_3 \\
\qquad\qquad\qquad | \qquad\qquad\qquad\qquad\qquad | \\
C_{17}H_{33}COO\!-\!CH \qquad OH \qquad CH_2 \qquad +\,4\,H_2O \\
\qquad\qquad\quad | \qquad\qquad\quad | \qquad\quad | \\
CH_2\!-\!O\!-\!P\!-\!O\!-\!CH_2 \\
\qquad\qquad\qquad \| \\
\qquad\qquad\qquad O
\end{array}$$

Lecithin

sehr ähnlicher Zusammensetzung, ebenso wie es auch die Bezeichnung „Fett" ist.

Die ältere Annahme, wonach auch Neurin (S. 57) als Basenkomponente des Lecithins figurieren könnte, ist offenbar unrichtig, und wurde dadurch veranlaßt, daß Neurin aus Cholin bei der Zersetzung des Lecithins entsteht.

In reinstem Zustande ist Lecithin eine weiße oder weißgelbe, infolge der Zersetzung der ungesättigten Fettsäurekomponente alsbald sich bräunende Substanz von Salbenkonsistenz. Im Vakuum getrocknet ist es pulverisierbar; es löst sich in Äther, Alkohol, Benzol, Schwefelkohlenstoff, und ist aus seiner ätherischen Lösung durch Aceton fällbar. Mit viel Wasser bildet es eine haltbare Emulsion. Die sog. Myelinformen, die man z. B. an in Wasser eingelegten Nerven unter dem Mikroskop sieht, rühren von dem in der Nervenfaser enthaltenen Lecithin her, das eine Quellung im Wasser erleidet. Wird Lecithin mit Lauge erhitzt, so zerfällt es in Glycerinphosphorsäure, Fettsäuren und Cholin.

Nach älteren Angaben geht Lecithin mit Eiweiß lockere Verbindungen, Lecithalbumine genannt, ein, die so labil sind, daß sie bereits bei einer Temperatur, bei der das Eiweiß gerinnt, in ihre Komponenten zerfallen. Als ein Lecithalbumin wurde auch die angebliche Verbindung des Vitellins der Eier (S. 231) mit Eiweiß betrachtet; Lecithalbumine wurden auch in den Verdauungsresten der Magenschleimhaut, in der Leber, den Nieren und Lungen gefunden. Gegenwärtig neigt man eher zur Ansicht, daß Lecithalbumine überhaupt keine chemischen Verbindungen, sondern bloß Adsorptionsbindungen zwischen Eiweiß und Lecithin sind.

Lecithine sind in jeder Gewebszelle und in allen Gewebesäften nachweisbar; in größter Menge (9%) im Eigelb; ferner in der Hirn- und Nervensubstanz, im Sperma, in der Milch, weniger in Eiterkörperchen und im Blutplasma. Außer den Lecithinen kommen im Tierkörper auch deren Spaltungsprodukte vor: die Glycerinphosphorsäure (S. 45), Cholin (S. 56) und aus zersetztem Cholin entstandenes Neurin (S. 57). Die physiologische Bedeutung der Lecithine liegt wahrscheinlich darin, daß sie, neben anderen Lipoiden und neben Fetten in größerer Menge in der oberflächlichsten Schichte der Zellen enthalten, dieser Schichte den Charakter einer sog. „Lipoidmembran" verleihen (s. S. 171).

Die Darstellung erfolgt am leichtesten aus dem Eigelb; dieses wird mit Äther extrahiert, und aus dem Extrakt das Lecithin mit Aceton gefällt.

Zur quantitativen Bestimmung des Lecithingehaltes wird die zu untersuchende Substanz erst mit absolutem Alkohol, dann mit Chloroform extrahiert, und im Trockenrückstand des Extraktes eine Phosphorbestimmung vorgenommen, aus der Menge des Phosphors aber die des Lecithins berechnet; doch führt diese Art der Berechnung zu falschen Ergebnissen, wenn neben dem Lecithin Phosphatide vorhanden sind, in denen die Phosphorsäure- und die Basenkomponenten in einem anderen Verhältnisse als 1 : 1 enthalten sind.

Kephaline. Es sind dies ebenfalls Monoaminophosphatide, die reichlich ungesättigte Fettsäuren (Olein-, Linol- und Arachidonsäure) enthalten; sie sind den Lecithinen analoge Verbindungen, mit dem Unterschiede, daß sie als Basenkomponente Colamin (S. 56) enthalten; sie sind in Alkohol schwer löslich. (Als ein mit Kohlenhydraten und anderen Stoffen verunreinigtes Kephalin wurde das früher als einheitliche Verbindung angesehene und aus der Leber verschiedener Tierarten dargestellte Jekorin erkannt.) Über Kephaline in der Hirnsubstanz s. S. 221.

Sphingomyeline. Es sind dies Diaminomonophosphatide, die an der Stelle von Glycerin den Aminoalkohol Sphingosin (S. 57), daneben als Fettsäurekomponente Stearin- oder Lignocerinsäure, als Basenkomponenten aber Cholin enthalten, und hauptsächlich in der Hirnsubstanz zu finden sind (S. 221).

Cuorin. Es wurde aus Ochsenherzen dargestellt und als ein Monoaminodiphosphatid angesehen, später aber als ein Gemisch anderer bekannter Phosphatide erkannt.

IV. Cholesterin, Cholesterin-Ester und Cerebroside.

Zu den Lipoiden werden auch das Cholesterin (S. 54), sowie dessen mit höheren Fettsäuren gebildete Ester gerechnet. Das freie Cholesterin hat allerdings in seiner Struktur nichts mit den Fetten gemeinsam; wohl aber können die Cholesterinester mit Recht als Homologe der Fette angesehen werden, mit dem Unterschiede, daß sie weit schwerer als diese zu verseifen sind. Im Blute wurden Palmitinsäure- und Oleinsäure-Cholesterinester nachgewiesen, im Wollfett eine Reihe von Estern, die als Alkoholkomponente Cholesterin und Isocholesterin und andere hochmolekulare aliphatische Alkohole, wie Cerylalkohol, Karnaubylalkohol, als Säurekomponente aber Lanocerinsäure, Cerotinsäure, Karnaubasäure usw. enthalten. Die Cholesterinester im Wollfett haben die Eigentümlichkeit, große Mengen von Wasser aufzunehmen und damit aufzuquellen; das zu Heilzwecken verwendete Lanolin besteht hauptsächlich aus solchen mit Wasser angequollenen Cholesterinestern. Cholesterinester werden auch in der Vernix caseosa der Neugeborenen gefunden.

Cholesterin und Lecithine sind in den Körper- und Zellsäften in kolloider Lösung enthalten, und zwar hat eine Cholesterinlösung den Charakter eines Suspensoides, eine Lecithinlösung aber den eines Emulsoides. Die Gesetzmäßigkeiten, die sich auf die Kolloide im allgemeinen (S. 36), sowie auf die Unterschiede zwischen Suspensoiden und Emulsoiden beziehen (S. 39), haben auch in bezug auf Cholesterin und Lecithin ihre Gültigkeit.

Auf Grund ihres physikalisch-chemischen Verhaltens können auch die Cerebroside (S. 221) zu den Lipoiden gerechnet werden.

Fünftes Kapitel.

Die Eiweißkörper (Proteine).

Die Eiweißkörper bilden den wichtigsten Bestandteil des pflanzlichen und tierischen Organismus. Sie enthalten in ihrem Molekül neben Kohlenstoff, Wasserstoff und Sauerstoff auch Stickstoff und (mit alleiniger Ausnahme der Protamine) Schwefel, ausnahmsweise auch Eisen oder Phosphor. Ihr Molekül besteht zum größten Teil aus α-Aminosäuren (S. 115), die in wechselnder Qualität und Anzahl miteinander verbunden sind; durch Trypsin und Pepsin werden die meisten unter ihnen hydrolytisch gespalten. In vielen Eiweißkörpern sind auch Kohlenhydratgruppen in Form von Aminozuckern enthalten, die durch Erhitzen mit einer Mineralsäure abgespalten werden können, worauf die Lösung Kupfersalze reduziert, wogegen unveränderten Eiweißlösungen die Reduktionsfähigkeit abgeht. Wir unterscheiden — ob mit Recht, steht noch dahin — unter den kohlenhydrathaltigen Eiweißkörpern einerseits solche, die im Molekül selbst einen aus Aminozucker bestehenden Kohlenhydratkern enthalten, andererseits solche, die aus einem Eiweiß- und einem Kohlenhydratmolekül zusammengesetzt sind. Die Menge des abspaltbaren Zuckers ist sehr verschieden: aus manchen Mucinen erhielt man bis zu 35% Zucker, aus Serumalbumin wenig, aus Casein gar keinen.

Sofern sie in Wasser löslich sind, geben die Eiweißkörper keine echten, sondern kolloide Lösungen (S. 36f.) die optisch aktiv, und zwar meistens links-drehend sind; doch hängt das Drehungsvermögen vielfach vom gleichzeitigen Salzgehalt, sowie von der Reaktion und von der Reinheit der Lösung ab.

Werden Eiweißkörper mit starker Lauge gekocht, so wird ein Teil des Schwefels abgespalten und in Alkalisulfid umgewandelt, das mit Bleiacetat nachgewiesen werden kann. Ob dieser sog. „bleischwärzende" Schwefel bloß teilweise oder ganz von dem im Eiweißmolekül enthaltenen Cystin (S. 120) herrührt, läßt sich nicht entscheiden; auch kann aus Cystin auf obige Weise nicht aller Schwefel abgespalten werden.

Durch gelinde Oxydation mit Kaliumpermanganat entstehen aus den Eiweißkörpern charakteristische Verbindungen, wie z. B. die Oxyprotsulfosäure. Wird stärker oxydiert, so finden sich unter den Oxydationsprodukten Oxaminsäure, Oxamid, Oxalsäure, Bernsteinsäure,

$$\begin{array}{cc} \mathrm{CO.NH_2} & \mathrm{CO.NH_2} \\ | & | \\ \mathrm{COOH} & \mathrm{CO.NH_2} \\ \text{Oxaminsäure} & \text{Oxamid} \end{array}$$

Guanidin usw. Bei der Eiweißfäulnis entstehen Methan, Kohlendioxyd, Ammoniak, Skatol, Putrescin, Cadaverin, Methylmercaptan, Indolpropion-, Indolessigsäure usw.

Die wichtigsten Reaktionen der Eiweißkörper, die auch zu ihrem Nachweise dienen, sind teils Farben-, teils Präcipitationsreaktionen; da diese am charakteristischsten bei einer Hauptgruppe, bei den einfachen

Eiweißkörpern ausfallen, sollen diese dort (S. 132—137) ausführlich erörtert werden.

I. Allgemeine Eigenschaften der Aminosäuren.

Früher wurde angenommen, daß in den Eiweißkörpern die Aminosäuren, aus denen überwiegend oder ausschließlich das Eiweiß-Molekül besteht, untereinander stets säureamidartig verbunden sind. Diese Bindung kommt, wie aus nachstehender Strukturformel hervorgeht, zustande, indem die Carboxylgruppe der einen Aminosäure mit der NH_2-Gruppe der anderen sich unter Austritt eines Wassermoleküls zu CO-NH verbindet. (Die S. 121 behandelten Diaminosäuren nehmen, wie es scheint, stets nur mit einer der beiden NH_2-Gruppen an dieser Bindung teil.)

$$\overset{*}{R}\text{—CHNH}_2\ \vdots\ C\overset{O}{\diagup}\underset{OH}{\diagdown}\ \vdots\ R\text{—CHN}\diagup^{H}_{H}\ \vdots\ C\overset{O}{\diagup}\underset{OH}{\diagdown}\ \vdots\ R\text{—CHN}\diagup^{H}_{H}\ \vert\ COOH \quad = \quad 2\,H_2O \ + \ R\text{—CHNH}_2\ \vert\ CO\ \diagdown\ R\text{—CHNH}\ \vert\ CO\ \diagdown\ R\text{—CHNH}\ \vert\ COOH$$

Später wurde es wahrscheinlich gemacht, daß das Eiweißmolekül die Aminosäuren nicht nur in dieser Imidbindung, sondern auch in Form ringförmiger Komplexe, der sog. Diketopiperazine enthält; diese entstehen durch den Zusammentritt zweier Aminosäure-Moleküle unter Austritt von Wasser (siehe die Bildung des Glykokoll-Anhydrides auf S. 128). Solche Komplexe wurden bei der partiellen Hydrolyse (S. 129) der Eiweißkörper tatsächlich gefunden. Ein endgültiger Entscheid ist aber derzeit nicht zu erbringen, da es ebenso möglich ist, daß im Eiweißmolekül nur eine imidartige Bindung vorkommt und die Anhydridkomplexe bloß während des künstlichen Abbaues des Eiweißmoleküls entstehen, wie auch umgekehrt, daß ursprünglich nur die Anhydridkomplexe vorhanden sind, die Imidbindung aber sekundär entsteht.

Künstliche Synthese. Sie erfolgt nach verschiedenen Verfahren; zu den einfacheren gehört dasjenige, in dem man auf das α-Monohalogensubstitutionsprodukt einer Fettsäure Ammoniak einwirken läßt; z. B.

$$\underset{\underset{COOH}{\vert}}{\overset{\overset{CH_3}{\vert}}{C}}\diagup^{Br}_{\diagdown H} \ + \ N\diagup^{H}_{\diagdown H}\underset{H}{-}H \ = \ HBr \ + \ \underset{\underset{COOH}{\vert}}{\overset{\overset{CH_3}{\vert}}{CHNH_2}}$$

α-Monobrompropionsäure $\qquad\qquad$ α-Aminopropionsäure

---

* R bedeutet einen Alkylrest.

Natürliche Synthese. Es ist erwiesen, daß im tierischen Körper Aminosäuren synthetisch aufgebaut werden, wobei die eine Komponente durch Ammoniak, die andere aber durch Fettsäuren geliefert wird. Beide stehen als Stoffwechselprodukte dem Körper zur Verfügung.

Physikalische und physikalisch-chemische Eigenschaften. In Wasser sind sie in der Regel leicht, in Alkohol schwer löslich; sie krystallisieren leicht. In sämtlichen α-Aminosäuren — mit alleiniger Ausnahme des Glykokolls — ist das C-Atom, an dem die NH_2-Gruppe angelagert ist, asymmetrisch (s. S. 49), daher sind auch die Aminosäuren optisch aktiv und in zwei stereoisomeren, einer rechts-drehenden, in einer links-drehenden und in einer optisch inaktiven, racemischen Form (siehe S. 80) bekannt bzw. denkbar. Man ist auf Grund des S. 80 entwickelten Prinzipes übereingekommen, die optischen Antipoden ungeachtet ihrer Rechts- oder Linksdrehung mit „d-“ bzw. „l-“ zu bezeichnen, je nachdem sie strukturell mit der d- bzw. l-α-Oxypropionsäure in Verbindung gebracht werden können. Sehr beachtenswert ist, daß alle aus den Eiweißkörpern abspaltbare Aminosäuren optisch aktiv, und zwar l-Modifikationen, die synthetisch dargestellten hingegen optisch inaktive Racemverbindungen sind. Letztere können auf verschiedenen Wegen gespalten werden; so gelingt bei manchen die Spaltung und Isolierung durch fraktioniertes Krystallisieren der Brucin- oder anderer Salze, indem das Salz der einen Modifikation rascher als das der anderen krystallisiert. Andere werden durch Schimmel- oder Hefezellen gespalten, wobei die eine Modifikation gleichzeitig auch zersetzt wird, während die andere unverändert zurückbleibt. Schließlich gibt es racemische Aminosäuren, die, dem Tierkörper einverleibt, dort in die beiden optischen Antipoden gespalten werden, deren eine verbrannt, die andere jedoch unzersetzt im Harn ausgeschieden wird.

Chemische Eigenschaften. a) Die Aminosäuren sind Ampholyte und bilden Salze sowohl mit Säuren als auch mit Basen. Ihren Basencharakter verdanken sie der NH_2-Gruppe, den Säurecharakter der COOH-Gruppe. In Wasser gelöst nehmen sie 1 Molekül des Lösungsmittels auf, und werden hierdurch in eine Form überführt, aus der je ein H- bzw. OH-Ion abdissoziiert werden kann; z. B.

$$H_2N \cdot CH_2 \cdot COOH + HOH = HO \cdot H_3N \cdot COOH$$

Aminosäuren mit zwei COOH-Gruppen (S. 120) haben einen ausgesprochenen Säure-, solche mit zwei NH_2-Gruppen (S. 121) einen ausgesprochenen Basencharakter. In Aminosäuren mit je einer NH_2- und COOH-Gruppe herrscht der Säurecharakter vor.

b) Mit Kupfer bilden sie charakteristische Salze, die man nach dem Kochen der Aminosäurelösung mit $Cu(OH)_2$ aus dem eingeengten Filtrate krystallisiert erhält.

c) Mit Alkohol gehen sie esterartige Verbindungen ein, die in Wasser unlöslich sind, und mit Säuren gut krystallisierbare Verbindungen liefern. Diese Ester gehen sehr leicht in das Anhydrid der betreffenden Aminosäure über, welcher Vorgang bei der Synthese der Polypeptide (S. 128) Verwendung findet. Ferner kommt den Estern eine sehr wichtige

Rolle in dem Verfahren zu, das zur Isolierung der Aminosäuren aus ihrem Gemenge verwendet wird (S. 127).

$$CH_2NH_2$$
$$|$$
$$COO-CH_2CH_3$$
Glykokolläthylester

d) **Mit Harnstoff** bilden sie sog. **Uraminosäuren**, bestehend aus je einem Molekül Harnstoff und Aminosäure.

e) Mit β-Naphthalinsulfochlorid, oder mit Phenylisocyanat, oder mit α-Naphthylisocyanat, oder mit Pikrolonsäure liefern sie leicht krystallisierbare Verbindungen, die zu ihrer Isolierung und Agnoszierung wichtig sind.

f) Versetzt man 10 cm³ einer auf Aminosäuren zu untersuchenden Flüssigkeit mit 0,2 cm³ einer 1%igen Lösung von Triketohydrindenhydrat, auch Ninhydrin genannt, erhitzt, und hält durch eine Minute im Sieden, so entsteht bei Anwesenheit von Aminosäuren eine blaue Färbung der Flüssigkeit. Außer Aminosäuren verhalten sich in dieser Reaktion auch Amine, Taurin, Polypeptide, Peptone und Eiweiß positiv.

Triketohydrinden-hydrat

g) Mit salpetriger Säure werden gewisse Aminosäuren so zersetzt, daß ihr in NH_2-Gruppen enthaltener Stickstoff, (jedoch weder der Stickstoff der CONH-Gruppen (S. 115) innerhalb der Eiweißkörper, noch auch der im Tryptophan-, Histidin-, Prolin-Molekül enthaltene sog. Kernstickstoff) als freies Stickstoffgas abgespalten wird; diese Reaktion wird im D. D. VAN SLYKEschen Verfahren zur quantitativen Bestimmung des in NH_2-Form vorhandenen Stickstoffes benützt, indem man die Zersetzung in einer NO-Atmosphäre vornimmt und, nachdem die Abspaltung des freien N stattgefunden hat, das NO durch eine alkalische Permanganatlösung absorbieren läßt.

$$CH_2NH_2 \qquad CH_2OH$$
$$| \quad + HNO_2 = | \quad + N_2 + H_2O$$
$$COOH \qquad COOH$$

h) Vermöge ihrer freien Aminogruppen geben die Aminosäuren die nach SIEGFRIED benannte **Carbaminoreaktion**, darin bestehend, daß die Aminosäuren mit Erdalkalicarbonaten, z. B. mit kohlensaurem Calcium, komplexe Carbaminate bilden. So z. B. im Falle der Aminoessigsäure:

Da nur die freie NH_2-Gruppe in dieser Weise reagiert, läßt sich aus der Menge des gebildeten carbaminsauren Salzes, bzw. des aus ihm abspaltbaren Calciumcarbonates auf die Zahl der in der Aminosäure enthaltenen freien NH_2-Gruppen folgern.

i) Die NH_2-Gruppe der Aminosäuren lagert leicht Aldehyde, so unter anderen auch Formaldehyd an, wobei aber der basische Charakter, den die NH_2-Gruppe dem Aminosäuremolekül verliehen hatte, verloren geht, und die in eine Methylenaminosäure verwandelte Aminosäure, vermöge ihrer unverändert gebliebenen COOH-Gruppe nunmehr den Charakter einer reinen Säure hat. Hierauf beruht die sog. Formoltitration der Aminosäuren nach SÖRENSEN. Da aber an dieser Reaktion nur die freien NH_2- und COOH-Gruppen beteiligt sind, läßt sich mit ihrer Hilfe auch feststellen, ob die Aminosäuren in einer Lösung frei, oder zu kleineren oder größeren Molekülen verbunden, enthalten sind; denn es ist klar, daß, wenn drei Moleküle Aminosäuren in einer Lösung frei vorhanden sind, das Dreifache dessen an Lauge zur Neutralisation der COOH-Gruppen nötig ist, als wenn die drei Moleküle nach S. 115 verbunden sind.

$$\underset{\substack{\alpha\text{-Aminopropion-}\\\text{säure}}}{\overset{\displaystyle CH_3}{\underset{\displaystyle COOH}{|\ \ CHN\!:\!H_2}}} + \underset{\text{Formaldehyd}}{\overset{\displaystyle H}{C\!\!<_H^O}} = H_2O + \underset{\substack{\text{Methylen-}\alpha\text{-Amino-}\\\text{propionsäure}}}{\overset{\displaystyle CH_3}{\underset{\displaystyle COOH}{|\ \ CHN = CH_2}}}$$

k) Über die Rolle der Aminosäuren in der Bildung der Betaine siehe Näheres auf S. 57.

l) Durch Austritt von Kohlendioxyd entstehen aus den Aminosäuren die sog. proteinogenen oder biogenen Amine (S. 56 u. 313).

II. Einzelbeschreibung der Aminosäuren.

Die Einteilung der Aminosäuren erfolgt teils danach, ob der Ersatz eines Wasserstoffatoms durch die NH_2-Gruppe in einer einfachen Fettsäure (aliphatische Aminosäuren), oder aber in der aus einer Fettsäure bestehenden Seitenkette einer homocyclischen oder heterocyclischen Verbindung (homocyclische und heterocyclische Aminosäuren) stattfindet; teils danach, ob in der betreffenden Fettsäure 1 oder 2 Atome Wasserstoff durch NH_2-Gruppen ersetzt werden (Mono- und Diaminosäuren); teils auch danach, ob die betreffende Fettsäure ein- oder mehrwertig ist (Aminomono- und Aminodicarbonsäuren). Nachfolgend seien die wichtigsten im Tierkörper und einzelne in Pflanzen vorkommenden Aminosäuren beschrieben.

A. Aliphatische Aminosäuren.

1. Monoaminosäuren.

Glykokoll (Glycin, Leimsüß, Aminoessigsäure), $C_2H_5NO_2$, ist in größeren Mengen im Fibroin, ferner im Leim enthalten; bildet auch einen Bestandteil der Glykocholsäure und der Hippursäure; ist auch in kaltem Wasser gut löslich und von süßem Geschmack; in Alkohol, Äther ist es unlöslich.

$$\overset{\displaystyle CH_2NH_2}{\underset{\displaystyle COOH}{|}}$$

Darstellung. In einem großen Kolben werden 100 g Seidenabfälle mit 300 cm³ rauchender Salzsäure vom spezifischen Gewicht 1,19 am Wasserbad bis zur vollständigen Lösung erwärmt; sodann wird ein Rückflußkühler aufgesetzt und die Flüssigkeit durch 6 Stunden gekocht, dann bei vermindertem Druck bei 35—40° C eingeengt und der dickflüssige Rest mit einem halben Liter absolutem Alkohol übergossen. Nun wird trockenes Salzsäuregas bis zur Sättigung durch die Flüssigkeit geleitet, wodurch das ganze Glykokoll in Glykokoll-Äthylester-Chlorhydrat umgewandelt wird, das sich aus der Flüssigkeit in großen Mengen ausscheidet, wenn man sie auf zwei Drittel ihres Volumens eindampft, dann auf Eis kühlt, und mit einem Kryställchen des genannten Chlorhydrates impft. Wird nun das Esterchlorhydrat in Wasser gelöst und 33%ige Natronlauge zugesetzt, so findet eine Spaltung statt: der freie Ester geht in den zugesetzten Äther über und bleibt nach dem Verjagen des Äthers zurück. Nun wird der Ester bei 44° C und einem Druck von 11 mm Hg abdestilliert, durch kochendes Wasser zersetzt und die Lösung eingeengt, worauf das Glykokoll krystallinisch ausfällt.

l-Alanin, α-Aminopropionsäure, $C_3H_7NO_2$, kommt in größeren Mengen im Fibroin (S. 148) vor; ist krystallisierbar, in Wasser leicht, in Alkohol nicht löslich; rechtsdrehend.

l-Serin, α-Amino-β-oxypropionsäure, $C_3H_7NO_3$, in größeren Mengen im Sericin (S. 147) enthalten; ist in kaltem Wasser schwer, in warmem Wasser leichter löslich; linksdrehend.

$$\begin{array}{cc} CH_3 & CH_2OH \\ | & | \\ CHNH_2 & CHNH_2 \\ | & | \\ COOH & COOH \\ \text{Alanin} & \text{Serin} \end{array}$$

l-α-Aminobuttersäure, $C_4H_9NO_2$, wurde im Casein, sowie im Globin gefunden; ist rechtsdrehend.

$$\begin{array}{ccc} & CH_3 & \\ & | & \\ CH_3 & CH_2 & CH_3\ CH_3 \\ | & | & \diagdown\!\diagup \\ CH_2 & CH_2 & CH \\ | & | & | \\ CHNH_2 & CHNH_2 & CHNH_2 \\ | & | & | \\ COOH & COOH & COOH \\ \text{α-Aminobuttersäure} & \text{Norvalin} & \text{Valin} \end{array}$$

l-Norvalin, α-Amino-n [1]-valeriansäure, $C_5H_{11}NO_2$; rechtsdrehend; Bestandteil des Arginins (S. 121).

l-Valin, α-Aminoisovaleriansäure, $C_5H_{11}NO_2$, aus vielen Eiweißarten, besonders aus Fischbein zu erhalten; es ist in Wasser schwer löslich; rechtsdrehend.

Von den isomeren Capronsäuren: n-Capronsäure, Isobutylessigsäure und Methyläthylpropionsäure können die folgenden drei Aminosäuren abgeleitet werden:

a) **l-Norleucin,** α-Amino-n [1]-capronsäure, $C_6H_{13}NO_2$, wurde aus Nervengewebe erhalten; rechtsdrehend.

b) **l-Leucin,** α-Aminoisobutylessigsäure, $C_6H_{13}NO_2$, wurde in faulender Epidermis, im Inhalt von Atheromen, im Eiter, im Harn von Leberkranken nachgewiesen; es wird bei der Säurehydrolyse, bei der Enzymspaltung und Fäulnis der Eiweißkörper erhalten. Rein dargestellt krystallisiert es in weißen Blättchen, die in Wasser schwer löslich sind. Aus tierischem Eiweiß abgespaltenes Leucin, das nie chemisch rein ist, bildet konzentrisch geschichtete Knollen, die sich in Wasser leichter lösen; es ist linksdrehend.

---

[1] „n" ist die Abkürzung für „normal".

c) **l-Isoleucin,** Methyl-äthyl-α-aminopropionsäure, $C_6H_{13}NO_2$, wurde in Melasse nachgewiesen; ist in Wasser leichter löslich als das Leucin: es ist rechtsdrehend.

$$
\begin{array}{ccc}
CH_3 & & \\
| & & \\
CH_2 & CH_3\ CH_3 & CH_3 \\
| & \diagdown\diagup & | \\
CH_2 & CH & CH_3\ CH_2 \\
| & | & \diagdown\diagup \\
CH_2 & CH_2 & CH \\
| & | & | \\
CHNH_2 & CHNH_2 & CHNH_2 \\
| & | & | \\
COOH & COOH & COOH \\
\text{Norleucin} & \text{Leucin} & \text{Isoleucin}
\end{array}
$$

l-Asparaginsäure [1], Aminobernsteinsäure, $C_4H_7NO_4$, in verschiedenen Eiweißkörpern enthalten; sie löst sich schlecht in kaltem Wasser, besser in warmem, ist linksdrehend. Im Pflanzenreich kommt sie weit verbreitet als sog. **Asparagin,** (Amid der Asparaginsäure), in Knospen, unbelichteten Keimen, Knollen vor.

$$
\begin{array}{ccc}
COOH & CONH_2 & COOH \\
| & | & | \\
CHNH_2 & CHNH_2 & CHNH_2 \\
| & | & | \\
CH_2 & CH_2 & (CH_2)_2 \\
| & | & | \\
COOH & COOH & COOH \\
\text{Asparaginsäure} & \text{Asparagin} & \text{Glutaminsäure}
\end{array}
$$

l-Glutaminsäure [1], α-Aminoglutarsäure, $C_5H_9NO_4$, ist in größeren Mengen in Casein und Leim, insbesondere aber in Gliadin (S. 138) der Weizenkörner enthalten; es ist in Wasser schwer löslich; rechtsdrehend. Die salzsaure Verbindung ist leicht zur Krystallisation zu bringen. (Über ein Glutaminsäure enthaltendes Tripeptid siehe auf S. 302, über seine Beziehungen zum Prolin S. 123.)

l-Cystin, $C_6H_{12}N_2S_2O_4$; α-Diamino-β-di-thio-Milchsäure. In größeren Mengen ist es in Haaren, Nägeln, Hörnern, Federn, in der Epidermis enthalten; selten kommt es im Harn als krystallinisches Sediment oder in Form eines sog. Cystinsteines vor. Es krystallisiert in sechseckigen Tafeln, die in Wasser sehr schwer, in Essigsäure, Alkohol und Äther gar nicht, in Salzsäure,

$$
\begin{array}{l}
CH_2S\!-\!SCH_2 \\
|\qquad\quad | \\
CHNH_2\ \ CHNH_2 \\
|\qquad\quad | \\
COOH\ \ COOH \\
\quad\text{Cystin}
\end{array}
$$

---

[1] Tritt in einer zweibasischen Monoaminosäure aus derjenigen der beiden Carboxylgruppen, die der Aminogruppe benachbart ist, ein Molekül Kohlendioxyd aus, so entsteht eine sog. ω-Aminosäure; z. B. aus der Asparaginsäure das β-Alanin

$$
\begin{array}{ll}
\overset{.....}{COO}\ H & \\
| & \\
CHNH_2 = CO_2 + & CH_2NH_2 \\
| & | \\
CH_2 & CH_2 \\
| & | \\
COOH & COOH \\
\text{Asparaginsäure} & \text{β-Alanin}
\end{array}
$$

Oxalsäure und in Laugen gut löslich sind. Am Platinblech erhitzt verbrennt es mit blaugrüner Farbe, es ist linksdrehend.

Darstellung. 100 g Haare oder Wolle werden mit 200 g konzentrierter Salzsäure bis zum Verschwinden der Biuretreaktion gekocht. Wird nun festes essigsaures Natrium so lange hinzugefügt, bis sich Kongopapier nicht mehr bläut, so fällt Cystin krystallisiert aus. Um es zu reinigen, wird es in warmer verdünnter Salzsäure gelöst, die Lösung mit Tierkohle entfärbt, und aus dem Filtrat das Cystin wieder mit essigsaurem Natrium gefällt.

Nachweis: 1. Wird Cystin auf einem Silberblech oder auf einer blanken Silbermünze mit einigen Tropfen Natronlauge erhitzt, so entsteht ein brauner Fleck, der mit Wasser nicht abzuwaschen ist und auf der Bildung von Ag_2S beruht.

2. Wird Cystin in einem Reagensglase mit einigen Kubikzentimeter Lauge übergossen, sodann mit einer Lösung von Bleizucker tropfenweise so lange versetzt, bis sich der Niederschlag von Bleihydroxyd wieder löst und dann gekocht, so entsteht eine braune, auf Bildung von PbS beruhende Farbenreaktion.

l-Cystein, α-Amino-β-thio-Milchsäure, $C_3H_7NSO_2$. Cystein ist die „reduzierte" oder „Sulfhydrylform" des Cystins; letzteres wird als die „oxydierte" oder „Disulfid"-Form bezeichnet. Es ist in Wasser sehr leicht löslich, linksdrehend, entsteht durch Reduktion des Cystins mit Zinn und Salzsäure, und wird in alkalischer Lösung leicht wieder zu Cystin oxydiert. Es ist leicht möglich, daß in den Eiweißkörpern nicht Cystin, sondern Cystein enthalten ist, welch letzteres jedoch bei der Hydrolyse in Cystin verwandelt wird.

$$CH_2S\!-\!H$$
$$CHNH_2$$
$$COOH$$
Cystein

Nachweis: 1. Mit Natronlauge und essigsaurem Blei verhält es sich wie Cystin.

2. Mit einigen Tropfen einer Lösung von Eisenchlorid gibt es eine rasch verschwindende indigoblaue Farbenreaktion.

3. Mit einer wäßrigen Lösung von Nitroprussidnatrium und Natronlauge gibt es eine vorübergehende purpurrote Farbenreaktion.

2. Diaminosäuren.

Wie die Monoaminosäuren, haben auch die Diaminosäuren sowohl den Charakter einer Säure, wie auch den einer Base; jedoch ist ihr basischer Charakter vermöge der zwei NH_2-Gruppen, die sie enthalten, mehr ausgeprägt. Mit Gold- und Platinsalzen bilden sie Doppelsalze; aus ihren Lösungen sind sie durch Phosphorwolfram- und Phosphormolybdänsäure fällbar. Aus dem Hydrolysenprodukte der Eiweißkörper (S. 126) werden zwei Diaminosäuren (Arginin und Lysin) im Vereine mit einer dritten, heterocyclischen Aminosäure (Histidin) in einer Fraktion gewonnen; diese drei, je 6 Kohlenstoffatome enthaltende Aminosäuren wurden seinerzeit Hexonbasen benannt. Am meisten ist von ihnen in den Protaminen und Histonen enthalten. Tritt aus den Diaminosäuren ein Molekül Kohlendioxyd aus, so bleiben Diamine (S. 57, 270) zurück.

l-Arginin, Guanidin-α-Amino-n[1]-Valeriansäure, $C_6H_{14}N_4O_2$, wurde zuallererst im Eiweiß keimender Samen, späterhin auch in Eiweißkörpern verschiedenen Ursprunges, namentlich in Protaminen und Histonen nachgewiesen; derzeit ist kein Eiweißkörper bekannt, in dem es nicht wenigstens in geringer Menge vorkäme. Es ist in Wasser

$$CHN\!\begin{array}{c}NH_2\\[2pt]N\!-\!CH_2\\ H\end{array}$$
$$(CH_2)_2$$
$$CHNH_2$$
$$COOH$$
Arginin

---

[1] „n" ist die Abkürzung für „normal".

leicht, in Alkohol nicht löslich; rechtsdrehend. Mit Kaliumpermanganat oxydiert liefert es Guanidin. Wird d-Arginin mit einem Auszug der Leber oder der Darmschleimhaut digeriert, so wird es in Harnstoff und Ornithin gespalten. Die Spaltung erfolgt unter Einwirkung eines in den genannten Auszügen enthaltenen Enzymes, das als **Arginase** bezeichnet wird, kann aber auch durch Barytwasser bewerkstelligt werden.

CH_2NH_2
|
$(CH_2)_2$
|
$CHNH_2$
|
$COOH$
Ornithin

l-Ornithin, α-δ-Diamino-n[1]-valeriansäure, $C_5H_{12}N_2O_2$, rechtsdrehend, kommt unter den Hydrolysenprodukten der Eiweißkörper nicht vor und entsteht bloß sekundär aus dem Arginin. Wird es mit Natronlauge und Benzoylchlorid geschüttelt, so paart es sich zu **Dibenzoylornithin,** auch **Ornithursäure** genannt. Dieselbe Verbindung entsteht in einem Huhne, dem Benzoesäure per os gegeben wird. Dabei wird die Ornithin-Komponente vom Arginin geliefert, das in den Molekülen des Nahrungs- und des Körpereiweißes der Tiere vorhanden ist. Das so entstandene Dibenzoylornithin, wird im Harn entleert. Wird das Ornithin trocken erhitzt, oder unter Ausschluß von Sauerstoff der Einwirkung von Fäulnisbakterien ausgesetzt, so geht es durch Abspaltung eines CO_2-Moleküls in Putrescin (Tetramethylendiamin, S. 57) über.

CH_2NH_2
|
$(CH_2)_3$
|
$CHNH_2$
|
$COOH$
Lysin

Lysin, α-ε-Diamino-n[1]-Capronsäure, $C_6H_{14}N_2O_2$, wurde hauptsächlich in Protaminen nachgewiesen; es ist nicht krystallisierbar, löst sich leicht in Wasser. Wird es mit Benzoylchlorid und Natronlauge geschüttelt, so erhält man Dibenzoyllysin, auch **Lysursäure** genannt. Durch Fäulnis bei Ausschluß von Sauerstoff wird das Lysin unter Abspaltung eines CO_2-Moleküls in Cadaverin (Pentamethylendiamin, S. 57) verwandelt.

B. Homocyclische und heterocyclische Aminosäuren.

Es sind dies Verbindungen, die aus einem homocyclischen oder heterocyclischen Kern, und aus einer durch eine Aminosäure gebildeten Seitenkette bestehen. Es ist sehr bemerkenswert, daß in vier von den fünf nachfolgend anzuführenden Verbindungen die Seitenkette jedesmal durch die α-Aminopropionsäure gebildet wird.

H
C
HC   CH
HC   CH
C
|
CH_2
|
$CHNH_2$
|
$COOH$
Phenylalanin

l-Phenylalanin, Phenyl-α-aminopropionsäure, $C_9H_{11}NO_2$, ist in kaltem Wasser schwer, in warmem leicht löslich; linksdrehend. Durch Fäulnis wird es in Phenylessigsäure und Phenylpropionsäure verwandelt. Wird Phenyl-Alanin mit Salpetersäure versetzt, so tritt eine sehr schwache Gelbfärbung ein; teilweise hierauf beruht die Xanthoprotein-Reaktion der Eiweißkörper (S. 136).

l-Tyrosin, Oxyphenyl-Alanin, p-Oxyphenyl-α-amino-propionsäure, $C_9H_{11}NO_3$, findet sich in großen Mengen in altem Käse; in Alkalien und Säuren löst es sich leicht, schwerer im Wasser, daher fällt es auch bei der Spaltung

---

[1] „n" ist die Abkürzung für „normal".

der Eiweißkörper in Aminosäuren in der Regel als erstes aus. In chemisch reinem Zustande bildet es seidenglänzende Nadeln, in unreinem Zustande dem Leucin ähnliche Kügelchen; es ist linksdrehend. Mit Salpetersäure erhitzt, wird das Tyrosin in eine gelbgefärbte Verbindung überführt; auf diese Weise verursacht das Tyrosin (mit dem Tryptophan) die Xanthoproteinreaktion (S. 136) der Eiweißkörper. Durch das Enzym Tyrosinase wird das an und für sich farblose Tyrosin zu gefärbten Produkten oxydiert. Auf dem Tyrosin- und Tyrosinasegehalt beruht die Braunfärbung mancher Pilze beim Entzweibrechen; auf dem Tyrosinasegehalt mancher Insektenblutarten, sowie des Darminhaltes der Mehlwürmer aber, daß sie in farblosen Lösungen von Tyrosin zunächst eine Rotfärbung, sodann aber einen schwarzen Niederschlag erzeugen.

Der Nachweis des Tyrosins erfolgt:

1. Nach PIRIA; wird Tyrosin in konzentrierter Schwefelsäure unter Erwärmen gelöst, die Lösung nach dem Erkalten mit Wasser verdünnt, mit kohlensaurem Barium neutralisiert, filtriert und das Filtrat mit Eisenchlorid versetzt, so entsteht eine violette Farbenreaktion.

2. Nach DENIGÈS; ein Vol. Formaldehyd ($40^0/_0$) wird mit 45 Vol. Wasser und 55 Vol. konzentrierter Schwefelsäure versetzt; wird festes oder gelöstes Tyrosin mit diesem Gemenge erhitzt, so erhält man eine grüne Farbenreaktion.

3. Mit MILLONschem Reagens (S. 136) gibt Tyrosin eine rote Farbenreaktion.

Zur quantitativen Bestimmung des Tyrosins wurden mehrere colorimetrische Verfahren empfohlen, deren Ergebnisse jedoch meist recht unsicher sind.

3-5-Dijod-Tyrosin ist in vielen Spongien- und Korallenarten enthalten, und identisch mit der Verbindung, die früher als Jodgorgosäure bezeichnet wurde.

3-4-Dioxyphenyl-Alanin, $C_9H_{11}NO_4$, ist aus gewissen Pflanzengebilden dargestellt worden; es geht durch Oxydation in Farbstoffe über. Allem Anscheine nach wird das Pigment in der Haut und in den Haaren des Menschen und der höheren Tierarten nicht, wie man früher angenommen hatte, aus Tyrosin unter Einwirkung der Tyrosinase, sondern aus Dioxyphenyl-Alanin, unter Einwirkung eines zu den Phenolasen gehörenden Enzymes gebildet, wobei aber Tyrosin insoferne mit im Spiele sein kann, als es vielleicht unter Einwirkung der Tyrosinase zuerst in Dioxyphenyl-Alanin überführt wird. Eine Lösung von Dioxyphenyl-Alanin, abgekürzt als „Dopa-Reagens" bezeichnet, wird auf Grund der auftretenden Braunfärbung zum Nachweis von Phenolasen in mikroskopischen Gewebeschnitten benutzt.

l-Prolin, α-Pyrrolidincarbonsäure, $C_5H_9NO_2$, krystallisiert in flachen Nadeln, ist in Wasser und Alkohol leicht löslich; linksdrehend. Auf seine Zugehörigkeit zu den α-Aminosäuren war trotz seiner von allen übrigen abweichenden Struktur daraus zu schließen, daß es in den Spaltungsprodukten der Eiweißkörper zu finden ist, und daß es als

Umwandlungsprodukt einer Aminosäure von der gewohnten Struktur angesehen werden kann. Nach einer früheren Annahme soll es aus der α-Amino-δ-oxyvaleriansäure unter dem Austritt eines Moleküls Wasser und ringförmiger Schließung der Kohlenstoffkette entstehen.

$$\text{COOH}-\text{CHNH}_2-\text{CH}_2-\text{CH}_2-\text{CH}_2\text{OH} \quad \text{oder anders geschrieben}$$

α-Amino-δ-oxyvaleriansäure   Prolin

Nach anderen Autoren entsteht aus Glutaminsäure auf analoge

$$\text{COOH}-\text{CH}_2-\text{CH}_2-\text{CHNH}_2-\text{COOH} \quad \text{oder anders geschrieben}$$

Glutaminsäure   Pyrrolidoncarbonsäure

Weise Pyrrolidoncarbonsäure, und aus der Pyrrolidoncarbonsäure nachträglich die Pyrrolidincarbonsäure.

Es ist aber auch möglich, daß das Prolin in den Eiweißkörpern nicht als solches enthalten ist, sondern in Form einer der beiden obenerwähnten Säuren, und aus diesen erst während der Darstellung (Hydrolyse usw.) auf obige Weise entsteht.

l-Oxyprolin, Oxypyrrolidincarbonsäure, $C_5H_9NO_3$, ist ebenfalls in vielen Eiweißkörpern enthalten; es ist linksdrehend.

l-Tryptophan, l-Indol-α-aminopropionsäure, $C_{11}H_{12}N_2O_2$ (früher fälschlich als Skatolaminoessigsäure angesehen). Es wird bei der Trypsinverdauung und Fäulnis der Eiweißkörper erhalten; bildet seidenglänzende Krystallblättchen; ist in kaltem Wasser schwer, in warmem

Oxyprolin   Tryptophan

leichter löslich; linksdrehend. Durch Fäulnisbakterien wird es bei Ausschluß von Sauerstoff in Indolpropionsäure, in Anwesenheit von Sauerstoff in Indolessigsäure verwandelt (S. 281). (Diese Verbindungen wurden früher fälschlich als Skatolessigsäure bzw. Skatolcarbonsäure angesehen.) Erhitzt, verwandelt sich das Tryptophan in Indol und Skatol. Im Darm wird vom Tryptophan, welches aus dem faulenden Eiweiß entsteht, die aus Alanin bestehende Seitenkette abgespalten, und Indoxyl bleibt zurück; dieses wird resorbiert und in der Leber an Schwefelsäure oder Glucuronsäure gebunden (S. 106, 107), endlich in Form von Salzen dieser Doppelsäuren im Harn entleert.

Nachweis. 1. Eine Lösung, die freies Tryptophan enthält, gibt mit Chlor- oder Bromwasser eine violette Farbenreaktion. Von Verdauungsgemischen, in denen Eiweiß durch Trypsin abgebaut wird, ist es seit langer Zeit her bekannt, daß sie diese Farbenreaktion geben; sie wurde gerade, weil es sich um tryptische Gemische handelte, als Tryptophanreaktion benannt. Erst nachträglich wurde erkannt, daß die in Frage stehende Aminosäure Trägerin dieser Reaktion ist; daher erhielt sie diesen Namen.

2. Wird ein Fichtenspan mit Salzsäure getränkt, dann abgewaschen und in eine konzentrierte Lösung von Tryptophan getaucht, so nimmt er getrocknet eine purpurrote Färbung an (Pyrrolreaktion).

3. Wird eine Lösung von Tryptophan mit Glyoxylsäure (S. 136) versetzt und dann konzentrierte Schwefelsäure unterschichtet, so entsteht an der Berührungsstelle der beiden Flüssigkeiten eine violette Farbenreaktion, die sich beim Umschütteln der ganzen Flüssigkeit mitteilt.

4. Wird eine Lösung von Tryptophan oder von Stoffen, die in ihrem Molekül Tryptophan enthalten, mit einer schwach schwefelsauren Lösung von p-Dimethylaminobenzaldehyd versetzt, und konzentrierte Schwefelsäure unterschichtet, so entsteht an der Berührungsstelle eine rotviolette Farbenreaktion.

5. Mit Salpetersäure entsteht eine Gelbfärbung, eine der Ursachen der Xanthoproteinreaktion der Eiweißkörper.

Zur quantitativen Bestimmung wurden colorimetrische Verfahren ausgearbeitet, die auf den obenerwähnten Farbenreaktionen beruhen, sowie auch auf der Violettfärbung, die in tryptophanhaltigen Lösungen in Gegenwart von konzentrierter Salzsäure, Formaldehyd und wenig Natriumnitrit entsteht.

Darstellung. 100 g Casein werden in 1 l Wasser suspendiert und nach Zusatz von wenig Ammoniak, 10 g Pankreatin und Toluol eine Woche stehen gelassen. Nach Ablauf dieser Zeit wird die ganze Flüssigkeit aufgekocht und filtriert, das Filtrat mit so viel Schwefelsäure versetzt, daß seine Konzentration 5% betrage, dann mit einer 10%igen Lösung von Mercurisulfat in 5%iger Schwefelsäure gefällt, der Niederschlag in Wasser suspendiert, mit Schwefelwasserstoff zersetzt und filtriert. Das Filtrat wird mit obiger Quecksilberlösung bis zur beginnenden Trübung versetzt, worauf zunächst die Ausscheidung des Cystins erfolgt; von diesem wird abfiltriert, aus dem Filtrat die Schwefelsäure mit Baryt entfernt und das neuerliche Filtrat bei $40°$ C am Wasserbad eingeengt, worauf das Tryptophan krystallinisch ausfällt.

l-Histidin, l-α-Amino-β-imidazolpropionsäure, $C_6H_9N_3O_2$; es ist in größeren Mengen aus dem Globin zu erhalten; in warmem Wasser ist es leicht, in Alkohol schwer löslich; linksdrehend. Über ein Histidin, in dessen heterocyklischen Kern ein Wasserstoff durch eine Sulfhydrylgruppe SH ersetzt ist, siehe auf S. 57.

Charakteristisch für das Histidin ist die dunkelrote Farbenreaktion, die man in ihrer Lösung erhält, wenn man sie in Anwesenheit von überschüssigem kohlensaurem Natrium mit dem Diazoreagens nach PAULY (S. 136) versetzt. Nach manchen Autoren rührt auch die im normalen Harn positiv ausfallende Diazoreaktion, wenn man sie nach PAULY ausführt, von Histidin oder von verwandten Imidazolderivaten her.

III. Aminosäuren im Eiweißmolekül.

Daß es tatsächlich die Aminosäuren sind, aus denen die Eiweißkörper aufgebaut sind, folgt

1. daraus, daß unter den Zersetzungsprodukten der durch totale Hydrolyse zersetzten Eiweißkörper Aminosäuren in großen Mengen enthalten sind;

2. aus der Möglichkeit, aus Aminosäuren sog. Peptide synthetisch aufzubauen;

3. aus den Ergebnissen der partiellen Hydrolyse.

1. Totale Hydrolyse. Die hydrolytische Spaltung der Eiweißkörper geschieht auf verschiedene Weise: durch überhitzten Wasserdampf, durch Fäulnis, durch proteolytische Enzyme, am erfolgreichsten aber durch Mineralsäuren. Die „Säurehydrolyse" erfolgt je nach Bedarf (s. unten) mit Salzsäure vom spez. Gew. 1,19, oder mit 25%iger Schwefelsäure durch Erwärmen am Wasserbad bis zur erfolgten Lösung des Eiweißkörpers; nun wird die Flüssigkeit so lange gekocht, bis eine kleine Probe keine Biuretreaktion mehr gibt, d. h. die Hydrolyse beendet ist. Mit Salzsäure ist dies nach 6 Stunden, mit Schwefelsäure nach 16 Stunden der Fall.

Aus dem Hydrolysat wird ein Teil der Aminosäuren (Glutaminsäure, Cystin, Tyrosin, sowie die Hexonbasen) mittels Verfahren, die bereits lange bekannt sind, isoliert; hingegen bereitete die Isolierung der übrigen Aminosäuren große Schwierigkeiten, indem es sich um Verbindungen handelt, die in ihren Eigenschaften vielfach ähnlich sind, und ihre Löslichkeit gegenseitig erhöhen, demzufolge schwer zum Krystallisieren zu bringen sind. Endlich sind sie auch auf Grund ihres optischen Verhaltens nur schwer zu erkennen bzw. zu unterscheiden, weil sie teilweise zu racemischen Verbindungen zusammentreten, wodurch Gemische von optisch aktiven und inaktiven Modifikationen entstehen.

Die Isolierung dieser Aminosäuren wird durch EMIL FISCHERs Esterverfahren außerordentlich erleichtert; es besteht darin, daß die sonst voneinander nicht zu trennenden Aminosäuren in ihre Äthylester-Chlorhydrate umgewandelt, aus diesen die Äthylester durch Natronlauge und Kaliumcarbonat in Freiheit gesetzt, mit Äther ausgeschüttelt, und nun erst durch fraktionierte Destillation voneinander getrennt werden.

Nach allem dem erfolgt die Isolierung der Bausteine eines Eiweißkörpers nach ihrer hydrolytischen Spaltung folgendermaßen:

a) Ein Teil des Salzsäurehydrolysates wird eingeengt und nach Sättigung mit Salzsäuregas in der Kälte stehen gelassen; aus der Flüssigkeit fällt das Chlorhydrat der Glutaminsäure krystallinisch aus.

b) In einem anderen Teile des Salzsäure-Hydrolysates wird die Salzsäure mit 33%iger Natronlauge bis zur schwach sauren Reaktion abgestumpft und die Flüssigkeit stehen gelassen, worauf sich eine aus Tyrosin und Cystin bestehende Krystallmasse ausscheidet; sie wird in 10%igem Ammoniak gelöst und die Flüssigkeit mit Eisessig neutralisiert, worauf das Cystin krystallinisch ausfällt.

c) Eine zweite Portion des Eiweißkörpers wird mit Schwefelsäure hydrolysiert, die Schwefelsäure mit Baryt entfernt und das Filtrat eingeengt, worauf Tyrosin krystallinisch ausfällt.

d) Tryptophan wird nach dem (S. 125) erwähnten Verfahren aus dem durch Trypsinverdauung abgebauten Eiweißkörper erhalten. Eiweißkörper, die mit Säure hydrolysiert wurden, können nicht verwendet werden, da das Tryptophan durch die Säure zersetzt wird.

e) Die Isolierung der Hexonbasen (Lysin, Arginin und Histidin) erfolgt am einfachsten durch Fällen des Schwefelsäurehydrolysates mit Phosphorwolframsäure.

f) Zur Gewinnung der übrigen, bloß durch das Esterverfahren isolierbaren Aminosäuren wird eine größere Menge des Eiweißkörpers mit Salzsäure hydrolysiert, das Hydrolysat filtriert und das Filtrat bei einem Druck von 15 mm Hg am Wasserbad von 40° C zu Sirupdicke eingeengt, mit absolutem Alkohol versetzt, mit trockenem Salzsäuregas gesättigt, bei einem Druck von 10 mm Hg am Wasserbad von 40° C auf zwei Drittel seines Volumens eingeengt, in Eis gekühlt und mit einem Kryställchen von Glykokoll-Äthylester-Chlorhydrat geimpft, worauf die Krystallisation alsbald beginnt. Hierdurch ist die Isolierung des größten Teils des Glykokolls bereits erreicht. Nun werden die Esterchlorhydrate der übrigen Aminosäuren, die in der Mutterlauge gelöst enthalten sind, mit Natronlauge und Kaliumcarbonat zersetzt, die in Freiheit gesetzten Ester mit Äther herausgelöst, der Äther abgetrieben und die Ester der fraktionierten Destillation unterworfen. In der Regel genügt es, vier Fraktionen gesondert aufzufangen, u. z. Fraktion I bei einem Druck von 12 mm Hg und einer Temperatur des Wasserbades bis 60° C; Fraktion II bei einem Druck von 12 mm Hg und einer Temperatur des Wasserbades bis 100° C; Fraktion III bei einem Druck von 0,1—0,5 mm Hg und einer Temperatur des Wasserbades bis 100° C; Fraktion IV bei einem Druck von 0,1—0,5 mm Hg und einer Temperatur des Ölbades bis 170° C.

Fraktion I enthält Ester des Alanins und des noch zurückgebliebenen Glykokolls; Fraktion II und III enthalten solche des Alanins, Valins, Leucins und Isoleucins; Fraktion IV enthält Ester des Serins, Phenylalanins und der etwa zurückgebliebenen Glutaminsäure. Innerhalb der einzelnen Fraktionen erfolgt die Isolierung der Aminosäuren auf Grund ihrer spezifischen Reaktionen. Außer den genannten Estern sind in Fraktionen I—III auch die des Prolins enthalten, das von den übrigen Aminosäuren auf Grund seiner Alkohollöslichkeit getrennt werden kann. Zu diesem Behufe wird das Gemisch der Ester 6 bis 8 Stunden mit Wasser gekocht, wodurch die Aminosäuren in Freiheit gesetzt werden; wenn nun die wäßrige Lösung eingedampft und der Rückstand mit Alkohol extrahiert wird, so geht das Prolin in Lösung, während die übrigen Aminosäuren zurückbleiben.

Nach einem neuen Verfahren erzeugt man statt der Äthylester der Aminosäuren ihre Butylester, die weniger zersetzlich sind, daher bei der fraktionierten Destillation geringere Verluste erleiden.

Summiert man die prozentualen Mengen der aus dem hydrolysierten Eiweißkörper erhaltenen und agnoszierten Bausteine, so ergeben sich je nach dem verwendeten Verfahren, bzw. der Art des verarbeiteten Eiweißkörpers Abgänge bis zu 50%, und nur ausnahmsweise sinken sie auf etwa 10% ab. Doch sind diese Abgänge eher der Unvollkommenheit der Bestimmungsmethoden, als etwa dem Umstande zuzuschreiben, daß im Eiweißmolekül außer den bereits bekannten Bausteinen auch derzeit noch unbekannt enthalten wären.

Die Tatsache, daß mittels Säurehydrolyse der Eiweißkörper Aminosäuren erhalten werden können, beweist an sich noch nicht, daß ihr Molekül die Aminosäuren auch tatsächlich vorgebildet enthält; denn es wäre ja auch möglich, daß es aus chemischen Verbindungen von ganz anderer, bisher unbekannter Struktur besteht, die nur durch die tief eingreifende Behandlung mit der Säure in Aminosäuren umgewandelt werden. Mit großer Wahrscheinlichkeit geht jedoch der Aufbau aus Aminosäuren daraus hervor, daß man im großen und ganzen immer dieselben Aminosäuren erhält, gleichviel, ob die Hydrolyse durch heiße Mineralsäuren oder durch heiße Lauge, oder aber durch proteolytische Enzyme bei Körpertemperatur vorgenommen wird.

2. Aufbau von Peptiden aus Aminosäuren.

Emil Fischer und seinen Mitarbeitern ist es gelungen, durch Aneinanderketten einer größeren

Anzahl von Aminosäuren neue Verbindungen zu erhalten, die in ihren Eigenschaften in so mancher Hinsicht wennauch nicht an Eiweißkörper, so doch an deren Abbauprodukte, Albumosen oder Peptone erinnern, daher auch Peptide, und zwar je nach der Anzahl der in ihnen enthaltenen Aminosäuren Di-, Tri-, bzw. Polypeptide genannt werden. Mit Hilfe geeigneter Verfahren wurde eine ganze Anzahl von Polypeptiden dargestellt, darunter solche mit weit mehr als einem Dutzend Gliedern. Auf alle Fälle ist aber die Anzahl der bisher dargestellten Polypeptide verschwindend gering im Verhältnis zu der Anzahl der theoretisch möglichen Kombinationen, die sich durch Variation der Qualität, der Anzahl und der Reihenfolge der zu verbindenden Aminosäuren schier ins unendliche vermehren lassen; insbesondere wenn noch bei je einer Aminosäure auch die Stereoisomeren in Betracht gezogen werden.

Die Synthese erfolgt nach einem älteren Verfahren aus dem Äthylester der betreffenden Aminosäure, der, in wäßriger Lösung stehen gelassen, in ein ringförmig geschlossenes Doppelmolekül übergeht. Dies geschieht, indem 2 Moleküle des Äthylesters 2 Moleküle Äthylalkohol abgeben, und der Rest sich zusammenschließt. Unter Einwirkung von Alkalien erfolgt dann eine Sprengung des Ringes (an der in nachfolgendem Strukturbild mit einem Pfeil bezeichneten Stelle) und unter Aufnahme von 1 Molekül Wasser vollzieht sich die Umwandlung in das Peptid. So entsteht aus zwei Molekülen des Glykokolls das Dipeptid Glycyl-Glycin [1].

$$\text{2 mol. Glykokolläthylester} + \longrightarrow \text{Glykokollanhydrid} + 2\,CH_3\!\cdot\!CH_2OH$$

2 mol. Glykokolläthylester   Glykokollanhydrid

$$\text{Glykokollanhydrid} + H_2O = \text{Glycylglycin}$$

Glykokollanhydrid   Glycylglycin

Auf dieselbe Weise lassen sich auch zwei verschiedene Aminosäuren, z. B. Glykokoll und Alanin, zu einem Doppelmolekül vereinigen, wobei aber zwei Verbindungen von verschiedenen Eigenschaften entstehen können. Denn in einem Falle verbindet sich die COOH-Gruppe des Glykokolls mit der NH_2-Gruppe des Alanins, und es entsteht das Glycyl-Alanin, im anderen Falle aber die COOH-Gruppe des Alanins mit der NH_2-Gruppe des Glykokolls, und es entsteht das Alanyl-Glycin.

Weit häufiger anwendbar ist eine andere Art der Synthese, die in folgendem besteht. Läßt man auf 1 Molekül einer Aminosäure 1 Molekül der entsprechenden Fettsäure einwirken, die 1 Wasserstoffatom in der Alkylgruppe und das Hydroxyl in der Carboxylgruppe durch Halogen ersetzt enthält, so entsteht durch Vereinigung

---

[1] In der Bezeichnung der verschiedenen Peptide werden alle am Aufbau beteiligten Aminosäuren angeführt, und zwar wurde diesbezüglich vereinbart, den Namen der endständigen Aminosäure, der die freie Carboxylgruppe verbleibt, mit „-in", den aller übrigen Aminosäuren aber mit „-yl" enden zu lassen.

der beiden Moleküle ein Doppelmolekül, das unter Einwirkung von Ammoniak das Halogen abgibt und dadurch zu einem Dipeptid wird.

$$CH_2Cl \atop CO.Cl \quad + \quad {H \atop H}{>}NCH_2 \atop COOH \quad = \quad HCl + {CH_2Cl \atop CO-NHCH_2 \atop COOH}$$

Chloracetylchlorid

$$CH_2Cl \atop CO-NHCH_2 \atop COOH \quad + \quad {H_3N \atop H}{\quad\atop} {H \atop H}{>}N \quad = \quad NH_4Cl + {CH_2NH_2 \atop CO-NHCH_2 \atop COOH}$$

Glycylglycin

Nach diesen älteren Methoden erfolgt die Verlängerung der Aminosäurekette an der freien Aminogruppe des Peptides. Nach einem neueren Verfahren gelingt es, die Verlängerung der Kette von der Carboxylgruppe aus vorzunehmen.

Die Peptide sind in der Regel stärker optisch aktiv, als die Aminosäuren, aus denen sie sich zusammensetzen; sie werden durch Phosphorwolframsäure mehr oder minder vollkommen gefällt, manche unter ihnen auch durch Ammoniumsulfat. Viele Polypeptide geben auch die Biuretreaktion. Durch salpetrige Säuren werden sie so zersetzt, daß der Stickstoff der freien NH_2-, nicht jedoch der CONH-Gruppe, mittels deren die Aminosäuren zusammenhängen, in Freiheit gesetzt wird (siehe S. 117). Werden sie in wäßriger Lösung mehrere Stunden gekocht, so zerfallen sie in die Aminosäuren, aus denen sie zusammengesetzt sind. Über ein Tripeptid, das einen regelmäßigen Bestandteil vieler Organe bildet, siehe auf S. 302.

Viele Polypeptide werden durch Trypsin, nicht aber durch Pepsin in ihre Bestandteile zerlegt, und gerade diese Spaltungen liefern lehrreiche Beispiele für den engen Zusammenhang zwischen Struktur und biologischem Verhalten einer Verbindung.

So hängt z. B. die Spaltbarkeit eines Peptides durch Trypsin unter anderem von der Reihenfolge ab, in der die betreffenden Aminosäuren aneinander geknüpft sind: Alanylglycin wird gespalten, Glycylalanin nicht. Weiterhin hängt die Spaltbarkeit auch davon ab, um welche der Stereoisomeren der Aminosäuren es sich handelt, aus denen das Peptid aufgebaut ist; sind nämlich im Peptid diejenigen Stereoisomeren der Aminosäuren enthalten, die auch aus Eiweißkörpern gewonnen werden, so läßt sich das Peptid durch Trypsin spalten, sonst aber in der Regel nicht.

3. Partielle Hydrolyse. Wird die Säurehydrolyse nicht in der Siedehitze, sondern bei Zimmertemperatur vorgenommen, so erfolgt eine sog. partielle Hydrolyse, bei der man unter den Spaltprodukten der Eiweißkörper Peptide erhält, ganz ähnlich den künstlich dargestellten, die oben beschrieben sind.

IV. Einteilung und Beschreibung der tierischen Eiweißkörper[1].

Von einer Reindarstellung der Eiweißkörper kann zur Zeit nur ausnahmsweise, sofern sie krystallisiert erhalten werden, die Rede sein; bei anderen ist eine Darstellung in einigermaßen reinem Zustande nur

[1] Unter kurzer Berührung einiger pflanzlicher Eiweißkörper.

in dem Sinne möglich, daß sie aus ihren natürlichen Lösungen (Körper-flüssigkeiten), in denen sie neben verschiedensten anderen Verbindungen enthalten sind, gefällt bzw. ausgesalzen werden können; bei einer großen Anzahl versagt jedoch auch diese Art der Darstellung. Diese Schwierigkeiten, im Vereine mit den Hindernissen, die einer erschöpfenden Analyse des Eiweißmoleküls, namentlich der quantitativen Bestimmung der Monoaminosäuren im Wege stehen, machen es begreiflich, daß es derzeit noch an einer entsprechenden Basis zu einer rationellen Ein-teilung der Eiweißkörper fehlt.

Es haben jedoch bereits diese unzureichenden Verfahren große Verschieden-heiten und eine große Mannigfaltigkeit in dem Aminosäuregehalt der verschiedenen Eiweißkörper erkennen lassen; so fällt besonders das Fehlen des Glykokolls im Serumalbumin und im Casein auf; ferner das Fehlen des Tyrosins, Tryptophans und Cystins im Glutin (Leim); andererseits die große Menge des Cystins im Keratin, des Glykokolls im Fibroin und im Glutin (Leim) usw.

Nachfolgende, auszugsweise mitgeteilte Zusammenstellung [1] zeigt den prozen-tualen Aminosäuregehalt einiger Eiweißkörper tierischer und pflanzlicher Herkunft, allerdings aus den oben angeführten Ursachen nur in angenäherten Werten.

Eiweißart	Glykokoll %	Alanin %	Leucin %	Glutamin-säure %	Cystin %	Arginin %	Lysin %	Phenyl-alanin %	Tyrosin %	Prolin %
Serumalbumin . .	0	2,7	20,0	7,7	2,5	4,4	8,2	3,1	2,1	1,0
Serumglobulin . .	3,5	2,2	18,7	8,5	0,6	3,6	4,8	4,9	4,2	2,7
Fibrinogen	4,7	1,5	7,1	3,7	8,0	4,5	1,1	—	3,2	3,8
Ovalbumin	0	2,2	10,7	9,1	0,2	2,4	3,2	5,1	1,8	3,6
Casein (aus Kuh-milch)	0	1,5	9,4	15,6	?	3,8	6,0	3,2	4,5	6,7
Glutin	25,5	8,7	7,1	5,8	0	8,2	5,9	1,4	0	9,5
Keratin (aus Roß-haaren).	4,7	1,5	7,1	3,7	8,0	4,5	1,1	—	3,2	3,4
Edestin (aus Hanf-samen)	3,8	3,6	21,0	16,0	0,5	13,0	1,3	2,5	4,0	1,7
Legumin (aus Erb-sen, Linsen) . .	0,4	2,1	8,0	16,0	—	11,0	4,6	3,8	1,8	3,2
Hordein (aus Gerste)	0	0,4	5,7	43,2	1,2	2,8	0,9	5,0	1,7	13,7
Gliadin (ausWeizen)	0,3	2,2	6,6	40,0	1,3	3,2	0,6	2,5	2,3	7,8
Zein (aus Mais) . .	0	6,8	19,6	22,0	0,5	1,6	0	7,0	7,0	9,0

Um wenigstens eine Übersicht über die Eiweißkörper zu haben, müssen wir uns derzeit mit einer Einteilung begnügen, die sich teils an ziemlich unwesentliche Eigenschaften, wie Löslichkeit, Fällbarkeit der Eiweißkörper hält, teils an den Umstand, ob aus ihrem Gesamt-molekül gewisse kleinere Moleküle abzuspalten sind oder nicht, teils an ihr Vorkommen in verschiedenen Geweben. Endlich müssen auch gewisse Verbindungen hier behandelt werden, die aus der Umwandlung von Eiweißkörpern hervorgehen, dabei jedoch gewisse Eigenschaften der letzteren beibehalten haben.

---

[1] Abgekürzt und teilweise in Mittelwerten wiedergegeben nach der 9. Auflage des Hoppe-Seyler-Thierfelderschen und der 11. Auflage des Hammarstenschen Lehrbuches. In der Tabelle bedeutet „—" fehlende Analyse.

Wir unterscheiden, im wesentlichen nach HAMMARSTEN, folgende Gruppen[1] der Eiweißkörper:

Einfache Eiweißkörper.

a) Albumine.
b) Globuline.
c) Prolamine.
d) Phosphorglobuline (früher als Nucleoalbumine bezeichnet).
e) Koagulierte Eiweißkörper.
f) Histone.
g) Protamine.

Umwandlungsprodukte von Eiweißkörpern.

a) Albuminate.
b) Albumosen.
c) Peptone.
d) Kyrine.

Zusammengesetzte Eiweißkörper (Proteide).

a) Chromoproteide.
b) Glykoproteide.
c) Nucleoproteide.

Albuminoide (Albumoide, Protenoide).

a) Keratin.
b) Elastin.
c) Collagen.
d) Reticulin.
e) Skeletine.

A. Einfache Eiweißkörper.

Die einfachen Eiweißkörper sind nie fehlende Bestandteile der tierischen Zellen; sie können mit wenigen Ausnahmen in alle Sekrete übergehen; ihre mittlere Zusammensetzung ist nach HAMMARSTEN:

$$
\begin{array}{ll}
C & 50{,}6{-}54{,}5\,\%\\
H & 6{,}5{-}\ 7{,}3\,\%\\
N & 15{,}0{-}17{,}6\,\%\\
S & 0{,}3{-}\ 2{,}2\,\%\\
O & 21{,}5{-}23{,}5\,\%\\
P & \text{in den Phosphorglobulinen.}
\end{array}
$$

---

[1] Auf Grund des Gehaltes an Diaminosäuren, die sich weit genauer als die Monoaminosäuren bestimmen lassen, hat man auch versucht, die Eiweißkörper wie folgt zu gruppieren:

Eiweißkörper mit einem Diaminosäuregehalt von etwa 80%: Protamine,
   „   „   „   „   „   20—40%: Histone,
   „   „   „   „   „   10—15%: z. B. Albumine,
                                                                     Glibuline,
   „   „   „   „   „ weniger als 10%: Albuminoide.

1. Eigenschaften.

Allgemeine Eigenschaften. Die einfachen Eiweißkörper sind in der Regel nur schwer rein darzustellen, aschenfrei· schon gar nicht; es ist auch möglich, daß ein Salzgehalt in der Höhe von 0,2—0,5% zum Eiweißmolekül gehört. Ihr Molekulargewicht beträgt viele Tausende, doch scheint nach neueren Untersuchungen dieses hohe Molekulargewicht dem Eiweiß nur zuzukommen, wenn es in Wasser gelöst (dispergiert) ist; im siedenden Phenol ist das Molekulargewicht unverhältnismäßig kleiner. Die Eiweißkörper stellen geschmack- und geruchlose, meistens amorphe, weiße Pulver dar, einige von ihnen wurden auch krystallisiert erhalten, so zuerst das Ovalbumin, später auch das Serumalbumin und das Lactalbumin; von den Globulinen namentlich solche pflanzlichen Ursprunges, wie z. B. das aus Hanfsamen darstellbare Edestin. Doch ist zu bemerken, daß es oft sehr schwer fällt, bzw. unmöglich ist, krystallisiertes Eiweiß ganz rein, namentlich aschenfrei herzustellen.

Die einfachen Eiweißkörper sind in Wasser löslich, und zwar teils in reinem destilliertem Wasser, teils bloß in Gegenwart von Säuren oder Basen oder Salzen; sie gehören zur Gruppe der sog. Emulsions- oder hydrophilen Kolloide (S. 39). In diesen wäßrigen Lösungen kommt ihnen ein geringer, doch meßbarer osmotischer Druck zu: so z. B. den Serumeiweißkörpern in einer Konzentration, wie sie im Blute enthalten sind (etwa 7%), ein osmotischer Druck von etwa 30 mm Hg.

Eiweißkörper als Ampholyte. Die einfachen Eiweißkörper sind, wie die Aminosäuren, aus denen sie bestehen, amphotere Elektrolyte (S. 29), denn an den Aminosäuren gehen, wenn sie sich (laut S. 115) zu Eiweißkörpern verbinden, die zwischenliegenden COOH- bzw. NH_2-Gruppen infolge der Vereinigung zur CONH-Gruppe zwar verloren, aber an dem einen freien Ende des neugebildeten Moleküls muß unter allen Umständen eine COOH-, am anderen eine NH_2-Gruppe intakt erhalten bleiben. Entsprechend ihrer Doppelnatur besitzen die Eiweißkörper ein ausgesprochenes Säure- und Basenbindungsvermögen, d. h. sie bilden Salze sowohl mit Säuren, wie auch mit Basen; da sie aber sowohl als Säuren, wie auch als Basen zu den sehr „schwachen" gehören, kommt es in der Lösung dieser Salze zu einer erheblichen Hydrolyse (S. 29).

Nach dem (S. 29) mitgeteilten Beispiele des Glykokolls kann man sich die Konstitution des Eiweißmoleküls durch die schematische Formel H.Alb.OH versinnbildlicht vorstellen, und vorerst annehmen, daß das Eiweiß ein idealer Ampholyt, d. h. sein Säure- und Basencharakter gleich stark ausgeprägt sei. Wird ein solches Eiweiß in vollkommen neutralem, reinem destilliertem Wasser gelöst, so bleibt die weitaus überwiegende Menge des Eiweißes in undissoziiertem, elektroneutralem Zustande bestehen, und in bloß geringem Ausmaße erfolgt die Dissoziation in folgender Weise:

$$\text{H . Alb . OH} \rightleftarrows \text{H}^+ + \text{Alb} + \text{OH}^-.$$

Säuert man die Lösung an, so wird infolge des Zusatzes von H-Ionen die Abspaltung von H^+-Ionen aus dem Eiweiß zurückgedrängt, so, daß in der Lösung im wesentlichen nur mehr $H.Alb^{+}$- und OH^{-}-Ionen zurückbleiben:

$$H.Alb.OH \rightleftarrows H.Alb^{+} + OH^{-}.$$

Wird hingegen die vorher neutrale Eiweißlösung mit Lauge versetzt, so wird infolge des Zusatzes von OH^{-}-Ionen die Abspaltung von OH^{-}-Ionen aus dem Eiweiß zurückgedrängt, so daß in der Lösung im wesentlichen nur mehr $Alb.OH$ - und H^{+}-Ionen zurückbleiben:

$$H.Alb.OH \rightleftarrows H^{+} + Alb.OH^{-}.$$

Isoelektrischer Zustand. Isoelektrischer Punkt. Aus obigem Verhalten einer Eiweißlösung in Abhängigkeit vom Säure- bzw. von Laugenzusatz wird es erklärlich, daß die Eiweißteilchen einer sauren Eiweißlösung im elektrischen Potentialgefälle (Kataphorese S. 38) als Kationen, $H.Alb^{+}$, zur Kathode, in alkalischer Lösung hingegen als Anionen, $Alb.OH$, zur Anode wandern. Durch einen entsprechenden Zusatz von H- bzw. OH-Ionen läßt sich aber nicht nur die Wanderungsrichtung der kolloiden Eiweißteilchen ändern, sondern auch ein Zustand erreichen, in dem sie die Erscheinung der Kataphorese nicht mehr zeigen. Dieser Zustand wird als isoelektrischer Zustand bezeichnet. Wäre jedes Eiweiß, wie oben vorerst angenommen war, ein idealer Ampholyt, so müßte der isoelektrische Zustand mit der neutralen Reaktion der betreffenden Eiweißlösung streng zusammenfallen. Nun überwiegt aber bei den meisten der für uns am wichtigsten Eiweißarten der saure Charakter, so daß sie auch in reinem destilliertem Wasser hauptsächlich wie folgt dissoziieren:

$$H.Alb.OH \rightleftarrows H^{+} + Alb.OH^{-}.$$

Fügt man nun von einer Säure allmählich zunehmende Mengen hinzu, so wird die entgegengesetzt gerichtete Dissoziation (siehe oben) eingeleitet:

$$H.Alb.OH \rightleftarrows H.Alb^{+}. + OH ,$$

derzufolge in der Lösung in zunehmender Konzentration positiv geladene Eiweißionen erscheinen, die Konzentration der negativ geladenen Eiweißionen aber stetig abnimmt, und setzt man mit der Zugabe der Säure fort, so muß endlich eine Konzentration der Säure bzw. der H-Ionen erreicht werden,, bei der die Konzentration der $H.Alb^{+}$- und der $Alb.OH^{-}$-Ionen die gleiche geworden ist. Bei dieser Säurekonzentration befindet sich das Eiweiß im oben genannten isoelektrischen Zustand, und wird folgerichtig die H-Ionenkonzentration, bei der jener Zustand besteht, als isoelektrischen Punkt bezeichnet.

Aus obiger Darstellung folgt unmittelbar, daß der isoelektrische Punkt für die oben erwähnten Eiweißarten von saurem Charakter stets im „sauren Gebiete", also bei einer höheren H-Ionenkonzentration liegt, als der Neutralität entspricht; andererseits, daß der isoleketrische Punkt für verschiedene Eiweißarten ungleich ist, da ja der Säurecharakter verschiedener Eiweißarten ein verschiedener ist; endlich auch, daß die H-Ionenkonzentration, die für verschiedene Eiweißarten den isoleketrischen Punkt bedeutet, um so höher liegt, je stärker der Säurecharakter des betreffenden Eiweißes ist (da es ja eines um so größeren Säurezusatzes bedarf, um das anfängliche Überwiegen der $Alb.OH$-Ionen wettzumachen). So beträgt z. B. der isoelektrische Punkt bezüglich Serumalbumin $p_H = 4,7$, bezüglich Serumglobulin $p_H = 5,4$, bezüglich des zusammengesetzten Eiweißkörpers Oxyhämoglobin $p_H = 6{,}7$, liegt also durchwegs auf der „sauren Seite"; bezüglich des Globins beträgt der isoelektrische Punkt $p_H = 8{,}1$, liegt also auf der „alkalischen Seite".

Das Verhalten einer Eiweißlösung im isoelektrischen Zustande ist wesentlich verschieden von dem einer Eiweißlösung, in der die eine oder die andere Eiweiß-Ionenart (H . Alb$^+$ oder Alb . OH$^-$) überwiegt. Im isoelektrischen Zustande ist keine kataphoretische Wanderung der Eiweißteilchen bemerkbar, die dispergierten Teilchen sind vom Dispersionsmittel (Wasser) wenig durchdrungen, der Emulsoidcharakter der Lösung ist wenig ausgeprägt, ihre Viscosität ist gering, durch Hitze und Alkohol ist sie leicht fällbar. Hat man hingegen die Eiweißlösung so stark angesäuert bzw. alkalisch gemacht, daß sie überwiegend Eiweiß-Kationen bzw. -Anionen enthält, so findet man die Eiweißteilchen von Dispersionsmittel (Wasser) stark durchdrungen (sie haben eine starke Hydratation erfahren), der Emulsionscharakter der Lösung ist stark ausgeprägt, ihre Viscosität größer, die Fällbarkeit durch Alkohol oder durch Hitze herabgesetzt.

2. Fällbarkeit.

Die Bedingungen, unter denen Eiweiß leichter oder schwerer fällbar ist, sind teilweise bereits oben kurz besprochen. Aus ihren Lösungen werden Eiweißkörper gefällt:

a) durch konzentrierte Lösungen von Neutralsalzen (Magnesium-, Ammonium-, Zink-, Natriumsulfat, Natriumchlorid); diese Art der Fällung wird eben deshalb auch als Aussalzung bezeichnet.

Bezüglich ihrer eiweißfällenden Wirkung lassen sich Kationen und Anionen der Neutralsalze in die (S. 38) kurz erwähnten lyotropen Reihen gliedern:

Kationen: Cs$^+$, Rb$^+$, K$^+$, Na$^+$, Li$^+$.

Anionen: SCN$^-$, J$^-$, Br$^-$, NO$_3^-$, Cl$^-$, CH$_3$COO .

Doch hängt die Richtung, in der die Wirkung sich innerhalb dieser Reihen ändert, von der Reaktion der Eiweißlösung ab: die fällende Kraft der in einer Reihe enthaltenen Ionen nimmt in saurer Lösung von links nach rechts, in alkalischer Lösung aber von rechts nach links zu. Außerdem ist zu bemerken, daß in angesäuerten Eiweißlösungen, die (nach S. 133) Eiweißkationen, H . Alb$^+$ enthalten, eher die Anionen des zugesetzten Neutralsalzes, in alkalischen Eiweißlösungen aber, die Eiweißanionen, Alb . OH$^-$ enthalten, die Kationen des Neutralsalzes wirksam sind. Die Fällbarkeit der Eiweißkörper durch Neutralsalze beruht im wesentlichen auf einem Dehydratationsvorgang, und hängt nicht nur von Art und Konzentration dieser Salzlösung, sondern auch von der Natur des betreffenden Eiweißkörpers, wie auch vom Grade seiner Dispersion ab. Auch ist es, wenn eine Lösung mehrere Eiweißkörper enthält, die bei verschiedenen Salzkonzentrationen fällbar sind, möglich, sie durch sog. fraktionierte Fällung voneinander zu trennen. Sättigt man z. B. die Lösung zu einem Dritteile mit dem Salze, so schlägt man hierdurch eine bestimmte Eiweißfraktion nieder; sättigt man das Filtrat zur Hälfte, so erhält man ein schwerer fällbares Eiweiß als Niederschlag; endlich erhält man durch vollständige Sättigung des abermaligen Filtrates das am schwersten fällbare Eiweiß.

Ferner werden die Eiweißkörper gefällt:

b) durch Alkohol;

c) durch verdünnte Lösungen von Schwermetallsalzen (Mercurichlorid, Bleiacetat, Kupfersulfat), wobei es entweder zu einer förmlichen chemischen Bindung, oder bloß zu einer Adsorptionsbindung zwischen Eiweiß und Metallsalz kommt;

d) durch Erhitzen. Diese Art der Fällung wird als Hitzekoagulation bezeichnet. Handelt es sich hierbei um eine konzentriertere Eiweißlösung, so koaguliert sie zu einem festen zusammenhängenden Klumpen; ist die Eiweißlösung verdünnter, so fällt das Eiweiß in Flocken aus. (Dies gab Veranlassung, die Fällung des Eiweißes, auch wenn sie auf eine andere Weise zustande kommt, als „Ausflockung" oder „Flockung" zu bezeichnen.) Die verschiedenen Eiweißarten werden bei verschiedenen Temperaturen koaguliert; doch hängt die Koagulationstemperatur von dem Gehalt der Lösung an Eiweiß sowohl, wie auch an Salzen ab. Ferner ist zur Hitzekoagulation auch eine gewisse Wasserstoff-Ionenkonzentration erforderlich, die für die meisten Eiweißarten mit dem isoelektrischen Punkt (S. 133) zusammenfällt;

e) durch sog. Alkaloidreagenzien, wie Phosphorwolfram-, Phosphormolybdänsäure, Kaliumquecksilberjodid, Kaliumwismutjodid in Gegenwart von Mineralsäure (am besten Salzsäure), ferner durch Gerbsäure und durch Pikrinsäure in Gegenwart von Essigsäure.

Als Alkaloidreagenzien werden obige bezeichnet, weil sie zu den Fällungsreaktionen der als Gifte bzw. als Arzneien so wichtigen Alkaloide besonders geeignet sind.

f) durch Trichloressigsäure.

Der durch Neutralsalze und durch Alkohol bewirkte Fällungsvorgang ist reversibel; denn das auf diese Weise gefällte Eiweiß ist in Wasser wieder löslich; in allen anderen Fällen ist der Vorgang irreversibel: das gefällte Eiweiß ist wasserunlöslich. Jedoch wird auch das durch Alkohol gefällte Eiweiß unlöslich, wenn es längere Zeit unter Alkohol aufbewahrt wird. Eiweiß, das noch im Besitze aller seiner ursprünglichen Eigenschaften, darunter auch seiner Löslichkeit sich befindet, wird als natives Eiweiß, hingegen irreversibel gefälltes oder mit Säure, Lauge usw. behandeltes Eiweiß, das seine ursprünglichen Eigenschaften teilweise verloren hat, als denaturiertes Eiweiß bezeichnet.

3. Nachweis.

Der Nachweis der Eiweißkörper erfolgt durch Farben- und Präcipitationsreaktionen, die, wiewohl sie vielfach auch anderen Eiweißkörpern eigentümlich sind, an dieser Stelle erörtert werden, weil sie an den einfachen Eiweißkörpern am charakteristischesten ausfallen, während an manchen anderen bald die eine, bald die andere Reaktion negativ ausfallen kann.

a) Farbenreaktionen.

α) Biuretraktion. Die zu untersuchende Lösung wird mit Kali- oder Natronlauge stark alkalisch gemacht, und tropfenweise mit einer verdünnten Lösung von Kupfersulfat versetzt: der Niederschlag von Cuprihydroxyd löst sich in Anwesenheit von Eiweiß beim Umschütteln der Flüssigkeit mit violett-blauer, violettroter Farbe. Ein Überschuß von Kupfersulfat bzw. von Cuprihydroxyd wirkt störend. Auch die Gegenwart von Ammoniumsalzen wirkt störend auf die Reaktion; in diesem Falle kann man durch Verwendung von starker Lauge noch zum Ziele kommen. Diese Reaktion, die neben Eiweiß auch von höheren Eiweißabbauprodukten, manchen Polypeptiden usw. gegeben wird, erhielt ihren Namen vom Biuret (S. 59), weil sie in Biuretlösungen ebenfalls positiv ausfällt. Gemeinsam ist allen genannten Körpern die Struktur: sie enthalten unmittelbar oder durch Vermittlung eines anderen C- oder N-Atoms miteinander verbundene $CONH_2$- oder CH_2NH_2- oder $C(NH)NH_2$-Gruppen. Doch ist zu bemerken, daß unter den Trypsinverdauungsprodukten der Eiweißkörper eine ganze Reihe von hochmolekularen, aus zahlreichen Aminosäuren aufgebauten Verbindungen angetroffen werden, die die Biuretprobe **nicht** geben, daher als **abiurete** Verbindungen bezeichnet werden; während umgekehrt, einfacher zusammengesetzte Peptide, ja einzelne Aminosäuren, wie das Histidin, die Reaktion geben.

β) **Xanthoproteinreaktion.** Durch konzentrierte Salpetersäure wird sowohl gelöstes, wie auch koaguliertes Eiweiß bereits in der Kälte, besonders aber in der Wärme gelb gefärbt; durch Zusatz von Ammoniak geht das Gelb in Orange über. Diese Reaktion wird durch den Tyrosin- und Tryptophankern des Eiweißes bedingt (S. 122, 125), indem unter dem Einflusse der Salpetersäure gelb gefärbte Nitrosubstitutionsprodukte dieser Aminosäuren, namentlich des Tyrosins entstehen.

γ) Millonsches Reagens erzeugt in einer Lösung von Eiweiß eine weiße Fällung; in der Wärme färbt sich die Flüssigkeit und ebenso auch der Niederschlag rosenrot bis dunkelrot. Die Reaktion wird durch den Tyrosinkern des Eiweißes bedingt; sie fällt auch am koagulierten Eiweiß positiv aus. Das Millonsche Reagens ist eine Lösung von Mercurinitrat, die etwas salpetrige Säure enthält. Es wird bereitet durch Auflösen von 1 Gewichtsteil Quecksilber in 2 Gewichtsteilen Salpetersäure vom spez. Gew. 1,42 erst in der Kälte, dann am Wasserbade in der Wärme; sodann wird die Lösung mit der doppelten Menge Wasser verdünnt und nach halbtägigem Stehen filtriert.

δ) Hopkins und Colesche Probe. Als Reagens dient eine Lösung von Glyoxylsäure, $CH(OH)_2 . COOH$ oder $COH . COOH + H_2O$. Das Reagens wird bereitet aus 1 l einer konzentrierten wäßrigen Lösung von Oxalsäure und 60 g Natriumamalgam; nachdem die Entwicklung von Wasserstoff aufgehört hat, wird die Flüssigkeit vom Quecksilber abgegossen und mit dem dreifachen Volumen Wasser verdünnt. Die zu untersuchende Flüssigkeit wird mit einer geringen Menge des Reagens versetzt und konzentrierte Schwefelsäure unterschichtet, worauf im Falle der Anwesenheit von Eiweiß an der Grenzfläche zwischen beiden Flüssigkeiten eine violettrote Färbung eintritt. Diese Reaktion wird durch das im Eiweißmolekül enthaltene, an andere Aminosäuren gekettete Tryptophan bedingt; hingegen ist die (S. 125) erwähnte Chlor- oder Bromwasserreaktion nur dem freien Tryptophan eigentümlich.

ε) Die Adamkiewiczsche Probe ist eigentlich die veraltete Form der Hopkins und Coleschen, denn nach diesen Autoren ist in jener nicht der Eisessig das wirksame Prinzip, sondern die Glyoxylsäure (siehe oben), die dem Eisessig als Verunreinigung beigemischt ist. Die Probe wird an festem Eiweiß so ausgeführt, daß dieses in Eisessig gelöst, die Lösung mit konzentrierter Schwefelsäure versetzt und dann erwärmt wird. Handelt es sich um eine Eiweißlösung, so werden einige Kubikzentimeter derselben mit einem Gemenge erwärmt, das aus 1 Volum konzentrierter Schwefelsäure und 2 Volumina Eisessig besteht. In beiden Fällen erhält man eine violettrote Färbung.

ζ) Liebermannsche Probe. Wird festes Eiweiß mit konzentrierter Salzsäure gekocht, so entsteht eine Violettfärbung, die durch den Tryptophankern bedingt ist.

η) Reaktion nach Neubauer und Rohde. Wird eine Eiweißlösung mit 5 bis 10 Tropfen einer 5%igen schwach-schwefelsauren Lösung von p-Dimethyl-amino-benzaldehyd und unter Umschütteln vorsichtig mit konzentrierter Schwefelsäure versetzt, so entsteht eine violettrote Farbenreaktion, die ebenfalls durch den Tryptophankern bedingt ist.

ϑ) **Diazoreaktion** nach Pauly. Die zu untersuchende Lösung wird mit Sodalösung alkalisiert und mit einigen Zentigramm Diazobenzolsulfonsäure, in einigen Kubikzentimeter Sodalösung gelöst, versetzt. Bei Anwesenheit von Eiweiß tritt bald eine intensive kirschrote Färbung ein, die auf dem Histidin- und Tyrosingehalt des Eiweißmoleküls beruht. (Die Diazobenzolsulfonsäure wird am besten frisch, und zwar wie folgt, bereitet: 2 g feingepulverte Sulfanilsäure werden mit 3 cm³ Wasser und 2 cm³ konzentrierter Salzsäure verrieben, und unter ständiger Kühlung in eine Lösung von 1 g Kaliumnitrit in 1—2 cm³ Wasser eingetragen. Der weiße Niederschlag von Diazobenzolsulfonsäure wird abgesaugt und mit Wasser gewaschen.)

b) Fällungsreaktionen.

a) **Kochprobe** (Koagulationsprobe). Da Eiweiß nur in schwachsaurer Lösung koaguliert (S. 135), wird die Lösung entweder vor dem Erhitzen mit 1—2 Tropfen verdünnter Essigsäure angesäuert, oder noch besser, erst aufgekocht, und nachher tropfenweise mit Essigsäure versetzt und vor jedem Zusatz wieder aufgekocht. Ist die Lösung salzarm, so wird in ihr so viel festes Kochsalz gelöst, daß die Konzentration etwa 1% betrage.

β) HELLERsche Probe. Unter die zu untersuchende Lösung wird vorsichtig konzentrierte Salpetersäure geschichtet, worauf an der Trennungsfläche beider Flüssigkeiten eine weiße, scharf begrenzte Schicht (auch als „Ring" bezeichnet) von gefälltem Eiweiß entsteht. Ebenso wirken konzentrierte Schwefelsäure, Salzsäure, Metaphosphorsäure (Orthophosphorsäure nicht!).

γ) Ferrocyankalium-Essigsäureprobe. Die zu untersuchende Lösung wird mit 10%iger Essigsäure stark angesäuert und mit 10—15 Tropfen einer 10%igen Lösung von Ferrocyankalium versetzt; bei Anwesenheit von Eiweiß entsteht eine Trübung oder Fällung.

δ) Sulfosalicylsäureprobe. 15—20 Tropfen einer 20%igen Lösung des Reagens erzeugen in einer Eiweißlösung eine Trübung oder Fällung.

4. Quantitative Bestimmung.

a) Die Lösung wird zunächst entsprechend verdünnt (bei einem zu erwartenden Eiweißgehalt von 2—3% 2—5fach, von 5—6% 5—10fach), mit Essigsäure sehr schwach angesäuert, mit Kochsalz bis zu einem Gehalt von etwa 1% versetzt, aufgekocht, durch ein vorher gewogenes Filter gegossen, der Niederschlag mit Wasser, Alkohol, Äther gewaschen, getrocknet und samt dem Filter gewogen.

b) Aus glykogenfreien Lösungen kann das Eiweiß auch mittels Alkohol quantitativ gefällt werden; zu diesem Behufe wird die Lösung genau neutralisiert und in ihr so viel Kochsalz gelöst, daß ihr Gehalt ungefähr 1% betrage, dann mit so viel Alkohol versetzt, daß 1 Volumen der Flüssigkeit 0,7—0,8 Volumen Alkohol enthalte. Die weitere Behandlung des Niederschlags erfolgt wie oben.

c) Die zu untersuchende Lösung wird mit Gerbsäure gefällt und in dem am Filter gesammelten Niederschlag eine Stickstoffbestimmung nach KJELDAHL (S. 268) ausgeführt. Da der durchschnittliche Stickstoffgehalt des Eiweißes 16%, d. h. $\dfrac{1}{6,25}$ Teil beträgt, ist Eiweiß gleich 6,25mal Stickstoff. Gefällt wird mit der ALMÉNschen Lösung, die wie folgt bereitet wird: man löst 4 g Gerbsäure in 8 cm³ 25%iger Essigsäure und fügt 90 cm³ 50%igen Alkohol hinzu.

5. Einzelbeschreibung der einfachen Eiweißkörper.

Albumine.

Sie sind auch in salzfreiem Wasser löslich; aus neutralen Lösungen werden sie durch Kochsalz und durch Magnesiumsulfat nicht, wohl aber nach vorangehender Ansäuerung gefällt; vollständig werden sie gefällt durch Sättigung der Lösung mit Ammoniumsulfat. Ihrem Molekül fehlt das Glykokoll; ihr Schwefelgehalt beträgt 1,6—$2,2\%$. Hierher gehören:

Serumalbumin, enthalten im Blutserum, in der Lymphe, in pathologischen Harnen (Eigenschaften siehe S. 163).

Ovalbumin; im Eiklar enthalten (Eigenschaften siehe S. 230).

Lactalbumin; in der Milch enthalten (Eigenschaften siehe S. 236).

Globuline.

Sie sind in salzfreiem Wasser nicht löslich, wohl aber in verdünnten Lösungen von Neutralsalzen, fallen jedoch bei weiterer Verdünnung der Lösung wieder aus; sie sind auch in verdünnter Lauge löslich, werden aber durch Neutralisieren der Lösung wieder gefällt; aus ihrer Lösung werden sie auch durch Kohlensäure gefällt, jedoch löst sich der Niederschlag im Überschuß der Kohlensäure. Durch Sättigung mit Magnesiumsulfat werden sie auch aus neutralen Lösungen gefällt, durch Ammoniumsulfat bereits bei Halbsättigung. Ihr Schwefelgehalt beträgt etwa 1%. Sie enthalten in ihrem Molekül neben anderen Aminosäuren auch Glykokoll. Hierher gehören:

Serumglobuline; enthalten in Blutserum, in der Lymphe, in pathologischen Harnen (S. 163); **Ovoglobulin** im Eiklar (S. 230).

Lactoglobulin; in geringer Menge in der Milch enthalten (S. 236).

Thyreoglobuline, darunter ein jodhaltiges (S. 318), wurden aus der Schilddrüse verschiedener Tiere dargestellt.

Fibrinogen; im Blutplasma, ferner in der Lymphe, in Ex- und Transsudaten enthalten (S. 162).

Myosin und vielleicht auch das **Myogen** der Muskeln (S. 224).

Von wichtigeren Pflanzeneiweißarten gehört das **Legumin** (aus Erbsen, Linsen), sowie das **Edestin** (aus Hanfsamen) zu den Globulinen.

Prolamine.

Es sind dies in Wasser unlösliche, in etwa 70%igem Alkohol lösliche Eiweißarten pflanzlicher Herkunft, die durch einen hohen Prolingehalt, sowie durch Mangel oder wenigstens hochgradige Armut an Lysin ausgezeichnet sind. (Siehe hierüber auch S. 376). Hierher gehört das **Gliadin** des Weizen-, das **Hordein** des Gersten-, und das **Zein** des Maiskornes.

Die weitaus größte Menge der im Weizenkorn enthaltenen Eiweißkörper läßt sich aus dem Mehle in Form einer teigigen Masse, genannt Kleber oder Gluten, erhalten, wenn man aus dem Mehle die Stärkekörnchen hinausschwemmt. Etwa die Hälfte des Glutens besteht aus Gliadin, die andere Hälfte wird durch das in Wasser und Alkohol unlösliche Glutenin gebildet, das sich in verdünnten Säuren und Alkalien löst. Dem Glutenin analoge, in anderen Cerealien enthaltene Eiweißkörper werden als Gluteline bezeichnet.

Phosphorglobuline; früher Nucleoalbumine genannt.

Sie unterscheiden sich von allen anderen einfachen Eiweißkörpern durch ihren Phosphorgehalt. Ihre ältere Bezeichnung „Nucleoalbumine“ ist unrichtig, einerseits, weil sie vermöge ihrer Eigenschaften eher den Globulinen als den Albuminen zuzuzählen sind, andererseits weil sie mit den Nucleoproteiden (S. 144) nur den Phosphorgehalt gemein haben. Es ist zwar richtig, daß sie, mit Pepsinsalzsäure verdaut, einen phosphorhaltigen Niederschlag liefern, wie die Nucleoproteide; jedoch enthält der durch Verdauung der Nucleoproteide entstehende Niederschlag, das sog. Nuclein (S. 144), Kohlenhydrate und Purinkörper, während die Nucleoalbumine, ähnlich behandelt, einen Niederschlag liefern, der frei von Kohlenhydraten und Purinkörpern ist, und Pseudonuclein genannt wird (S. 231, 235). Indessen ist zu bemerken, daß nicht an jedem Phosphorglobulin in gleich leichter Weise ein Niederschlag von Pseudonuclein zu erhalten ist, und daß dies auch von der Wirksamkeit des Pepsins und von der Konzentration der zugesetzten Säure abhängt. Hierher gehören:

Casein; in der Milch (S. 235).

Ovovitellin; im Eigelb (S. 231).

Koagulierte Eiweißkörper.

Fibrin, das unter der Einwirkung des Thrombins aus dem Fibrinogen entsteht (Näheres siehe auf S. 149).

Koaguliertes Eiweiß, insofern die Koagulation irreversibel, z. B. durch Kochen der Lösung erfolgt ist; oder aber, wenn sie durch Alkohol bewirkt wurde, das Coagulum aber längere Zeit hindurch in Alkohol gelegen hatte (S. 135). Koaguliertes Eiweiß ist unlöslich in Wasser, Alkohol und Äther, sehr schwer löslich in verdünnten Säuren und Laugen. Der chemische Vorgang, der der Koagulation zugrunde liegt, ist unbekannt.

Auch in tierischen Geweben gibt es Eiweißkörper, die weder in Wasser, noch in Salzlösungen, noch aber auch in verdünnten Säuren und Laugen löslich sind, und hauptsächlich aus diesem Grunde zu den koagulierten Eiweißkörpern gezählt werden.

Histone.

Die Histone kommen nicht frei, sondern an Nucleinsäuren gebunden vor. Sie unterscheiden sich von den weiter oben behandelten Eiweißkörpern durch einen weit größeren, bis zu 40% betragenden Gehalt an Diaminosäuren, besonders an Arginin; haben daher einen ausgesprochen basischen Charakter und bilden einen Übergang zu den noch mehr basischen Protaminen. Sie, sowie auch ihre Salze sind wasserlöslich. Die meisten Histone werden aus ihren Lösungen durch Ammoniak gefällt, durch Kochen jedoch nur in Gegenwart von Salzen. Der durch Salpetersäure erzeugte Niederschlag geht beim Erwärmen in Lösung.

Zu den Histonen gehören das **Globin** (S. 182), die Eiweißkomponente des Hämoglobins und die **Nucleohistone** in den Lymphdrüsen und in den Zellen des Thymus (obzwar diese Verbindungen von manchen Autoren als Nucleoproteide aufgefaßt werden). Hierher gehören auch die **Spermanucleohistone** mancher Fischarten.

Protamine.

Die Protamine kommen nicht frei, sondern an Nucleinsäure gebunden vor. Sie unterscheiden sich von allen anderen Eiweißkörpern durch ihren besonders hohen Gehalt an Diaminosäuren (80% und darüber), besonders Arginin; und zwar enthält eine Protaminart bloß Arginin, die andere daneben auch Lysin oder Histidin usw., außerdem immer auch Monoaminosäuren. Ihr Molekül enthält kein Cystin, und ist auch sonst schwefelfrei; hierin unterscheiden sie sich von allen anderen Eiweißarten. Sie werden aus den isolierten Köpfen der Spermatozoen mancher Fischarten dargestellt, und zwar erhielt man das **Clupein** aus dem Hering, **Salmin** aus dem Lachs, **Scombrin** aus der Makrele usw. Die Protamine lösen sich in Wasser mit alkalischer Reaktion; ihre Lösungen sind nicht hitzekoagulabel; sie geben die Biuretreaktion auch ohne Zusatz von Lauge; manche von ihnen geben auch die MILLONsche Probe.

Manche Autoren nehmen an, daß das Molekül eines jeden Eiweißkörpers einen innersten, durch Protamine gebildeten Kern enthält, die außerordentlich große

Mannigfaltigkeit der Eiweißkörper aber durch die Monoaminosäuren bedingt wird, die in sehr großer Anzahl und in den verschiedensten Variationen um den Protaminkern gelagert sind.

B. Umwandlungsprodukte der Eiweißkörper.

Acid- und Alkalialbuminate.

Wird eine Eiweißlösung, wennauch nur für kurze Zeit, der Einwirkung einer stärkeren Säure oder Lauge ausgesetzt, so wird das Eiweiß so umgewandelt, daß es nicht mehr mit allen ursprünglichen Eigenschaften versehen wiedererhalten werden kann: das Eiweiß wurde in Acidalbuminat bzw. in Alkalialbuminat verwandelt. Welche chemische Vorgänge sich bei dieser Umwandlung abspielen, wissen wir nicht; so viel ist jedoch sicher, daß durch stärkere Lauge Stickstoff und auch Schwefel aus dem Eiweiß abgespalten wird, daher aus Alkalialbuminat durch Säure kein Acidalbuminat, allerdings auch umgekehrt aus Acidalbuminat durch Lauge kein richtiges Alkalialbuminat erhalten werden kann. Acid- und Alkalialbuminate sind in Wasser nicht, in verdünnten Säuren und Laugen wohl löslich: wird die Säure bzw. Lauge neutralisiert, so fallen sie wieder aus. Von den Alkalialbuminaten ist das LIEBERKÜHNsche Alkalialbuminat am besten bekannt, erhalten als gallertige Masse durch Einwirkung von konzentrierter Kalilauge auf eine konzentrierte Lösung von Ovalbumin; von den Acidalbuminaten aber das Syntonin, erhalten durch Einwirkung von 0,1%iger Salzsäure auf Muskelsubstanz.

Albumosen.

Als Albumosen (Proteosen, Propeptone) werden die aus ihren Lösungen durch Ammoniumsulfat fällbaren Umwandlungsprodukte der Eiweißkörper bezeichnet, die zu Beginn der Hydrolyse, insbesondere der Enzymhydrolyse entstehen. Das Albumosemolekül ist kleiner als das des entsprechenden Eiweißkörpers, jedoch größer als das der Peptone (siehe nächsten Absatz), und viel größer als das der Polypeptide (S. 128).

In ihren Eigenschaften stimmen die Albumosen mit den Eiweißkörpern teils überein, teils stehen sie ihnen nahe. Sie sind schwefelhaltig, nicht krystallisierbar, in Wasser, in verdünnten Laugen und Säuren fast ohne Ausnahme löslich, nicht hitzekoagulabel. Sie geben alle Farbenreaktionen der Eiweißkörper, jedoch oft mit einer anderen Farbennuance. Aus ihren Lösungen werden sie gefällt durch konzentrierte Salpetersäure, Essigsäure-Ferrocyankalium, Sulfosalicylsäure, doch lösen sich diese Niederschläge beim Erwärmen und kehren nach dem Abkühlen wieder. Gefällt werden die Albumosen auch durch Alkohol, Neutralsalze, Mercurichlorid, Gerbsäure, Pikrinsäure, Phosphorwolframsäure und Phosphormolybdänsäure.

Die Darstellung erfolgt, indem man eine entsprechend lang künstlich verdaute Eiweißlösung bei schwach saurer Reaktion aufkocht, das koagulierte Eiweiß durch Filtrieren entfernt und aus dem abgekühlten Filtrat die Albumosen durch Ammoniumsulfat fällt.

Verschiedene Albumosen. Man hat von jeher in verschiedener Weise versucht, in das Chaos der höheren Eiweißabbauprodukte, so auch in das der Albumosen, Ordnung zu bringen. So hat Kühne zu einer Zeit, wo zwischen Albumosen und Peptonen noch nicht unterschieden wurde, nachzuweisen versucht, daß Eiweißkörper durch Pepsin bloß bis zu dem sog. Amphopeptonstadium abgebaut werden, das ein Gemenge zweier verschiedener Körpergruppen, die des Hemipeptons und des Antipeptons darstellt. Von diesen beiden sollte das Hemipepton durch Trypsin sehr bald weiter abgebaut werden, während das Antipepton auch dem Trypsin widersteht. Diesem alten Befunde wurde eine neue Grundlage durch folgende spätere Beobachtung gegeben: Aus manchen Eiweißarten wird das Tyrosin bereits nach zweitägiger Trypsinverdauung, bald nachher auch das Cystin und das Tryptophan vollständig abgespalten, während Alanin, Leucin usw. viel später folgen; ja, es bleibt zuletzt eine festgefügte Gruppe von Molekülen übrig, hauptsächlich aus Phenylalanin und Prolin bestehend, die durch Trypsin überhaupt nicht gespalten wird und nur durch Säurehydrolyse zum Zerfallen gebracht werden kann. Diese Gruppe ist wahrscheinlich identisch mit obigem Antipepton.

Man hat auch versucht, durch fraktioniertes Aussalzen unter verschiedenen Bedingungen aus einem hauptsächlich nur mehr Albumosen enthaltenden Verdauungsgemisch verschiedene Albumosen als fortlaufende Abbaustufen darzustellen. Die leicht aussalzbare Fraktion wurde als die der primären Albumosen bezeichnet, und innerhalb dieser Gruppe die Hetero- und Protalbumosefraktion unterschieden. Die nach dem Fällen der primären Albumosen in Lösung verbliebene Fraktion wurde die der sekundären Albumosen genannt, und diese Gruppe wieder in drei verschiedene Deuteroalbumosen gesondert. Nach Entfernung der sekundären Albumosen bleiben nunmehr die Peptone in Lösung.

Nun können aber Albumosen, die aus verschiedenen Eiweißkörpern erhalten werden, als einheitliche chemische Verbindungen schon aus dem Grunde nicht angesehen werden, weil sie ebenso wie die verschiedenen Eiweißkörper, aus denen sie entstanden sind, aus einer verschiedenen Anzahl verschiedener Aminosäuren aufgebaut sein müssen. Weiterhin ist es wahrscheinlich, daß auch die aus einem und demselben Eiweißkörper je nach dem verwendeten Verfahren — Verdauung mit Pepsinsalzsäure oder mit Trypsin — erhaltenen Albumosen nicht identisch sind. Ferner ist es sicher, daß die durch Aussalzen isolierten Albumosefraktionen nur Kunstprodukte sind; wissen wir doch, daß Verbindungen kolloider Natur aus ihren Lösungen durch Aussalzen kaum voneinander zu trennen sind, weil sie ja vielfach gleichzeitig, und nicht jede für sich gefällt werden. Und wenn es auch gelingen sollte, sie einzeln voneinander getrennt zu fällen, so wäre die chemische Individualität der einzelnen Fraktionen noch immer nicht erwiesen, da uns ja sehr einfach aufgebaute Polypeptide (z. B. tyrosinhaltige Tripeptide) bekannt sind, die mit Ammoniumsulfat fällbar sind, aber auch umgekehrt Eiweißderivate von kompliziertem Aufbau, die mit Ammoniumsulfat nicht mehr zu fällen sind. Auch hat es sich gezeigt, daß der Aussalzbarkeit der verschiedenen Fraktionen nicht so sehr die fortlaufend abnehmende Molekulargröße zugrunde liegt, als eher Art und Anordnung, d. h. das Nebeneinander gewisser Aminosäuren, wie Tyrosin, Cystin und Tryptophan, innerhalb des betreffenden Albumosemoleküles.

Nach allem dem entfällt aber die Basis, auf die die Trennung der einzelnen Albumosefraktionen gegründet ist, obzwar in neuerer Zeit gefunden wurde, daß einzelne Albumosefraktionen in betreff ihres Aminosäuregehaltes voneinander tatsächlich verschieden sind; so enthalten die Heteroalbumosen wenig Tyrosin und viel Leucin und Glykokoll, während die Protalbumosen viel Tyrosin, wenig Leucin und gar kein Glykokoll enthalten.

Peptone.

Unter Peptonen versteht man die den Albumosen nächstfolgenden Produkte einer Enzymhydrolyse der Eiweißkörper, die im Hydrolysate nach Entfernung des allenfalls noch vorhandenen koagulablen Eiweißes und der Albumosen zurückgeblieben sind. Ihr Molekül ist kleiner als das der Albumosen, jedoch immer noch weit größer als das der Polypeptide. Man hat sie als äußerst hygroskopische Pulver beschrieben, die schwefelfrei, nicht krystallisierbar, in Wasser, Säuren und Laugen löslich, nicht hitzekoagulabel sind, alle Farbenreaktionen der Eiweißkörper (die Biuretreaktion mit einer roten Nuance) geben; aus ihren Lösungen durch konzentrierte Salpetersäure, Essigsäure-Ferrocyankalium, Sulfosalicylsäure, Neutralsalze nicht gefällt werden, wohl aber durch Alkohol, durch Mercurichlorid, Gerbsäure, Phosphorwolframsäure, Phosphormolybdänsäure.

Es hat sich aber herausgestellt, daß es noch weniger als bei den Albumosen angängig ist, die auf obige Weise dargestellten Peptone als auch nur einigermaßen reine chemische Verbindungen anzusehen, denn sie sind nur Gemenge zahlreicher zur Zeit noch durchaus unbekannter Verbindungen von verschiedener Molekulargröße. Allerdings ist es SIEGFRIED gelungen, aus Fibrin und aus Glutin (Leim), die durch Pepsinsalzsäure und Trypsin verdaut wurden, mit Hilfe von Eisen-Ammonium-Alaun gut charakterisierte Peptone von verhältnismäßig konstantem Aminosäuregehalt zu isolieren.

Kyrine.

Als ganz eigenartige Eiweißumwandlungsprodukte müssen diejenigen betrachtet werden, die SIEGFRIED durch drei Wochen währendes Hydrolysieren von Eiweiß mit 12—16%iger Salzsäure bei 38—39° C unter ständigem Schütteln erhielt. SIEGFRIED nennt sie Kyrine, und zwar je nach ihrer Herkunft Fibrino-, Caseino- und Glutokyrine, und nimmt an, daß sie den Kern der verschiedensten Eiweißkörper bilden. Es sind dies Verbindungen (nach manchen Autoren bloß Gemenge) von kleinerem Molekulargewicht, die hauptsächlich aus Diaminosäuren bestehen, in Wasser löslich sind, und die Biuretreaktion mit bordeauxroter Farbennuance geben. Das Caseinokyrin enthält auf je 1 Molekül Arginin 2 Moleküle Lysin und 1 Molekül Glutaminsäure.

C. Zusammengesetzte Eiweißkörper (Proteide).

Sie bestehen aus einem einfachen Eiweißkörper und einer sog. prosthetischen Gruppe; letztere wird durch einen Farbstoff, oder durch Kohlenhydrat, oder durch Nucleinsäure gebildet.

1. Chromoproteide.

Es sind dies Verbindungen, die aus einem einfachen Eiweißkörper und einer metallhaltigen Farbstoffkomponente bestehen. Hierher gehören das für uns so überaus wichtige Hämoglobin, dessen Eigenschaften auf S. 172f. beschrieben sind; ferner die im Blute niederer Tiere enthaltenen respiratorischen Farbstoffe Hämocyanin (S. 175), Chlorocruorin usw.

2. Glykoproteide.

Sie bestehen aus einem einfachen Eiweißkörper und einem kohlenhydrathaltigen kompliziert zusammengesetzten Paarling; dieser ist entweder Mucoitinschwefelsäure oder Chondroitinschwefelsäure. Erstere besteht aus je 1 Molekül Chitosamin (S. 105), Essigsäure, Schwefelsäure und Glucuronsäure, letztere aus je 1 Molekül Chondrosamin (S. 143), Essigsäure, Schwefelsäure und Glucuronsäure. Durch Hydrolyse kann die Kohlenhydratkomponente abgesprengt werden, die, so in Freiheit gesetzt, die bekannten reduzierenden Eigenschaften aufweist, während die Glykoproteide an sich nicht reduzieren.

Da das reduzierende Kohlenhydrat auch aus manchen einfachen Eiweißkörpern (S. 114) durch energische Hydrolyse abgespalten werden kann, halten einzelne Autoren es für nicht gerechtfertigt, die Glykoproteide bloß aus dem Grunde in eine gesonderte Gruppe einzuteilen, weil sie mehr Kohlenhydrat als viele andere Eiweißkörper enthalten.

Je nachdem die Glykoproteide Mucoitinschwefelsäure oder Chondroitinschwefelsäure als prosthetische Gruppe enthalten, werden sie als Mucine bzw. als Chondroglykoproteide bezeichnet.

a) Mucin und Mucinoide (Mucoide). Mucin ist in Schleimdrüsen, im Hautsekret von Schnecken, in der Nabelschnur usw. enthalten; aus diesen wird es als weißgelbes Pulver gewonnen, das in Wasser nicht, in verdünnter Lauge leicht löslich ist. Die Lösung ist nicht hitzekoagulabel; sie ist durch Essigsäure fällbar; der Niederschlag löst sich nicht im Überschuß der Essigsäure. Durch Ferrocyankalium wird das Mucin nicht gefällt, durch Alkohol bloß in Gegenwart von Neutralsalzen. Es gibt alle Farbenreaktionen der Eiweißkörper. Nach der Spaltung durch verdünnte Mineralsäuren wirkt es reduzierend auf Kupfersalze. Die Menge der abspaltbaren Kohlenhydrate beträgt in d-Glucose ausgedrückt etwa 20%.

Die Darstellung erfolgt am leichtesten aus der Glandula submaxillaris: der wäßrige Auszug der Drüse wird mit Salzsäure bis zu einem Gehalt von 1,5% versetzt und dann mit Wasser auf das Doppelte bis Dreifache verdünnt. Hierbei bleiben Nucleoproteide in Lösung, während das Mucin gefällt wird.

Aus manchen Organen können dem Mucin ähnliche, kohlenhydrathaltige Proteide dargestellt werden, die sich von jenen bloß in gewissen Einzelheiten unterscheiden, indem sie z. B. aus ihren Lösungen durch Essigsäure nicht gefällt werden. Man hat sie als Mucinoide oder Mucoide bezeichnet; nur darf nicht vergessen werden, daß viele Mucoide untereinander ebenso verschieden sind, wie von den Mucinen selbst. Mucoide wurden erhalten: aus dem Glaskörper des Auges das Hyalomucoid, aus Harn das Harnmucoid usw. Hierher gehören auch das Pseudomucin und diesem ähnliche Stoffe, die in Ovarialcystenflüssigkeiten (S. 197) enthalten sind; ferner das Ovomucoid (S. 230) im Eiklar.

b) Chondroglykoproteide. Beim stufenweisen Abbau ihrer prosthetischen Gruppe, der Chondroitinschwefelsäure, erhält man zunächst Schwefelsäure und Chondroitin, $C_{14}H_{23}NO_{12}$; das Chondroitin wird dann weiter in Essigsäure und Chondrosin, $C_{12}H_{21}NO_{11}$, dieses aber in Chondrosamin und Glucuronsäure gespalten.

Zu den Chondroglykoproteiden wird das Amyloid gezählt, obwohl es nach manchen Angaben keine Chondroitinschwefelsäure (oder gar überhaupt keinen Schwefel) im Molekül enthält, nach anderen bloß eine Adsorptionsbindung mit jener Säure eingeht. Es ist auch in der normalen Arterienwand enthalten, in weit größeren Mengen bei chronischen, konsumierenden Krankheiten in der Wand und in der Umgebung der kleinsten Gefäße, namentlich der Milz, Niere, Leber usw. Zu einer Ablagerung von Amyloid kommt es auch, wenn man am Versuchstiere

eine profuse Eiterung erzeugt, oder gewisse Bakterienkulturen in seinen
Körper einbringt. Doch muß bemerkt werden, daß das in verschiedenen
Organen enthaltene, bzw. unter verschiedenen Bedingungen entstehende
Amyloid offenbar nicht identisch zusammengesetzt ist. Es stellt ein
weißes amorphes Pulver dar, das sich in Wasser, Alkohol und Äther
nicht, wohl aber in verdünnter Lauge löst. Es gibt sämtliche Farbenreaktionen der Eiweißkörper. In seinem Hydrolysat wurden als Bestandteile seiner Eiweißkomponente Glykokoll, Leucin, Tyrosin, Prolin,
Arginin, Lysin nachgewiesen.

Nachweis. Durch eine Lösung von Jodjodkalium wird es rotbraun, auf Zusatz
von Jodlösung und Schwefelsäure schmutzig bläulich, durch Methylviolett und
Essigsäure rot gefärbt; doch muß bemerkt werden, daß Amyloidpräparate verschiedener Herkunft zuweilen bloß die eine oder die andere der genannten Farbenreaktionen geben.

Dargestellt wird es aus dem Brei amyloidhaltiger Organe, der erst mit salz-
säurehaltigem Wasser extrahiert, dann während mehrere Tage mit Pepsinsalzsäure
verdaut wird. Der Rückstand, der nur mehr Amyloid und Nuclein enthält, wird
mit Barytwasser extrahiert, wobei das Amyloid in Lösung geht; aus diesem
wird es durch Salzsäure gefällt.

Auch unter den Chondroglykoproteiden gibt es solche, die in manchen
Eigenschaften den Mucinen gleichen, und ebenfalls als Mucoide bezeichnet
werden: so das Chondromucoid aus Knorpeln, das Tendomucoid
aus Sehnen, das Osseomucoid aus Knochen.

c) Aus Karpfeneiern, aus der Eiweißdrüse von Schnecken wurden
phosphorhaltige Verbindungen mit typischen Eigenschaften der Mucine
dargestellt; man hat sie Phosphorglykoproteide genannt.

3. Nucleoproteide.

Sie kommen überwiegend bloß in den Zellkernen vor, und werden
aus dem wäßrigen Auszuge kernreicher Gewebe durch Fällen mit
Essigsäure erhalten. Sie bestehen aus einem phosphorfreien einfachen
Eiweißkörper und aus Nucleinsäure. In manchen Nucleoproteiden
wurde die Eiweißkomponente als ein Histon identifiziert; doch rechnet
man nicht alle an Nucleinsäure gebundenen Histone (und Protamine)
zu den Nucleoproteiden. In vielen Nucleoproteiden ist die Eiweißkomponente derzeit noch nicht festgestellt. Die Nucleoproteide sind
im Wasser am besten in Anwesenheit von ein wenig Lauge löslich und
werden aus dieser Lösung durch Essigsäure wieder gefällt; sie sind hitzekoagulabel, enthalten zumeist auch Spuren von Eisen. Sie geben sämtliche Farbenreaktionen der Eiweißkörper; ihre Lösungen sind rechtsdrehend. Werden Nucleoproteide durch Pepsinsalzsäure verdaut, so
scheidet sich die Nucleinsäurekomponente samt wechselnden Anteilen
der hauptsächlich aus Diaminosäuren bestehenden Eiweißkomponente als
Nuclein aus, so benannt, weil es nach Obigem aus dem Eiweiß der
Zellkerne entstanden ist. Dieses Nuclein enthält neben Phosphorsäure
die Kohlenhydrat-, Purin- (oder auch Pyrimidinkörper), die in der
Nucleinsäurekomponente (siehe weiter unten) des Nucleoproteid-Moleküls
vorhanden waren. Von den Nucleinen verschieden ist das Pseudonuclein
(S. 231, 235), das bei der Pepsinverdauung der Phosphorglobuline entsteht und wohl phosphorhaltig, jedoch purin- und pyrimidinfrei ist. Das

Nuclein stellt ein amorphes weißes Pulver dar, das in kaltem Wasser nicht, in verdünnten Laugen leicht löslich ist. Es wird aus zellreichen Geweben, wie es die Drüsen sind, durch Verdauung mit Pepsinsalzsäure dargestellt; der ungelöste Rest wird in verdünntem Ammoniak gelöst und die Lösung mit Salzsäure gefällt.

Die Nucleinsäuren sind kompliziert aufgebaute Verbindungen. Sie stellen amorphe weiße Pulver dar, die in verdünnter Lauge leicht, in Alkohol und in Äther nicht löslich sind. Sie sind optisch aktiv, und zwar mit Ausnahme der links-aktiven Inosinsäure, rechts-drehend. Sie geben die Biuret- und die MILLONsche Probe. Man unterscheidet einfache und zusammengesetzte Nucleinsäuren.

a) Die einfachen Nucleinsäuren, auch Nucleotide (Mononucleotide) genannt, bestehen aus je einem Molekül Orthophosphorsäure, d-Ribose und Purinbase, und zwar Hypoxanthin, oder Adenin, oder Guanin, wobei das Kohlenhydrat das Bindeglied zwischen Purinkörper und Säure abgibt. Ihnen analog sind die Pyrimidin-Nucleotide, so genannt, weil sie an Stelle des Purins ein Pyrimidin im Molekül enthalten.

Genauer bekannte purinhaltige Nucleotide sind die Inosinsäure (Hypoxanthylsäure), die aus Fleisch bzw. Fleischextrakt erhalten werden kann, und aus je einem Molekül Phosphorsäure, d-Ribose und Hypoxanthin besteht; die Guanylsäure, die aus Pankreas, Leber, Milz und auch aus der Hefe dargestellt wurde und je ein Molekül Phosphorsäure, d-Ribose und Guanin enthält; endlich die zuerst aus Hefe dargestellte, nun aber auch im Muskel nachgewiesene Adenylsäure (auch Adenosin-Phosphorsäure genannt), die aus je 1 Molekül Phosphorsäure (vielleicht nicht Ortho-, sondern Pyrophosphorsäure!), d-Ribose und Adenin besteht. Pyrimidin-Nucleotide sind die Cytidylsäure, bestehend aus Phosphorsäure, d-Ribose und Cytosin, und die Uridylsäure, bestehend aus Phosphorsäure, d-Ribose und Uracil.

Die angegebene Zusammensetzung der Nucleotide geht daraus hervor, daß es möglich ist, aus ihrem dreifach zusammengesetzten Molekül je nach dem angewendeten Verfahren entweder einen Pentosephosphorsäure- oder aber einen Pentose-Purinbasenkomplex bzw. Pentose-Pyrimidinkomplex abzuspalten, welch letzterer auch als Purin-Nucleosid bzw. Pyrimidin-Nucleosid bezeichnet wird. Insbesondere erhielt man aus der Inosinsäure d-Ribose-Hypoxanthin (auch Hypoxanthosin oder Inosin genannt), aus der Guanylsäure d-Ribose-Guanin (auch Guanosin genannt), aus der Adenylsäure d-Ribose-Adenin (Adenosin genannt), aus der Cytidylsäure d-Ribose-Cytosin (auch Cytidin genannt), aus der Uridylsäure d-Ribose-Uracil (auch Uridin genannt).

b) Die zusammengesetzten oder echten Nucleinsäuren enthalten mehrere Nucleinsäurekomplexe, daher man sie auch als Polynucleotide bezeichnet. Sie sind pflanzlichen oder tierischen Ursprunges. Pflanzlichen Ursprunges sind die aus Hefe dargestellte Hefenucleinsäure und die aus Weizenkeimlingen dargestellte Triticonucleinsäure (welch beide vielleicht identisch sind) mit Cytosin und Uracil als Pyrimidinbasen. Tierischen Ursprungs ist die aus Thymus dargestellte Thymonucleinsäure mit Thymin und Cytosin als Pyrimidinbasen. In der Thymonucleinsäure fanden frühere Autoren statt der Pentose eine Hexose, später aber eine d-Ribose, die an Stelle eines OH ein H enthält, daher Desoxyribose genannt wird. Hefenucleinsäure und Thymonucleinsäure werden, da ihr Molekül aus vier, je eine Pentose enthaltenden Mononucleotid-Molekülen aufgebaut ist, auch Tetranucleotide genannt. Die Verbindung zwischen den vier Mononucleotiden kann man sich auf verschiedene Weise vorstellen;

doch ist nachfolgendes Strukturbild am wahrscheinlichsten. In diesem Strukturbild ist Ph = Phosphorsäure, KH = Kohlenhydrat, Pu = Purinkörper, Py = Pyrimidinkörper

$$Ph-KH-Py$$
$$|$$
$$Ph-KH-Pu$$
$$|$$
$$Ph-KH-Py$$
$$|$$
$$Ph-KH-Pu$$

D. Albuminoide (Albumoide, Protenoide).

Als Albuminoide werden einige Eiweißkörper bezeichnet, die unter keine der vorangehend erörterten Eiweißarten gereiht werden können, aber auch untereinander große Verschiedenheiten aufweisen. Gemeinsam ist ihnen die Unmöglichkeit, sie auch nur annähernd rein darzustellen, weil sie in den meisten Solventien unlöslich sind, daher in den meisten Fällen nur der Rest, der aus den betreffenden Organen nach Entfernung der löslichen Anteile, darunter auch der einfachen Eiweißkörper und Proteide, zurückbleibt, als Albuminoid bezeichnet wird. Vielfach werden die Albuminoide bloß nach ihrem anatomischen Vorkommen benannt.

Keratin. Es ist ein charakteristischer Bestandteil der Epidermoidalgebilde (Epidermis, Hörner, Haare, Nägel, Hufe, Federn), der Schalenhaut der Vogeleier und, als Neurokeratin, der markhaltigen Nervenfasern; doch sind erhebliche Unterschiede in der Zusammensetzung der Keratine verschiedenen Ursprunges nachzuweisen, besonders bezüglich der aus ihnen abspaltbaren Aminosäuren. Keratin ist in Wasser und Alkohol nicht löslich; es wird weder durch Pepsinsalzsäure, noch durch Trypsin angegriffen. Es enthält viel Cystin in seinem Molekül, daher der auffallend hohe Schwefelgehalt. Die Xanthoprotein- und MILLONsche Reaktion fallen positiv aus.

Um das Keratin darzustellen, wird das betreffende Organ oder Gewebe nacheinander mit heißem Wasser, verdünnter Säure und Lauge extrahiert, mit Pepsinsalzsäure und mit Trypsin verdaut, und der Rest mit Wasser, Alkohol und Äther gewaschen.

Elastin. Es kommt in den elastischen Fasern des Bindegewebes der höheren Wirbeltiere vor, in größerer Menge im Ligamentum nuchae des Rindes, ferner in den Wandungen der Blutgefäße. Es ist in Wasser, Alkohol und Äther unlöslich, sein Schwefelgehalt meistens sehr gering; in seinem Molekül ist reichlich Glykokoll, hingegen nur wenig Arginin enthalten. Es ist den verschiedenen Reagenzien gegenüber sehr widerstandsfähig, löst sich jedoch in warmer Salz- und Salpetersäure. Durch Pepsinsalzsäure und Trypsin wird es allmählich zu Elastosen, den Albumosen analogen Stoffen, und zu Elastinpeptonen gespalten. Die Xanthoprotein- und die MILLONsche Reaktion fallen positiv aus.

Behufs Darstellung des Elastin wird das betreffende Gewebe zerkleinert, die Mucoide und andere Proteide werden mit halbgesättigtem Kalkwasser extrahiert, der Rest wird mit Wasser gewaschen, dann während mehrerer Stunden mit 10%iger Essigsäure und ebenso lange mit 5%iger Salzsäure gekocht und zum Schluß mit Wasser säurefrei gewaschen, getrocknet und pulverisiert.

Kollagen. Es ist der Hauptbestandteil des Bindegewebes und der organischen Substanz der Knochen und der Knorpel. Durch Kochen, besonders in Anwesenheit von ein wenig Säure, wird es in Leim (Glutin) umgewandelt (s. unten) und eben, weil diese Umwandlung bei jedem Versuche einer Darstellung des Kollagens vor sich geht, wissen wir über die Zusammensetzung und Eigenschaften des unveränderten Kollagens recht wenig. Kollagen ist in Wasser, in verdünnten Säuren und Laugen unlöslich; in verdünnten Säuren und starken Laugen quillt es an. Aufgequollenes Kollagen wird durch Eisensulfat, Mericurichlorid, Gerbsäure zum Schrumpfen gebracht, und widersteht derart behandelt der Fäulnis. (Auf der Behandlung mit Gerbsäure beruht die Ledererzeugung.) Kollagen (wie auch Bindegewebe, dessen Hauptmenge es bildet) wird durch Pepsin leichter als durch Trypsin verdaut.

Glutin (Leim). Es ist amorph, wenn gereinigt, in dünner Schicht durchsichtig, farblos; in kaltem Wasser quillt es auf, in warmem löst es sich. Seine Lösung erstarrt in der Kälte, wenn sie eine gewisse Konzentration erreicht. Aus seinen Lösungen wird es weder durch Kochen, noch durch Mineralsäuren, noch auch durch die meisten Schwermetallsalze gefällt, wohl aber in Gegenwart von Essigsäure durch Ferrocyankalium; ferner durch Pikrinsäure, jedoch bloß in der Kälte; beim Erwärmen geht in beiden Fällen der Niederschlag wieder in Lösung. In saurer Lösung wird Leim auch durch konzentrierte Lösungen von Ammoniumsulfat, Natriumsulfat und Kochsalz, ferner in Gegenwart von Salzsäure auch durch Phosphorwolframsäure, Phosphormolybdänsäure, Kaliumquecksilberjodid gefällt; endlich auch durch Gerbsäure und Alkohol in Gegenwart von Neutralsalzen. In seinem Molekül ist viel Glykokoll, Arginin und Lysin, hingegen kein Tyrosin, Cystin und Tryptophan enthalten, daher liefert es bei der Fäulnis zwar Phenylessigsäure und Phenylpropionsäure (aus dem Phenylalaninkern), jedoch weder Phenol, noch aber Indol und Skatol. Es wird durch Pepsinsalzsäure und Trypsin schwerer als einfaches Eiweiß in Gelatosen (den Albumosen analoge Stoffe) und in sog. Leimpeptone gespalten.

Von den Farbenreaktionen der Eiweißkörper fallen die Biuretprobe positiv, die ADAMKIEWICZsche und die LIEBERMANNsche Probe negativ, die Xanthoprotein- und die MILLONsche Probe aber um so schwächer aus, je reiner, je eiweißfreier das Glutin ist. Die Darstellung erfolgt aus käuflicher Gelatine (gereinigter Leim); diese läßt man in kaltem Wasser anquellen, wäscht wiederholt mit kaltem Wasser, löst dann in warmem Wasser und fällt mit Alkohol.

Reticulin. Es ist die Grundsubstanz des sog. retikulären Gewebes der Lymphdrüsen, der Darmschleimhaut, vieler parenchymatöser Organe, und enthält Phosphor in organischer Bindung. Es ist in Wasser, Alkohol, Äther und in verdünnten Säuren nicht löslich; seinem Molekül fehlt das Tyrosin.

Die Biuret-, Xanthoprotein- und ADAMKIEWICZsche Probe fallen positiv, die MILLONsche Probe negativ aus.

Sericin (Seidenleim). Es ist eines der beiden Bestandteile der Seidenfäden von Bombyx Mori; ist aus der Seide durch heißes Wasser oder durch 10%ige Lauge extrahierbar; aus der wäßrigen Lösung wird es durch Mineralsäuren, aus der alkalischen Lösung mittels Alkohol gefällt.

Die Biuret-, MILLONsche und die Essigsäure-Ferrocyankaliumreaktion fallen positiv aus.

Fibroin. Es ist der zweite Bestandteil der Seidenfäden von Bombyx Mori; es bleibt zurück, wenn aus der Seide das Sericin mit heißem Wasser entfernt wird. Es ist durch seinen großen Gehalt an Monoaminosäuren gekennzeichnet; gibt die Farbenreaktionen der Eiweißkörper.

Skeletine. Als solche werden mehrere eiweißartige Körper bezeichnet, die das Skelet wirbelloser Tiere bilden und sich sehr wesentlich voneinander unterscheiden. Hierher gehören das Conchiolin der Muscheln, das Spongin der Spongien, welch letzteres viel Glutaminsäure, Prolin und Glykokoll als Hydrolysenprodukte liefert. Manche Sponginarten enthalten das (S. 123) erwähnte Dijod-Tyrosin.

Sechstes Kapitel.

Blut, Lymphe und das Sekret der serösen Häute.

Das Blut.

Das Blut der Wirbeltiere besteht aus Blutplasma und Formelementen: roten Blutkörperchen, weißen Blutkörperchen und Blutplättchen. Das Blut vermittelt einerseits den Transport der von außen eingeführten und entsprechend umgewandelten Nährstoffe und des Sauerstoffs zu den Gewebeelementen, andererseits den Abtransport der in den Geweben im Verlaufe des Stoffwechsels entstandenen Verbindungen, die entweder als unverwendbar aus dem Körper eliminiert werden, oder aber als Inkrete (S. 76) an anderen Stellen des Organismus ihre Wirkungen ausüben sollen. Im Blute zirkulieren auch die Immunkörper, die in der Abwehr, resp. in der Heilung gewisser Krankheitsprozesse eine wichtige Rolle spielen (S. 75).

I. Eigenschaften des Blutes.

A. Zusammensetzung.

Im Säugetierblut sind enthalten:

Wasser . . . . 77—82$^0/_0$
Trockensubstanz . . . . 18—23$^0/_0$
Von der Trockensubstanz organisch . . . . . . 17—22$^0/_0$
Von der Trockensubstanz anorganisch . . . . . 0,6—1,0$^0/_0$

Die organische Trockensubstanz besteht überwiegend aus einfachen Eiweißkörpern und Hämoglobin. In verschiedenen pathologischen Zuständen kann der Trockensubstanzgehalt abnehmen (siehe S. 162).

B. Blutgerinnung.

Das Blut gerinnt bald, nachdem es dem Blutgefäße entnommen wurde. Im Menschenblut beginnt die Gerinnung nach 2—3 Minuten und ist in etwa 7—8 Minuten beendet, das Blut anderer Säugetiere gerinnt bald rascher, bald langsamer, das des Pferdes am langsamsten. Das Blut der Kaltblüter gerinnt nur ganz allmählich.

Die Gerinnungsfähigkeit ist eine sehr wichtige Eigenschaft des Blutes; ohne sie käme es bei geringfügigen Verletzungen zu tödlichen Blutverlusten. Eine pathologische Bedeutung kommt dem Gerinnungsvorgang zu, wenn die Gerinnung innerhalb der Gefäße des lebenden Menschen stattfindet.

Gerinnt Blut, das man für diese Zwecke am besten in einem schmalen hohen Gefäß aufgefangen hatte, schnell, so entsteht eine gleichmäßig rote gelatinöse Masse; erfolgt die Gerinnung langsam, so haben die roten Blutkörperchen alle oder zum größten Teil Zeit, vermöge ihres höheren spezifischen Gewichtes zu Boden zu sinken, noch ehe die Gerinnung beendet ist, so daß an der geronnenen Masse eine oberste, von roten Blutkörperchen freie Kuppe oder Schichte wohl zu unterscheiden ist. Diese Schichte kam anläßlich der in früheren Zeiten (besonders im Falle entzündlicher Erkrankungen) üblichen Aderlässen häufig zur Beobachtung, und wurde Speckhaut, Crusta inflammatoria oder phlogistica genannt.

Das Wesen des Gerinnungsprozesses besteht darin, daß im Blute gelöstes Fibrinogen (S. 138) sich in Form äußerst zarter, unlöslicher Fibrinfäden ausscheidet; obzwar die Menge des Fibrins kaum $0,2\%$ der ganzen Blutmenge beträgt, bildet es doch ein hinreichend festes netzartiges Gerüst, in dessen Maschen alles übrige Blut mitsamt den Formelementen eingeschlossen ist. Bald nach erfolgter Gerinnung beginnen die Fibrinfäden sich zusammenzuziehen, wodurch die ganze geronnene Masse schrumpft, und hierbei eine Flüssigkeit, das sog. Blutserum ausgepreßt wird; übrig bleibt der sog. Blutkuchen, Placenta sanguinis. Wenn das den Blutgefäßen entnommene Blut mit einem Glas-, Holz- oder Fischbeinstäbchen „geschlagen" wird, so scheidet sich das Fibrin in Form eines klumpig zusammenhängenden elastischen Faserwerks aus, und übrig bleibt das sog. defibrinierte Blut = Serum + Formelemente.

Der Mechanismus der Blutgerinnung ist ein recht komplizierter, und heute noch sind uns nicht alle physikalischen und chemischen Einzelvorgänge, die sich dabei abspielen, klar. Es wird vielfach angenommen, daß die Gerinnung ein enzymatischer Vorgang sei, hervorgerufen bzw. beschleunigt durch das Thrombin, das jedoch im kreisenden Blute nicht in wirksamer Form, sondern als unwirksame Thrombogen enthalten ist. Das Thrombogen wird durch einen in den Blutplättchen und weißen Blutkörperchen enthaltenen Aktivator, durch die sog. Thrombokinase (nach manchen Autoren eine lockere Verbindung von Kephalin mit Eiweiß) in Prothrombin, dieses aber durch die im Blute enthaltenen Ca-Ionen in wirksames Thrombin verwandelt. Durch dieses wirksame Thrombin wird die Umwandlung des gelösten Fibrinogens in unlösliches Fibrin vollzogen[1]. Die Vorgänge, die sich bei der Umwandlung des Fibrinogen in Fibrin abspielen, sind nicht bekannt;

---

[1] Nach einer anderen Nomenklatur ist Thrombogen = Plasmozym, Thrombokinase = Cytozym, Thrombin = Holozym.

möglicherweise findet eine hydrolytische Spaltung in lösliches Fibringlobulin und unlösliches Fibrin statt.

Die Gerinnung kann erst beginnen, wenn Blutplättchen und weiße Blutkörperchen in größerer Menge zugrunde gehen, und die in ihnen eingeschlossene Thrombokinase in Lösung übergeht: dies ist der Fall, wenn das Blut mit einer Oberfläche in Berührung kommt, die es benetzt. Solche Oberflächen haben unsere gewöhnlichen Glas- oder Porzellangefäße, ferner auch ein an der Innenfläche erkranktes und entartetes Blutgefäß. Im Gegensatz hierzu gerinnt das Blut weit schwerer oder gar nicht in einem Glas- oder Porzellangefäße, das mit Öl oder Paraffin ausgegossen wurde, und gerinnt auch nicht in Blutgefäßen mit normaler Endothelauskleidung, eben weil es diese Oberflächen nicht benetzt.

Das Zugrundegehen der Blutplättchen und Leukocyten wird verschiedenartig erklärt: a) an Flächen, die vom Blut benetzt werden, trocknet Blut in dünner Schicht rasch an; b) handelt es sich um Glas- oder Porzellangefäße, die benetzt werden, so kann das aus diesen herausgelöste Alkali eine Rolle spielen usw.

Daß die Gerinnung tatsächlich von den Blutplättchen und weißen Blutkörperchen, die die Thrombokinase liefern, ausgeht, kann am Pferdeblutplasma gezeigt werden, das, von diesen Formelementen befreit, sogar 24 Stunden und darüber flüssig bleibt, jedoch alsbald gerinnt, wenn man es mit einem aus weißen Blutkörperchen bereiteten Auszuge versetzt. Außer den Blutplättchen und weißen Blutkörperchen ist auch in den Gewebesäften Thrombokinase enthalten, was aus folgendem Versuche hervorgeht. Entnimmt man einem Vogel Blut durch eine Kanüle, die in eine Arterie eingebunden ist, so bleibt das Blut lange ungeronnen (vielleicht weil Vogelblut keine Blutplättchen enthält); läßt man jedoch das Blut über die dem Vogel versetzte Wunde fließen, wo es mit den Gewebesäften in Berührung kommt, gerinnt es fast sofort.

Da weiße Blutkörperchen, wenn auch in geringer Anzahl, auch im gesunden kreisenden Blute ständig zugrunde gehen, wird zwar auch unter physiologischen Verhältnissen eine geringe Menge von Thrombokinase im Blute frei, und wird unter Einwirkung dieser Thrombokinase und der Ca-Ionen das Thrombogen in Prothrombin, und dieses in wirksames Thrombin verwandelt; dennoch kommt es zu keiner Gerinnung des kreisenden Blutes, da dem Thrombin die Wirksamkeit genommen wird durch das Antithrombin, das ebenfalls ständig, und zwar wahrscheinlich in der Leber entsteht. Hierfür spricht, daß Thrombin sich als wirkungslos erweist, wenn es in das Blut eines lebenden Tieres eingespritzt wird.

Den neuesten Anschauungen entsprechend wurde es versucht, den Gerinnungsprozeß durch physikalisch-chemische Vorgänge zu erklären: Im Blutplasma ist eine Reihe von kolloiden Substanzen enthalten (etwa solche, die dem Fibrinogen, dem Thrombogen und der Thrombokinase entsprechen), die sich dort gegenseitig in Lösung erhalten, wobei eine der anderen gegenüber als Schutzkolloid (S. 39) wirksam ist. Das recht labile Lösungsgleichgewicht erfährt jedoch leicht eine Störung, entweder, wenn gewisse Substanzen (z. B. Ca-Ionen) hinzutreten, oder aber durch Momente, durch die es zu einer Bildung oder Vergrößerung von aktiven Oberflächen kommt, an denen erfahrungsgemäß leicht eine irreversible Adsorption von kolloid gelösten Körpern stattfindet.

Die Gerinnungsgeschwindigkeit des Blutes hängt, abgesehen von der S. 148 erwähnten Verschiedenheiten an verschiedenen Tierarten, von verschiedenen Faktoren ab. So gerinnt das Blut in der Kälte langsamer als in der Wärme; das sauerstoffarme Erstickungsblut gerinnt langsamer als normales Venenblut; dieses wieder langsamer als das sauerstoffreiche Blut der Arterien. Gesteigert ist die Gerinnbarkeit des Blutes nach größeren Blutverlusten, vielleicht, weil die Gewebeflüssigkeit, die zum Ersatz des verlorenen Blutes nachgewiesenermaßen in die Blutbahn einströmt, im Sinne des (S. 150) Gesagten viel Thrombokinase mit sich führt. Herabgesetzt ist angeblich die Gerinnbarkeit des Blutes in der Menstruation, sicher herabgesetzt in manchen schweren Leberkrankheiten, in der Blutfleckenkrankheit des Menschen usw., ferner in hohem Maße herabgesetzt in der Hämophilie, deren Ursache nicht sicher bekannt ist; denn es ist nicht gelungen, einen verringerten Fibrinogen-, Blutplättchen- oder Calciumgehalt des Blutes nachzuweisen.

Bestimmung der Gerinnungsgeschwindigkeit des Blutes. Man füllt eine Anzahl von Glascapillaren mit dem zu prüfenden Blut, und versucht von $1/2$ zu $1/2$ Minute das Blut aus je einer Capillare herauszublasen. Der Zeitpunkt, zu dem dies nicht mehr gelingt, entspricht der gesuchten Gerinnungsgeschwindigkeit. Oder aber man stellt die Zeitdauer fest, die das in eine Capillare oder in ein kleines Gefäß eingegossene Blut braucht, um so weit zu erstarren, daß es beim Neigen des Gefäßes sich nicht mehr mitbewegt.

Es gibt eine Anzahl von Stoffen, die dem Blute zugesetzt, dessen Gerinnungsgeschwindigkeit ändern. So wird die Gerinnung gänzlich hintangehalten oder bloß verlangsamt durch

a) Neutralsalzlösungen von mittlerer Konzentration. Daß die gerinnungshemmende Wirkung der Neutralsalze an ihre genannte Konzentration gebunden ist, geht daraus hervor, daß die Gerinnung sofort in Gang kommt, wenn man das mit der Lösung des Neutralsalzes versetzte Blut mit der 4—5fachen Menge Wasser verdünnt.

b) Oxalsaures Alkali in einer Konzentration von $0,1-0.5^0/_0$, citronensaures Alkali in einer Konzentration von $0,2^0/_0$, und Fluornatrium in einer Konzentration von $0,3^0/_0$; ferner gallensaure Salze, Eiereiweiß, Zucker, Glycerin, Kobragift.

c) Albumosen. Spritzt man einem Hunde WITTE-Pepton (das hauptsächlich aus Albumosen besteht) in einer Menge von 0,3—0,5 g pro 1 kg Körpergewicht in wäßriger Lösung in das Blutgefäßsystem, so wird sein Blut für die nächsten 4—5 Stunden ungerinnbar.

d) Hirudin. Es ist längst bekannt, daß es aus den Wunden, die von Blutegeln gesetzt werden, oft noch lange fortblutet und daß das Blut, mit denen sich Blutegel vollsaugen, in ihnen ungeronnen bleibt. Als gerinnungshemmendes Prinzip des Blutegels wurde das Hirudin erkannt, das aus den Speicheldrüsen des Blutegels dargestellt wird. Von Hirudin genügt 0,0001 g pro 1 ccm Blut, gleichviel, ob einem lebenden Tiere intravenös beigebracht, oder aber zu dem dem Tiere entnommenen Blute hinzugefügt. Seine Wirkung soll darauf beruhen, daß es das Thrombin unwirksam macht.

e) Heparin. Es ist dies ein neueres, aus der Leber dargestelltes Präparat, das die Umwandlung des Prothrombins in Thrombin verhindern soll.

Gerinnungsfördernd wirken auf das den Blutgefäßen entnommene Blut fein verteiltes Platin, Stromata von roten Blutkörperchen, verschiedene Organextrakte (von Thymus, Hoden, Lymphdrüsen). Im lebenden Tiere wird die Gerinnungsfähigkeit des Blutes gefördert durch Gelatine, ferner durch Calciumsalze (auf dem Calciumgehalt soll auch die Wirksamkeit der Gelatine beruhen).

C. Physikalische und physikalisch-chemische Eigenschaften des Blutes.

Farbe. Das Blut ist eine rote, in dickerer Schichte undurchsichtige Flüssigkeit (deckfarben), die ihre Farbe den roten Blutkörperchen, bzw. dem in ihnen enthaltenen Hämoglobin verdankt. Das sauerstoffreiche Arterienblut ist scharlachrot, in dünnsten Schichten gelbrot, während das sauerstoffärmere Venenblut in dicken Schichten dunkelblaurot, in dünneren Schichten grünlich erscheint (Dichroismus). Das Blut wird dunkler, doch gleichzeitig auch durchscheinend (lackfarben), wenn das Hämoglobin aus den Blutkörperchen austritt; umgekehrt, es wird heller und noch weniger durchsichtig, wenn die roten Blutkörperchen durch Zusatz einer starken Salzlösung zum Schrumpfen gebracht werden.

Unter pathologischen Verhältnissen kann eine Änderung der Blutfarbe eintreten: so kann z. B. auch das arterielle Blut dunkler werden, wenn infolge von Respirations- oder Zirkulationsstörungen sein Sauerstoffgehalt unter den normalen Wert sinkt. Im Gegensatz hierzu ist das Blut der Chlorotiker und Leukämiker heller als normales Blut.

Das spezifische Gewicht des normalen Blutes schwankt zwischen 1,045 und 1,075; unter pathologischen Verhältnissen, besonders im Falle schwerer Anämien, kann es auf 1,035 sinken. Da mit sinkendem Blutdruck der Wassergehalt des Blutes zunimmt, muß sein spezifisches Gewicht abnehmen.

Zur Bestimmung des spezifischen Gewichtes des Blutes ist das HAMMERSCHLAGsche Verfahren besonders geeignet: Man mischt Chloroform (spezifisches Gewicht 1,50) und Benzol (spezifisches Gewicht 0,88) in einem Verhältnis (1 : 3), daß das spezifische Gewicht des Gemisches etwa 1,050 betrage. Läßt man von dem zu untersuchenden Blut 1 Tropfen in dieses Gemisch fallen, so sinkt der Bluttropfen zu Boden oder steigt empor, je nachdem sein spezifisches Gewicht größer oder kleiner als das des Gemisches ist. Nun wird so lange Chloroform bzw. Benzol zugetropft, bis der Bluttropfen im Gemisch stehen bleibt, und das spezifische Gewicht des Gemisches mittels eines Aräometers oder auf eine andere Weise festgestellt. Der so ermittelte Wert gibt auch das spezifische Gewicht des Blutes an.

Viscosität. Die relative Viscosität (S. 32) des Menschenblutes weist individuelle Schwankungen zwischen 4 und 5,5 auf; doch werden solche Schwankungen auch am selben Menschen zu verschiedenen Tageszeiten beobachtet.

Da die relative Viscosität des Blutserums bei 38° C bloß etwa 2 (S. 161) beträgt, ist es klar, daß jener hohe Wert am Blute durch die roten Blutkörperchen bedingt ist; was übrigens auch daraus hervorgeht, daß die relative Viscosität des Blutes im Falle einer Erhöhung der relativen Zahl der Blutkörperchen bis auf etwa 24 ansteigen, im Falle ihrer Abnahme unter den normalen Wert abfallen kann. Bemerkenswert ist die erhebliche Abnahme der relativen Viscosität nach Aderlässen.

Elektrische Leitfähigkeit. Die spezifische Leitfähigkeit (S. 2) des Blutes der Säugetiere beträgt etwa $40—60 \times 10^{-4}$; die des Plasmas (Serums) derselben Blutarten weit mehr, gegen 100×10^{-4}; die der roten Blutkörperchen allein weit weniger, gegen 2×10^{-4} bzw. um so weniger, je stärker das Blut zentrifugiert wurde, also je weniger Flüssigkeit zwischen den roten Blutkörperchen zurückgeblieben war. Hieraus läßt sich mit Recht folgern, daß den roten Blutkörperchen nur eine recht geringe Leitfähigkeit zukommt.

Daß das Plasma allein besser leitet als das Vollblut, ist nicht allein dem Umstande zuzuschreiben, daß in einem bestimmten Volumen des Blutes nur etwa das halbe Volumen durch das gut leitende Plasma gebildet wird, sondern auch dem Umstande, daß die im Blute suspendierten roten Blutkörperchen den wandernden, die Leitung des elektrischen Stromes vermittelnden Ionen im Wege stehen, und deren gerade gerichtete Bewegung in gebrochene Linien drängen.

Zwei Dritteile der elektrischen Leitfähigkeit des Plasmas kommen auf Rechnung des darin enthaltenen NaCl, ein Dritteil auf $NaHCO_3$. Durch seinen Eiweißgehalt wird die Leitfähigkeit des Plasmas herabgesetzt, und zwar pro je $1^0/_0$ Eiweiß um etwa $2,5^0/_0$ des Wertes, der ihm vermöge des erwähnten Gehaltes an Salzen zukäme.

Reaktion des Blutes; Säure-Baséngleichgewicht; Alkalireserve; regulierte und reduzierte Wasserstoffzahl. Mit Lackmus geprüft erweist sich Blut (Blutplasma, Blutserum) als deutlich alkalisch, und läßt sich seine Titrations-Alkalescenz auch quantitativ bestimmen (S. 27). Hingegen führt die Bestimmung der wahren Reaktion des Blutes, d. h. des Verhältnisses der in ihm enthaltenen H- und OH-Ionen mittels Indicatorensätze (S. 25) oder Gasketten (S. 23) zu dem Ergebnisse, daß das Blut nahezu neutral, bzw. nur ein ganz wenig alkalisch ist; man erhält auf diese Weise Werte, die an verschiedenen Menschen bloß geringe, an einem und demselben Menschen zu verschiedenen Gelegenheiten bestimmt, noch geringere Schwankungen um einen Mittelwert von $p_H = 7,36$ bei 37^0, und $p_H = 7,56$ bei 18^0 C aufweisen, die H-Ionenkonzentration des destillierten Wassers aber $p_H = 6,80$ bei 37^0 und $p_H = 7,07$ bei 18^0 C beträgt.

Es ergeben sich die folgenden zwei, hier im wesentlichen nach WINTERSTEIN behandelte Fragen: Wodurch wird diese H-Ionenkonzentration im Blute bedingt? Worauf beruht ihre Konstanz?

Die erste Frage kann wie folgt beantwortet werden. Im Blutplasma sind freie Kohlensäure und Bicarbonate enthalten. Unter freier Kohlensäure ist hier derjenige Anteil gemeint, der im Plasmawasser einfach physikalisch gelöst enthalten ist. Bezüglich der Bicarbonate ist aber zu bemerken, daß im Blutplasma neben Natrium wohl auch andere Basen enthalten sind; doch ist es gerechtfertigt, statt von Basen im allgemeinen von Natrium, statt von Bicarbonaten im allgemeinen von Natriumbicarbonat zu sprechen, einerseits, weil im Plasma das Natrium den anderen Basen gegenüber weitaus überwiegt, andererseits, weil sich die mitanwesenden anderen Basen nicht wesentlich anders als Natrium verhalten. Unter normalen Verhältnissen ist im Plasma freie Kohlensäure zu etwa 3 Volum-$^0/_0$, in Form von Bicarbonaten gebundene Kohlensäure zu etwa 60 Volum-$^0/_0$ enthalten.

Nun besteht aber in einer wäßrigen Lösung von freier Kohlensäure und von Natriumbicarbonat, da es sich um die Lösung einer schwachen Säure und ihres Salzes handelt (S. 19, 20), die Beziehung

$$C_H = K \cdot \frac{C_{H_2CO_3}}{C_{NaHCO_3}}$$

und löst man Kohlensäure und Natriumbicarbonat in Wasser in Konzentrationen, wie sie im Blutplasma enthalten sind, so erhält man für C_H angenähert denselben Wert wie im Blute. Hieraus läßt sich sicher folgern, daß die oben angegebene H-Ionenkonzentration des

Blutes im wesentlichen auf dem Kohlensäure- und Natrium-bicarbonatgehalt des Plasmas beruht.

Bezüglich der zweiten Frage lehrt ein einfacher Versuch, daß das Blut seine Reaktion unter verschiedensten Umständen hartnäckig beibehält. Um es alkalisch zu machen (was an der Rotfärbung von zugesetztem Phenolphthalein erkannt werden kann), bedarf es einer weit größeren Menge von Lauge, als wenn man reines Wasser alkalisch machen wollte; um es sauer zu machen, (was an der Rotfärbung von zugesetztem Methyl-Orange erkannt werden kann), bedarf es einer weit größeren Menge von Säure, als wenn man reines Wasser sauer machen wollte. Auch im Organismus gibt es Faktoren, die auf das Blut wie Alkali- und Säurezusatz wirken: Abgesehen davon, daß infolge der wechselnden Intensität der Oxydationsprozesse von den Zellen her bald mehr, bald weniger CO_2 zufließt, kann bei überwiegender Fleisch-nahrung mehr Schwefelsäure aus verbranntem Eiweiß, mehr Phosphor-säure aus Nucleoproteiden entstehen; oder es können, wie im Diabetes, β-Oxybuttersäure und Acetessigsäure infolge unvollkommener Oxydation gebildet werden; oder es können bei überwiegender Pflanzen- (Obst-) nahrung, da viele pflanzensaure (apfelsaure, citronensaure usw.) Alkalien zu kohlensaurem Alkali verbrennen, diese in erhöhter Menge im Organismus zurückbleiben. Wenn die H-Ionenkonzentration trotz alle-dem nahezu konstant bleibt, kann dies nur auf einem wenn auch dynamischen Gleichgewichte zwischen Säure- und Basen-Äquivalenten, dem sog. „Säure-Basen-Gleichgewichte" beruhen, für dessen Erhaltung ein exakt funktionierender Mechanismus regulierend sorgt. An diesem Regulationsmechanismus sind Blutplasma, rote Blut-körperchen und das Atemzentrum beteiligt; doch darf nicht vergessen werden, daß hierbei auch den Nieren eine wichtige Rolle zukommt, indem sie aus Adenylsäure (S. 145) Ammoniak abspalten, das zur Neutralisation von Säuren dienen kann.

Die regulierende Fähigkeit des Blutplasmas beruht auf seinem Gehalt an Stoffen, die (auf S. 31) als **Reaktionsregulatoren** oder **Puffer** bezeichnet wurden. Als solche wirkt im Blutplasma Dialkaliphosphat, das sich mit Säure zu Dihydrophosphat, und Dihydrophosphat, das sich mit Alkali zu Dialkaliphosphat umsetzt, sowie auch Eiweiß, das als Ampholyt (S. 29) sowohl H- als auch OH-Ionen zu binden vermag; **in erster Linie verdankt aber das Plasma die Eigenschaft, nicht nur eine bestimmte H-Ionenkonzentration auf-zuweisen, sondern diese auch konstant zu erhalten, dem Umstande, daß das Verhältnis zwischen seinem Gehalte an freier Kohlensäure und an Bicarbonaten ein konstantes bleibt.** Für den Kohlensäuregehalt ist dadurch gesorgt, daß dem Plasma Kohlensäure von den Geweben her ständig zuströmt, für den Bicarbonatgehalt aber innerhalb gewisser Grenzen dadurch, daß durch den Kohlensäureüberschuß alle Basen, die nicht an stärkere Säuren gebunden sind, in Bicarbonate überführt werden. Nun besteht aber die wichtige Funktion der Bicarbonate darin, daß, wenn neugebildete stärkere Säuren gegen das Plasma strömen, sie durch das Bicarbonat neutralisiert werden, die H-Ionenkonzentration also ungestört weiter bestehen bleiben kann; jedoch nur so lange, bis der Vorrat an Bicarbonat reicht. Da demnach das Alkali, das zur Neutralisation der dem Blutplasma zuströmenden Säuren nötig ist, in den Bicarbonaten enthalten ist, und der Organismus an diesen einen gewissen Vorrat, eine Reserve besitzt, wird dieses Alkali bzw. im übertragenen Sinne das Bicarbonat selbst als „Alkalireserve" bezeichnet. Ihre Menge wird ausgedrückt durch die Kohlensäure, die in 100 cm³ des Plasmas in Form von Bicarbonaten enthalten ist; sie nimmt in Fällen stärkerer Säurebildung ab, weil sie zur Neutralisierung der Säuren verwendet wird.

Die obenerwähnten Bestandteile des Blutplasmas, wie Phosphate, Eiweiß, und in erster Reihe das Kohlensäure-Bicarbonatsystem sind wohl geeignet, eine etwa drohende Änderung der normalen H-Ionenkonzentration im Blute hintanzuhalten, doch ist dies bloß für eine verhältnismäßig kurze Zeitdauer möglich. Denn von den Geweben her, in denen die Oxydationen verlaufen, strömt Kohlensäure dem Plasma ununterbrochen zu, und wird durch Neubildung anderer, stärkerer Säuren stets Bicarbonat zersetzt, wobei wieder Kohlensäure entsteht. Es droht also aus doppelten Gründen die Gefahr einer Erhöhung der H-Ionenkonzentration: einerseits infolge ständiger Zunahme der Kohlensäurekonzentration (des Zählers im Quotienten auf S. 153), andererseits infolge ständiger Abnahme der Bicarbonatkonzentration (des Nenners im Quotienten). Das umgekehrte, nämlich eine Herabsetzung der H-Ionenkonzentration droht einzutreten, wenn Basen in erhöhter Menge entstehen oder eingeführt werden, wodurch Bicarbonat auf Kosten der freien Kohlensäure in erhöhter Menge gebildet wird, und durch Verringerung des Zählers, Vergrößerung des Nenners im Quotienten dessen Wert abnehmen müßte.

Es ist ja richtig, daß im ersteren Falle sich ein Teil der überschüssigen Kohlensäure mit Dialkaliphosphaten und mit Eiweiß wie folgt umsetzt:

$$Na_2HPO_4 + H_2CO_3 \rightleftarrows NaHCO_3 + NaH_2PO_4$$

$$Na \cdot Alb + H_2CO_3 \rightleftarrows NaHCO_3 + H \cdot Alb$$

wodurch die Konzentration der Kohlensäure wieder herabgesetzt, die des Bicarbonats wieder erhöht wird. Auch wird ein Teil der überschüssigen Kohlensäure dadurch unschädlich gemacht, daß sich bei der bestehenden bedeutenden CO_2-Tension Kohlensäure und Kochsalz wie folgt umsetzen:

$$NaCl + H_2CO_3 \rightleftarrows NaHCO_3 + HCl$$

wobei das Bicarbonat im Plasma zurückbleibt, die Salzsäure (Cl-Ionen) aber (nach S. 172) in die roten Blutkörperchen eindringt und durch die daselbst befindlichen Basen neutralisiert wird.

Ohne die mächtige Mithilfe des Atemzentrums wäre es aber nicht möglich, die H-Ionenkonzentration im Blute konstant zu erhalten. Diese Mithilfe beruht darauf, daß das Atemzentrum für die Abweichungen von der S. 20 als neutral bezeichneten H-Ionenkonzentration des Blutes bzw. der Säfte äußerst empfindlich ist. Sobald die H-Ionenkonzentration infolge der Zunahme der Konzentration der freien Kohlensäure, bzw. der Abnahme der Bicarbonatkonzentration um den ersten minimalen

Betrag zunimmt, kommt es infolge der örtlichen Erregung des Atemzentrums zu einer Beschleunigung der Atembewegungen, bzw. zu einer über die Norm gesteigerten Ventilation der Lungen; demzufolge sinkt aber die in der Alveolarluft herrschende CO_2-Tension unter die Norm, und es kommt infolge des nun größer gewordenen Gefälles zu einer erhöhten CO_2-Abgabe von seiten des Blutes. Dadurch wird aber die Kohlensäurekonzentration (Zähler im Quotienten) im Plasma nicht nur auf die Norm, sondern sogar unter die Norm herabgedrückt, und auf diese Weise die durch die stärkeren Säuren bewirkte Verringerung der Bicarbonatkonzentration (des Nenners im obigen Quotienten) wettgemacht, so daß der Wert des Quotienten, die H-Ionenkonzentration, unverändert bleibt.

Umgekehrt kommt es, sobald infolge der Neubildung von Basen die H-Ionenkonzentration um den ersten minimalen Betrag abnimmt (die OH-Ionenkonzentration nach S. 21 entsprechend zunimmt), zu einem herabgesetzten Erregungszustande des Atemzentrums, demzufolge zu einer Verlangsamung der Lungenventilation, wodurch die CO_2-Tension in der Alveolarluft zunimmt, was zu einer Verringerung der CO_2-Abgabe von seiten des Blutes führt. Durch die hierdurch erhöhte Kohlensäurekonzentration im Plasma (des Zählers im Quotienten) wird die durch Anhäufung von Basen bewirkte Zunahme der Bicarbonatkonzentration (des Nenners im obigen Quotienten) wettgemacht, und ermöglicht, daß der Wert des Quotienten, d. h. die H-Ionenkonzentration wieder unverändert bleibt.

Bestimmung der Titrations-Alkalescenz. Wie (S. 153) erwähnt, erweist sich das Blut, mit Lackmus geprüft, als deutlich alkalisch. Diese Alkalescenz, die sog. „Titrations-Alkalescenz" läßt sich bestimmen, wenn man z. B. 5 cm³ Blut mit einer 0,1 %igen Lösung von Kaliumoxalat verdünnt und mit einer n/20-Weinsäurelösung unter Verwendung von Lackmuspapier als Indicator titriert. Das auf diese Weise ermittelte Alkali, das sog. „titrierbare Alkali" wurde in kohlensaurem Natrium ausgedrückt zu 0,4—0,6 % befunden.

Bestimmung der Alkalireserve. Die Titrations-Alkalescenz, nach dem vorangehenden Absatz bestimmt, kann, da durch die Titrationssäure auch Phosphate des Plasmas, sowie auch Eiweiß, das als Ampholyt Säuren zu binden vermag, mitbestimmt werden, nicht der gesuchten Alkalireserve gleichgesetzt werden, obzwar sie sich dem Bicarbonatgehalte des Plasmas parallel ändern mag. Als ein besseres Maß der Alkalireserve kann die CO_2-Tension der Alveolarluft dienen, die nachgewiesenermaßen gleich ist der CO_2-Tension im arteriellen Blute, denn aus der Gleichung (von S. 153) $C_H = K \cdot \dfrac{C_{H_2CO_3}}{C_{NaHCO_3}}$ folgt, daß $C_{NaHCO_3} = K \cdot \dfrac{C_{H_2CO_3}}{C_H}$ d. h. bei gleicher H-Ionenkonzentration ist die Bicarbonatkonzentration proportional der Konzentration der freien Kohlensäure. Am besten erfolgt die Bestimmung der Alkalireserve nach VAN SLYKE in dem nach ihm benannten Apparat dadurch, daß man die Kohlensäurekapazität des Plasmas ermittelt. Da diese unter anderem auch von der CO_2-Tension abhängt, sättigt man, um vergleichbare und gleichzeitig auch den natürlichen entsprechende Verhältnisse zu schaffen, das zu untersuchende Plasma vorangehend mit Kohlensäure von derselben einheitlichen Tension von 40 mm Hg, die in der normalen Alveolarluft, und demzufolge auch im normalen Arterienblute durchschnittlich herrscht. Wenn man nachher die Kohlensäure durch Vakuum aus dem Plasma ausgetrieben hat, und ihr Volumen bestimmt, muß noch die Kohlensäure in Abzug gebracht werden, die im Plasma einfach physikalisch gelöst enthalten war, und deren Menge sich aus dem bekannten Absorptionskoeffizienten der Kohlensäure im Plasma unter Berücksichtigung der Versuchstemperatur und des eben herrschenden Luftdruckes berechnen läßt.

Der Rest stellt die Kohlensäure dar, die in Form von Bicarbonaten enthalten war; und dieser Rest ist eben die gesuchte Alkalireserve.

Acidosis, Alkalosis, Eukapnie, Hypokapnie, Hyperkapnie. Gerade weil die Abnahme der Alkalireserve (nach S. 154) durch Hineinströmen von neugebildeten Säuren in das Plasma verursacht wird, bezeichnet man den Zustand, in der eine solche Abnahme stattfindet, als „Acidosis" (obzwar dieser Ausdruck ursprünglich bloß zur Bezeichnung von Zuständen geprägt wurde, in denen, wie z. B. in gewissen Stadien des Diabetes, große Mengen von β-Oxybuttersäure und Acetessigsäure gebildet werden). Man spricht von einer „kompensierten Acidosis", wenn die Alkalireserve hinreicht, um die H-Ionenkonzentration auf ihrem normalen Niveau zu erhalten; von einer „inkompensierten Acidosis" aber, wenn infolge der Erschöpfung der Alkalireserve nunmehr wirklich eine Erhöhung der H-Ionenkonzentration droht. Dabei ist aber zu bemerken, daß selbst in schwersten Fällen von Coma diabeticum, in welchen Zustande oft geradezu enorme Mengen von β-Oxybuttersäure und Acetessigsäure gebildet werden, die H-Ionenkonzentration den Wert $p_H = 7{,}12$ nicht überschreitet. Auch durch intravenöse Eingießung größerer Mengen verdünnter Säuren läßt sich das Blut eines Versuchstieres nicht merklich sauer machen, denn ehe dies erreicht ist, geht das Tier schon zugrunde. Hat man umgekehrt Ursache anzunehmen, daß die Alkalireserve erhöht ist, so spricht man per analogiam von einer bestehenden „Alkalosis". Sie kann eintreten z. B. infolge ständigen Verlustes von Säureäquivalenten bei fortdauernd wiederholtem Erbrechen, indem nun durch die Alkalien Kohlensäure in erhöhter Menge zu Bicarbonat gebunden, daneben aber, um die H-Ionenkonzentration konstant zu erhalten, Kohlensäure auch in freiem Zustande in erhöhter Menge im Plasma gelöst zurückgehalten wird.

Bei der Benennung obiger Zustände ist es üblich geworden, die zweite Komponente der Bicarbonate, die Kohlensäure ($\varkappa\alpha\pi\nu o\varsigma$, Rauch, Kohlensäure) zu berücksichtigen; dementsprechend wird der Zustand, in dem die Alkalireserve, d. h. das Bicarbonat in normaler Konzentration vorhanden ist, als „Eukapnie" bezeichnet; ist ihre Konzentration herabgesetzt bzw. erhöht, so spricht man von einer „Hypokapnie", die der Acidosis, bzw. von einer „Hyperkapnie", die der Alkalosis entspricht.

Aktuelle, regulierte, reduzierte Wasserstoffzahl. Daß das regulierende Eingreifen des Atemzentrums, durch das die H-Ionenkonzentration des Blutes konstant erhalten wird, gerade durch die Änderung des Kohlensäuregehaltes des Blutes in der einen oder in der anderen Richtung erfolgt, geht aus folgenden Beobachtungen hervor: Man hat die CO_2-Tension der Alveolarluft und die H-Ionenkonzentration im Blutplasma an einer und derselben Versuchsperson bei Fleischkost und bei Pflanzenkost verglichen, und nach der Pflanzenkost die CO_2-Tension in der Alveolarluft gegen die Norm erhöht, die H-Ionenkonzentration im Blute aber unverändert gefunden. Wurde aber das zu prüfende Plasma vorangehend mit CO_2 bei einer Tension von 40 mm Hg, also bei der CO_2-Tension der normalen Alveolarluft gesättigt, so fand man die H-Ionenkonzentration nach der Pflanzenkost erheblich herabgesetzt. Dies beweist, daß, falls das Atemzentrum nicht durch Verlangsamung der Atmung regulierend eingegriffen hätte, d. h. nicht eine Erhöhung der CO_2-Tension in der Alveolarluft und dadurch auch eine Erhöhung des Kohlensäuregehaltes des Plasmas über dessen normalen Wert hinaus bewirkt hätte, der aus der verbrannten Pflanzennahrung entstandene Bicarbonatüberschuß bei unverändertem Kohlensäuregehalt des Plasmas zu einer Verringerung des Wertes des Quotienten $\dfrac{C_{H_2CO_3}}{C_{NaHCO_3}}$, also zu einer Herabsetzung der H-Ionenkonzentration geführt hätte.

Eine andere Beobachtung lautet dahin, daß im Blute schwangerer Frauen vor der Entbindung die CO_2-Tension in der Alveolarluft erheblich herabgesetzt ist, und erst nach erfolgter Entbindung wieder zu normalen Werten zurückkehrt, die H-Ionenkonzentration im Blute aber vor wie nach der Entbindung normale Werte aufweist. Wird aber das Plasma vorangehend mit CO_2 bei einer Tension von 40 mm Hg gesättigt, so erhält man für die H-Ionenkonzentration vor der Entbindung beträchtlich höhere Werte. Dies beweist, daß, falls das Atemzentrum nicht durch Erhöhung der Atemfrequenz eingegriffen, d. h. nicht eine Herabsetzung der CO_2-Tension der Alveolarluft, und dadurch eine Herabsetzung des Kohlensäuregehaltes des Blutplasmas erzwungen hätte, die verringerte Bicarbonatkonzentration (ein Folgezustand der erhöhten Säureproduktion in der Schwangeren) bei unverändertem Kohlensäuregehalte des Plasmas eine Zunahme des Wertes des obigen Quotienten, also eine Zunahme der H-Ionenkonzentration hätte bewirken müssen.

Auch in anderen als den beiden soeben besprochenen Fällen sind wertvolle Aufschlüsse aus einem Vergleich der H-Ionenkonzentration zu erwarten, wenn man sie einmal am nicht vorbehandelten Plasma ausführt, dann aber am selben Plasma, nachdem es mit CO_2 bei einer Tension von 40 mm Hg gesättigt wurde. Am nicht vorbehandelten Plasma erhält man die tatsächliche, aktuelle H-Ionenkonzentration, die „aktuelle Wasserstoffzahl" (siehe S. 21), die auch, weil sie das Ergebnis der regulierend eingreifenden Organfunktionen darstellt, als „regulierte Wasserstoffzahl" bezeichnet wird; an dem mit CO_2 wie oben vorbehandelten Plasma aber erhält man die H-Ionenkonzentration, reduziert auf eine Tension von 40 mm Hg (die in normaler Alveolarluft und auch im normalen Arterienblut durchschnittlich herrscht), daher auch als „reduzierte Wasserstoffzahl" bezeichnet wird.

Der osmotische Druck und die molare Konzentration. Die Gefrierpunktserniedrigung des Blutes (die sich von dem des Plasmas bzw. Serums nicht unterscheidet, da ja die Formelelemente denselben osmotischen Druck haben, wie das Plasma) liegt bezüglich verschiedener Säuger zwischen 0,53 und 0,62⁰, im Blute gesunder Menschen zwischen 0,55 und 0,58⁰ C, an Herzkranken mit Kompensationsstörungen offenbar infolge der Überladung des Blutes mit CO_2, die ihrerseits zu einer Zunahme der Trockensubstanz des Blutplasmas führt, (siehe S. 172) oft wesentlich höher, bis zu etwa 1⁰ C. Da die Gefrierpunktserniedrigung wäßriger Lösungen von der molaren Konzentration 1 genau 1,85⁰ beträgt, ist die molare Konzentration des Menschenblutes (nach S. 10)

$$c = \frac{\varDelta}{1,85} = \frac{0,56}{1,85} = 0,3.$$

Da ferner einer molaren Konzentration von 1 bei 0⁰ ein osmotischer Druck von 22,4 Atmosphären entspricht, so läßt sich der osmotische Druck des Blutes, dessen Temperatur im Tierkörper 37,5⁰ C beträgt, auf Grund der Analogie zwischen Gasdruck und osmotischem Drucke (S. 7) zu $22,4 \times 0,3 \times \left(1 + \frac{1}{273} \times 37,5\right) = 7,7$ Atmosphären errechnen.

Da der osmotische Druck einer Lösung von der Zahl der in ihr enthaltenen Moleküle und Ionen abhängt, ist es klar, daß der osmotische Druck im Blute überwiegend von den in ihm enthaltenen Krystalloiden und höchstens zu einem Bruchteile von dem in weit größerer Menge vorhandenen Eiweiß getragen wird, da ja die molare Konzentration auch prozentual hochkonzentrierter Eiweißlösungen eine verhältnismäßig geringe ist (siehe auf S. 38). Von den oben erwähnten 7,7 Atmosphären kommen drei Viertel auf Rechnung von Elektrolyten, ein Viertel auf Nichtleiter; und wiederum drei Viertel des auf die Elektrolyte entfallenden Anteiles rühren von Kochsalz her, ein Viertel von den sog. Achloriden, d. h. Natriumhydrocarbonat und Phosphaten.

Der osmotische Druck ist an Warmblütern, ferner an Amphibien, Reptilien usw. äußerst konstant, daher werden diese Tiere auch als homöotonische oder homöosmotische bezeichnet. Ihre Homöotonie verdanken sie einem genau funktionierenden Regulierungsmechanismus (s. S. 240), der dafür sorgt, daß ein etwaiger Überschuß am Lösungsmittel (Wasser) einerseits, an gelösten Molekülen (Krystalloiden) andererseits, aus dem Körper in kürzester Zeit (durch den Harn, an vielen Warmblütern auch durch den Schweiß) entfernt wird. Hierzu im Gegensatz ist an den Knorpelfischen des Meeres und an niederen Meeresbewohnern eine Konstanz des osmotischen Druckes **nicht** vorhanden, daher man sie als **heterotonisch** oder als **heterosmotisch** bezeichnet. An solchen Tieren wird der osmotische Druck je nach dem Fundort verschieden, aber stets so groß gefunden, wie der des betreffenden Meerwassers, bzw. des Mediums, in dem sie gehalten werden.

Kolloidosmotischer Druck des Blutplasmas. Von dem oben erörterten osmotischen Druck des Blutes bzw. des Blutplasmas wohl zu unterscheiden ist der osmotische Druck der im Blutplasma gelösten Kolloide (Eiweißkörper), daher man diesen Druck als den kolloidosmotischen Druck des Blutplasmas bezeichnet. Um ihn zu bestimmen, geht man von dem S. 6 erörterten Prinzip aus, verwendet jedoch nicht die dort erwähnten semipermeablen, also bloß für das Lösungsmittel durchgängigen Membranen, sondern solche, die für die Elektrolytionen wohl durchgängig sind, für Eiweißionen aber nicht. Der zu diesem Zwecke verwendete Apparat besteht aus zwei kleinen Behältern, die voneinander durch eine solche Membran getrennt sind. In den einen Behälter wird das zu untersuchende Plasma so eingegossen, daß es den Behälter vollständig (mit Ausschluß von Luftblasen) ausfüllt, der andere aber wird mit einer dem Blutplasma ungefähr isotonischen Salzlösung beschickt. Während nun Lösungsmittel (Wasser) und Elektrolytionen mit der unten zu erörternden Beschränkung bis zum Ausgleich ihrer Konzentrationen durch die Membran hinüber und herüber treten, daher keinen Druck im Sinne eines osmotischen Druckes auf die Membran ausüben, sind die Eiweißionen am Durchtritt verhindert, und üben einen Druck auf die Membran aus, der unter physiologischen Umständen etwa 30 mm Hg beträgt (abgelesen als Höhenunterschied der Sperrflüssigkeit in beiden Schenkeln eines Manometers, das mit dem zweiten Behälter in Verbindung steht). Dies ist der **kolloidosmotische Druck des Blutplasmas.** Er wird, da Wasser zum Plasma übertritt, bzw. zu einer weiteren Quellung des Plasmaeiweißes führt, auch als die „**wasseranziehende Kraft**", bzw. auch als „**Quellungsdruck**" des Plasmaeiweißes bezeichnet.

Da nach obigem das Zustandekommen des kolloidosmotischen Druckes an die Anwesenheit von Eiweißionen gebunden ist, können an ihm Fibrinogen, Globuline und Albumin (siehe S. 163) nur beteiligt sein, wenn sie bei der S. 153 besprochenen H-Ionenkonzentration des Blutes (p_H bei $37\,^0$C gleich etwa 7,36) Eiweißionen liefern. Nun liegt aber der isoelektrische Punkt (bei dem nach S. 133 das Eiweiß elektroneutral ist, d. h. keine Eiweißionen liefert) für das Globulin bei $p_H = 5,4$, für das Albumin bei $p_H = 4,7$ (S. 133), demnach recht weit von der H-Ionenkonzentration des Blutes, daher beide in ionisiertem Zustande vorhanden sind; hingegen fällt der isoelektrische Punkt des Fibrinogens nach älteren Angaben mit der H-Ionenkonzentration des Blutplasmas zusammen, daher es elektroneutral ist, also keine Ionen liefert. (Die Richtigkeit dieser Angaben wird gegenwärtig angezweifelt, und es werden für die Elektroneutralität des Fibrinogens andere Momente angeführt.) Aus allem dem folgt aber, daß am kolloidosmotischen Drucke **nur Globulin und Albumin** beteiligt ist, nicht aber das Fibrinogen; weiterhin auch, daß wenn in den S. 163 erwähnten Zuständen der Fibrinogengehalt des Blutes bei unverändertem Gesamteiweißgehalt erhöht ist, der kolloidosmotische Druck des Blutes entsprechend herabgesetzt gefunden werden muß, und zwar in stärkstem Grade, wenn der Gesamteiweißgehalt des Plasmas herabgesetzt, der Fibrinogengehalt aber auch absolut erhöht ist.

Donnan**sches Membrangleichgewicht.** Infolge des oben erwähnten beschränkten Durchtrittes der Elektrolytionen durch eine für diese wohl, für Eiweißionen nicht durchgängige Membran, kommt es zu einer eigenartigen Erscheinung. Sind zwei verschiedene **kolloidfreie** Elektrolytlösungen oder solche von bloß verschiedenen molarer Konzentration durch die oben beschriebene, nur für Eiweißionen undurchgängige Membran voneinander geschieden, so werden die Ionen gegenseitig auf dem Wege der Diffusion so lange ausgetauscht, bis es schließlich zu einem Gleichgewichtszustande, d. h. dazu kommt, daß Anionen und Kationen beiderseits in der gleichen Konzentration vorhanden sind. Befindet sich auf der einen Seite derselben Membran wieder die Lösung eines Elektrolyten, z. B. Kochsalz, auf der anderen Seite aber die eines Kolloid-Elektrolyten, z. B. an Natrium gebundene Eiweiß, so werden Na- und Cl-Ionen zum Eiweiß hinüberdiffundieren, während die Eiweiß-Anionen und — infolge der bekannte elektrostatischen Anziehung — auch die zu ihnen gehörenden Na-Ionen nicht durch die für das Eiweiß impermeable Membran treten können. Zu einem Gleichgewichtszustande wird es selbstverständlich auch hier kommen; doch wird, abweichend vom erstbesprochenen Falle, die Konzentration der Elektrolyt-Ionen auch im Gleichgewichtszustande auf beiden Seiten der Membran nicht die gleiche sein; was folgende Ursachen hat. Auf der eiweißfreien Seite, von wo aus Kochsalz wegdiffundiert ist, verbleiben Na- und Cl-Ionen in einer verringerten, doch da in der Lösung Elektroneutralität herrschen muß, in der gleichen Konzentration, also $C_{Na^+} = C_{Cl^-}$. Aber auch auf der Eiweißseite, wo Na-Kationen und Eiweiß-Anionen von vornherein vorhanden waren, und wohin Na- und Cl-Ionen von der eiweißfreien Seite herüberdiffundiert sind, muß ebenfalls Elektroneutralität herrschen, die Summe der positiven und der negativen Ladungen muß dieselbe sein, also $C_{Na^+} = C_{Cl^-} + C_{Eiweiß\text{-}Anion}$. Auf diese Weise ist aber auf der Eiweißseite C_{Na^+} auf alle Fälle größer als C_{Cl^-}. Es kann daher ein Gleichgewichtszustand niemals dadurch zustande kommen, daß Na- und Cl-Ionen, die wie erwähnt, stets in derselben Zahl zur Eiweißseite herübertreten, zu beiden Seiten der Membran in derselben Konzentration vorhanden. Im Gleichgewichtszustande muß die Konzentration der Na-Ionen auf der Eiweißseite größer, die der Cl-Ionen aber im selben Verhältnisse geringer sein, als auf der eiweißfreien Seite. Handelt es sich um Eiweiß, das an Säure gebunden, also als Kation vorhanden ist, so ist natürlich das umgekehrte der Fall: neben den Eiweißkationen werden im Gleichgewichtszustande die Cl-Ionen in größerer Konzentration, die Na-Ionen in kleinerer Konzentration vorhanden sein, als auf der eiweißfreien Seite. Das unter den geschilderten Umständen zustande kommende Gleichgewicht ist das sog. DONNANsche, allerdings auch von der in den Lösungen herrschenden H-Ionenkonzentration abhängige Membrangleichgewicht, dadurch charakterisiert, daß durch das Kolloidion die entgegengesetzt geladenen Elektrolytionen von jenseits der Membran gleichsam herübergezogen, die gleichgeladenen aber gleichsam auf die andere Seite der Membran hinübergedrängt werden. Was oben ausgeführt wurde, gilt auch für den Fall, wenn die Lösung auf der Eiweißseite neben Eiweiß von vornherein Elektrolyte gelöst enthält. Es gilt mit bestimmten Abweichungen auch in dem Falle, wenn Eiweißsalz und Elektrolyt kein gemeinsames Ion haben (im oben angeführten Beispiel war es das Na-Ion). Auf Grundlage des DONNANschen Membrangleichgewichtes lassen sich unter anderem auch gewisse Unterschiede im Ionengehalt mancher Zellen (z. B. der roten Blutkörperchen) und der sie umgebenden Flüssigkeit erklären, sowie auch Potentialunterschiede, die das Wesen so mancher Lebenserscheinungen der Zellen ausmachen dürften.

II. Die einzelnen Blutbestandteile.

Blutplasma und Formelemente können einzeln untersucht werden, wenn man das Blut gerinnungsunfähig macht und dann sedimentieren läßt oder zentrifugiert. Fängt man das ohnehin langsamer gerinnende Pferdeblut in hohen schmalen Glasgefäßen auf, und bewahrt es dann im Eisschrank auf, so bleibt es stundenlang flüssig und liefert durch Selbstsedimentierung ein klares, von Formelementen freies Plasma. Diese besondere Leichtigkeit der Beschaffung des Pferdeblutplasmas macht es begreiflich, daß es unter allen Plasmaarten am häufigsten untersucht wurde.

Sog. Salzplasma wird erhalten, wenn man Blut in die Lösung eines Neutralsalzes ($MgSO_4$, Na_2SO_4, $NaCl$) von mittlerer Konzentration einfließen läßt. Oxalat- bzw. Fluorid-Plasma, bzw. Citrat-Plasma werden auf dieselbe Weise mittels Alkalioxalat bzw. Natriumfluorid, bzw. Natriumcitrat erhalten, wobei der Gehalt des Blut-Salzlösungsgemisches zu 0,1 bis 0,5% Oxalat, bzw. 0,3% Fluorid, bzw. 0,2% Citrat berechnet werden muß.

Am bequemsten, wenn auch kostspieliger, erhält man Plasma aus Blut, das mit Hirudin oder mit Heparin (S. 151) versetzt war.

A. Relative Volumina des Blutplasmas und der roten Blutkörperchen.

Die relativen Volumina des Blutplasmas und der roten Blutkörperchen (unter Vernachlässigung der weißen Blutkörperchen und der Blutplättchen) werden in einem „Hämatokrit" genannten Röhrchen bestimmt, und zwar wurden für das Volumen der roten Blutkörperchen im Blute des Mannes etwa 45 %, für die der Frau aber etwa 40 Vol.-% gefunden.

Das Hämotokrit ist ein dickwandiges Capillarrohr mit aufgeätzter Teilung, in das das zu untersuchende Blut aufgesogen wird, nachdem es durch Zusatz von Oxalat oder Hirudin ungerinnbar gemacht und mit 0,9 %iger NaCl- oder $2^1/_2$ %iger K_2CrO_7-Lösung verdünnt war. Hierauf wird zentrifugiert, bis die Höhe der Blutkörperchensäule nicht mehr abnimmt. Bei der Ermittlung der relativen Volumina muß die vorangegangene Verdünnung des Blutes in Rechnung gezogen werden. Hat man jedoch das Volumen des noch unverdünnten Blutes abgelesen, und dann erst die Verdünnungsflüssigkeit aufgesogen, so kommt die Verdünnung nicht in Betracht. Das relative Volumen der roten Blutkörperchen wird von verschiedenen Autoren etwas verschieden angegeben, was ja nicht zu verwundern ist, wenn man bedenkt, daß das Untersuchungsergebnis davon abhängt, wie weit es gelingt, das Plasma aus den Zwischenräumen zwischen den roten Blutkörperchen zu verdrängen.

B. Eigenschaften und Zusammensetzung des Blutplasmas (und des Blutserums).

Infolge der raschen Gerinnbarkeit des Blutplasmas ist seine Untersuchung mit erheblichen Schwierigkeiten verbunden; da es sich aber in seiner Zusammensetzung nur wenig vom Blutserum unterscheidet (siehe unten), so können die nachstehend angeführten Eigenschaften und Befunde ohne weiteres auf das Plasma bezogen werden, obzwar sie meistens am Blutserum festgestellt wurden.

Das Blutserum ist eine gelbliche, durchsichtige Flüssigkeit; das spezifische Gewicht beträgt 1·027—1·032; es unterscheidet sich vom Blutplasma durch den Mangel an Fibrinogen, daher durch seine Ungerinnbarkeit; ferner fehlen ihm geringe Mengen von Salzen und Enzymen, die das ausfallende Fibrin bei der Gerinnung des Blutes mit sich gerissen hatte.

Die am Blutserum des Menschen ermittelte relative Viscosität beträgt bei 38° C 1,8—2,1, ist aber nicht nur vom prozentualen Eiweißgehalt des betreffenden Blutes, sondern auch vom Quellungszustande bzw. vom Dispersitätsgrade der Eiweißkörper abhängig. Um verschiedene Blutsera auf ihre Viscosität hin vergleichen zu können, werden sie durch Ultrafiltration auf denselben Eiweißgehalt (10 %) gebracht, und wird der unter solchen Umständen erhaltene Wert als „reduzierte Viscosität" bezeichnet. Er schwankt normalerweise zwischen etwa 2,0 und 2,7, und ist in gewissen Nierenkrankheiten stark erhöht.

Der Wassergehalt des Blutplasmas beträgt bei den verschiedenen Säugetieren 90 bis 93 %, der Trockensubstanzgehalt 7 bis 10 %; das

Vogelblutplasma enthält bloß 5,4, das Froschblutplasma gar nur $2,5\%$ Trockensubstanz. Der Wassergehalt im Blutplasma eines Tieres ist im allgemeinen recht konstant. Wird Wasser in den Kreislauf aufgenommen, so wird der Überschuß wohl vorübergehend zuerst in gewissen Geweben gespeichert, jedoch alsbald teils durch die Nieren im Harn, teils in Form von Schweiß, teils in Form von Wasserdampf in der Exspirationsluft ausgeschieden.

In pathologischen Zuständen kann sich im Blutplasma das Mengenverhältnis des Wasser- und Trockengehaltes (überwiegend durch Eiweiß gebildet) verschieben; so kann bei der Cholera eine starke Eindickung durch profusen Wasserverlust eintreten, derart, daß der relative Eiweißgehalt weit über die Norm steigt. Umgekehrt kann der Wassergehalt größer und dementsprechend der Eiweißgehalt kleiner, als im normalen Blutplasma sein; es wurden Verringerungen des Eiweißgehaltes bis auf etwa 4% beobachtet. Diese Veränderung wird als Hydrämie bezeichnet und kommt weit häufiger vor, als die oben erwähnte Eindickung. Zur Hydrämie kommt es entweder infolge hochgradiger Eiweißverluste (Inanition, Blutverluste, maligne Neubildungen, infektiöse Krankheiten), oder infolge des Einströmens von eiweißarmer Gewebsflüssigkeit, so z. B. in chronischen Nierenkrankheiten.

Im Blutplasma gelöste Bestandteile.

Eiweiß. Im menschlichen Blutplasma sind $7\text{---}8\%$ Eiweiß enthalten, und zwar Fibrinogen, Serumglobuline und Serumalbumin.

a) **Fibrinogen** (Metaglobulin), die Muttersubstanz des Fibrins, ist außer im Blutplasma noch in der Lymphe, in Ex- und Transsudaten, in der Hydrocelenflüssigkeit usw. enthalten. Das Fibrinogen gehört zur Gruppe der Globuline, unterscheidet sich aber von anderen Gliedern dieser Gruppe dadurch, daß es durch Halbsättigung seiner Lösung mit Kochsalz gefällt wird. In salzhaltigen Lösungen koaguliert es bei 52 bis 55° C. Es ist optisch links-aktiv. Gebildet wird es wahrscheinlich in der Leber und in den lymphoiden Geweben, vielleicht aber auch im Knochenmark. Für die Bildung in der Leber spricht die Verarmung des Blutes an Fibrinogen in Fällen von gelber Leberatrophie, bei Phosphorvergiftung und bei der experimentell durch Einspritzung von hepatotoxischem Serum erzeugten Leberdegeneration. Die rasche Regenerationsfähigkeit des Fibrinogens wird durch folgenden Versuch erwiesen: Wird einem Kaltblüter das Blut entzogen, sodann defibriniert und wieder in das Blutgefäßsystem eingebracht, so erreicht der Fibrinogengehalt des Blutes nach kurzer Zeit wieder seine normale Höhe.

In gewissen Krankheiten weicht der Fibrinogengehalt des Blutes von der Norm ab. Er ist erhöht (Hyperinosis) in den fieberhaften Erkrankungen, die mit der Bildung eines Exsudates einhergehen, so z. B. bei Lungen- und Brustfellentzündung, bei Phlegmone, Gelenksentzündung usw.; verringert (Hypinosis) in chronischen Leberleiden, in Fällen von Typhus abdominalis, Septicämie, chronischen Eiterungsprozessen usw. Über die Veränderung des Mengenverhältnisses des Fibrinogens zu den übrigen Bluteiweißkörpern siehe auf S. 163.

Darstellung. Das durch entsprechenden Oxalatzusatz ungerinnbar gemachte Blut wird mit dem gleichen oder doppelten Volumen einer konzentrierten kalkfreien Kochsalzlösung gefällt, der Niederschlag in $6\text{---}8\%$iger Kochsalzlösung gelöst, wieder gefällt usw.

Fibrin entsteht durch Gerinnung des Fibrinogens und gleicht in seinen Eigenschaften den Eiweißkörpern, die durch Hitze koaguliert wurden. Es ist in Wasser, Alkohol, Äther unlöslich; in 1%iger Salzsäure quillt es auf; gelöst wird es bei 40° C durch verdünnte Lösungen von Neutralsalzen, wahrscheinlich unter Mitwirkung der proteolytischen Enzyme, die das Fibrin bei seiner Fällung mitreißt; es geht auch in Lösung, wenn es mit Blut stehen gelassen wird (Fibrinolyse). Genügend rein wird es erhalten, wenn man koliertes Blutplasma mit einem Fischbeinstäbchen schlägt, und das Gerinnsel nacheinander mit 5%iger Kochsalzlösung, Wasser, Alkohol und Äther wäscht.

b) Serumglobuline (Paraglobuline), so genannt, weil man zu ihrer Darstellung stets Serum verwendet. Die aus dem Serum nach verschiedenen Methoden erhaltene Fällung enthält mehrere Globuline; der eine, mit Ammoniumsulfat leichter (bei etwa $^1/_3$ Sättigung) fällbare Anteil wird als Euglobulin, der schwerer (bei etwa Halbsättigung) fällbare als Pseudoglobulin bezeichnet, und zwar handelt es sich hierbei nicht um einen und denselben Eiweißkörper, der etwa je nach seinem verschiedenen Dispersionsgrad unter verschiedenen Bedingungen gefällt wird, denn nach neuesten Untersuchungen ist ihr Tyrosin- und Tryptophangehalt deutlich verschieden. Optische Aktivität: $[a]_D = -48°$; Koagulationstemperatur in kochsalzhaltigen Lösungen etwa 72° C.

Die Darstellung der Globuline erfolgt am besten aus Rinderblutserum, das sehr schwach angesäuert und mit dem 10—20fachen Volumen destillierten Wassers verdünnt wird; der Niederschlag wird in verdünnter Lauge oder in der verdünnten Lösung eines Neutralsalzes gelöst, mit Essigsäure gefällt usw.

c) Serumalbumin, so genannt, weil man zu seiner Darstellung stets Serum verwendet. Es läßt sich auf ähnliche Weise wie das Ovalbumin (S. 230) krystallisiert erhalten; seine optische Aktivität: $[a]_D = -61°$. Es koaguliert in salzfreier Lösung bei 50° C, weit höher in Anwesenheit von Kochsalz. Das Koagulum ist in Salpetersäure leicht löslich. (Vielleicht gibt es auch vom Serumalbumin, wie vom Serumglobulin mehrere Modifikationen.)

Dargestellt wird es aus Rinderblutserum, aus dem die Globuline durch Fällung mit Magnesiumsulfat entfernt wurden. Das Filtrat wird mit Essigsäure bis zu einem Gehalt von 1% versetzt, worauf das Albumin ausfällt; nun wird der Niederschlag am Filter gesammelt, in verdünnter Lauge gelöst, durch Dialysieren von den Salzen befreit und bei niedriger Temperatur eingedampft.

Gegenseitiges Mengenverhältnis von Fibrinogen, Globulinen und Albumin im Blutplasma. Der Gehalt des Blutplasmas an den drei angeführten Eiweißarten weist auch unter physiologischen Verhältnissen Schwankungen auf; im großen und ganzen läßt sich aber sagen, daß die Konzentration an Fibrinogen etwa 0,2%, an Globulinen etwas mehr als 2,5% und an Albumin etwas mehr als 4,5% beträgt, diese Konzentrationen also in derselben Reihenfolge sich ungefähr verhalten wie 1:12:20; woraus wieder hervorgeht, daß im Plasma etwa doppelt soviel an Albumin enthalten ist als an Globulinen, und etwa 20mal soviel als an Fibrinogen.

Unter gewissen pathologischen Umständen kann sich das Verhältnis zwischen Albumin und Globulinen zugunsten der letzteren verschieben, so z. B. in gewissen Nierenkrankheiten, in der Schwangerschaft, bei bösartigen Neubildungen usw. Wenn in solchen Fällen, namentlich in gewissen Nierenkrankheiten Fibrinogen im Blutplasma in erhöhter Konzentration vorhanden ist, so ist, wenn man wie üblich, die drei Eiweißkörper in obiger Reihenfolge anführt, ihre relative Konzentration rechts herabgesetzt, links aber erhöht, daher man in diesen Fällen von einer

„Linksverschiebung des Bluteiweißbildes" spricht. Allerdings muß bemerkt werden, daß diese Ergebnisse nicht immer mit einwandfreien Methoden erhalten wurden (siehe weiter unten).

Quantitative Bestimmung der Eiweißkörper. Globuline und Albumine werden meistens gleichzeitig im Serum, unter Vernachlässigung des Fibrinogens, nach dem Prinzip der Refraktometrie bestimmt.

Dringt ein Lichtstrahl aus einem (optisch) dünneren Medium, z. B. aus Luft, in ein (optisch) dichteres, z. B. in destilliertes Wasser, so erfährt er eine Brechung, und zwar ist in diesem Fall der vom Einfallslot berechnete Brechungswinkel r kleiner als der Einfallswinkel i, wobei aber der Wert $\dfrac{\sin i}{\sin r}$ eine für die genannten Medien und für den genannten Strahlengang (aus Luft in die Flüssigkeit) charakteristische Konstante darstellt. Diese Konstante wird Brechungsindex genannt und mit n bezeichnet. Also ist

$$n = \frac{\sin i}{\sin r}.$$

Von dem Werte, den man am Blutserum mittels eines Refraktometers erhält, entfallen auf Wasser 1,333 20, auf nicht eiweißartige gelöste Bestandteile ein annähernd konstanter Wert von 0,002 08, der nach Abzug beider noch verbleibende Wert rührt von Eiweiß her; und zwar entspricht je 1 % Eiweiß ein Wert von 0,001 95 (jedoch nur, wenn Albumin und Globuline in dem S. 163 erwähnten Mengenverhältnis vorhanden sind). Man hat daher, um den Eiweißgehalt eines Serums zu bestimmen, nur den refraktometrischen Wert des Serums zu ermitteln, hiervon 1,333 20 und 0,002 08 abzuziehen und den Restbetrag durch 0,001 95 zu dividieren. Das Ergebnis ist gleich dem Eiweißgehalt des Serums in Prozenten. Am Blutserum des gesunden Erwachsenen erhält man für die Refraktion Werte zwischen 1,348 36 und 1,351 32, an Kindern etwas weniger, an Neugeborenen noch weniger. Durch gleichzeitige Bestimmung der Refraktion und der Viscosität soll es auch möglich sein, das Mengenverhältnis von Globulinen und Albumin in einem Serum zu bestimmen. Da sich nämlich diese beiden Eiweißarten sowohl bezüglich ihrer Refraktion, wie auch bezüglich ihrer Viscosität deutlich voneinander unterscheiden, konnte aus den entsprechenden Werten ein Graphikon konstruiert werden, in der Refraktion und Viscosität für die verschiedensten Mengenverhältnisse von Globulinen und Albumin errechnet sind. Bestimmt man nun Refraktion und Viscosität des zu untersuchenden Blutserums, so läßt sich am Graphikon ablesen, welches das gesuchte Mengenverhältnis ist (die Richtigkeit dieser Methode wird allerdings von mancher Seite bezweifelt). Außerdem gibt es Verfahren, mittels deren die drei Eiweißarten auf Grund ihrer verschiedenen Fällbarkeit, jede für sich bestimmt werden kann.

Sonstige stickstoffhaltige Bestandteile. Im Blutplasma sind außer den vorangehend genannten Eiweißkörpern auch solche stickstoffhaltige Verbindungen enthalten, die im Gegensatz zu jenen nicht hitzekoagulabel sind, die also im Filtrat zurückbleiben, wenn man das Blutplasma oder Serum erhitzt und die koagulierten Eiweißkörper durch Filtration entfernt. Der in diesen Verbindungen enthaltene Stickstoff wird als „Reststickstoff" oder „nicht koagulabler Stickstoff" bezeichnet. Unter normalen Verhältnissen beträgt seine Konzentration im Blutplasma 0,015—0,040 %, unter pathologischen Umständen weit mehr, bis zu 0,5 %; in letzteren Fällen spricht man von einer „Stickstoff-Retention" oder „Azotämie", die besonders für Niereninsuffizienz charakteristisch ist.

Der normale Reststickstoff ist auf folgende Verbindungen verteilt:

a) **Albumosen;** nach manchen Autoren normalerweise überhaupt nicht, nach anderen in einer Konzentration bis zu 0,05 % vorhanden.

b) **Harnstoff**; im Hungerzustand 0,02—0,05%, nach Fleischgenuß mehr. (Setzt man in eine von AMBARD aufgestellte Formel die Werte für das Körpergewicht, für die im 24stündigen Harn ausgeschiedene Harnstoffmenge, für die Harnstoffkonzentration im Harn und im Blute ein, so soll am gesunden Erwachsenen die Zahl 0,07 erhalten werden.)

c) **Aminosäuren**; etwa 0,010%; mehr in Fällen von Leukämie, insbesondere viel Tyrosin und Leucin bei Phosphorvergiftung, bei akuter gelber Leberatrophie.

b) **Kreatin** in Mengen von 0,003—0,010%, Kreatinin 0,001—0,002%.

e) **Harnsäure**; gewöhnlich 0,002 —0,003%; in größeren Mengen nach Genuß von Speisen, die viel Nucleinsäure enthalten und in der echten Gicht; ferner bei gewissen Nierenkrankheiten, im Fieber. Im Blutplasma sind zuweilen mehr Harnsäure bzw. harnsaure Salze enthalten, als ihrer maximalen Löslichkeit entsprechen würde, wobei es sich aber nicht um eine Übersättigung der Lösung handelt, sondern darum, daß die Säure bzw. ihre Salze im Blut zwar gefällt, jedoch durch das Plasmaeiweiß als durch ein Schutzkolloid (S. 39) in feinster Suspension erhalten sind.

f) **Ammoniak** in minimalen Mengen von etwa 0,002% in frischen, mehr in gestandenem Blute; das Ammoniak wird aus der Adenylsäure (siehe S. 145) abgespalten.

g) **Indican** (S. 281) ist unter normalen Umständen in einer Konzentration von etwa 0,0001% enthalten; unter pathologischen Umständen, namentlich in Fällen von Niereninsuffizienz findet man das Vielfache davon. Ähnliches gilt für gewisse nicht eiweißartige Stoffe, an denen die Xanthoproteinprobe (S. 136) positiv ausfällt.

d-Glucose ist ein konstanter Bestandteil des Blutplasmas; die Form, in der sie daselbst enthalten ist, soll die einer Pyranose (Glucopyranose) oder 1,5-d-Glucose sein (S. 84). Sie soll nach manchen Angaben nur zu einem (allerdings größeren) Teil frei gelöst, zu einem anderen Teil in nicht diffundibler Form an Eiweiß (oder Lecithin?) gebunden, als sog. „gebundener Zucker" enthalten sein. Veranlaßt wurde diese Annahme dadurch, daß aus dem Blute durch Säuren reduzierende Substanzen abgespalten werden können; jedoch konnte von ihnen nie nachgewiesen werden, daß sie aus Glucose bestünden. Auch wurde mit Hilfe der „osmotischen Kompensation" oder „Kompensationsdialyse" festgestellt, daß der gesamte Zucker im Blutplasma in freiem Zustande, in diffundibler Form vorhanden ist.

Läßt man nämlich in einer Reihe von Versuchen Blutplasma durch eine Membran gegen isotonische Kochsalzlösung diffundieren, der d-Glucose von ganz geringen Mengen angefangen bis zu größeren zugesetzt war, so wird man 24 Stunden später finden, daß die Zuckerkonzentration in der Außenflüssigkeit, je nachdem sie zu Beginne des Versuches niedriger bzw. höher war als die des Plasmas, infolge der eingetretenen Diffusionsvorgänge zu- bzw. abgenommen hat. Bloß in einem einzigen Versuch tritt in der Zuckerkonzentration der Außenflüssigkeit keinerlei Änderung ein, und zwar in demjenigen, in dem die Zuckerkonzentration auf beiden Seiten der Membran, also in der Kochsalzlösung und im Blutplasma auch zu Beginn des Versuches die gleiche war. Ist aber erstere bekannt, so ergibt sich letztere ohne weiteres. Durch diese Methode der „osmotischen Kompensation" oder „Kompensationsdialyse" läßt sich aber nicht nur die Zuckerkonzentration des Blutplasmas bestimmen, sondern auch entscheiden, ob es im Blutplasma neben freiem auch gebundenen Zucker gibt. Da nämlich nur freier und nicht etwa auch (an Eiweiß) gebundener Zucker mit merklicher Geschwindigkeit durch die Membran tritt, ist es klar, daß in dem durch obige Methode gefundenen Wert nur der freie, nicht auch der gebundene Zucker enthalten sein kann. Wird nun im selben Plasma die Zuckerkonzentration auch nach einer anderen, und zwar solchen Methode bestimmt, mit der man auch den etwa gebundenen Zucker erhält, so muß sich, wenn im Plasma auch gebundener Zucker vorhanden ist, nach der letzterwähnten Methode ein Plus ergeben, entsprechend der Menge des gebundenen Zuckers. Nun haben aber solche Doppelbestimmungen — mit der Kompensationsdialyse und mit anderen Methoden — stets ein identisches Resultat ergeben, woraus hervorgeht, daß es im Blutplasma keinen gebundenen Zucker gibt.

Die Konzentration der d-Glucose ist recht konstant (Blutzuckerspiegel) und beträgt am Menschen etwa 0,1 $^0/_0$ (an anderen Warmblütern etwas mehr oder weniger). Ist der Gehalt höher, so spricht man von Hyperglykämie, und erreicht er den Wert von etwa 0,15—0,18 $^0/_0$. so wird die Glucose durch den Harn in erhöhter Menge ausgeschieden: ein Zustand, der als Glucosurie bezeichnet wird. Wird Blut stehen gelassen, so nimmt sein Zuckergehalt allmählich ab; man bezeichnet diese Erscheinung als Glykolyse und schreibt sie der Wirkung eines „glykolytischen" Enzyms zu, unter dessen Einwirkung die Glucose in Milchsäure verwandelt wird. Früher hatte man angenommen, daß der Zucker bloß im Plasma gelöst enthalten sei; neuere Untersuchungen weisen darauf hin, daß er auch in den roten Blutkörperchen nicht fehlt.

Die quantitative Bestimmung des Blutzuckers erfolgt nach verschiedenen Methoden; jedoch muß bemerkt werden, daß durch gewisse Reduktionsmethoden neben der d-Glucose auch andere reduzierende Stoffe mitbestimmt werden, deren Menge unter Umständen eine ganz erhebliche sein kann (siehe S. 167). Derzeit sind überwiegend Mikromethoden in Gebrauch und zwar unter anderen die nach Bang und nach Hagedorn und Jensen, die an 0,1 ccm Blut ausgeführt werden können.

a) Die Bangsche Mikromethode beruht auf der Reduktion von Cupri- zu Cuprosalz durch den Zucker. Man läßt ein Bluttröpfchen von einem vorher auf der Torsionswaage gewogenen Stückchen Filterpapier aufsaugen, wägt sofort wieder und erhält auf diese Weise das Gewicht des analysierten Blutes. Das Filterstückchen wird mit einer konzentrierten Lösung von Kaliumchlorid übergossen, das auch ein wenig Uranylacetat und Salzsäure enthält, wodurch die Eiweißkörper des Blutes sofort gefällt werden und am Papier verbleiben, während der Zucker auch aus den Blutkörperchen in Lösung geht. Nun versetzt man einen aliquoten Teil des Filtrates mit einer Lösung, die Kaliumcarbonat, Seignettesalz und eine genau bestimmte Menge von Jodsäure in Form von Kaliumjodat enthält, kocht genau 4 Minuten lang, wobei das Cuprosalz entsteht, aber durch das Kaliumchlorid in farbloser Lösung erhalten wird, während das Kaliumjodat sich an der Reaktion zunächst nicht beteiligt. Ist die Kochzeit um, so wird mit Schwefelsäure angesäuert, worauf Cuprooxyd und Jodsäure miteinander sofort in Reaktion treten, wobei ersteres zum Cuprisalz oxydiert, die Jodsäure aber zu Jodwasserstoffsäure reduziert wird: $3 Cu_2O + HJO_3 = 6 CuO + HJ$. Die unzersetzt gebliebene Jodsäure liefert mit dem in einem bestimmten Überschuß hinzugefügten Jodkalium freies Jod: $HJO_3 + 5 HJ = 6 J + 3 H_2O$, dessen Menge durch Titration mit n/100-Natriumthiosulfat unter Verwendung von Stärkelösung als Indicator bestimmt wird. Das Volumen des verbrauchten Thiosulfates wird vom Volumen der Thiosulfatlösung abgezogen, das man in einem Blindversuche verbraucht. Dieser Blindversuch wird an einem Lösungsgemisch ausgeführt, das die Reagenzien in denselben Mengen wie oben, jedoch keinen Zucker enthält, und das man ebenso wie das zuckerhaltige behandelt hat. Der Unterschied zwischen der im Blindversuche und am Blute verbrauchten Thiosulfatlösung ist unter obigen Versuchsbedingungen proportional dem Zuckergehalte der Blutprobe; er läßt sich berechnen, indem 2,8 cm³ des Unterschiedes 1 mg d-Glucose entsprechen. Der Torsionswaage läßt sich leicht entraten, wenn man nach Ernst und Weiss das Blut in eine Capillarpipette aufsaugt, die bis zur Marke 0,1 cm³ faßt, das aufgesogene Blut mit Bangscher Kaliumchlorid-Uranlösung in einen Kolben von genau bekanntem Kaliber spült, die Flüssigkeit filtriert und ein aliquotes Volumen des Filtrates wie oben analysiert.

b) Die Methode von HAGEDORN und JENSEN beruht darauf, daß eine alkalische Ferricyankaliumlösung durch Zucker in der Wärme zum Ferrocyansalz reduziert wird, und man nach der Fällung des Ferrosalzes als Zinkverbindung das unreduzierte Ferricyansalz jodometrisch bestimmt. Auch hier muß ein Blindversuch ausgeführt werden; das Endergebnis wird unter Benützung einer von den Autoren ausgearbeiteten Tabelle in Zucker umgewertet.

Restreduktion. Sucht man die Konzentration des Blutzuckers durch Reduktionsmethoden zu bestimmen, so erhält man im Endergebnis neben Zucker auch andere im Blutplasma gelöste reduzierende Stoffe, wie Harnsäure, Kreatinin usw., die aber im Gegensatz zum Zucker nicht vergärbar sind. Zieht man von dem durch Reduktion erhaltenen Wert den Zucker ab, der sich durch Vergären bestimmen läßt, so erhält man die sog. **Restreduktion** des Blutplasmas.

Acetaldehyd und Aceton. Im normalen Blut sind etwa $0,0005\%$ Acetaldehyd und $0,02\%$ Aceton enthalten, im Blut von Diabetikern weit mehr.

Fette und Lipoide. Der Fettgehalt des Blutplasmas beträgt bei fettarmer Nahrung weniger als $0,1\%$, nach Zufuhr fettreicher Nahrung für die Dauer von 6—7 Stunden oft das Mehrfache davon (**Verdauungslipämie**), wobei das Fett im Blutplasma in Form von feinsten Tröpfchen [sonst nur in Form eines feinsten Staubes (Hämokonien), allenfalls noch ultramikroskopisch] sichtbar ist. Im protrahierten Hungerzustande, nach Aderlässen, ferner in gewissen Krankheitszuständen, wie Tuberkulose, Alkoholismus und namentlich im diabetischen Koma, kommt es zu einer Ausschwemmung von Fett aus den Fettlagern (**Fettwanderung**), wobei der Fettgehalt des Blutes auf mehrere Prozente ansteigen kann. Wenn solches Blut zentrifugiert wird, sammelt sich oben eine oft mehrere Millimeter dicke Fettschicht an.

Außer Fetten enthält das Plasma noch wenig freie Fettsäuren, Seifen und Spuren von freiem Glycerin, sowie auch Cholesterin hauptsächlich in Form seiner Ester (S. 113) in einer Menge von $0,1—0,2\%$. Ist mehr vorhanden, so spricht man von einer **Hypercholesterinämie**: eine solche besteht vorübergehend (für einige Stunden), wenn viel in Fett gelöstes Cholesterin in der Nahrung eingeführt wird, kann aber ständig sein in der Schwangerschaft, im Diabetes, in Nierenkrankheiten.

Wenn man Blut stehen läßt, noch besser, wenn durch Blut Luft durchgeleitet wird, so nimmt darin die Menge der ätherlöslichen Stoffe ab; diese Erscheinung wird als **Lipolyse** bezeichnet, was nur so viel besagen soll, daß die Fette aus dem ätherlöslichen in einen ätherunlöslichen Zustand übergegangen sind.

Farbstoffe und Chromogene. a) Das Plasma verdankt seine eigentümliche Farbe einem gelben, der Gruppe der Lipochrome angehörenden Farbstoffe (siehe S. 68).

b) Es enthält auch Bilirubin (S. 210) in einer Konzentration bis zu $0,001\%$, in gewissen Krankheiten jedoch weit mehr; dieser Zustand wird als **Bilirubinämie** bezeichnet.

Zum Nachweis des Bilirubins dient dessen Eigenschaft, mit EHRLICHschem Diazoreagens eine rote Farbenreaktion zu liefern. (Das Diazoreagens wird jedesmal frisch bereitet aus den zwei folgenden Lösungen, die getrennt aufbewahrt werden müssen: Lösung I enthält Sulfanilsäure und Salzsäure, Lösung II aber ist eine sehr verdünnte Lösung von Natriumnitrit.) Aus dem zu prüfenden Plasma, Serum oder aber einer anderen Körperflüssigkeit wird das Eiweiß durch Alkohol gefällt, und die über dem Eiweißniederschlag befindliche klare Flüssigkeit mit dem Reagens versetzt, bereitet aus Lösung I und Lösung II. Zu bemerken ist, daß die Farbenreaktion auch eintritt, wenn überhaupt kein Alkohol verwendet wurde, u. z. nach HIJMANNS VAN DEN BERGH in manchen Fällen innerhalb der ersten halben Minute („direkte Reaktion"), in anderen Fällen jedoch erst nach Ablauf von 2—4 Minuten („indirekte Reaktion"). Die „direkte Reaktion" kommt hauptsächlich in Fällen vor, wo der Übertritt des Bilirubins in das Blut durch eine Behinderung des Gallenabflusses gegen das Dünndarmlumen (Gallenstauung) verursacht wird; sodann auch in Fällen von akuter gelber Leberatrophie und Phosphorvergiftung; die „indirekte Reaktion" aber in erster Reihe in Fällen von Icterus haemolyticus. Ob man es hierbei mit zwei verschiedenen Bilirubinarten zu tun hat, oder nicht, steht noch dahin; plausibler ist die Annahme, daß in Fällen von Gallenstauung neben dem Bilirubin auch andere Gallenbestandteile (Gallensäuren!) mit in das Blut gelangen und den Eintritt der Reaktion beschleunigen, wie der Alkohol es tut; in Fällen von Icterus haemolyticus gelangt aber nur Bilirubin in den Kreislauf.

Die quantitative Bestimmung erfolgt auf Grund der oben beschriebenen, zum Nachweis dienenden Reaktion auf colorimetrischem Wege, wobei als Vergleichsflüssigkeit entweder eine Eisenlösung verwendet wird, in der man durch Zusatz einer Rhodanlösung die bekannte rote Eisenrhodanreaktion erzeugt hat, oder aber eine Lösung von reinem Bilirubin, in der die rote Reaktion durch das EHRLICHsche Diazoreagens erzeugt wurde.

d-Milchsäure (S. 49) ist gewöhnlich in einer Konzentration von $0{,}01—0{,}02\%$ vorhanden; in größerer Menge nach Fleischgenuß, Muskelarbeit und bei Sauerstoffmangel.

Nachweis und Bestimmung der Milchsäure werden in 200 cm³ Blutplasma oder -serum vorgenommen. Die Flüssigkeit wird enteiweißt und dann im Filtrate die Milchsäure in Form ihres Zinksalzes auf Grund der S. 50 entwickelten Prinzipien isoliert und weiter behandelt.

Enzyme werden im Plasma in großer Anzahl angetroffen: so das Thrombin bzw. seine Vorstufe; ein glykolytisches Enzym; ein proteolytisches Enzym, welch letzteres aber im frischen Serum nicht zur Geltung kommt, weil daselbst auch das entsprechende Antienzym vorhanden ist; eine Diastase, die Stärke und Glykogen spaltet; oxydierende Enzyme, wie Oxydase, Peroxydase usw.

Die überaus starke Peroxydasewirkung, auf die die Guajacreaktion des Blutes (S. 173) beruht, rührt vom Hämoglobin in den roten Blutkörperchen, nicht etwa von den im Blutplasma enthaltenen Peroxydasen her (s. oben). Desgleichen rührt die stürmische Zersetzung von Wasserstoffsuperoxyd durch Blut von einer Katalase her, die im Stroma der roten Blutkörperchen, nicht aber im Blutplasma enthalten ist.

Salze. So wie viele anderen Bestandteile wurden auch die anorganischen Bestandteile des Blutplasmas am Blutserum bestimmt, das bloß um eine Spur Calcium, Magnesium und Phosphorsäure weniger enthält als das Blutplasma, indem das Fibrin bei der Gerinnung des Blutes minimale Salzmengen mit sich reißt. Der gesamte Salzgehalt des Blutserums beträgt am Menschen sowohl wie auch an einer ganzen Reihe daraufhin untersuchter Säugetiere übereinstimmend etwa $^3/_4\%$, und ist auch die Beteiligung der verschiedenen Elemente an den Salzen annähernd dieselbe; während dieselbe Beteiligung in den roten Blutkörperchen verschiedener Säugetiere eine recht verschiedene ist (S. 172).

In 100 Gewichtsteilen Blutserum werden gefunden rund

K	0,020	G.-T.	Cl	0,35	G.T.
Na	0,32	„	P	0,005	„
Ca	0,10	„	S	0,004	„
Mg	0,003	„	J	0,00001	„
Fe	Spuren				

Also macht das Kochsalz ungefähr $^3/_4 \%$ des gesamten Salzgehaltes aus; der Rest entfällt zum größeren Teile auf Bicarbonate, zu einem geringeren Teil auf Phosphate, hauptsächlich des Natriums.

In obiger Zusammenstellung ist von den für P und für S angegebenen Mengen derjenige Anteil abgezogen, der in organischer Bindung in Eiweiß und anderen Verbindungen enthalten ist, und der erst bei der Veraschung der Serumtrockensubstanz in Freiheit gesetzt die Eigenschaften des anorganischen P und S zeigt. Aber auch bezüglich der übrigen anorganischen Bestandteile läßt es sich durch einfache Aschenanalyse nicht unterscheiden, ob sie in freiem Zustande oder (etwa an Eiweiß) gebunden im Plasmawasser enthalten sind. Hierüber konnte nur in Versuchen mit sog. Kompensationsdialyse (S. 165) entschieden werden, und zwar in dem Sinne, daß Na, K, Cl, Phosphat und Carbonat zum größten Teile in freiem „diffundiblem" Zustande, Ca aber zu etwa einem Drittel an Eiweiß gebunden, als sog. „nichtdiffundibles" Ca enthalten sind. Der Bicarbonatgehalt des Blutplasmas wird auf etwa $0,2 \%$ geschätzt. (Es ist unrichtig von Carbonaten im Blutplasma zu sprechen, da bei der Körpertemperatur von 38^0 C und bei der im Blute herrschenden CO_2-Tension von etwa 40 mm Hg mehr als 99% des Carbonates in Form von Bicarbonaten enthalten sind.) Bemerkenswert ist auch, daß durch Einführen größerer Mengen von Bromnatrium bis zu zwei Drittteilen des Chlors des Blutplasmas durch Brom ersetzt werden können; sobald jedoch die Bromeinfuhr sistiert und Kochsalz eingeführt wird, nimmt letzteres seinen alten Platz wieder ein. In der experimentellen Rachitis (S. 380) ist der Gehalt an anorganischen Phosphor erheblich herabgesetzt; über den von der Norm abweichenden Calciumgehalt des Blutes unter anderen pathologischen Umständen siehe Näheres auf S. 319.

C. Rote Blutkörperchen.

Das spezifische Gewicht der roten Blutkörperchen beträgt 1,090 bis 1,105; da sie demnach schwerer sind als Blutplasma, müssen sie, soweit das Blut nicht früher gerinnt, im Plasma zu Boden sinken. Dasselbe findet weit schneller beim Zentrifugieren statt.

Senkungs- oder **Sedimentierungsgeschwindigkeit der roten Blutkörperchen (Suspensionsstabilität des Blutes).** Wie oben erwähnt, sinken die roten Blutkörperchen infolge ihres höheren spezifischen Gewichtes zu Boden, soweit sie hieran nicht durch die Gerinnung des Blutes verhindert werden.

Die Senkungsgeschwindigkeit wird bestimmt, indem man das zu prüfende Blut gerinnungsunfähig macht, in eine graduierte Capillare einbringt, und nun die Abnahme der Höhe der Blutkörperchensäule während einer gewissen Zeitdauer beobachtet. Die Senkungsgeschwindigkeit ist an verschiedenen Tierarten, an verschiedenen Individuen derselben Tierart, und in Abhängigkeit von verschiedenen Umständen auch am selben Individuum zu verschiedenen Zeiten verschieden. Während der Dauer der Menstruation, in der Schwangerschaft, bei Tuberkulose, bösartigen Neubildungen und in fieberhaften Erkrankungen wurde eine erhebliche Zunahme, im Ikterus eine Abnahme der Senkungsgeschwindigkeit beobachtet. Da das Blut als eine Suspension von roten Blutkörperchen im Blutplasma betrachtet werden kann, ist die Zunahme der Senkungsgeschwindigkeit gleichbedeutend mit der Abnahme der Stabilität der Blutkörperchensuspension, die Abnahme der Senkungsgeschwindigkeit aber gleichbedeutend mit einer Zunahme der Stabilität.

Osmotischer Druck. Blutkörperchen verhalten sich in wäßrigen Lösungen gewisser Stoffe suspendiert so, wie wenn sie von einer semipermeablen Membran (S. 6) begrenzt wären. Ist die Lösung isotonisch, so erleiden die Blutkörperchen keinerlei Veränderung ihres Volumens; ist die Lösung hypertonisch, so kommt es infolge der Wasserentziehung zur Schrumpfung der Blutkörperchen; ist endlich die Lösung hypotonisch, so schwellen die Blutkörperchen infolge von Wasser-Aufnahme an. (Über Iso-, Hyper- und Hypotonie siehe Näheres auf S. 11).

Hiervon kann man sich überzeugen, wenn man Blutkörperchen mit verschieden konzentrierten Salzlösungen im Hämatokriten (S. 161) zentrifugiert. Hat man zu diesem Versuche zufälligerweise eine Lösung verwendet, die mit den Blutkörperchen gerade isotonisch ist, so ist die Höhe der Säule, also das Volumen der gesamten Blutkörperchen nicht anders, wie wenn man dieselbe Blutmenge allein zentrifugiert hätte. Wird jetzt dieselbe Blutmenge im selben Röhrchen nach Zusatz einer hypertonischen Lösung zentrifugiert, so wird man beobachten können, daß die Höhe der Blutkörperchensäule geringer ausfällt als vorher, eben weil jedes einzelne Blutkörperchen zum Schrumpfen gebracht wurde. Wird dieselbe Menge Blutes mit einer hypotonischen Lösung zentrifugiert, so findet man im Gegenteil, daß die Blutkörperchensäule eine höhere ist, als zum ersten Male gefunden wurde; eben weil nun jedes einzelne Blutkörperchen angeschwollen ist, also eine Volumzunahme erfahren hatte. Auf diese Weise ist es möglich geworden, den osmotischen Druck der roten Blutkörperchen und damit auch des Blutes nach einem anderen Prinzip, als aus der Gefrierpunktserniedrigung zu bestimmen. Verwendet man nämlich zu obigen Versuchen eine größere Reihe von Salzlösungen, deren Konzentration verschieden, jedoch genau bekannt ist, so wird man eine finden, in der die roten Blutkörperchen ihr Volumen nicht ändern, die also mit den roten Blutkörperchen isotonisch, deren osmotischer Druck also gleich ist dem der Blutkörperchen bzw. des ganzen Blutes. In der Tat wurde gefunden, daß die roten Blutkörperchen der Säugetiere einer etwa $0,9\,{}^0/_0$igen Kochsalzlösung isotonisch sind, woraus sich für ihren osmotischen Druck derselbe Wert wie aus der Gefrierpunktserniedrigung des Blutes (S. 158) berechnen läßt.

Hämolyse. Werden rote Blutkörperchen in stark hypotonischen Lösungen oder gar in destilliertem Wasser suspendiert, so schwellen sie dort dermaßen an, daß es zu einem Austritt von Hämoglobin kommt, und zwar infolge einer Lockerung oder eines direkten Berstens der äußeren Schichten der Blutkörperchen. Dieser Vorgang wird als Hämolyse bezeichnet. Doch wäre es verfehlt, anzunehmen, daß Hämolyse sofort erfolgt, sobald die der Isotonie entsprechende Konzentration der Lösung etwas unterschritten wird. Tatsächlich wird man finden, daß, obzwar die roten Blutkörperchen aller Säugetiere mit einer etwa $0,9\,{}^0/_0$igen Kochsalzlösung isotonisch sind, die Hämolyse oft erst in weit verdünnteren Lösungen eintritt. Diese Eigenschaft der Blutkörperchen, dem hämolytischen Einfluß zu widerstehen, wird als ihre Resistenz bezeichnet. Diese Resistenz ist je nach der Herkunft der Blutkörperchen verschieden; so werden z. B. Blutkörperchen des Pferdes schon in einer Kochsalzlösung von $0,7\,{}^0/_0$ hämolysiert, während an Menschenblutkörperchen die Hämolyse erst bei einer Konzentration von $0,50\,{}^0/_0$ beginnt (Minimalresistenz) und vollständig gar erst bei einer Konzentration von $0,36\,{}^0/_0$ vor sich geht (Maximalresistenz). Auffallend ist die verringerte Resistenz der roten Blutkörperchen in Fällen von Icterus haemolyticus.

Es sind aber auch Stoffe bekannt, die, sogar in isotonischen Lösungen verwendet, rote Blutkörperchen zu hämolysieren imstande sind. Es sind dies hauptsächlich Stoffe, die in Lipoiden löslich sind, wie z. B. einwertige Alkohole, Aldehyde, Harnstoff, Glycerin usw. Hämolytisch wirken auch Stoffe, die in ihren Lösungen die Oberflächenspannung des Wassers herabsetzen, wie Seifen, gallensaure Alkalien und Saponine;

ferner Äther, Chloroform, dann Bakterienhämolysine, Hämolysine aus höheren Pflanzen, Schlangen-, Kröten-, Spinnengift usw. Endlich läßt sich auch durch wiederholtes Gefrieren- und Auftauenlassen bzw. auch durch Verreiben mit feinem Quarzsand erreichen, daß das Hämoglobin aus den Blutkörperchen austritt.

Bezüglich des Äthers und des Chloroforms kann man als Ursache der Hämolyse eine direkte Schädigung der lipoidreichen Blutkörperchenaußenschichten durch diese fettlösende Gifte, bezüglich der Saponine aber annehmen, daß sie sich mit dem Cholesterin der Blutkörperchen verbinden und hierdurch die die Permeabilität hemmende Wirkung des Cholesterins (S. 13) aufheben. Die Hämolyse, die durch Schlangengift, z. B. durch das der Kobraschlange, bewirkt wird, stellt einen komplizierten Vorgang dar, vielleicht darin bestehend, daß aus dem Lecithin ungesättigte Fettsäuren abgespalten werden und erst diese hämolytisch wirken. Tatsache ist, daß zum Zustandekommen der Hämolyse die Anwesenheit von Lecithin nötig ist, während sie durch Mitanwesenheit von Cholesterin auch neben Lecithin direkt gehemmt wird.

Findet die Hämolyse im kreisenden Blute statt, so gelangt das ausgetretene Hämoglobin in das Blutplasma; dieser Zustand wird als Hämoglobinämie bezeichnet, und hat, sobald die Konzentration des Hämoglobins im Plasma eine gewisse Grenze überschreitet, die Ausscheidung von Hämoglobin im Harn, sog. Hämoglobinurie, zur Folge.

Hämoglobinämie und Hämoglobinurie kommen vor bei gewissen Vergiftungen, die z. B. durch chlorsaures Kalium, Arsenwasserstoff, Nitrobenzol, Antifebrin, gallensaure Salze erzeugt werden; ferner auch nach dem Bisse von Giftschlangen, endlich in besonders schweren Fällen mancher Infektionskrankheiten, wie Scharlach, Erysipel usw. Sie bilden schließlich die wichtigste Erscheinung einer Krankheit, die als paroxysmale Hämoglobinurie bezeichnet wird (S. 292).

Permeabilität. Wir haben oben gesehen, daß manche Stoffe auch in isotonischen Lösungen hämolytisch wirken; es wurde auch erwähnt, daß diese Stoffe in Lipoiden löslich sind. Von anderen Stoffen, die unter solchen Umständen nicht hämolytisch wirken, ist im Gegenteil bekannt, daß sie in Lipoiden nicht löslich sind. Dieser Zusammenhang zwischen Hämolysierungsfähigkeit und Lipoidlöslichkeit wird so erklärt, daß diejenigen Stoffe, die in den Lipoiden der äußeren Schichten der Blutkörperchen löslich sind, infolge dieser Löslichkeit auch in das Innere der Blutkörperchen eindringen können, daselbst die osmotische Konzentration über die der Außenlösung erheben, worauf es, wie bei der Suspension in hypotonischen Lösungen zur Schwellung der Blutkörperchen und zum Hämoglobinaustritt kommt.

Über die Permeabilität bzw. Impermeabilität der roten Blutkörperchen für verschiedene Stoffe wurde folgendes erhoben: Es besteht eine Impermeabilität für neutrale Salze der fixen Alkalien und der Erdalkalien, für 5- und 6wertige Alkohole; eine geringe Permeabilität für Aminosäuren, eine bessere für niedere Alkohole, eine gute für einwertige Alkohole, Aldehyde, Aceton, Äther, Ester, ferner für Harnstoff und endlich für Ammoniumsalze, insbesondere für Ammoniumchlorid. Eine Permeabilität besteht auch bezüglich einzelner Anionen, wie der Cl-Ionen und HCO_3-Ionen, nicht aber für Kationen.

Die Durchgängigkeit der Blutkörperchen für Cl-Ionen und ihre Undurchgängigkeit für Na-Ionen haben zur Folge, daß das Serum eines Blutes, das vorangehend mit CO_2 stärker gesättigt war, mehr CO_2 zu binden vermag, als Serum eines Blutes, das mit CO_2 weniger stark gesättigt war. Dieses paradox erscheinende Versuchsergebnis erklärt sich wie folgt. Infolge der Massenwirkung der Kohlensäure auf das NaCl im Serum entstehen Bicarbonat und Salzsäure

$$NaCl + H_2CO_3 \rightleftarrows NaHCO_3 + HCl.$$

Hierbei treten Cl-Ionen in die roten Blutkörperchen ein (gleichzeitig HCO_3-Ionen aus den Blutkörperchen in das Serum heraus), während das Na-Ion im Serum zurückbleibt, und dort eine entsprechende Menge von CO_2 zu Bicarbonat zu binden vermag. Durch diese Neubildung von Bicarbonat wird der Trockensubstanzgehalt des Serums vermehrt (siehe hierüber auch S. 155).

Zusammensetzung. Die roten Blutkörperchen bestehen: a) aus einem Gerüst, dem sog. Stroma, und b) Hämoglobin, das in die Lücken des Stromas gleichsam imbibiert ist. Wenn das Hämoglobin aus den roten Blutkörperchen ausgetreten ist, lassen sich die Stromata von dem flüssigen Teiles des Blutes durch Zentrifugieren trennen. Die roten Blutkörperchen enthalten 57—64$^0/_0$ Wasser und 36—43$^0/_0$ Trockensubstanz; diese besteht neben Cholesterin und Lecithin hauptsächlich aus Hämoglobin; und zwar wird die Trockensubstanz beim Menschen zu etwa 87—94$^0/_0$, bei der Gans bloß zu etwa 63 und bei der Schlange gar bloß zu etwa 47$^0/_0$ durch Hämoglobin gebildet. Cholesterin, das im Plasma überwiegend in Form seiner Ester (S. 113) enthalten ist, findet sich in den Blutkörperchen in freiem Zustande; und zwar ist das Cholesterin in dem durch die roten Blutkörperchen adsorbierten Lecithin gelöst enthalten.

In den roten Blutkörperchen ist ebensoviel d-Glucose und Harnstoff wie im Blutplasma enthalten, und sind weitaus die meisten anderen Plasmabestandteile, wenn auch oft in abweichender Konzentration nachzuweisen. Ein weiterer Bestandteil der roten Blutkörperchen, der allerdings auch im Plasma nicht fehlt, ist das Ergothionein (S. 57). Die Wasserstoffhyperoxyd zersetzende Wirkung der roten Blutkörperchen rührt von der Katalase her, die in ihrem Stroma enthalten ist.

Es bestehen bemerkenswerte Unterschiede im Metallgehalt der Blutkörperchen verschiedener Herkunft: beim Schwein, Pferd und Kaninchen fehlt das Natrium; beim Menschen ist Natrium wohl vorhanden, jedoch in weit geringerer Menge als Kalium; beim Rind, Schaf und Hund, bei der Ziege und Katze findet sich wesentlich mehr Natrium als Kalium. Calcium scheint in den roten Blutkörperchen zu fehlen.

D. Hämoglobin.

Es ist vom allgemein-biologischen Standpunkte aus höchst bemerkenswert, daß ein recht naher Zusammenhang zwischen Hämoglobin und Chlorophyll sichergestellt wurde (S. 186). An manchen Wirbellosen ist das Hämoglobin in den Körpersäften gelöst, an Wirbeltieren unter physiologischen Umständen bloß in den roten Blutkörperchen, und zwar als Säure an Alkali gebunden, enthalten. Nach manchen Autoren soll es jedoch hier nicht in der Form vorhanden sein, in der wir es „rein dargestellt" kennen, sondern in Form einer komplizierteren Verbindung von bisher unbekannter Zusammensetzung, in Form des sog. Hämochroms, das sich aber alsbald nach seinem Austritt aus den roten Blutkörperchen in das uns wohlbekannte Hämoglobin verwandelt. Im nachfolgenden wird überall die Rede bloß von Hämoglobin sein, sei es, daß es sich um den Farbstoff innerhalb, sei es außerhalb der roten Blutkörperchen handelt.

Die Konzentration des Hämoglobins im Blute beträgt 14% beim Mann, 13% beim Weib, 20—21% beim Neugeborenen; in den ersten Lebensjahren des Kindes sinkt sie auf etwa 11%, um dann gegen das zwanzigste Lebensjahr wieder 13—14% zu erreichen. Der Hämoglobingehalt des Hundeblutes ist dem des Menschenblutes ungefähr gleich; Ziegen- und Kaninchenblut enthalten etwas weniger.

Im Hungerzustand kann sich das Verhältnis zwischen dem Hämoglobingehalt und dem gesamten Eiweißgehalt zugunsten des ersteren verschieben, weil die Eiweißkörper des Blutplasmas rascher verbrannt werden, als das Hämoglobin. Unter pathologischen Verhältnissen kann eine Verringerung im Hämoglobingehalt des Blutes eintreten: einmal durch Abnahme des Hämoglobingehaltes der einzelnen Blutkörperchen (z. B. bei Chlorose), ein andermal durch Abnahme der Blutkörperchenzahl (z. B. bei perniziöser Anämie).

Das Hämoglobin ist ein zusammengesetzter Eiweißkörper, und zwar ein Chromoproteid (S. 142), bestehend aus einem eisenfreien, der Gruppe der Histone (S. 139) angehörenden Eiweißkörper, dem Globin (S. 182), das 96%, und aus dem eisenhaltigen Hämochromogen (über die Richtigkeit dieser Bezeichnung siehe auf S. 183), das 4% des Hämoglobinmoleküls ausmacht. Dieser Komponente kommt vermöge ihres Eisengehaltes die wichtige Aufgabe der Sauerstoffbindung zu, indem von 1 Molekül allein so viel Sauerstoff (und weit fester) gebunden wird, wie vom ganzen großen Hämoglobinmolekül. Das Hämoglobin wird durch Säuren, Laugen, und durch manche andere anorganische, aber auch durch gewisse organische Verbindungen zersetzt. Es bildet mit verschiedenen Gasen mehr oder minder lockere Verbindungen, von denen das mit Sauerstoff gebildete Oxyhämoglobin für uns am wichtigsten ist. Wird dem Oxyhämoglobin der Sauerstoff entzogen, so erhält man das sog. reduzierte Hämoglobin.

Hämoglobin ist als Eiweißkörper ein Ampholyt, und ist in ihm, wie an vielen anderen Eiweißkörpern (S. 133) der Charakter einer Säure, stärker ausgeprägt als der einer Base, und zwar ist das Oxyhämoglobin eine verhältnismäßig starke Säure, bei weitem stärker als das reduzierte Hämoglobin. Die Dissoziationskonstante des Oxyhämoglobins wurde zu 5×10^{-7}, die des reduzierten Hämoglobins zu $7,5 \times 10^{-9}$ festgestellt.

Der verschieden starke Säurecharakter des Oxyhämoglobins und des reduzierten Hämoglobins kommt dem Gasaustausch zwischen Geweben und Blut einerseits, zwischen Blut und der Alveolarluft andererseits zugute, wie folgende Überlegung zeigt. Das in den Geweben kreisende venös gewordene Blut enthält viel reduziertes Hämoglobin, das als Säure schwächer ist als Kohlensäure (siehe die Dissoziationskonstante auf S. 18), daher durch die Kohlensäure aus seiner Verbindung mit Basen gedrängt wird, so daß letztere sich mit der Kohlensäure verbinden. Hingegen enthält das in den Lungencapillaren frisch arterialisierte Blut überwiegend Oxyhämoglobin, das als Säure stärker ist als die Kohlensäure, letztere aus ihren Verbindungen mit den Basen drängt, und so ihre Abgabe an die Alveolarluft fördert.

Hämoglobin, sowie seine eisenhaltigen Spaltprodukte (S. 185) haben die Eigenschaft, daß sie eine Guajaclösung in Anwesenheit von Peroxyden bläuen, indem sie aktiven Sauerstoff aus diesen abspalten, und auf das Guajac-Harz einwirken lassen; auf dieser Grundlage werden sie zu den

Peroxydasen (S. 73) gezählt, obzwar für gewöhnlich nur gewisse Enzyme so genannt werden.

1. Hämoglobin-Gasverbindungen und reduziertes Hämoglobin.

Da das gasfreie, sog. reduzierte Hämoglobin ungemein leicht Sauerstoff aus der Umgebung aufnimmt, ist es schwer, ja, ohne besondere Maßnahmen überhaupt unmöglich, an ihm zu arbeiten. Darum wurden die meisten auf den Blutfarbstoff bezüglichen Untersuchungen am Oxyhämoglobin ausgeführt, und wollen wir uns aus diesem Grunde erst mit dem Oxyhämoglobin, dann mit dem reduzierten Hämoglobin, und schließlich mit den anderen Gasverbindungen des Hämoglobins beschäftigen.

Oxyhämoglobin. Es ist dies eine Verbindung des Hämoglobins, in der der Sauerstoff wahrscheinlich nach Art eines Peroxydes gebunden

$$\text{enthalten ist: } Hb\begin{matrix} O \\ | \\ O \end{matrix}$$

. Es ist leicht zur Krystallisation zu bringen,

und wird unter „krystallisiertem Hämoglobin" für gewöhnlich stets krystallisiertes Oxyhämoglobin verstanden.

Es wird auf folgende Weise dargestellt: Man fügt zu gewaschenen roten Blutkörperchen zwei Teile destilliertes Wasser, versetzt mit Äther, läßt 24 Stunden lang stehen, wodurch es zur Hämolyse kommt. Nun wird der Äther abgegossen, der untere klare Teil der Lösung von der oberen trüben Schicht, die die Stromata enthält, getrennt, aus der ersteren der gelöste Äther durch einen Luftstrom verjagt, die Flüssigkeit auf 0^0 abgekühlt, mit $^1/_4$ Volumen kalten Alkohols versetzt, und in ein Kältegemisch gestellt, worauf nach 24—48 Stunden die Krystallisation erfolgt.

Die Oxyhämoglobinkrystalle sind in dickerer Schicht blutrot, seidenglänzend und zeigen, je nachdem sie von verschiedenen Blutarten herstammen, gewisse Unterschiede in der Wasserlöslichkeit und in der Krystallform. So ist Oxyhämoglobin aus Pferde- und Hundeblut in Wasser weniger löslich, daher leichter krystallisierbar, als das aus Menschen- oder Rinderblut. Was die Krystallform anbelangt, gehören die Oxyhämoglobinkrystalle der meisten Säugetiere zum rhombischen Systeme, die des Eichhörnchens, des Hamsters und des Meerschweinchens zu anderen Systemen, wobei jedoch bemerkt werden muß, daß durch Umkrystallisieren die Krystallform geändert werden kann.

Nach älteren Analysen soll das Oxyhämoglobin je nach dem verschiedenen Ursprung, ja sogar im Blute desselben Tieres, Verschiedenheiten aufweisen, wie aus nachstehender Zusammenstellung ersichtlich ist:

$$
\begin{array}{lll}
C: & 53,8 & -54,9 \ \% \\
H: & 7,0 & - 7,4 \ \% \\
N: & 16,1 & -17,4 \ \% \\
S: & 0,39 & - 0,66 \ \% \\
Fe: & 0,34 & - 0,59 \ \% \\
O\,*: & 19,6 & -21,8 \ \%.
\end{array}
$$

* Bezüglich des Sauerstoffgehaltes in dieser Zusammenstellung ist wohl zu beachten, daß es sich um den intramolekularen, vom Hämoglobinmolekül nicht abzutrennenden Sauerstoff handelt, nicht aber um den prozentual kaum in Betracht kommenden locker gebundenen, leicht auszutreibenden Sauerstoff, von welchem S. 177 die Rede sein wird, und nach dessen Abtrennung das „reduzierte Hämoglobin" zurückbleibt.

Die oben verzeichneten Unterschiede, namentlich die, die sich auf den Eisengehalt beziehen, gaben Veranlassung zur Annahme, daß jede Tierart ein Hämoglobin von eigener Zusammensetzung besitze; ja, daß sogar im Blute eines Tieres mehrere verschiedene Hämoglobinarten kreisen. Als es sich aber auf Grund tadelloser Analysen herausstellte, daß das Hämoglobin verschiedenster Tiere stets denselben Eisengehalt von 0,34%[1] aufweist, nahm man an, daß auch die übrigen Unterschiede bloß davon herrühren, daß die Autoren offenbar verschiedenartig verunreinigte Präparate in Händen hatten, und es lag keine Veranlassung mehr vor, die Existenz verschiedener Hämoglobine anzunehmen. Erst in jüngster Zeit wurden erhebliche Unterschiede im Schwefelgehalt der Hämoglobine verschiedener Herkunft (0,87% am Katzen-, 0,57% aus Rinderhämoglobin) nachgewiesen, sowie auch wahrscheinlich gemacht, daß die genannten Unterschiede von Verschiedenheiten in der Beschaffenheit der Globinkomponente herrühren. Hingegen handelt es sich offenbar um Verunreinigung im Betreff der Phosphorsäure, die im Vogelbluthämoglobin gefunden wurde.

Oxyhämoglobin ist optisch aktiv; in seiner wäßrigen Lösung ist $[\alpha]_c = +10^0$.

Der Ausdruck $[\alpha]_c$ hat folgende Bedeutung. Im Gegensatz zu den Lösungen farbloser Stoffe, in denen das spezifische Drehungsvermögen bei der D-Linie des Spektrums bestimmt und mit $[\alpha]_D$ bezeichnet wird (S. 88), mußte für Oxyhämoglobin, das die Lichtstrahlen gerade im Gebiete der D-Linie stark absorbiert (siehe weiter unten), ein anderes Spektralgebiet gewählt werden. Als solches hat sich die Spektralgegend, in der sich die C-Linie befindet, als geeignet erwiesen.

Das kleinste Molekulargewicht des Oxyhämoglobins läßt sich aus dem Eisengehalt (0,34%) zu etwa 16500 berechnen, indem 0,34:100 = 55,8 : Mol.-Gew. Zum selben Ergebnisse kommt man, wenn man das kleinste Molekulargewicht aus der Sauerstoffkapazität nach S. 177 berechnet. Aus neueren sorgfältig ausgeführten Bestimmungen ergab sich, daß der osmotische Druck einer 1%igen wäßrigen Hämoglobinlösung 2,6 mm Hg beträgt, woraus sich ein Molekulargewicht von rund 65500, also etwa das Vierfache des obigen Wertes ergibt. Da nämlich in diesem Versuche 1 Liter der Lösung 10 g enthielt, die Lösung aber, die die gramm-molekulare Menge enthält, einen osmotischen Druck von 22,4 Atm. gleich 17024 mm Hg hat (siehe S. 10), besteht die Gleichung 10 : Mol.-Gew. = 2,6 : 17024, woraus das Molekulargewicht gleich ist 170240 : 2,6 = 65500. Zu einem angenähert ähnlichen Resultate ist man auch auf einem anderen Wege gekommen.

Die wäßrige Lösung des Oxyhämoglobins ist durch zwei sehr charakteristische Absorptionsstreifen gekennzeichnet, die an der Stelle der FRAUNHOFERschen Linien D und E gelegen sind. Genauer bezeichnet fällt die Mitte des einen Streifens mit der Wellenlänge 576 $\mu\mu$, die des anderen mit der Wellenlänge 541 $\mu\mu$ zusammen; ein dritter breiter

---

[1] Bemerkenswert ist, daß der Kupfergehalt der Hämocyanine genannten respiratorischen Farbstoffe des Blutes vieler niederer Tiere, denen ähnliche Funktionen zukommen, wie dem Hämoglobin im Blute der höheren Tiere, etwa von derselben Größenordnung ist, wie der Eisengehalt des Hämoglobins. Die Hämocyanine sind, wenn sie Sauerstoff gebunden enthalten, tiefblau gefärbt, im reduzierten Zustande aber farblos.

Streifen, dessen dunkelste Stelle bei Wellenlänge 415 $\mu\mu$, im ultravioletten Teil des Spektrums gelegen ist, läßt sich nur photographisch nachweisen. Im Photogramm[1] b der Abb. 1 sind die beiden erstgenannten Streifen voneinander deutlich getrennt zu sehen, während der Absorptionsstreifen in Ultraviolett nur in Form einer totalen Verdunkelung des rechts gelegenen Spektralabschnittes erscheint.

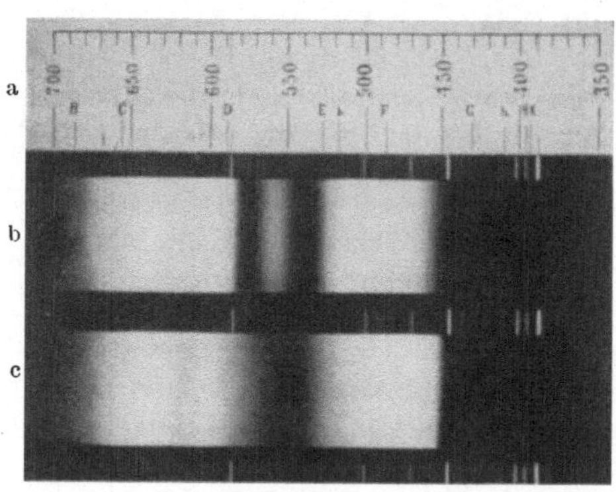

Abb. 1. a) Wellenlängenskala. b) Oxyhämoglobin.
c) Reduziertes Hämoglobin.
(Nach ROST, FRANZ und HEISE.)

Es wird jedoch das Licht durch Oxyhämoglobin nicht bloß an den genannten Stellen, sondern auch zwischen beiden Streifen (d. h. an der Stelle des unrichtigerweise sog. Absorptionsminimums), sowie auch rot- und violettwärts von ihnen absorbiert, wie dies an konzentrierteren Lösungen bereits mit dem einfachen Spektroskop wahrzunehmen ist, indem dann die beiden Streifen zunächst miteinander, an noch konzentrierteren Lösungen auch mit der violettwärts gelegenen Verdunkelung vollkommen zusammenfließen.

Wird die Lichtabsorption des Oxyhämoglobins spektrophotometrisch bestimmt, so läßt sich auch zahlenmäßig zeigen, daß sie längs des ganzen Spektrums

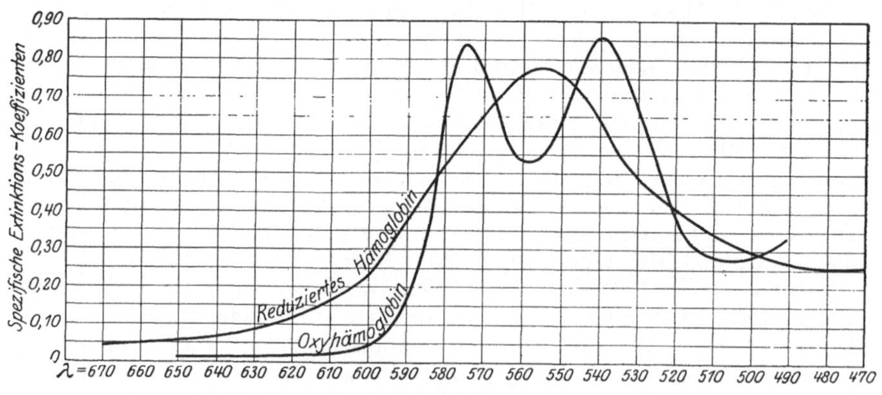

Abb. 2. Lichtabsorption des Oxy- und reduzierten Hämoglobins.

stattfindet, allerdings in sehr verschiedenem Grade: an den beiden Stellen, die bei der spektroskopischen Prüfung als Absorptionsstreifen erscheinen, ist sie am stärksten, gegen das blaue Spektralende zu schwächer, gegen das rote Spektralende zu am schwächsten. In vorstehender Abb. 2 ist die Lichtabsorption des

---

[1] Die schmalen hellen Streifen zwischen den Photogrammen in dieser und in den nächsten Abbildungen gehören den Emissionslinien des Heliums an, die mitphotographiert wurden, um die richtige Lage der Wellenlängenskala zu sichern.

Oxyhämoglobins in spezifischen Extinktionskoeffizienten (S. 190) ausgedrückt, die als Ordinaten aufgetragen sind (Wellenlängen auf der Abszissenachse). Die beiden Spitzen der Oxyhämoglobinkurve in Abb. 2 entsprechen den am Photogramm b in Abb. 1 sichtbaren beiden Absorptionsstreifen des Oxyhämoglobins.

Während frisch krystallisiertes, abgepreßtes, doch noch feuchtes Oxyhämoglobin einige Tage lang (besonders in der Kälte aufbewahrt) unverändert bleibt, ist die wäßrige Lösung des Oxyhämoglobins leicht dissoziabel. Die Bindung des Sauerstoffes durch das Hämoglobin ist nämlich ein reversibler Vorgang (S. 14) und kann, wenn reduziertes Hämoglobin mit Hb, Oxyhämoglobin mit HbO_2 bezeichnet wird, durch die Gleichung $Hb + O_2 \rightleftarrows HbO_2$, ausgedrückt werden.

In einer Hämoglobinlösung, die man mit Luft oder Sauerstoff geschüttelt hat, ist alles Hämoglobin in Form von Oxyhämoglobin enthalten, und man bezeichnet die Sauerstoffmenge, die in diesem Falle durch 1 g Hämoglobin bei Zimmertemperatur und bei einem Luftdruck von 760 mm Hg gebunden wird, als Sauerstoff-Kapazität des Hämoglobins; sie beträgt nach HÜFNER 1,34 Normalkubikzentimeter.

Die heute bereits widerlegte Annahme (S. 175) mancher Autoren, wonach der Eisengehalt im Hämoglobin verschiedener Tierarten, ja sogar im Hämoglobin verschiedener Individuen derselben Tierart ein verschiedener sei, hatte diese Autoren veranlaßt, das Sauerstoffbindungsvermögen des Hämoglobins nicht auf dessen Gewichtseinheit, sondern auf 1 g in Hämoglobin enthaltenes Eisen zu beziehen. Die auf 1 g Eisen bezogene Menge Sauerstoffs wurde als spezifische Sauerstoffkapazität des Hämoglobins bezeichnet. Da wir nun wissen, daß es weder im Eisengehalt, noch aber im Sauerstoffbindungsvermögen einen Unterschied zwischen den Hämoglobinen verschiedenen Ursprunges gibt, entfällt auch die Notwendigkeit, am Begriffe des spezifischen Sauerstoffbindungsvermögens festzuhalten.

Aus obiger Tatsache, daß von 1 g Hämoglobin 1,34 Normalkubikzentimeter molekularen Sauerstoffs gebunden werden, läßt sich berechnen, daß das kleinste Molekulargewicht des Oxyhämoglobins etwa 16 700 betragen muß, indem $1,34 \times 0,001429$ [1] $: 1 = 32 :$ Mol.-Gew., also in guter Annäherung ebensoviel (S. 175), wie sich aus dem Eisengehalt des Hämoglobins berechnen ließ.

Obige Erörterungen beziehen sich auf den Fall, daß, wie erwähnt, Hämoglobin durch Schütteln mit Luft oder mit Sauerstoff gesättigt wird. Beträgt jedoch der Partialdruck des Sauerstoffs im Gasraume oberhalb der Hämoglobinlösung weniger als in der atmosphärischen Luft, so werden mit abnehmendem Partialdruck des Sauerstoffs abnehmende Mengen Sauerstoff gebunden.

Um das Sauerstoffbindungsvermögen des Hämoglobins bei verschiedenen Partialdrucken des Sauerstoffes zu bestimmen, wird eine Hämoglobinlösung von genau bekannter Konzentration in einem geeigneten Gefäße mit Gasgemischen, die variierende Mengen von Sauerstoff enthalten, so lange geschüttelt, bis Gleichgewicht eingetreten ist. Nun wird einerseits der Partialdruck des Sauerstoffes im Gasraum oberhalb der Lösung, andererseits der Sauerstoffgehalt der Lösung (nach S. 193) bestimmt, und aus diesen Daten berechnet, wieviel Prozente des gesamten Hämoglobins bei den verschiedenen Sauerstoff-Tensionen

---

[1] 1 Normalkubikzentimeter Sauerstoff hat das Gewicht: 0,001429 g.

am Ende eines jeden Versuches als Oxyhämoglobin, wieviel als reduziertes Hämoglobin vorhanden waren. Es ergaben sich bei einer Temperatur von 38° C die folgenden etwas schematisierten Werte für die relativen Mengen von Oxyhämoglobin und reduziertem Hämoglobin:

Versuchs-Nummer	Bei der O_2Tension von	HbO_2 %	Hb %
1	0 mm Hg	0	100
2	10 ,, ...	55	45
3	20 ,, ...	72	28
4	40 ,, ...	84	16
5	100 ,, ...	92	8

Diese beiden Zahlenreihen kann man als Ordinaten in je ein Koordinatensystem eintragen, in dem die Sauerstoff-Partialtensionen im

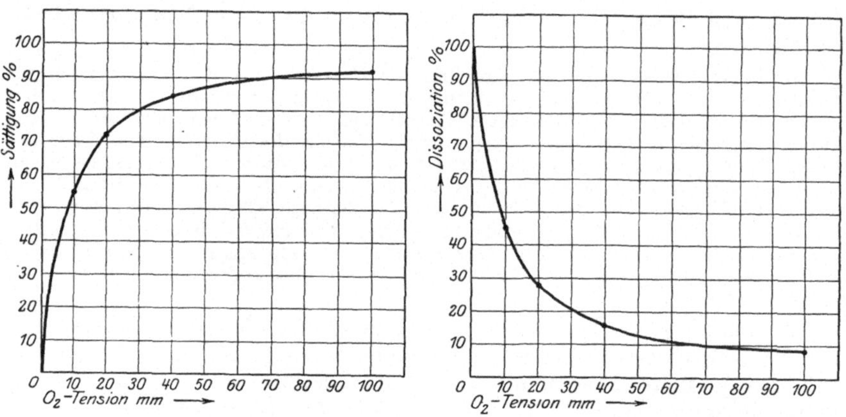

Abb. 3. Sauerstoff-Sättigungs-Kurve des Hämoglobins.

Abb. 4. Dissoziations-Kurve des Oxyhämoglobins.

Gasraume oberhalb der Lösung auf die Abszissenachse aufgezeichnet sind. Dabei kann man sich bezüglich der ersten Zahlenreihe denken, daß von einer Lösung ausgegangen wurde (1. Versuch), die kein Oxyhämoglobin, sondern bloß reduziertes Hämoglobin enthält, welch letzteres aber bei zunehmenden Sauerstoffpartialdrucken immer mehr und mehr Sauerstoff aufnimmt, daher die Konzentration an Oxyhämoglobin mehr und mehr zunimmt. Bezüglich der zweiten Zahlenreihe kann man aber annehmen, daß man es ursprünglich mit einer Lösung zu tun hatte (5. Versuch), die überwiegend Oxyhämoglobin enthält, diese aber bei abnehmendem Sauerstoff-Partialdruck immer mehr und mehr in Hämoglobin und Sauerstoff dissoziiert, daher die Konzentration an reduziertem Hämoglobin immer mehr zunimmt.

Auf diese Weise entstehen zwei Kurven, deren eine (Abb. 3) als die Sauerstoff-Sättigungs-Kurve des Hämoglobins, die zweite (Abb. 4) als die Dissoziations-Kurve des Oxyhämoglobins bezeichnet wird.

Die beiden Beziehungen werden selbstverständlich durch eine der beiden Kurven allein schon ausgedrückt, da ja die Summe der beiden Ordinaten naturgemäß immer gleich 100 ist, und demzufolge die Werte für die Dissoziation des Oxyhämoglobins auch der Abb. 3 entnommen werden können; nur ist in diesem Falle für jeden einzelnen Punkt der Kurve als Ordinate der Abstand von der oberen Abszisse anzusehen.

Obige Sauerstoffsättigungskurve hat die Form einer rechtwinkligen Hyperbel und wurde lange Zeit hindurch als richtig angesehen. Später stellte es sich heraus, daß die Ergebnisse nichtschematisierter Versuche eine leichte S-förmige Krümmung der betreffenden Kurve ergeben, indem sie anfangs flacher, dann etwas steiler, endlich wieder flacher verläuft.

Von besonderer Wichtigkeit ist es, daß, wie aus Abb. 3 zu ersehen ist, mit zunehmendem Partialdruck des Sauerstoffes im Gasraum die Menge des von Hämoglobin chemisch locker gebundenen Sauerstoffes anfangs rasch, später jedoch immer langsamer ansteigt, so daß die Lösung als mit Sauerstoff bereits annähernd gesättigt betrachtet werden kann, wenn dessen Partialdruck im Gasraum 100 mm Hg erreicht, und als kaum weniger gesättigt bei einem Sauerstoffpartialdruck von 70 mm Hg.

Reduziertes Hämoglobin. Durch Sauerstoffentziehung läßt sich das in Wasser gelöste Oxyhämoglobin in sog. reduziertes Hämoglobin verwandeln. Auch die lebenden, sauerstoffverzehrenden Gewebe verwandeln das Oxyhämoglobin in Hämoglobin.

Künstlich kann der Sauerstoff dem Oxyhämoglobin entzogen werden: durch Vakuum, oder indem man ein indifferentes Gas durch die Lösung durchleitet; durch reduzierende Mittel, wie Ammoniumhydrosulfid $(NH_4)HS$, oder noch besser Ammoniumsulfid $(NH_4)_2S$, oder durch Natriumhydrosulfit (hydroschwefligsaures Natrium) $Na_2S_2O_4$, durch eine 50%ige wäßrige Lösung von Hydrazinhydrat, durch eine ammoniakalische Lösung von weinsaurem Eisen (STOKESsches Reagens). Das STOKESsche Reagens wird bereitet, indem man 1 g Eisensulfat und 0,7 g weinsaures Ammonium in einigen Kubikzentimetern destillierten Wassers löst, dann so viel Ammoniak zusetzt, daß sich der entstehende Niederschlag wieder löst, und nun mit destilliertem Wasser auf 10 cm³ auffüllt. Für 10 cm³ 100fach verdünntes Blut genügen 0,1 cm³ des dunkelgrünen Reagens.

Das reduzierte Hämoglobin bildet dunkel purpurrote Krystalle, die infolge ihrer Leichtlöslichkeit in Wasser schwer darzustellen sind. Es ist in Alkohol, Äther, Chloroform und Benzol nicht löslich. Seine Lösung ist in dicker Schichte dunkelkirschrot, in dünner Schicht ausgesprochen grünlich. Sein Spektrum ist durch ein zwischen die Linien D und E fallendes breites Absorptionsband charakterisiert, dessen Mitte mit der Wellenlänge 559 $\mu\mu$ zusammenfällt, und das in Photogramm c der Abb. 1 auf S. 176 deutlich sichtbar ist; ein zweiter, im ultravioletten Teil des Spektrums befindlicher Streifen, dessen Mitte der Wellenlänge 429 $\mu\mu$ entspricht, ist am Photogramm c nur als totale Verdunkelung der rechten Hälfte des Spektrums zu erkennen.

In Abb. 2 auf S. 176 ist die Lichtabsorption des reduzierten Hämoglobins zahlenmäßig dargestellt, indem die spezifischen Extinktionskoeffizienten (siehe S. 190) als Ordinaten in dasselbe Koordinatensystem eingetragen sind, das auch die Daten für das Oxyhämoglobin enthält. Man sieht deutlich, daß die Kuppe, die dem einzigen im Spektrum des reduzierten Hämoglobins sichtbaren Absorptionsstreifen entspricht, annähernd genau zwischen die beiden Kuppen fällt, die den beiden Absorptionsstreifen des Oxyhämoglobins entsprechen.

Methämoglobin. Das Methämoglobin-Molekül enthält nicht wie das Oxyhämoglobin (S. 174) 1 Molekül, sondern bloß 1 Atom Sauerstoff (oder eine Hydroxylgruppe), das weit fester gebunden und durch Vakuum nicht auszutreiben ist. Es entsteht aus Oxyhämoglobin unter Einwirkung von Kaliumpermanganat, chlorsauren Salzen, Amylnitrit, Pyrogallol, Ferricyankalium. Bei dieser Umwandlung wird der ganze locker gebundene Sauerstoff des Oxyhämoglobins abgespalten; das nunmehr sauerstoffarme Hämoglobin-Molekül nimmt dafür ein Atom Sauerstoff oder eine Hydroxylgruppe auf.

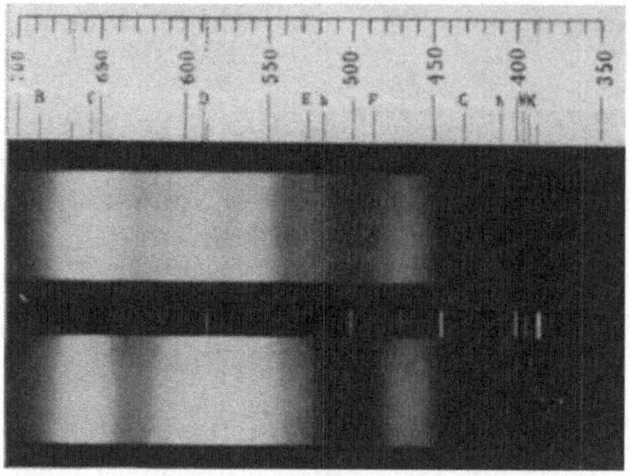

Darstellung. Zu einer Lösung von Oxyhämoglobin wird eine konzentrierte Lösung von Ferricyan-kalium gegossen, das Gemisch auf 0° gekühlt, mit $^1/_4$ Volumen kalten Alkohol versetzt und zur Krystallisation in ein Kältegemisch gestellt.

Nach einer neueren Vorschrift läßt sich krystallisiertes Methämoglobin viel leichter dadurch gewinnen, daß man krystallisiertes Oxyhämoglobin in 20%igem Alkohol suspendiert, Ferricyankalium bis zu einer Konzentration von etwa 0,02% hinzufügt, und mehrere Wochen lang stehen läßt. Die nach dieser Zeit gebildeten Krystalle können aus verdünntem Alkohol durch starkes Abkühlen leicht umkrystallisiert werden.

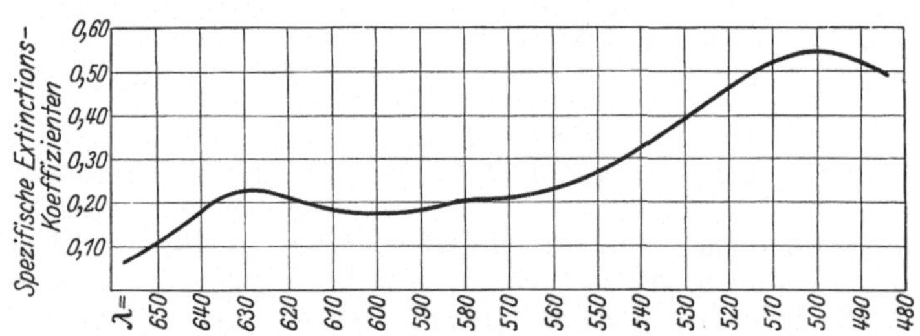

Abb. 5. a) Wellenlängenskala. b) und c) Menschenblut mit Ferricyankalium versetzt. (Nach ROST, FRANZ und HEISE.)

Das Methämoglobin bildet braune, nadel- und tafelförmige Krystalle, die in Wasser leicht löslich sind; die neutrale und saure Lösung ist braun,

Abb. 6. Wäßrige neutrale Methämoglobinlösung.

die alkalische Lösung rot gefärbt. Im Spektrum der neutralen Lösung findet sich ein Absorptionsstreifen in Rot mit dem Maximum der Absorption bei etwa 630 $\mu\mu$, und ein zweiter Streifen bei etwa 499 $\mu\mu$. In vorstehender Abb. 5 ist der erste Streifen nur am Photogramm c, der zweite auch am Photogramm b deutlich sichtbar. Wird eine solche Lösung mit Natriumfluorid versetzt, so rückt der erste Streifen von Rot gegen Gelb.

In Abb. 6 ist die Lichtabsorption einer neutralen Methämoglobinlösung in spezifischen Extinktionskoeffizienten (S. 190) ausgedrückt, die als Ordinaten in ein Koordinatensystem eingetragen sind. Auch hier ist sowohl das in Rot, als das in Blau befindliche Absorptionsmaximum deutlich zu erkennen.

Das Spektrum einer mit Na_2CO_3 alkalisch gemachten Lösung von Methämoglobin hat wenig Charakteristisches an sich: von dem vorher in Rot gelegenen Streifen ist nun nichts mehr zu sehen, hingegen erscheinen jetzt deutlich ein Schatten in Orange, sowie zwei andere Streifen, und zwar an denselben Stellen, wo die beiden (S. 176 abgebildeten) Streifen des Oxyhämoglobins gelegen sind.

Durch reduzierende Mittel (S. 179) wird das Methämoglobin ebenso wie das Oxyhämoglobin in reduziertes Hämoglobin verwandelt.

Kohlenoxydhämoglobin. Es ist gut krystallisierbar; entsteht aus der Vereinigung von je einem Molekül Hämoglobin und Kohlenoxyd, und

Bei der O_2- bzw. CO-Tension von	HbO_2 %	Hb %	HbCO %	Hb %
10 mm Hg	55	45	99,3	0,7
20 ,, ,,	72	28	99,6	0,4
30 ,, ,,	—	—	99,7	0,3
40 ,, ,,	84	16	—	—

zwar ist die Kohlenoxydkapazität des Hämoglobins 1,34 cm³ pro 1 g Hämoglobin, also gleich seiner Sauerstoffkapazität. Die Affinität des Hämoglobins zum Kohlenoxyd ist je nach dessen Herkunft ein- bis mehrere hundertmal größer als zum Sauerstoff, daher es begreiflich ist, daß das Kohlenoxydhämoglobin in wäßriger Lösung zwar dissozabel ist, doch in weit geringerem Grade als das Oxyhämoglobin, was aus dem Vergleiche der in vorstehender Tabelle enthaltenen Werte hervorgeht.

Aus demselben Grunde á) bedarf es zur Sättigung des Hämoglobins mit Kohlenoxyd

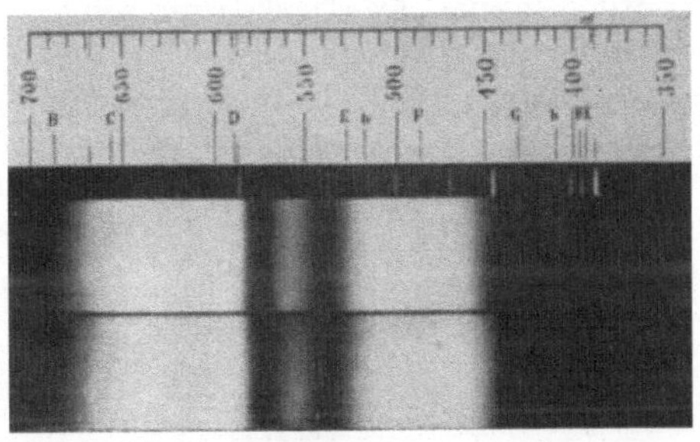

Abb. 7. a) Wellenlängenskala. b) Oxyhämoglobin. c) CO-Hämoglobin. (Nach ROST, FRANZ und HEISE.)

eines weit geringeren Partialdruckes des Kohlenoxyds; b) nimmt Hämoglobin aus einem Sauerstoffkohlenoxydgemisch nur in dem Falle gleiche Volumina von beiden Gasen auf, wenn das Gemisch etwa hundert- bis mehrere hundertmal mehr Sauerstoff als Kohlenoxyd enthält; c) ist das Kohlenoxyd giftig, indem es den Sauerstoff aus dem Oxyhämoglobin austreibt, und dieses zum Sauerstofftransport unfähig macht.

Die Darstellung des krystallisierten Kohlenoxydhämoglobins erfolgt nach dem beim Hämoglobin angeführten Verfahren aus Blut oder aus einer Hämoglobinlösung, die vorher mit Kohlenoxyd gesättigt werden. Die Krystalle sind blaurot.

Das Spektrum seiner wäßrigen Lösung (Abb. 7, Photogr. c) ist durch zwei Absorptionsstreifen gekennzeichnet, die im Vergleich zu denen des Oxyhämoglobins (Photogramm b derselben Abb.) nur ein wenig gegen das violette Ende des Spektrums verschoben sind; auch ein dritter, im ultravioletten Teil gelegener Streifen ist beinahe identisch mit dem des Oxyhämoglobins.

Durch eine gesättigte Lösung von Ferricyankalium wird aus dem Kohlenoxydhämoglobin das Kohlenoxyd in Freiheit gesetzt (genau so wie der Sauerstoff aus dem Oxyhämoglobin), und dabei das Hämoglobin in Methämoglobin verwandelt. Auch durch Stickoxyd, NO, wird das Kohlenoxyd quantitativ ausgetrieben. Durch reduzierende Substanzen wird Kohlenoxydhämoglobin nicht verändert. Blut, dessen Hämoglobin mit Kohlenoxyd gesättigt ist, widersteht der Fäulnis und bleibt in einer Atmosphäre von Kohlenoxyd in einer zugeschmolzenen Röhre beliebig lange unverändert.

Kohlendioxydhämoglobin besteht aus je einem Molekül Hämoglobin und Kohlendioxyd.

Es wurde behauptet, ist jedoch nicht sicher erwiesen, daß Hämoglobin aus einem Gemische von Sauerstoff und Kohlendioxyd gleichzeitig je ein Molekül Sauerstoff und Kohlendioxyd aufzunehmen vermag, und daß die beiden Gase an zwei verschiedenen Stellen des Hämoglobinmoleküls gebunden werden, und zwar Sauerstoff an der eisenhaltigen, Kohlendioxyd aber an der eisenfreien (Eiweiß-) Komponente.

Cyanhämoglobin entsteht, wenn in Blut oder in eine Lösung von Hämoglobin Cyanwasserstoffgas eingeleitet wird; es ist krystallisierbar, zersetzt sich weder im Vakuum, noch durch Durchleiten von indifferenten Gasen. Das Spektrum seiner wäßrigen Lösung gleicht dem des reduzierten Hämoglobins.

Stickoxyd (NO)-Hämoglobin entsteht, wenn eine Lösung von Hämoglobin mit NO gesättigt wird; es ist krystallisierbar. Die Verbindung zwischen Hämoglobin und NO ist fester, als die zwischen Hämoglobin und Kohlenoxyd, so daß letzteres aus seiner Hämoglobinverbindung durch NO auszutreiben ist.

2. Spaltungsprodukte des Hämoglobins.

Unter Einwirkung von Säuren zerfällt gelöstes Hämoglobin in eine farblose eisenfreie und eine gefärbte eisenhaltige Komponente.

Globin. Es bildet die farblose Komponente des Hämoglobins, und wird erhalten, wenn man das in Wasser gelöste Hämoglobin durch Versetzen mit n/10 Salzsäure spaltet, die eisenhaltige Komponente mit einem Gemische von Alkohol und Äther ausschüttelt, und das in wäßriger Lösung verbliebene Globin mit Ammoniak fällt. Doch ist es nicht gleichgültig, ob man bei Zimmertemperatur oder bei 0° arbeitet, denn nur in letzterem Falle erhält man das Globin in unverändertem „nativem" Zustande, in welchem es in sodaalkalischer Lösung mit Hämin zu einer Verbindung zusammentritt, die dem Hämoglobin sehr ähnlich, oder gar mit ihm identisch ist, so unter anderem auch Sauerstoff zu binden vermag. Bei Zimmertemperatur abgespaltenes Globin ist „denaturiert", es läßt sich nicht wie das native mit Hämin vereinigen. Wird Globin der Hydrolyse unterworfen, so findet man unter den Spaltprodukten neben viel Leucin eine größere Menge von Hexonbasen, namentlich viel Histidin, daher das Globin in die Gruppe der Histone eingereiht wird. Doch ist zu bemerken, daß der basische Charakter, der dem Globin zugesprochenwurde, eigentlich nur dem denaturierten Globin (siehe oben) zukommt, während das native sauer ist. Lösungen des Globins drehen die Ebene des polarisierten Lichtes nach links.

Hämatin und Hämochromogen. Die eisenhaltige Komponente des Hämoglobins wird, wie man längste Zeit hindurch behauptete, in zwei voneinander wesentlich verschiedenen Formen erhalten, je nachdem die Spaltung des Hämoglobins (durch Säuren oder Laugen) in Anwesenheit oder bei Ausschluß von Sauerstoff erfolgt. Im ersteren Falle sollte Hämatin, im letzteren Hämochromogen entstehen, und zwar sollten sich die beiden im Sauerstoffgehalt voneinander unterscheiden: Hämatin die sauerstoffreichere, Hämochromogen, die sauerstoffärmere Verbindung sein. (Bezüglich der Veränderung des Blutfarbstoffes durch Lauge hat es sich herausgestellt, daß sie am Menschenblut weit rascher vor sich geht, als am Blute von Kaninchen oder vom Rind).

Hämatin. $C_{34}H_{33}N_4FeO_5$, richtiger $C_{34}H_{32}N_4O_4FeOH$. Bezüglich des Hämatins haben obige ältere Angaben auch heute noch Geltung. Es wird in recht reinem Zustande erhalten, wenn man Hämin (S. 184) in Lauge löst, und die Lösung sorgfältig neutralisiert, worauf das Hämatin in braunschwarzen Flocken amorph ausfällt. Es bildet ein in Wasser, Alkohol, Äther und Chloroform unlösliches, amorphes, blauschwarzes Pulver; löst sich in verdünnter Lauge und in säurehaltigem Alkohol. Sein Spektrum hat nichts Charakteristisches an sich. Durch reduzierende Mittel, wie Hydrazinhydrat, STOKESsches Reagens, $Na_2S_2O_4$ usw. wird das Hämatin in eine sauerstoffärmere Verbindung überführt, die richtig „reduziertes Hämatin" genannt werden sollte (siehe weiter unten). Neuestens wurde Hämatin auch in Pflanzenprodukten, z. B. im Mehl nachgewiesen.

Hämochromogen. Über diese Verbindung haben sich die Anschauungen wesentlich geändert. Man sagte früher, daß in alkalischen Lösungen von Blut oder von Hämoglobin unter der Einwirkung von reduzierenden Agenzien ein Reduktionsprodukt des Hämatins mit charakteristischem Spektrum entstehe und nannte es Hämochromogen. Ein Molekül dieses Hämochromogens sollte ein Molekül Sauerstoff oder Kohlenoxyd binden, jedoch viel fester als das Hämoglobin, und gerade infolge der starken Avidität des Hämochromogens gegenüber dem Luftsauerstoff sollte es bisher nicht in solchen Mengen krystallisiert erhalten werden können, die seine Analyse und dadurch die Feststellung seiner empirischen Formel gestatten würden. (Unter dem Deckglase gelingt es nach DONOGÁNY leicht mikroskopische rote nadelförmige Krystalle zu erhalten, wenn man ein wenig defibriniertes Blut mit je einem Tropfen Pyridin und Schwefelammonium vermischt.) Diese ältere Anschauung muß in manchen Punkten richtig gestellt werden. Es ist zwar richtig, daß, wenn Blut oder Hämoglobin in Gegenwart von Lauge der Einwirkung einer reduzierenden Substanz ausgesetzt wird, eine kirschrote Lösung mit zwei scharf begrenzten Absorptionsstreifen bei etwa 559 und 528 $\mu\mu$ erhalten wird. Doch hat man es hierbei nicht mit freiem reduzierten Hämatin, $C_{34}H_{32}N_4O_4Fe$ zu tun, sondern mit einer Verbindurg desselben mit denaturiertem

Globin. Es gibt eine ganze Reihe anderer Stoffe, die ein ganz ähnliches Spektrum haben, und in denen wirkliches reduziertes Hämatin nicht mit Globin, sondern mit Pyridin, Nicotin, Cyankalium, Ammoniak usw. gepaart ist. Alle diese Verbindungen sind, wenn das bisher als Hämochromogen genannte Produkt diesen Namen verdient, ebenfalls Hämochromogene, mit dem Unterschiede, daß sie einen anderen Paarling enthalten.

Cytochrom. Im Anschluß an die Hämochromogene sei eines vor kurzem in den Geweben verschiedener niedrig und hoch differenzierter Tiere und Pflanzen (Kalt- und Warmblütermuskeln, Hefe, Bakterien) nachgewiesenen, allerdings noch nicht rein dargestellten, Cytochrom genannten Farbstoffes gedacht, dem eine wichtige Rolle bei der Zellatmung zuzukommen scheint. Präparate solcher Gewebe lassen, nachdem sie einige Zeit lang mit dem Deckglas bedeckt waren, unter dem Mikrospektroskop vier charakteristische Absorptionsstreifen erkennen, die aber alsbald verschwinden, wenn man der atmosphärischen Luft freien Zutritt zum Präparate gestattet. Hieraus wurde gefolgert, daß das Cytochrom an die Gewebselemente Sauerstoff abgibt und hierbei zu dem Körper mit dem erwähnten Spektrum reduziert, an der Luft aber zu dem Körper ohne Spektrum reoxydiert wird. Noch merkwürdiger ist es, daß das Spektrum des reduzierten Cytochromes nahe Beziehungen zu dem der Hämochromogene aufweist, daher anzunehmen ist, daß es aus Hämatin, bzw. aus dem früher sog. Hämochromogen entsteht, oder gar aus mehreren solchen Hämochromogenmolekülen besteht. Für die physiologisch wichtige Rolle des Cytochromes spricht der Umstand, daß solche Muskeln am meisten davon enthalten, die die raschesten Kontraktionen ausführen.

Atmungsferment. Über die Rolle gewisser hämatinartiger Verbindungen in den Oxydationsvorgängen wird an anderer Stelle berichtet (S 301).

Parahämatine. Sowie es im Sinne des bei dem Hämochromogen Gesagten verschiedene Hämochromogene gibt, die sich voneinander durch die stickstoffhaltige Komponente unterscheiden, werden als Parahämatine Verbindungen des Hämatins (im nichtreduzierten Zustande) mit verschiedenen stickstoffhaltigen Verbindungen bezeichnet. Eines dieser Parahämatine ist unter dem Namen Kathämoglobin lange bekannt. Es entsteht durch Denaturierung des Oxyhämoglobins bei neutraler Reaktion, ist aus seiner Lösung leicht aussalzbar und unterscheidet sich vom Oxyhämoglobin durch die etwas abweichende Lage seiner Absorptionsstreifen, sowie auch darin, daß es Sauerstoff weder, wenn es mit Ferricyankalium zusammengebracht wird, noch aber im Vakuum abgibt. Es besteht aus nichtreduziertem Hämatin und denaturiertem Globin.

Hämin. Mit Salzsäure geht das Hämatin eine wichtige Verbindung ein: das salzsaure Hämatin oder Hämin, $C_{34}H_{32}N_4FeClO_4$, das jedoch, je nach der Darstellung mit Eisessig und Kochsalz, bzw. mit Alkohol und Salzsäure verschiedene Eigenschaften aufweist, und als α-Hämin bzw. β-Hämin unterschieden wird; wieder anders ist das Hämin aus dem sog. Verdauungs-Hämatin, das aus Oxyhämoglobin unter Einwirkung von Pepsin-Salzsäure erhalten wird. Hämin bildet, sowie es in der TEICHMANNschen Probe erhalten wird (S. 189), mikroskopische schwarzbraune, dem triklinischen Systeme angehörende Krystalle. Seine Löslichkeitsverhältnisse stimmen mit denen des Hämatins überein. (Über seine Struktur siehe auf S. 187.)

Zur Darstellung des Hämins im großen kocht man 1 Liter Eisessig, dem 5 g Kochsalz zugesetzt waren, auf, und läßt der kochenden Flüssigkeit 350 cm³ Oxyhämoglobinlösung kleinweise im Verlaufe einer halben Stunde durch einen Tropftrichter zufließen. Dann erhält man noch durch 10 Minuten in schwachem Sieden und verdünnt im Verlaufe einer Viertelstunde mit 1 Liter Wasser. Wenn man nun nach weiteren 24 Stunden mit Wasser auf das Vierfache verdünnt, setzt sich das Hämin in schönen Krystallen ab. Über die Darstellung von Häminkrystallen im Deckglaspräparat siehe auf S. 189.

3. Struktur der eisenhaltigen Komponente des Hämoglobins und ihrer eisenfreier Derivate, der Porphyrine.

a) Hämatin, reduziertes Hämatin und Hämin.

Ältere Beobachtungen. Am Hämin ausgeführte Abbauversuche haben ergeben, daß es im wesentlichen aus Pyrrolverbindungen besteht.

Man erhielt nämlich durch reduktive Spaltung des Hämins mit Eisessigjodwasserstoffsäure ein Gemenge, aus dem einerseits basische Pyrrole, wie Hämopyrrol (Phonopyrrol), gleich 2.3-Dimethyl-4-Äthylpyrrol, Kryptopyrrol, gleich 3.5-Dimethyl-4-Äthylpyrrol usw., andererseits die entsprechenden Carbonsäuren: Hämopyrrolcarbonsäure (Phonopyrrolcarbonsäure), Kryptopyrrolcarbonsäure usw. isoliert werden konnten. Beispielsweise sei je ein solches Pyrrol und die zugehörende Pyrrolcarbonsäure nachstehend abgebildet:

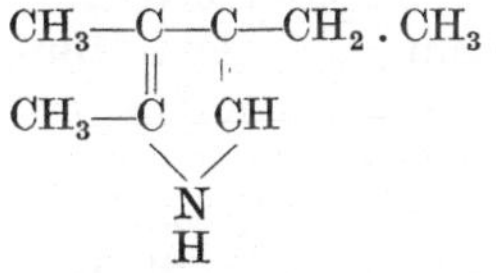

$$CH_3—C—C—CH_2 . CH_3 \qquad CH_3—C—C—CH_2 . CH_2 . COOH$$
$$CH_3—C \quad CH \qquad CH_3—C \quad CH$$
$$N \qquad\qquad N$$
$$H \qquad\qquad H$$

Hämopyrrol 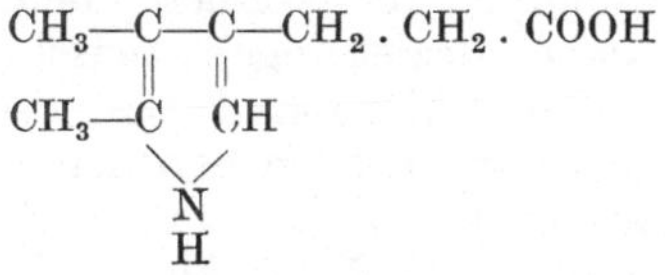 $\qquad\qquad$ Hämopyrrolcarbonsäure

Andererseits wurde auch durch oxydative Spaltung ein Pyrrol und eine Pyrrolcarbonsäure erhalten, die, wie aus nachstehenden Strukturformeln ersichtlich, über das Anhydrid der zwei-, bzw. dreibasischen Hämatinsäure als die Imide dieser Säuren abgeleitet werden können.

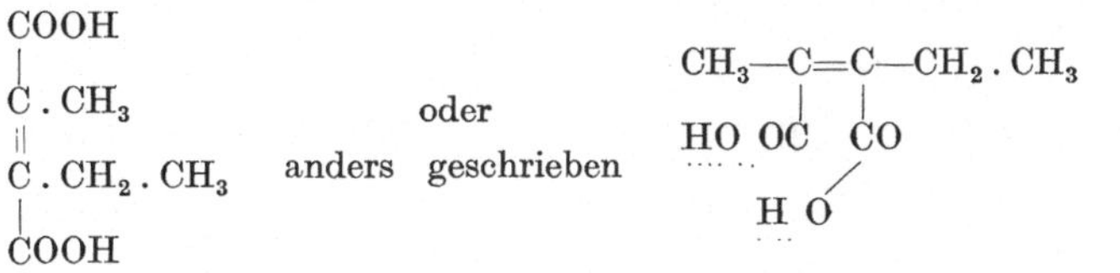

$$COOH$$
$$C . CH_3$$
$$C . CH_2 . CH_3$$
$$COOH$$

oder anders geschrieben

$$CH_3—C=C—CH_2 . CH_3$$
$$HO \ OC \quad CO$$
$$H \ O$$

Zweibasische Hämatinsäure oder Methyläthyl-Maleinsäure

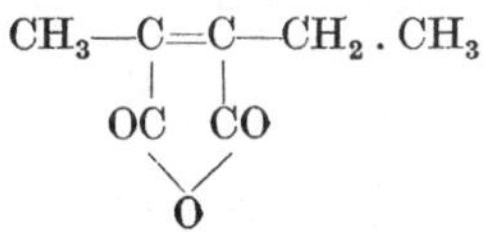

$$CH_3—C=C—CH_2 . CH_3$$
$$OC \quad CO$$
$$O$$

Anhydrid

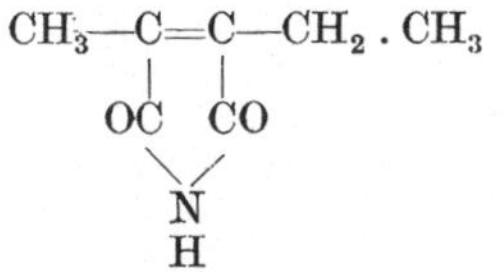

$$CH_3—C=C—CH_2 . CH_3$$
$$OC \quad CO$$
$$N$$
$$H$$

Imid

$$COOH$$
$$C—CH_3$$
$$C—CH_2 . CH_2 . COOH$$
$$COOH$$

oder anders geschrieben

$$CH_3—C=C—CH_2CH_2COOH$$
$$HO \ OC \quad CO$$
$$H \ O$$

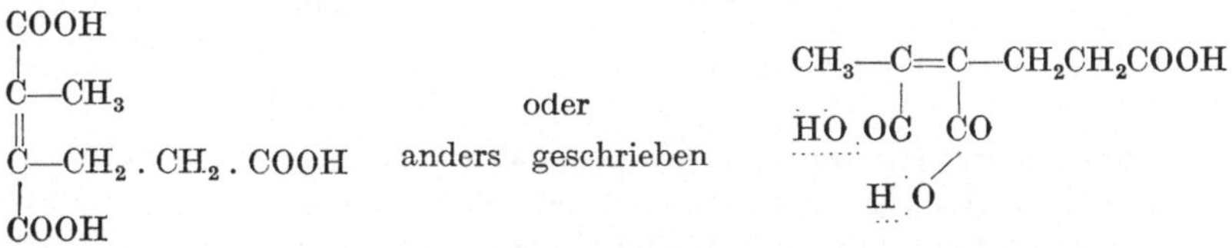

Dreibasische Hämatinsäure

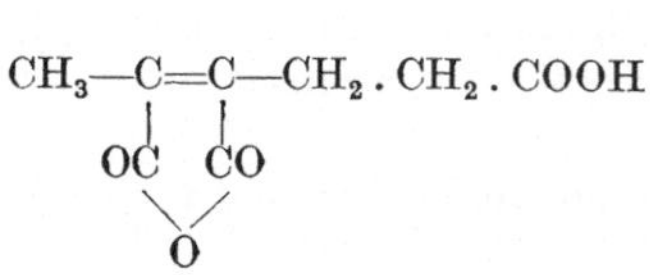

$$CH_3—C=C—CH_2 . CH_2 . COOH$$
$$OC \quad CO$$
$$O$$

Anhydrid

$$CH_3—C=C—CH_2 . CH_2 . COOH$$
$$OC \quad CO$$
$$N$$
$$H$$

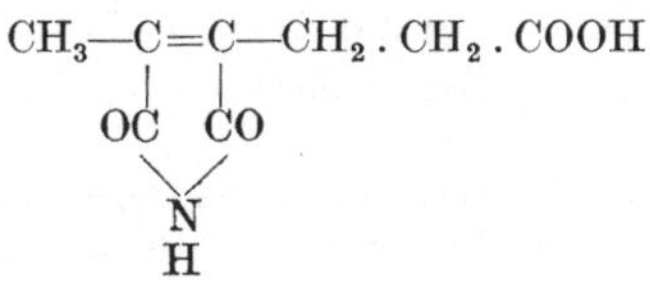

Imid

Neuere Untersuchungen. Diese ergaben, daß sowohl dem Hämin und dem Hämatin, wie auch den verschiedenen als Porphyrine zu beschreibenden Verbindungen ein sog. „Porphin" zugrunde liegt, das allerdings als solches bisher nicht dargestellt werden konnte. Es ist dies ein Viererring, gebildet durch vier Pyrrolkerne, die an je zwei gegenüberliegenden Kern-C-Atomen durch die Methingruppe $= \overset{\text{H}}{\text{C}}-$ miteinander verbunden sind. Ersetzt man im Porphin an jedem der vier Pyrrolkerne einen Wasserstoff durch eine Methyl-, einen zweiten durch eine Äthylgruppe, so erhält man die als Ätioporphyrin, $C_{32}H_{36}N_4$, bekannte Verbindung, von der es mit Rücksicht auf die Anordnung der Methyl- und Äthylgruppen vier Isomeren gibt. (Ätioporphyrine können auch aus Chlorophyll erhalten werden, was auf nahe Beziehungen zwischen diesem und dem Blutfarbstoff hinweist. Vom Chlorophyll sind zwei Modifikationen bekannt, die in den grünen Pflanzenteilen nebeneinander enthalten sind, und die beide Magnesium enthalten. Es sind dies α-Chlorophyll, $C_{55}H_{72}N_4O_5$ Mg, und β-Chlorophyll, $C_{55}H_{70}N_4O_6$ Mg.) Nachstehend sei die Struktur zweier dieser, von HANS FISCHER mit I und mit III bezeichneten Isomeren dargestellt, da die wichtigen, oben behandelten Formen der eisenhaltigen Komponente des Hämoglobins, sowie die eisenfreien Abkömmlinge dieser Komponente sich von jenen beiden Ätioporphyrin-Isomeren ableiten lassen.

I*

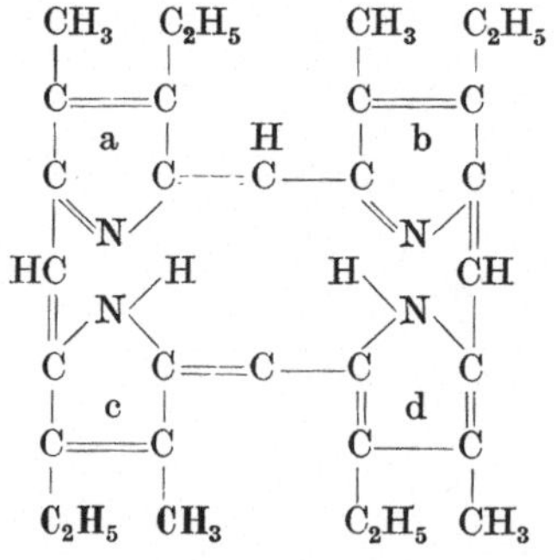

Ätioporphyrin I

III*

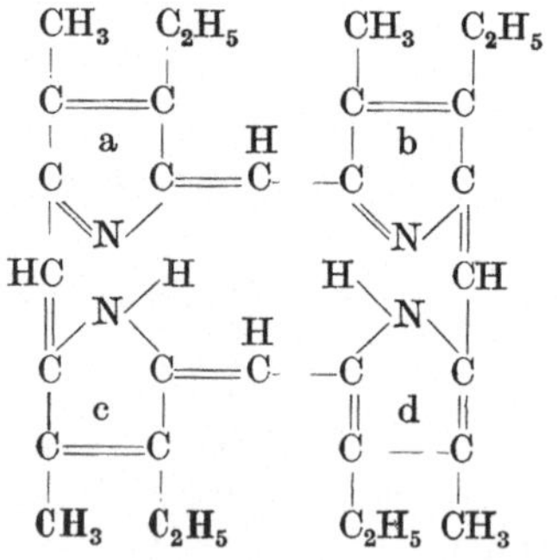

Ätioporphyrin III

Denkt man sich nun im Ätioporphyrin III die am Pyrrol a und b befindlichen Äthylgruppen in Vinylgruppen, an c und d in Propionsäurereste verwandelt, die beiden Wasserstoffatome am Stickstoff der Pyrrole c und d durch Fe ersetzt, so erhält man das reduzierte Hämatin; erfolgt dieser Ersatz durch FeOH, so erhält man das Hämatin, beim Ersatz durch FeCl aber das Hämin.

---

* Die beiden Isomeren unterscheiden sich bloß in der Lage der beiden in obigen Strukturformeln durch Fettdruck hervorgehobenen CH_3- bzw. C_2H_5-Gruppen.

$$
\begin{array}{c}
\text{CH}_3 \quad \text{CH} \cdot \text{CH}_2 \quad \text{CH}_3 \quad\quad \text{CH} \cdot \text{CH}_2 \\
\text{C}\!=\!\text{C} \quad a \quad \text{H} \quad \text{C}\!=\!\text{C} \quad b \\
\text{C} \quad \text{C}\!=\!\text{C}\!-\!\text{C} \quad \text{C} \\
\text{N} \quad\quad \text{N} \\
\text{HC} \quad \text{FeCl} \quad \text{CH} \\
\text{N} \quad\quad \text{N} \\
\text{C} \quad \text{C}\!=\!\text{C}\!-\!\text{C} \quad \text{C} \\
c \quad \text{H} \quad d \\
\text{C}\!=\!\text{C} \quad \text{C-} \quad \text{C} \\
\text{CH}_3 \quad \text{CH}_2 \quad \text{CH}_2 \quad \text{CH}_3 \\
\text{CH}_2 \quad \text{CH}_2 \\
\text{COOH} \quad \text{COOH}
\end{array}
$$

Hämin

b) Porphyrine.

Alle Porphyrine lassen sich von einem oder anderen der S. 186 erwähnten Ätioporphyrine ableiten. Am längsten ist das Hämatoporphyrin bekannt, daher dieses am ausführlichsten beschrieben werden soll, obzwar es sich herausstellte, daß es entgegen der früheren Annahme im tierischen Organismus **nicht** gebildet wird.

Hämatoporphyrin $C_{34}H_{38}N_4O_6$ läßt sich vom Ätioporphyrin III (S. 186) ableiten, indem die Äthylgruppen am Pyrrol a und b durch Oxyäthylgruppen, $CHOH \cdot CH_3$, die Äthylgruppen am Pyrrol c und d aber durch Propionsäurereste ersetzt werden. Es wird aus Blut (oder Hämatin, oder Hämin) durch Abspaltung des Eisens mittels starker Säuren dargestellt, und zwar wurde es früher nur in Form eines amorphen braunen Pulvers, später auch krystallisiert erhalten. Es ist in Wasser unlöslich, in Säuren, in Laugen

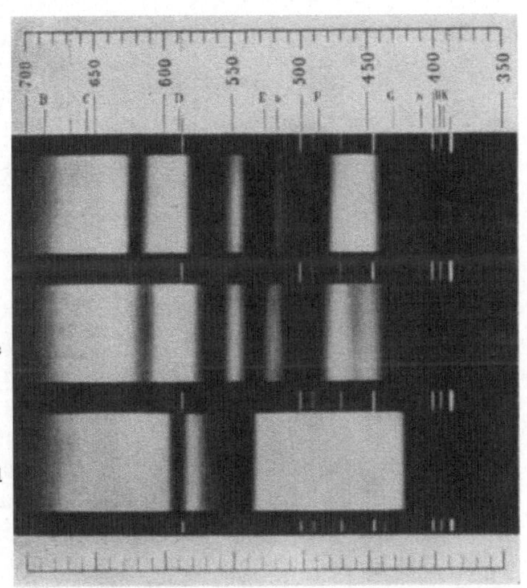

Abb. 8. a) Wellenlängenskala. b) Lösung von Hämatoporphyrin in Alkohol, c) in Ammoniak, d) in verdünnter Schwefelsäure. (Nach ROST, FRANZ und HEISE.)

und in Alkohol löst es sich leicht. Die alkoholische und wäßrig-alkalische Lösung ist braunrot, die salzsaure purpurrot mit einem Stich ins Blaue. Das Spektrum der alkoholischen und der wäßrig-alkalischen Lösung weist vier schöne Absorptionsstreifen auf (Abb. 8, Photogramm b bzw. c), deren Maxima sich an angenähert identischen Spektralstellen und zwar

bei 622, 571, 534 und 497 $\mu\mu$ befinden. In der sauren Lösung sind es
namentlich zwei Absorptionsstreifen (Abb. 8, Photogramm d), die
besonders deutlich sichtbar sind; ihre Maxima liegen an den Spektralstellen 595 und 552 $\mu\mu$. Diese Verhältnisse sind auch aus Abb. 9 klar
zu ersehen, in der die spezifischen Extinktionskoeffizienten (S. 190) als
Ordinaten in ein Koordinatensystem eingetragen sind.

Darstellung. Nach S. 184 dargestelltes Hämin wird in Bromwasserstoff-
Eisessig (spez. Gew. bei $0^0 = 1,41$) bei 40^0 C gelöst, mit der 5fachen Menge Wasser
verdünnt, filtriert und mit einer konzentrierten Lösung von essigsaurem Natrium
gefällt. Der amorphe, aus Hämatophorphyrin bestehende Niederschlag wird am
Filter gewaschen und nachher getrocknet.

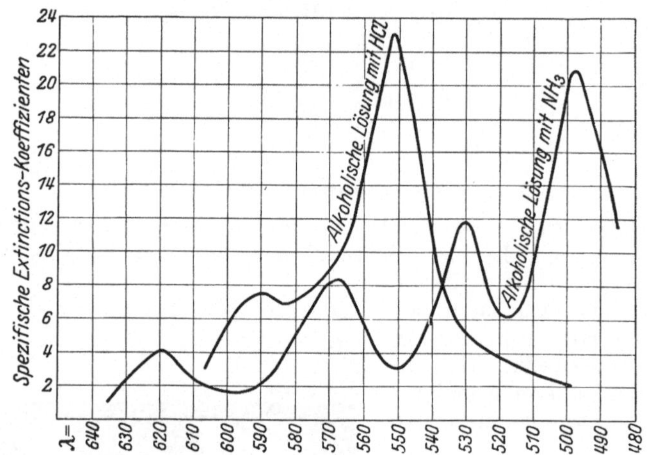

Abb. 9. Hämatoporphyrin in HCl- und in NH₃-haltigem Alkohol.

Durch Hämatoporphyrin werden einzellige Organismen, ferner
einzelne Zellen und auch ganze Gewebe höher organisierter Tiere gegen
Licht sensibilisiert. In belichteten Lösungen, die es enthalten, gehen
Paramäcien rasch zugrunde und werden Blutkörperchen aufgelöst; wird
aber eine Hämatoporphyrinlösung Tieren subcutan eingespritzt, und
setzt man die Tiere an das Sonnenlicht, so entstehen an verschiedenen
Hautstellen intensive Reizerscheinungen, die, wenn nicht zu lange
belichtet wurde, im Dunkeln wieder schwinden, sonst aber zu schweren
Gewebsstörungen (Geschwür, Absterben) führen.

Mesoporphyrin, $C_{34}H_{38}N_4O_4$. Stellt man sich die zwei Oxyäthylgruppen, des Hämatoporphyrins an den Pyrrolen a und b in Äthylgruppen rückverwandelt vor, so erhält man das Mesoporphyrin, dessen
Bedeutung auf S. 211 zu ersehen ist.

Protoporphyrin, $C_{34}H_{34}N_4O_4$. Stellt man sich vor, daß aus dem Hämin
(S. 184) FeCl entfernt wird, so erhält man Protoporphyrin; es ist aus
dem Grunde von besonderer Wichtigkeit, da durch Einsetzen des Eisens
in dieses Porphyrin die künstliche Synthese des Hämins HANS FISCHER
gelungen ist. Mit dem Protoporphyrin identisch sind das in den farbigen
Vogelschalen enthaltene Ooporphyrin, sowie das nach KÄMMERER
benannte, aus faulendem Blute dargestellte Porphyrin.

Koproporphyrin, $C_{36}H_{38}N_4O_8$. Ersetzt man im Ätioporphyrin I die Äthylgruppen an allen vier Pyrrolen durch je einen Propionsäurerest, so erhält man das vierbasische, in Äther lösliche Koproporphyrin (siehe auch S. 209), das außer im Kot und im Harn auch in der Hefe nachgewiesen wurde.

Uroporphyrin, $C_{40}H_{38}N_4O_{16}$. Ersetzt man in allen vier Propionsäureresten des Koproporphyrins einen Alkylwasserstoff durch je eine Carboxylgruppe, so erhält man das achtbasische in Äther unlösliche Uroporphyrin (siehe hierüber auch S. 289). Das Kupfersalz dieser Säure ist als der Farbstoff Turacin in den Federn gewisser Vogelarten enthalten. Der Umstand, daß Hämin, Hämatin usw. sich vom Ätioporphyrin III, Kopro- und Uroporphyrin aber vom Ätioporphyrin I ableiten lassen, macht es bereits von vornherein unwahrscheinlich, daß die beiden Kot- bzw. Harnbestandteile irgend etwas mit dem Blutfarbstoff zu tun hätten.

4. Nachweis und quantitative Bestimmung des Blutfarbstoffes bzw. seiner Umwandlungsprodukte.

Nachweis. Manche der vorangehend angeführten Eigenschaften des Hämoglobins lassen sich zum Nachweis von Blut im Harn oder in einer anderen Flüssigkeit, im Kot, oder in Flecken auf Wäsche und Kleiderstoff, oder in einer beliebigen eingetrockneten Masse bzw. zum Nachweis von Kohlenoxydhämoglobin im Blute verwenden.

In einer durchsichtigen Flüssigkeit kann der Blutgehalt am Spektrum des Oxy- oder reduzierten Hämoglobins oder Methämoglobins erkannt werden. Handelt es sich um eine eingetrocknete Masse, so wird an ihr zum Blutnachweis die Häminprobe, und zwar folgenderweise vorgenommen: Ein kleines Krümelchen der pulverisierten Substanz wird mit einer Spur von trockenem Kochsalz vermischt, auf einen Objektträger gebracht und mit einem Deckgläschen bedeckt. Nun läßt man ein wenig Eisessig zufließen, erhitzt über einer kleinen Flamme durch kurze Zeit und nur so weit, daß es eben zum Aufkochen des Eisessigs komme. Unter dem Mikroskop sucht man dann nach den dunkelbraunen TEICHMANNschen Häminkrystallen (S. 184).

Soll Blut in einem Fleck in Wäsche oder Kleiderstoff nachgewiesen werden, so wird die betreffende Stelle mit Wasser ausgelaugt und am Verdampfungsrückstand der Flüssigkeit die Häminprobe angestellt.

Versetzt man Harn, Erbrochenes, in Wasser aufgeschwemmten Kot usw., die auf Blutfarbstoff untersucht werden sollen, mit starker Essigsäure, so wird der Blutfarbstoff in Säurehämatin verwandelt, das aus der wäßrigen Lösung mit Äther ausgeschüttelt und in der ätherischen Lösung durch Farbenreaktionen (S. 293) nachgewiesen werden kann. (Unter dem Einfluß der Verdauungssäfte wird das in die Magenhöhle oder in die oberen Darmteile ergossene Blut ohnehin teilweise oder gänzlich in Hämatin verwandelt.)

Um zu entscheiden, ob eine zu untersuchende Blutprobe Kohlenoxydhämoglobin enthält, verdünnt man die Blutprobe auf das 15—20fache und versetzt mit dem gleichen Volumen 30%iger Lauge. Ist Kohlenoxydhämoglobin vorhanden, so erhält man hellrote Flocken, bzw. eine hellrote Färbung der über den Niederschlag befindlichen Flüssigkeit; ist kein Kohlenoxydhämoglobin vorhanden, so entsteht ein schmutzigbrauner Niederschlag.

Ein anderes Kennzeichen ist: Versetzt man Blut, das vorangehend auf das Vierfache verdünnt wurde, mit dem dreifachen Volumen einer 1%igen Tanninlösung, so erhält man nach einigen Stunden, falls Kohlenoxydhämoglobin vorhanden war, einen lebhaft roten, sonst einen schmutzigbraunen Niederschlag. Wichtig ist auch, daß reduzierende Stoffe auf Kohlenoxydhämoglobin nicht wie auf Oxyhämoglobin einwirken.

Quantitative Bestimmung. Der im Vergleich zur Norm herabgesetzte oder erhöhte Hämoglobingehalt des Blutes kann mit einer für klinische Zwecke hinreichenden Genauigkeit durch colorimetrische Verfahren bestimmt werden, wie solche von FLEISCHL, GOWERS, SAHLI u. a. ausgearbeitet wurden. Eine genauere quantitative Bestimmung der Hämoglobin-Gasverbindungen läßt sich mittels besserer Colorimeter, oder auf dem Wege der Spektrophotometrie durchführen.

Spektrophotometrie. Wenn ein Lichtstrahl durch eine Farbstofflösung dringt, so erfährt seine Intensität an gewissen charakteristischen Stellen des Spektrums eine Verringerung. Als Maß dieser Intensitätsverringerung, die mittels eines Spektrophotometers bestimmt werden kann, dient der sog. Extinktionskoeffizient, der der Konzentration der Farbstofflösung proportional ist. (Als spezifischer Extinktionskoeffizient wird der auf $0,1\%$ Farbstoffkonzentration reduzierte Extinktionskoeffizient bezeichnet.) Der Quotient $c : \varepsilon$, wobei c gleich ist der in Gramm ausgedrückten Menge des Farbstoffes, enthalten in einem Kubikzentimeter der Lösung, ε aber gleich ist dem Extinktionskoeffizienten, wird Absorptionsverhältnis genannt, und mit A bezeichnet. A ist für die verschiedenen Farbstofflösungen durchwegs verschieden; auch verschieden für eine einzelne Farbstofflösung an verschiedenen Stellen des Spektrums; jedoch für eine Farbstofflösung an einer Stelle des Spektrums konstant und charakteristisch. Man hat das Absorptionsverhältnis für Hämoglobin und seine Gasverbindungen an zwei verschiedenen Stellen des Spektrums, einerseits im Spektralausschnitt zwischen den Wellenlängen 554 und 565 $\mu\mu$, andererseits im Spektralausschnitt zwischen 531,5 und 542,5 $\mu\mu$ bestimmt und gefunden für

	zwischen 554 und 565 $\mu\mu$	zwischen 531,5 und 542,5 $\mu\mu$
Oxyhämoglobin	0,00207	0,00131
Reduziertes Hämoglobin	0,00135	0,00178
Kohlenoxydhämoglobin	0,00138	0,00126
Methämoglobin (alkalisch)	0,00208	0,00175

Wenn man daher den Extinktionskoeffizienten einer Farbstofflösung, z. B. der Lösung von Blutfarbstoff, mittels Spektrophotometers bestimmt, so läßt sich aus diesem Wert und obigem Absorptionsverhältnisse die gesuchte Konzentration berechnen, denn aus $A = c : \varepsilon$ folgt, daß $\varepsilon A = c$, das ist die gesuchte in 1 cm³ der Lösung enthaltene, in Gramm ausgedrückte Menge des Farbstoffs. Da ferner auch das Verhältnis der Extinktionskoeffizienten ε' und ε'' einer Farbstofflösung an zwei bestimmten Stellen des Spektrums konstant und für die Farbstofflösung charakteristisch ist, läßt sich das Verhältnis $\varepsilon' : \varepsilon''$ auch zum Nachweis der Reinheit einer Lösung der verschiedenen Blutfarbstoffe verwenden; so beträgt $\varepsilon' : \varepsilon''$ an den beiden obengenannten Spektralstellen gemessen für

Oxyhämoglobin	1,58
Reduziertes Hämoglobin	0,76
Kohlenoxydhämoglobin	1,10
Methämoglobin (alkalisch)	1,19

E. Blutgase.

Wird in einem Gefäße über schaumfreiem Blut Vakuum erzeugt, so gerät es in starkes Schäumen, und man wird über ihm eine beträchtliche Menge von Gasen, die sog. Blutgase angesammelt finden, bestehend in einem Gemenge von viel Kohlendioxyd, weniger Sauerstoff und wenig Stickstoff. Diese Gase sind im Blute: a) entweder einfach physikalisch gelöst, absorbiert, b) oder aber mehr-minder locker chemisch gebunden, d. h. in Form von dissoziablen Verbindungen enthalten.

a) Die Menge eines Gases, das einfach physikalisch gelöst im Blut enthalten ist, wird durch den **Absorptionskoeffizienten** dieses Gases im Blute bestimmt, d. h. durch das in Normalkubikzentimetern ausgedrückte Volumen des Gases, das von 1 cm³ der betreffenden Flüssigkeit absorbiert wird, wenn der Partialdruck des Gases 760 mm Hg beträgt. Dieser Wert hängt aber auch von der Temperatur der Flüssigkeit, wie auch von der Menge fester Stoffe ab, die außer den Gasen gelöst sind. Nach Bohr beträgt der Absorptionskoeffizient der genannten Gase im Blut von 38⁰ C

$$\text{für Sauerstoff} \ldots \ldots \ldots \ldots 0{,}022$$
$$\text{„ Kohlendioxyd} \ldots \ldots \ldots 0{,}511$$
$$\text{„ Stickstoff} \ldots \ldots \ldots \ldots 0{,}011$$

Von den beiden Blutbestandteilen ist das CO_2-Absorptionsvermögen des Plasmas ein größeres, als das der roten Blutkörperchen: im ersteren beträgt er 0,541, in letzteren 0,450.

b) Die Menge der chemisch gebundenen Gase hängt ab von ihrer chemischen Affinität zu gewissen im Blut gelösten festen Stoffen, von der Temperatur der Flüssigkeit und von dem Partialdruck des betreffenden Gases im Gasraum über der Flüssigkeit.

1. Das Gasbindungsvermögen des Blutes und die Verteilung der Blutgase zwischen Blutplasma und roten Blutkörperchen.

a) **Sauerstoff.** Schüttelt man Blut bei Zimmertemperatur mit atmosphärischer Luft, so wird durch 100 cm³ Blut ein ganz bestimmtes Volumen des Sauerstoffes gebunden: dieses Volumen wird als Sauerstoffkapazität des Blutes bezeichnet. Wird Blut mit reinem Sauerstoff geschüttelt, so erhält man einen etwas höheren Wert; wird Blut mit einem Gasgemenge geschüttelt, in dem der Partialdruck des Sauerstoffes geringer ist als in der atmosphärischen Luft, so erhält man einen geringeren Wert. Dementsprechend ist auch das in den Lungencapillaren frisch arterialisierte Blut, eben weil es sich mit Alveolarluft ins Gleichgewicht setzt, in der der Partialdruck des Sauerstoffes geringer ist als in der atmosphärischen Luft, nicht vollständig mit Sauerstoff gesättigt.

Krogh fand bei 38⁰ C folgenden Zusammenhang zwischen der Sauerbindungsfähigkeit des Pferdeblutes und den Sauerstoffpartialdrucken:

Partialdruck des Sauerstoffs im Gasraum mm Hg	In 100 cm³ Pferdeblut sind enthalten Sauerstoff cm³	
	chemisch locker gebunden	im Plasma gelöst
10	6,0	0,02
20	12,9	0,04
30	16,3	0,06
40	18,1	0,08
50	19,1	0,10
60	19,5	0,12
70	19,8	0,14
80	19,9	0,16
90	19,9	0,18
150	20,0	0,30

Aus den Ergebnissen solcher Versuche hat man nach dem Vorgange, wie wir dies (S. 178) bezüglich des Hämoglobins sahen, die Sauerstoffsättigungskurve des Blutes, bzw. die Dissoziationskurve des im Blute enthaltenen Oxyhämoglobins konstruiert, und gefunden, daß die Sauerstoffsättigungskurven des Blutes von verschiedenen Tieren, bzw. auch an demselben Tierindividuum zu verschiedenen Zeiten manche Unterschiede aufweisen; doch hat es sich aus späteren Untersuchungen ergeben, daß diese Verschiedenheiten durch den verschiedenen Gehalt des Blutes an Kohlensäure und an Salzen verursacht werden. Bestimmt man nämlich die Sauerstoffbindung reiner Hämoglobinlösungen bei verschiedenen Sauerstoff-Partialdrucken, so erhält man immer die S. 178 mitgeteilte Kurve, von welcher Tierart immer das zur Untersuchung verwendete Hämoglobin herrühren mag. Löst man aber in derselben Hämoglobinlösung wechselnde Mengen verschiedener Salze, oder bringt man die Lösung mit Gasgemischen ins Gleichgewicht, in denen der Partialdruck des Kohlendioxydes wechselt, so nähert sich die Sauerstoffsättigungskurve der, die man am Blute erhält.

b) Kohlendioxyd. Während die überwiegende Menge des Sauerstoffs im Blute in den roten Blutkörperchen enthalten ist, beteiligt sich an der Bindung der Kohlensäure das Blutplasma in größerem Maße. Sie findet sich im Blute in drei verschiedenen Formen: a) physikalisch gelöst (absorbiert) im Blutplasma; b) an Eiweiß, namentlich an das Hämoglobin in den roten Blutkörperchen gebunden; c) als doppeltkohlensaures Alkali namentlich im Blutplasma. Die Menge der an Alkali gebundenen Kohlensäure beträgt in der Regel gegen das 20fache der physikalisch gelösten. Der Kohlendioxydgehalt des Blutes hängt ab vom Partialdrucke des Kohlendioxydes im Gasraume (z. B. der Alveolarluft) über dem Blute, und zwar ebenso wie bezüglich des Sauerstoffes derart, daß bei zunehmender Tension des Kohlendioxyds weniger, als dieser Zunahme entspricht, vom Blute aufgenommen wird. So wurde von Joffe und Poulton bei 38° C folgender Zusammenhang festgestellt:

Partialdruck des Kohlendioxydes mmHg	In 100 cm³ Blut[1] sind enthalten Kohlendioxyd, ccm
10	22,4
20	31,8
30	39,0
40	45,0
55	52,3
70	58,5
90	64,3

Noch ist zu bemerken, daß die im Blute enthaltenen Eiweißalkaliverbindungen bei Zunahme des Partialdruckes des Kohlendioxydes durch diese zersetzt werden, wobei es zu einer Vereinigung des Kohlendioxydes mit dem frei gewordenen Alkali kommt. Umgekehrt wird bei abnehmendem Partialdruck des Kohlendioxydes das leicht dissoziierende Alkalicarbonat zersetzt, Kohlendioxyd wird frei, und es findet eine Wiedervereinigung des frei gewordenen Alkali mit dem Eiweiß zu Eiweißalkali statt, wie dies bereits auf S. 155 gezeigt wurde. Eine

---

[1] Das Blut war vorangehend auch mit Sauerstoff gesättigt.

Zunahme des Partialdruckes des Kohlendioxydes hat übrigens auch die S. 171 beschriebene Änderung im Blute zur Folge.

c) **Stickstoffgas** ist bloß physikalisch gelöst im Blutplasma enthalten. Nimmt der Luftdruck ab oder zu, so wird auch der Stickstoffgasgehalt des Blutplasmas entsprechend geringer oder größer.

2. Der Gasgehalt des kreisenden Blutes.

Der Gasgehalt des Blutes wurde früher mittels der Blutgaspumpe bestimmt; weit bequemer läßt sich der Sauerstoff- und Kohlensäuregehalt auch kleinerer Blutmengen (bis herunter zu 0,1 cm³) mittels des BARCROFTschen Apparates bestimmen.

Blutgaspumpe. Ein Glasrezipient wird mit Hilfe einer Quecksilberluftpumpe evakuiert, und, sobald das Vakuum hergestellt ist, mit einem zweiten Rezipienten in Verbindung gebracht, der das zu untersuchende Blut enthält; hierdurch werden dessen physikalisch absorbierte und chemisch locker gebundene Gase in Freiheit gesetzt, besonders wenn das Blut etwas erwärmt wird. Die Gase werden in einem Eudiometer gesammelt und dann in der bekannten Weise quantitativ analysiert.

BARCROFTscher Apparat. 1 cm³ bis zu 0,1 cm³ Blut wird in einem geeigneten Gefäße mit einer Lösung von Ferricyankalium versetzt, wodurch der gesamte locker gebundene Sauerstoff in Freiheit gesetzt wird; aus der Zunahme des Druckes, den das über dem Blute abgeschlossene Gasgemenge hierdurch erfährt, läßt sich die Menge des in Freiheit gesetzten Sauerstoffes leicht berechnen. Dann wird mittels einer Lösung von Weinsäure das Kohlendioxyd in Freiheit gesetzt und seine Menge abermals aus der Druckzunahme berechnet.

a) **Sauerstoff.** Arterielles Blut des Menschen enthält gegen 17—20 Vol.-$\%$ (das des Hundes etwa ebensoviel, des Pferdes 15 Vol.-$\%$, des Kaninchens 13—15 Vol.-$\%$) Sauerstoff, und ist damit zu über 90$\%$ gesättigt. Diese Schwankungen rühren nur zum geringsten Teil von Änderungen des Luftdruckes (und dadurch des Partialdruckes des Sauerstoffs in der Luft) her, da sich die Sauerstoff-Kapazität des Blutes bzw. des Hämoglobins im Bereich der gewöhnlichen Schwankungen des Luftdruckes (und dadurch des Partialdruckes des Sauerstoffs in der Luft) nach S. 178 nur wenig ändert. Einen großen Einfluß hat hingegen (nach S. 192) der gleichzeitige wechselnde Salz- (Alkali-) und Kohlendioxydgehalt des Blutes. Venöses Blut enthält, je nachdem, von welchem Organe das Blut herstammt, sehr verschiedene Mengen Sauerstoff; das Blut im rechten Herzen, das ein Gemisch des venösen Blutes des ganzen Körpers darstellt, enthält gegen 10—16 Vol.-$\%$, also um 4—7 Vol.-$\%$ weniger als arterielles Blut. (Venöses Blut von Hund enthält ebensoviel, vom Pferd und vom Kaninchen etwa 8 Vol.-$\%$, Sauerstoff.) Die Sauerstoffsättigung des venösen Blutes beträgt etwa 62—85$\%$.

b) **Kohlendioxyd.** Der Kohlendioxydgehalt des arteriellen Blutes des Menschen beträgt etwa 40—50 Vol.-$\%$, und ist größeren Schwankungen unterworfen als sein Sauerstoffgehalt. So nimmt z. B. bei der Muskelarbeit infolge der Bildung von sauren Produkten die Alkalescenz des Blutes und hiermit auch sein Kohlensäuregehalt ab. Dieser ist aber auch von der Lungenventilation abhängig, indem der Partialdruck des Kohlendioxydes in den Alveolen, der für gewöhnlich 35—45 mm Hg beträgt, durch vermehrte Ventilation für eine gewisse Zeit ansehnlich herabgesetzt werden kann, worauf auch eine Abnahme im Blute erfolgen muß. Der Kohlendioxydgehalt des venösen Blutes ist nicht nur verschieden, je nachdem, welcher Vene das Blut angehört, sondern ist auch innerhalb derselben Vene verschieden, je nach der Geschwindigkeit des Blutstromes und je nach der Intensität des Stoffwechsels im betreffenden Organ. Er beträgt 45 bis 65 Vol.-%.

c) Die Menge des im Blutplasma gelösten **Stickstoffes** beträgt etwa 1,2 Vol.-%.

d) **Kohlenoxyd** soll nach einigen Autoren auch im normalen Blut enthalten sein; so 0,04 Vol.-% im Kaninchenblut und 0,08 Vol.-% im Hundeblut, in größeren Mengen bei Kohlenoxydvergiftung (Leuchtgas, „Kohlendunst").

Der Gasgehalt des Blutes kann unter Umständen in manchen Punkten von der Norm abweichen. So üben bereits die normalen Schwankungen der Blutalkalescenz einen erheblichen Einfluß auf den Gasgehalt des Blutes aus; in weit höherem Grade ist dies der Fall, wenn größere Mengen von Säuren in Zirkulation kommen, sei es durch eine Vergiftung von außen, sei es infolge gewisser pathologischer Vorgänge, wie etwa im diabetischen Koma: durch den Säureüberschuß wird ein großer Teil des Blutalkalis gebunden und hierdurch das Kohlensäurebindungsvermögen und der Kohlensäuregehalt des Blutes erheblich herabgesetzt (siehe hierüber auch S. 154).

3. Die Spannung der Gase im kreisenden Blute.

Der Druck oder die Spannung der Gase, z. B. des Sauerstoffes, im kreisenden Blute ist nicht identisch mit dem, der aus dem Sauerstoffgehalt desselben Blutes durch Projektion auf die Abszissenachse in Abb. 3 (auf S. 178) berechnet werden kann; denn die Spannung des Sauerstoffes kann, je nach dem Kohlendioxydgehalt des Blutes auch bei demselben Sauerstoffgehalt eine verschiedene sein (S. 192). Die wirkliche Spannung der Blutgase läßt sich daher nur am kreisenden Blut selbst feststellen, zu welchem Behufe verschiedene sog. tonometrische Verfahren ausgearbeitet wurden.

Eine Reihe von Verfahren (PFLÜGERscher Lungenkatheter, BOHRsches Aërotonometer) beruhen darauf, daß, wenn eine möglichst geringe Menge Blutes längs einer möglichst großen Oberfläche mit einem abgeschlossenen Gasgemenge, dessen Zusammensetzung mit dem der Blutgase annähernd übereinstimmt, in Berührung bleibt, es bald zu einem Gleichgewicht zwischen den Blutgasen und den Gasen im Raum oberhalb des Blutes kommt. Aus der Zusammensetzung dieses Gasgemenges am Ende des Versuches und seinem Gesamtdruck läßt sich der Partialdruck jedes einzelnen der Gase berechnen, denn diese Partialdrücke sind im Gleichgewichtszustande gleich den Tensionen der betreffenden Gase im Blute.

Auf demselben Prinzipe beruht das KROGHsche Mikrotonometer, in dem man ein Luftbläschen von etwa 2 mm Durchmesser längere Zeit hindurch von dem zu untersuchenden Blute umspülen läßt, und dann den O_2- bzw. CO_2-Gehalt des in ein calibriertes Capillarrohr überführten Luftbläschens aus seiner Volumabnahme berechnet, die es während der Berührung mit Lösungen erleidet, die CO_2 absorbieren (starke Lauge) bzw. O_2 absorbieren (alkalisches Pyrogallol).

HALDANE und SMITH lassen durch das Versuchsindividuum Luft von genau bekanntem Kohlenoxydgehalt so lange einatmen, bis der Kohlenoxydgehalt des Blutes nicht mehr zunimmt. Da das gleichzeitige Bindungsvermögen des Blutes für Kohlenoxyd und Sauerstoff von dem Verhältnis der Tensionen dieser Gase abhängt (S. 181), läßt sich aus dem Kohlenoxydgehalt auch der Druck des im Blute gebundenen Sauerstoffes berechnen.

Die Werte, die für die Spannung des Sauerstoffes und des Kohlendioxydes nach verschiedenen Methoden von älteren Autoren gefunden wurden, sind offenbar unverläßlich. Nach den besseren neueren Methoden wurde erhalten für die Spannung des Sauerstoffs im arteriellen Blute etwa 100, im venösen Blute 30—60 mm Hg, für die Spannung des Kohlendioxydes im arteriellen Blute 30—40, im venösen Blute 35—50 mm Hg.

F. Weiße Blutkörperchen und Blutplättchen.

Die Trockensubstanz der weißen Blutkörperchen besteht ihrer Hauptmasse nach aus Nucleoproteiden; ob sie auch Globuline enthalten, ist fraglich. Außer Eiweißkörpern enthalten sie Phosphatide (Lecithin), Cholesterin, ferner auch Glykogen.

Den Blutplättchen, Thrombocyten kommt eine wichtige Rolle in der Blutgerinnung zu (S. 150). Es wurden einfache Eiweißkörper und Nucleoproteide in ihnen nachgewiesen.

Die Lymphe.

Die Lymphe ist eigentlich Blutplasma, das auf dem Wege der Osmose, nach Annahme vieler Autoren aber auch infolge aktiver Sekretion von seiten der Endothelien der Capillaren durch deren Wandungen hindurchtritt, in die Gewebslücken gelangt, und einerseits den Zellen und Zellderivaten Nährstoffe zuführt, andererseits aber deren Stoffwechselprodukte aufnimmt.

Daß die Lymphe kolloide Verbindungen in geringerer Konzentration enthält als das Blutplasma, erklärt sich daraus, daß sie bei ihrem Austritt aus der Blutbahn durch eine nicht für alle Plasmabestandteile gleich permeable Membran treten muß; daß aber der osmotische Druck der Lymphe oft höher befunden wird, als der des Blutplasmas, mag davon herrühren, daß sie kleinmolekulare, im Gewebsstoffwechsel entstandene Schlacken aufnimmt. Aus letzterem Grunde ist es begreiflich, daß die Zusammensetzung der Lymphe an verschiedenen Teilen des Körpers nicht dieselbe ist. Zur Untersuchung der Eigenschaften und der Zusammensetzung der Lymphe ist am Versuchstiere diejenige Flüssigkeit am geeignetsten, die sich im Hungerzustand in den Lymphgefäßen des Darmes sammelt und als sog. Hungerlymphe gegen den Ductus thoracicus strömt. Die Hungerlymphe ist eine klare, schwach opalisierende, gelbliche Flüssigkeit vom spezifischen Gewicht von etwa 1,020; sie reagiert auf Lackmus schwach alkalisch und gerinnt leicht. Die Lymphe, die zur Zeit der Verdauung bzw. Resorption in großen Mengen sich in den Ductus ergießt, und als „Verdauungslymphe" oder als „Chylus" bezeichnet wird, enthält wesentlich mehr (3—15%) Fett. Ein Fettgehalt bis zu mehreren Prozenten wurde nach reichlichem Fettgenuß auch in der von anderen Körperstellen herrührenden Lymphe gefunden.

In den wenigen Fällen, in denen es gelungen ist, menschliche Lymphe (z. B. vom Oberschenkel) in hinreichenden Mengen zu erhalten, ergaben sich für deren Zusammensetzung folgende Werte:

Wasser	93,5—95,8%
Trockensubstanz	4,2— 6,5%
Von der organischen Trockensubstanz Eiweiß	3,0— 4,5%
Von der organischen Trockensubstanz Fett, Cholesterin, Lecithin	0,4— 0,9%
Von der organischen Trockensubstanz d-Glucose	0,1%
Salze	0,7— 0,8%

Von Eiweißkörpern enthält die Lymphe Serumalbumin, Serumglobulin, Fibrinogen; unter ihren anorganischen Bestandteilen überwiegt das Kochsalz; sie enthält auch Gase gelöst, und zwar mehr Kohlensäure als das arterielle, und weniger als das venöse Blut, hingegen kaum Spuren von Sauerstoff.

Die Menge der gebildeten Lymphe hängt nicht nur von mechanischen Momenten und von der wechselnden Funktion der betreffenden Organe ab, sondern auch von der etwaigen Einfuhr gewisser Stoffe, unter denen man sog. Lymphagoga erster und zweiter Ordnung unterscheidet. Durch die ersteren, zu denen Extrakt von Krebsmuskeln, Pepton usw. gehören, wird die Bildung einer eiweißreichen Lymphe bewirkt, und wird für diesen Fall eine sekretorische Wirkung der oben erwähnten Endothelien in Anspruch genommen. Zur zweiten Gruppe gehören Zuckerarten, verschiedene Salze usw., die zur Bildung einer wasserreichen, eiweißarmen Lymphe führen, und, wird für diesen Fall angenommen, daß es Gewebswasser ist, das in die Lymphbahnen in erhöhten Mengen einströmt.

Das Sekret der serösen Häute.

Unter physiologischen Umständen enthalten die meisten serösen Höhlen so wenig Flüssigkeit, daß ihre Menge zu einer genauen Analyse nicht reicht; nur die perikardiale und die Cerebrospinalflüssigkeit sind auch am gesunden Menschen in größerer Menge vorhanden. Im allgemeinen läßt sich sagen, daß die in die serösen Höhlen sich ergießende Flüssigkeit Lymphe ist, sich daher von Blutplasma hauptsächlich durch den geringeren Gehalt an kolloiden Bestandteilen unterscheidet. Eine Ausnahmestellung nehmen die Cerebrospinal- und Synovialflüssigkeiten ein, die, offenbar infolge der eigentümlichen Beschaffenheit der Membranen, durch die sie treten, wesentlich anders als die übrigen serösen Flüssigkeiten zusammengesetzt sind.

Die Cerebrospinalflüssigkeit hat ein spezifisches Gewicht von 1,004—1,008; sie reagiert auf Lackmus schwach alkalisch; ihre H-Ionenkonzentration beträgt $p_H = 7{,}40$, daher sie wie das Blutplasma als nahezu neutral anzusehen ist. Ihr Trockensubstanzgehalt beträgt etwa 1%, wovon 0,8% anorganisch, 0,2% organisch sind. Von letzterem entfallen etwa 0,01—0,02% auf Eiweiß; außerdem sind noch wenig Harnstoff, Traubenzucker usw. vorhanden.

Von diagnostischer Bedeutung ist der Umstand, daß in verschiedenen Formen von Meningitis ein Eiweißgehalt bis zu 0,15% konstatiert wurde.

Die Synovialflüssigkeit hat einen Trockensubstanzgehalt von 3—5%; hiervon entfallen 1,5—3% auf Eiweiß, 0,3% auf mucinähnliche Substanzen, und 1% auf anorganische Verbindungen.

Pathologische Flüssigkeiten. Unter pathologischen Umständen kann in den verschiedenen serösen Höhlen eine Ansammlung größerer Flüssigkeitsmengen stattfinden.

a) Die Flüssigkeiten, die sich in den größeren Höhlen, so z. B. in der Pleura-, Peritoneal-, Perikardialhöhle usw., ansammeln, werden je nach dem Vorgange, dem sie ihr Entstehen verdanken, als Transsudate oder Exsudate bezeichnet. Sie reagieren auf Lackmus alkalisch, in physikalisch-chemischem Sinne sind sie jedoch neutral, wie Blutplasma. Sie sind zuweilen farblos, meistens aber blaßgelb oder blaßgrün, klar oder von Formelementen, wie weißen oder spärlichen roten Blutkörperchen, desquamierten Epithelien, ferner von Fetttropfen, Cholesterinkrystallen usw. getrübt. Sie enthalten, ebenso wie die Lymphe, Serumalbumin, Serumglobulin und Fibrinogen; auf dem Gehalt an letzterem beruht die Gerinnbarkeit mancher Exsudate, sowie auch die Gerinnselbildung in manchen Transsudaten. In selteneren Fällen sind diese Flüssigkeiten milchig getrübt, und es läßt sich in ihnen ein erhöhter Fettgehalt nachweisen. Außer Eiweiß läßt sich noch d-Glucose, Harnstoff und zuweilen auch Bernsteinsäure nachweisen.

Die Transsudate enthalten in der Regel sehr wenig weiße Blutkörperchen; ihr spezifisches Gewicht beträgt gegen 1,010—1,015; sie enthalten Serumalbumin und -globulin, gewöhnlich in demselben Verhältnis, wie das Blutplasma des betreffenden Individuums; doch ist der gesamte Eiweißgehalt, wenn auch sehr wechselnd, meistens wesentlich geringer als in der Lymphe: einige Prozente bis herunter zu einigen Zehntelprozenten. Besonders eiweißreich sind die Ascites- und Hydrocelenflüssigkeiten.

Die Exsudate enthalten meistens wesentlich mehr weiße Blutkörperchen; auch ist ihr spezifisches Gewicht höher als das der Transsudate; desgleichen enthalten sie auch mehr Eiweiß, 3—6%, insbesondere in der Regel mehr Fibrinogen.

Es ist jedoch zu bemerken, daß oft genug eiweißreiche Transsudate von höherem spezifischem Gewicht und eiweißarme Exsudate von geringem spezifischem Gewicht angetroffen werden.

Die quantitative Bestimmung der Eiweißkörper in allen diesen Flüssigkeiten erfolgt nach den S. 137 angeführten Prinzipien.

b) Zu den pathologischen Flüssigkeiten gehört auch der Inhalt von Echinokokkuscysten, der eiweißfrei ist, jedoch Bernsteinsäure, Inosit usw. enthält.

c) In menschlichen Ovarien bilden sich unter pathologischen Umständen Cysten, deren Inhalt je nach der Qualität und Menge der in ihnen enthaltenen Verbindungen mehr flüssig bzw. fadenziehend oder gallertartig ist. Die fadenziehende Eigenschaft wird dem Cysteninhalte durch das darin enthaltene Pseudomucin (S. 143) verliehen. Der gallertartige Inhalt mancher Cystenflüssigkeit wurde früher vielfach als Kolloid bezeichnet [was natürlich mit dem gleichlautenden physikalisch-chemischen Ausdruck ebensowenig zu tun hat, wie das sog. Kolloid der Schilddrüse (S. 318)]. Der als Paramucin bezeichnete Bestandteil mancher Cystenflüssigkeiten ist offenbar mit Eiweiß verunreinigtes Pseudomucin. Der verschiedenen Zusammensetzung entsprechend, schwankt auch das spezifische Gewicht der Cystenflüssigkeiten zwischen 1,005 und 1,055.

d) Der Inhalt der Parovarialcysten, die sich im Ligamentum latum entwickeln, ist dünnflüssig, frei von Pseudomucin; sein spezifisches Gewicht beträgt 1,003—1,009, ist also geringer als das der obigen Cystenflüssigkeiten.

Siebentes Kapitel.

Chemische und physikalisch-chemische Vorgänge im Verdauungstrakt.

Die durch den Mund eingeführte Nahrung muß, um resorbiert und dann verwertet werden zu können, nach erfolgter Zerkleinerung durch die Zähne eine entsprechende chemische Umwandlung erfahren. Diese besteht hauptsächlich in hydrolytischen Spaltungsprozessen, die in der Mundhöhle, im Magen und im Darm vor sich gehen, und denen zufolge großmolekulare Verbindungen kolloider Natur (Polysaccharide, Eiweiß), bzw. wasserunlösliche Verbindungen (Fett) in kleinmolekulare bzw. wasserlösliche Verbindungen überführt werden.

I. Mundverdauung.

Die mittels der Zähne zerkleinerte Nahrung wird mit dem in die Mundhöhle ergossenen Sekret, dem Speichel, vermischt und zum Bissen geformt, der leicht geschluckt werden kann. Der Speichel wirkt zwar im Laboratoriumsexperiment im Sinne der Hydrolyse auf gewisse Bestandteile unserer Nahrung; da jedoch Kauen und Schlucken in der Regel rasch erfolgen, kann es während des kurzen Verweilens der Nahrung in der Mundhöhle zu keinen tiefergreifenden chemischen Änderungen kommen. (Indessen siehe hierüber S. 199.) Der Speichel ist das Sekret einer Anzahl von Drüsen.

Unter den Drüsen, die den Speichel absondern, unterscheidet man sog. seröse oder Eiweißdrüsen; ihr Sekret ist dünnflüssig, reicher an Eiweiß, ärmer an Mucin. Zu diesen Drüsen gehören am Menschen die Parotis und ein Teil der in der Mundschleimhaut zerstreuten kleinen Drüsen. Eine zweite Gruppe wird durch die sog. Schleimdrüsen gebildet, die ein fadenziehendes, eiweißarmes, jedoch mehr Mucin enthaltendes, stärker alkalisch reagierendes Sekret absondern. Hierher gehören die Gl. sublingualis des Menschen und die übrigen zerstreuten kleinen Drüsen. Endlich unterscheidet man die sog. gemischten Drüsen, deren Sekret sowohl Eiweiß wie auch Mucin enthält; eine gemischte Drüse ist die Gl. submaxillaris des Menschen.

Die Menge des vom Menschen täglich abgeschiedenen gemischten Speichels beträgt 1000—1500 cm³. Der Speichel ist eine farblose, opalisierende Flüssigkeit, die, mit Lackmus geprüft, sich in der Regel als schwach alkalisch erweist, während seine H-Ionenkonzentration p_H gleich ist etwa 6·6. Die Trockensubstanz in der Höhe von 0,5—1°/₀ besteht zum größeren Teile aus organischen Verbindungen; unter diesen finden sich ein koagulables Eiweiß, ferner Mucin, und als wichtigster Bestandteil eine Diastase (Amylase), auch Ptyalin genannt, wie auch geringe Mengen von Maltase; von anorganischen Verbindungen sind enthalten, Kochsalz, Carbonate, Phosphate und Spuren von Rhodanalkali, welch letzteres im menschlichen Speichel immer vorhanden ist, im Speichel unserer pflanzenfressenden Haustiere aber fehlt.

Nachweis des Rhodanalkali. Der Speichel wird mit Salzsäure schwach angesäuert und mit einer verdünnten Lösung von Eisenchlorid versetzt, worauf eine schwache Rotfärbung infolge der Bildung von Rhodaneisen eintritt.

Das Ptyalin ist am Menschen im Sekret sämtlicher Speicheldrüsen enthalten; am Kaninchen und am Schwein bloß im Sekret der Parotis; im Hunde- und Katzenspeichel fehlte es vollkommen. Saccharose und Cellulose werden durch Ptyalin nicht, Stärke und Glykogen sehr energisch gespalten, doch nur bis zu Maltose, die weiterhin infolge eines geringen Maltasegehaltes des Speichels teilweise in d-Glucose zerlegt wird (siehe hierüber auf S. 101). Am kräftigsten wirkt Ptyalin bei sehr schwach saurer Reaktion; doch übt die Salzsäure bereits in einer Konzentration von etwa 0,01°/₀ eine hemmende Wirkung aus. (Diesbezügliche Angaben verschiedener Forscher lauten sehr widersprechend.) Gefördert wird die Wirkung des Ptyalins durch Kochsalz.

Bestimmung des Ptyalins im Speichel. Von der Menge bzw. von der Wirkungsstärke des im Speichel enthaltenen Ptyalins kann man sich überzeugen, indem man die Menge des aus zugesetzter Stärke abgespaltenen reduzierenden Zuckers (nach S. 89) bestimmt. Oder man ermittelt den Verdünnungsgrad des Speichels (bzw. auch einer beliebigen anderen auf ihren Ptyalingehalt zu untersuchenden Flüssigkeit), bei der zugesetzte Stärke binnen eines angemessenen Zeitraumes bei Körpertemperatur nicht mehr abgebaut wird, daher die von S. 99 her bekannte blaue Farbenreaktion mit Jod noch gibt.

Menge und Zusammensetzung des Speichels können an Hunden, denen eine Speichelfistel nach PAWLOW angelegt wurde, unter Verhältnissen geprüft werden, die sich von den physiologischen kaum unterscheiden. Dadurch nämlich, daß an den nach PAWLOW operierten Hunden die Speicheldrüsen der einen Seite ihr Sekret durch die angelegte Fistel nach außen in ein zum Auffangen geeignetes Gefäß, die der anderen Seite aber nach der Mundhöhle ergießen, also dieses Sekret dem Tiere erhalten bleibt, verlaufen alle Verdauungs- und Sekretionsvorgänge ganz physiologisch. Auf diese Weise konnte leicht nachgewiesen werden, daß sich der abgesonderte Speichel in seinen Eigenschaften in der zweckmäßigsten Weise der eingeführten Nahrung anpaßt. Ist diese trocken, so wird viel Speichel gebildet; ist die Nahrung saftig, so ist die Menge des Speichels eine weit geringere. Handelt es sich um eine Nahrung, die zu Bissen geformt, gleichsam hinuntergleiten soll, so wird Speichel gebildet, der viel Mucin enthält, daher den Bissen schlüpfrig macht; handelt es sich aber um eine pulverförmige Substanz, die gleichsam hintergespült werden muß, so wird viel mucinarmer Speichel gebildet. Diesen Umständen wird Rechnung getragen, wenn man einmal von „Schmier- oder Gleitspeichel“, ein anderes Mal aber von „Verdünnungsspeichel“ spricht. Gewaltig gesteigert wird die Speichelsekretion durch Pilocarpin, herabgesetzt durch Atropin.

Speichelsteine bilden sich in den Ausführungsgängen der Speicheldrüsen oder in den Drüsenacinis selbst; neben wenig organischer Substanz und Phosphaten bestehen sie hauptsächlich aus kohlensaurem Calcium.

II. Magenverdauung.

Die Funktion des Magens besteht darin, a) daß er die ganze, oft umfangreiche Menge der während einer Mahlzeit eingeführten Nahrung aufnimmt und kleinweise gegen den Darm weiterbefördert; b) daß unter der Einwirkung des Magensaftes bereits im Magen die Verdauungsvorgänge an den Eiweißkörpern einsetzen, die später im Darm in weit größerer Intensität verlaufen und dort auch zu Ende geführt werden.

Bezüglich der Vorgänge im Magen darf folgendes nicht unerwähnt bleiben. Der Aufenthalt eines mit Speichel, daher auch mit Ptyalin durchmischten stärkehaltigen Bissens in der Mundhöhle ist viel zu kurz, als daß es hier zu einer ausgiebigen Verzuckerung der Stärke käme. Wird aber der Bissen geschluckt, so wird, wie man vorerst annehmen könnte, die Ptyalinwirkung durch die freie Salzsäure (nach S. 198) gehemmt. In Wirklichkeit schreitet die Verzuckerung der Stärke auch in der Magenhöhle noch eine geraume Zeitlang fort, da sich die verschluckte Nahrung nur allmählich mit dem salzsäurehaltigen Magensaft vermischt und das Ptyalin im Inneren der geschluckten Masse fortwirken kann.

A. Der Magensaft.

Das Sekret der Magendrüsen, der sog. Magensaft, dessen 24stündige Menge beim Menschen auf mehrere Liter veranschlagt werden kann, läßt sich am Menschen bloß ausnahmsweise rein erhalten, weil

a) die Schleimhaut des nüchternen Magens nur sehr schwach sezerniert, daher die Sekretion durch Einfuhr geeigneter Nahrung erzwungen werden muß;

b) weil dem nach Nahrungsaufnahme abgesonderten Magensaft außer den Bestandteilen der Nahrung verschluckter Speichel, Schleim beigemischt sind. Es wird also an Menschen in der Regel nicht der Magensaft, sondern nur der „Mageninhalt" geprüft werden können.

Der Mageninhalt des Menschen wird mittels eines Gummischlauches gewonnen, nachdem der Betreffende $^3/_4$—1 Stunde vorher ein sog. Probefrühstück (300 cm³ Wasser und 1 Stück Weißgebäck) oder 3—4 Stunden vorher eine sog. „Probemahlzeit" (Suppe, 200 g Fleisch, 2 Stücke Weißgebäck) zu sich genommen hat.

Der aus dem Hundemagen auf entsprechende Weise (S. 205) rein erhaltene Magensaft stellt eine dünne, klare, farblose, stark saure Flüssigkeit mit dem spezifischen Gewicht von 1,008—1,010 dar. Die Trockensubstanz dieses reinen Magensaftes beträgt etwa 0,4%, wovon 0,3% organisch sind. Die anorganischen Bestandteile sind (außer Wasser) überwiegend Salzsäure und Kochsalz; im Magensaft des Hundes und der Katze auch Rhodanalkali; die organischen: ein koagulierbares Eiweiß, zuweilen auch Milchsäure, und vor allem die für die Magenverdauung wichtigen Enzyme: Pepsin, Chymosin (und Magenlipase).

Salzsäure.

Im reinen Magensaft ist der größte Teil der Salzsäure in freiem Zustande enthalten; nach der Nahrungseinfuhr wird jedoch ein mehr oder minder großer Teil an das in der Nahrung eingeführte Eiweiß gebunden. Die H-Ionenkonzentration beträgt, wenn der Mageninhalt mit der Schlundsonde (siehe oben) erhalten wird, $p_H = 2$ bis 1. Der von den Magendrüsen abgeschiedenen freien Salzsäure (die dem Neugeborenen während der ersten Monate allerdings fehlt) kommt eine wichtige Aufgabe bei der Verdauung der Eiweißkörper durch das Pepsin zu. Außerdem hat aber die freie Salzsäure auch eine ausgesprochene bakterien- und toxinfeindliche Wirkung, wie dies am Choleravibrio und am Streptokokkus, ferner an Diphtherie- und Tetanustoxin nachgewiesen wurde. Auch ist häufig zu beobachten, daß es in der Magenhöhle, falls freie Salzsäure fehlt, zu Gärungs- und Fäulnisprozessen kommt, die sonst kaum wahrnehmbar sind. Wird (z. B. aus therapeutischen Gründen) viel Bromnatrium in den Organismus eingeführt, so scheiden die Magendrüsen neben Salzsäure auch erhebliche Mengen von Bromwasserstoffsäure aus (siehe auch S. 169).

Der Nachweis der freien Salzsäure erfolgt auf verschiedene Weise:

a) 2 g Phlorogluzin und 1 g Vanillin werden in 30 g absolutem Alkohol gelöst und ein wenig Magensaft mit einigen Tropfen des Reagens in einer Porzellanschale am Wasserbad oder vorsichtig über einer kleinen Flamme eingedampft. War freie Salzsäure vorhanden, so färbt sich der Eindampfungsrückstand ganz oder an seinen Rändern intensiv carminrot (Günsburgsche Probe).

b) Eine 1%ige alkoholische Lösung von Dimethylaminoazobenzol ist ein sehr empfindliches Reagens auf freie Mineralsäuren und um so besser verwendbar, als organische Säuren nur in Konzentrationen den Farbenumschlag bewirken, die im Mageninhalt nicht vorkommen. Werden dem Magensaft 1—2 Tropfen der orangegelben Farbstofflösung zugesetzt, so entsteht, falls Salzsäure vorhanden war, eine deutliche carminrote Färbung.

c) Vielfach werden Indicatorpapiere verwendet, die mit Kongorot, Tropäolin-oo usw. getränkt sind; rotes Kongopapier wird durch freie Salzsäure blau, das gelbe Tropäolinpapier violett gefärbt.

Titrationsacidität des Magensaftes. a) Es ist gebräuchlich, den Titrationswert, der bei Verwendung von Kongorot, Methylorange oder Dimethylaminoazobenzol usw. erhalten wird, auf freie Salzsäure zu beziehen, und dies dürfte
— wenigstens am reinen Magensaft — annähernd richtig sein; so finde man im
menschlichen Magensaft, je nachdem er mehr oder weniger mit alkalisch reagierendem
Speichel verunreinigt gewonnen wird, $0,1—0,3\%$ in dem von Beimengungen freien
nach S. 205 gewonnenen Hundemagensaft $0,5—0,6\%$ Salzsäure.

Die Titration wird folgendermaßen ausgeführt: 5 cm³ der Flüssigkeit werden
mit n/10-Lauge unter Benützung einer 1%igen alkoholischen Lösung von Kongorot oder Dimethylaminoazobenzol als Indicator titriert; die Titration ist beendet,
sobald durch einen Tropfen der hinzugefügten Lauge die blaue Farbe des Kongo-
rots in Violettrot, oder die carminrote Farbe des Dimethylaminoazobenzol in
Orangerot umschlägt.

b) Wird Phenolphthalein als Indicator verwendet, so erhält man durch Titration
die gesamten aktuellen und potentiellen Wasserstoffionen (S. 28), d. h. den gesamten
durch Metall ersetzbaren Wasserstoff; dieser Wert ist höher als der oben erhaltene,
und wird als Gesamtacidität bezeichnet, worunter die zur Neutralisation von
100 cm³ Magensaft nötige Anzahl von Kubikzentimeter n/10-Lauge zu verstehen
ist, wenn eine 1%ige alkoholische Lösung von Phenolphthalein als Indicator
verwendet wird. Die Titration selbst wird in 5—10 cm³ der Flüssigkeit ausgeführt.

Pepsin.

Pepsin ist, mit Ausnahme mancher Fischarten, im Magensafte jedes
erwachsenen Wirbeltieres enthalten, und ist in Form eines gelbweißen
Pulvers oder gelblicher durchsichtiger Blättchen, oder einer Lösung
durch Extraktion der Magenschleimhaut frisch getöteter Tiere mit
$0,2—0,5\%$iger Salzsäure oder mit Glycerin zu erhalten. In neutraler
Lösung auf 55% erhitzt, wird Pepsin zerstört; in $0,2\%$iger Salzsäure
gelöst kann es jedoch, ohne Schaden zu nehmen, auf 65% erhitzt werden.
Sehr empfindlich ist es gegen Carbonate und Laugen, durch die es schon
bei sehr geringer Konzentration und bei Zimmertemperatur zerstört
wird. Durch die Drüsen der Magenschleimhaut wird Pepsin nicht als
solches, sondern in Form eines unwirksamen Proenzymes, des sog. Propepsin oder Pepsinogen abgesondert, das gegen Alkalien weit wider-
standsfähiger ist, und durch die Salzsäure zum Pepsin aktiviert wird.

Durch Pepsin werden die meisten Eiweißkörper auf dem Wege der
Hydrolyse gespalten, „verdaut", doch langsamer als durch Trypsin;
dies gilt aber nicht für Elastin, Kollagen und für die Eiweißkörper des
Blutplasmas, die, umgekehrt, durch Pepsin rascher verdaut werden. Bei
der Pepsinverdauung der Eiweißkörper entstehen zunächst Albumosen,
dann weitere Abbauprodukte, jedoch, sofern es sich wirklich um reinen
Magensaft handelt, der frei von regurgitiertem Dünndarminhalt bzw.
von Trypsin ist, keine freien Aminosäuren.

Die verschiedenen Eiweißkörper werden ungleich rasch verdaut: ein
Fibrincoagulum in kürzester Zeit, geronnenes Eiereiweiß weit langsamer.
Das Kollagen des Bindegewebes, sowie auch das der Knochen und der
Knorpel wird zuerst in Glutin verwandelt, dann in niedere Stufen
zerlegt, die den Albumosen und Peptonen entsprechen. Elastin wird
durch Pepsin nur langsam, Fibroin und Keratin überhaupt nicht
angegriffen. (Über die Verdauung der Nucleoproteide durch Pepsin
siehe auf S. 315.)

Die Pepsinverdauung bedarf einer gewissen H-Ionenkonzentration;
das Optimum ist bei etwa $p_H = 2$ bis $1\cdot2$ gelegen. Es wurde durch

vergleichende Versuche erwiesen, daß unter allen Säuren die Salzsäure am wirksamsten ist. In Salzsäure allein, ohne Pepsin, kommt es bloß zu einer Quellung, jedoch nicht zu einer Spaltung der Eiweißkörper; doch ist es nach der Ansicht mancher Autoren gerade die Quellung, durch die das Eiweiß dem Pepsin zugänglich gemacht wird, und soll die Bedeutung der Salzsäure für die Magenverdauung hierin gelegen sein, nicht aber in dem Aktivieren des Pepsinogens zu Pepsin. Die Pepsinverdauung bedarf auch einer bestimmten Temperatur; sie geht zwar auch bei Zimmertemperatur, ja sogar um 0⁰ herum vor sich, jedoch äußerst langsam; weit rascher bei höheren Temperaturen: das Optimum liegt bei 38—40⁰ C. Salicylsäure, Phenol, auch Alkohol in größerer Konzentration wirken hemmend ein.

Da die eingeführte Nahrung verhältnismäßig kurz, etwa 2—5 Stunden lang im Magen verweilt, ist es begreiflich, daß wechselnde Anteile der genossenen Eiweißkörper unverändert in den Darm gelangen und erst dort unter der Einwirkung kräftigerer Enzyme gespalten werden. Die Pepsinverdauung der Eiweißkörper kann sogar durch die weit kräftigere Trypsinwirkung im Dünndarm ersetzt werden, wie dies durch den Versuch an Hunden, denen der ganze Magen entfernt war, erhärtet wurde, indem solche Tiere Eiweiß ebenso gut wie normale Tiere verdauen. Ebenso sicher ist aber auch, daß die Eiweißkörper durch Trypsin rascher abgebaut werden, wenn sie vorangehend der Pepsinwirkung ausgesetzt waren, was darauf hinweisen würde, daß der Angriff des Pepsins und des Trypsins an verschiedenen intramolekularen Bindungsstellen des Eiweiß-Moleküls erfolgt.

Es ist eine vielfach erörterte Frage, warum durch den Magensaft die lebende Schleimhaut des gesunden Magens nicht verdaut wird, während dies doch in der Leiche sehr häufig der Fall ist, indem hier nicht nur die Magenschleimhaut, sondern auch die darunter liegenden Schichten, ja sogar durch die entstandene Lücke hindurch auch benachbarte Organe mehr-weniger angedaut gefunden werden. Manche Autoren erklären die Widerstandsfähigkeit der lebenden Magenschleimhaut aus den in ihr zirkulierenden alkalischen Säften, wie Blut und Lymphe; andere schreiben sie einem in der Schleimhaut enthaltenen Antipepsin zu. (Solche Antienzyme müssen es sein, die den Körper vor Darmwürmern, solange sie leben, vor der hydrolytischen, verdauenden Wirkung der im Darminhalt reichlich vorhandenen Enzyme bewahren.) Es ist aber auch möglich, daß die Magenschleimhaut des Lebenden durch trypsinhaltigen Darminhalt verdaut wird, wenn dieser gegen das Mageninnere regurgitiert, indem die Magenschleimhaut nur gegen das eigene Sekret, jedoch nicht gegen das proteolytische Prinzip des Pankreassaftes widerstandsfähig ist. Auch als Ursache des sog. runden Magengeschwüres wurde Selbstverdauung umschriebener Stellen der Magenschleimhaut angenommen. Die Frage ist derzeit noch nicht geklärt, Tatsache ist, daß man eine Verdauung der Schleimhaut des lebenden Tieres, allerdings nur an eng umschriebenen Stellen, durch Sistierung des Blutkreislaufes in der betreffenden Region künstlich hervorrufen kann, sei es durch Unterbindung der dazu gehörenden Blutgefäße, sei es auf andere Weise.

Der Nachweis und die quantitative Bestimmung des Pepsins sind auf seine eiweißverdauende Fähigkeit gegründet.

Nachweis. Man bringt in der zu untersuchenden Flüssigkeit, falls sie weniger sauer wäre, die Salzsäurekonzentration auf etwa 0,2 %, wirft eine kleine Fibrinflocke bzw. ein eckig abgeschnittenes Stückchen von hitzekoaguliertem Eiklar hinein und läßt 1 Stunde lang im Thermostaten bei 38⁰ C stehen. War Pepsin vorhanden, so findet man das Fibrin ganz oder zum großen Teile gelöst, bzw. das Eiweißcoagulum an den Kanten abgerundet, durchscheinend.

Zur quantitativen Bestimmung des Pepsins stehen uns nur grob annähernde, vergleichende Methoden zur Verfügung; auch hier wird zunächst immer die Salzsäurekonzentration auf etwa $0,2\%$ gebracht und die Probe stets bei 38^0 C ausgeführt.

a) Nach GRÜTZNER wirft man in die Flüssigkeit ein Fibrinflöckchen, das 24 Stunden lang in einer $\frac{1}{4}\%$igen wäßrigen Lösung von Carmin gelegen und den Farbstoff durch Adsorption an sich genommen hat. Sodann läßt man 3 bis 4 Stunden lang stehen. Je mehr Pepsin vorhanden ist bzw. je mehr Fibrin verdaut wird, um so mehr Carmin geht in Lösung; seine Menge wird auf colorimetrischem Wege bestimmt.

b) Nach METT werden 1—2 mm weite Glascapillaren mit verdünntem Eierklar gefüllt und in siedendes Wasser getaucht, wodurch das Eiweiß zur Koagulation gebracht wird. Nun zerschneidet man die Capillaren in 2—3 cm lange Stücke, wirft einige solche in die zu untersuchende Flüssigkeit, und läßt sie 10 Stunden stehen. Das koagulierte Eiweiß wird durch das Pepsin von beiden offenen Enden der Capillaren her angedaut und in Lösung gebracht: die Verkürzung der Eiweißsäule kann als Maßstab des Pepsingehaltes der Flüssigkeit dienen.

c) Nach HAMMERSCHLAG werden je 10 cm³ einer verdünnten Lösung von Eierklar in zwei Reagensgläser gefüllt, die eine Probe wird mit einigen Kubikzentimeter der zu untersuchenden Flüssigkeit, die andere mit ebensoviel destilliertem Wasser versetzt und beide einige Stunden im Thermostaten bei 38^0 C stehengelassen. Nun wird in beiden Proben eine quantitative Eiweißbestimmung nach ESBACHS Methode (S. 285) vorgenommen. In der mit der pepsinhaltigen Flüssigkeit angesetzten Eiweißlösung wird die von unverdautem Eiereiweiß herrührende Fällung um so geringer sein, je mehr Pepsin vorhanden gewesen war.

d) Nach VOLHARD und LÖHLEIN läßt man die Flüssigkeit mit einer mit n-Salzsäure übersäuerten Lösung von Casein in n-Natronlauge stehen und versetzt dann mit einer 20%igen Lösung von Natriumsulfat. Durch diesen Zusatz wird das vom Pepsin nicht verdaute Casein mitsamt der vom nichtverdauten Casein gebundenen Salzsäure gefällt, während das verdaute Casein in Lösung bleibt und die von diesem Caseinanteil gebunden gewesene Salzsäure in Freiheit gesetzt wird. Bestimmt man die Acidität des Gemisches zu Beginn und am Ende des Verdauungsversuches, so wird man den Unterschied um so größer finden, je mehr Casein verdaut wurde: er kann als Maßstab des gesuchten Pepsingehaltes dienen.

Chymosin.

Das Chymosin (Labferment) wird von der Magenschleimhaut mancher Tiere als fertiges Enzym, von der des Menschen und anderer Tiere in Form eines unwirksamen Proenzymes abgesondert, das erst durch freie Salzsäure zum wirksamen Enzym aktiviert wird. Dem Chymosin kommt die Fähigkeit zu, Casein bzw. Caseinogen (siehe S. 235) aus seiner wäßrigen Lösung oder aus der Milch auszufällen (S. 237). Es ist noch weniger hitzebeständig als Pepsin; daher gelingt es durch Erhitzen auf 40—45^0 C, das Chymosin im Magensaft zu zerstören, ohne das Pepsin in seiner Wirksamkeit zu beeinträchtigen.

Diese Tatsache ist ein wichtiges Argument gegen die Annahme mancher Autoren, daß Pepsin und Chymosin ein identisches Enzym wäre, dem sowohl die eiweißverdauende wie auch caseinfällende Wirkung zukäme. Gegen die Identität beider Enzyme läßt sich auch anführen, daß Pepsin bloß bei entschieden saurer Reaktion, das Chymosin dagegen sowohl bei schwach saurer wie auch bei neutraler und sogar bei schwach alkalischer Reaktion wirkt.

Der Nachweis des Chymosins geschieht folgendermaßen: 1—2 cm³ der Magenflüssigkeit werden mit kohlensaurem Natron sorgfältig neutralisiert, mit 10 cm³ Milch vermischt, mit einigen Tropfen einer 10%igen Lösung von $CaCl_2$ versetzt und in einen bei 38^0 C gehaltenen Thermostaten gestellt; bei normalem Chymosingehalt der Magenflüssigkeit gerinnt die Milch innerhalb 20 Minuten. Das Neutralisieren ist unerläßlich, da die Milch durch freie Säure auch ohne Chymosin gerinnt; auch muß man sich vorher überzeugen, ob die Milch nicht schon in der Wärme allein ohne Magensaft gerinnt.

Magenlipase.

Die sog. Magenlipase rührt nach einzelnen Autoren von regurgitiertem Duodenalinhalt, bzw. von dem in diesem enthaltenen Pankreassekret her, ist also Pankreaslipase (S. 207); die Regurgitation erfolgt hauptsächlich, wenn viel Fett in den Magen eingeführt, oder wenn durch die Magenschleimhaut Salzsäure in größerer Konzentration abgesondert würde. Nach anderen Autoren soll die Magenlipase von der des Pankreas verschieden sein und tatsächlich von der Magenschleimhaut abgesondert werden.

Milchsäure.

Milchsäure entsteht im Mageninhalt besonders bei Fehlen von freier Salzsäure, durch die die milchsaure Gärung der Kohlenhydrate hintangehalten wird.

Der Nachweis der Milchsäure erfolgt durch die UFFELMANNsche Probe, am besten im eingedampften und dann in Wasser gelösten ätherischen Extrakt der Magenflüssigkeit; 5—10 cm³ einer sehr stark verdünnten Lösung von Eisenchlorid werden mit einigen Tropfen einer Phenollösung versetzt, und zu der nun amethystblau gewordenen Lösung einige Tropfen der Extraktlösung hinzugefügt. War im Mageninhalt Milchsäure vorhanden, so erfolgt ein Umschlag von Blau in Grüngelb (Kanariengelb).

B. Mechanismus der Magensaftabsonderung.

Der saure Magensaft wird in den sog. Fundusdrüsen bereitet, nicht auch in den Drüsen der Pars pylorica, den sog. Pylorusdrüsen, deren Sekret alkalisch reagiert und Schleim enthält. Über den Mechanismus der Magensaftabsonderung wissen wir aber recht wenig; denn es ist zur Zeit weder bezüglich der Salzsäure, noch aber bezüglich des Pepsins entschieden, ob sie in den Haupt- oder in den Belegzellen bereitet werden. Die Absonderung von Pepsin und Salzsäure scheint in der Regel parallel vor sich zu gehen, obzwar auch Magenflüssigkeiten beobachtet werden, die keine freie Salzsäure, wohl aber Propepsin enthalten; dieses kann durch Zusatz von Salzsäure in wirksames Pepsin verwandelt werden. Sicher ist es, daß die Chlorionen der Salzsäure durch das Kochsalz des Blutes geliefert werden; denn wenn das Kochsalz aus der zugeführten Nahrung eliminiert wird, nimmt die Menge der abgesonderten Salzsäure rasch bis zum gänzlichen Versiegen ab; dasselbe ist auch im Hungerzustande der Fall. Auch die freien H-Ionen, deren es zur Bildung der freien Salzsäure bedarf, werden vom Blutplasma geliefert, daher es im selben Maße, wie freie Säure gegen das Magenlumen abgegeben wird, zu einer relativen Zunahme der basischen Komponenten im Blute kommen muß, die dann alsbald durch die Nieren im Harne ausgeschieden werden. (Näheres hierüber siehe auf S. 240.)

PAWLOW gelang es, die S. 200 erwähnten Schwierigkeiten bei der Erlangung von reinem Magensaft im Tierversuch auf zwei verschiedenen Wegen, durch „Scheinfütterung" und durch Versuche am „kleinen Magen" zu umgehen:

a) Scheinfütterung. Es wird an einem Tiere eine Oesophagus- und eine Magenfistel angelegt. Nimmt das Tier Nahrung zu sich, so kommt es zu einer durch Sinnesempfindungen, wie Sehen, Riechen, Schmecken des eingeführten Gerichtes, angeregten reflektorischen Absonderung von Magensaft, die aber nicht sofort, sondern (am Hunde) angenähert genau nach $4^1/_2$ Minuten einsetzt; zu dieser Zeit fängt der Magensaft an, bei der Magenfistel abzufließen. Er ist ganz rein, da der verschluckte Bissen bei der Oesophagusfistel herausfällt, sich also dem Mageninhalt nicht beimischen kann; der Saft wird als „cerebraler" oder „psychischer", auch als „Appetitsaft" bezeichnet, da ja hier jeder lokale peripherisch wirkende Reiz ausgeschlossen ist, der die Magenschleimhaut bzw. deren Drüsen hätte treffen können.

b) Versuche am „kleinen" Magen. Ein kleinerer Teil des Magens, ein sog. „kleiner Magen" wird vom übrigen Magen eines Versuchstieres operativ derart abgegrenzt, daß seine Höhlung mit dem übrigen „großen Magen" nicht kommuniziert; eine Fistel, die am „kleinen Magen" angelegt wird und an der vorderen Bauchwand nach außen mündet, gestattet, seinen Inhalt quantitativ aufzufangen. Wird das Tier gefüttert, so wird durch den Reiz, den die verschluckten Speisen auf die Schleimhaut des „großen Magens" ausüben, auf reflektorischem Wege die Sekretion nicht nur im „großen", sondern auch im „kleinen" Magen angeregt, da die Nerven und Gefäße des letzteren beim operativen Eingriff in ihrer Kontinuität erhalten bleiben. Aus dem „kleinen Magen" ergießt sich nach einer gewissen Zeit reines Sekret, dem keine Nahrung beigemischt ist, und das auch als „chemischer Magensaft" bezeichnet wird, weil es sich herausgestellt hat, daß durch in den Magen eingebrachte Stoffe die Sekretion nur in dem Falle ausgelöst wird, wenn diese Stoffe einen chemischen Reiz auf die Magenschleimhaut auszuüben vermögen. Mechanische Reize, denen man früher eine wichtige Rolle bei der Magensekretion zugeschrieben hat, sind wirkungslos. Wasser wirkt schwach, Fleischextrakt stärker, Alkohol noch stärker; während Fett entschieden hemmend einwirkt.

Es hat sich also aus den Pawlowschen Versuchen herausgestellt, daß die Magensaftsekretion von zwei verschiedenen Stellen aus angeregt bzw. reguliert wird: zentral durch psychische Vorgänge, und peripher durch chemische Reizung gewisser nervöser Endapparate in der Magenschleimhaut. Andererseits wurde durch diese Versuche auch festgestellt, daß der Magensaft, je nach der Art der eingeführten Nahrung in einer dem momentanen Zweck entsprechenden Menge und Zusammensetzung abgesondert wird: so wird z. B. nach dem Genuß von Brot mehr Magensaft bereitet, als nach dem Trinken von Milch, und nach Fleischgenuß ein an Salzsäure reicherer Saft, als nach Einfuhr von Mehlspeisen.

Unter pathologischen Umständen kann der Magensaft bezüglich seiner Zusammensetzung und seiner Menge von der Norm abweichen. Mangel an Salzsäure und an Pepsin wird als Achylia gastrica, Mangel an freier Salzsäure als Achlorhydrie, Überschuß an freier Salzsäure als Hyperchlorhydrie, Überschuß an Mangansaft als Hypersekretion bezeichnet.

III. Verdauungsvorgänge im Dünndarm.

Der Darm, insbesondere aber der Dünndarm, ist der Sitz wichtiger Verdauungsvorgänge, in denen nebst dem vom Darm selbst abgesonderten Saft dem Pankreassekret und der Galle eine wichtige Rolle zukommt. Die beiden letzteren sollen zuerst besprochen werden.

A. Der Pankreassaft, das Sekret des Pankreas.

Das Pankreas ist den Speicheldrüsen im Mund ähnlich gebaut; sein Sekret wird auch Bauchspeichel genannt. Am Menschen konnte nur in den seltenen Fällen einer Pankreasfistel der Pankreassaft rein aufgefangen, sowie festgestellt werden, daß seine Menge täglich etwa 600—800 cm³ beträgt. In reinem Zustand kann dieses Sekret am besten vom Hunde erhalten werden, dem eine Pankreasfistel nach PAWLOW angelegt wurde.

Das distale Ende eines der beiden Ausführungsgänge des Pankreas wird dort, wo er in das Lumen des Duodenums mündet, samt der umgebenden Schleimhaut ausgeschnitten und in eine Öffnung der Bauchwand eingenäht; nach erfolgter Heilung kann das Sekret ohne Verlust und völlig rein aufgefangen werden.

Der reine Pankreassaft ist eine dünne Flüssigkeit mit einem Trockensubstanzgehalt von 1,3—1,5%; er reagiert auf Lackmuspapier alkalisch und ist auch mit physikalisch-chemischen Methoden untersucht ausgesprochen alkalisch, indem seine Wasserstoffionenkonzentration gegen $p_H = 8$ beträgt.

Der Pankreassaft enthält außer Albumin und Globulin mehrere wichtige Enzyme, wie Trypsin, eine Lipase, eine Diastase, daneben auch Maltase. ferner Salze in einer Konzentration von etwa 1%. Unter letzterem überwiegen Kochsalz, Hydrocarbonate und Phosphate. Aus Carbonaten und Phosphaten bestehen auch die Konkremente, die zuweilen im Ausführungsgang des Pankreas festgeklemmt sitzen.

Trypsin ist sowohl im Pankreas selbst, wie auch im Pankreassaft in Form seines unwirksamen Proenzymes, des Protrypsins oder Trypsinogens enthalten, das erst durch Hinzutritt der vom Dünndarm abgeschiedenen Enterokinase (S. 215) aktiviert wird. In wäßriger Lösung ist das Trypsin auch bei Zimmertemperatur sehr wenig haltbar; in Glycerin gelöst ist es weit beständiger. Die Trypsinverdauung geht auch bei neutraler und sehr schwach saurer Reaktion vor sich; jedoch am besten in einer alkalischen, 0,2—0,3% kohlensaures Natrium enthaltenden Lösung von etwa $p_H = 8,5$ bei etwa 40° C. Trypsin wirkt sehr kräftig, und baut die Eiweißkörper teilweise bis zu ihren Aminosäurekomponenten ab; jedoch wird das Eiweißmolekül durch Trypsin nicht gleichmäßig fortschreitend in immer kleinere Moleküle zerlegt, sondern es werden zunächst schon nach ganz kurzer Wirkungsdauer Tyrosin, Tryptophan und Cystin aus dem noch recht großen Eiweißmolekül abgesprengt, und erst nachher folgt der Abbau in weitere Aminosäuren. Häufig bleibt ein durch Trypsin allein nicht mehr spaltbarer Rest zurück, der ungefähr dem von KÜHNE sog. Antipepton (S. 141) entspricht und der hauptsächlich Prolin und Phenylalanin enthält. Die verschiedenen Eiweißkörper zeigen dem Trypsin gegenüber verschiedene Widerstandsfähigkeit; so werden die Eiweißkörper des Blutserums, sowie auch Elastin, Bindegewebe durch Pepsin rascher verdaut; auf die übrigen Eiweißkörper wirkt aber Trypsin weit kräftiger als Pepsin ein. Nucleoproteide werden durch Trypsin in die Komponenten Eiweiß und Nucleinsäure gespalten und es wird ersteres wie anderes Eiweiß verdaut. (Über das Schicksal der Nucleinsäurekomponente siehe weiteres auf S. 279.)

Zum Nachweis und zur quantitativen Bestimmung des Trypsins werden die beim Pepsin (S. 203) angeführten Verfahren benutzt; nur muß statt Salzsäure hier Natriumcarbonat in einer Konzentration von 0,2—0,3% verwendet werden.

Die **Lipase** des Pankreassaftes, auch **Pankreassteapsin** genannt, wird in wäßriger Lösung oder in Glycerin gelöst erhalten; in letzterer Form ist sie weit beständiger. Durch die Pankreaslipase werden Fette sowohl bei neutraler wie auch bei saurer und alkalischer Reaktion gespalten, besonders ausgiebig und rasch, wenn sie fein emulgiert sind. Diese ihre Wirkung wird durch die Galle, die selbst unwirksam ist, auf das Drei- und Vierfache gesteigert; von den Gallenbestandteilen sind es die Gallensäuren, denen diese aktivierende Wirkung zukommt. Durch Pankreaslipase wird aus den Lecithinen die Fettsäurekomponente abgespalten; gespalten werden auch die den Fetten homologen Glycerinester niederer Fettsäuren, wie z. B. das Tributyrin.

Quantitative Bestimmung. Um Pankreassaft (oder ein Pankreaspräparat) auf seinen Lipasegehalt zu prüfen, wird Milch oder mit Wasser angerührtes Eigelb, oder eine künstliche Fettemulsion, deren Gehalt an freier Fettsäure vorher bestimmt wurde, mit dem zu untersuchenden Stoff vermischt und einige Stunden im Thermostaten bei 38—40°C stehen gelassen; dann wird im Gemisch wieder eine Bestimmung der freien Fettsäuren vorgenommen; der Zuwachs an letzteren ergibt die Menge des gespaltenen Fettes, und kann als Maßstab des Lipasegehaltes dienen. Die Bestimmung der freien Fettsäuren wird in petroleum-ätherischen Auszug durch Titration mit n/10-alkoholischer Kalilauge unter Verwendung von Phenolphthalein als Indicator vorgenommen. In analoger Weise kann auch die Zunahme der Oberflächenspannung dienen, die in einer Lösung des Tributyrins eintritt, wenn sie mit einer Lipase enthaltenden Flüssigkeit stehen gelassen wird.

Die **Diastase** des Pankreassaftes, auch **Pankreas-Ptyalin** genannt, ist offenbar identisch mit dem Ptyalin des Mundspeichels; sie spaltet Stärke und Glykogen in Maltosemoleküle. (Indessen siehe hierüber S. 101.) Im Pankreassaft von neugeborenen Kindern im ersten Lebensmonat fehlt das Ptyalin. Seine Bestimmung kann (wie S. 199) auf dessen Stärke spaltende Wirkung gegründet werden.

Invertin ist im Pankreassaft nicht enthalten.

Mechanismus der Bereitung des Pankreassaftes. An gewissen Pflanzenfressern, wie z. B. am Kaninchen, dessen Magen auch nach tagelangem Hungern nicht leer angetroffen wird, in dem also die Verdauungsvorgänge ununterbrochen vor sich gehen, wird fortdauernd Pankreassaft gebildet; an anderen Tieren beginnt aber seine Abscheidung immer erst einige Zeit nach erfolgter Nahrungsaufnahme, um dann wieder zu versiegen. Zur Sekretion wird das Pankreas zwar offenbar auch durch Sekretionsreflexe angeregt, die durch den Chymus von der Oberfläche der Dünndarmschleimhaut auf chemischem Wege ausgelöst und dem Pankreas auf dem Wege von Vagus- und Sympathicusfasern zugeführt werden; die wichtigste Rolle kommt aber dem **Secretin** zu. Es ist in der Schleimhaut des Duodenum und namentlich des Jejunum in Form des unwirksamen **Prosecretins** enthalten; das Prosecretin wird während des Durchtrittes des in Resorption befindlichen sauren Chymus hauptsächlich durch die Salzsäure, wahrscheinlich auch durch die verseiften Fette, in das wirksame Secretin verwandelt, gelangt auf dem Wege des Blutes zum Pankreas und regt es zur Sekretion an. Das Secretin, möglicherweise ein Polypeptid, läßt sich aus der Schleimhaut des Jejunum durch Verreiben mit Sand und 0,4°/₀ige Salzsäure extrahieren; es ist ein hitzebeständiger, in Alkohol löslicher, offenbar kein enzymartiger, derzeit noch nicht genau gekannter Körper. Wird der Secretin enthaltende Auszug in die Blutbahn eines Versuchstieres eingebracht, an dem der Ausführungsgang der Pankreas frei präpariert ist, so sieht man bereits 20 Sekunden später die Menge des beim Ausführungsgang abtropfenden Pankreassaftes stark zunehmen.

Ausfallserscheinungen. Die wichtige Rolle des Pankreassaftes ist klar in den Fällen zu sehen, wo es infolge einer Erkrankung des Pankreas zu einem Versiegen der Sekretion kommt, oder infolge eines mechanischen Hindernisses der Pankreassaft nicht gegen den Dünndarm abfließen kann. In solchen Fällen wird infolge des Ausfalles der Trypsinwirkung nicht nur das Nahrungseiweiß unvollkommen verdaut; noch weit auffallender macht sich der Mangel an Pankreassaft in der Fettverdauung bemerkbar, als deren unerläßliche Vorbedingung eine feine Emulgierung des in der Nahrung eingeführten Fettes gilt. Normalerweise wird dies dadurch besorgt, daß sich das Alkali des Pankreassaftes mit den spärlichen Fettsäuren der Nahrung zu Seifen verbindet, die dann im Vereine mit den in der Galle enthaltenen gallensauren Alkalien durch ihre die Oberflächenspannung herabsetzende Wirkung die Emulsion des Nahrungsfettes herbeiführen. Es muß also, wenn der Pankreassaft fehlt, die Emulgierung des Nahrungsfettes mangelhaft vor sich gehen; hiervon abgesehen muß, da das Fett mangels an Lipase nicht gespalten werden kann, seine Resorption unterbleiben, so daß es großenteils unverändert in den Dickdarm übertritt, um dann im Kote ausgeschieden zu werden, dem es die Konsistenz einer Salbe von niederem Schmelzpunkt verleiht. Dieser Zustand wird als Steatorrhoë bezeichnet.

B. Die Galle.

An Tieren erhält man Galle aus geeignet angelegten Fisteln, am Menschen (von seltenen Fällen einer Gallenfistel abgesehen) durch die Duodenalsonde, allerdings mit Pankreassaft und Dünndarmsaft (S. 215) vermischt.

Die Galle ist, so wie sie von den Leberzellen als sog. Lebergalle bereitet wird, eine dünne Flüssigkeit, deren Gefrierpunktserniedrigung (0,54—0,58° C) kaum von der des Blutes verschieden ist. Der Lebergalle gesellt sich in den Gallenwegen und in der Gallenblase durch die Schleimdrüsen abgesonderter Schleim bei, und sie wird in der Gallenblase durch gleichzeitige Resorption von Wasser und von anorganischen Salzen sehr stark eingedickt. Da jedoch auf diese Weise bloß die organischen, hauptsächlich kolloiden Stoffe eine Zunahme ihrer Konzentration erfahren, nicht aber die Salze, ist die Gefrierpunktserniedrigung auch dieser Galle, die nunmehr Blasengalle genannt wird, nicht verschieden von der der Lebergalle. Die der Untersuchung weit leichter zugängliche Blasengalle hat ein spezifisches Gewicht von 1,010—1,040; sie reagiert mit Lackmus geprüft alkalisch, ist aber auf Grund der Bestimmung ihrer H-Ionenkonzentration als nahezu neutral anzusehen. Wenn Leber- und Blasengalle gleichzeitig den Ductus choledochus herunterfließen, bilden sie die sog. gemischte Galle.

Die Gallen verschiedener Tiere zeigen verschiedene Farbentöne von Gelb oder Grün, je nachdem bei der betreffenden Tierart Bilirubin oder Biliverdin (S. 211) in der Galle überwiegen; Menschengalle ist gelbgrün bis braungelb. Auch der Geschmack der Galle ist sehr verschieden: rein-bitter beim Kaninchen, süßlich-bitter beim Menschen und beim Rind. Der bittere Geschmack rührt von den Gallensäuren (S. 209) her. Die Menge der in 24 Stunden am Menschen abgeschiedenen Galle ist auf etwa 600—1000 cm³ zu setzen.

1. Zusammensetzung und Bestandteile.

Die Galle ist eiweißfrei; ihre charakteristischen Bestandteile sind Gallensäuren und Gallenfarbstoffe; außer diesen enthält die Galle noch Cholesterin, Lecithin, Seifen, Ätherschwefelsäuren, Chloride und Phosphate, wenig Eisen; von Gasen viel Kohlendioxyd. Am Menschen wurden beiläufig gefunden in Prozenten in frisch untersuchter

	Lebergalle	Blasengalle	gemischter Galle
Wasser	96,5 —97,5	82,0—90,0	93,0
Trockensubstanz	2,5 — 3,5	10,0—18,0	7,0
Gallenfarbstoffe	0,4 — 0,5	1,4— 3,0	?
Gallensaures Alkali	0,9 — 1,8	5,6—10,8	3,7
Cholesterin	0,06— 0,16	0,2— 0,3	0,2
Anorganische Salze	0,7 — 0,8	0,6— 1,1	0,8

Die gepaarten Gallensauren.

In der Galle fast sämtlicher Wirbeltiere sind Doppelverbindungen verschiedener Zusammensetzung nachgewiesen worden, die durch Erhitzen mit Laugen oder Säuren in die Komponenten gespalten werden konnen. Die eine Komponente wird gebildet durch Glykokoll (S. 118) oder durch Taurin (S. 313), die andere durch eine der Gallensäuren: Lithocholsäure, Desoxycholsäure und Cholsäure. Diese Doppelverbindungen werden gepaarte Gallensäuren genannt. (In der Galle mancher Fischarten wurden anstatt Gallensauren Doppelverbindungen nachgewiesen, die als eine Komponente Schwefelsaure, als zweite Komponente das sog. Scymnol enthalten.) Die genannten Gallensauren lassen sich von der Cholansäure (Cholancarbonsäure), $C_{24}H_{40}O_2$, die vier hydrierte Ringe und eine aliphatische Seitenkette enthält, durch Ersatz von 1, 2 oder 3 Wasserstoffatomen durch 1, 2 oder 3 Hydroxylgruppen ableiten.

Lithocholsäure, $C_{24}H_{40}O_3$, wurde zuerst in den Gallensteinen des Rindes nachgewiesen; sie enthalt um ein Sauerstoffatom mehr als die Cholansäure, ist also eine Monooxycholansäure.

Desoxycholsäure, $C_{24}H_{40}O_4$, (so genannt, weil sie um ein Atom Sauerstoff ärmer ist als die Cholsaure, der sie sonst in vielen Eigenschaften gleicht); sie enthält um zwei Sauerstoffatome mehr als die Cholansäure, ist also eine Dioxycholansaure.

Anthropodesoxycholsaure, die in der Menschengalle, und Chenodesoxycholsaure, die in der Gansegalle gefunden wurde, sind identisch, und beide der vorangehend angefuhrten Desoxycholsaure isomer; die Hyodesoxycholsaure der Schweinsgalle ist eine weitere Isomere.

Choleinsaure wurde fruher neben der Cholsaure als eine zweite Saurekomponente der gepaarten Gallensauren angefuhrt. Zur Zeit ist erwiesen, daß man es in ihr bloß mit einer Verbindung der Desoxycholsaure mit einer hochmolekularen Fettsaure zu tun hat. Da aber diese Verbindung wasserloslich ist, kommt ihr eine große Bedeutung bei der Resorption des Nahrungsfettes, bzw. der aus diesem in Freiheit gesetzten, an und fur sich wasserunloslichen Fettsauren zu.

Cholsäure oder **Cholalsäure**, $C_{24}H_{40}O_5$, krystallisierbar, in Wasser sehr schwer, in Alkohol leichter löslich; die Alkalisalze sind im Wasser leicht löslich. Sie enthält um drei Sauerstoffatome mehr als die Cholansäure, ist also eine Trioxycholansäure.

Nachweis. a) 1 cm³ einer alkoholischen Lösung von Cholsäure wird mit 2 cm³ einer n/10-Jodlösung und hierauf allmählich mit Wasser versetzt, worauf die ganze Flüssigkeit alsbald krystallinisch erstarrt. Die Krystalle sind bei auffallendem Licht betrachtet gelb, bei durchfallendem blau.

b) Wird Cholsäure in 25%ige Salzsäure eingetragen, so entsteht eine Violettfärbung.

c) Während Probe a) und b) bloß der freien Cholsäure eigentümlich ist, fällt die PETTENKOFERsche Probe (S. 268) auch dann positiv aus, wenn die Cholsäure zu gepaarten Gallensäuren verbunden ist.

Durch die Verbindung der oben angeführten Säuren mit Glykokoll, bzw. mit Taurin entstehen die gepaarten Gallensäuren; und zwar einerseits Glykolithocholsäure, Glykodesoxycholsäure, Glykocholsäure, andererseits Taurolithocholsäure, Taurodesoxycholsäure, Taurocholsäure; doch ist zu bemerken, daß diese Säuren in der Galle nie frei, sondern stets in Form ihrer Alkalisalze enthalten sind. Die mit Glykokoll gebildeten gepaarten Säuren sind in Wasser schwer, die mit Taurin gebildeten weit leichter, die Alkalisalze sämtlicher gepaarter Gallensäuren leicht löslich. In ihren Lösungen sind alle Gallensäuren, sowie auch ihre Salze optisch aktiv, und zwar rechtsdrehend. Der relative Gehalt der verschiedenen Gallen an den genannten gepaarten Säuren ist je nach dem Ursprunge der Galle ein verschiedener: in der Galle des Menschen, des Kaninchens, des Hasen usw. überwiegen die mit Glykokoll gebildeten, in der Galle der Fleischfresser, aber auch in der der Ziege, des Schafes, die mit Taurin gebildeten gepaarten Säuren.

Bezüglich der Bildung der gepaarten Gallensäuren ist nachgewiesen, daß sie in der Leber vor sich geht: wird einem Versuchstier der Ductus choledochus abgebunden, so findet infolge Behinderung des natürlichen Abflusses der Galle eine Resorption der Gallensäuren in das Blut statt, wo sie sich alsbald nachweisen lassen; wird hingegen die Leber gänzlich entfernt, so findet man nicht einmal Spuren von Gallensäuren im Blut. Der Ursprung der Gallensäurekomponente ist nicht sicher bekannt, doch ist bei der strukturellen Ähnlichkeit zwischen Gallensäuren und Cholesterin wohl an dieses zu denken. Die Glykokollkomponente wird vom zerfallenden Eiweiß fertig geliefert, die Taurinkomponente aber durch die Leberzellen aus Cystin bereitet (S. 313).

Der Nachweis erfolgt durch die PETTENKOFERsche Probe; da dieser Nachweis in der Regel im Harn oder in Eiweiß enthaltenden Flüssigkeit geführt werden soll, müssen die Gallensäuren erst aus der genannten Flüssigkeit isoliert werden (S. 268).

Gallenfarbstoffe.

Es wurde eine ganze Reihe von Gallenfarbstoffen beschrieben, die jedoch sämtlich Oxydationsstufen eines Farbstoffes, des Bilirubins, sind. In der frischen Galle kommt, namentlich im Hungerzustand, außer Bilirubin nur noch Biliverdin vor, während Choleprasin, Bilifuscin, Choletelin usw. teils in der Leichengalle, teils in Gallensteinen gefunden wurden.

Bilirubin, $C_{33}H_{36}N_4O_6$. Zwischen Bilirubin und Hämoglobin wurde ein Zusammenhang dadurch sichergestellt, daß es gelungen ist, aus dem Bilirubin sowohl durch reduktive, wie auch durch oxydative Spaltung basische und saure Pyrrole zu erhalten, wie aus dem Hämin (S. 185). Dieser, sowie andere Umstände gestatten die sichere Annahme, daß auch das Bilirubin-Molekül im wesentlichen aus vier Pyrrolkernen aufgebaut ist; unentschieden ist es aber, ob diese zu einem Viererring, wie im Hämin usw., oder aber zu einer offenen Kette verbunden sind. Die nahen Beziehungen des Bilirubins zu den Porphyrinen gehen auch daraus hervor, daß das Bilirubin in Mesoporphyrin (S. 188) überführt werden kann.

Das Bilirubin bildet gelbe oder braune Krystalle oder ein amorphes gelbbraunes Pulver; ist unlöslich in Wasser, löst sich leicht in Chloroform und Dimethylanilin. Es hat den Charakter einer Säure, indem es mit Alkalien und alkalischen Erden Salze bildet. Bilirubinalkali ist in Wasser löslich und stellt auch die Form dar, in der dieser Farbstoff in der Galle gelöst enthalten ist, während es in den Gallensteinen (S. 214) an Calcium und Magnesium gebunden ist. Wird eine Lösung von Bilirubin in Chloroform mit verdünnter Lauge geschüttelt, so entsteht die Alkaliverbindung des Farbstoffes, die in Chloroform unlöslich ist, daher in die wäßrige Schichte übergeht. Die Calciumverbindung, der sog. Bilirubinkalk, ist in Wasser unlöslich.

Die Darstellung des Bilirubins erfolgt am leichtesten aus den an diesem Farbstoff reichen Gallensteinen des Rindes; sie werden durch Äther von Cholesterin und durch Essigsaure von mineralischen Bestandteilen befreit; das Bilirubin wird sodann durch kochendes Chloroform extrahiert.

Läßt man eine Lösung von Bilirubinalkali an der Luft stehen, so nimmt sie eine grüne Farbe an, da das Bilirubin durch Aufnahme von Sauerstoff in Biliverdin (s. unten) verwandelt wird. Durch weitere Oxydation entstehen blaues Cholecyanin und gelbes Choletelin.

Aus Bilirubin erhalt man durch Reduktion den Farbstoff Mesobilirubin, $C_{33}H_{40}N_4O_6$, durch weitere Reduktion das farblose, krystallisierbare Mesobilirubinogen, $C_{33}H_{44}N_4O_6$, das mit Urobilinogen identisch ist und im Harne (S. 290) vorkommt. Dieses farblose Urobilinogen wird, wenn es nicht vor Licht und Sauerstoff geschützt ist, in das braunschwarze Urobilin verwwandelt, das bisher nicht krystallisiert erhalten wurde (unreines Urobilin ist das sog. Hydrobilirubin). Auch im Darme erleidet das in der Galle dahin gelangte Bilirubin eine Reduktion zu Urobilinogen, das dann weiter in Sterkobilin verwandelt wird; dieses hat sich als identisch mit Urobilin erwiesen.

Der Nachweis des Bilirubins im Harne (S. 289) grundet sich auf seiner Eigenschaft, durch oxydierende Reagenzien in grüngefarbtes Biliverdin (s. unten) verwandelt zu werden, im Blutserum aber auf dem roten Kondensationsprodukt, das es mit dem EHRLICHschen Diazoreagens (S. 167) bildet.

Biliverdin, $C_{33}H_{36}N_4O_8$, ist nicht krystallisierbar, ist löslich in Alkohol und Eisessig; entsteht durch Oxydation (Stehenlassen an der Luft) einer alkalischen Lösung von Bilirubin; wird durch Schwefelammonium zu Bilirubin reduziert. Bilirubin und Biliverdin sind in der frischen Galle nebeneinander enthalten, jedoch enthält die von Fleischfressern mehr Bilirubin, jene von Pflanzenfressern mehr Biliverdin; die Galle von Omnivoren jedoch je nach Art der aufgenommenen Nahrung bald von einem, bald vom anderen mehr.

Bildung des Bilirubins. Bilirubin wird im tierischen Organismus aus Hämoglobin gebildet. Hierfur sprechen einerseits die in alten Blutextravasaten (besonders des Gehirns) vorkommenden Hamatoidinkrystalle, die wie langst vermutet wurde und heute sicher erwiesen ist, mit Bilirubin identisch sind; andererseits aber die folgende Tatsache. Beim massenhaften Zerfall von roten Blutkörperchen in gewissen Krankheiten (z. B. in der perniziosen Anamie) oder bei Vergiftungen mit Phosphor, Arsenwasserstoff, Toluylendiamin gelangt viel Hamoglobin in das

Blutplasma; dasselbe ist der Fall, wenn einem Versuchstiere Hämoglobin in die Blutbahn eingespritzt wird. In allen diesen Fallen kreisen verhaltnismäßig große Mengen von Bilirubin im Blute, und es muß zwingend angenommen werden, daß aus dem Hamoglobin Hämatin abgespalten, das Hamatin aber nach Absprengung des Eisens in Bilirubin verwandelt wird. Fruher wurde angenommen, daß diese Umwandlung im Blute vor sich geht; daß aber diese Annahme nicht richtig ist und daß, wenn auch nicht alles, so doch der größte Teil des Bilirubins in der Leber gebildet wird, geht aus folgendem Versuche hervor. Wird an diesen Tieren (Gansen) die Leber vor der Vergiftung des Tieres mit Arsenwasserstoff exstirpiert, so findet, trotzdem rote Blutkörperchen in großer Anzahl zugrunde gehen, keine oder bloß eine geringe Neubildung von Bilirubin statt.

Neuestens neigen viele Autoren zur Annahme, daß die Umwandlung des Hamoglobins in Bilirubin nicht in den parenchymatösen Zellen der Leber vor sich geht, sondern an gewisse Stellen des sog. reticuloendothelialen Systems, bestehend aus Reticulum und Endothelien, die in vielen Organen und Geweben, wie Milz, Knochenmark, Nebennierenrinde, Lymphknoten und auch in der Leber (KUPFFERsche Sternzellen) enthalten sind, und denen in hohem Grade die Fahigkeit zukommt, gewisse Stoffe aufzunehmen, zu speichern bzw. in andere Verbindungen zu uberführen.

2. Absonderung der Galle.

An Tieren mit einer nach PAWLOW angelegten Gallenfistel wurde festgestellt, daß die Gallenabsonderung eine kontinuierliche ist, also auch im Hungerzustande anhält; jedoch wird durch die Nahrungsaufnahme sowohl die Menge, wie auch der Trockensubstanzgehalt der Galle gesteigert. Diese Steigerung beginnt etwa $1/_2$—$1^1/_2$ Stunden nach erfolgter Nahrungsaufnahme und erreicht in etwa 3—6 Stunden ihr Maximum; sie ist am stärksten nach Einführung von Fleisch, geringer nach der von Kohlenhydraten und Fetten.

Im Dunndarm erfolgt eine teilweise Rückresorption einzelner Gallenbestandteile; unter diesen sind es namentlich die Gallensäuren, die in die Blutbahn gelangt die Leberzellen zur Gallensekretion anregen. Durch diesen „enterohepatischen" Kreislauf (Leber-Darm-Leber) der Galle wird es auch erklärlich, daß die Gallenabsonderung auch im Hungerzustand fortdauert.

Bei sinkendem Blutdruck bzw. verlangsamter Zirkulation in der Leber sinkt auch die Menge der abgesonderten Galle. Daß in gewissen Krankheitszustanden eine gesteigerte Gallensekretion (Polycholie) bestunde, wurde zwar behauptet, konnte jedoch bisher nicht sicher bewiesen werden; ebenso wird derzeit einer Reihe von Substanzen, die früher als Cholagoga, d. h. gallentreibende Mittel bezeichnet und verwendet wurden, jede Wirkung abgesprochen; nur die Galle selbst, bzw. die gallensauren Salze scheinen wirklich in diesem Sinne wirksam zu sein.

3. Physiologische Bedeutung der Galle.

Im Verlaufe der Verdauungs- und Resorptionsvorgänge im Darm entwickelt die Galle folgende wichtige Tätigkeit:

a) Sobald sich die alkalisch reagierende Galle im Duodenum zugleich mit dem Bauchspeichel dem sauren Chymus beimischt, wird deren freie Säure neutralisiert; bei der nun herrschenden neutralen oder alkalischen Reaktion wird die Pepsinverdauung aufgehoben, dagegen die Trypsinverdauung gefördert.

b) Die Galle trägt zur Emulgierung der Fette bei, indem den gallensauren Salzen neben den Seifen eine starke, die Oberflächenspannung herabsetzende Wirkung zukommt.

c) Sie fördert die Spaltung der Fette, indem die fettspaltende Wirkung der Pankreaslipase in Anwesenheit von Gallensäuren nachgewiesenermaßen auf das Drei- bis Vierfache gesteigert ist (S. 207).

d) Die Gallensäuren bilden mit den aus den Fetten abgespaltenen hochmolekulären, im Wasser sonst unloslichen Fettsäuren wasserlösliche Verbindungen (S. 209), wodurch die Resorption der Fettsäuren erst überhaupt möglich wird. Durch die Gallensäuren wird auch die Löslichkeit der in Wasser schwer löslichen Calcium- und Magnesiumseifen gesteigert. Bei mangelhaftem oder fehlendem Gallenabfluß gegen das Darmlumen macht sich die Abwesenheit der Gallensauren dadurch bemerkbar, daß die aus der Fettspaltung hervorgegangenen Fettsäuren, da sie an sich unlöslich sind, nicht resorbiert werden können, und mit dem Kote abgehen.

e) Es wurde nachgewiesen, daß durch die Galle die Peristaltik des Dünndarmes nicht gesteigert wird, wohl aber die des Dickdarmes bzw. des Rectums.

f) Eine bakterientötende Wirkung, wie früher vielfach angenommen wurde, kommt der Galle nicht zu.

4. Pathologische Änderung der Gallenabsonderung.

Gallensauren. Unter pathologischen Umstanden, namentlich in Leberkrankheiten, kann der Gehalt der Galle an Gallensauren wesentlich verringert sein; desgleichen auch in Fallen von Stauungsikterus (s. unten), indem die Leberzellen gerade infolge der Gallenstauung in ihrer Gallensauren bildenden Tatigkeit geschadigt werden. Im Harn solcher Kranken konnen Gallensauren vollkommen fehlen, hingegen Gallenfarbstoffe in großen Mengen enthalten sein.

Gallenfarbstoffe. Eine pathologische Änderung der Bildung der Gallenfarbstoffe kommt sowohl im Sinne einer Verringerung wie auch in dem einer Vermehrung vor; und zwar ersteres als sog. pigmentare Acholie bei verschiedenen Degenerationsformen der Leber, letzteres aber als sog. Pleiochromie bei solchen Vergiftungen (S. 211) bzw. Krankheitszustanden, die mit dem Zerfall zahlreicher roter Blutkorperchen einhergehen.

Als Ikterus, Gelbsucht, wird ein Zustand bezeichnet, in dem es infolge einer Anhäufung von Gallenfarbstoff im Blute zu einer mehr-minder starken Gelbfarbung der Haut, der Skleren usw. kommt, sowie auch zu einem Übertritt von Gallenfarbstoff in manche Sekrete, wie Harn und Schweiß; wahrend andere Sekrete, wie Speichel, Tranen, Milch, frei vom Farbstoff bleiben.

Die Ursache des Ikterus liegt einmal in einer Stauung und konsekutiven Ruckresorption der Galle durch Blut- und Lymphgefäße, die um so leichter zustande kommt, da die Gallenabsonderung unter dem verhaltnismaßig geringen Druck von etwa 15 mm Hg stattfindet. Die Stauung kann sowohl durch Eindickung der Galle, als auch durch einen Verschluß der Gallenwege durch ein Konkrement (S. 214) oder durch Verschluß der distalen Mundung des Ductus choledochus infolge der katarrhalischen Schwellung der Duodenalschleimhaut bedingt sein.

Dieser „hepatogenen" Form des Ikterus, dem sog. Stauungsikterus, hat man die „hamatogene" Form, die in den (S. 211) erwahnten Vergiftungen vorkommt, in der Annahme gegenubergestellt, daß die Umwandlung des aus den zerstorten roten Blutkorperchen ausgetretenen Hamoglobins im Blute selbst stattfande. Da spater ganz allgemein angenommen wurde, daß auch diese Umwandlung in den Leberzellen erfolgt, konnte zunachst von einem hamatogenen Ikterus im obigen Sinne keine Rede mehr sein. Indessen sind angesichts der moglichen Beteiligung des reticuloendothelialen Systems (S. 212) an diesen Vorgangen unsere diesbezuglichen Anschauungen einer wesentlichen Umstellung bedurftig. Mit dem Namen „hamolytischer Ikterus" werden Falle belegt, in denen es ebenso, wie unter Einwirkung der S. 211 erwähnten von außen eingeführten Gifte, zu einem massenhaften Zerfall von roten Blutkörperchen unter Freiwerden von Hämoglobin und Bildung von Bilirubin kommt. Es dürfte sich hier um Gifte handeln, die im Organismus selbst gebildet werden, und dürfte die Bilirubinbildung auch extrahepatisch, z. B. in der Milz erfolgen.

An zwei Dritteln aller Neugeborenen wird der sog. Icterus neonatorum beobachtet, dessen Ursache nicht genau bekannt ist; manche Autoren leiten ihn ab von den roten Blutkörperchen, die infolge Aufhörens des Placentarkreislaufes in großer Anzahl zugrunde gehen; andere von dem bedeutenden Gallenfarbstoffgehalt des Meconiums, der jedoch bakterienfrei ist, demzufolge es nicht zu der (S. 211) besprochenen Umwandlung des Bilirubins in Urobilin kommen kann; wieder andere nehmen eine bakterielle Infektion des vor der Geburt sterilen Darminhaltes der Neugeborenen in seinen ersten Lebenstagen an, wodurch es zu einer Schwellung der Duodenalschleimhaut und zu einem konsekutiven Verschluß der Choledochusmundung kommt. Im Icterus neonatorum kommt es nicht zu einem Übertritt von Gallenfarbstoff in den Harn.

In den meisten Fällen von Ikterus ist sowohl im Blute wie auch im Harn bloß Bilirubin nachzuweisen; zuweilen jedoch auch Urobilin, das aus Bilirubin im Darm entstanden ist (S. 211, 290).

5. Gallensteine.

In der Gallenblase bilden sich häufig, seltener auch in den Gallengängen, Konkremente, sog. Gallensteine, die am Rinde meistens aus Bilirubinkalk, am Menschen uberwiegend aus Cholesterin bestehen. Die Gallensteine vom Menschen stellen verschieden große, rundliche oder polyedrisch fazettierte, rein weiße, oder durch Bilirubinkalk gefärbte Gebilde dar, die am Querschnitt eine konzentrische Schichtung, gleichzeitig aber oft eine ausgesprochen radiar-krystallinische Struktur aufweisen.

Das Entstehen der Cholesterinsteine ist noch nicht völlig geklart. Früher wurde einfach angenommen, daß das Cholesterin aus der Galle ausfällt, sobald ihr Cholesteringehalt ein gewisses Maß überschreitet; doch mußte diese Annahme fallen gelassen werden, als nachgewiesen wurde, daß die in der Galle anwesenden gallensauren Salze und Seifen noch erheblich mehr Cholesterin in Lösung zu erhalten befahigt waren. Dann hat man die Gallenstauung verantwortlich gemacht und angenommen, daß es in der gestauten Galle zu einer Zersetzung der Gallensäuren kommt, die das Cholesterin in Lösung erhielten. Spater wurde behauptet, daß die Gallenstauung nicht die unmittelbare Ursache des Ausfallens von Cholesterin ist, sondern zunächst nur die Möglichkeit einer bakteriellen Infektion der Galle fördert. Wahrend namlich die unbehindert abfließende Galle ein kaum zu überwindendes Hindernis fur Bakterien bildet, die etwa vom Darme aus den Ductus choledochus hinaufwandern wollten, erfolgt die Invasion der Bakterien in kürzester Zeit, wenn Gallenstauung eintritt. Es kommt dann unter Einwirkung der eingewanderten Bakterien zu einer Entzündung der Schleimhaut der Gallenblase und der Gallengänge; die im Verlaufe des Entzündungsprozesses desquamierten Epithelien werden in der Galle aufgelost, das in ihnen enthaltene Cholesterin wird in Form kleinster Tropfchen in Freiheit gesetzt und liefert den Krystallisationskern fur die durch Apposition allmahlich sich vergrößernden Cholesterinsteine. Auch wurde versucht, das Zustandekommen des ersten Cholesterinniederschlages physikalisch-chemischen Vorgangen zuzuschreiben. Nach manchen Autoren sind namlich die Gallensauren als Schutzkolloide (S. 39) des gleichfalls in kolloider Lösung befindlichen Cholesterins anzusehen; kommt es zu einer Zerstorung der ersteren in der stagnierenden Galle, so muß letzteres aus der Lösung fallen. Nach anderen Autoren flocken sich, wenn Eiweiß in erheblicheren Mengen in die Galle gelangt, dieses und Cholesterin gegenseitig aus, und zwar rührt das Eiweiß entweder von abgestorbenen Bakterienleibern oder vom Sekret der entzundeten Schleimhaute her, das sich der Galle beimischt. Endlich wurde auch darauf verwiesen, daß das durch gallensaure Salze in Losung erhaltene Cholesterin durch das Fett in der Galle eine tropfige Entmischung erfahrt, d. h. in Form von Tropfchen gefallt wird, die zu großeren Tropfen zusammenfließend, spater eine festere Form mit krystallinischer Struktur annehmen.

C. Das Sekret der Dünndarmschleimhaut.

Der Dünndarm ist der Ort, wo wichtige physikalische und chemische
Vorgänge unter der Einwirkung des Pankreassaftes und der Galle vor
sich gehen; auch werden, wie bereits (S. 207) erwähnt, Reflexe, die
regulierend in die Absonderungstätigkeit des Pankreas eingreifen, durch
den Chymus von der Oberfläche der Dünndarmschleimhaut ausgelöst.
Außerdem ist aber der Dünndarm an den Verdauungsvorgängen dadurch
direkt beteiligt, daß durch seinen Drüsenapparat gewisse Stoffe abgesondert werden. Doch stößt das Studium dieser Verhältnisse auf
manche Hindernisse; denn einerseits läßt sich das Dünndarmsekret,
der sog. Dünndarmsaft, vom Chymus, dem Pankreassaft und der Galle
nicht ohne Weiteres trennen, andererseits gehen manche vom Dünndarm
erzeugte wirksame Stoffe nicht in sein Sekret über, sondern verbleiben,
wie z. B. das Secretin (S. 207), in der Darmwand selbst, und sind im
Dünndarmsaft kaum nachzuweisen. Reiner Dünndarmsaft, das
Sekret der LIEBERKÜHNschen Drüsen, kann nur aus einer isolierten,
mit einer Fistel versehenen Dünndarmschlinge in Form einer gelblichen,
auf Lackmus alkalisch reagierenden Flüssigkeit erhalten werden; seine
24stündige Menge wird auf etwa 200 cm^3 veranschlagt. Er enthält
0,2—0,5% Natriumbicarbonat und 0,4—0,5% Kochsalz.

Beträchtlich ist die Zahl der Enzyme, die vom Dünndarm erzeugt
werden:

Enterokinase. Dieser aus der Schleimhaut des Duodenum durch
Extraktion darstellbare, enzymartige, hitzeunbeständige Körper wirkt
auf Eiweiß direkt nicht ein, sondern nur, indem er inaktives
Trypsinogen zu wirksamem Trypsin aktiviert. (Nach neueren Untersuchungen soll es sich hierbei nicht um eine Aktivierung im gewöhnlichen
Sinne handeln, sondern um eine Trypsinkinase genannte Verbindung
zwischen Enterokinase und Trypsinogen; in Form dieser Verbindung ist
das Trypsin aktiv, gespalten wieder inaktiv.)

Erepsin. Es vermag native oder koagulierte Eiweißkörper nicht zu
spalten, wirkt dagegen um so intensiver auf Albumosen und Peptone
ein und baut sie rasch und leicht bis zu Aminosäuren ab. Insbesondere
erweist sich das Erepsin als sehr wirkungsvoll gegenüber größeren,
hauptsächlich aus Prolin und Phenylalanin bestehenden Komplexen
(S. 141), die während einer noch so kräftig einsetzenden Trypsinverdauung ungespalten bleiben, durch das Erepsin aber leicht abgebaut
werden. Durch die Schleimhaut des Jejunum wird mehr Erepsin abgesondert, als durch die des Duodenum.

Invertin oder Invertase (auch Saccharase genannt). Dieses die
Saccharose spaltende Enzym ist unter allen Geweben und Organen des
tierischen Körpers bloß im Dünndarm, und auch hier nur in der Dünndarmwand enthalten, nicht aber auch im Dünndarmsaft. Aus letzterem
Grunde muß angenommen werden, daß die Spaltung der per os eingeführten Saccharose während ihrer Resorption in der Darmwand selbst
stattfindet. (Im Blutplasma des Erwachsenen fehlt es).

Maltase. Dieses die Maltose spaltende Enzym findet sich ebenfalls
eher in der Wand des Dünndarmes, als in dessen Sekret; außerdem
im Blutplasma, im Pankreassaft.

Lactase. Dieses die Lactose spaltende Enzym wird im Dünndarmsaft und in der Dünndarmwand von Säugetieren in deren ersten Lebensjahren angetroffen; im erwachsenen Tiere nur, wenn es einige Tage hindurch Milch zu sich genommen hat. Im Blutplasma konnte dieses Enzym nicht nachgewiesen werden.

Außer den genannten Enzymen wurde im Dünndarmsaft ein wenig Ptyalin, Arginase und Lipase gefunden.

IV. Vorgänge im Dickdarm.

Der Dickdarmschleimhaut dürfte kaum eine Absonderung von Enzymen zukommen; nur im Sekret seines obersten Teiles fanden manche Autoren ein wenig Erepsin. Hingegen kommt eine große Bedeutung den Gärungsprozessen zu, die durch die reiche Bakterienflora im Dickdarmlumen vermittelt werden. Durch die von den Bakterienleibern gelieferten Enzyme wird die Cellulose, der massigste Bestandteil der Pflanzenfressernahrung, die den tierischen Enzymen widersteht, über die Glucosestufe hinaus in Essig-, Butter- und Milchsäure zerlegt, und dadurch zunächst der Resorption, dann aber der Verwertung im Tierkörper zugänglich gemacht. Die gasförmigen Nebenprodukte dieser Gärungsprozesse sind Kohlendioxyd, Wasserstoff und Methan. Neben den Gärungsvorgängen kommt es im Dickdarm auch zu einer richtigen Fäulnis von Eiweißkörpern, wobei durch Abspaltung von CO_2 aus Aminosäuren sog. proteinogene Amine (S. 313), nach Abspaltung der NH_2-Gruppe durch weiteren Abbau Phenylessigsäure, Phenol, p-Kresol, Indol, Skatol, endlich auch Fettsäuren, Schwefelwasserstoff, Kohlendioxyd entstehen. Diesem Fäulnisprozesse fällt aber nicht nur das der Resorption entgangene Eiweiß der eingeführten Nahrung anheim, sondern auch das Eiweiß, das in den abgeschiedenen Verdauungssäften (Magensaft, Bauchspeichel, Galle) gelöst enthalten war.

Der Kot wurde früher seiner ganzen Menge nach als aus Resten der genossenen Nahrung bestehend angesehen. Spätere Untersuchungen haben ergeben, daß die Zusammensetzung des Kotes zwar je nach der Qualität der eingeführten Nahrung verschieden ist, daß er jedoch, wenn auch zu wechselnden Anteilen, durch Verdauungssäfte bzw. deren Überreste gebildet wird. Dies geht bereits aus der Tatsache hervor, daß auch der hungernde Versuchshund, wie auch der hungernde Mensch ständig, wenn auch nur wenig, Kot entleert, der auffallend viel, etwa 30 % Fett bzw. durch Äther extrahierbare Substanzen enthält. Dieses Fett kann keineswegs von der Nahrung herrühren, die vor Beginn der Hungerperiode eingeführt wurde, sondern nur von desquamierten und nachher in Lösung gegangenen Darmepithelien oder vom Sekret der Darmschleimhaut. Besteht die Nahrung bloß aus leicht und rasch resorbierbaren Verbindungen, wie Eiweiß, Fett und löslichen Kohlenhydraten, so wird kaum mehr und auch nicht wesentlich anders zusammengesetzter Kot als im Hungerzustand entleert. Handelt es sich jedoch um Nahrung, die viel schwer oder überhaupt nicht verdauliche Bestandteile enthält, wie z. B. gröbere Cellulosewände der pflanzlichen Nahrung oder gröberes, aus der Fleischnahrung herrührendes Bindegewebe, so wird bedeutend mehr Kot abgesetzt, der die genannten unverdaulichen Bestandteile enthält. (Der Darm von Pflanzenfressern, insbesondere von Wiederkäuern wird auch nach 1—2 Wochen langem Hungern nicht völlig leer, daher auch ihr Hungerkot zum größeren Teile aus den Resten ihrer Nahrung besteht.) Der Kot besteht neben den eben genannten Stoffen zu einem wechselnden recht bedeutenden Anteil aus Bakterienleibern. Auffallend ist sein relativ hoher Calciumgehalt. Im Darm des Foetus sammelt sich als nicht resorbierter Rest von Verdauungssaften und von verschlucktem Amnioswasser Kot in Form von sog. Kindspech oder Meconium an, das Fett, Seifen, Cholesterin und anorganische Salze, Bilirubin und Biliverdin, jedoch kein Urobilin (Sterkobilin) enthält, da die Bakterien fehlen, durch die es aus Bilirubin entstehen könnte (S. 211).

V. Resorption.

Im Magen ist die Rolle der Resorption eine recht untergeordnete; am ehesten werden noch Alkohol und die darin etwa gelösten Substanzen resorbiert, Wasser aber überhaupt nicht. Der weitaus uberwiegende Teil der aufgenommenen und nach entsprechender Umwandlung in Lösung gegangenen Nahrung wird im Dünndarm resorbiert, während im Dickdarm hauptsächlich nur mehr die Resorption von Wasser stattfindet, wodurch der dünnflüssige Chymus eingedickt wird. Da d-Glucose, Salze usw. in beschränkter Menge auch von der Dickdarmschleimhaut aufgenommen werden, läßt sich das Leben eine Zeitlang auch durch Ernährung per rectum, d. h. durch Verabreichung von Nährklysmen fortfristen.

Resorption von Kohlenhydraten. Unter allen Kohlenhydraten sind es die Monosaccharide allein, die, in der Nahrung eingeführt, ohne weiteres, und zwar zum überwiegend größten Teil auf dem Wege der Blutcapillaren und nur zu einem sehr geringen Teil auf dem Wege der Lymphcapillaren resorbiert und dann entweder verbrannt oder in Form von Glykogen in gewissen Organen eingelagert werden. Daß dem so ist, geht auch daraus hervor, daß z. B. d-Glucose in nicht zu großen Mengen subcutan oder intravenös eingespritzt ebenso verbrannt oder in Glykogen verwandelt wird, wie nach der Einführung per os. Im Gegensatz zu den Monosacchariden können Disaccharide nicht eher verwertet werden, als bis sie durch die betreffenden, spezifisch wirkenden Enzyme in der Darmhöhle bzw. in der Darmwand selbst (während ihrer Resorption) in Monosaccharide gespalten werden. Die Polysaccharide, und unter diesen in erster Linie die in der Ernährung des Menschen so überaus wichtige Stärke, werden zum großen Teile bereits während der Zubereitung des betreffenden Gerichtes (Kochen, Braten) in Verbindungen von kleinerem Molekulargewicht, wie es z. B. die Dextrine sind, umgewandelt; aber auch diese, wie die etwa unveränderte Stärke müssen im Darm erst in Di- und schließlich in Monosaccharide zerlegt werden, ehe sie resorbiert werden können.

Resorption der Fette. Im Darmkanal werden die Fette in Glycerin und Fettsäuren gespalten, die jedoch gleich nach ihrer Resorption wieder zu Fetten zusammentreten, und in dieser Form in die Lymphgefäße, dann auf dem Wege des Ductus thoracicus in das Blut und von dort aus in die verschiedenen Gewebe gelangen. Die Fette werden um so leichter gespalten und resorbiert, je niedriger ihr Schmelzpunkt ist.

Auf die Tatsache, daß sich wahrend der Resorption in den Darmepithelien Fetttröpfchen mikroskopisch nachweisen lassen, war die Annahme der alteren Autoren gegrundet, wonach das Fett durch die Darmwand in ungespaltenem Zustande, als sog. Neutralfett tritt. Nun ist aber der Nachweis gelungen, daß man dasselbe mikroskopische Bild auch dann zu sehen bekommt, wenn nicht

Neutralfett, sondern Fettsäuren oder Seifen eingeführt und resorbiert werden; es mußte also in diesem Falle eine Fettsynthese in den Darmepithelien stattgefunden haben, und zwar aus der eingeführten Fettsaure und aus Glycerin, das vom Organismus geliefert wurde, daher kein Grund mehr besteht, daran zu zweifeln, daß auch die eingeführten Neutralfette vor ihrer Resorption eine Spaltung erleiden, aber jenseits bzw. noch innerhalb der Darmwand aus den Spaltstücken sofort wieder aufgebaut werden. Ermöglicht wird die Resorption der an und für sich in Wasser unlöslichen höheren Fettsäuren dadurch, daß sie (nach S. 209) mit der Desoxycholsaure, nach neueren Angaben auch mit Glykocholsäure und Taurocholsäure in Wasser lösliche Verbindungen eingehen. Daß die Resorption der Fette nur nach vorangehender Spaltung möglich ist, geht indirekterweise auch daraus hervor, daß das aus schwer verseifbaren Cholesterinestern bestehende Lanolin (S. 113) vom Darm aus nicht resorbiert wird.

Bezüglich der Fette kommt dem Organismus keine derartige Selektionsfahigkeit zu, wie dies bezuglich der Eiweißkörper weiter unten gezeigt wird, denn ein Teil des in einem Tiere enthaltenen Fettes kann durch fremdes Fett ersetzt werden. Läßt man z. B. einen Versuchshund lange Zeit hindurch hungern, so büßt er hierbei einen großen Teil seines Körperfettes ein. Füttert man ihn nun längere Zeit hindurch mit großeren Mengen eines fremden Fettes, so kann man die Ablagerung dieses fremden Fettes, wie z. B. Hammeltalg oder Ruböl usw. daran erkennen, daß der Schmelzpunkt des Fettes, das man aus den Fettlagern eines so gefutterten Tieres erhalt, ein anderer geworden ist, als der Schmelzpunkt des gewöhnlichen Hundefettes. Es ist sogar gelungen, in Hunden jodierte oder bromierte Fette zur Ablagerung zu bringen.

Resorption von Eiweißkörpern. Die im Darm unter der kombinierten Einwirkung von Trypsin und Erepsin aus der totalen Aufspaltung der Eiweißkörper hervorgegangenen Aminosäuren werden von der Dünndarmschleimhaut auf dem Wege der Blutcapillaren resorbiert. Zwar ist es möglich, daß ein geringer Teil der Albumosen, bzw. der Peptone unabgebaut in das Blut übertritt, und ist es sogar erwiesen, daß geringe Menge von rohem Eiereiweiß oder vom Blutserum per os eingeführt im Harne unverändert ausgeschieden werden können; doch läßt sich sagen, daß der weitaus größte Teil der Eiweißkörper sicherlich nur in Form von Aminosäuren (oder vielleicht auch von Peptiden) in das Blut übertritt.

Ein Beweis dafür, daß die Eiweißkorper nur nach ihrer Zerlegung in Aminosauren resorbiert werden können, wird dadurch geliefert, daß man durch Verfutterung von solchem Eiweiß, das Mono- und Diaminosäuren in einer qualitativ und quantitativ anderen Zusammensetzung enthalt, als das Körpereiweiß des Versuchstieres, den Eiweißbestand des letzteren nicht umformen kann. Hieraus wird mit Recht gefolgert, daß die in den Darm gelangten Eiweißkörper tatsächlich in Aminosäuren zerlegt werden, und von diesen Aminosauren vermöge einer eigenartigen Selektionsfahigkeit des Organismus nur diejenigen und in solcher Menge zur Eiweißsynthese verwendet werden, die sowohl bezuglich ihrer Qualität als auch ihrer Quantität dem Körpereiweiß des Tieres entsprechen. Daß aber der Organismus befahigt ist, aus Aminosauren Eiweiß aufzubauen, wurde durch Versuche erbracht, in denen die Tiere als Futter Eiweiß erhielten, das durch künstliche Verdauung vollkommen in Aminosauren zerlegt war und durch das die Tiere eine Zeitlang im Stickstoff- bzw. Eiweißgleichgewicht erhalten werden konnten (S. 334).

Resorptionsmechanismus. Sowohl die anorganischen wie auch die organischen Bestandteile des Chymus müssen sich beim Übertritt aus dem Darmlumen in die Darmwand (bzw. in deren Lymph- und Blutcapillaren) in gelöstem Zustande befinden; dies wurde für Kohlenhydrate und Eiweißkörper schon längst, fur Fette erst später anerkannt. Strittig war und blieb teilweise noch bis zum heutigen Tage, welche

Triebkräfte es sind, die beim Durchtritt der genannten gelösten Stoffe wirksam sind.

Einmal könnte es sich nämlich darum handeln, daß aus der Flüssigkeit, die Gelöstes und Ungelöstes enthält, diese beiden Bestandteile durch Filtration voneinander getrennt werden, wobei die Darmwand das Filter abgibt: das Gelöste, d. h. Verdaute, tritt durch die Darmwand, das Ungelöste, d. h. Unverdaute, verbleibt im Darmlumen. Es kann sich auch um einen Diffusionsvorgang handeln, oder um Osmose durch unvollkommen halbdurchlässige Membranen; es könnte aber auch sein, daß außer obigen einfachen physikalischen Vorgängen (und neben den offenbar sehr komplizierten Permeabilitäts-Verhältnissen der als Membran gedachten Darmwand) auch Vorgänge komplizierterer, nicht analysierbarer Art mitwirken, die wir als physiologische bezeichnen, weil sie an die Tätigkeit lebender Zellen gebunden sind.

Für das Bestehen von Filtrationsvorgangen spricht die Erfahrung, daß durch Darmkontraktionen, die eine Drucksteigerung im Darmlumen hervorrufen, die Resorptionsgeschwindigkeit mancher Stoffe nachweislich gesteigert wird. Desgleichen wurde auch dem von BRUCKE angenommenen Resorptionsmechanismus Filtration auf Grund von Druckdifferenzen zugrunde liegen. Dieser Mechanismus bestünde, wenigstens fur resorbierte Fette, darin, daß zunachst infolge der Kontraktion der glatten Muskelzellen in den Darmzotten der Inhalt ihrer zentralen Lymphräume mesenterialwärts ausgepreßt wird. Beim Erschlaffen der Muskelzellen stellt sich jedoch der Hohlraum wieder her, demzufolge eine Druckverminderung und daher auch ein nach dem Zotteninneren gerichtetes Druckgefälle zwischen Lymphraum und Darmlumen entsteht, wodurch die Filtration durch das oberflachliche Zottengewebe hindurch gefördert wird. Es gibt aber eine ganze Reihe von Erscheinungen im Resorptionsvorgang, die sich durch Filtration allein nicht erklaren lassen.

Diffusion allein kann dem Resorptionsvorgange ebenfalls nicht zugrunde liegen. Denn allerdings gehen Diffusions- und Resorptionsgeschwindigkeit vieler Stoffe parallel einher; es läßt sich aber auch leicht zeigen, daß unter sonst gleich leicht diffundiblen Stoffen wesentliche Unterschiede in ihrer Resorptionsgeschwindigkeit bestehen. Hierbei ist noch ganz von dem Unterschied abgesehen, darin bestehend, daß erfahrungsgemaß solche Stoffe, die sich in Lipoiden leicht lösen, auch leichter durch die Darmwand treten; z. B. Alkohol leichter als Kochsalz.

Um eine Osmose durch unvollkommen semipermeable Membranen allein kann es sich ebenfalls nicht handeln. Denn es erfolgt zwar die Resorption z. B. von Kochsalzlösungen im allgemeinen entsprechend dem osmotischen Druckgefälle zwischen dem Kochsalz im flussigen Darminhalt und in den Saften, die in der Darmwand zirkulieren; auch findet, wenn z. B. eine recht konzentrierte Salzlösung in das Darmlumen eingegossen wird, ein Übertritt von Wasser aus der Darmwand gegen das Darmlumen statt. Andererseits wird aber Kochsalz auch aus hypotonischen Lösungen resorbiert; ja sogar aus dem Serum eines Tieres, das in sein eigenes Darmlumen eingebracht wurde, wo doch in diesem Falle sicherlich keine osmotische Druckdifferenz besteht.

Aus der Tatsache, daß die Resorption weder durch Filtration, noch durch Diffusion, noch durch Osmose allein erklart werden kann, folgt bereits, daß der Resorption auch komplizierte Vorgange zugrunde liegen mussen. Daß es aber solche physiologischer Natur sind, also solche, die an die Tätigkeit lebender Zellen gebunden sind, geht aus folgender Beobachtung hervor: Ein Gefaß wird durch ein Stuck Darm, das einem eben getoteten Tiere entnommen wurde, in zwei Abteilungen geteilt. Fullt man die beiden Abteilungen mit derselben verdunnten Kochsalzlosung an, so wird eine Zeitlang ein Abstromen der Flussigkeit von einer Abteilung gegen die andere zu beobachten sein, und zwar von der Abteilung, die auf der Seite der Mucosa gelegen ist, gegen die, die der Serosa zugekehrt ist, also in derselben Richtung, wie im Lebenden zur Zeit der Resorption. Durch Hinzugabe von Chloroform, Fluor-Natrium usw., die das Zellplasma bloß

„lahmen", jedoch sicher nicht töten, wird der Durchtritt der Salzlösung sistiert, zum Zeichen dessen, daß es sich in der Tat um eine physiologische Zelleistung gehandelt hatte.

Achtes Kapitel.

Chemie verschiedener Organe, Organfunktionen, Gewebe und Sekrete (den Harn ausgenommen).

I. Leber.

Bestandteile und Zusammensetzung. Von Kohlenhydraten enthält die Leber wenig d-Glucose; ferner Pentose als Komponente der Nucleoproteide, und durchschnittlich 1—4% Glykogen, nach reichlicher Aufnahme von Kohlenhydraten aber auch bis zu 14—16%. Der Glykogengehalt hängt aber auch von manchen anderen Umständen ab; so z. B. bei Fröschen von der Jahreszeit und von der Temperatur der Umgebung: die Leber des hungernden Winterfrosches enthält mehr Glykogen, als die des wohlgenährten Sommerfrosches. Durch anhaltende Körperbewegung kann ein großer Teil des Glykogens zum Schwinden gebracht werden (S. 223, 303). Der Fettgehalt ist veränderlich und beträgt am Menschen etwa 4%, im Saugling nach der Milchaufnahme mehr. Bemerkenswert ist der Gegensatz, der bezüglich des Glykogen- und Fettgehaltes der Leber gefunden wurde: wird in der Leber viel Glykogen abgelagert, so tritt ihr Fettgehalt zuruck; umgekehrt findet man bei Ablagerung reichlicher Fettmengen in der Leber wenig Glykogen. Der Lecithingehalt beträgt etwa 2%, nach Phosphorvergiftung und in gewissen infektiösen Erkrankungen weniger. Von den verschiedenen in der Leber enthaltenen Eiweißarten ist der Reichtum an Nucleoproteiden zu verzeichnen.

Das Eisen des Hämoglobins der auch im Gesunden stets in großerer Anzahl zugrunde gehenden roten Blutkörperchen wird in der Milz, in Lymphknoten, und in erster Reihe in der Leber abgelagert; es ist in der Leber des Erwachsenen zu etwa 0,01—0,02%, in der des Neugeborenen in weit größeren Mengen enthalten; desgleichen auch in der Leber des Erwachsenen unter pathologischen Umständen, so z. B. in Fällen von Anaemia perniciosa. (Das von SCHMIEDEBERG dargestellte „Ferratin" ist ein etwa 6% Eisen enthaltendes Gemenge von Nucleoproteiden.)

In der Leber wurden, entsprechend ihrer mannigfaltigen Funktion, eine Anzahl von Enzymen nachgewiesen; so eine sehr wirksame Amylase (Diastase), ein autolytisches Enzym (S. 74), ein desaminierendes Enzym, ein Harnsäure zerstörendes, ein Arginin spaltendes Enzym, die sog. Arginase usw.

Funktionen. Die Funktion der Leber ist eine mannigfaltige: durch Absonderung der Galle kommt ihr eine wichtige Rolle in der Verdauung und Resorption der Nahrung zu (S. 212); ferner verlaufen in ihr lebenswichtige Vorgänge, wie Fibrinogenbildung (S. 162), Polymerisation der d-Glucose zu Glykogen (S. 304), Verzuckerung des

Glykogens usw. (S. 305), Desaminierung der Aminosauren, Harnstoffbildung (S. 273), Harnsäurebildung bei Vögeln (S. 279), Bildung von Acetonkörpern (S. 311), Cystinabbau (S. 313), die an anderen Stellen erörtert werden. Weitere Funktionen der Leber sind:

Entgiftung. Wahrscheinlich ist es die Leber, in der die Entgiftung mancher, im Darm gebildeter und in das Blut gelangter giftiger Verbindungen stattfindet; so die des Phenols und des Indoxyls durch die Vereinigung mit Schwefelsäure und Glucuronsaure zu ungiftigen Doppelverbindungen (S. 52, 267 und 281). Ferner werden zahlreiche von außen in den Organismus gelangte Gifte in der Leber entweder dadurch unschädlich gemacht, daß sie (z. B. Alkaloide) in nichtgiftige Verbindungen übergefuhrt, oder dadurch, daß sie (z. B. Metallgifte) in Form unlöslicher Verbindungen zurückgehalten werden.

Antithrombinbildung. Blut, das man durch die überlebende Leber strömen laßt, gerinnt schwerer als gewöhnliches Blut. Hieraus hat man gefolgert, daß in der Leber Anthithrombin gebildet wird, das die Gerinnung des im gesunden Organismus kreisenden Blutes verhindert (s. auch S. 150).

II. Hirn- und Nervensubstanz.

Die Hirnsubstanz enthält neben charakteristischen Stoffen, die in anderen Organen nicht oder nur spurenweise gefunden werden, solche, die auch anderwärts vorkommen.

a) Charakteristische Bestandteile sind:

Kephaline genannte Monoaminomonophosphatide (s. S. 113).

Sphingomyeline genannte Diaminomonophosphatide (s. S. 113).

Neurokeratin, eine Albumoid (S. 146), das in den Markscheiden der Nervenfasern enthalten ist.

Cerebroside. Es sind dies kompliziert zusammengesetzte phosphor- und schwefelfreie stickstoffhaltige Körper, die aus hochmolekularen Fettsäuren, Sphingosin und Galaktose aufgebaut sind, daher auch als Galaktoside angesehen werden können. Mit Wasser bilden sie kolloide Lösungen von hydrophilem Charakter. Von den vielen Cerebrosiden, die beschrieben und mit verschiedenen Namen, wie Enkephalin, Cerebrin, Cerebron, Phrenosin, Kerasin, belegt wurden, sind bloß Cerebron (bzw. das mit diesem identische Phrenosin), Kerasin und Nervon chemisch sichergestellte einheitliche Verbindungen. **Cerebron,** $C_{48}H_{93}NO_9$, besteht aus je einem Molekül Cerebronsäure, Sphingosin und Galaktose; **Kerasin,** $C_{48}H_{93}NO_8$, aus je einem Molekül Lignocerinsaure, Sphingosin und Galaktose; **Nervon,** $C_{48}H_{91}NO_8$, aus je 1 Molekül Nervonsäure, Sphingosin und Galaktose.

Als **Protagon** wird ein Körper bezeichnet, der sich aus dem warmen alkoholischen Auszug des Hirns beim Abkühlen krystallinisch ausscheidet, der jedoch zur Zeit nicht als einheitliche Verbindung, sondern als ein Gemenge von Phosphatiden und Cerebrosiden angesehen wird.

b) Nicht charakteristische Bestandteile sind Globuline, Nucleoproteide, Lecithin und Cholesterin, welch beide letztere in der Hirnsubstanz in verhältnismäßig weit größeren Mengen als anderswo enthalten sind. Im Vereine mit anderen Lipoiden bilden sie etwa zwei Dritteile der gesamten Trockensubstanz. Das Cholesterin kommt hier in freiem Zustande, nicht, wie im Blutplasma, in Form seines Esters vor. Von organischer Substanz sind noch in geringen Mengen Harnstoff, Kreatin, Harnsäure, Inosit und Cholin vorhanden.

Die durchschnittliche Zusammensetzung des Gehirns ist die folgende:

	Weiße Substanz	Graue Substanz
Wasser	68—73%	83—85%
Trockensubstanz	27—32%	15—17%
Eiweißkorper (Globuline und ein Nucleoproteid)	7 %	8 %
Lecithin	5 %	3 %
Kephalin	3,5%	0,7%
Cerebroside	5 %	3 %
Cholesterin	5 %	0,7%
Neurokeratin	3 %	0,4%
Anorganische Substanz	0,8%	0,8%

Hieraus ist ersichtlich, daß die weiße Substanz reicher an Trockensubstanz, und diese wieder reicher an Cholesterin, Cerebrosiden und Neurokeratin, ist als die graue Substanz.

Von der Hirnsubstanz nicht wesentlich abweichend zusammengesetzt sind Rückenmark und peripherische Nerven. Bezüglich des Rückenmarkes ist zu erwähnen, daß es an ungesättigten Phosphatiden reicher ist, als andere Teile des Nervensystems. Über die Zusammensetzung der peripheren Nerven liegen nur vereinzelte Untersuchungen vor. Nach diesen enthalten sie etwa 60% Wasser, also weniger als die weiße oder gar die graue Hirnsubstanz, und weniger Neurokeratin, als die graue Hirnsubstanz. Markhaltige Nervenfasern enthalten mehr Cerebroside als Phosphatide, umgekehrt die marklosen mehr Phosphatide als Cerebroside. Unter den Phosphatiden überwiegt das Kephalin gegenüber dem Lecithin.

„Vagusstoff". Durch Reizung des Vagus wird die den Physiologen bekannte Änderung der Herzaktion bewirkt und es wurde gezeigt, daß die Nahrlosung, in der man ein uberlebendes Herz schlagen läßt, dessen Vagus gereizt wurde, auf ein zweites uberlebendes Herz derart einwirkt, wie wenn dieses zweite Herz im obigen Sinne gereizt würde. Dieser Reizeffekt wird durch Stoffe herbeigeführt, die infolge des Reizes in den betreffenden Nerven gebildet und an die Nährlosung abgegeben werden, und es ist möglich, daß es sich hierbei um Acetyl-Cholin (S. 56) handelt.

III. Muskelgewebe.

A. Quergestreifte Muskeln.

1. Reaktion.

Die H-Ionenkonzentration der Substanz des ruhenden sowohl wie auch des arbeitenden Muskels ist, so wie dies auch am Blute gezeigt wurde, wenig verschieden von der, die in nach S. 20 neutralen Lösungen vorhanden ist. Wird hingegen mit Lackmus geprüft, so reagiert der lebende ruhende Muskel zwar ebenfalls neutral oder auch alkalisch, hingegen der arbeitende ausgesprochen sauer. Dies rührt von der Milchsäure her, die im arbeitenden Muskel in erheblicher Menge gebildet wird.

2. Zusammensetzung.

In dem von Fettgewebe befreiten Muskel sind enthalten: im Saugetier 22—25, im Vogel 22—28, im Kaltblüter 20% Trockensubstanz; d. h. der Muskel des Kaltblüters enthält mehr Wasser als der des Vogels und des Säugetieres; im allgemeinen sind auch Muskeln jüngerer Individuen derselben Tierart wasserreicher, als die des älteren Individuums. Im Säugetier wird von der Trockensubstanz 1% durch anorganische Salze, der größte Teil der organischen Substanz durch Eiweißkörper gebildet; außer diesen sind im Muskel von stickstoffhaltigen Verbindungen enthalten: Kreatin, wenig Kreatinin, Purinkörper, Harnstoff; von stickstofffreien: Fett (Lipoide), Glykogen, d-Glucose, d-Milchsäure, Inosit.

Stickstofffreie organische Bestandteile.

Glykogen (ausfuhrlich S. 102) ist im lebenden Muskel gefutterter Tiere zu 0,5—1%, im Pferdemuskel in noch größerer Menge enthalten. Der Muskel des Hungertieres enthält weit weniger Glykogen, doch betrifft die Abnahme zuerst immer das Leberglykogen und erst nachher das Muskelglykogen; ja, die Muskeln des Kaninchens werden auch nach achttägigem Hungern, die des Hundes zuweilen auch nach wochenlangem Hungern nicht wirklich glykogenfrei; doch läßt sich dies, da im arbeitenden Muskel ein Verbrauch von Glykogen stattfindet, annähernd erreichen, wenn man das Tier mit nicht tödlichen Strychnindosen vergiftet, und von Zeit zu Zeit heftige krampfartige Kontraktionen seiner Muskeln auslöst. Stirbt der Muskel, so nimmt sein Glykogengehalt rasch ab.

Andere Kohlenhydrate (d-Glucose, Maltose, Dextrine) wurden im Muskel in sehr geringen Mengen nachgewiesen.

d-Milchsäure (Para- oder Fleischmilchsaure) ist die einzige der drei Modifikationen der α-Oxypropionsäure (S. 50), die im Muskel vorkommt. Bezüglich der Menge und der Bedeutung der Milchsaure hat man zu unterscheiden zwischen dem ruhenden, dem Tierkorper frisch entnommenen, und dem in situ arbeitenden Muskel. Die alteren Angaben lauten hierüber vielfach widersprechend.

Als Ursache dieser Widerspruche hat sich herausgestellt, daß in dem dem Tiere entnommenenen Muskel erhebliche Mengen von Milchsaure gebildet werden konnen, wenn man ihn, wenn auch nur kurze Zeit, bei Zimmertemperatur liegen laßt, weit ausgiebiger bei etwa 70°C, oder wenn man bei der Extraktion (zur Gewinnung der Milchsaure) nicht genugend gekuhlten Alkohol verwendet, oder wenn der Muskel mit Metallinstrumenten nicht schonend behandelt wird. So findet man z. B., falls alle notigen Kautelen eingehalten werden, im Froschmuskel bloß 0,01—0,02 Milchsaure; sonst aber 0,5% und daruber. Noch schwieriger war die Milchsaurefrage bezuglich des arbeitenden Muskels zu beantworten. Denn laßt man den Muskel in situ mit erhaltener Blutzirkulation, so wird die etwa gebildete Milchsaure durch das stromende Blut fortlaufend weggeschwemmt; wird aber die Blutzirkulation unterbunden, so ist das Ergebnis nicht eindeutig, da der Mangel an zugefuhrtem Blut bzw. Sauerstoff geradezu zur Milchsaurebildung fuhrt. Durch neuere Untersuchungen wurde aber auch in dieser Beziehung Klarheit geschaffen; uber sie wird an anderer Stelle (S. 384) berichtet; hier nur so viel, daß der bei angestrengter Muskeltatigkeit langst angenommene Ermudungsstoff" nichts anderes ist als angehaufte Milchsaure.

Inosit (S. 53) kommt in einer Menge von etwa 0,03% vor.

Fett ist nicht nur im intermuskulären Gewebe, sondern auch in den Muskelfasern selbst enthalten, jedoch ist dieser Teil schwerer durch Äther zu extrahieren. Mageres Fleisch enthält etwa 1% Fett; das mancher Fischarten weit mehr; so z. B. das vom Lachs etwa 10%, das des Aales 30%. Außer Fett enthält das Fleisch auch andere mit Äther extrahierbare Verbindungen, wie freie Fettsäuren, Phosphatide (Lecithin); ja, im ätherischen Extrakt des Herzfleisches finden sich mehr Phosphatide als Fett; in anderen Muskeln überwiegt das Fett.

Stickstoffhaltige organische Bestandteile.

Eiweißkörper[1]. Der aus dem lebendfrisch gefrorenen und zu sog. „Muskelschnee" verriebenen Froschmuskel erhaltene Preßsaft, das sog. „Muskelplasma", gerinnt spontan bei Zimmertemperatur annähernd mit der Vollkommenheit, wie das Blutplasma, und liefert neben dem Gerinnsel eine Flüssigkeit, die als Analogon des Blutserums als „Muskelserum" bezeichnet wird. Weit weniger vollkommen gerinnt der Preßsaft des Säugetiermuskels. Nach manchen Autoren soll es sich bei diesem Gerinnungsvorgang um eine Enzymwirkung, ähnlich wie beim Blute, handeln; nach anderen um eine Wirkung der im abgestorbenen Muskel gebildeten Milchsäure, oder aber um die von Calciumsalzen. Durch den allmahlich fortschreitenden Gerinnungsprozeß wird es bewirkt, daß man, da das geronnene Muskeleiweiß in Wasser unlöslich ist, aus dem abgestorbenen Muskel wohl einen Teil der Eiweißkörper durch Neutralsalzlösungen extrahieren kann, ein anderer Teil jedoch ungelöst zurückbleibt. Letzterer ist es, der den weitaus größten Teil des sog. Muskelstromas bildet, und es ist selbstverständlich, daß seine Menge, je nachdem die Gerinnung weniger oder mehr vorgeschritten ist, bald bloß 10%, ein andermal jedoch auch 50% sämtlicher Eiweißkörper des Muskels betragen kann.

Die Eiweißkörper des Muskels sind das Myogen, Myosin und Muskelhämoglobin; doch ist es möglich, daß der Unterscheidung zwischen den beiden ersteren (verschiedene Fällbarkeit und Hitzekoagulationstemperatur) keine eigentliche chemische Verschiedenheit zugrunde liegt

Myogen (auch Myosinogen genannt), bildet 71—80% sämtlicher Eiweißkörper; es ist aus seiner Lösung durch Verdünnung nicht zu fällen, ist also kein echtes Globulin. Durch Halbsättigung mit Ammoniumsulfat ist es fällbar. Es gerinnt bei 55—65° C.

Myosin (auch Muskulin oder Paramyosinogen genannt) zeigt die Eigenschaften der Globuline, insbesondere des Fibrinogens; in Wasser ist es nur in Gegenwart von Salzen löslich und durch Verdünnung dieser Lösung fällbar; es löst sich auch in verdünnten Laugen und Säuren. Durch Ammoniumsulfat wird es erst in Konzentrationen gefällt, die die Halbsättigung überschreiten. Es gerinnt bei 50—55° C.

---

[1] Die von verschiedenen Autoren verwendete Terminologie der Muskeleiweißkorper ist recht widerspruchsvoll; mit dem Namen „Myosin" bezeichnete KÜHNE ursprunglich den Preßsaft des auf 0° gekuhlten Muskels; später wurde hierunter der geronnene Teil des Muskelplasmas verstanden. Im nachstehenden werden die Ausdrücke „Myosin" und „Myogen" im Sinne von FÜRTHS Terminologie verwendet.

Muskelhämoglobin (Myochrom) ist der charakteristische Farbstoff der quergestreiften Muskelfasern, dem sie die rote Farbe verdanken; es steht dem Hämoglobin sehr nahe; ist mit demselben vielleicht identisch. In größter Menge ist es in den am kräftigsten und anhaltendsten arbeitenden Muskeln (Herzmuskel) enthalten. Im Hungerzustande, sowie in kachektischen Zuständen nimmt seine Menge ab. Es fehlt in den glatten Muskelfasern.

Von anderen stickstoffhaltigen Bestandteilen sind noch zu erwähnen:

Kreatin, Methylguanidinessigsäure, $C_4H_9N_3O_2$ (Eigenschaften siehe auf S. 60). Es ist in den quergestreiften Muskeln in einer Menge von etwa $0,3—0,5\%$ enthalten; doch ist der Gehalt der verschiedenen Muskeln ein verschiedener, und zwar um so größer, je rascher sich der betreffende Muskel kontrahiert. Das Kreatin ist im Muskel nicht in freiem Zustande, sondern an Phosphorsäure gebunden, als sog. **Kreatinphosphorsäure** enthalten. (Siehe hierüber auch auf S. 385.) Als Guanidinabkömmling dürfte das Kreatin während der Stoffwechselvorgange in den verschiedensten Zellen aus der Argininkomponente des Eiweißes gebildet und in den Muskeln gestapelt werden.

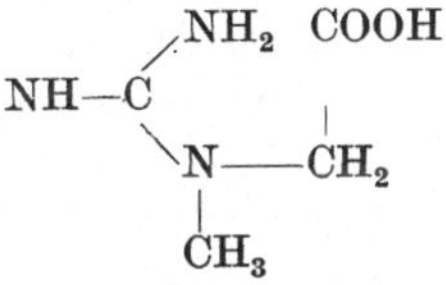

Kreatinin (ausführlich S. 60) ist in der Muskelsubstanz gewöhnlich nur in sehr geringen Mengen, bis zu etwa $0,015\%$ nachzuweisen.

Von **Purinkörpern** (S. 63) ist Hypoxanthin in einer Menge von etwa $0,1—0,2\%$ enthalten; Xanthin, Harnsäure und Guanin in geringeren Mengen.

Harnstoff (S. 58) kommt im Säugetiermuskel in einer Menge von etwa $0,01—0,05\%$ vor; im Hungertier weniger, nach Fleischfütterung mehr; im Muskel der Selachier ist auffallend viel, gegen 2%, Harnstoff vorhanden.

Karnosin, $C_9H_{14}N_4O_3$, besteht aus je einem Molekül β-Alanin und Histidin, die unter Austritt von einem Molekül Wasser zum Dipeptid zusammentreten.

Außer den genannten sind im frischen Fleisch noch andere stickstoffhaltige Verbindungen enthalten, die in weit großerer Menge in dem fabrikmäßig dargestellten „Fleischextrakt" vorkommen. Diese sind:

Karnin, das von manchen Autoren als ein Gemenge von je 1 Molekul Hypoxanthin und Inosin (S. 145) angesehen wird.

Karnitin, ein Betainanhydrid (s. S. 57) der γ-Amino-β-Oxybuttersäure.

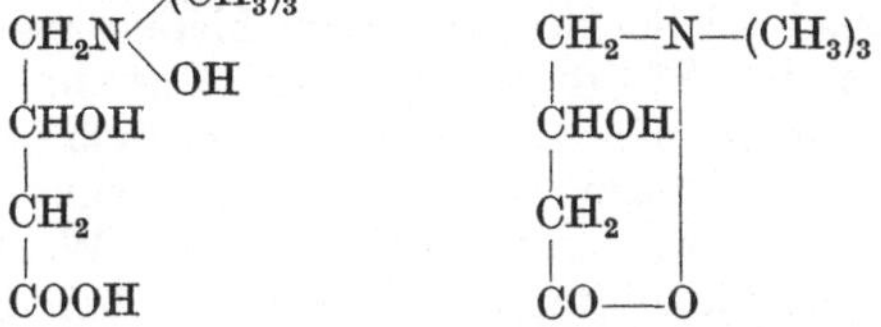

Adenylsäure, die jedoch nach mancher Angaben, wie auf S. 145 beschrieben, nicht Phosphorsaure sondern Pyrophosphorsaure enthalt. (Über ihre Rolle in den Muskelkontraktionen siehe auf S. 386.) Als Zersetzungsprodukte liefert sie **Ammoniak** und **Inosinsäure** (S. 145). **Phosphorfleischsäure** ist eine komplizierte, in ihrem Wesen wenig geklarte Verbindung, oder bloß ein Gemenge, aus der sich d-Milchsäure, Bernsteinsaure, Phosphorsäure, Kohlenhydrat usw. isolieren lassen. (Phosphorfleischsaure und ahnlich zusammengesetzte Körper werden auch als Nucleone bezeichnet.)

Anorganische Bestandteile.

Sie sind im Säugetiermuskel in folgenden Verhältnissen enthalten:

K . . . . 2,5 —4,0$^0/_{00}$		Fe . . . . 0,04—0,2$^0/_{00}$	
Na . . . . 0,6 —1,6$^0/_{00}$		P . . . . 1,7 —2,5$^0/_{00}$	
Mg . . . . 0,2 —0,3$^0/_{00}$		Cl . . . . 0,4 —0,8$^0/_{00}$	
Ca . . . . 0,02—0,2$^0/_{00}$		S . . . . 1,9 —2,3$^0/_{00}$	

Aus obiger Zusammenstellung ist zu ersehen, daß von sämtlichen Basen das Kalium in größter Menge vorkommt. Da Schwefel beinahe ausschließlich als neutraler Schwefel im Muskeleiweiß enthalten ist, Chlor aber hauptsachlich von zurückgebliebenem Blut oder von Lymphe herrührt, so kann die große Menge von Kalium nur an Phosphor bzw. Phosphorsäure gebunden sein. Unter den anorganischen Salzen des Muskels uberwiegt demnach das phosphorsaure Kalium.

Von Gasen ist im Muskel viel Kohlensäure, wenig Stickstoff und gar kein Sauerstoff enthalten.

3. Muskelstarre.

Der frisch aus dem Tiere ausgeschnittene Muskel wird unter Einwirkung gewisser Eingriffe starr; der erstarrte Muskel ist hart, undurchsichtig, dicker und kürzer als der lebende, ruhende Muskel. Diese Art Starre tritt ein als Warmestarre, und zwar am Froschmuskel bei etwa 40^0, am Säugetiermuskel bei etwa 50^0 C, und ist der bei diesen Temperaturen „explosionsartig" gesteigerten Milchsäurebildung zuzuschreiben. Steigt die Temperatur noch höher an, so tritt Hitzekoagulation der Eiweißkörper hinzu, und die Starre wird irreversibel. Eine andere Form ist die chemische Starre, die unter Einwirkung von Giften auftritt. In dieser Art wirken destilliertes Wasser, das durch das Sarkolemma diffundiert und die kontraktile Substanz zum Quellen bringt, ferner Alkohol, Äther, Chloroform, Chinin, Säuren usw., von denen manche den Muskel nur erstarren lassen, wenn er sich vorher anhaltend kontrahiert, und demzufolge in ihm eine Anhäufung von Milchsäure stattgefunden hatte. Allerdings wird von mancher Seite angenommen, daß auch die chemische Starre stets auf einer Bildung exzessiver Mengen von Milchsäure beruht.

Dem Wesen nach vielleicht nicht verschieden von obigen künstlich erzeugten Formen der Starre ist die sog. Totenstarre. Die einem lebenden Tiere entnommenen Muskeln, wie auch solche, die in der Leiche eines Tieres belassen waren, werden nach einiger Zeit ohne jedwedes fremdes Hinzutun starr, und zwar am Warmblüter innerhalb weniger Stunden, am Kaltblüter 1—2 Tage nach dem Tode; an „weißen" Muskeln rascher als an den „roten", an einem vorher hungernden oder müde gehetzten oder mit Strychnin vergifteten Tiere schneller, als an einem vorher gut genährten, normalen Tiere, ferner auch in der Hitze schneller als in der Kälte. Spater löst sich die Totenstarre, und die Muskeln werden wieder weich. In der Erklarung der Totenstarre stimmen die Autoren nicht überein; manche halten sie für eine der Gerinnung des Muskelplasmas identische Erscheinung, andere betrachten sie als letzte Lebensäußerung des Muskels. Gegenwärtig ist es kaum zu bezweifeln, daß die Totenstarre auf einer Quellung des Muskeleiweißes beruht, hervorgerufen durch die zunehmende Konzentration der im abgestorbenen Muskel gebildeten Milchsäure.

Das Muskeleiweiß verhalt sich dabei wie eine Gelatineplatte, die in Gegenwart bereits sehr geringer Mengen von Saure weit stärker als in reinem saurefreiem Wasser anquillt. Dafur, daß es wirklich die Milchsaure ist, die das ausschlaggebende Moment abgibt, spricht, daß, wie erwahnt, die Totenstarre nach anstrengender Muskelarbeit (die ja zur vermehrten Milchsäurebildung fuhrt) rascher eintritt, umgekehrt vermißt wird, wenn man wahrend der Muskelarbeit fur hinreichenden Sauerstoff sorgt (da hierbei keine Milchsaure gebildet wird). Wie ebenfalls erwahnt, wird auch bei der Warmestarre und bei der chemischen Starre viel Milchsäure gebildet, daher auch hier durch Säure bedingte Eiweißquellung als Ursache der Starre angenommen werden kann, wahrend die Gerinnung der Eiweißkórper bloß einen sekundaren Vorgang darstellt.

Das Schwinden der Totenstarre wurde fruher falschlich als eine Folge der Fáulnisvorgange angesehen; spater, mit großerer Berechtigung, autolytischen Vorgangen zugeschrieben. Eine physikalisch-chemische Erklarung scheint auch hier am plausibelsten zu sein: unter der Einwirkung der zunehmenden Saurebildung wird das gequollene Muskeleiweiß endlich gefallt, worauf naturlich auch der Quellung ein Ende gesetzt wird. Aus dieser Erklarung folgt auch, daß die Koagulation des Muskelplasmas bzw. des Muskeleiweißes nicht zur Totenstarre fuhrt, sondern umgekehrt: die Totenstarre schwindet, wenn das Muskeleiweiß gerinnt.

B. Glatte Muskelfasern.

In den glatten Muskelfasern des Magens und der Harnblase verschiedener Tiere wurde koagulierbares Eiweiß nachgewiesen, das bald dem Myosin, bald dem Myogen der quergestreiften Muskeln gleicht. Auch an den glatten Muskelfasern tritt, wenn sie absterben, Totenstarre ein.

IV. Stützgewebe.

Bindegewebe. Die Bindegewebsfasern, die die Grundsubstanz des Bindegewebes darstellen, bestehen aus Kollagen (S. 147), die elastischen Fasern aus Elastin (S. 146); im Sehnengewebe ist außerdem noch ein Mucoid (S. 144) enthalten. Der das Bindegewebe durchtränkende Gewebesaft enthält die (S. 162) genannten Bestandteile des Blutplasma bezw. der Lymphe, welche Bestandteile selbstverständlich nicht als fur das Bindegewebe charakteristisch angesehen werden können. Jüngeres Bindegewebe enthalt durchschnittlich mehr Wasser und Mucoide als alteres. Die Isolierung der einzelnen Bestandteile des Bindegewebes beruht auf ihrer verschiedenen Löslichkeit.

Die dem Blutplasma resp. der Lymphe zugehórenden Bestandteile werden durch Wasser, die Mucoide durch halbgesattigtes Kalkwasser extrahiert; ungelóst bleiben nur mehr Kollagen, Elastin und die Bindegewebszellen.

Knorpel. Der Knorpel enthält gegen 70% Wasser und 30% Trockensubstanz. Die organische Grundsubstanz enthalt als wesentlichsten Bestandteil ein Kollagen, das mit dem des Bindegewebes offenbar identisch ist; außerdem Chondromucoid (S. 144) und ein Albuminoid. Die $1{,}5{-}2\%$ betragende Asche enthält überwiegend Kochsalz, wenig Calciumsalze.

Knochen. Die Ermittlung der Zusammensetzung des eigentlichen Knochengewebes ist dadurch sehr erschwert, daß es kaum gelingt, die Knochen von Blutgefäßen, Mark usw. rein zu bekommen. Frische menschliche Knochen enthalten sehr verschiedene Mengen, oft bis zur Hälfte ihres Gewichtes, Wasser. Von der Trockensubstanz entfallen auf organische Substanz 30—40%, hiervon 15—25% auf Fett, auf anorganische Substanz 60—70%. Die Grundsubstanz des Knochens wird hauptsächlich durch Ossein gebildet, das mit dem Kollagen des Bindegewebes wahrscheinlich identisch ist. Außer dem Ossein sind in der Grundsubstanz noch Osseomucoid (S. 144) und ein Albuminoid enthalten. In die Grundsubstanz sind außer den Knochenzellen anorganische Salze eingelagert, denen das Knochengewebe seine große Festigkeit verdankt. Die Art der chemischen Bindung zwischen organischer Grundsubstanz und den Salzen ist derzeit noch nicht bekannt; vielleicht handelt es sich bloß um eine Adsorptionsbindung. Die Salze bestehen zum überwiegenden Teil (etwa 90%) aus Calciumphosphat; daneben sind Magnesiumphosphat, Calciumcarbonat, -chlorid und -fluorid vorhanden.

Die Trennung und Isolierung der einzelnen Eiweißkörper der Knochen erfolgt auf Grund ihrer verschiedenen Löslichkeit. Der gut gereinigte, mit Wasser gewaschene und zerkleinerte Knochen wird durch Äther von Fett und Lipoiden, durch verdünnte Salzsäure von den Salzen befreit. Dem Rückstande werden die Mucoide durch halbgesättigtes Kalkwasser entzogen, worauf nur mehr Ossein und das Albuminoid zurückbleiben. Das Ossein wird mit heißem Wasser in Form von Glutin (S. 147) in Lösung gebracht; ungelöst bleibt das Albuminoid.

Das Zahnzement, das die Zähne in dünner Schichte deckt, ist gewöhnliches Knochengewebe; das Dentin gleicht dem Knochengewebe, doch enthält es weniger Wasser und organische Substanz; der Zahnschmelz ist das an Wasser und auch an organischer Substanz ärmste Gewebe des Körpers.

Knochenmark. Der überwiegende Teil, etwa 78—96%, des gelben Markes wird durch Fett gebildet, das zu einem großen Teil aus Triglyceriden der Ölsäure besteht. Außerdem enthält das Knochenmark viel Lecithin, ferner Globuline, Fibrinogen, Cholesterin, wenig Milchsäure, Inosit usw. Das rote Knochenmark unterscheidet sich vom gelben durch seinen größeren Gehalt an roten Blutkörperchen, sowie durch seine festere Konsistenz, beruhend auf seinem geringeren Trioleingehalt.

V. Schweiß, Hauttalg, Tränen, Sperma, Amniosflüssigkeit.

Der **Schweiß** ist eine farblose, klare, gewöhnlich sauer reagierende Flüssigkeit; bei profuser Absonderung kann er auch alkalisch reagieren. Sein spezifisches Gewicht beträgt 1,002—1,005. Eiweiß enthält er bloß in Spuren, von anderen organischen Verbindungen wenig Fettsäuren, Cholesterin, Harnstoff. Bei Niereninsuffizienz wird im Schweiß zuweilen so viel Harnstoff abgesondert, daß die Haut, sobald das Wasser von ihrer Oberfläche verdampft, mit Harnstoffkrystallen übersät erscheint. Von anorganischen Verbindungen sind hauptsächlich Kochsalz, ferner Phosphate und Sulfate in geringer Menge nachgewiesen.

Der **Hauttalg** hat Salbenkonsistenz und enthält außer Fetten Cholesterin- und Isocholesterinester, Phosphatide, Eiweiß und Salze. Eine ähnliche Zusammensetzung weist auch die Vernix caseosa des Neugeborenen, ferner der Inhalt von Dermoidcysten und Hautatheromen, endlich auch das Ohrenschmalz auf.

Die **Tränen** reagieren auf Lackmus alkalisch, in physikalisch-chemischem Sinne sind sie neutral; sie enthalten ein koagulierbares Eiweiß, von anorganischen Verbindungen hauptsächlich Kochsalz.

Das **Sperma** stellt ein Gemisch des Hodensekretes mit dem der Prostata dar. Das menschliche Sperma ist eine weiße oder gelbe Flüssigkeit von charakteristischem Geruch, die aus einer flüssigen Grundsubstanz und aus zelligen Elementen besteht. Die flüssige Grundsubstanz wird teils durch die Prostata, teils durch die Testikel abgesondert. Der Geruch des Spermas rührt vom Prostatasekrete her; sein Trockensubstanzgehalt beträgt gegen 10%, wovon 9% organisch sind und 1% auf anorganische Salze entfällt. Die organische Substanz besteht zu einem Viertel aus Eiweißkörpern: unter diesen vorwiegend Albumine, daneben sind wenig Albumosen und Glykoproteide enthalten. Die anorganische Substanz wird hauptsächlich durch phosphorsaures Calcium und Kochsalz gebildet. Das Prostatasekret enthält wenig Albumin, ein Mucoid, Lecithin und Spermin (S. 58), das sich aus dem eintrocknenden Samen in Form der SCHREINER-BÖTTCHERschen Krystalle ausscheidet. Die Samenfäden sind gegen Mineralsäuren auffallend resistent. Die hauptsächlich an Fischsperma ausgeführten Analysen ergaben, daß die Köpfe viel, überwiegend an Histone und Protamine gebundene Nucleinsäuren (S. 144) enthalten, und zwar wurden im unreifen Sperma mehr Histone, im reifen mehr Protamine nachgewiesen. Die Schwänze enthalten viel Fett, Cholesterin und Lecithin. Die anorganische Substanz der Samenfäden beträgt etwa 5%, und wird hauptsächlich durch phosphorsaures Calcium gebildet.

Die **Amniosflüssigkeit** wird nach manchen Autoren von der Niere der Frucht abgesondert; nach anderen rührt sie von dem mütterlichen Blute her, bzw. ist gemischten Ursprunges. Der Charakter eines Nierensekretes, also Harns, wird ihr durch den Gehalt an Harnstoff, Harnsäure und Allantoin verliehen. In der letzten Periode vor der Entbindung enthält die Amniosblase der Frau gegen 1 Liter Flüssigkeit. Sie ist dünnflüssig, hat ein spezifisches Gewicht von 1,002—1,008, reagiert neutral oder schwach alkalisch; ihr Trockensubstanzgehalt beträgt etwa 2%, wovon $0,5\%$ auf Kochsalz entfallen.

VI. Eier.

Die Eizellen der Saugetiere sind viel zu klein, als daß sie chemisch untersucht werden könnten; hingegen ist das Vogel-, insbesondere das Hühnerei, qualitativ und quantitativ genau erforscht. Das Hühnerei hat ein durchschnittliches Gewicht von 40—60 g; hiervon entfallen auf die Eischale und Eischalenhaut 5—8 g, auf das Eiklar 22—35 g, auf das Eigelb 12—18 g.

Die Eischale enthält bloß gegen 3—6$\%$ organische Substanz, in überwiegender Menge, gegen 90%, kohlensaures Calcium, wenig phosphorsaures Calcium und Magnesium, sehr wenig kohlensaures Magnesium. Die Eischalenhaut besteht aus einem nicht näher bekannten, dem Keratin nahestehenden Eiweißkörper.

Der Inhalt des Eies, bestehend aus Eiklar und Eigelb, ist auffallend arm an Purinkörpern.

Das Eiklar gleicht, insolange die feinen Membranen, die es kreuz und quer durchziehen, nicht zerstört sind, einer zarten Gallerte; werden die Membranen zerstört, so erhält man eine dünnere, blaßgelbe Flüssigkeit, deren spezifisches Gewicht etwa 1,040 beträgt und die auf Lackmus alkalisch reagiert.   Das Eiklar enthält:

```
Wasser . . . . . . . . . . . . . . . . 85—88%
Trockensubstanz . . . . . . . . . . . 12—15%
Eiweißkörper . . . . . . . . . . . . 10—13%
Fett, Lecithin, Cholesterin . . . . . .  1,3  %
Salze . . . . . . . . . . . . . . . .  0,7%
```

Das Eiklar enthält drei Eiweißkörper: ein Albumin, ein Globulin und ein Glykoproteid.

Ovalbumin ist krystallisierbar. Da sich immer nur ein Teil des Ovalbumins zur Krystallisation bringen läßt, während ein anderer Teil in Lösung bleibt oder amorph ausfällt, hat man diesen Teil, wohl mit Unrecht, als einer anderen Eiweißart angehörend, als Conalbumin bezeichnet. Ovalbumin ist optisch aktiv, $[\alpha]_D = -30°$; in salzfreier Lösung koaguliert es bei 64° C, in Anwesenheit von Kochsalz höher; das Coagulum ist, im Gegensatz zum Serumalbumincoagulum (S. 163) in Salpetersäure schwer löslich.

Krystallisiertes Ovalbumin wird dargestellt, indem man Eiklar filtriert, mit Ammoniumsulfat zur Hälfte sättigt, von gefälltem Globulin abfiltriert, das Filtrat bei Zimmertemperatur stehen und sich durch Wasserverdunstung konzentrieren läßt, worauf später die Krystallisation beginnt.

Ovoglobulin, dem Serumglobulin sehr ähnlich, koaguliert bei etwa 75° C. Es wird als Trübung oder als Niederschlag erhalten, wenn man Eiklar mit Wasser verdünnt oder mit Magnesiumsulfat sättigt.

Ovomucoid ist nicht hitzekoagulabel; aus seinem Molekül lassen sich gegen 30% Glucosamin (siehe hierüber S. 105) abspalten.

Dargestellt wird es aus dem mehrfach verdünnten Eiklar, indem man Ovalbumin und Ovoglobulin durch Koagulation entfernt und das Filtrat mit Alkohol fällt.

Unter den Salzen überwiegen die Chloride gegenüber dem phosphorsauren Calcium.

Das Eigelb ist eine dicke, undurchsichtige, hell- oder dunkelgelbe Flüssigkeit, die auf Lackmus alkalisch reagiert. Es folge hier das Beispiel einer Analyse:

```
Wasser . . . . . . . . . . . . . . . . . . . 47%
Trockensubstanz . . . . . . . . . . . . . . . 53%
Eiweißkörper . . . . . . . . . . . . . . . . 16%
Fett . . . . . . . . . . . . . . . . . . . . 23%
Lecithin . . . . . . . . . . . . . . . . . . 11%
Cholesterin . . . . . . . . . . . . . . . . 1,5%
Anorganische Substanz . . . . . . . . . . . 1,0%
```

Ein charakteristischer Bestandteil des Eigelb ist das phosphorhaltige Vitellin, das nach manchen Autoren an Lecithin gebunden, demnach in Form eines Lecithalbumins vorkommt. Es gehört zur Gruppe der Phosphorglobuline (S. 138), ist in Wasser unlöslich, löst sich leicht in verdünnten Laugen, Säuren und Salzlösungen. Es koaguliert bei etwa 70⁰ C. Mit Pepsinsalzsäure verdaut, liefert es einen Niederschlag von Pseudonuclein (S. 144). Im Eigelb hat man außer dem Lecithin noch ein Di- und ein Triaminophosphatid nachgewiesen. Der im Eigelb enthaltene gelbe Farbstoff ist identisch mit dem Xanthophyll (S. 68) der Pflanzen. Unter den anorganischen Salzen überwiegen die Phosphate, und zwar ist mehr Calcium- als Kalium- und Natriumphosphat vorhanden.

Dem Vitellin analog ist das im Fischlaich enthaltene **Ichthulin.**

VII. Milch und Colostrum.

Die Milchdrüsen beginnen bereits im 2. bis 3. Monat der Schwangerschaft ein dünnes Sekret abzusondern; dieses, sowie auch das nach der Entbindung (zuweilen auch vor derselben) während einiger Tage in größeren Mengen abgesonderte, dickere, gelbgefärbte Sekret, nennt man Colostrum. Innerhalb der ersten Woche nach erfolgter Entbindung tritt an Stelle des Colostrums die Milch, die, falls die Brüste regelmäßig entleert werden, nun in großen Mengen abgesondert wird. Ausnahmsweise wird die Bildung von Milch auch an Mannern (Hexenmilch) oder gar auch an Neugeborenen beobachtet.

Milch.

A. Eigenschaften.

Die Milch ist eine weiße bis gelblichweiße, mehr oder minder süß schmeckende Flüssigkeit von eigenartigem Geruch. Das spezifische Gewicht der Frauen- und Kuhmilch beträgt 1,026—1,036; ihre Gefrierpunktserniedrigung ist beinahe gleich der des Blutes. Die Milch von Pflanzenfressern und Omnivoren reagiert, mit Lackmus geprüft amphoter; in Wirklichkeit ist sie aber nahezu neutral, indem in der Frauenmilch $p_H = 6,97$, in der Kuhmilch $p_H = 6,57$ als Durchschnitt gefunden wurde.

Die Milch ist eine waßrige Emulsion, bestehend aus Milchplasma, in dem verschiedene Krystalloide und kolloide Bestandteile gelöst sind, und Fett, das in Form sehr kleiner Tröpfchen, der sog. Milchkügelchen, im Plasma emulgiert ist. Unter dem Ultramikroskop betrachtet, erweist sich auch das Plasma vieler Milcharten (das der Frauenmilch nicht!) als eine inhomogene Flüssigkeit, in der schwebende Teilchen (Lactoconien) suspendiert sind, bestehend aus Calciumcaseinat, das (nach S. 235) in Lösung erhalten wird.

B. Zusammensetzung.

Da Milch die ausschließliche Nahrung des neugeborenen Saugetieres darstellt, muß sie alle Nahrstoffe enthalten, deren der in Entwicklung begriffene Organismus bedarf: also Kohlenhydrate, Fette und Eiweißkörper. Ihre Bestandteile sind: Lactose, Fett, Lecithin, Casein, Lactalbumin und Lactoglobulin; wenig Citronensäure ($0,1^0/_0$ in der Kuhmilch, $0,05—0,07^0/_0$ in Frauenmilch); Cholesterin, Harnstoff, Milch-Phosphorfleischsäure, ein Analogon der ähnlichen in den Muskeln vorkommenden Säure (S. 225); Kreatin, Kreatinin; von Enzymen: Katalase, Oxydo-Reduktase, Oxydase, Lipase usw.; ferner Salze und Gase. Arzneien oder Gifte, wie Alkaloide des Opium, Alkohol, Jod, Arsen usw. können unverändert oder in Form ihrer Umwandlungsprodukte in der Milch abgeschieden werden. Gallensäure und Gallenfarbstoffe treten in die Milch nicht über. Auffallend ist die Armut der Milch an Purinkörpern, die es notwendig macht, daß der Säugling, in dessen Körper nebst allen anderen Gewebselementen auch die Purine (bzw. Nucleoproteide) enthaltenden an Maße zunehmen, Purine synthetisch aufbaue (siehe S. 279).

Die prozentuale Zusammensetzung der Milch beträgt im Durchschnittswerte zahlreicher Analysen:

	Frauenmilch	Kuhmilch
Trockensubstanz	13,6	12,0
Wasser	86,4	88,0
Von der Trockensubstanz		
Casein	0,8	3,0
Albumin + Globulin	1,2	0,5
Fett	3,5	3,5
Milchzucker	6,0	4,5
Phosphatide (Lecithin)	0,06	0,06
Salze	0,25	0,75

Von obigen fur den Salzgehalt angegebenen Prozentwerten entfallen in der

	Frauenmilch	Kuhmilch
K	0,05	0,15
Na	0,025	0,05
Ca	0,025	0,15
Mg	0,005	0,015
P	0,015	0,08
Cl	0,05	0,10

Bezüglich des Salzgehaltes der Milch ist noch folgendes zu erwahnen. a) Die Milch ist auffallend arm an Eisen (1—3 mg pro 1 Liter), woran es demnach dem Säugling fehlen mußte, wenn er nicht nachgewiesenermaßen über einen gegenüber dem Erwachsenen verhältnismaßig reichen Vorrat an Eisen (S. 220) verfugen wurde, der ihn in den Stand setzt, das zur Bildung des Hämoglobins benötigte Eisen, solange er sich ausschließlich mit Milch ernahrt, diesem Vorrate zu entnehmen. b) Kalium und Chlor sind ihrer ganzen Menge nach, hingegen Calcium und Phosphor bloß etwa zur Halfte in frei diffundibler Form in der Milch enthalten. c) In Anbetracht der Aufgabe der Milch, alle die zum Aufbau des wachsenden Tierkorpers nötigen Stoffe zu liefern, ist die Tatsache besonders lehrreich, daß in der Asche des Korpers von jungen Tieren und in der der Milch, die sie genießen, dieselben Salze und (mit Ausnahme des Eisens) in denselben relativen Mengen enthalten sind. (Am Menschen ist dies allerdings nicht der Fall.)

Der Gasgehalt der Milch beträgt je einige Vol.-Prozente Kohlendioxyd, Stickstoff und Sauerstoff.

In der Zusammensetzung von Frauenmilch und Kuhmilch gibt es demnach bemerkenswerte Unterschiede: Frauenmilch enthält mehr Albumin und Globulin und weniger Casein; in der Frauenmilch verhält sich die Menge von Albumin und Globulin zu der des Caseins wie 1,5:1, in der Kuhmilch wie 1 : 6. Daraus, daß in der Kuhmilch die suspendierten Caseinteilchen ultramikroskopisch gut wahrzunehmen sind, in der Frauenmilch nicht (siehe S. 231), läßt sich folgern, daß das Casein in der Frauenmilch viel feiner dispergiert ist, als in der Kuhmilch. Frauenmilch enthält mehr Milchzucker und weniger Salze; so beträgt z. B. ihr Calciumgehalt den sechsten Teil von dem der Kuhmilch; in der Frauenmilch sind vier Fünftel der Phosphorsäure in Form organischer Verbindungen (Lecithin, Milchphosphorfleischsäure) enthalten; in der Kuhmilch umgekehrt bloß ein Viertel organisch, drei Viertel anorganisch gebunden.

Auch sonst zeigt die Milch verschiedener Säugetiere wesentliche Unterschiede; so enthält Hundemilch 10% Eiweiß, $9^1/_2\%$ Fett und 3% Milchzucker; Ziegenmilch $3^1/_2\%$ Eiweiß, 4% Fett und $4^1/_2\%$ Milchzucker; Schafsmilch 6% Eiweiß, 6% Fett und 4% Milchzucker.

Es ist wohl zu beachten, daß die getrennt aufgefangene Milch beider Brüste einer Frau (oder der Euter eines Tieres) Unterschiede sowohl in der Menge wie auch in der Zusammensetzung zeigt, sowie auch, daß die Milch einer Brust (eines Euters) wesentlich anders beschaffen sein kann, je nachdem man die Probe vor oder nach dem Saugen entnimmt.

Durch gesteigerte Nahrungseinfuhr, insbesondere durch erhöhte Eiweißzufuhr wird einerseits die Menge, andererseits aber der Fettgehalt der Milch erhöht. Von der Natur des im Futter gereichten Fettes hangt auch bis zu einem bestimmten Grade die Zusammensetzung des Milchfettes ab; es können ferner auch andere Eigenschaften der Milch durch die Art der Fütterung beeinflußt werden; durch Steigerung der Wasserzufuhr läßt sich aber keine Verdünnung der Milch erzielen.

C. Die wichtigsten Bestandteile der Milch.

Kohlenhydrate.

Von Kohlenhydraten sind in der Milch enthalten: etwa $0,1\%$ d-Glucose; ferner ein krystallisierbarer, dextrinartiger Körper und als wichtigster Bestandteil Lactose in beträchtlicher Menge.

Lactose, Milchzucker, $C_{12}H_{22}O_{11}$; krystallisierbar mit 1 Molekül oder ohne Krystallwasser; kommt nur in der Tierwelt vor, und zwar in der Milch und im Colostrum, zuweilen im Harn von Wöchnerinnen und von Säuglingen, die am Magen und Darm erkrankt sind. Sie löst sich in kaltem Wasser schwer, in warmem leicht, in Alkohol und Äther gar nicht. In wäßriger Lösung beträgt $[\alpha]_D = + 52,5^0$, doch wird auch hier die Erscheinung der Mutarotation beobachtet, daher, wie bei der d-Glucose, die Existenz einer α- und einer β-Form von verschiedenem Drehungsvermögen angenommen werden muß (S. 91). Die Lactose gibt die Reduktionsproben der Monosaccharide. Ihr Phenylosazon beginnt bei 200^0 C zu schmelzen. Durch Kochen mit verdünnten Mineralsäuren, ferner durch die sog. Kefirlactase, sowie auch durch Lactase, die in der Dünndarmschleimhaut von Säuglingen gebildet wird, zerfällt die Lactose in je 1 Molekül d-Glucose und d-Galaktose. Vermöge ihrer Galaktosekomponente gibt sie die Schleimsäurereaktion (S. 257). Durch Hefe wird sie unter gewöhnlichen Umständen nicht vergoren, wohl aber, wenn sie vorangehend durch andere Mikroorganismen gespalten wurde. Unter der Einwirkung spezieller Mikroorganismen geht sie eine alkoholische sowohl, wie auch eine milchsaure Gärung ein; dies geschieht bei der Bereitung des „Kefir" aus Kuhmilch und des „Kumys" aus Stutenmilch. Auch die Spontansäuerung beruht auf der milchsauren Gärung der Lactose, wobei je nach der Art der dabei tätigen Bakterien d-, oder l-, oder d.l-Milchsäure (S. 50) entsteht.

Die Darstellung erfolgt aus frischer Milch, indem das Casein durch Lab und die übrigen Eiweißkorper durch Hitzekoagulation gefällt werden. Wird das Filtrat eingeengt, so scheidet sich die Lactose, am besten um einen hineingehangten Faden, krystallinisch aus.

Zur quantitativen Bestimmung mussen erst die Eiweißkörper aus der Milch entfernt werden. a) Die Milch wird mit Wasser auf das Vierfache verdünnt, das Casein mit ein wenig Essigsaure niedergeschlagen und aus dem Filtrat das Lactalbumin und Lactoglobulin durch Kochen gefällt. Nun wird das Filtrat auf ein bestimmtes Volumen eingeengt und der Zuckergehalt entweder durch Polarisation (S. 88) oder mit irgendeinem der (S. 89) beschriebenen Reduktionsverfahren bestimmt. b) Man versetzt die entsprechend verdünnte Milch mit dem halben Volumen einer 20%igen Lösung von neutralem essigsaurem Blei, kocht einmal auf, filtriert und fuhrt im klaren Filtrat die polarimetrische Bestimmung nach S. 88 aus.

Fett.

Das Fett ist in der Milch in Form außerordentlich kleiner, 2—$5\ \mu$ im Durchmesser haltender Tröpfchen, der sog. Milchkügelchen, emulgiert; in 1 cm³ Kuhmilch hat man 1—5 Millionen, in der Frauenmilch weniger, jedoch größere Tröpfchen gezählt.

Manche Autoren nehmen an, daß jedes der Fetttröpfchen von einer Membran, der sog. haptogenen Membran, umgeben ist und wollen hiermit die Tatsache erklaren, daß Fett der Milch durch Äther nur nach vorherigem Zusatz von Lauge, in der sich die genannten Membranen losen, entzogen werden kann. Andere Autoren geben die Existenz solcher Membranen, als wirklich selbstandiger Gebilde, nicht zu, und behaupten, daß es nur die an der Oberflache der Fetttropfchen adsorbierten Eıweißkörper (Casein) sind, die als Membranen imponieren. Wieder anderen Autoren soll es gelungen sein, die Membranen sowohl vom Fett wie auch vom Milchplasma getrennt zu erhalten und nach hydrolytischer Spaltung festzustellen, daß das Membraneiweiß auch Glykokoll im Molekül enthalt; da nun Glykokoll dem Caseinmolekul fehlt, konnten auch die Membranen nicht durch adsorbiertes Casein gebildet werden.

Das Milchfett ist mehr oder minder gelb gefärbt, und verdankt diese Färbung den von der Pflanzennahrung herrührenden Blattfarbstoffen Carotin und Xanthophyll (S. 68); aus den frischen Pflanzenteilen, die die weidenden Kühe verzehren, gehen diese Farbstoffe in größerer Menge in die Milch über, als aus dem Trockenfutter von Stallkühen. Das Milchfett besteht aus den Triglyceriden mehrerer Fettsäuren, unter denen Palmitinsäure und Ölsäure überwiegen; daneben sind von den Triglyceriden nichtflüchtiger Fettsäuren in geringerer Menge die der Stearin- und Myristinsäure, sowie auch Laurin- und Arachinsäure, von denen der flüchtigen Fettsäuren die der Butter-, Capron-, Capryl- und Caprinsaure enthalten. Die Fettsäuren im Milchfett der Frau werden zur Hälfte durch Stearin-, Palmitin- und Myristinsäure, zur anderen Halfte durch Oleinsäure gebildet; im Milchfett der Kuh zu etwa zwei Dritteilen durch Stearin-, Palmitin- und Myristinsäure und bloß zu einem Drittel durch Ölsäure. Das Fett der Frauenmilch hat, entsprechend seinem höheren Ölsauregehalt, einen niedrigeren Schmelzpunkt, als das der

Kuhmilch. Die oben genannten flüchtigen Fettsäuren sind in der Frauenmilch zu 1—2%, in der Kuhmilch zu 6—8% enthalten.

Zur quantitativen Bestimmung des Fettes müssen die Proben immer der gut durcheinander gemischten Milch entnommen werden, weil sich beim Stehen das Fett obenauf ansammelt, daher der Fettgehalt in den verschiedenen Schichten der nicht durchgeruhrten Milch kein durchaus gleichmäßiger ist.

a) Man fullt 25 cm³ der Milch mittels einer Pipette in einen Meßzylinder mit gut schließendem Glasstopfen, fügt 2—3 cm³ Lauge oder Ammoniak, dann 100 cm³ Äther oder Petroleumather hinzu, das unter 60° siedet, und schüttelt das Ganze wahrend ½ Stunde. Nach einiger Zeit, zuweilen jedoch erst nach Zusatz von einigen Kubikzentimetern Alkohol, sondert sich der Äther von der wäßrigen Flussigkeit, worauf ein aliquoter Teil, z. B. 25 cm³ des Äthers mittels einer Pipette in ein vorher genau gewogenes Glasschalchen gefullt und am Wasserbad verdampft werden. Der Ruckstand wird im Vakuumtrockenschrank bis zur Gewichtskonstanz getrocknet und gewogen.

b) In eine eigens hierzu bereitete Hulse aus entfettetem Filterpapier wird reiner ausgegluhter Sand eingefullt, ein genau bestimmtes Volumen der Milch aufgetropft, dann das Ganze bei 100° C getrocknet und im SOXHLETschen Extraktionsapparat wahrend 24 Stunden mit Äther oder mit Petroleumather, der unter 60° C siedet, extrahiert; der atherische Auszug wird wie oben behandelt.

c) Nach einem von SOXHLET angegebenen Verfahren wird das spezifische Gewicht des atherischen Extraktes der Milch in einem eigens hierzu konstruierten Apparat bestimmt und aus demselben mit Hilfe einer Tabelle die Menge des Fettes berechnet.

Eiweißkörper.

Casein[1] gehört zur Gruppe der Phosphorglobuline (S. 138) und ist ein Eiweißkörper von ausgesprochen saurem Charakter. Es stellt ein amorphes, weißes, nicht hygroskopisches Pulver dar, das in reinem Wasser unloslich ist, sich jedoch leicht in verdünnten Laugen, in Lösungen von Erdalkalien und kohlensauren Alkalien löst, indem sog. Caseinate gebildet werden; Alkalicaseinate sind in Wasser klar löslich, Erdalkalicaseinate opalisieren oder sind milchig getrubt. Durch stärkeren Saurezusatz werden die Caseinate gespalten und wird Casein als unlöslicher Niederschlag gefällt. Auch in der Milch ist das Casein in Form des Caseinates enthalten und wird im Milchplasma offenbar mit Hilfe von Albumin, dem hier die Rolle eines Schutzkolloides (S. 39) zukommt, in kolloider Lösung erhalten. (Nach einer anderen Auffassung wirkt Calciumcaseinat als Schutzkolloid, indem es Calciumphosphat in Lösung erhalt.) Ihre weiße Farbe verdankt die Milch nebst dem fein emulgierten Fett dem in kolloider Verteilung befindlichen Calciumcaseinat. Casein ist optisch aktiv; in seiner alkalischen Losung ist je nach der Konzentration der Lauge $[\alpha]_D = -98$ bis -112. Dem Caseinmolekül fehlen Glykokoll und Glucosamin, während Tyrosin und Tryptophan reichlich vorhanden sind. Wird Kuhcasein mittels Pepsinsalzsaure verdaut, so geht zuweilen das ganze Casein in Losung; in anderen Fällen bleibt ein phosphorhaltiger, ungelöster Rückstand übrig, den man vermöge seiner außeren Ähnlichkeit mit dem bei der Verdauung der Nucleoproteide entstehenden Nuclein (S. 144) als Pseudonuclein bezeichnet hat.

---

[1] Nach der hergebrachten Nomenklatur wird dieser Eiweißkorper in der Form, in der er in der nativen Milch enthalten ist, Casein, nach seiner Fallung unter Einwirkung des Chymosin Paracasein genannt. Nach einer neueren Nomenklatur sagt man Caseinogen statt Casein und Casein statt Paracasein.

Darstellung. Die durch Zentrifugieren von Fett möglichst befreite Milch wird mit Wasser auf das Vier- bis Zehnfache verdünnt und tropfenweise so lange verdunnte Essigsaure hinzugefügt, bis das Casein eben in Flocken auszufallen beginnt; der Niederschlag wird am Filter gesammelt, mit Wasser gewaschen, sodann mit wenig Wasser verrieben, in einer verdünnten Lösung von kohlensaurem Natrium gelöst, die Lösung durch Schutteln mit Äther entfettet, das Casein mit verdunnter Essigsaure gefallt und das ganze Verfahren noch dreimal wiederholt.

Lactalbumin; es gehört zur Gruppe der Albumine, ist krystallisierbar, koaguliert zwischen 72—84⁰ C. Optische Aktivität: $[\alpha]_D = -37^0$.

Aus Milch wird es dargestellt, indem zuerst Casein und Lactoglobulin durch Sattigen mit Magnesiumsulfat entfernt werden. Wird nun das Filtrat mit Essigsäure bis zu einem Gehalt von etwa $1^0/_0$ versetzt, so fallt das Lactalbumin in Flocken aus, die in verdunnter Lauge gelöst werden, worauf dann die Lösung gegen reines Wasser dialysiert wird. Aus der beinahe salzfreien Lösung erhalt man das Lactalbumin durch Eintrocknen oder durch Fallen mit Alkohol.

Lactoglobulin; es gleicht in vielen seinen Eigenschaften dem Serumglobulin, ist in der Milch in geringerer Menge als Lactalbumin enthalten.

Darstellung. Aus der Milch wird das Casein durch Sattigen mit Kochsalz entfernt und das Filtrat mit Magnesiumsulfat gesattigt, worauf das Globulin, allerdings meistens phosphorhaltig, ausfallt. Der Phosphor ruhrt offenbar von einer Verunreinigung mit Lecithin her.

Die quantitative Bestimmung der verschiedenen in der Milch enthaltenen Eiweißkörper kann zusammen oder getrennt vorgenommen werden.

Das Grundprinzip aller dieser Bestimmungen ist, die betreffende Eiweißart aus ihrer Lösung durch Fällen zu isolieren, im gewaschenen Niederschlag eine Stickstoffbestimmung nach KJELDAHL (S. 268) auszufuhren und den Stickstoff in Eiweiß umzurechnen.

a) Zur Bestimmung des gesamten Eiweißgehaltes werden 5 cm³ Milch mit Wasser auf das Zehnfache verdünnt, durch Gerbsäure gefallt und der Niederschlag wie oben behandelt.

b) Zur Bestimmung des Casein werden 20 cm³ Milch mit Wasser auf das zwanzigfache Volumen verdunnt und unter fortwahrendem Umruhren so lange mit verdünnter Essigsaure versetzt, bis das Casein ausfallt. Dann wird wahrend $^1/_2$ Stunde Kohlendioxyd durch die Flussigkeit geleitet, 12 Stunden lang stehen gelassen und der Niederschlag wie oben behandelt.

c) Zur Bestimmung von Lactalbumin + Lactoglobulin wird das Filtrat nach der sub b) beschriebenen Fallung des Casein aufgekocht und der durch Koagulation erhaltene Niederschlag wie oben behandelt.

d) Lactalbumin allein wird bestimmt, indem man 10 cm³ Milch mit 20 bis 40 cm³ einer konzentrierten Losung von Magnesiumsulfat versetzt, dann die Flüssigkeit auf 40⁰ C erhitzt und mit festem Magnesiumsulfat sattigt. Hierbei werden Casein und Lactoglobulin gefallt, während das im Filtrat in Lösung verbliebene Lactalbumin durch Kochen koaguliert und der Niederschlag wie oben behandelt wird.

Enzyme.

Der Nachweis gewisser in der Milch enthaltener Enzyme ist aus dem Grunde praktisch wichtig, weil durch den positiven Ausfall der Reaktion erwiesen wird, daß die Milch „roh" ist, d. h. vorher nicht aufgekocht war.

Der Nachweis erfolgt durch Zusatz von 2 Tropfen einer $2^0/_0$igen waßrigen Lösung von p-Phenylendiamin und 1 Tropfen einer $0,2^0/_0$igen Losung von Wasserstoffsuperoxyd zu 10 cm³ Milch. Ist die Milch roh, und enthalt sie daher wirksame Oxydase, so farbt sich das Gemisch nach dem Schutteln blau.

Zum selben Zweck dient auch die sog. SCHARDINGERsche Reaktion, eine Oxydoreduktion nach S. 74. Man vermischt je 5 cm³ einer gesattigten alkoholischen

Lösung von Methylenblau und käuflichen Formalins (40%iges Formaldehyd) mit 190 cm³ destilliertem Wasser. Nun werden in einem Reagensglase 10 cm³ der zu untersuchenden Milch mit 1 cm³ des Reagens versetzt und das Reagensglas in ein Wasserbad von 70° C gestellt. Hatte man es mit roher Milch zu tun, so entfarbt sich die Flüssigkeit nach wenigen Minuten, indem durch Einwirkung des Enzyms, einer typischen Oxydoreduktase, das Formaldehyd zur Säure oxydiert, das Methylenblau aber zu einer farblosen Verbindung reduziert wird. War die Milch vorher aufgekocht, so tritt keine Entfärbung auf, da das Enzym, das die Oxydation des Formaldehyds und die Reduktion des Methylenblaus beschleunigen sollte, durch das Aufkochen zerstört war.

D. Gerinnung der Milch.

1. Säurekoagulation.

Die Säurekoagulation beruht darauf, daß Casein ausfällt, sobald ihm die zugesetzte Säure jene Basen entzieht, an die es gebunden sich gelöst befand. Dies ist auch bei der Spontangerinnung der Milch der Fall, indem hierbei aus der Lactose unter dem Einflusse verschiedener Bakterien (neben Bernstein-, Butter-, Essigsäure) Milchsäure gebildet wird. Die Bildung der Milchsäure geht jedoch nur allmählich vor sich, so daß die Koagulation unter stets wechselnden Bedingungen erfolgt.

So wird z. B. frische Milch beim Kochen kaum verändert; die obenauf entstehende „Haut" besteht hauptsächlich aus geronnenem Lactalbumin. Milch, die durch kurze Zeit gestanden hatte, gerinnt beim Aufkochen, jedoch nur, wenn vorangehend Kohlensäure durchgeleitet wurde. Hatte die Milch längere Zeit gestanden, so bedarf es keiner Durchleitung von Kohlensäure, um sie durch Kochen zum Koagulieren zu bringen. Laßt man die Milch noch länger stehen, so gerinnt sie schon durch bloßes Durchleiten von Kohlensäure, ohne aufgekocht zu werden; endlich erfolgt Spontangerinnung. Der Zeitpunkt, in dem dies eintritt, hängt natürlich von der Menge und Art der Bakterien, sowie von der Temperatur ab; bei 8° C durchschnittlich nach 2—3 Tagen, bei 16° C nach 1 Tag langem Stehen.

Das Casein wird außer durch Milchsäure auch durch andere Säuren gefällt, deren Konzentration jedoch passend gewählt sein muß, denn die Fällung löst sich leicht im Überschuß der Säure. Da dies bei der Essigsäure am wenigsten der Fall ist, ist sie zum Fällen des Casein am besten geeignet.

Die Frauenmilch verhält sich betreffs der Säurekoagulation abweichend von der Kuhmilch: durch Essigsäure läßt sich das Casein aus ihr nur fällen, wenn sie nach der Ansäuerung auf 2—3 Stunden in den Eisschrank gestellt und dann am Wasserbad von 40° C erwärmt wird, oder, indem man sie zuerst gefrieren und nachher bei höherer Temperatur, mit Essigsäure angesäuert, stehen läßt.

2. Labgerinnung.

Wenn man Kuhmilch, an der die Erscheinungen der Labgerinnung besser als an anderen Milcharten zu beobachten sind, mit genau neutralisiertem Magensaft, oder mit irgendeinem Labpräparate versetzt, oder in die Milch ein gewaschenes Stück der Magenschleimhaut (am besten vom Kalb) einbringt und sie sodann in einem bei 40° C gehaltenen Thermostaten stehen läßt, so gerinnt infolge der Fällung des Caseins durch das Chymosin (S. 203) die ganze Milch zu einer Gallerte.

Frauenmilch läßt sich durch Lab weit schwerer als Kuhmilch zum Gerinnen bringen; denn bald scheidet sich Casein überhaupt nicht, bald nur in spärlichen, sehr feinen Flöckchen aus, am ehesten noch in Gegenwart von sehr wenig Säure. Die Ursache hierfür ist nicht bekannt; sie dürfte entweder darin liegen, daß Casein in geringerer Menge, oder vielleicht in anderer Form als in der Kuhmilch enthalten ist, oder aber darin, daß es durch die verhältnismäßig größere Menge von Lactalbumin und Lactoglobulin in Lösung erhalten wird. Auch das Stutencasein gerinnt in Form feiner Flöckchen, während Ziegen- und Schafcasein noch gröbere Schollen bildet als Kuhcasein.

Nach einer älteren Erklärungsart beruht die Labgerinnung auf zwei einander folgenden Vorgangen: a) zunächst wird das in der Milch gelöste Casein unter dem Einflusse des Chymosins in zwei Verbindungen gespalten: in einen großeren, etwa 90% betragenden Anteil, das sog. Paracasein [1] und in einen kleineren, etwa 10% betragenden Anteil, das sog. Molkeneiweiß, die aber zunachst beide in Lösung bleiben. b) Das durch Labwirkung abgespaltene Paracasein bildet mit Calciumionen unlosliches Paracaseincalcium. Neuere Untersuchungsergebnisse widersprechen der obigen Auffassung, indem sich einerseits kein Unterschied zwischen Casein und Paracasein nachweisen ließ, andererseits sich herausstellte, daß das Molkeneiweiß nichts mit dem Casein oder Paracasein zu tun habe.

E. Milchprodukte.

Die sog. Milchprodukte entstehen aus der Milch, wenn sie gewisse physikalische oder chemische, oder aber gleichzeitig Veränderungen beider Art erleidet.

Laßt man Milch stehen, so sammeln sich die Milchkugelchen vermöge ihres geringeren spezifischen Gewichtes zu einer oberen fettreichen Schicht, der sog. Sahne, an. Ist die Milch inzwischen sauer geworden, so ist auch die obere fettreiche Schicht sauerlich; in diesem Falle wird sie Rahm genannt. Wird die Milch zentrifugiert oder der fettreiche Teil der Milch abgeschopft und „geschlagen", so kommt es zu einem Zusammenballen der Milchkugelchen, wobei die (S. 234 erwahnten) haptogenen Membranen teilweise zerstört werden; auf diese Weise entsteht die Butter. Doch muß bemerkt werden, daß die Butter nicht aus Fett allein besteht; zwischen Fett eingeschlossen enthält sie uber 10% ihres Gewichtes an Wasser bzw. darin gelösten organischen Stoffen und Salzen. Die fettarme Flussigkeit, die von der Milch ubrig bleibt, wenn man aus ihr das Fett in Form der Butter entfernt, wird als Buttermilch bezeichnet. Laßt man durch Labwirkung koagulierte frische Milch stehen, so wird durch Zusammenziehung des Coagulum eine trube Flussigkeit, die sog. süße Molke ausgepreßt, die Lactose in der ursprünglichen Menge, jedoch keine Milchsäure enthalt. Laßt man Milch durch langere Zeit stehen, so wird infolge fortschreitender Bildung von Milchsaure (S. 237) das Casein gefallt und die ganze Milch in ein Coagulum von gallertartiger Konsistenz verwandelt, das man „saure Milch" nennt. Durch Zusammenziehung des Coagulums, das bei der durch milchsaure Garung bedingten Gerinnung der Milch entsteht, wird die sog. saure Molke ausgepreßt, die wenig Lactose, dagegen viel Milchsaure enthalt. Eine Art saurer Milch ist auch das „Joghurt", entstanden durch Saurefallung des Caseins, wobei aber die Umwandlung des Milchzuckers nicht durch gewohnliche, sondern durch gewisse in Bulgarien einheimische Garungserreger herbeigefuhrt wird.

Wird das aus der Milch gefallte Casein, das man in dieser Form auch Quark (Topfen) nennt, mehr oder minder stark zusammengepreßt stehengelassen, so kommt es unter der Einwirkung von verschiedenen pflanzlichen Mikroorganismen, durch die das Eiweiß teilweise abgebaut wird, zur Bildung von Kase, der aber ganz verschiedenartig gerat, je nach dem verschiedenen Fett- und Feuchtigkeitsgehalte des ursprunglichen Substrates, der Temperatur, der Art der beteiligten Mikroorganismen usw.

[1] Siehe die Anmerkung auf S. 235.

F. Mechanismus der Milchbildung.

Über den Mechanismus der Milchbildung ist recht wenig bekannt. So viel ist sicher, daß es zur Bildung der Lactose und des Casein einer aktiven sekretorischen Tätigkeit des Milchdrüsenepithels bedarf, denn Lactose und Casein sind im Blute überhaupt nicht enthalten.

Den Ursprung des Milchfettes hat man so erklärt, daß die einzelnen Drüsenepithelien ganz oder teilweise verfetten, zerfallen und die nun frei gewordenen Fetttröpfchen in das Sekret gelangen. Woher aber das Fett in das Drüsenepithel gelangt, ist nicht bekannt. Es ist möglich, daß es in den Zellen selbst aus Kohlenhydraten gebildet wird, oder aber, daß es sich um Fett handelt, das aus anderen Körperzellen frei geworden und auf dem Wege der Blutbahn zur Milchdrüse gelangt ist; oder aber, daß es von dem Nahrungsfett herruhrt. (Da der Lecithingehalt des venösen Blutes der tätigen Milchdrüse erheblich geringer ist, als der des arteriellen, hat man auch daran gedacht, daß das Milchfett auf Kosten des in die Milchdrüse gelangenden Lecithins, dieses aber aus dem Korperfett gebildet wird.)

Die Lactose wird in der Milchdrüse gebildet; die eine Komponente, die d-Glucose, steht in den Körpersaften gelöst stets reichlich zur Verfügung; die andere, die d-Galaktose, geht offenbar aus einer Umwandlung der d-Glucose hervor.

Colostrum.

Das Colostrum ist eine gelbliche Flüssigkeit, die, unter dem Mikroskop betrachtet, einerseits Fetttröpfchen von sehr wechselnder Große, andererseits sog. Colostrumkörper enthalt. Es sind dies Zellen mit stark gekörntem und von Fetttröpfchen durchsetztem Protoplasma, die nach einigen Autoren lymphoiden Ursprunges, nach anderen Drusenepithelien wären. Das spezifische Gewicht beträgt 1,046—1,080 (Kuhcolostrum) bzw. 1,040—1,060 (Frauencolostrum). Seine Zusammensetzung ist verschieden, je nachdem es vor oder nach der Entbindung abgeschieden wird; doch läßt sich im allgemeinen sagen, daß es mehr Eiweiß und Salze und weniger Fett als die Milch enthalt. Seine Zusammensetzung ist aus nachfolgender Zusammenstellung zu ersehen:

Trockensubstanz	$17—25\%$
Wasser	$75—83\%$

Von der Trockensubstanz

Casein	$3— 4\%$
Albumin + Globulin	$5—10\%$
Fett	$2,4—3,6\%$
Lactose	$1,2— 3\%$
Anorganische Salze	$0,8— 1\%$

Durch den relativ hohen Gehalt an Trockensubstanz wird das hohe spezifische Gewicht verursacht; durch den hohen Eiweiß-, namentlich Globulingehalt die Erscheinung, daß das Colostrum beim Erhitzen im ganzen erstarrt. Eine spontane Gerinnung des Colostrum erfolgt auch bei Sommertemperatur erst in etwa einer Woche oder noch spater; die Säurekoagulation tritt mit derselben Schnelligkeit wie in der Milch nur ein, wenn das Colostrum vorher auf das Vielfache mit Wasser verdünnt war.

Neuntes Kapitel.

Der Harn.

Durch die Nieren werden im Harne ausgeschieden: a) der größere Teil des Wassers, das aus der Verbrennung organischer Verbindungen entstanden ist, oder in der Nahrung eingeführt wurde; b) alle stickstoffhaltigen, während des Stoffwechsels entstandenen Zersetzungsprodukte (wenn man von den geringen Mengen absieht, die den Körper auf anderen Wegen, im Kot, Schweiß, verlassen, oder von den größeren Mengen von Eiweiß absieht, die zu gewissen Zeiten im Sperma, im Menstrualblut, in der Milch ausgeschieden werden); c) die überwiegende Menge der eingeführten oder durch die Verbrennungsprozesse freigewordenen Salze; d) gewisse, von außen eingeführte Gifte.

Durch die Entfernung der besagten Stoffe wird nicht nur die Befreiung von Ballaststoffen oder Entgiftung des Organismus erreicht, sondern auch die molare Konzentration, daher auch der osmotische Druck der Körpersäfte konstant erhalten. Dadurch endlich, daß gewisse im Organismus im Überschusse entstandene sauere bzw. basische Produkte durch Phosphate neutralisiert und in Form von sauren bzw. basischen Phosphaten im Harne ausgeschieden werden, tragen die Nieren auch zur Konstanterhaltung der normalen, nahezu neutralen Reaktion des Blutes (S. 153) bei; demselben Zwecke dient auch die Neutralisation gewisser saurer Produkte durch Ammoniak, das in der Niere aus Adenylsäure (S. 145), der sog. Ammoniakmuttersubstanz, abgespalten wird, und die Ausscheidung der so entstandenen Ammoniumsalze im Harne durch die Nieren.

Zu besonders wichtigen Schlüssen kommt man, wenn man die oft sehr verschiedene Konzentration der Stoffe vergleicht, in der sie im Blute einerseits und im Harne andererseits gelost enthalten sind. So enthält das Blutplasma gegen 0,6% Kochsalz, der Harn meist uber 1%, das Plasma 0,02—0,05% Harnstoff, der Harn meistens uber 2%, das hyperglykamische Plasma hochstens einige 0,1% d-Glucose, der diabetische Harn auch mehrere ganze Prozente. Diesen Erscheinungen liegt einerseits die sog. Konzentrationsarbeit der Nieren (s. weiter unten), andererseits die folgende Gesetzmaßigkeit zugrunde. Für viele im Blutplasma geloste Stoffe, wie Glucose, Kochsalz usw. besteht eine „Konzentrationsschwelle" (auch Nierenschwelle genannt) im Blutplasma. Wird diese uberschritten, so wird der betreffende Stoff rasch und in größeren Konzentrationen im Harne gelost fortgeschaffen; wird jener Schwellenwert nicht überschritten, so werden die Stoffe zwar ausgeschieden, jedoch in geringerer Konzentration, als sie im Blutplasma enthalten sind. Die fur die genannten Stoffe gefundenen Konzentrationsschwellen sind sehr verschieden; hingegen gibt es für Abbauprodukte, die wie Harnstoff, Kreatinin usw. im Organismus keine Verwendung mehr finden, ferner fur körperfremde Stoffe, wie z. B. fur Jodide, keine Konzentrationsschwelle. Dank diesem Mechanismus wird einerseits erreicht, daß die Konzentration gewisser lebenswichtiger Plasmabestandteile auf einer gewissen Hohe konstant erhalten wird, andererseits, daß unverwendbare körperfremde Stoffe aus dem Plasma alsbald quantitativ entfernt werden.

Auf alle Falle ist es klar, daß, wenn gewisse Stoffe vom Orte der geringeren Konzentration (Blutplasma) gegen den der höheren (Harn) sich bewegen sollen, es hierzu eines besonderen Energieaufwandes, der sog. Konzentrationsarbeit von seiten der Niere bedarf. Sie ist fur die in Betracht kommenden Harnbestandteile berechnet worden, woraus sich annaherungsweise ergab, daß es zur Bereitung von 1 Liter eines Harnes, der Kochsalz und Harnstoff in der Konzentration von 1 bzw. 2% enthalt, eines Arbeitsaufwandes von uber 300 m/kg bedarf (Rhorer)

Eine Unfähigkeit, diese Konzentrationsarbeit zu leisten, mag die Ursache des als Harnruhr (Diabetes insipidus) bezeichneten Krankheitszustandes sein, in dem die Abfallstoffe zwar im selben Ausmaße wie im Gesunden aus dem Körper entfernt werden; da jedoch die erwähnte Konzentrationsarbeit nicht geleistet werden kann, können sie nur durch die ungeheuer gesteigerte Diurese hinausgespult werden.

I. Physikalische und physikalisch-chemische Eigenschaften des Harns.

A. Menge.

Im Falle gleichmäßiger Lebensweise und Nahrungsaufnahme ist die 24stündige Harnmenge innerhalb gewisser Grenzen konstant: sie beträgt beim Erwachsenen etwa 1,2—1,5 Liter, kann jedoch auch unter physiologischen Verhältnissen größere Schwankungen aufweisen, wenn diejenigen Faktoren eine Veränderung erleiden, von denen die normale Harnbereitung abhängt. Diese Faktoren sind: der Blutdruck, die Strömungsgeschwindigkeit des Blutes in den Nieren, der Gehalt des Blutes an Wasser und an gewissen, die Harnsekretion anregenden sog. harnfähigen Substanzen, die entweder im Organismus selbst entstanden sind (z. B. Harnstoff) oder aber von außen eingeführt wurden (anorganische Salze, Coffeinsalze usw.). Nach einer größeren Flüssigkeitseinfuhr kann die Harnmenge auf mehrere Liter ansteigen; bei Enthaltung von Trinkwasser oder bei höherer Außentemperatur infolge der gesteigerten Wasserabgabe im Schweiß auf $^1/_2$ Liter sinken.

Eine pathologische Steigerung der Harnmenge, Polyurie, tritt ein unter dem Einflusse vorübergehender psychischer Affekte, bei gewissen Erkrankungen des Nervensystems, bei Schrumpfniere, Amyloiddegeneration der Niere, bei Diabetes insipidus, Diabetes mellitus, zur Zeit der Resorption großer Exsudate und Transsudate. Eine pathologische Verringerung der Harnmenge, Oligurie, tritt ein nach großeren Wasserverlusten (Diarrhoe, Cholera), bei jeder fieberhaften Erkrankung, bei akuter Nierenentzundung, bei Zirkulationsstorungen, nach Blutverlusten, zur Zeit des Entstehens großer Exsudate und Transsudate. Bei akuter Nierenentzundung oder infolge des Verschlusses der Ureteren, der Urethra, kann die Harnsekretion vollstandig aufhoren, welcher Umstand als Anurie bezeichnet wird.

B. Optische Eigenschaften.

Durchsichtigkeit. Der normale Harn des Erwachsenen ist vollkommen klar und durchsichtig; läßt man ihn aber eine Zeitlang stehen, so wird oft eine knäuelförmige, wolkenartige Trübung, die sog. Nubekula sichtbar, bestehend aus einem Netzwerk von mikroskopischen Schleimfäden, die Harnmucoid (S. 143) enthalten. Nach längerem Stehen kann auch im normalen Harn ein reichlicher, gelber, graugelber oder ziegelroter Niederschlag von harnsauren Salzen, Sedimentum lateritium, entstehen, der sich beim gelinden Erwärmen des Harns leicht löst. Menschlicher Harn kann, wenn er alkalisch reagiert, von ausgeschiedenen Carbonaten oder Phosphaten trübe sein. Die Trübung des Harns von Pflanzenfressern wird meistens durch Carbonate verursacht. Der aus Carbonaten oder Phosphaten bestehende Niederschlag verschwindet nicht beim Erwarmen, wohl aber auf Zusatz von Saure, und

zwar unter Gasbildung (Kohlendioxyd), wenn es sich um Carbonate
handelt. In den ersten Lebenstagen des Neugeborenen kann der Harn
bereits beim Entleeren aus der Blase von ausgefallenen harnsauren
Salzen trübe sein.

Unter pathologischen Umstanden kann auch der frisch entleerte Harn trube
sein; die Trubung wird verursacht durch Epithelien, Formelemente des Blutes,
Eiter, Zylinder, Bakterien, Phosphate usw. (S. 294f.).

Farbe. Der menschliche Harn verdankt seine Farbe, wie allgemein
angenommen wird, hauptsächlich seinem Gehalte an Urochrom (S. 287),
nach einer anderen Ansicht aber seinem Gehalte an Urobilin (S. 291),
Uroerythrin (S. 288) usw. Normaler Harn ist hell- bis dunkelweingelb,
entsprechend seiner geringeren oder größeren Konzentration. Nach
reichlicher Flüssigkeitsaufnahme kann auch der Harn eines gesunden
Menschen auffallend hell, infolge Entziehung von Trinkwasser oder nach
starkem Schweiß auffallend dunkel sein.

Unter pathologischen Umstanden werden mannigfaltige Veranderungen in
der Farbe des Harns beobachtet; der Harn ist heller bei Diabetes, Chlorose,
chronischer Nierenentzundung, dunkler bei fieberhaften Erkrankungen, perniziöser
Anamie, akuter Nierenentzundung, Zirkulationsstorungen. Weiterhin ist der Harn
gelbrot infolge großeren Gehaltes an Urobilin (S. 291) bei Verdauungsstorungen;
rotlich in durchfallendem und grünlich in auffallendem Licht im Falle einer
Beimischung von Blut oder Hamoglobin; grünlich, wenn er Gallenfarbstoff,
braun, wenn er Methamoglobin oder Homogentisinsaure (S. 265) enthält.
Eine Veranderung der Harnfarbe kann auch nach der Einfuhr gewisser
Arzneien eintreten; so ist der Harn z. B. goldgelb (auf Zusatz von Lauge
rot!) nach Verwendung von Rheum, Senna, Santonin; blaßrot nach Antipyrin;
blaugrun nach Methylenblau; braun bis braunschwarz nach Phenol, Kresol,
Resorcin; rosenrot nach Pyramidon; schwarzgrun nach Salol. Harn, der
nach Einfuhrung von Phenolphthaleinpraparaten entleert wird, kann auf Zusatz
von Lauge eine rote Farbe annehmen.

Spektrum. Das Spektrum des normalen Harns ist an seinem
ganzen violettwärts gerichteten Ende verdunkelt; pathologische Harne
können Verbindungen enthalten, die, wie z. B. Urobilin, Blutfarbstoff
usw., durch charakteristische Absorptionsstreifen gekennzeichnet sind.

Fluorescenz. Normaler dünner Harn fluoresciert schwach bläulich,
konzentrierter Harn mit grüngelber Farbe.

Optische Aktivitat. Normaler Harn besitzt ein schwaches
Drehungsvermögen (einige 0,01°) nach links, das er hauptsächlich
seinem Gehalt an gepaarten Glucuronsäuren verdankt.

Pathologische Harnbestandteile, wie vermehrter Gehalt an d-Glucose, Eiweiß,
ferner ein Gehalt an β-Oxybuttersaure steigern die optische Aktivitat des Harnes
in hohem Grade. Da die genannten Substanzen vielfach in entgegengesetzter
Richtung optisch aktiv sind, können sich diese ihre Wirkungen gegenseitig verringern oder gar aufheben; dies wird z. B. an Harnen beobachtet, welche einerseits β-Oxybuttersaure oder gepaarte Glucuronsauren, die nach links drehen,
andererseits d-Glucose, die nach rechts dreht, enthalten.

C. Geruch.

Normaler Harn des Menschen hat einen schwachen, eigentümlichen,
an Fleischbouillon erinnernden Geruch.

Tritt im Harn eine ammoniakalische Garung auf (innerhalb der Blase oder
nach erfolgter Entleerung), so wird sein Geruch ammoniakalisch; durch Beimischung von Kot riecht er fakulent; er riecht nach Schwefelwasserstoff in

manchen Fällen von Blasenkatarrh; obstartig, wenn er Aceton enthalt. Durch manche von außen eingefuhrte Substanzen kann der Geruch des Harnes verandert werden; so riecht er veilchenartig nach dem Einfuhren von Terpentin, besonders unangenehm nach dem Genuß von Spargeln oder Knoblauch.

D. Spezifisches Gewicht.

Das spezifische Gewicht des Harns läßt sich mit für praktische Zwecke hinreichender Genauigkeit mittels Urometer (speziell diesem Zwecke dienende Araometer) feststellen.

Zur Bestimmung des spezifischen Gewichtes wird der Harn unter moglichster Vermeidung der Schaumbildung in ein weites Zylinderglas gegossen, etwaiger Schaum mit einem Streifen Filterpapier entfernt, das Urometer langsam in den Harn gesenkt, und zwar so, daß es die Glaswand nicht beruhre. Da die meisten Urometer bei $+ 15^0$ C geeicht sind, muß auch die Temperatur des Harnes bestimmt und das abgelesene spezifische Gewicht auf eine Temperatur von $+ 15^0$ C reduziert werden. Zu diesem Behufe wird fur je 3^0 des Unterschiedes zwischen 15^0 und der abgelesenen Temperatur die dritte Dezimale im spezifischen Gewicht um eine Einheit vergroßert oder verringert, je nachdem der Harn warmer oder kalter ist als 15^0 C.

Der Einfachheit halber wird gewöhnlich in dem bis zur dritten Dezimalstelle festgestellten spezifischen Gewicht der Dezimalpunkt weggelassen, so daß man z. B. anstatt 1,022 einfach 1022 angibt.

Das spezifische Gewicht des Harns hängt ab von der Menge der gelösten Bestandteile; in erster Reihe aber von der Konzentration des Kochsalzes und des Harnstoffes. Im normalen Harn schwankt es zwischen 1,012 und 1,024, kann jedoch auch unter physiologischen Umständen wesentlich geringer oder größer sein; so kann es nach reichlichem Wassertrinken auf 1,002 sinken, nach starkem Schwitzen bis 1,040 ansteigen. Wenn wahrend des Stehens und Abkühlens des Harns eine Ausscheidung von harnsauren Salzen (S. 241) erfolgt, so wird sein spezifisches Gewicht hierdurch geringer; in diesem Falle wird der Harn erst sorgfältig bis zur erfolgten Lösung des Niederschlages erwarmt und dann erst das spezifische Gewicht bestimmt.

Unter pathologischen Umstanden kann das spezifische Gewicht des Harnes vom normalen Wert wesentlich verschieden sein; so ist es im allgemeinen im Falle einer Oligurie großer, im Falle einer Polyurie kleiner; doch kann es auch trotz bestehender Oligurie geringer sein, wie z. B. bei Zirkulationsstorungen, im uramischen Zustande; umgekehrt trotz bestehender Polyurie großer, z. B. infolge des Zuckergehaltes im Diabetes mellitus.

E. Reaktion.

Da mit Ausnahme der Kohlensaure weitaus die größte Menge der sauren Stoffwechselendprodukte durch die Nieren im Harne ausgeschieden wird, überwiegen im Menschenharn fur gewöhnlich die sauren Äquivalente gegenüber den basischen, daher der Menschenharn gewöhnlich sauer reagiert; seine Wasserstoffionenkonzentration, die sog. Ionen-Acidität, beträgt $p_H = 7$ bis 5. Die Verbindungen, aus denen die H-Ionen abgegeben werden, sind saure Phosphate, Salze der Harnsäure usw. Auch der Harn anderer Omnivoren und der von Fleischfressern ist sauer, während der Harn des Pflanzenfressers gewohnlich alkalisch reagiert; doch nimmt auch der Harn des Pflanzenfressers im Hunger-

zustand eine saure Reaktion an, weil das Tier in diesem Falle seinen
eigenen Körperbestand, also wie der Fleischfresser, tierische Substanzen
zersetzt.

Über das Verhalten des Harns Indicatoren, speziell dem Lackmus
gegenüber verfügen wir über althergebrachte Erfahrungen, die auch
in der Krankheitsdiagnose verwendet werden können, daher diese Art
der Reaktionsprüfung auch jetzt noch weit häufiger geübt wird, als
die Bestimmung der H-Ionenkonzentration. Normaler Menschenharn
erweist sich auch mit Lackmus geprüft als sauer, doch kommt auch
eine sog. amphotere Reaktion des Harns vor, d. h. blaues Lackmus
wird von ihm gerötet, aber auch rotes gebläut. Es rührt dies von der
gleichzeitigen Anwesenheit primärer und sekundärer Phosphate her,
deren erstere sauer, letztere aber alkalisch reagieren.

Unter gewissen Umstanden kann auch normaler Menschenharn eine recht
stark alkalische Reaktion annehmen, so z. B., wenn viel pflanzensaures Alkali
(etwa in Obst) eingefuhrt, im Organismus zu kohlensaurem Alkali verbrannt,
und als solches im Harn ausgeschieden wird; oder wenn größere Mengen von
Salzsaure durch die Magenschleimhaut abgesondert werden („Alkaliflut" im Harn);
oder unter pathologischen Verhaltnissen infolge eines starken Verlustes an
Salzsaure durch anhaltendes Erbrechen (bei Pylorusstenose), oder durch die Beimischung alkalisch reagierender Safte (Blut, Eiter), oder bei Blasenkatarrh, wo
der Harnstoff unter der Einwirkung des Micrococcus ureae und Bacterium ureae
zu Kohlensaure und Ammoniak zerfallt. (Auch der normale Harn wird, wenn er
nach dem Entleeren langere Zeit, besonders in der Warme, steht, ammoniakalisch
zersetzt.)

Es ist früher vielfach üblich gewesen, die Acidität des Harns durch
Titration zu bestimmen; auf diese Weise erhält man die sog. Titrations-
Acidität (S. 27) des Harns, entsprechend dem gesamten durch Metall
ersetzbaren Wasserstoff, d. h. der Summe der aktuellen und potentiellen
H-Ionen.

Man verdunnt 10 cm³ Harn auf das Zehnfache, versetzt, um die störenden
Calciumsalze zu fallen, mit einigen Gramm gepulvertem oxalsaurem Kalium, fugt
einige Tropfen einer 1%igen alkoholischen Lösung von Phenolphthalein hinzu, und
titriert mit n/10-Lauge bis zur ersten blaßroten, durch ½ Minute bestandigen
Farbenreaktion. Der so erhaltene Wert entspricht unter normalen Umstanden
etwa 1—2 g Salzsaure in der 24stundigen Harnmenge.

F. Osmotischer Druck.

Ein konstanter osmotischer Druck des Blutes und der Gewebs-
flüssigkeiten (S. 158) gehört zu den unentbehrlichen Lebensbedingurgen
der hömöotonischen Tiere. Nun gibt es zahlreiche Umstände, die diese
Konstanz durch Erhöhung oder Erniedrigung der molaren Konzentration gefährden könnten; so könnte der osmotische Druck erniedrigt
werden durch Wasseraufnahme, gesteigert werden durch Aufnahme
von Krystalloiden, oder durch den Zerfall größerer Mengen von groß-
molekularen (kolloiden) Verbindungen des Körperbestandes bzw. der
eingeführten Nahrung in kleinmolekulare (krystalloide) Verbindungen.
Daß die molare Konzentration, daher auch der osmotische Druck der
Körpersäfte trotz der genannten Umstände im großen und ganzen eine
konstante bleibt, und höchstens geringe Veranderungen von kurzer
Dauer erleidet, ist hauptsächlich der Funktion der Nieren zu verdanken,

die bald durch Steigerung der Wasserausfuhr, bald aber durch erhöhte Ausscheidung gelöster Moleküle den osmotischen Druck der Körpersäfte regulieren.

Daß dem in der Tat so ist, geht einerseits aus Versuchen hervor, in denen man dem Tiere beide Nieren entfernt, worauf die Gefrierpunktserniedrigung seines Blutes weit über die Norm steigt, andererseits aus analogen Beobachtungen an Menschen, denen kranke Nieren wenig oder gar keinen Harn auszuscheiden vermogen.

Die gesunden Nieren passen sich dem jeweiligen Bedurfnisse an; sie bereiten bald sehr konzentrierten, bald aber sehr verdünnten Harn, leisten also bezüglich der Harnbereitung aus dem Blutplasma bald Konzentrierungs-, bald aber Verdunnungsarbeit, und vermögen dieselbe Menge von Stoffen bald in sehr wenig, bald in sehr viel Wasser gelöst aus dem Körper zu entfernen. Hierauf bezieht sich der Ausdruck Anpassungs- oder Akkommodationsfähigkeit der Nieren. Sogar unter ganz physiologischen Bedingungen bei der Aufnahme der gewohnlichen sog. gemischten Nahrung wechselt die Gefrierpunktserniedrigung des normalen Menschenharns, die doch nach S. 9 als Maßstab des osmotischen Druckes gilt, je nach der Menge der eingeführten Krystalloide und der Größe des Wasserumsatzes zwischen etwa 0,9 und 2,7°. Erst recht ist dies unter folgenden Umständen der Fall: Wird sehr viel Wasser getrunken, so kann der Gefrierpunkt des Harns auf — 0,1° ansteigen; umgekehrt, nach Einfuhr erheblicher Mengen leicht löslicher Krystalloide, z. B. Kochsalz, bei gleichzeitiger Enthaltung von Wasser, oder nach einem beträchtlichen Wasserverlust, unter — 3,5° sinken. Der Unterschied zwischen dieser minimalen und maximalen Gefrierpunktserniedrigung des Harns eines Individuums wird als Maßstab der Akkommodationsbreite seiner Nieren betrachtet. (Gerade die wechselnden Mengen des im Harn ausgeführten Wassers lassen es zweckmäßig erscheinen, in verschiedenen Fallen nicht die Gefrierpunktserniedrigung des Harns allein, sondern das Produkt aus Gefrierpunktserniedrigung und dem 24stündigen Harnvolum zu vergleichen. Dieses Produkt wird als Valenzwert bezeichnet und beträgt an gesunden Individuen 1000 bis 3500.)

Von dem Verhalten Nierengesunder verschieden ist das von gewissen Nierenkranken. An diesen treten in beiden der oben angeführten Falle die Ausschlage weit langsamer ein, und sind auch in beiden Richtungen weit geringer als am Nierengesunden. Dieser Zustand wird nach A. v. Korányi als Hyposthenurie bezeichnet. Wahrend der durch die gesunde Niere abgeschiedene Harn, dem jeweiligen Bedurfnisse des Organismus entsprechend, einen osmotischen Druck besitzt, der bald großer, bald geringer ist als der des Blutes, ist die Akkommodationsbreite der kranken Niere eine geringere, indem sie bloß solchen Harn zu bereiten imstande ist, dessen osmotischer Druck (Gefrierpunktserniedrigung) dem des Blutes recht nahe steht. Am gesunden Menschen ist die Gefrierpunktserniedrigung im Sekret beider Nieren die gleiche; im Falle der Erkrankung bloß einer Niere laßt sich durch die Untersuchung der gesondert aufgefangenen Sekrete beider Nieren feststellen, welche Niere krank ist.

Ist Δ die Gefrierpunktserniedrigung des Harns, so wird durch $\dfrac{\Delta}{1,85}$ die molekulare Konzentration des Harns ausgedruckt (S. 10), und ist V das 24-stundige Harnvolum, so ist $\dfrac{\Delta}{1,85} \cdot V$ die Zahl der in 24 Stunden ausgeschiedenen Gramm-Molekule plus -Ionen. Dieser Wert gilt als Maß der sog. „molekularen Diurese" und schwankt am gesunden Menschen zwischen 0,8 und 1,7. Im Falle einer pathologischen Nierenfunktion wird ein Sinken der molekularen Diurese beobachtet.

G. Oberflächenspannung.

Im Harn sind Stoffe kolloider Natur enthalten, durch die die Oberflächenspannung des Harnwassers herabgesetzt wird, und die im allgemeinen als Stalagmone bezeichnet werden. Zu diesen gehören die auch in normalem Harne enthaltenen Spuren von Eiweiß, Chondroitinschwefelsäure, Nucleinsäuren, Gallensäuren usw., in pathologischen Harnen zuweilen größere Mengen Eiweiß. Auf seinem Gehalt an solchen Stoffen beruht die Eigenschaft auch des normalen Harns, mit Luft geschüttelt einen wennauch rasch verganglichen Schaum zu bilden. In eiweißreichen Harnen bleibt der Schaum weit langer bestehen. Die Bestimmung der Oberflachenspannung erfolgt nach den (S. 33) entwickelten Prinzipien.

II. Chemische Eigenschaften des Harns.

A. Trockensubstanzgehalt.

Der Trockensubstanzgehalt des während 24 Stunden entleerten normalen Menschenharnes beträgt bei gemischter Kost etwa $4^0/_0$.

Der Trockensubstanzgehalt des Harns wird bestimmt, indem man 10—20 cm³ desselben in einer vorher genau abgewogenen Platinschale eindampft und den Ruckstand bei 100—110^0 C trocknet. Ein wesentlicher Fehler dieser Bestimmung ergibt sich jedoch daraus, daß ein Teil des Harnstoffes wahrend des Eindampfens und Trocknens durch die sauren Phosphate zersetzt wird und sich hierbei Ammoniak verfluchtigt.

Der Trockensubstanzgehalt des Harns kann annahernd auch mittels des HAESERschen Koeffizienten, 2,33, auf Grund folgender Formel berechnet werden: $1000 \cdot (s — 1)\, 2,33 =$ Trockensubstanzgehalt von 1 Liter Harn in Gramm, wo $s =$ spezifisches Gewicht des Harns.

B. Aschengehalt.

Der Aschengehalt des Harns ist wechselnd und hängt hauptsächlich von der Menge der in der Nahrung eingeführten Salze ab.

Bestimmung. Man dampft 20—25 cm³ Harn in einer Platinschale ein und verkohlt den Ruckstand vorsichtig bei schwacher Rotglut. (Scharfes Gluhen konnte einen Verlust an Alkalichloriden, die ein wenig fluchtig sind, zur Folge haben.) Der verkohlte Ruckstand wird wiederholt mit heißem Wasser ubergossen, mit einem Glasstab zerdruckt, und die Flussigkeit jedesmal durch ein aschenfreies Filter dekantiert, die Filtrate aber werden in einem Becherglas vereinigt. Nun wird die in der Platinschale befindliche Kohle, die keine fluchtigen Salze mehr enthalt, samt dem vorher getrockneten Filter verascht und scharf gegluht, worauf die ganze Kohle verbrennt und nur mehr eine weiße Asche zuruckbleibt. Zu dieser Asche wird das gesamte Filtrat der wasserloslichen Salze hinzugegossen, eingedampft, und der Ruckstand, falls er noch gelblich oder schwachbraun gefarbt ware, vorsichtig gegluht und dann gewogen.

C. Zusammensetzung.

Der in 24 Stunden entleerte Harn des erwachsenen Menschen enthält durchschnittlich 60 g gelöste Substanz, wovon 25 g anorganisch, 35 g organisch sind. Die Menge der einzelnen Harnbestandteile weist je nach der Menge und Art der aufgenommenen Nahrung große Schwankungen auf, und es können die nachstehenden Zahlen, die sich auf die wichtigsten Harnbestandteile des gemischte Kost genießenden Erwachsenen beziehen, nur als annähernde Durchschnittswerte angesehen werden:

K	2—3 g	S	0,3—1,3 g
Na	4—5,5 g	P	0,4—2,0 g
NH_3	0,3—1,2 g	Harnstoff	20—30 g
Ca	0,09—0,28 g	Harnsäure . . .	0,5—1 g
Mg	0,03—0,24 g	Kreatinin	1,8—2,4 g
Cl	6—9 g	Hippursäure . .	0,2—2 g

Es können aber im Harn auch Stoffe erscheinen, die normalerweise nicht oder höchstens in äußerst geringen Mengen vorkommen. Es beruht dies bald in der Bildung abnormer Mengen dieser Stoffe, bald in einer erhöhten Durchlässigkeit der Niere, z. B. gegenüber Eiweiß. Umgekehrt kann die Durchlässigkeit der Niere für gewisse Bestandteile des Blutplasmas z. B. für Wasser verringert sein.

D. Anorganische Bestandteile.

Kalium und Natrium.

Bei gemischter Kost verhält sich die Menge von Kalium und Natrium im Harn wie 3:5; jedoch kann sich dieses Verhältnis unter gewissen Umständen ändern oder gänzlich umkehren.

Von **Kalium** werden in 24 Stunden etwa 2—3 g entleert, nach Fleischgenuß mehr, nach vegetabilischer Nahrung weniger. Der Harn des Hungernden enthält mehr Kalium als Natrium, weil er seinen kalireichen Körperbestand (Muskeln usw.) verbrennt; auch der Fieberharn enthält mehr Kalium, während es im Harn von Rekonvaleszenten vollkommen fehlen kann.

Von **Natrium** sind im 24stündigen Harn etwa 4—5,5 g enthalten. Die Menge des Natrium im Harn wird außer durch die Einfuhr von Natriumsalzen auch durch die Einfuhr von Kaliumsalzen wesentlich gesteigert; im Hunger und in fieberhaften Krankheiten nimmt sie dagegen wesentlich ab.

Ammonium.

Es wird vielfach von „Ammoniak" im Harne gesprochen, womit aber nicht freies Ammoniak, sondern Ammoniumsalze gemeint sind. Mit diesen darf das freie Ammoniak nicht verwechselt werden, das in gärendem Harne aus Harnstoff gebildet wird.

Ammoniak entsteht fortgesetzt in großen Mengen aus zersetztem Eiweiß; da jedoch seine überwiegende Menge in Harnstoff verwandelt wird (S. 273), erscheint nur ein geringer Teil, etwa 3—5% des Stickstoffes der abgebauten stickstoffhaltigen Verbindungen in Form von Ammoniumsalzen im Harn. Im 24stündigen Harn sind 0,3—1,2, durchschnittlich 0,7 g Ammoniumsalze (auf Ammoniak berechnet) enthalten; nach Fleischgenuß mehr, bei vegetabilischer Nahrung weniger. Die Zahl, durch die die prozentuale Beteiligung des Ammoniaks an der Gesamtstickstoffausscheidung im Harn ausgedrückt wird, nennt man „Ammoniakzahl".

Die Menge der Ammoniumsalze nimmt zu, wenn Mineralsauren oder solche organische Sauren eingefuhrt werden, die im Organismus nicht zu Kohlendioxyd und Wasser verbrennen; denn das Ammoniak, das an solche unverbrennliche Säuren gebunden wird, ist einer Umwandlung in Harnstoff nicht fahig und wird unverandert ausgeschieden. Dasselbe ist der Fall, wenn solche Sauren infolge einer Stoffwechselanomalie im Organismus gebildet werden. So ist z. B. im Diabetes zuweilen reichlich β-Oxybuttersaure (S. 261) vorhanden, demzufolge 10—20, ja sogar bis zu 40% des Stickstoffes in Form von Ammoniumsalzen ausgeschieden werden. Ähnliches findet man auch im Falle einer Erkrankung der Leber, des wichtigsten harnstoffbildenden Organes.

Zu einer Verminderung des Gehaltes des Harnes an Ammoniumsalzen kommt es nach der Einfuhr von Alkalien oder kohlensauren Salzen oder solchen organischen Salzen, deren Saurekomponenten leicht verbrennt; denn die Basen, die auf diese Weise eingefuhrt werden, binden eine größere Menge von Sauren, die sonst Ammoniak gebunden hatten, so daß dieses in großerer Menge in Harnstoff verwandelt wird.

Auch beim Nachweis und bei der Bestimmung sind freies Ammoniak und Ammoniumsalze streng auseinander zu halten. Aus den oben angeführten Gründen darf nur frischer Harn verwendet werden, und darf man, um Ammoniak aus den Ammoniaksalzen auszutreiben, keine starken Alkalien verwenden, denn durch diese könnte Ammoniak auch aus anderen Harnbestandteilen gebildet werden.

Nachweis. Der Harn wird in einen Kolben gefullt und mit Kalkmilch versetzt, in den Kolbenhals ein Streifen von feuchtem Curcuma- oder von rotem Lackmuspapier befestigt und der Kolben verschlossen. Nach einiger Zeit zeigt die Braunung des Curcuma-, bzw. die Blauuung des Lackmuspapieres an, daß durch die Kalkmilch Ammoniak aus den Ammoniumsalzen in Freiheit gesetzt wurde. Nur wenn ein Harn auch freies Ammoniak enthalt, der aus ihm standig entweicht, gibt er den bekannten Nebel (bestehend aus Ammoniumchlorid) um einen uber den Harn gehaltenen, vorangehend in starke (nicht rauchende) Salzsaure getauchten Glasstab.

Quantitative Bestimmung.

a) Im FOLINschen Verfahren werden 25 cm³ Harn mit 10 g kohlensaurem Natrium versetzt, wahrend 1—1½ Stunden und bei einer Temperatur von 20—25° C wird ein rascher Luftstrom durch den Harn und durch ein genau abgemessenes Volumen n/10-Schwefelsaure geleitet und zum Schluß die Schwefelsaure titriert. Zur Verhutung der sonst sehr starken Schaumbildung wird der Harn mit ein wenig Paraffinöl oder einigen Tropfen eines höheren Alkohols versetzt.

b) Das MALFATTIsche Verfahren beruht auf der Reaktion, die zwischen Ammoniumsalzen und Formaldehyd in dem Sinne verlauft, daß sich letzteres mit der Ammoniumbase verbindet, die betreffende Saure jedoch in Freiheit gesetzt wird. Bestimmt man daher zunachst die Aciditat von 10 cm³ Harn, wobei Phenolphthalein als Indicator verwendet wird, und versetzt andere 10 cm³ des Harns mit einigen Kubikzentimetern einer genau neutralisierten Losung von Formaldehyd (Formalin, Formol) und titriert, so wird in der zweiten Harnportion um so viel mehr Lauge verbraucht werden, als Saureradikale an die Ammoniumbase gebunden waren. Da die Aminosauren auf Formaldehyd ebenso reagieren (S. 269) wie Ammoniumsalze, ist das MALFATTIsche Verfahren mit einem methodischen Fehler behaftet, der um so größer ist, je mehr Aminosauren im Harn enthalten sind.

Calcium und Magnesium.

Während die uberwiegende Menge der Alkalimetalle, die zur Ausscheidung kommen, im Harn entleert wird, werden die Erdalkalien in der Regel bloß zu etwa einem Drittel im Harn ausgeschieden, die größere Menge aber im Kot; daher es unmöglich ist, den Umsatz der Erdalkalien aus dem Harn allein, ohne den Kot zu berücksichtigen, zu bestimmen. Das Verhältnis der im Harn enthaltenen Mengen von Calcium und Magnesium ist unter anderem auch von der Nahrungszufuhr abhängig. Außerdem gibt es auch vielfache Widersprüche zwischen den Angaben der einzelnen Autoren; so geben die meisten an, es sei im Harn etwa doppelt soviel Magnesium als Calcium enthalten, während andere das Gegenteil finden.

Calcium kommt im Harn hauptsächlich an Phosphorsaure gebunden vor, und zwar als primäres Calciumphosphat, $CaH_4(PO_4)_2$, und als sekundäres Calciumphosphat, $CaHPO_4$. Wird der Harn erhitzt, so zerfällt das sekundäre Phosphat in primäres und neutrales Phosphat, $Ca_3(PO_4)_2$, welch letzteres als unlöslich ausfällt. Die Menge des Calciums unterliegt großen Schwankungen; manche Autoren fanden 0,09 g in 24stündigem Harn, andere das Dreifache hiervon.

Im Hungerzustande werden nicht nur Muskel-, Drüsen und andere Gewebe, sondern auch Knochensubstanz eingeschmolzen und dementsprechend nimmt die Calciumausscheidung im Harn zu.

Nachweis. Man versetzt den Harn mit Ammoniak und bringt den aus phosphorsaurem Calcium und phosphorsaurem Ammoniummagnesium bestehenden Niederschlag durch Zusatz von Essigsaure in Lösung; nun fügt man erst ein wenig Chlorammoniumlosung und hierauf eine Losung von oxalsaurem Ammonium hinzu, wodurch das Calcium in Form seines oxalsauren Salzes gefallt wird.

Quantitative Bestimmung. Soll Calcium (oder Magnesium) in einem Harne quantitativ bestimmt werden, der durch bereits vorher ausgeschiedene Calcium- (oder Magnesium-) Salze getrubt ist, so werden erst diese durch zugesetzte Salzsaure in Losung gebracht und dann wird wie folgt verfahren.

a) 200 cm³ Harn werden mit Ammoniak stark alkalisch gemacht, worauf eine Trubung resp. Niederschlagbildung erfolgt. Nun wird über Nacht stehen gelassen, am nachsten Tag filtriert, der Niederschlag gewaschen, in wenig warmer verdunnter Salzsaure gelost, reichlich mit einer Losung von essigsaurem Ammonium und wenig Eisessig versetzt, aufgekocht, und tropfenweise mit einer Lösung von oxalsaurem Ammonium versetzt, wodurch das Calcium in Form seines oxalsauren Salzes gefallt wird, das Magnesium jedoch in Lösung bleibt. Die Flussigkeit wird bis zum nachsten Tage an einem warmen Orte stehen gelassen, dann filtriert, der Niederschlag mit ammoniakhaltigem Wasser gewaschen, in einem Platintiegel verascht und scharf gegluht, wobei das oxalsaure Calcium sich in Calciumoxyd verwandelt; dieses wird gewogen.

b) Den noch feuchten Niederschlag von oxalsaurem Calcium kann man in Schwefelsaure lösen und (noch warm) mit einer Lösung von Kaliumpermanganat titrieren.

Magnesium ist im Harn hauptsächlich an Phosphorsaure gebunden enthalten, und zwar in Form des primären und sekundaren Salzes; bei der ammoniakalischen Garung fällt es krystallinisch als phosphorsaures Ammoniummagnesium aus. Der Magnesiumgehalt des Harns ist in hohem Grade abhangig von der Nahrungszufuhr. Die Angaben der Autoren über die Quantität sind sehr schwankend; manche fanden 0,03 g, andere das Vielfache davon im 24stündigen Harn.

Nachweis. Wird das Filtrat des mit oxalsaurem Ammonium gefallten Harns (siehe oben bei Calcium) mit Ammoniak stark alkalisch gemacht, so entsteht ein Niederschlag von phosphorsaurem Ammoniummagnesium, $Mg(NH_4)PO_4$.

Quantitative Bestimmung.

a) Das Filtrat des mit oxalsaurem Ammonium gefallten Harns (s. oben bei Calcium) wird mit einem Drittel 10%igen Ammoniaks versetzt, die trube Flussigkeit 12 Stunden stehen gelassen und der aus phosphorsaurem Ammoniummagnesium bestehende Niederschlag am Filter gesammelt, mit ammoniakhaltigem

Wasser gewaschen, im Tiegel verascht, $^1/_4$ Stunde gegluht, hierdurch in Magnesium-pyrophosphat verwandelt und als solches gewogen.

b) Man lost den Niederschlag von phosphorsaurem Ammoniummagnesium in Essigsaure und fuhrt eine Bestimmung der Phosphorsaure aus (S. 253).

Eisen.

Eisen kommt im Harn bloß organisch gebunden vor, so daß es mit den gewöhnlichen Eisenreagenzien nicht nachzuweisen ist; seine Menge beträgt im 24stündigen Harn des gesunden Menschen kaum mehr als ein Milligramm; bei perniziöser Anämie mehr. Von außen in größeren Mengen eingeführtes Eisen wird größtenteils im Kote ausgeschieden: bloß sehr geringe Mengen erscheinen im Harn.

Chlor.

Von dem aus dem Organismus zu eliminierenden Chlor werden bloß Spuren im Kot gefunden, mehr im Schweiß, der überwiegende Teil jedoch im Harn, u. z. zu einem sehr geringen Teil vielleicht in organischer Bindung. Bei gemischter Nahrung sind im 24stündigen Harn des gesunden Menschen 6—9 g Chlor enthalten; doch kann seine Menge je nach dem Kochsalzgehalte der Nahrung weit weniger oder weit mehr betragen, im Hungernden sogar auf 0,2—0,3 g absinken, desgleichen auch in manchen fieberhaften Krankheiten, wie z. B. bei croupöser Pneumonie und zur Zeit des Entstehens größerer Exsudate oder Trans-sudate. Mehr Chlor wird ausgeschieden nach der Chloroformnarkose, sowie zur Zeit der Resorption größerer Exsudate und Transsudate.

Nachweis. Der Harn wird mit Salpetersaure stark angesauert und mit einer $10^0/_0$igen Losung von Silbernitrat versetzt; bei normalem Chlorgehalt entsteht hierbei ein voluminöser, weißer, kasiger Niederschlag; wenn weniger Chlor vorhanden war, so entsteht bloß eine Trubung.

Die quantitative Bestimmung nach VOLHARD beruht auf dem Prinzip, daß das Chlor mit einem Überschuß von salpetersaurem Silber gefallt und die Menge des nicht an Chlor gebundenen Silbers durch Titration bestimmt wird. Man versetzt 10 cm³ des Harns in einem Meßkolben von 100 cm³ Rauminhalt mit genau abgemessenen 20—30 cm³ einer n/10-Losung von salpetersaurem Silber und 4 cm³ Salpetersaure, fullt mit destilliertem Wasser bis zur Marke auf, schuttelt um, und filtriert durch ein trockenes Filter. Nun versetzt man genau 50 cm³ des Filtrates mit 5 cm³ einer kaltgesättigten waßrigen Losung von Ferriammoniumsulfat oder Eisennitrat, und titriert mit einer n/10-Losung von Rhodanalkali. Die einfallende Rhodanlosung erzeugt in der Flussigkeit nebst dem weißen Niederschlag von Rhodansilber eine rote Farbenreaktion, die auf der Bildung von Rhodaneisen beruht; diese Farbung verschwindet aber rasch beim Umschutteln der Flussigkeit auf Grund folgender Reaktion:

$$Fe_2(CNS)_6 + 6\,AgNO_3 = Fe_2(NO_3)_6 + 6\,AgCNS.$$

Im weiteren Verlauf der Titration erfolgt die Entfarbung der Flussigkeit immer langsamer, bis die rote Farbe endlich uberhaupt nicht mehr verschwindet: dies ist in dem Augenblick der Fall, wo auch die letzte Spur des Überschusses an salpetersaurem Silber als Rhodansilber gefallt ist. Bei der Berechnung des Endergebnisses darf nicht vergessen werden, daß die Titration bloß in der Halfte der auf 100 verdunnten 10 cm³ des Harns ausgefuhrt wurde.

Schwefel.

Die Hauptquelle des Schwefels im Harne ist das Nahrungs- und Körpereiweiß; daher besteht ein recht konstantes Verhältnis (etwa 1:5) zwischen dem Schwefel- und dem Stickstoffgehalt des Harns. Die Menge des Schwefels nimmt nach Fleischnahrung zu, bei ausschließlicher vegetabilischer Nahrung ab, so daß sie bis auf etwa 1,3 g pro 24 Stunden ansteigen, aber auch unter 0,3 g sinken kann; der Durchschnitt beträgt 0,8 g. Schwefel kommt im Harn in Form verschiedener Verbindungen vor:

a) Zu Schwefelsäure oxydiert, als sog. saurer oder oxydierter Schwefel: *a*) der größere Teil des zu Schwefelsäure oxydierten Schwefels ist im Harn in Form von Sulfat-Ionen enthalten und wird präformierte oder Sulfat- oder A-Schwefelsäure genannt; dieser Teil ist durch Bariumchlorid ohne weiteres fällbar; *β*) ein kleinerer Teil des zu Schwefelsäure oxydierten Schwefels bildet mit Phenol, Kresol, Indoxyl und Skatoxyl sog. Ätherschwefelsauren oder B-Schwefelsauren; die in ihnen enthaltene Schwefelsäure ist erst nach Spaltung der genannten Doppelverbindungen durch Säuren mit Bariumchlorid zu fällen.

b) Der Rest des Schwefels wird in Form anderer Verbindungen entleert, in denen er weniger stark oder gar nicht oxydiert enthalten ist; so z. B. in Form von Rhodanalkali, Chondroitinschwefelsaure (S. 143), Proteinsäuren (S. 287), Cystin usw. Dieser Teil wird als nicht oxydierter oder neutraler oder Nicht-Sulfat-Schwefel bezeichnet und ist durch Bariumchlorid erst fällbar, wenn man ihn durch Oxydation in Schwefelsäure überführt.

Im normalen Menschenharn bildet der neutrale Schwefel durchschnittlich ein Fünftel des gesamten Schwefels, der oxydierte vier Fünftel; ein Zehntel des gesamten oxydierten Schwefels ist in Form von Ätherschwefelsäuren enthalten.

Die Menge des oxydierten Schwefels kann bei fieberhaften Erkrankungen zunehmen, bei Anamie, in der Rekonvaleszenz abnehmen. Der vom oxydierten Schwefel auf Ätherschwefelsauren entfallende Anteil nimmt zu nach Einfuhr von Phenol oder Kresol oder im Falle von starkerer Eiweißfaulnis im Darm; der vom Gesamtschwefel auf den neutralen Schwefel entfallende Anteil ist großer bei Vorhandensein eines zerfallenden Carcinoms, bei Lungentuberkulose.

Nachweis. a) Sulfatschwefelsaure wird nachgewiesen, indem man den Harn mit Essigsaure oder verdunnter Salzsäure ansauert und mit einer Losung von Bariumchlorid versetzt; hierbei entsteht ein in Sauren unloslicher Niederschlag von Bariumsulfat.

b) Zum Nachweis der Ätherschwefelsauren wird das Filtrat vom Niederschlag, den man nach Fallung der Sulfatschwefelsaure erhalt, mit starker Salzsaure gekocht, wodurch die Ätherschwefelsauren gespalten werden und die in Freiheit gesetzte Schwefelsaure von dem im Überschuß vorhandenen Bariumchlorid in Form von Bariumsulfat gefallt wird.

c) Um neutralen Schwefel nachzuweisen, wird in den in einem Reagensglas befindlichen Harn ein Stuckchen Zink geworfen, und Salzsäure bis zum Beginn der Gasentwicklung hinzugesetzt; nun befestigt man in den obersten Teil des Reagensglases einen Streifen Filtrierpapier, das mit einer Mischung von Bleiessig und Lauge befeuchtet wurde, und verschließt die Mundung. Nach einiger Zeit wird das Papier durch den Schwefelwasserstoff, in den der neutrale Schwefel verwandelt wurde, gebraunt.

Quantitative Bestimmung. Da bei der Fallung der Sulfatschwefelsaure mit Bariumchlorid aus dem schwach angesauerten Harn immer eine geringe, jedoch schwer zu entfernende Menge von Bariumphosphat mitgerissen und demzufolge die direkte Bestimmung der Sulfatschwefelsaure ungenau wird, muß folgendermaßen vorgegangen werden.

a) Man versetzt 25 cm³ Harn mit 20 cm³ 20%iger Salzsaure, kocht eine halbe Stunde und fallt mit einer vorher erwarmten 5%igen Losung von Bariumchlorid; nun laßt man einige Stunden an einem warmen Ort, dann aber uber Nacht in der Kalte stehen und filtriert am nachsten Tag. Der Niederschlag wird so lange gewaschen, bis das Waschwasser chlorfrei ablauft, dann getrocknet, gegluht und gewogen. Auf diese Weise erhalt man den gesamten oxydierten Schwefel = Sulfatschwefelsaure + Atherschwefelsauren.

b) 125 cm³ desselben Harns werden mit 75 cm³ destilliertem Wasser und 30 cm³ 20%iger Salzsaure versetzt, mit 20 cm³ einer 5%igen Losung von Bariumchlorid gefallt und nach einer halben Stunde durch ein trockenes Filter gegossen; 125 cm³ des Filtrates, die die Halfte der ursprunglichen Harnmenge enthalten, werden eine halbe Stunde lang gekocht, wobei das anfangs klare Filtrat sich allmahlich trubt und einen Niederschlag zu Boden fallen laßt, der, wie sub a) weiter behandelt wird und den Schwefel der Atherschwefelsauren enthalt. Wird dieser Wert von dem oben erhaltenen Wert des gesamten oxydierten Schwefels subtrahiert, so erhalt man die Menge der Sulfatschwefelsaure.

c) 50 cm³ desselben Harns werden in einer Platinschale mit 9 g Natriumnitrat und 3 g Natriumcarbonat eingedampft und verascht, die Schmelze in Wasser gelöst, mit Salzsaure versetzt und wieder eingedampft; dies wird so oft wiederholt, bis keine Dampfe von Salpetersaure mehr abgehen. Nun wird der Ruckstand wieder in Wasser gelöst, etwa ausgeschiedene Kieselsaure durch Filtration entfernt und das Filtrat wie sub a) mit Bariumchlorid gefallt. Der aus dem Niederschlag berechnete Wert entspricht dem gesamten Schwefel im Harn; wird hiervon die sub a) erhaltene Menge des gesamten oxydierten Schwefels subtrahiert, so erhalt man die Menge des neutralen Schwefels.

Bestimmung als Benzidinsulfat. Eine neuere Methode besteht darin, daß man statt wie oben mit Bariumchlorid zu fallen und als Bariumsulfat zu wägen, das Sulfation (hervorgegangen aus obigen drei Formen des Schwefels) mit nachstehend beschriebener Benzidinchlorhydratlösung als Benzidinsulfat fallt, diesen Niederschlag in Wasser verteilt, und mit n/10-Kalilauge unter Verwendung von Phenolphthalein als Indicator bestimmt. Das Reagens wird bereitet, indem man 2 g Benzidin mit 5 cm³ Wasser verreibt, mit weiteren 250 cm³ Wasser vermischt, durch 2½ cm³ konzentrierte Salzsaure in Losung bringt und mit Wasser auf 1 Liter auffullt.

Phosphor.

Phosphor ist im Harn in Form von phosphorsauren Salzen in einer Menge von etwa 0,4—2 g pro 24 Stunden, in sehr geringen Mengen in organischer Bindung als Glycerinphosphorsäure und Phosphorfleischsäure enthalten. Die phosphorsauren Salze werden teils als solche in der Nahrung eingeführt, teils werden sie anläßlich der Verbrennung phosphorsäurehaltiger Eiweißkörper oder von Phosphatiden in Freiheit gesetzt, teils rühren sie vom Knochengewebe her. Die Eliminierung aller dieser Phosphorsaure aus dem Organismus erfolgt teils im Harn, teils im Kot, und zwar wird beim Fleischfresser im Harn, beim Pflanzenfresser im Kot mehr ausgeschieden.

Im Harne ist die Phosphorsäure an Alkalien und an Erdalkalien gebunden, mit denen es primäre, sekundäre und tertiäre Salze bildet. Alle Alkaliphosphate, sowie, wenn auch in geringerem Maße, die primären und sekundären Erdalkaliphosphate sind in Wasser löslich, während die tertiaren Phosphate der Erdalkalien, namentlich aber das tertiäre Calciumphosphat, nahezu unlöslich sind. Letzteres bildet sich in Form eines Niederschlages, wenn der Harn alkalisch wird, oder man einen schwach saueren oder neutralen Harn erhitzt, wobei das darin enthaltene sekundäre Calciumphosphat in das gelöste primäre und das unlösliche tertiäre Phosphat zerfällt.

Der Phosphorgehalt des Harns nimmt ab, wenn in der Nahrung mehr Calcium eingeführt wird, da in diesem Falle im Darm mehr unlösliches tertiäres Calciumphosphat entsteht, das nicht resorbiert werden kann; umgekehrt wird im Hungerzustand mehr Phosphor ausgeschieden als nach der Einfuhr phosphorarmer Nahrung, weil im Hungerzustand eine reichliche Einschmelzung der Gewebe, so z. B. auch der phosphorreichen Knochen, stattfindet.

Nimmt die Acidität des Harns z. B. infolge Säureverlustes durch anhaltendes oder wiederholtes Erbrechen ab, so kann eine teilweise Fällung des Calcium- und Magnesiumphosphates bereits vor der Entleerung des Harns erfolgen; es wird in diesem Falle ein trüber Harn entleert, der sich auf Zusatz von Säure sofort klärt. Die Entleerung eines solchen von ausgeschiedenen Phosphaten trüben Harns wird als Phosphaturie bezeichnet, womit aber nicht eine Vermehrung des Phosphorsäuregehaltes des Harns gemeint ist. Die Ursache der Phosphaturie, die an Neurasthenikern häufiger vorkommt, ist nicht immer ganz klar; denn sie kann auch ohne den oben erwähnten Verlust von Säureäquivalenten eintreten. Als mögliche Ursache wird angeführt, daß an und für sich unlosliches Calciumphosphat normalerweise durch im Harn mitanwesende Schutzkolloide (S. 39) in Lösung erhalten wird; fehlen diese, so kommt es zur Fallung des Phosphates.

Nachweis. Da der Phosphor, wie oben erwahnt, im Harn hauptsachlich in Form von phosphorsauren Salzen enthalten ist, werden zu seinem Nachweis und zur quantitativen Bestimmung ausschließlich jene Verfahren angewendet, die sich auf Phosphorsaure beziehen.

a) Einige Kubikzentimeter des Harns werden mit Magnesiamischung (S. 254) versetzt, worauf ein krystallinischer, aus Ammoniummagnesiumphosphat bestehender Niederschlag entsteht.

b) Einige Kubikzentimeter des Harns werden mit Essigsaure angesauert und mit einer Losung von Uranylacetat oder -nitrat versetzt, wobei ein gelblichweißer Niederschlag von Uranylphosphat $(UO_2)HPO_4$ entsteht.

Quantitative Bestimmung.

a) Durch Titration. Dieses Verfahren beruht darauf, daß phosphorsaure Salze mit Uranylacetat oder -nitrat einen unloslichen Niederschlag von Uranylphosphat bilden; als Indicator wird eine Losung von Ferrocyankalium verwendet.

Man versetzt 50 cm³ des Harns mit 5 cm³ eines Gemisches, das 10% essigsaures Natrium und 3% Essigsaure enthalt; nun wird der Harn aufgekocht und man laßt ihm aus einer Burette, die eine 3,5%ige Losung von Uranylacetat oder -nitrat enthalt, so viel zufließen, bis ein Tropfen des Harns, den man mittels eines Glasstabes auf eine Porzellanschale bringt, mit 1 Tropfen einer 10%igen Losung von Ferrocyankalium eine gelbbraune Farbenreaktion gibt. Diese Farbenreaktion zeigt den ersten Überschuß an Uransalz an, bzw. daß der Harn keine Phosphate mehr gelöst enthalt. Wahrend der Titration muß der Harn wiederholt aufgekocht werden. (Sollte der Harn durch vorangehende Ausscheidung von Phosphaten getrubt sein, so mussen diese erst durch Zusatz von Essigsaure in Lösung gebracht werden.)

Zur Bestimmung des Titers der benutzten Uranlosung wird Dinatriumhydrophosphat verwendet. Da dieses Salz wenig bestandig ist, indem es sein Krystallwasser sehr leicht verliert, wird eine 10%ige Lösung bereitet; 50 cm³ derselben werden eingedampft, getrocknet und gegluht, wobei eine Umsetzung zu pyrophosphorsaurem Natrium stattfindet; dieses wird gewogen und aus seinem Gewicht der Phosphorsauregehalt der Losung berechnet. Diese Losung wird in der oben angegebenen Weise mit der Uranlosung titriert und dadurch ihr Titer festgestellt.

b) Durch Gewichtsanalyse, beruhend auf dem Prinzip, daß die Phosphorsaure der Harnasche in Form von phosphormolybdansaurem Ammonium gefallt, dieses in phosphorsaures Ammoniummagnesium verwandelt, gegluht und in Form von Magnesiumpyrophosphat gewogen wird.

Es werden 20 cm³ Harn mit 1,5 g salpetersaurem Natrium und 3,5 g kohlensaurem Natrium eingedampft und verascht; die Schmelze wird in Wasser gelöst, mit Salpetersaure angesauert und die Lösung in einem Becherglas mit 15 cm³ einer 75%igen (konzentrierten) Losung von Ammoniumnitrat und 50 cm³ einer Molybdanlösung gefallt. (Letztere wird bereitet, indem eine 10%ige Losung von molybdansaurem Ammonium zu dem gleichen Volumen Salpetersäure vom spezifischem Gewicht 1,2 unter standigem Mischen hinzugefugt wird.) Nach erfolgter Fallung laßt man die Flussigkeit einen halben Tag an einem warmen Orte stehen, dekantiert die klare Flussigkeit uber dem gelben (aus phosphormolybdansaurem Ammonium bestehenden) Niederschlag durch ein Filter, wascht den Niederschlag wiederholt mit einer 15%igen Lösung von Ammoniumnitrat und gießt das Waschwasser jedesmal durch das Filter; endlich wird sowohl der am Filter befindliche, wie auch der noch am Boden des Becherglases zuruckgebliebene Niederschlag in einer $2^1/_2$%igen Lösung von Ammoniak gelost und die Losung mit Magnesiamischung versetzt. (Die Magnesiamischung ist eine $2^1/_2$% Ammoniak, 5% Magnesiumchlorid und 7% Ammoniumchlorid enthaltende Losung.) Hierbei entsteht ein Niederschlag von phosphorsaurem Ammoniummagnesium, der auf einem aschenfreien Filter gesammelt und dort mit einer $2^1/_2$%igen Losung von Ammoniak so lange gewaschen wird, bis das Waschwasser chlorfrei ablauft; nun wird der Niederschlag getrocknet, durch Gluhen in Magnesiumpyrophosphat, $Mg_2P_2O_7$, verwandelt und gewogen.

Carbonate.

Carbonate sind im Harn stets enthalten; ihre Menge nimmt nach Einfuhr gewisser organischer Säuren oder von deren Salzen zu, und ist im Harn von Pflanzenfressern so groß, daß er auf Zusatz von Säuren aufschäumt.

Nitrate und Nitrite.

Ohne praktische Bedeutung ist das spurenweise Vorkommen von salpetersauren Salzen im normalen frischen Harn, herrührend aus Trinkwasser und genossenen Gemüsen, und von Nitriten in bakteriell zersetzten Harnen, entstanden durch Reduktion von Nitraten.

E. Stickstofffreie organische Bestandteile.

Kohlenhydrate.

Normaler Menschenharn enthält eine gewisse Menge reduzierender Substanzen, deren Gesamtmenge, in d-Glucose ausgedruckt, etwa 0,2% beträgt; hiervon ist der fünfte Teil tatsächlich d-Glucose. Außer dieser wird im Harn angeblich ein wenig Isomaltose gefunden, sowie ein stickstoffhaltiges Kohlenhydrat, wahrscheinlich ein Derivat der Chondroitinschwefelsaure (S. 143). Unter pathologischen Verhaltnissen kann der Gehalt des Harns an Kohlenhydraten ein bedeutender sein. (Siehe bei den einzelnen Zuckerarten.) Der Nachweis der häufiger beobachteten Zuckerarten ist in der Regel nicht schwer; wohl aber bereitet es oft große Schwierigkeiten, seltenere, sowie mehrere Zuckerarten nebeneinander nachzuweisen.

d-Glucose (Dextrose, Traubenzucker, Harnzucker), $C_6H_{12}O_6$ (Eigenschaften S. 90), ist in jedem normalen Harn in einer Menge von etwa 0,04% enthalten; in größeren Mengen findet sie sich: a) nach Einfuhr größerer Mengen von d-Glucose; b) unter der Einwirkung verschiedener Gifte; c) weiterhin bei Tumoren des Gehirns, namentlich des Kleinhirns; d) im Falle einer Degeneration oder experimentellen Entfernung des Pankreas; e) im Diabetes mellitus (siehe hierüber auch S. 306 f.).

Nachweis. Fur die meisten Proben ist es notwendig, erst das etwa vorhandene Eiweiß zu entfernen; zu diesem Behufe wird der Harn mit 1—2 Tropfen verdunnter Essigsaure angesauert oder auch mit einer Messerspitze Kochsalz versetzt), einige Minuten gekocht und dann filtriert.

a) Mooresche Probe: 5—10 cm³ Harn werden mit 2—3 cm³ Natron- oder Kalilauge gekocht, wobei aus dem Zucker außer anderen Zersetzungsprodukten (Ameisensaure, Milchsaure, Brenzcatechin usw.) sich auch Huminsubstanzen bilden, die den Harn gelb bis braun farben; gleichzeitig entwickelt sich ein charakteristischer caramelartiger Geruch, der auf Saurezusatz starker wird.

b) Trommersche Probe: 10 cm³ des Harns werden mit 2—3 cm³ Natron- oder Kalilauge versetzt, und dann eine stark verdunnte Losung von Kupfersulfat so lange tropfenweise hinzugefugt, bis der blaue Niederschlag von Cuprihydroxyd, das mit der Glucose eine komplexe, wasserlosliche, blaue Verbindung eingeht, beim Umschutteln der Flussigkeit nur mehr schwer in Losung geht. Nun wird erhitzt, worauf, noch bevor es zum Sieden kommt, ein gelber oder roter Niederschlag entsteht, je nachdem das Cuprihydroxyd zu Cuprohydroxyd oder Cuprooxyd reduziert wurde. (Im Harn entsteht meistens der gelbe, in anderen Flussigkeiten, wie Blutserum, Transsudate meistens der rote Niederschlag.) Die Trommersche Probe hat den Nachteil, daß es schwer halt, gerade die richtige Menge von Kupfersulfat zu treffen, demzufolge das Ergebnis der Reaktion ein zweideutiges sein kann. Wird namlich zu wenig Kupfersulfat hinzugefügt, so wird die geringe Menge des entstandenen Cuprihydroxydes auch von den normalen reduzierenden Harnbestandteilen (s. weiter unten) reduziert, und die blaue Farbe des Gemisches schlägt in Gelb um, auch, wenn gar kein Zucker vorhanden war. Umgekehrt kommt es, falls Kupfersulfat im Überschuß hinzugefugt wurde, beim Kochen zu einer Umwandlung des uberschüssigen, nicht gelosten Cuprihydroxydes in braunes Cuprioxyd, das die gelbe bzw. rote Farbe des Cuprohydroxydes bzw. des Cuprooxydes verdecken kann.

c) In der Fehlingschen, richtiger Worm-Müllerschen Probe sind die Nachteile der Trommerschen Probe dadurch vermieden, daß man eine 5—6%ige Lauge verwendet, die etwa 17% weinsaures Kaliumnatrium (Seignette-Salz) gelost enthalt, denn mit letzterem geht das in noch so reichlicher Menge vorhandene Cuprihydroxyd eine wasserlösliche Verbindung ein, wodurch verhutet wird, daß der Überschuß von Cuprihydroxyd (das sich nicht mit Zucker verbinden konnte) bei der Erwarmung in der alkalischen Flussigkeit in braunes Cuprioxyd verwandelt werde. Zur Ausfuhrung der Probe werden gleiche Volumina einer etwa 3%igen Losung von Kupfersulfat und des Laugengemisches vermengt, hiervon 2—3 cm³ zu 10 cm³ Harn gefugt und erwarmt; die Reduktion erfolgt wie bei der Trommerschen Probe. Manche Autoren ziehen es vor, 3 cm³ des Reagens (durch Vermischen gleicher Anteile der Kupfersulfat- und der alkalischen Seignettesalzlösung bereitet) und 10 cm³ Harn gesondert zu erwarmen und warm zusammenzugießen.

Mitunter enthalt auch normaler Harn großere Mengen von Substanzen, wie Harnsaure, Kreatinin, Ammoniumsalze, die die Reduktionsproben entweder dadurch stören, daß auch sie Cuprihydroxyd reduzieren, oder aber dadurch, daß sie das durch d-Glucose reduzierte Kupfersalz in Losung halten und so den positiven Ausfall der Probe verdecken. Dieses storende Moment kann teilweise dadurch beseitigt werden, daß man den Harn mit dem gleichen Volumen Wasser verdunnt: in dieser verringerten Konzentration reduzieren die genannten Substanzen nicht; oder dadurch, daß man die störenden reduzierenden Stoffe aus dem mit Schwefelsaure stark angesauerten Harn durch Fallen mit einer 10%igen Losung von Phosphorwolframsaure entfernt, und die Probe im neutralisierten Filtrat ausfuhrt; endlich auch dadurch, daß man den mit der Kupfersulfatlosung (ohne Lauge oder Seignettesalz) versetzten Harn aufkocht, wobei die storende Harnsaure als Kupfersalz gefallt wird. Von diesem wird abfiltriert und mit dem Filtrate wie oben verfahren.

d) Böttgersche Probe: 10 cm³ des Harns werden mit einer kleinen Messerspitze Bismutum subnitricum und 2—3 cm³ Lauge versetzt, aufgekocht und wahrend einiger Minuten im Sieden erhalten. Bei Anwesenheit von d-Glucose färbt sich die Flussigkeit erst gelb, dann braun, unter Umstanden auch schwarz, und es setzt sich ein schwarzer Niederschlag von metallischem Bismut zu Boden. In der Nylanderschen Modifikation dieser Probe wird statt des pulverförmigen Bismutum subnitricum eine 2%ige Losung desselben in 10%iger Lauge verwendet, in der das Bismutsalz durch einen Zusatz von 4% Seignettesalz in Lösung gehalten ist. In den Bismutproben darf der Harn keine Spur von Eiweiß enthalten, weil Eiweiß ebenfalls einen schwarzen, jedoch aus Bismutsulfid bestehenden Niederschlag liefert; hingegen wirkt hier Kreatinin nicht storend, weil es die Wismutsalze nicht reduziert.

e) **Phenylglucosazonprobe** (S. 86): 20 cm³ Harn werden in einem Reagensglase mit 1—2 g salzsaurem Phenylhydrazin und 2—4 g essigsaurem Natrium versetzt, umgeschuttelt, auf $^1/_2$—1 Stunde in ein siedendes Wasserbad und dann fur einige Stunden in kaltes Wasser getaucht; nach dieser Zeit hat sich am Boden des Reagensglases ein Niederschlag von Phenylglucosazon gesammelt, der, unter dem Mikroskop betrachtet, aus gelben, nadelförmigen, garben- oder strahlenförmig angeordneten Krystallen mit dem Schmelzpunkt 205° besteht. Außer den erwahnten Krystallen findet man im Niederschlag auch gelbe eckige Schollen und kugelförmige Gebilde, die aber nicht dem Phenylglucosazon angehören.

Quantitative Bestimmung.

a) **Durch Polarisation.** Wird der d-Glucose enthaltende Harn in einem Rohre von 1,894 dm Lange polarisiert, so ist, da $[\alpha]_D$ fur d-Glucose $+52,8°$ betragt, in der Formel $\dfrac{\beta \cdot 100}{[\alpha]_D \cdot L}$ (S. 88), die den Gehalt an aktiver Substanz in Prozenten angibt, $[\alpha]_D \cdot L = 100$; folglich gibt der am Polarimeter abgelesene Wert β unmittelbar den d-Glucosegehalt des Harns in Prozenten an.

Normaler Harn ist, auch in einem kurzeren Rohr untersucht, viel zu dunkel gefarbt, um direkt polarisiert werden zu konnen; daher wird ein genau abgemessenes Volumen des Harns mit genau $^1/_{10}$-Volumen einer etwa 20%igen Bleizuckerlosung gefallt und durch ein trockenes Filter gegossen. Der Bleiniederschlag reißt den größten Teil der Harnfarbstoffe mit und man erhalt ein nahezu farbloses Filtrat. (Der abgelesene Prozentwert muß naturlich mit 1,1 multipliziert werden.) Da d-Glucose aus einer alkalischen Losung durch Bleizucker teilweise mitgefallt werden kann, muß alkalischer Harn vor der Fallung durch Bleizucker mit Essigsaure angesauert werden.

Enthalt der Harn Eiweiß, so muß es nach schwacher Ansäuerung mit Essigsaure (und Zusatz einer Messerspitze Kochsalz) durch Kochen entfernt werden. Ist in dem Harn auch β-Oxybuttersaure enthalten, die linksaktiv ist, so erhalt man in dem d-Glucose enthaltenden Harn eine geringere Rechtsdrehung, als dem Zuckergehalt entspricht; der Unterschied zwischen diesem Ergebnis und dem der Garungsprobe (s. unten) weist geradezu auf die Anwesenheit von β-Oxybuttersaure hin. Auch die im Harn regelmäßig vorkommenden linksaktiven gepaarten Glucuronsauren verringern die durch die d-Glucose verursachte Rechtsdrehung des Harns. Laßt man in einem solchen Falle die d-Glucose durch Hefe vergaren und polarisiert dann den Harn, so wird er linksdrehend gefunden, entsprechend seinem Gehalt an gepaarten Glucuronsauren; addiert man nun den Wert der Linksdrehung zu der im unvergorenen Harn abgelesenen Rechtsdrehung, so erhalt man den richtigen Gehalt des Harns an d-Glucose.

b) **Durch Vergarung.** Unter Einwirkung der Bierhefe zerfallt d-Glucose in Alkohol und Kohlendioxyd (S. 91); die optimale Temperatur fur diesen Vorgang liegt bei 28—30° C. Laßt man die Garung in einem geeigneten Gefaß vor sich gehen, so kann aus dem Volumen oder aus dem Druck des gebildeten Kohlendioxydes auf die Menge der vorhanden gewesenen d-Glucose geschlossen werden. Unter mehreren fur diesen Zweck angegebenen Apparaten ist der von Lohnstein besonders handlich: durch den Druck des Kohlendioxydes wird Quecksilber in einer Röhre emporgetrieben, die mit einer empirischen Skala versehen ist; die an der Skala angebrachten Ziffern geben unmittelbar den Zuckergehalt des Harns in Prozenten an. Da auch die verwendete Hefe Zucker enthalten kann, so wird in einem Apparat der Zuckergehalt des Harns und in einem zweiten der der Hefe bestimmt und letzterer Wert vom ersteren abgezogen. Alkalische Harne mussen vor der Vergarung mit Weinsaure schwach angesauert werden, da das Alkali betrachtliche Mengen der wahrend des Garungsvorganges gebildeten CO_2 zu binden vermag und sich hieraus ein Fehlbetrag ergeben muß.

c) Reduktionsverfahren (S. 89) werden beim Harn kaum mehr angewendet.

d-Fructose, Làvulose, Fruchtzucker, $C_6H_{12}O_6$ (ausführlich S. 92), kommt im Harn weit seltener vor als d-Glucose. Am seltensten sind die Falle von reiner chronischer Lävulosurie; etwas häufiger ist die alimentäre Làvulosurie. Die Toleranz (S. 303) gewisser Leberkranker ist gegen d-Fructose erheblich herabgesetzt.

Nachweis. a) Phenylfructosazon ist mit dem Phenylglucosazon identisch; das Methylphenylfructosazon hingegen hat abweichende Eigenschaften (S. 93).

b) Durch Polarisation: Hierbei darf nicht der gepaarten Glucuronsauren vergessen werden, die ebenfalls linksaktiv sind; weiterhin, daß in alkalisch reagierendem (z. B. in ammoniakalisch garendem) Harn d-Glucose in nicht zu vernachlassigender Menge in d-Fructose verwandelt werden kann (S. 81).

c) Charakteristisch ist die SELIWANOFFsche Resorcinprobe, die den Oxyketonen gemeinsam ist: 5—10 cm³ Harn werden mit so viel konzentrierter Salzsaure versetzt, daß deren Konzentration ungefahr $12\,^0/_0$ betrage und nun einige Krystallchen von Resorcin (1.3-Dioxybenzol) hinzugefugt. Nach 20 Sekunden langem Erwarmen farbt sich der Harn in Anwesenheit von d-Fructose rot, bzw. es bildet sich ein roter Niederschlag; dieser Farbenreaktion liegt eine Verbindung zugrunde, die aus der Vereinigung des durch Salzsaure aus der d-Fructose abgespaltenen Oxymethylfurfurols (S. 81) mit dem Resorcin entsteht. Mit konzentrierter Salzsaure durch langere Zeit erhitzt, geben aber auch andere Monosaccharide eine ahnliche Rotfarbung.

Zur quantitativen Bestimmung eignen sich die oben bei der d-Glucose angegebenen Methoden; im Polarisationsverfahren darf naturlich nicht die dort erwahnte 1,894 dm lange Rohre verwendet werden.

d-Galaktose, $C_6H_{12}O_6$ (ausführlich S. 92), wurde neben Lactose im Harn von magen- und darmkranken Säuglingen gefunden.

Zum Nachweis dienen: a) das Phenylgalaktosazon (S. 92); b) die Eigenschaft der d-Galaktose, mit Hefe, wenn auch langsamer als Traubenzucker zu vergaren; c) die Schleimsaureprobe, die allerdings auch in Anwesenheit der Lactose positiv ausfallt, und darauf beruht, daß die Dicarbonsauren der ubrigen im Harne vorkommenden Monosaccharide wasserloslich sind, die aus der Oxydation der Galaktose hervorgehende Schleimsaure aber als in Wasser unlosliches Krystallpulver mit dem Schmelzpunkt 215° C zu Boden fallt. Und zwar findet dies statt, wenn man 100 cm³ des Harnes, der Galaktose enthalt, mit 20 cm³ konzentrierter HNO_3 so lange am Wasserbade erwarmt, bis das Entweichen brauner Dampfe wahrzunehmen ist, zum Zeichen dessen, daß unnmehr die Oxydation des Zuckers zu Schleimsaure vor sich gegangen ist.

Pentosen. (Eigenschaften s. S. 93.) Sie kommen im Harn vor: a) nach Einfuhr pentosehaltiger Nahrung (Kirschen, Pflaumen usw.) also in den Fällen von sog. alimentarer Pentosurie; b) sehr selten und aus uns unbekannten Gründen in den Fällen von chronischer Pentosurie; nach früheren Angaben sollte es sich um die Ausscheidung der inaktiven d.l-Arabinose, nach neueren Angaben um die einer Xylose (Xyloketose?) handeln, und zwar in der maximalen Menge von etwa 3 g pro 24 Stunden:

Nachweis. a) Auf Pentosen verdachtig ist ein Harn, der Kupfersalze reduziert, jedoch optisch inaktiv ist, und sich in der Garungsprobe negativ verhalt. Auch erfolgt die Reduktion angeblich nicht vor dem Eintritte des Siedens, wie an den Hexosen, sondern erst wahrend des Siedens. Als Grund hierfur wird angefuhrt, daß die Pentosen im Harn nicht frei, sondern an Harnstoff gebunden vorkommen, welche Bindung erst wahrend des Kochens in der alkalischen Flussigkeit gelost wird.

b) TOLLENSsche Phloroglucinreaktion: 5 cm³ Harn werden mit dem gleichen Volumen rauchender Salzsaure und einer kleinen Messerspitze Phloroglucin (1.3.5-Trioxybenzol) erhitzt, worauf eine kirschrote Farbenreaktion oder ein solcher Niederschlag auftritt, was jedoch nur dann fur Pentosen zeugt, wenn die spektroskopische Untersuchung des rotgefarbten Harns oder seines amylalkoholischen Auszuges einen charakteristischen, zwischen den Linien D und E befindlichen Absorptionsstreifen ergibt. Auch die im normalen Harn vorkommenden gepaarten Glucuronsauren geben diese Reaktion.

c) TOLLENSsche Orcinreaktion: 5 cm³ des Harns werden mit dem gleichen Volumen rauchender Salzsaure und einer Messerspitze Orcin (1-Methyl-, 3.5-Dioxybenzol) erhitzt, worauf eine blaulichviolette oder grunliche Farbenreaktion oder ein solcher Niederschlag auftritt, was jedoch nur dann fur Pentosen zeugt, wenn die spektroskopische Untersuchung des Harns oder seines amylalkoholischen Auszuges einen charakteristischen, zwischen den Linien C und D befindlichen Absorptionsstreifen ergibt. Da auch die im normalen Harn vorkommenden gepaarten Glucuronsauren diese Reaktion geben, schlagt BIAL die folgende Modifikation der Probe vor: in 1 Liter 30%iger Salzsaure werden 2 g Orcin gelost und 50 Tropfen einer 10%igen Losung von Eisenchlorid hinzugefugt: 4 cm³ dieses Reagens werden aufgekocht und 1 cm³ des zu untersuchenden Harns hinzugefugt. In dieser Form ausgefuhrt wird die Reaktion von Glucuronsauren nicht gegeben.

Die quantitative Bestimmung erfolgt:

a) durch Reduktionsverfahren, wobei aber die verzogerte Reduktion storend einwirken soll;

b) nach TOLLENS auf Grund der Eigenschaft der Pentosen, daß sie, mit Salzsaure erhitzt, Furfurol abspalten, das mit Phloroglucin den oben erwahnten, in Wasser unloslichen Niederschlag von Furfurolphloroglucid liefert (S. 93). Bei diesem Verfahren werden die gepaarten Glucuronsauren, die sich ebenso verhalten, mitbestimmt.

Da das aus den Pentosen abgespaltene Furfurol teilweise von Harnstoff gebunden wird, muß das ursprungliche TOLLENSsche Verfahren in folgender Modifikation angewendet werden: 250 cm³ des Harns werden mit 5 cm³ Ammoniak und 150 cm³ Bleiessig gefallt, der die Pentosen enthaltende Niederschlag am Filter gesammelt, mit $^3/_4$ Liter Wasser gewaschen, dann samt dem Filter in einen Destillierkolben gebracht und mit 100 cm³ 12%iger Salzsaure ubergossen. Nun wird zunachst so lange destilliert, bis das Destillat 30 cm³ betragt, sodann ebensoviel 12%iger Salzsaure nachgefullt, wieder destilliert, und dies so oft wiederholt, bis etwa $^1/_2$ Liter ubergegangen ist. Das Destillat wird mit etwa doppelt soviel Phloroglucin versetzt als der zu erwartenden Ausbeute an Furfurol entspricht (fur 250 cm³ normalen, also bloß Glucuronsaure, jedoch keine Pentosen enthaltenden Harn 0,25 g Phloroglucin, fur pentosehaltigen entsprechend mehr) und der sich bildende schwarzgrune Niederschlag von Furfurol-Phloroglucid nach 16 Stunden auf einem GOOCHschen Tiegel gesammelt, mit Wasser gewaschen, 4 Stunden bei 100° getrocknet und gewogen. Das Endergebnis wird mittels empirisch festgestellter Tabellen berechnet.

Anhang. CAMMIDGE hat angegeben, daß, wenn der Harn von Pankreaskranken mit Mineralsauren gekocht und nach Entfernung der Glucuronsaure in einer ganz bestimmten Weise mit Phenylhydrazin behandelt wird, im Sediment charakteristische Krystalle gefunden werden. Einige Nachprufer haben gefunden, daß es sich um Phenylpentosazonbildung handelt, spatere, daß solche Krystalle auch aus Harnen zu erhalten sind, die nicht von Pankreaskranken herruhren; endlich, daß es sich vielleicht nicht um Osazone von Pentosen, sondern von anderen komplexen Kohlenhydraten, etwa vom sog. tierischen Gummi handeln konnte.

Lactose, Milchzucker, $C_{12}H_{22}O_{11}$ (ausführlich S. 233), erscheint im Harne zuweilen in den letzten Tagen der Graviditat, oder an den ersten Tagen nach erfolgter Entbindung, oder, nachdem das Saugen unterbrochen wurde, oder im Harn von magen- und darmkranken Sauglingen, sowie auch bei Erwachsenen nach übermäßigem Milchgenuß. Da das Blutplasma keine Lactase enthalt, erscheint die Lactose im Harne, wenn sie parenteral eingefuhrt wurde.

Zum Nachweis dienen: a) das Phenyllactosazon; b) die Schleimsäurereaktion (s. S. 257 bei der Galaktose).

Maltose, Malzzucker, $C_{12}H_{22}O_{11}$ (ausführlich S. 97), kommt im Harn selten vor.

Der Nachweis erfolgt auf Grund: a) des Phenylmaltosazons, b) des Reduktionsvermögens, das weit kleiner, und des spezifischen Drehungsvermögens, das weit größer ist als das der d-Glucose.

d-Glucuronsäure, $C_6H_{10}O_7$ (ausführlich S. 106), kommt im normalen Harn an Phenol, p-Kresol und Indoxyl gebunden, in Form gepaarter Glucuronsäuren vor, und zwar in einer Menge von etwa 0,03—0,25 g pro 24 Stunden. Über die Art und Weise ihres Entstehens wissen wir recht wenig; jedenfalls ist sie als intermediäres Oxydationsprodukt der d-Glucose zu betrachten, das aber für gewöhnlich sehr bald weiter oxydiert wird.

Nachweis. a) Ein Harn, der gepaarte Glucuronsäuren enthält, ist optisch linksaktiv; werden die gepaarten Säuren durch Kochen mit verdünnter Schwefelsäure (1—5% durch 1—2 Stunden) gespalten, so wird der Harn rechtsaktiv.

b) Erhält ein nicht reduzierender Harn nach dem Kochen mit Säure (siehe oben) reduzierende Eigenschaften, so weist dies auf das Vorhandensein von gepaarten Glucuronsäuren hin.

c) Charakteristisch ist die modifizierte TOLLENSsche Naphthoresorcinprobe; 5 cm³ des Harns werden mit einer kleinen Messerspitze voll Naphthoresorcin und 5 cm³ Salzsäure vom spezifischen Gewicht 1,19 versetzt, 1 Minute gekocht, auf 50° C abgekühlt; waren gepaarte Glucuronsäuren vorhanden, so entsteht ein blauvioletter Farbstoff, der mit Benzol nach Zusatz von 1—2 Tropfen Alkohol ausgeschüttelt werden kann. Nach einzelnen Autoren fällt diese Probe auch bei anderen Kohlenhydraten positiv aus, allerdings mit einer anderen Farbennuance. Soll der Nachweis der Glucuronsäure in einem Harne erfolgen, der auch Zucker enthält, so ist es zweckmäßiger, die Glucuronsäure aus dem mit Phosphorsäure schwach angesäuerten Harne durch Ausschütteln mit einem Gemisch von 10 cm³ Alkohol und 20 cm³ Äther zu isolieren; der sich abscheidende Äther wird mit Wasser gewaschen, verjagt, und im Rückstande die Bestimmung wie oben vorgenommen.

d) Die TOLLENSsche Phloroglucin- und die Orcinprobe fallen positiv aus, wie bei den Pentosen (S. 258).

Die Isolierung, bezw. die quantitative Bestimmung der Glucuronsäuren, geschieht wie folgt. Der Harn wird mit Ammoniak alkalisch gemacht und mit Bleiessig versetzt, wobei die gesamte Glucuronsäure gefällt wird. Der gewaschene Niederschlag wird dann dem Verfahren unterworfen, das TOLLENS zur Bestimmung der Pentosen ausgearbeitet hat (S. 258).

Fettsäuren, Fette, Oxyfettsäuren.

Einbasische Fettsäuren. Im normalen Harn des Menschen, wie auch in dem der Fleisch- und Pflanzenfresser, kommen niedere, einbasische Fettsäuren vor, wie Ameisen-, Essig-, Propion- und Buttersäure, die offenbar während der Gärungsvorgänge im Darm entstehen, dann resorbiert und im Harne ausgeschieden werden. Im 24stündigen Menschenharn beträgt ihre Menge 0,02—0,06 g.

Nachweis und quantitative Bestimmung der flüchtigen Fettsäuren erfolgen auf Grund ihrer Eigenschaft, mit Wasserdampf überzudestillieren.

Fette. Normaler Harn enthält kaum nachweisbare Spuren von Fett. Nach dem Genuß sehr fettreicher Speisen oder nach subcutaner Einverleibung von Fett, ferner in Diabetes, in der Gravidität, nach Knochenbrüchen, also in Zuständen, die mit einer Lipämie (S. 167) einhergehen

17*

können, ferner auch ohne eine bestehende Lipämie in gewissen Nierenkrankheiten, die mit einer Verfettung der Nierenepithelien einhergehen, kommt es zur Ansammlung kleinerer oder größerer Fetttropfen im Harne, zur sog. Lipurie.

Als Chylurie wird ein in den Tropen beobachteter, durch den Parasiten Filaria sanguinis verursachter Zustand bezeichnet, bei dem Fett in feinster Emulsion im Harn enthalten ist. Das Zustandekommen der Chylurie ist unbekannt.

Nachweis. a) Im mikroskopischen Präparat des Harns sind die Fetttröpfchen leicht an ihrer Form, sowie auch an ihrer Löslichkeit im Äther zu erkennen; letzterer Umstand gestattet auch ihre Unterscheidung von den ähnlich geformten, jedoch in Äther nicht löslichen Leucinkügelchen.

b) Der ätherische Auszug des Harns wird eingedampft und der Rückstand mit trockener Borsäure erhitzt, wobei sich der für Fette sehr charakteristische Geruch nach Acrolein entwickelt (S. 44).

Oxalsäure, $C_2H_2O_4$ (Eigenschaften siehe S. 48), ist ein regelmäßiger Bestandteil des normalen Harns, und zwar in einer Menge von etwa 0,01—0,03 g pro 24 Stunden; in weit größerer Menge, wenn oxalathaltige Nahrung eingeführt wird. Ein Teil der im Harn ausgeschiedenen Oxalsäure ist endogenen Ursprunges, denn auch bei oxalsäurefreier Nahrung oder im Hungerzustand enthält der Harn Oxalsäure. Im Laboratoriumsversuch kann sie sowohl aus Glykokoll, bzw. aus dem viel Glykokoll enthaltenen Glutin erhalten werden, woraus mit einigem Recht gefolgert werden kann, daß sie im Organismus aus Glutin liefernden Gewebsbestandteilen, also aus dem Collagen des Bindegewebes entsteht. Ein anderer Teil der Oxalsäure ist exogenen Ursprunges und rührt hauptsächlich von gewissen, an Oxalsäure besonders reichen Pflanzenteilen her, die in der Nahrung eingeführt werden, wie z. B. Tomaten, Spargeln, Schnittbohnen, Äpfel usw. Außerdem ist es aber bekannt, daß unter der Einwirkung gewisser im Kot enthaltener Bakterien Oxalsäure aus Kohlenhydraten gebildet wird.

Die Oxalsäure kommt im Harn hauptsächlich in Form ihres Calciumsalzes vor, das teilweise durch die sauren Phosphate gelöst erhalten wird, teilweise aber krystallinisch ausfällt; die oktaederförmigen Krystalle erscheinen unter dem Mikroskop von der Spitze aus gesehen, in charakteristischer „Briefumschlagform". Sie sind in Essigsäure nicht, in Salzsäure leicht löslich. Oxalsaures Calcium, das sich aus dem Harn noch vor seiner Entleerung ausscheidet, kann auch größere Konkremente (Nieren- oder Blasensteine), bilden.

Unter Oxalurie wäre eigentlich ein Zustand zu verstehen, in welchem mehr Oxalsäure als normalerweise im Harn enthalten ist. Nun wird aber dieser Ausdruck vielfach für den Fall angewendet, daß im Sediment des Harns viel oxalsaures Calcium zu sehen ist, ohne daß die Gesamtmenge der Oxalsäure bekannt wäre. Es ist klar, daß diese Benennung falsch ist; denn aus der Menge des sich krystallinisch ausscheidenden oxalsauren Calciums kann auf den Oxalsäuregehalt des Harns nicht gefolgert werden: verhältnismäßig große Mengen können im Harn gelöst enthalten sein, ohne daß es zu einer Ausscheidung des Calciumsalzes käme, und umgekehrt kann die Oxalsäure sogar in geringerer Menge vorhanden sein, als im normalen Harn, dabei aber zum großen Teil krystallinisch ausfallen.

Eine wirkliche Steigerung des Oxalsäuregehaltes des Harns wird bei verschiedenen Krankheiten beobachtet; jedoch ist es bis heute nicht gelungen, diesbezüglich eine diagnostisch verwertbare Gesetzmäßigkeit festzustellen.

Der Nachweis der Oxalsaure erfolgt entweder auf Grund der oben beschriebenen charakteristischen Form und der Loslichkeitsverhaltnisse des ausgeschiedenen oxalsauren Calciums (unloslich in Esssigsaure, loslich in Salzsaure) oder mit dem Verfahren, das auch zu seiner quantitativen Bestimmung dient. (Siehe weiter unten.)

Die quantitative Bestimmung erfolgt nach der Methode von Salkowski und MacLean. Ein halber Liter Harn wird mit Ammoniak und Calciumchloridlosung versetzt, bis zur Sirupdicke eingedampft, mit Alkohol gefallt, der Niederschlag am Filter mit Alkohol und mit Äther gewaschen, in verdunnter Salzsaure gelöst, die durch die Salzsaure in Freiheit gesetzte Oxalsaure mit einem Äther-Alkoholgemisch (9 : 1) ausgezogen, der Äther nach Hinzufugen von Wasser verjagt, der waßrige Ruckstand filtriert, das Filtrat mit Ammoniak alkalisch gemacht, mit Calciumchlorid gefallt, mit Essigsaure ein wenig angesauert und am nachsten Tage filtriert. Der Niederschlag von oxalsaurem Calcium wird entweder in verdunnter Schwefelsaure gelost, die Losung auf 40—50° C erwarmt und mit einer Losung von Kaliumpermanganat titriert, oder aber gegluht und als Calciumoxyd gewogen.

d-Milchsäure. Para- oder Fleischmilchsäure, $C_3H_6O_3$ (ausführlich S. 50); ist vielleicht spurenweise auch im normalen Menschenharn enthalten, in größeren Mengen nach längerer angestrengter Muskeltatigkeit, ferner nach Vergiftungen (mit Curare, Kohlenoxyd, gewissen Alkaloiden), bei Sauerstoffmangel, bei der akuten Leberatrophie.

Quantitative Bestimmung. Nach einem von Furth und Charnas angegebenen Verfahren wird der entsprechend vorbereitete Harn mit Schwefelsaure bis zu einem Gehalt von $0{,}5\%$ versetzt, destilliert und wahrend der Destillation tropfenweise mit Kaliumpermanganat versetzt, wodurch die Milchsaure in Acetaldehyd verwandelt wird. Letzteres wird in einer Losung von Kaliumhydrosulfit von bekannter Konzentration aufgefangen, und der an Acetaldehyd nicht gebundene Rest des Kaliumhydrosulfits jodometrisch bestimmt.

Aldehyde.

Acetaldehyd, C_2H_4O (Eigenschaften S. 50), wurde im normalen Harn in sehr geringen, im diabetischen Harn in größeren Mengen nachgewiesen.

Nachweis. $25\ cm^3$ des Harnes werden mit Wasser auf $100\ cm^3$ verdunnt, mit $2\ cm^3$ 50%iger Essigsaure angesauert, destilliert, von Destillate $1\ cm^3$ nach Rimini-Lewin mit ein wenig frisch bereiteter Nitroprussidnatriumlosung und etwas Piperidin versetzt. War Acetaldehyd vorhanden, so entsteht eine Blaufarbung.

Acetonkörper [1].

1.β-Oxybuttersäure, $C_4H_8O_3$ (Eigenschaften S. 50), ist im normalen Harn entweder gar nicht, oder nach manchen Autoren in Spuren enthalten, hingegen oft deutlich nachweisbar nach Entziehung der Kohlenhydrate; in bedeutenden Mengen kommt sie in schweren Fällen von Diabetes vor, so daß in 24 Stunden bis zu 30, ausnahmsweise 50—100 g ausgeschieden werden können. (Über ihr Entstehen siehe naheres auf S. 309 f.).

Nachweis. a) Der Verdacht auf einen Gehalt an β-Oxybuttersäure ist gerechtfertigt, wenn man im Harn durch Polarisation weit weniger d-Glucose erhalt, als mittels der Garungsprobe; oder wenn ein Zuckerharn, der nach rechts dreht, nach der Vergarung mit Hefe linksaktiv wird (es kann sich aber in solchen Fallen auch um gepaarte Glucuronsauren handeln).

---

[1] Die Ausscheidung von Acetonkörpern im Harn wird als Ketonurie bezeichnet.

b) Das BLACKsche Verfahren beruht darauf, daß die β-Oxybuttersaure in Anwesenheit von Eisensalzen mit Wasserstoffhyperoxyd oxydiert, in Acetessigsaure verwandelt wird. Man engt 20 cm^3 Harn auf den funften Teil ein, wobei die praformierte Acetessigsaure sich zersetzt und verfluchtigt. Der Rest wird mit Salzsaure angesauert, mit Gips vermischt, die erstarrte, getrocknete und pulverisierte Masse mit Äther extrahiert. Nun wird aus dem atherischen Auszug der Äther verjagt, die waßrige Lösung des Ruckstandes mit je einigen Tropfen einer 3$^0/_0$igen Losung von Wasserstoffhyperoxyd und einer 5$^0/_0$igen Losung von Eisenchlorid versetzt, die sehr wenig Ferrosulfat enthalt. Die Acetessigsäure, die auf diese Weise aus der β-Oxybuttersaure entstanden ist, gibt mit dem anwesenden Eisenchlorid eine rote Farbenreaktion (siehe unten).

c) Der Nachweis kann auch dadurch erbracht werden, daß man die β-Oxybuttersaure in Crotonsaure uberfuhrt. Man versetzt den Harn, der vorher eingeengt wurde, mit so viel Schwefelsaure, daß deren Konzentration 50—55$^0/_0$ betrage, unterwirft das Gemisch der Destillation und sorgt durch standiges Zutropfen von Wasser dafur, daß die angegebene Schwefelsaurekonzentration nicht zunehme. Hierbei entsteht durch Wasserabspaltung aus der β-Oxybuttersaure die Crotonsaure (S. 50), die mit dem ersten, wenige Kubikzentimeter betragenden Anteil des Destillates ubergeht, sich nach dem Abkuhlen krystallinisch ausscheidet und am charakteristischen Schmelzpunkt von 72^0 C erkannt werden kann.

Quantitative Bestimmung. Einige 100 cm^3 des Harns werden mit 30 g Ammoniumsulfat und (pro je 100 cm^3 des Harnes) mit 15 cm^3 20$^0/_0$iger Schwefelsaure versetzt, in einem entsprechenden Apparat mit Äther (oder mit Essigather) wiederholt extrahiert, die vereinigten atherischen Auszuge mit Wasser versetzt, der Äther verjagt, worauf die in waßriger Losung befindliche Saure polarimetrisch bestimmt werden kann.

Acetessigsäure, Diacetsäure, $C_4H_6O_3$ (Eigenschaften S. 51), ist ein Oxydationsprodukt der β-Oxybuttersäure und wird im Diabetes in Mengen bis zu 0,5 g, ausnahmsweise bis zu 5 g in 24 Stunden im Harn ausgeschieden. Läßt man den Harn stehen, so zersetzt sie sich sehr bald zu Aceton und Kohlendioxyd. (Über das Entstehen der Acetessigsäure siehe näheres auf S. 309 f.)

Der Nachweis erfolgt durch die GERHARDTsche Probe: einige Kubikzentimeter des Harns werden tropfenweise so lange mit einer 10$^0/_0$igen Losung von Eisenchlorid versetzt, bis der gelbe Niederschlag von Eisenphosphat nicht mehr zunimmt; nun wird filtriert und das Filtrat mit der Eisenchloridlosung versetzt, worauf in Anwesenheit von Acetessigsaure eine dunkelweinrote Farbenreaktion eintritt. Eine ahnliche Farbenreaktion ist auch nach Einfuhr gewisser Arzneimittel, z. B. Salicylsaure oder ihrer Derivate, zu beobachten, die als solche oder in Form ihrer Umwandlungsprodukte im Harn ausgeschieden werden. Der Entscheid, ob die rote Farbenreaktion durch solche fremde Substanzen oder durch Acetessigsaure hervorgerufen wird, geschieht wie folgt. Man erhitzt die infolge des Zusatzes von Eisenchlorid rotgefarbte Flussigkeit zum Sieden; war die rote Farbenreaktion durch Acetessigsaure bedingt, so blaßt die rote Farbe ab; war sie durch die genannten Fremdsubstanzen bedingt, so bleibt sie bestehen. Oder der Harn wird 5 Minuten erhitzt und dann erst mit Eisenchlorid versetzt; fallt die Probe im gekochten Harn negativ aus, so war Acetessigsaure vorhanden, die sich wahrend des Kochens zersetzt und verfluchtigt hatte; fallt sie positiv aus, dann waren es eben die oben erwahnten nichtfluchtigen Verbindungen, die die Reaktion im ungekochten Harn wie auch im gekochten verursacht hatten. Oder aber der Harn wird mit Schwefelsaure angesauert, mit Äther extrahiert und der atherische Auszug mit ein wenig waßriger Eisenchloridlosung geschuttelt; war Acetessigsaure vorhanden, so farbt sich die waßrige Schicht rot.

Die quantitative Bestimmung ist nur nach vorangehender Umwandlung in Aceton moglich; da jedoch solche Harne sehr haufig ohnehin bereits Aceton enthalten, das aus zersetzter Acetessigsaure entstanden ist, laßt sich die Menge der unveranderten Acetessigsaure bloß auf indirektem Wege bestimmen, und zwar so, daß in einem Teil des Harns die Menge des freien Acetons bestimmt wird, in einem anderen Teile aber gleichzeitig das freie und aus der Acetessigsaure abspaltbare Aceton (S. 264). Der Unterschied zwischen beiden Werten entspricht der im Harn vorhandenen unzersetzten Acetessigsaure.

Aceton, Dimethylketon, C_3H_6O (Eigenschaften S. 46), wird im normalen 24stündigen Harn in einer Menge von etwa 0,01—0,03 g entleert, weit mehr nach Entziehung der Kohlenhydrate aus der Nahrung, im Hunger, im Fieber, bei Kindern, die an Magen- und Darmleiden erkrankt sind; ferner bei verschiedenen Vergiftungen (mit Phosphor, Kohlenoxyd usw.), in kachektischen Zuständen (Carcinom, chronische Anämie); besonders aber und oft in sehr großen Mengen bei Diabetikern. Im diabetischen Koma wurden zuweilen 10—15 g, seltener noch weit mehr im 24stündigen Harn gefunden, in welcher Menge jedoch auch das aus der Acetessigsäure bereits vorher abgespaltene Aceton enthalten ist. (Über das Entstehen des Acetons siehe näheres auf S. 309 f.) Die Ausscheidung von Aceton im Harne wird als Acetonurie bezeichnet. Nach der Ansicht mancher Autoren enthält frisch entleerter Harn auch in obigen Fällen kein Aceton, sondern bloß Acetessigsäure, und Aceton entsteht aus der Acetessigsäure, wenn man den bereits entleerten Harn stehen läßt, oder während der zum Nachweis des Acetons vorgenommenen chemischen Prüfung. Mithin sollte man statt von einer Acetonurie richtiger von einer Diaceturie sprechen).

Nachweis. a) LIEBENsche Jodoformprobe. Der Harn wird mit einigen Tropfen Jod-Jodkaliumlösung und ein wenig Natronlauge versetzt; war Aceton vorhanden, so entsteht eine gelbweiße Trubung, verursacht durch ausfallendes Jodoform (s. S. 46), das an seinem Geruch zu erkennen ist, und sich spater in Form von mikroskopischen sechseckigen Krystallen zu Boden setzt. Diese sehr empfindliche Probe hat den Nachteil, daß unter den angegebenen Bedingungen auch Alkohol, Acetaldehyd, Milchsaure und gewisse Eiweißderivate Jodoform bilden; die beiden letzteren sind auszuschließen, wenn die Reaktion im Destillat des Harns ausgefuhrt wird.

b) LEGALsche Probe. 5 cm³ Harn werden mit 5 Tropfen einer frisch bereiteten 10%igen Losung von Nitroprussidnatrium und 1 cm³ 15%iger Natronlauge versetzt, worauf bei Anwesenheit von Kreatinin oder Aceton eine Rotfarbung eintritt. War die Rotfarbung bloß durch Kreatinin verursacht, so verblaßt die Flussigkeit nach dem Ansauern mit Essigsaure sofort und farbt sich spater grun, endlich blau. War hingegen Aceton vorhanden, so wird die Rotfarbung nach Zusatz der Essigsaure noch dunkler, intensiv weinrot. Kreatinin ist ganzlich auszuschließen, wenn die Reaktion im Destillat des Harns ausgefuhrt wurde. Die LEGALsche Probe fallt auch bei Acetaldehyd und bei Acetessigsaure positiv aus.

c) Die PENZOLDTsche Probe beruht darauf, daß Aceton mit Orthonitrobenzaldehyd in Anwesenheit von Lauge Indigo bildet. Ein wenig Orthonitrobenzaldehyd wird in warmem Wasser gelost und nach dem Abkuhlen mit einigen Kubikzentimetern Harn und ein wenig Lauge versetzt, worauf, falls Aceton vorhanden war, erst ein Farbenumschlag in Sattgelb, dann in Grun und schließlich in Blau eintritt. Auch diese Reaktion wird von der Acetessigsaure gegeben.

d) Um Aceton neben der Acetessigsaure mittels der LEGALschen und PENZOLDTschen Proben nachweisen zu konnen, wird der Harn mit Natronlauge schwach alkalisch gemacht und mit Äther ausgeschuttelt; in den atherischen Auszug geht bloß das Aceton uber, wahrend die Acetessigsaure als Natriumsalz in Wasser gelost zuruckbleibt. Nun wird der atherische Auszug mit Wasser geschuttelt, das dem Äther das Aceton entzieht; wenn die mit dieser waßrigen Flussigkeit angestellten Proben positiv ausfallen, so muß Aceton vorhanden gewesen sein.

Quantitative Bestimmung.

a) Die allgemein geubte Art der Bestimmung beruht auf der LIEBENschen Jodoformreaktion (s. oben), in welcher Jod durch das Aceton laut der Gleichung auf S. 46 gebunden wird; der Überschuß des hinzugefugten Jods wird titrimetrisch bestimmt.

Praformiertes und aus Acetessigsaure abspaltbares, sog. Gesamt-
aceton, werden gleichzeitig durch das HUPPERT-MESSINGERsche Verfahren bestimmt.
Man sauert 100—500 cm³ Harn mit Essigsaure schwach an, dampft auf ein Zehntel
ein, und fangt das Destillat unter Kuhlung auf. Da aus d-Glucose in dem Maße,
als seine Losung sich durch Kochen mehr und mehr konzentriert, Korper abgespalten
werden, die ebenfalls Jod binden, laßt man, falls es sich um einen zuckerhaltigen
Harn handelt, zur Verhutung der fortschreitenden Zunahme der Konzentration
wahrend der Destillation Wasser in dem Maße zutropfen, als die Menge der
siedenden Flussigkeit abnimmt. Das Destillat wird, um die mitubergegangene
Ameisen- und salpetrige Saure zu binden, mit kohlensaurem Calcium geschuttelt
und wieder destilliert, und dieses zweite Destillat mit 33%iger Kalilauge und
einem genau abgemessenen uberschussigen Volumen einer n/10-Jodlosung versetzt.
Nun wird die alkalische Flussigkeit mit Salzsaure stark angesauert und die Menge
des nicht in Jodoform verwandelten Jodes mit einer Natriumthiosulfatlosung von
genau festgestelltem Gehalt unter Verwendung einer Starkelosung als Indicator
titriert; 1 cm³ der n/10-Jodlosung entspricht 0,967 mg Aceton.

Praformiertes Aceton allein wird folgendermaßen bestimmt: Man sauert
den Harn mit Phosphorsaure an, laßt einen Luftstrom eine halbe Stunde lang
durchstreichen, fangt das aus dem Harn ausgetriebene Aceton in 33%iger Kalilauge auf (je 10 cm³ pro 25 cm³ Harn) und geht dann wie sub a) vor.

Die Menge des aus Acetessigsaure abspaltbaren Aceton (mithin auch
die Menge der Acetessigsaure) erhalt man durch Substraktion des praformierten
Aceton von dem gesamten (praformierten plus aus Acetessigsaure abspaltbaren)
Aceton.

b) Eine neuere von VAN SLYKE empfohlene gravimetrische Methode beruht
auf der (S. 46) erwahnten Eigenschaft des Acetons, mit Mercurisulfat in Gegenwart
von Schwefelsaure einen in Wasser kaum loslichen Niederschlag zu bilden. Auf
diese Weise konnen freies, aus Acetessigsaure abgespaltenes, sowie aus der β-Oxy-
buttersaure durch Oxydation gebildetes Aceton gesondert bestimmt werden.

Aromatische Säuren, aromatische Oxysäuren und Phenole.

Die aromatischen Kerne (Phenylalanin und Tyrosin) der wahrend der
Stoffwechselvorgange abgebauten Eiweißkörper erleiden neben der
Desaminierung eine fortschreitende Verkürzung ihrer Fettsaureseitenkette. Dasselbe Schicksal erfahren auch die aromatischen Kerne der
Eiweißkörper, die im Darmtrakte (hauptsächlich im Dickdarm) wahrend
der dort regelmäßig, jedoch in wechselnder Intensität verlaufenden
Faulnisvorgange zerfallen. Auf diese Weise entstehen und gelangen dann
in den Harn aromatische Säuren, aromatische Oxysäuren, und
aus letzteren durch vollstandige Absprengung der Seitenkette Phenole.
Aromatische Säuren, die im Harne vorkommen, sind die **Phenylpropionsäure, Phenylessigsäure** und **Benzoesäure.** Die Phenylessigsäure

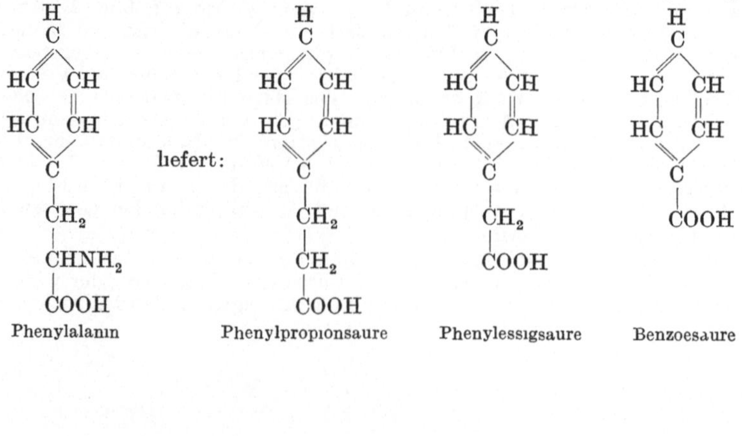

$$
\underset{\text{Phenylalanin}}{
\begin{array}{c}
H \\ C \\
HC\quad CH \\
HC\quad CH \\
C \\
CH_2 \\
CHNH_2 \\
COOH
\end{array}}
\qquad \text{liefert:} \qquad
\underset{\text{Phenylpropionsaure}}{
\begin{array}{c}
H \\ C \\
HC\quad CH \\
HC\quad CH \\
C \\
CH_2 \\
CH_2 \\
COOH
\end{array}}
\qquad
\underset{\text{Phenylessigsaure}}{
\begin{array}{c}
H \\ C \\
HC\quad CH \\
HC\quad CH \\
C \\
CH_2 \\
COOH
\end{array}}
\qquad
\underset{\text{Benzoesaure}}{
\begin{array}{c}
H \\ C \\
HC\quad CH \\
HC\quad CH \\
C \\
COOH
\end{array}}
$$

verbindet sich mit Glykokoll zur Phenacetursaure (S. 272); die
Benzoesäure aber ebenfalls mit Glykokoll zur Hippursäure (S. 271).

Sofern Benzoesaure im Harn frei angetroffen wird, soll sie angeblich durch
Abspaltung aus der Hippursaure entstanden sein, und zwar unter Einwirkung des
Histozymes, eines auch in der Niere nachgewiesenen Enzymes, dem auch die
Synthese der Hippursaure aus Benzoesaure und Glykokoll in der Niere zugeschrieben
wird. Freie Benzoesaure erscheint auch unter den S. 52 erwahnten Umstanden
im Harn.

Aromatische Oxysäuren, die im Harne vorkommen, sind die
**p-Oxyphenylpropionsäure, p-Oxyphenylessigsäure, p-Oxyphenyloxyessig-
säure.** Sie sind im 24stundigen Harn in einer Menge von etwa 1—2 g

enthalten und werden durch die Millonsche Probe (S. 136) nachgewiesen, welche Reaktion jedoch ihnen und den Phenolen gemeinsam ist.

Wichtiger als diese auch im normalen Harn vorkommenden Oxy-
sauren ist die **2.5-Dioxyphenylessigsäure**, $C_8H_8O_4$, Hydrochinonessigsaure,
oder nach einer älteren, auch heute noch gebräuchlicheren
Bezeichnung **Homogentisinsäure** (da sie in der Kalischmelze
in die nachst niedere Homologe, in Gentisinsäure verwandelt wird). Sie ist im normalen Harn nicht enthalten,
von manchen Menschen werden jedoch im 24stündigen
Harn bis zu 14 g ausgeschieden.

Eigenschaften. Die Homogentisinsäure ist krystallisierbar, in Wasser, Alkohol und Äther leicht löslich; sie
ist optisch inaktiv und vergärt nicht mit Hefe, reduziert
ammoniakalische Silberlösung bereits in der Kalte, Kupferoxydsalze bei Anwesenheit von Lauge in der Warme;
Bismutsalze jedoch auch dann nicht, wenn erwärmt wird.
Ihre waßrige Lösung farbt sich, wenn sie alkalisch gemacht
und an der Luft stehen gelassen wird, braun. Dasselbe
ist der Fall betreffs des Harns, der die Saure enthält, entweder wenn
der Harn bereits mit alkalischer Reaktion entleert wird, oder aber,
wenn er in ammoniakalische Garung gerat. Aus demselben Grunde
hinterläßt ein solcher Harn, wenn er auf die Leibwasche gerat, daselbst
braune Flecken. Diese Braunung ist es, der die Dioxyphenylessigsäure
ihren ältesten Namen verdankt. Da namlich die Bräunung an die
Anwesenheit von Alkali gebunden ist, wurde zu jener Zeit die vermutete

Verbindung als „Alkaptonkörper" (Alkali und $\varkappa\alpha\pi\tau\varepsilon\iota\nu$ = fassen), der Zustand selbst als „Alkaptonurie" bezeichnet. Bemerkenswert ist, daß an Alkaptonurikern häufig eine sog. Ochronose zu beobachten ist: braune Verfärbung der Skleren, der Fingernägel, und wie es sich bei der Obduktion herausstellen kann, auch der Knorpel und der Knochen. Doch kommt eine ähnliche Verfärbung auch in Fällen von Porphyrinurie (S. 288) vor.

Bildung. Es steht fest, daß die Homogentisinsäure aus der unvollkommenen Oxydation des Tyrosin- und Phenylalaninkernes der Eiweißkörper hervorgeht, was schon aus einem Vergleich der Strukturformeln hervorgeht, obwohl die Verschiebung der in p-Stellung befindlichen OH-Gruppe nicht leicht zu erklaren ist. Beweisend ist aber folgender Versuch: Gibt man diese beiden Aminosauren einem Menschen mit normalem Stoffwechsel ein, so werden sie vollständig verbrannt, während sie vom „Alkaptonuriker" in Form von Homogentisinsäure ausgeschieden werden. Dasselbe findet statt, wenn dem Alkaptonuriker Eiweiß gegeben wird, das jene Aminosäuren enthalt. Über das Wesen der hier in Frage stehenden Stoffwechselanomalie, sowie über ihren Zusammenhang mit Organerkrankungen konnte nichts Näheres ermittelt werden. Möglicherweise erfolgt der Abbau der genannten Aminosauren in jedem Menschen über die Homogentisinstufe, doch wird sie sofort weiter oxydiert, während sie am Alkaptonuriker bestehen bleibt. Auffallend ist, daß die Alkaptonuriker haufig Abkömmlinge von Blutsverwandten sind. Der Zustand der Alkaptonurie ist ein chronischer und dauert zumeist lebenslang.

Darstellung. Vom Harn, der Homogentisinsaure enthalt, wird ein größeres Quantum aufgekocht, pro je 100 cm³ mit 6 g festem Bleiacetat gefallt und heiß filtriert; aus dem in Eis gekuhlten Filtrat fallt das Bleisalz aus, wird in Wasser suspendiert, mit Schwefelsaure zersetzt, filtriert und das Filtrat zur Krystallisation beiseite gestellt.

Nachweis. a) Die Braunung eines Harns, der nach Zusatz von Alkali an der Luft gestanden hat, erweckt den Verdacht auf Homogentisinsaure; desgleichen eine gesteigerte Reduktionsfahigkeit bei gleichzeitiger optischer Inaktivitat und negativem Ausfall der Garungsprobe; doch darf nicht daran vergessen werden, daß der Harn sich auch nach Einfuhr von Phenol braunen kann.

b) Versetzt man nach MOERNER den Harn mit Ammoniak und laßt dann stehen, doch so, daß die Beruhrung mit der Luft (bzw. dem Luftsauerstoff) bloß an einem kleinen Oberflachenstuck stattfindet, so entsteht daselbst, wenn der Harn Homogentisinsaure enthalt, eine rote bis rotviolette Farbenreaktion, die sog. Alkaptonchromreaktion.

Von der **Dioxyphenyl-Milchsäure,** Hydrochinon-Milchsaure oder Uroleucinsaure, die nach manchen Autoren im Harne vorkommen soll, hat es sich herausgestellt, daß die Autoren bloß unreine Homogentisinsaure in Handen hatten.

Phenole. Die aromatischen Oxysauren können eine weitere Veranderung durch gänzliche Absprengung der Seitenkette erleiden, so daß der aromatische Kern in Form von **Phenol** bzw. in **p-Kresol** umgewandelt, zuruckbleibt. Daß diese tatsachlich Produkte der Eiweißfäulnis sind, geht daraus hervor, daß

a) sie im Harn des Neugeborenen nur in sehr geringen Spuren nachzuweisen sind, eben weil in dem fast steril zu nennenden Darminhalt des Neugeborenen keine Faulnisvorgange stattfinden; b) daß ihre Menge durch Verabreichung von Darmantisepticis auch beim Erwachsenen verringert werden kann; c) daß, umgekehrt, ihre Menge durch Darmverschluß, der die Fäulnisprozesse sehr begünstigt, wesentlich gesteigert wird.

Phenol und p-Kresol, die auf die genannte Weise entstehen, werden aus dem Darm resorbiert, gelangen in das Blut und verbinden sich mit Schwefelsäure und Glucuronsäure zu Phenol-Schwefelsäure und -Glucuronsäure, bzw. zu den entsprechenden p-Kresolsäuren, die im Harn an Alkali gebunden ausgeschieden werden. In freiem Zustand wird im

$$
\begin{array}{ccc}
\underset{\text{Phenol}}{
\begin{array}{c}
\text{H} \\
\text{C} \\
\text{HC}\quad\text{COH} \\
\text{HC}\quad\text{CH} \\
\text{C} \\
\text{H}
\end{array}}
&
\underset{\text{p-Kresol}}{
\begin{array}{c}
\text{H} \\
\text{C} \\
\text{HC}\quad\text{COH} \\
\text{CH}_3\!-\!\text{C}\quad\text{CH} \\
\text{C} \\
\text{H}
\end{array}}
&
\underset{\text{Phenolschwefelsaure}}{
\begin{array}{c}
\text{H} \\
\text{C} \\
\text{HC}\quad\text{C}\!-\!\text{OSO}_2\text{OH} \\
\text{HC}\quad\text{CH} \\
\text{C} \\
\text{H}
\end{array}}
\end{array}
$$

Harn weder Phenol noch p-Kresol je angetroffen. Der Ort der Synthese ist wahrscheinlich in der Leber zu suchen, und zwar wird die Schwefelsaurekomponente von zerfallendem Eiweiß, die Glucuronsäure aber durch Oxydation der d-Glucose geliefert. Auch von außen eingeführtes Phenol und p-Kresol werden in Form der genannten gepaarten Sauren ausgeschieden.

Die Menge des Phenol und p-Kresol, die man gewöhnlich nicht voneinander getrennt bestimmt, beträgt im 24stündigen Menschenharn 0,02—0,05 g; in 1 Liter Pferdeharn oft über 1 g. Menschenharn enthalt in der Regel mehr p-Kresol als Phenol.

Darstellung. Phenolschwefelsaures und p-kresolschwefelsaures Kalium sind krystallisierbare, in Wasser leicht lösliche Verbindungen, die aus normalem Pferdeharn, sowie aus Harn von Hunden, die mehrere Tage hindurch Phenol bzw. p-Kresol erhielten, dargestellt werden konnen. Der Harn wird zu Sirupkonsistenz eingeengt, mit Alkohol extrahiert, aus dem alkoholischen Extrakt der Harnstoff durch Oxalsaure gefallt, das Filtrat mit alkoholischer Kalilauge schwach alkalisch gemacht, filtriert und wieder zum Sirup eingeengt, worauf die fraglichen Sauren in Form ihrer Kaliumsalze ausfallen.

Der Nachweis erfolgt mit der Millonschen Probe: 5 cm³ Harn werden mit 1—2 cm³ des Millonschen Reagens (S. 136) versetzt und gelinde erwarmt, worauf eine rosenrote bis dunkelrote Farbung eintritt; diese Probe fallt auch an den aromatischen Oxysauren (S. 265) positiv aus. Weit eindeutiger gelingt der Nachweis, wenn p-Kresol und Phenol aus dem Harn erst isoliert werden: 200 cm³ Harn werden behufs Spaltung der gepaarten Sauren mit 60 cm³ 20%iger Schwefelsaure gekocht und die ersten 70 cm³ des Destillates aufgefangen. In diesem Destillat konnen außer der Millonschen Probe noch folgende Reaktionen ausgefuhrt werden: a) 3—4 cm³ des Destillates werden genau neutralisiert, mit einigen Tropfen einer frisch bereiteten Losung von Eisenchlorid versetzt, worauf eine blaurote bis violette Farbenreaktion eintritt; b) auf Zusatz von Bromwasser entsteht in dem Phenol oder p-Kresol enthaltenden Destillat ein gelbweißer, aus Tribrom-p-Kresol bzw. -Phenol bestehender Niederschlag; c) mit dem nach Folin und Denis aus Phosphorwolfram- und Phosphormolybdansaure bereiteten Reagens versetzt, entsteht im Phenol oder p-Kresol enthaltenden Destillat auf Zusatz von kohlensaurem Natrium eine blaue Farbenreaktion.

Quantitative Bestimmung. a) Das Kossler-Penny-Neubergsche Verfahren beruht auf dem Prinzip, daß man Phenol und p-Kresol durch Kochen des Harnes mit Mineralsauren aus den Doppelverbindungen in Freiheit setzt, und

das Destillat mit Natronlauge und einer genau bekannten Menge einer Jodlosung
versetzt, wobei unter Einwirkung der Lauge Natriumjodid und Natriumhypojodid
entstehen. Letzteres verbindet sich mit Phenol und p-Kresol zu Trijod-Phenol
bzw. zu Trijod-p-Kresol; der Überschuß des Jod wird durch Titration bestimmt.
b) Das FOLIN- und DENIS sche colorimetrische Verfahren beruht auf obiger blauer
Farbenreaktion.

Gallensäuren[1] (ausführlich S. 209).

Gallensäuren sollen nach manchen Autoren spurenweise auch im
normalen Harn enthalten sein; sicher nachweisbar sind sie, wenn auch
in geringen Mengen, bei Ikterus.

Der Nachweis erfolgt mit der PETTENKOFERschen Probe; doch mussen die
Gallensauren aus dem Harn erst isoliert werden, wozu mehrere Verfahren
empfohlen wurden. In der waßrigen Losung der isolierten Gallensauren wird
die PETTENKOFERsche Probe wie folgt ausgefuhrt: Die Losung wird mit einigen
Tropfen einer 10%igen Losung von Rohrzucker und dann mit wenig konzentrierter
Schwefelsaure versetzt, wobei jedoch darauf zu achten ist, daß die Temperatur
des Gemisches 60—70° C nicht ubersteige; waren Gallensauren vorhanden, so
tritt eine schone kirschrote Farbenreaktion ein, indem sich jene mit dem aus dem
Rohrzucker durch die Schwefelsaure abgespaltenen Furfurol zu einem roten Farbstoff verbinden.

Nach UDRÁNSZKY laßt sich dieselbe Reaktion einfacher so ausfuhren, daß
man 1 cm³ der Losung der isolierten Gallensauren mit 1 Tropfen einer $0,1\%$igen
Losung von Furfurol, dann mit 1 cm³ konzentrierter Schwefelsaure versetzt,
wobei einer ubermaßigen Erwarmung vorgebeugt werden muß.

Ein neueres einfaches Verfahren, Gallensauren im Harn nachzuweisen, wurde
von HAY angegeben. Werden Schwefelblumen auf normalen Harn aufgestreut,
so bleiben sie obenauf schwimmen; handelt es sich aber um einen Harn, der
Gallensauren in erheblicheren Mengen enthalt, so sinken die Schwefelblumen
zu Boden. Diese Erscheinung ruhrt von der (S. 212 erwahnten) Eigenschaft der
Gallensauren her, die Oberflachenspannung des Wassers herabzusetzen.

F. Stickstoffhaltige organische Bestandteile des Harns.

Gesamtstickstoff.

Die stickstoffhaltigen Schlacken der im Organismus zersetzten stickstoffhaltigen Verbindungen, in erster Linie der Eiweißkörper, werden
überwiegend im Harn, zu einem geringen Teil im Kot ausgeschieden.
Ein erwachsener Mensch entleert bei gemischter Kost im 24stündigen
Harn 10—15 g Stickstoff, wovon 80—90$\%$ auf Harnstoff, rund 5$\%$
auf Ammoniumsalze, 3$\%$ auf Kreatinin und 1—3$\%$ auf Purinkörper
entfallen. Es ist selbstverständlich, daß die Gesamtmenge des ausgeschiedenen Stickstoffes von der Zusammensetzung der eingeführten
Nahrung abhängt: nach Einfuhr von Fleisch nimmt sie zu, bei eiweißarmer vegetabilischer Nahrung nimmt sie ab; in letzterem Falle kann
die Menge des im Harn ausgeschiedenen Stickstoffs sogar geringer als im
Hungerzustande sein, da der hungernde Organismus seinen eigenen
Eiweißbestand in erhöhter Menge zersetzt (S. 351).

Die quantitative Bestimmung des Gesamtstickstoffes im Harn wird am
besten nach dem Verfahren von KJELDAHL ausgefuhrt, das auf folgendem
Prinzip beruht: In allen stickstoffhaltigen Verbindungen, die in der Nahrung des
Menschen und unserer Haustiere, ferner in deren Entleerungen enthalten sind,

---

[1] Da die charakteristische Komponente aller Gallensauren stickstofffrei ist,
sollen die Gallensauren hier erortert werden.

wird, wenn man sie durch Kochen mit konzentrierter Schwefelsaure oxydiert, der gesamte Stickstoff in Ammoniumsulfat uberfuhrt, und zwar der Stickstoff, der in Form von Ammoniumverbindungen enthalten war, ohne weiteres, der Stickstoff aber, der in anderer Form vorhanden war, nach vorangehender Umwandlung in Ammoniak. (Außerhalb des tierischen Korpers und der Nahrungsmittel gibt es eine ganze Anzahl stickstoffhaltiger Verbindungen, deren Stickstoff beim Erhitzen mit konzentrierter Schwefelsaure nicht vollstandig in Ammoniak bzw. in Ammoniumsulfat verwandelt wird. In diesen Verbindungen laßt sich der Stickstoffgehalt nach KJELDAHL nicht bestimmen.) Wird nun die Flussigkeit durch Hinzufugen eines Überschusses an Lauge stark alkalisch gemacht und erhitzt, so erfolgt eine Spaltung des schwefelsauren Ammonium und es wird Ammoniak in Freiheit gesetzt; dieses wird abdestilliert und in einem genau abgemessenen Volumen einer Saure von bekannter Konzentration aufgefangen. Dabei wird eine entsprechende Menge der Saure durch das Ammoniak gebunden und laßt sich durch Titration bestimmen.

Das KJELDAHLsche Verfahren, das nachstehend als sog. Makromethode beschrieben ist, aber auch als Mikromethode ausgearbeitet wurde, gliedert sich demnach in zwei Abschnitte: a) Oxydierung des Harns, b) Abdestillieren des Ammoniaks. Namentlich fur die erste Phase wurden die verschiedensten Modifikationen vorgeschlagen, die jedoch nichts an dem Wesen des Verfahrens änderten. Eine der gebrauchlichsten Ausfuhrungsarten ist die folgende:

a) Oxydierung des Harns. Man laßt 3—5 cm³ des Harns (von konzentriertem Harn weniger, von verdunntem mehr) mittels einer genau kalibrierten Pipette in einen langhalsigen, 700—800 cm³ fassenden Kolben·aus Jenaer Glas fließen, fugt 5—10 cm³ konzentrierter Schwefelsaure (nach manchen Autoren auch einige Gramm Kaliumsulfat) und zur Beschleunigung der Reaktion 1 Tropfen Quecksilber hinzu. Wahrend des nun folgenden Erhitzens wird der Harn anfangs braun, dann schwarz, blaßt jedoch wieder ab und wird endlich vollstandig farblos (bzw. blaßblaugrun, wenn Kupfersulfat verwendet wurde). Nach dem Abkuhlen werden die gegen den Kolbenhals gespritzten halbverkohlten Partikelchen mit Wasser zur ubrigen Flussigkeit gespult und es wird weiter bis zur vollstandigen Entfarbung gekocht.

b) Abdestillieren des Ammoniak. Die erkaltete Flüssigkeit wird mit destilliertem Wasser auf 200—300 cm³ verdunnt, und zum Verhuten des Stoßens wahrend der nachfolgenden Destillation mit einem Löffel voll Talkum versetzt. Nun laßt man langs des Kolbenhalses von einer 30%igen Losung von Natronlauge so viel zufließen, daß ein reichlicher Überschuß an Lauge vorhanden ist, fugt gleichzeitig, da wahrend der Oxydierung des Harns, im Falle als Quecksilber zugefugt wurde, Quecksilberamidverbindungen entstanden sein konnten, deren Stickstoff nur teilweise in Form von Ammoniak abspaltbar ist, 5 cm³ einer konzentrierten Lösung von Natriumthiosulfat hinzu, wodurch die erwahnten Doppelverbindungen unter Fallen des Quecksilbers zerlegt werden, verschließt den Kolben mit einem Gummistopfen, und vermischt erst jetzt die Flussigkeit durch Umschwenken des Kolbens. Der Gummistopfen ist doppelt durchbohrt: eine Bohrung dient zur Aufnahme eines Quecksilberventils, das sich nur nach innen offnet; durch die zweite Bohrung wird ein Glasrohr gesteckt, das zu einem ERLENMEYERschen Kolben fuhrt und dort, unter einem genau abgemessenen Volumen n/5-Schwefelsaure mundet. Nun wird die alkalische Flussigkeit erhitzt und wenigstens ³/₄ Stunden im Sieden erhalten, das nicht eher unterbrochen werden darf, als bis die durch das Glasrohr entweichenden Dampfe rotes Lackmuspapier nicht mehr blauen. Zum Schluß wird die Schwefelsaure mit n/5-Lauge unter Verwendung einiger Tropfen einer 1%igen alkoholischen Losung von Kongorot als Indicator titriert. Von der Lauge laßt man so viel zufließen, bis ein Umschlag von rein Blau in Violett erfolgt.

Aminosäuren.

Das Vorkommen verschiedener Aminosäuren ist auch im normalen Menschenharn sicher erwiesen.

Zu ihrer gleichzeitigen quantitativen Bestimmung eignet sich am besten die SORENSENsche Formoltitration (S. 118). Vor allem werden storende Phosphate

und Carbonate aus dem Harn durch Zusatz von Bariumchlorid und -hydroxyd
gefällt; das Filtrat wird mit n/5-Salzsäure und Lackmus als Indicator neutralisiert,
mit neutralisiertem Formaldehyd versetzt und mit n/5-Lauge unter Verwendung
von Phenolphthalein bis zur stark roten Farbenreaktion titriert. Da in dem so
erhaltenen Werte auch das in den Ammoniumsalzen enthaltene Ammonium-
radikal miteinbegriffen ist, muß in einer zweiten Probe desselben Harnes dieses
bestimmt und vom obigen Titrationswert in Abzug gebracht werden.

Glykokoll (Eigenschaften siehe S. 118) ist in jedem normalen Harn
enthalten.

l-Leucin (Eigenschaften siehe S. 119) und **l-Tyrosin** (Eigenschaften
siehe S. 122) sind im normalen Harn nicht enthalten, kommen jedoch
bei akuter gelber Leberatrophie oder bei Phosphorvergiftung teils im
Harn gelöst, teils im Sediment als mikroskopische Kügelchen bzw.
feine Nadeln vor.

l-Cystin (Eigenschaften siehe S. 120) ist im normalen Harn nur spurenweise enthalten; in größeren Mengen kommt es nach Phosphorvergiftung
vor, selten in einer Menge bis zu 0,5 g pro 24 Stunden im Harn sonst
vollständig gesunder Menschen, und zwar teils gelöst, teils in Form
mikroskopischer Krystalle. In solchen als Cystinurie bezeichneten
Fällen kann es zur Bildung kleinerer oder größerer aus Cystin bestehender Harnkonkremente kommen. Wesen und Ursache der Cystinurie sind nicht bekannt; sicher ist nur, daß die Oxydationsfähigkeit
des Cystinurikers, dessen Stoffwechselvorgänge sonst ganz regelrecht verlaufen, dem Cystin und auffallenderweise zuweilen auch anderen Aminosauren gegenüber herabgesetzt ist. Werden nämlich einem Menschen
mit normalem Stoffwechsel Cystin oder Tyrosin oder Diaminosauren von
außen beigebracht, so erscheint keine dieser Aminosäuren im Harn, weil
sie glatt verbrannt werden. Gibt man sie jedoch einem Cystinuriker,
so werden Cystin, zuweilen auch Tyrosin unverändert, Diaminosauren
aber nur bis zu Diaminen abgebaut im Harne ausgeschieden.

Zum Nachweis muß das Cystin aus dem Harn erst isoliert werden. In
manchen Fällen genügt es, den Harn stark anzusauern und einige Tage auf Eis
stehen zu lassen, um das ganze Cystin zum Ausfallen zu bringen. Sonst wird
der Harn pro je 1 Liter mit 10 cm³ Benzoylchlorid und 120 cm³ 10%iger Natronlauge versetzt, und so lange geschüttelt, bis der Geruch nach Benzoylchlorid
verschwunden ist. Nun wird die Flüssigkeit filtriert, das Filtrat mit Schwefelsaure stark angesauert und mit Äther, der das gebildete Benzoylcystin aufnimmt,
ausgeschüttelt. Sowohl am krystallinisch ausfallenden, wie auch am Benzoylcystin werden die (S. 121) beschriebenen Reaktionen ausgeführt.

Zur quantitativen Bestimmung eignet sich am besten das GASKELLsche
Verfahren. Das spontan ausgeschiedene Cystin wird am Filter gesammelt, in
2½%igem Ammoniak gelost, die Lösung mit dem gleichen Volumen Aceton
versetzt, mit Essigsaure angesauert, auf einige Tage zur Krystallisation beseite
gestellt und dann das am Filter gesammelte Cystin gewogen. Um das im Harn
gelöst enthaltene Cystin zu erhalten, wird der Harn filtriert, mit Ammoniak
alkalisch gemacht, mit Calciumchlorid gefällt, das Filtrat mit dem gleichen
Volumen Aceton versetzt, mit Essigsaure angesauert und wie oben weiter behandelt.

Von LOONEY wurde ein colorimetrisches Verfahren angegeben; es beruht
auf der blauen Farbenreaktion, die das Cystin mit Phosphorwolframsaure in
Gegenwart von Natriumsulfit gibt.

Diamine.

Putrescin (Tetramethylendiamin) und **Cadaverin** (Pentamethylendiamin) (ausführlich S. 57) sind im normalen Harn nicht enthalten;

im Harn von Cystinurikern (siehe S. 270) kommen sie in Mengen von 0,2—0,4 g pro 24 Stunden vor; ferner auch in Infektionskrankheiten, bei Darmleiden. Dieser Zustand wird als **Diaminurie** bezeichnet.

Zum **Nachweis** und zur **quantitativen Bestimmung** mussen die Diamine aus dem Harn isoliert werden, wozu sich besonders das Verfahren von UDRÁNSZKY und BAUMANN eignet. $1^1/_2$ Liter Harn werden mit 200 cm³ 10%iger Natronlauge und 20—25 cm³ Benzoylchlorid so lange geschuttelt, bis der Geruch nach letzterem verschwunden ist. Die Benzoyldiamine (S. 58) werden von den anderen Benzoylverbindungen isoliert und gewogen.

Gepaarte Aminosäuren.

Hippursäure, Benzoyl-Glykokoll, $C_9H_9NO_3$, ist im normalen Menschenharn in geringen, jedoch wechselnden Mengen enthalten. Der 24stündige Harn enthalt etwa 0,2 g, kann aber nach Genuß gewisser Früchte 2 g übersteigen. Sie wird im Organismus, und zwar hauptsächlich in den

$$
\begin{array}{ccc}
\text{(Benzoesäure)} & + & \text{(Glykokoll)} = H_2O + \text{(Hippursäure)}
\end{array}
$$

Hippursaure

Nieren durch Synthese aus Glykokoll und Benzoesäure unter Abspaltung von Wasser gebildet. Die eine Komponente, das Glykokoll, steht als Spaltungsprodukt des Eiweißmoleküls ständig zur Verfügung; die andere, die Benzoesäure, entsteht durch Desaminierung und Oxydation des Phenylalanin- und vielleicht auch des Tyrosinkernes des Eiweißmoleküls. Dieselbe Synthese geht auch vor sich, wenn man Benzoesäure oder eine andere aromatische Verbindung, die in Benzoesaure verwandelt wird, in den Organismus einführt.

Im Harn von Pflanzenfressern ist unverhältnismäßig mehr Hippursaure als im Menschen- oder Fleischfresserharn enthalten, und zwar entsteht sie teils aus dem aromatischen Kern des im Futter eingeführten Eiweißes, teils aus gewissen, zur Zeit noch unbekannten aromatischen Bestandteilen des Futters. Wird einem Pflanzenfresser Benzoesäure beigebracht, so wird mehr als die Hälfte des Stickstoffes in Form von Hippursäure ausgeschieden. Vögeln eingegeben, paart sich die Benzoesaure nicht mit Glykokoll zu Hippursäure, sondern mit Ornithin zu Ornithursaure (S. 122).

Die Hippursaure bildet farblose, zuweilen milchweiße Krystalle, löst sich schwer in kaltem, leichter in warmem Wasser, leicht in Alkohol und Essigäther; in Petroleumäther ist sie unlöslich. Mit starken Säuren oder Alkalien erhitzt, zerfällt sie in Benzoesäure und Glykokoll; desgleichen unter der Einwirkung des **Histozym** genannten Enzymes (S. 265).

Zur **Darstellung** wird am besten Pferde- oder Rinderharn verwendet, den man zunächst durch Barytwasser oder Kalkmilch von Phosphaten befreit, dann mit Salzsaure neutralisiert, eindampft, und nach dem Abkuhlen mit Salzsaure stark ansauert, worauf die Hippursaure auskrystallisiert.

Die quantitative Bestimmung der Hippursaure beruht auf dem Prinzip daß man sie durch Extraktion mit Äther aus dem Harn isoliert, dann durch Kochen mit Salzsaure unter erhohtem Druck spaltet und den N-Gehalt der Glykokoll-komponente bestimmt.

Phenacetursäure entsteht aus der Verbindung je eines Moleküls Phenylessigsaure (S. 264) und Glykokoll; sie ist regelmäßig auch im normalen Menschenharn enthalten; Pferdeharn enthält mehr davon.

Mercaptursäuren sind Cystinderivate, aus denen durch Laugen-wirkung Mercaptane abgespalten werden. Im Organismus entstehen sie nach Einfuhr von Brom-, Jod-, und Chlorbenzol aus dem Cystin-bzw. Cysteinkern der Eiweißkörper, indem dieser einerseits mit dem halogen-substituierten Benzol, andererseits mit einem Essigsäurerest zusammentritt. So erscheint z. B. nachstehende Bromphenylmer-captursaure im Hundeharn nach Eingabe von Brombenzol.

$$CH_3-CO\,OH \qquad CH_2S\cdot H,\ H_2N\cdot CH\cdot COOH \qquad \text{Brombenzol} \qquad \text{Bromphenylmercaptursaure}$$

| Essigsaure | Cystein | Brombenzol | Bromphenylmercaptursaure |

Stickstoffhaltige Kohlensäurederivate.

Carbaminsäure, CH_3NO_2 (Eigenschaften siehe S. 58). Sie kommt hauptsächlich in alkalischem Pferdeharn, doch spurenweise auch im Menschenharn vor; ferner in großeren Mengen im Harne von Hunden mit einer Eckschen Fistel, bei welchen also das Blut der Vena portae mit Umgehung der Leber direkt in die Vena cava strömt.

$$\underset{\text{Carbaminsaure}}{CO{<}^{OH}_{NH_2}}$$

Harnstoff, Carbamid, CH_4N_2O (Eigenschaften siehe auf S. 58). Der Harnstoff ist der wichtigste stickstoffhaltige Bestandteil des Säugetier-harnes, und in größeren Mengen auch im Harn von Fischen und Fröschen enthalten. Außer im Harn ist Harnstoff in geringen Mengen auch in den meisten Organen und Säften der Säugetiere nachzuweisen; in besonders großer Konzen-tration ($2^0/_0$) im Blute von Selachiern.

$$\underset{\text{Harnstoff}}{CO{<}^{NH_2}_{NH_2}}$$

Ein erwachsener Mensch entleert im Harn täglich etwa 20—30 g Harn-stoff; doch ist die Harnstoffausscheidung in hohem Grade von der Eiweiß-zufuhr abhängig. Nach Fleischgenuß ist nicht nur die absolute, sondern auch die relative Menge des Harnstoffes vermehrt, indem 95—98$^0/_0$ des Gesamtstickstoffes in dieser Form ausgeschieden werden; bei gemischter Kost kann dieser Wert auf 80—90$^0/_0$, am hungernden Menschen sowie am Neugeborenen unter 75$^0/_0$ sinken. Die Menge des Harnstoffes ist erhöht in allen Krankheiten, die mit einer gesteigerten Eiweißzersetzung einher-gehen, so z. B. in akuten fieberhaften Erkrankungen; umgekehrt herab-gesetzt bei Phosphorvergiftung, bei der akuten gelben Leberatrophie

Harnstoffbildung im Organismus. Das im Eiweiß enthaltene Arginin zerfällt beim Kochen mit Barytwasser, ferner auch unter Einwirkung eines in der Leber enthaltenen Enzyms, der Arginase, unter Wasseraufnahme im Harnstoff und Ornithin (S. 122). Da jedoch die in unserer Nahrung enthaltenen Eiweißkörper wenig Arginin enthalten, und Arginin die einzige Aminosäure ist, aus der durch einfache Abspaltung Harnstoff entstehen kann, kommt dieser Art der Harnstoffbildung keine wichtige Rolle zu. Weit wichtiger ist die Synthese aus Ammoniak und Kohlensäure, die auf verschiedene Weise möglich ist. Nach der SCHMIEDEBERGschen Anhydridtheorie vereinigen sich Kohlendioxyd und Ammoniak, die bei den Verbrennungsprozessen entstehen, zu kohlensaurem Ammonium, das unter Abspaltung von Wasser in Harnstoff verwandelt wird.

Hierfür spricht, daß, wenn eine uberlebende Leber mit Blut durchströmt wird, dem kohlensaures (oder ameisensaures) Ammonium hinzugefügt war, im austretenden Blut neugebildeter Harnstoff nachzuweisen ist. Durch dieselbe Versuchsanordnung wurde nachgewiesen, daß die Aminogruppe der Aminosäuren (Glykokoll, Leucin, Asparaginsäure usw.) in der Leber abgespalten und zu Harnstoffbildung verwendet wird. Überhaupt ist die Leber die wichtigste, wenn auch nicht die alleinige Stätte der Harnstoffbildung.

$$CO\begin{cases}O(NH_4)\\[1ex]O(NH_4)\end{cases} = 2\,H_2O + CO\begin{cases}NH_2\\[1ex]NH_2\end{cases}$$

Ammonium-
carbonat

Andere Erklärungsversuche, wie z. B. Überfuhrung des kohlensauren Ammoniums in Carbaminsäure und dieser in Harnstoff (DRECHSEL), oder Oxydation des Eiweißes zu Oxaminsäuren mit nachfolgender Abspaltung von Harnstoff (HOFMEISTER), oder Oxydation des Eiweißes zu Cyansaure und Ammoniak, die dann zu Harnstoff zusammentreten würden (HOPPE-SEYLER), finden heute nur wenig Anklang.

Quantitative Bestimmung im Harn.

a) Im LIEBIGschen Verfahren, dem heute nur mehr ein historisches Interesse zukommt, titriert man den Harn mit einer Losung von Mercurinitrat, wobei Harnstoff in Form eines weißen Niederschlages gefallt wird (S. 59); als Indicator dient Natriumbicarbonat, das mit wenig Wasser zu einem flussigen Brei angeruhrt wird. Im Verlaufe der Titration bringt man von Zeit zu Zeit je einen Tropfen Harn und Bicarbonat auf einer Porzellanplatte zusammen: ein Überschuß des zur Titration verwendeten Mercurinitrates wird durch eine gelbe Farbenreaktion angezeigt.

b) Mehrere Verfahren (nach KNOP-HUFNER, JOLLES usw.) haben die (S. 59) erwahnte Eigenschaft des Harnstoffes zum Prinzip, daß durch Bromlauge (100 cm³ 40%ige Natronlauge + 25 g Brom) zersetzt, und sein ganzer Stickstoff in Freiheit gesetzt wird; aus dessen Volumen laßt sich die Menge des vorhanden gewesenen Harnstoffes berechnen. Diese Verfahren haben bei ihrer Einfachheit den Nachteil, daß außer dem Harnstoff auch andere stickstoffhaltige Harnbestandteile teilweise in ahnlicher Weise zersetzt werden.

c) Von den alteren Methoden ist am verlaßlichsten ein Verfahren, in dem die Vorschriften von MORNER und SJOQUIST und von FOLIN vereinigt sind. Es beruht darauf, daß auf Zusatz von Barytwasser die meisten stickstoffhaltigen Harnbestandteile gefallt werden, wahrend Harnstoff nebst einer geringen Menge anderer Verbindungen in Losung bleibt. Wird nun das Filtrat mit einem Alkohol-Äthergemisch extrahiert, so erhalt man einen Auszug, der Harnstoff, Kreatinin und Hippursaure enthalt; mit Magnesiumchlorid und Salzsaure erhitzt, bleiben die beiden letzteren unverandert, wahrend der Harnstoff in Ammoniumchlorid verwandelt wird. Aus diesem entweicht der Stickstoff bei der Destillation mit Lauge in Form von Ammoniak, der in einer abgemessenen Menge einer Saure von bekannter Konzentration aufgefangen wird.

Die oben genannten alteren Methoden werden an Verläßlichkeit und Genauigkeit von den nachfolgenden neueren Methoden weit ubertroffen:

d) Man versetzt 10 cm³ des zehnfach verdunnten Harns mit 35 cm³ Eisessig und kubikzentimeterweise mit 5 cm³ einer 10%igen methylalkoholischen Losung von Xanthydrol (S. 60), sammelt 1 Stunde später den krystallinischen Niederschlag von Dixanthylharnstoff auf einem GOOCH-Tiegel, wascht mit Methylalkohol, trocknet und wagt.

e) Andere Methoden grunden sich auf die (S. 59) erwahnte Eigenschaft der Urease aus Sojabohnen, Harnstoff in Ammoniumcarbonat zu verwandeln:

Nach VAN SLYKE und CULLEN wird das Ammoniumcarbonat durch Natriumcarbonat zersetzt und das in Freiheit gesetzte Ammoniak, wie im FOLINschen Verfahren (S. 248), durch einen Luftstrom ausgetrieben, in vorgesetzter Saure von bekannter Konzentration aufgefangen und durch Titration bestimmt.

PARTOS und ASZÓDI verwenden einen Apparat, der es ermöglicht, daß man aus dem Ammoniumcarbonat das CO_2 durch Zufließenlassen von H_2SO_4 in Freiheit setzt, und aus der Hohe der emporgetriebenen Hg-Saule auf Grund einer empirischen Calibrierungstabelle sofort den prozentischen Harnstoffgehalt ermittelt.

Oxalursäure, $C_3H_4N_2O_4$, entsteht aus Harnstoff und Oxalsäure unter Austritt von 1 Molekül Wasser. Mit Sauren erhitzt zerfällt sie

$$\begin{array}{c}
\text{CO}\underset{\displaystyle NH_2}{\overset{\displaystyle N\underset{H}{\overset{H}{\diagup}}}{\diagdown}} + \begin{array}{c} CO\ OH \\ | \\ COOH \end{array} = H_2O + \text{CO}\underset{\displaystyle NH_2}{\overset{\displaystyle N\overset{H}{\diagup}-CO}{\diagdown}}\begin{array}{c} \\ | \\ COOH \end{array}
\end{array}$$

Oxalursaure

in diese beiden Komponenten. Im Harn ist sie in Form des Ammoniumsalzes enthalten.

Guanidin, CH_5N_3 (Eigenschaften siehe auf S. 60), bzw. seine Substitutionsprodukte Methyl- und Dimethylguanidin wurden angeblich im Harn solcher Tiere gefunden, denen die Nebenschilddrüsen entfernt waren (siehe auch S. 318); doch hat sich dieser Befund als irrtümlich erwiesen.

Kreatin, Methylguanidin-Essigsaure, $C_4H_9N_3O_2$ (Eigenschaften S. 60). Im sauren Harn des gesunden erwachsenen Mannes ist es überhaupt nicht, und auch im alkalischen Harn in nachweisbaren Mengen bloß aus dem Grunde enthalten, weil bei alkalischer Reaktion Kreatinin in Kreatin verwandelt wird (siehe S. 60). Ferner kommt es vor im Harn von Säuglingen, von Frauen nach der Entbindung, während der Lactation; dann in fieberhaften Erkrankungen, bei Leberkrebs, in Fällen von Acidosis usw.

$$\begin{array}{c} COOH \\ | \\ CH_2-N-CH_3 \end{array} \quad \begin{array}{c} NH_2 \\ | \\ CNH \end{array}$$

Nachweis und Bestimmung sind nur nach erfolgter Umwandlung in Kreatinin moglich (s. S. 275).

Kreatinin, Methylguanidin-Essigsäure-Anhydrid, $C_4H_7N_3O$ (Eigenschaften S. 60), ist im 24stündigen Menschenharn bei gemischter Kost in einer Menge von etwa 1,8—2,4 g enthalten; bei akuten fieberhaften Erkrankungen wird mehr, bei Muskellahmungen weniger entleert. Die auf 1 kg Körpergewicht bezogene Menge des in 24 Stunden im Harne ausgeschiedenen und in mg ausgedruckten

$$\begin{array}{c}
OC-N \\
| \quad\ | \diagdown CNH \\
H_2C-N \diagup \\
| \\
CH_3
\end{array} \quad \overset{H}{\diagup}$$

Kreatinins wird als Kreatininkoeffizient bezeichnet; er beträgt an gesunden Männern 20—30, an gesunden Frauen 10—25.

Daß jeder Harn Kreatinin enthält, ist längst bekannt, doch ist die Art und Weise, sowie auch der Ort seiner Bildung im Organismus auch gegenwärtig nicht völlig geklärt. Es ist im Harne auch bei vollständiger Nahrungsentziehung in ansehnlichen, an einem Menschen recht konstanten Mengen enthalten; dieser Anteil rührt vom Eigenstoffwechsel der Kórperzellen her, ist vom umgesetzten Nahrungseiweiß unabhängig, und wird als endogenes Kreatinin bezeichnet. Nach Fleischnahrung erscheint etwas mehr Kreatinin im Harne; dieses Plus, das als exogenes Kreatinin bezeichnet wird, rührt von dem im Fleisch enthaltenen Kreatin her, und zwar erfolgt die Umwandlung im Organismus selbst, bezüglich des Menschen aber bereits während der Zubereitung (Braten, Kochen) des betreffenden Fleischgerichtes.

Gegen die Annahme, daß das Kreatin innerhalb des Organismus in Kreatin umgewandelt wurde, spricht scheinbar der Befund fruherer Autoren, wonach von außen in Substanz eingefuhrtes Kreatin in unveranderter Form, nicht aber in Kreatinin verwandelt im Harn wieder erscheint. Dies ist wohl richtig, jedoch nur in dem Falle, wenn man wenig Kreatin einfuhrt. Wird derselbe Versuch mit mehr Kreatin ausgefuhrt und die Untersuchung des Harns durch langere Zeit fortgesetzt, so laßt sich die erwahnte Umwandlung, die allerdings nur allmahlich erfolgt, sicher nachweisen. Die fruher behauptete Abhangigkeit der Kreatininbildung von der tonischen Anspannung (nicht von der raschen Kontraktion!) der Muskelfasern, hat sich als ebenfalls unrichtig erwiesen; hingegen ist es móglich, daß, wenn bei der Muskelzuckung Kreatinphosphorsaure zerfallt (S. 385), gleich nachher aber wieder resynthetisiert wird, ein Teil der frei gewordenen Kreatinkomponente dieser Resynthese entgeht und in Kreatinin verwandelt im Harne erscheint.

Zur Darstellung des Kreatinin aus Kreatin wird dessen waßrige Lösung mit Schwefelsaure oder Salzsaure angesauert und erwarmt, wobei unter Austritt von 1 Molekul Wasser die Umwandlung erfolgt.

Zur Darstellung aus dem Harn fallt man 10 Liter Harn mit 450 cm³ einer heißen, 40⁰/₀igen alkoholischen Losung von Pikrinsaure, laßt einen Tag stehen, filtriert, wascht den aus Kreatininpikrat bestehenden Niederschlag mit einer konzentrierten Lósung von Pikrinsaure, und verreibt ihn in einem großen Morser mit konzentrierter Salzsaure, wodurch das Kreatininpikrat zerlegt wird und das Kreatinin in Losung geht. Die Flussigkeit wird filtriert, das Filtrat mit Magnesiumoxyd neutralisiert. Nun filtriert man wieder, sauert das Filtrat mit Eisessig stark an, versetzt mit 4 Volumen Alkohol, filtriert abermals, versetzt das Filtrat mit 30⁰/₀iger Zinkchloridlosung, laßt uber Nacht stehen, lost den aus Kreatininchlorzink bestehenden Niederschlag in warmem Ammoniak, worauf in der Kalte das freie Kreatinin auskrystallisiert.

Nachweis. a) WEYLsche Reaktion; der Harn wird mit einigen Tropfen einer sehr verdunnten waßrigen Losung von Nitroprussidnatrium und einigen Tropfen verdunnter Natronlauge versetzt, worauf eine rubinrote Farbenreaktion auftritt, die aber bald abblaßt. Wird nun die Flussigkeit mit Essigsaure versetzt und gekocht, so entsteht zunachst eine grune, dann eine blaue Farbenreaktion. Die Rotfarbung kann auch durch Aceton bedingt sein, doch blaßt in diesem Falle das Rot nicht ab und wird auf Zusatz von Essigsaure noch dunkler (S. 263). Kreatin verhalt sich bei der WEYLschen Probe negativ.

b) JAFFÉsche Reaktion; der Harn wird mit einigen Tropfen einer verdunnten waßrigen Losung von Pikrinsaure und einigen Tropfen Natronlauge versetzt, worauf eine stark rote Farbenreaktion eintritt, die allmahlich abblaßt. Kreatin verhalt sich bei dieser Probe negativ, Aceton und Acetessigsaure schwach positiv.

Zur quantitativen Bestimmung ist das FOLINsche colorimetrische Verfahren am geeignetsten. Es beruht auf dem Prinzip, daß man eine bestimmte Menge Harn mit der vorgeschriebenen Menge von Pikrinsaure und Lauge versetzt,

und die Intensitat der entstehenden Farbenreaktion mit der Farbe einer Kalium-
bichromatlosung von ganz bestimmter Konzentration vergleicht. Weit besser
ist es, nach einem neueren Vorschlag von FOLIN, als Vergleichsflussigkeit eine
Kreatininlosung von genau bekannter Konzentration zu verwenden, in der man
vorangehend mittels Pikrinsaure und Kalilauge dieselbe Farbenreaktion wie in
dem zu untersuchenden Harn zustande kommen ließ.

Imidazolverbindungen.

Allantoin, $C_4H_6N_4O_3$ (Eigenschaften siehe S. 62). Im Harn von
Hunden ist es in ansehnlichen Mengen, im Menschenharn in einer Menge
von 9—10 mg pro 24 Stunden, in großer Menge im Harne solcher Hunde
enthalten, die mit Thymus oder mit Pankreas gefüttert wurden, ferner
nach Einfuhr von Harnsaure oder nach Vergiftung mit Phenylhydrazin.
Es stellt in vielen Säugetieren, jedoch nicht am Menschen, das Stoffwechselendprodukt der Purinkörper dar.

Die quantitative Bestimmung ist erst seit dem von WIECHOWSKI mitgeteilten umstandlichen Verfahren moglich. Dasselbe beruht auf dem Prinzip,
daß Harnstoff, Harnsaure und Ammoniumsalze des Harnes mit Phosphorwolframsaure, Phosphate mit Bleiacetat, Chloride mit Silberacetat gefallt werden,
und aus dem Filtrat das Allantoin in Gegenwart von Natriumacetat mit einer
$0,5\%$igen Lösung von Mercuriacetat isoliert wird.

Purinkörper.

Harnsäure, Acidum uricum, $C_5H_4N_4O_3$, 2-6-8-Trioxypurin (Eigenschaften siehe S. 64). Im frischen Menschenharn ist sie in überwiegender
Menge in Form ihrer Alkalisalze, und zwar des sauren Natriumsalzes,
und bloß in geringer Menge frei gelöst enthalten. Läßt man jedoch
stark saure Harne stehen, so scheidet sich freie Harnsaure in Form
großer, gelbbraun gefärbter Krystalle (S. 296) aus. Der erwachsene
gesunde Mensch scheidet bei gemischter Kost täglich etwa 0,5—1,0 g
Harnsaure aus; in Krankheiten, die mit einem reichlichen Zerfall von
Zellen bzw. Zellkernen einhergehen, wobei purinhaltige Nucleoproteide
in großerer Menge abgebaut werden, nimmt die Harnsaureausscheidung
zu; so bei Leukämikern, ferner zur Zeit der Resorption zellreicher
Exsudate usw., z. B. in der Pneumonie. Hingegen wird in einem Anfall
von echter Gicht weniger Harnsäure im Harn ausgeschieden und dementsprechend der Harnsauregehalt des Blutes erhöht gefunden.

Nachweis. Die Notwendigkeit des Nachweises der Harnsaure ergibt sich
entweder bei der Untersuchung von festen Substanzen (Bodensatz des Harns,
Konkremente, Ablagerung in den Geweben), die ohne weiteres gepruft werden
können; oder aber bei der Untersuchung von verschiedenen Korperflussigkeiten
oder von Harn. Diese werden erst mit Salzsaure stark angesauert stehengelassen
und erst an dem sich bildenden Bodensatz fuhrt man, ebenso wie an obigen
festen Korpern, folgende Reaktionen aus:

a) Murexidprobe; ein Brockelchen der Substanz wird in einer Porzellanschale mit einigen Tropfen Salpetersaure am Wasserbad oder vorsichtig uber
einer kleinen Flamme eingedampft; der gelb bis rotlich gefarbte Ruckstand farbt
sich mit Ammoniak purpurrot, indem hierbei purpursaures Ammonium, das sog.
Murexid (S. 65) entsteht. Wird der Eindampfungsruckstand nicht mit Ammoniak,
sondern mit Natron- oder Kalilauge benetzt, so entsteht eine blaurote Farbenreaktion, die beim Erwarmen verschwindet.

b) DENIGÉssche Probe. Ein Brockelchen der Substanz wird mit verdunnter
Salpetersaure so lange erwarmt, bis Aufbrausen erfolgt; nun wird die Salpetersaure am Wasserbad vertrieben, die verbleibende dicke Flussigkeit abgekuhlt,

mit 2—3 Tropfen konzentrierter Schwefelsaure und einigen Tropfen kauflichen Benzols (das tiophenhaltig ist) versetzt, worauf, wenn Harnsaure vorhanden war, eine Blaufarbung eintritt.

c) Am empfindlichsten ist die Probe mit dem Phosphorwolframsaurereagens von Folin und Denis. Man versetzt 1—2 cm³ der zu prüfenden Lösung mit dem Reagens, fugt dann gepulvertes Natriumcarbonat hinzu, worauf, wenn Harnsaure vorhanden war, Blaufarbung eintritt. Das Reagens wird bereitet, indem man 100 g wolframsaures Natrium mit 80 cm³ 85%iger Phosphorsaure und 750 cm³ Wasser bei aufgesetztem Ruckflußkühler 2 Stunden lang erhitzt und dann auf 1 Liter mit Wasser auffullt.

Zur quantitativen Bestimmung dienen mehrere Verfahren.

a) Das zur Zeit kaum mehr angewendete Verfahren von Salkowski-Ludwig beruht auf dem Prinzip, daß Purinbasen und Harnsaure aus ihren Losungen in Gegenwart von Magnesiumsalzen mit ammoniakalischer Silberlösung in Form von Silbermagnesiumverbindungen gefallt werden; zersetzt man die Fallung durch Schwefelwasserstoff, so werden die Purinbasen und Harnsaure in Freiheit gesetzt; sauert man nun die Losung mit Salzsaure an, so fallt die Harnsaure aus, wahrend die übrigen Purinkorper in Losung bleiben.

b) Nach dem Hopkinsschen Verfahren in der Modifikation, die von Worner herruhrt, wird die Harnsaure in Form von harnsaurem Ammonium aus dem Harn isoliert und seine Menge aus dem nach Kjeldahl ermittelten N-Gehalt berechnet.

c) Das Folin-Shaffersche Verfahren beruht ebenfalls auf der Isolierung der Harnsaure in Form von harnsaurem Ammonium. Es werden 300 cm³ Harn zunachst mit 75 cm³ einer Losung gefallt, die 50% Ammoniumsulfat, 0,5% Uranylacetat und 0,6% Essigsaure enthalt. Durch diese Losung werden gewisse stickstoffhaltige Verbindungen aus dem Harn entfernt, die spater, nach Hinzufugen des Ammoniak, gleichzeitig mit der Harnsaure ausfallen wurden. (Der Zusatz von Uranylacetat hat bloß den Zweck, daß ein sich gut zusammenballender Niederschlag von Uranylphosphat entstehe, das den kolloiden Niederschlag der erwahnten unbekannten Substanzen, die das Filtrieren des Harns sehr erschweren wurden, mit sich reißt.) Der Harn wird 5 Minuten nach erfolgter Fallung filtriert und 125 cm³ des Filtrates (100 cm³ Harn entsprechend) mit 5 cm³ konzentriertem Ammoniak versetzt, wodurch die Harnsaure in Form von harnsaurem Ammonium gefallt wird. Der Niederschlag wird am nachsten Tag am Filter gesammelt, mit einer 10%igen Losung von Ammoniumsulfat gewaschen, mit etwa 100 cm³ Wasser in ein Becherglas gespult und mit 15 cm³ konzentrierter Schwefelsaure versetzt. Der größte Teil des Niederschlages geht hierbei in Losung und die Flussigkeit wird noch warm mit einer n/20-Losung von Kaliumpermanganat titriert, von der 1 cm³ 3,75 mg Harnsaure entspricht. Da das Ammoniumurat in Wasser nicht ganz unloslich ist, werden zu obigem Endergebnis pro je 100 cm³ der verwendeten Harnmenge noch 3 mg Harnsaure als Korrektion hinzuaddiert.

d) Von Folin und Denis wurde eine colorimetrische Bestimmungsmethode angegeben, beruhend auf der beim Nachweis (s. oben) angegebenen Blaufarbung mit dem Phosphorwolframsaurereagens.

Purinbasen (Strukturformeln siehe auf S. 66). Sie bilden nebst der Harnsaure standige Bestandteile des normalen Menschenharnes, und zwar rühren Hypoxanthin, Xanthin, Adenin und Guanin von den in der Fleischnahrung eingeführten Nucleoproteiden, die Methylpurine Hetero-, Para-, 1-Methylxanthin und Epiguanin aber von den (S. 67 erwahnten) Methylpurinen in den Genußmitteln Tee, Kaffee und Kakao her. Sehr selten kommen Harnkonkremente (S. 297) vor, die aus nahezu reinem Xanthin bestehen.

Anlaßlich einer alteren Analyse von 10000 Litern normalen Menschenharns wurden pro 1 Liter Harn gefunden:

Hypoxanthin . . . . 0,008 g	Paraxanthin . . . . 0,015 g
Xanthin . . . . . . 0,010 g	Adenin . . . . . . 0,004 g
1-Methylxanthin . . . 0,031 g	Epiguanin . . . . . 0,003 g
Heteroxanthin . . . 0,022 g	

Es sind daher 1-Methylxanthin, Heteroxanthin und Paraxanthin mit den größten Mengen vertreten.

Die Gesamtmenge der Purinbasen ist schwankend, beträgt aber im Menschen- wie im Rinderharn ungefähr den zehnten bis achten Teil, im Pferdeharn, umgekehrt, das 7—8fache der Harnsäure.

Nachweis. a) Bei der Murexidprobe verhalten sie sich folgendermaßen: dampft man Xanthin oder Guanin mit Salpetersaure ein, so bleibt ein citronengelber Ruckstand, der sich in Natron- oder Kalilauge mit orangelber Farbe lost, und erwarmt sich purpurrot farbt (wird diese Reaktion an Harnsäure ausgefuhrt, so tritt beim Erwarmen Entfarbung ein).

b) Wird wie in der Murexidprobe vorgegangen, jedoch nach WEIDEL Chlorwasser und eine Spur Salpetersaure verwendet und der eingedampfte Ruckstand in eine Ammoniakathmosphare unter einer Glasglocke gebracht, so geben Xanthin, Methylxanthin, Heteroxanthin und Paraxanthin eine Rotfarbung, die ubrigen nicht.

Fur die quantitative Bestimmung der einzelnen Purinbasen sind umstandliche Verfahren ausgearbeitet worden. Um ihre Gesamtmenge zu bestimmen, ist es am einfachsten, in einem Teil des Harns samtliche Purinkörper nach dem SALKOWSKI-LUDWIGSchen Verfahren (S. 277) in Form ihrer Silber-Magnesiumsalze zu fallen und im Niederschlag eine Stickstoffbestimmung auszufuhren; in einem anderen Teile jedoch nach demselben Verfahren die Harnsaure zu isolieren und auch hier den Stickstoff zu bestimmen. Der Unterschied zwischen diesen beiden Werten gibt den Purinbasenstickstoff an.

Bildung von Harnsäure und Purinbasen im tierischen Organismus. Es wurde früher vielfach angenommen, daß die Harnsäure ein unvollkommenes Oxydationsprodukt des Eiweiß sei. Der erste Befund, der die Untersuchungen in andere Bahnen lenkte, war, daß die Milzpulpa sowie auch das Blut aus ihnen beigemischten Nucleinen, noch leichter aber aus Xanthin und Hypoxanthin, Harnsäure zu bereiten vermag. Es wurde ferner gezeigt, daß nach Einverleibung von Nucleinen, bzw. auch von tierischen und pflanzlichen Nahrungsmitteln, die viel Purinkörper enthalten, die Menge der im Harn ausgeschiedenen Harnsäure stark zunimmt.

Von tierischen Nahrungsmitteln sind es Thymus, Milz und Leber, in zweiter Reihe Fleisch und Fleischextrakt, von pflanzlichen Spinat und Salat, die viel Purinkorper enthalten. Beinahe purinfrei sind von tierischen Nahrungsmitteln Milch und Eier, von den pflanzlichen aber Getreidesamen, Hulsenfruchte, Kartoffeln und Obst.

Durch diese und ähnliche Versuche wurde ermittelt, daß bezüglich der Harnsäurebildung ein prinzipieller Unterschied zwischen Säugetieren einerseits, und Vögeln und beschuppten Amphibien andererseits besteht.

Im Säugetierorganismus gibt es zwei Quellen für die Harnsäure: die purinhaltigen Bestandteile des Organismus, d. h. die Nucleoproteide der Zellkerne, und die purinhaltigen Nahrungsmittel.

a) Bei der Verbrennung der in den Zellkernen (der stets in einer gewissen Zahl abgestoßenen und einschmelzenden Korperzellen) enthaltenen Nucleoproteide zerfallt deren großes Molekül zunächst in Nucleotide; aus diesen entstehen nach Abspaltung von Phosphorsäure Nucleoside (S. 145), und nach deren Zerfall werden die Purin- und Pyrimidinkörper und die Kohlenhydrate in Freiheit gesetzt. Die Purinkörper werden zum größeren Teil in Harnsäure verwandelt und als endogene Harnsaure ausgeschieden; ihre Menge wird bestimmt, indem die Versuchsperson oder das Versuchstier für langere Zeit auf eine purinfreie bzw. möglichst purinarme Kost (siehe S. 278) gesetzt wird. Aus solchen Bestimmungen ergab sich, daß gesunde Menschen täglich 0,07—0,25 g endogene Harnsäure ausscheiden. Die Werte zeigen also recht große Schwankungen; doch sind an einem und demselben Individuum die Tagesmengen ziemlich konstant.

b) Der exogene Teil der Harnsäure rührt von den Purinen her, die in den oben erwähnten mehr oder minder purinreichen Nahrungsmitteln eingeführt werden, während die im Tee, Kaffee und Kakao eingeführten Methylpurine (S. 67) nicht zu Harnsäure oxydiert im Harn erscheinen.

Vermittelt wird die Umwandlung der Purinbasen (die der Aminopurine nach vorangehender Desaminierung durch die angeblich nachgewiesene Adenase und Guanase) in Harnsäure durch die Xanthinoxydasen. Während aber am Menschen die einmal gebildete Harnsäure nicht weiter oxydiert wird und (im Harn bestimmt) als Maßstab des Purinkörperumsatzes dienen kann, wird sie in den meisten anderen Säugetieren unter Einwirkung der Uricasen oder Uricoxydasen genannten Enzyme, die in verschiedenen Organen dieser Tiere nachgewiesen wurden, zum größten Teile in Allantoin überführt, und in dieser Form im Harn entleert. Drückt man die Menge dieses Allantoins in Prozenten der ausgeschiedenen Harnsäure plus Allantoin aus, so erhält man den sog. „uricolytischen Index", der z. B. an der Maus über 90, am Menschen aber bloß etwa 2 beträgt.

Als Ergebnis zahlreicher Versuche und Beobachtungen ginge zwar im Sinne obiger Ausführungen hervor, daß die Harnsäure im Säugetierorganismus nicht synthetisch gebildet wird; doch muß für neugeborene Säuger für die erste Periode ihres Lebens eine synthetische Bildung von Purinkörpern angenommen werden, denn eben während dieser Periode findet eine rapide Zunahme ihres Körperbestandes, mithin auch der purinhaltigen Nucleoproteide in den Zellkernen statt, wiewohl ihre ausschließlich aus Milch bestehende Nahrung purinfrei oder zumindest äußerst arm an Purin ist. Desgleichen muß zugegeben werden, daß Ähnliches auch im Erwachsenen unter gewissen Umstanden vor sich gehen dürfte, so z. B. in der Leukämie, wo ja weiße Blutkörperchen in oft enormer Zahl, damit aber auch Zellkerne und in diesen Nucleoproteide bzw. Purinkörper neugebildet werden müssen.

An Vögeln, Reptilien und vielen Wirbellosen finden sich ganz andere Verhältnisse; diese Tiere entleeren den größten Teil des vom Eiweißabbau herruhrenden Stickstoffes in Form von Harnsäure, die von der Leber hauptsächlich aus Milchsäure und Ammoniak synthetisch aufgebaut wird. Dies geht aus Versuchen hervor, die an der überlebenden Vogelleber ausgeführt wurden; ferner auch daraus, daß das Vogelblut nach Exstirpation der Leber viel Ammoniak und Milchsaure, jedoch keine Harnsaure enthält; umgekehrt, daß nach Exstirpation der Nieren eine reichliche Ablagerung von Harnsaure in den Geweben stattfindet; ferner auch daraus, daß alle Umstände, die im Säugetierorganismus eine vermehrte Harnstoffbildung zur Folge haben (wie gesteigerte Eiweißverbrennung, Einfuhr von Ammoniumsalzen), im Vogel zu einer vermehrten Harnsaurebildung führen; endlich, daß im

Vogelorganismus von außen eingeführter Harnstoff zum großen Teil
in Harnsäure überführt und als solche ausgeschieden wird.

Es ist wahrscheinlich, daß die Harnsauresynthese im Vogelorganismus folgendermaßen stattfindet: Milchsaure oder eine andere, im Verlauf der Stoffwechselvorgänge entstehende Oxyfettsaure wird in Tartronsaure (oder Malonsaure, oder

$$
\begin{array}{cccccc}
\text{CH}_3 & \text{COOH} & \text{N}{<}^{\text{H}}_{\text{H}} & \text{CO OH} & & \text{HN—CO} \\
| & | & \text{CO} & | & & | \quad | \\
\text{CHOH} & \text{CHOH} & & \text{CHOH} & = 2\,\text{H}_2\text{O} + & \text{OC} \quad \text{CHOH} \\
| & | & \text{N}{<}^{\text{H}}_{\text{H}} & | & & | \quad | \\
\text{COOH} & \text{COOH} & & \text{CO OH} & & \text{HN—CO}
\end{array}
$$

Milchsaure   Tartronsaure   Tartronsaure   Dialursaure

$$
\begin{array}{ccccc}
\text{HN—CO} & & \text{H N}^{\text{H}} & \text{HN—CO} & \\
| \quad | & & \text{H}\, | & | \quad |\;\text{H} & \\
\text{OC} \quad \text{C HOH} + & & \text{CO} = & \text{OC} \quad \text{C—N} & \\
| \quad | & & | & || \quad |\quad\rangle\text{CO} + 2\text{H}_2\text{O} & \\
\text{HN—C O} & & \text{H N}_{\text{H}} & \text{HN—C—N} & \\
& & & \quad\quad\;\text{H} &
\end{array}
$$

Dialursaure   Harnsaure

Mexoxalsaure) verwandelt; diese verbindet sich mit Harnstoff zu Dialursaure,
und diese wieder mit Harnstoff zur Harnsaure, daher angenommen werden muß,
daß Harnstoff zwar im selben Ausmaße wie in Saugetieren gebildet, doch nicht
als solcher ausgeschieden wird.

Auf Grund der an Saugetieren und am Menschen erhobenen Befunde ist es
gelungen, die seit langer Zeit strittige Frage, ob die Gicht (Arthritis uratica) auf
einer gesteigerten Bildung oder verlangsamten Ausscheidung der Harnsaure beruhe,
in letzterem Sinne zu entscheiden. (In der Gicht des Menschen wird Mononatrium-
urat, in der des Schweines Guanin, an verschiedenen Korperstellen abgelagert.
Diese Ablagerungen losen die bekannten schmerzhaften Anfalle aus.) Werden
einem solchen Kranken purinreiche Nahrungsmittel (S. 278) in größerer Menge
zugefuhrt, so laßt sich die verzogerte Ausscheidung der aus den Purinen gebildeten
Harnsaure daran erkennen, daß die Harnsaurekonzentration im Blute ansteigt.

Indol und Indolderivate.

Der Tryptophankern des Eiweißes erleidet durch die Fäulnisprozesse
im Darm verschiedene Veränderungen, und werden die so veränderten
Produkte teilweise resorbiert und dann weiter verändert[1] in Harn entleert.
Diese Veränderungen sind verschiedener Art:

a) Es erfolgt zunachst eine Absprengung der Aminogruppe der
Fettsaureseitenkette, die dann auch eine Verkürzung erleidet. So entstehen Indolpropionsaure, Indolessigsaure und Indolcarbonsaure.

$$
\begin{array}{ccc}
\text{H} & \text{OH} & \\
\text{C} & \text{C} & \\
\text{HC} & \text{C} & \text{CH} \\
| & || & | \\
\text{HC} & \text{C} & \text{COOH} \\
\text{C} & \text{N} & \\
\text{H} & &
\end{array}
$$

Kynurensaure

[1] Im Hundeharn ist als regelmaßiger Bestandteil, im
Kaninchenharn unter gewissen Umstanden sog. **Kynuren-
säure**, γ-Oxychinolin-α-carbonsaure, $C_{10}H_7NO_3$ enthalten; sie
ist krystallisierbar, in kaltem Wasser unloslich, lost sich in
heißem Alkohol; ihre Alkalisalze sind auch in Wasser loslich.
Im Organismus des Hundes entsteht sie durch Umwandlung
des Tryptophankernes der Eiweißkorper; im Kaninchenharn erscheint sie nur, wenn dem Tier Tryptophan per os
einverleibt wird.

H
C
HC   C—C—CH₂—CHNH₂COOH
HC   C   CH
C   N
H   H

Tryptophan

H
C
HC   C—C—CH₂CH₂COOH
HC   C   CH
C   N
H   H

Indolpropionsaure

H
C
HC   C—C—CH₂COOH
HC   C   CH
C   N
H   H

Indolessigsaure

H
C
HC   C—C—COOH
HC   C   CH
C   N
H   H

Indolcarbonsaure

Indolessigsäure. Sie wird durch starke Salzsäure und einige Tropfen einer 2%igen Lösung von Natriumnitrit in eine rosenrote Verbindung verwandelt, die nach manchen Autoren mit dem Ur or o s e in (S. 288) genannten Farbstoff des Harns identisch ist, daher man die Indolessigsäure auch als Chromogen des Uroroseins bezeichnet. Nach anderen Autoren ist auch der als Skatolrot bezeichnete Farbstoff ein Derivat der Indolessigsaure.

b) Die Umwandlung des Tryptophankernes kann noch weiter fortschreiten, wodurch es zu einer Absprengung der ganzen Fettsäureseitenkette kommt, das verbliebene Indol zu Indoxyl (S. 67) oxydiert wird, und dieses sich, nach Analogie des Phenol und p-Kresol (S. 267) mit Schwefelsäure oder Glucuronsaure zu gepaarten Säuren, Indoxylschwefelsäure und Indoxylglucuronsäure verbindet, und als Alkalisalz im Harn erscheint.

Indoxylschwefelsäure läßt sich aus dem Harn in Form ihres Kaliumsalzes isolieren. Es ist dies eine krystallisierbare Verbindung, die in Wasser leicht löslich ist und mit verdünnter Salzsäure erhitzt in die Komponenten, Schwefelsäure und Indoxyl zerfallt. Findet diese Spaltung in Gegenwart oxydierender Mittel, z. B. von Eisenchlorid statt, so wird das Indoxyl in Indigoblau (Indigotin) (S. 67) verwandelt. Unter gewissen Umstanden, namentlich, wenn man die Spaltung mittels Schwefelsäure in der Wärme vornimmt, entsteht neben blauem auch roter Farbstoff, das sog. Indigorot (Indirubin), das dem Indigoblau isomer ist. Die beiden

H
C
HC   C—C—O—S(=O)(=O)—OH
HC   C   CH
C   N
H   H

Indoxylschwefelsäure

Farbstoffe sind leicht zu unterscheiden, indem das Indigorot in Äther löslich ist, Indigoblau aber nicht, oder wenigstens viel schwerer. Auf Grund ihrer Oxydierbarkeit zu Indigoblau wurden die indoxylschwefelsauren Salze mit dem Namen Harnindican (indigobildende

Substanz des Harns) belegt, da das in manchen Pflanzen (Indigo-ferararten) vorkommende Glucosid, dessen eine Komponente durch Indoxyl gebildet wird, und das sich in Indigoblau verwandeln läßt, schon seit längster Zeit Pflanzenindican genannt wird. Indoxyl-schwefelsaure Salze sind in jedem normalen Menschenharn in einer Menge von 10—20 mg pro 24 Stunden enthalten (im Pferdeharn wesent-lich mehr); zuweilen werden sie schon, wenn man den Harn einfach stehen läßt, gespalten, wobei Indigoblau in mikroskopischen Krystallen ausfällt und ein zartes blaues Häutchen an der Oberfläche des Harns bildet.

Die Menge der Indoxylschwefelsaure wird gesteigert nach Einfuhr tryptophan-haltiger Eiweißkórper, sowie infolge der durch Stauung gesteigerten Faulnis-vorgange bei Verengung des Dunndarmes; ferner bei profuser Eiterbildung, Gangran; hingegen verrıngert nach der Einfuhr von Darmantisepticis und nach Milchfutterung. Auch das von außen eingefuhrte Indol wird im Harne in Form von indoxylschwefelsauren Salzen ausgeschieden.

Der Nachweis beruht auf der Spaltbarkeit der Doppelverbindung und der Oxydation der Indoxylkomponente zu Indigo.

a) JAFFÉsche Probe. 10 cm³ des Harns werden mit dem gleichen Volumen Salzsaure, dann mit einigen Kubikzentimetern Chloroform und tropfenweise mit einer Losung von Calciumhypochlorit (Chlorkalk) versetzt und dann geschuttelt; das Indigoblau wird vom Chloroform mit blauer Farbe gelost. Ein Nachteil dieser Probe ist, daß der Harn beım Schütteln mit dem Chloroform eine Emulsion bildet, in der die Blaufarbung leicht ubersehen werden kann; ferner, daß durch einen geringen Überschuß des Chlorkalks das blaue Indigo zu einer farblosen Verbindung weıteroxydiert wird.

b) Die OBERMAYERsche Probe weist obigen Nachteil nicht auf, da man den Harn (10 cm³) zunachst mit eıner 20⁰/₀igen Lósung von neutralem Bleiacetat fallt, wodurch nebst verschiedenen Saureresten der großte Teil derjenigen Sub-stanzen entfernt wird, die die Emulgierung des Chloroform verursachen; es darf aber nur so viel Bleiacetat zugesetzt werden, bis durch den Zusatz noch ein Nieder-schlag im Harn erzeugt wird; denn ein großerer Überschuß wirkt spater storend. Das Fıltrat wird mit dem gleichen Volumen rauchender Salzsaure versetzt, die 2—4 g Eisenchlorid im Liter gelost enthalt; es wird eine Weıle stehengelassen, dann fugt man einige Kubıkzentimeter Chloroform hinzu, schuttelt um, und laßt 1—2 Mınuten stehen. Das mehr-minder blaugefarbte Chloroform sammelt sich vollstandig klar am Boden des Reagensglases.

Zur quantitativen Bestimmung der gepaarten Indoxylverbindungen stehen uns keine genauen Verfahren zur Verfugung; die gebrauchlichen Methoden beruhen auf der Spaltung der Doppelverbindung und Oxydation der Indoxyl-komponente zu Indigoblau. Dieses wird entweder auf colorimetrischem Wege oder nach erfolgter Isolierung und Reinigung durch Titration mit einer Kalıum-permanganatlosung bestimmt.

Skatoxylschwefelsäure. Es wurde im Laufe der Zeit abwechselnd behauptet und wieder bezweifelt, daß sie im Harn in Form ihrer Salze enthalten sei. Durch neuere Untersuchungen ist ihr ständiges Vorkommen auch im nor-malen Harn endgültig erwiesen. Offenbar wird das während der Eiweißfäulnis im Dick-darm entstehende Skatol nach erfolgter Re-sorption zu Skatoxyl oxydiert, das dann mit Schwefelsäure zur gepaarten Verbindung zu-sammentritt.

Skatoxylschwefelsaure

G. Eiweißkörper und deren höhere Derivate.

Serumalbumin und Serumglobulin.

Die gesunde Niere ist für Eiweiß nur in sehr geringem Grade durchlässig, so daß es im normalen Harn zwar immer, jedoch nur in einer Konzentration von bloß 0,002—0,008% enthalten und nur mittels eigener Verfahren nachzuweisen ist. Unter gewissen, meist pathologischen Verhältnissen tritt mehr, auch mittels der gewöhnlichen Eiweißreaktionen nachweisbares Eiweiß in den Harn über, und besteht dieses „Harneiweiß", als aus dem Blutplasma übergetretenes Eiweiß, aus Serumalbumin, Serumglobulin und Fibrinogen. Wenn Eiweiß in nicht allzu geringen, daher leicht nachweisbaren Mengen im Harn vorhanden ist, spricht man von einer Albuminurie.

Am wichtigsten ist a) die Albuminuria vera, die, teilweise auf der gesteigerten Durchlassigkeit der Niere beruhend, bei Nierenentzündungen, bei verschiedenen Vergiftungen (mit Alkohol, Phosphor, Kohlenoxyd) vorkommt; ferner auf sekundarem Wege bei Harnstauung (Ureterkonkremente, Druck des graviden Uterus auf den Ureter) und Zirkulationsstörungen entsteht. Das Verhaltnis zwischen dem aus dem Blute in den Harn übergehenden Serumglobulin und Serumalbumin wird durch den sog. Eiweißquotienten, der etwa 2:10 oder 1:10 betragt, ausgedrückt, ist also verschieden von dem Verhaltnisse, in dem diese beiden Eiweißarten im Plasma enthalten sind (S. 163). Dies beweist an sich schon, daß es sich beim Übertritt von Blutplasmaeiweiß nicht einfach um eine gesteigerte Durchlassigkeit der Niere handeln kann. Unter krankhaften Umstanden kann sich jenes Verhaltnis zugunsten des Globulins verschieben, doch gibt es diesbezuglich keinerlei Gesetzmaßigkeiten, die etwa diagnostisch verwertbar ware. Die Menge von Serum-Albumin + -Globulin betragt meistens bloß Spuren bis einige Zehntel Prozente, oft auch 0,5—1%; ausnahmsweise kann sie aber bis 8% ansteigen.

b) Von den soeben beschriebenen Fallen der Albuminuria vera sind die der akzidentellen Albuminurie wohl zu unterscheiden, die durch den Mangel anderer, auf eine Erkrankung der Nieren hinweisender Erscheinungen, wie Nierenepithelien, Zylinder (S. 294, 295), gekennzeichnet sind. Sie werden von manchen Autoren als physiologische, von anderen als an der Grenze zwischen physiologischer und pathologischer Albuminurie stehend aufgefaßt. Hierher gehört die sog. juvenile Albuminurie, bestehend in einer Ausscheidung von Eiweiß ohne jedwede nachweisbare Ursache, die an jugendlichen Individuen beobachtet wird; die sog. cyclische Albuminurie, die nur zu gewissen Tagesstunden, z. B. des Morgens, zu beobachten ist; die sog. orthostatische oder orthotische Albuminurie, die nur bei aufrechter Stellung des Betreffenden besteht, und vollstandig fehlt, solange er ruhig liegt. Endlich kann Albuminurie, zuweilen recht hohen Grades, nach starker Muskelarbeit (Sport, Militarmarsche), nach kalten Badern, bei starker psychischer Erregung, auftreten.

c) Als Albuminuria spuria werden diejenigen Formen bezeichnet, wo die Durchlassigkeit der Nieren fur Eiweiß nicht gesteigert ist, und dieses dem Harn nur im Blut, Eiter, Sperma usw. beigemischt wird.

Nachweis von Serumalbumin und Serumglobulin.

Es ist selbstverstandlich, daß die (S. 135, 136) angegebenen Farbenreaktionen zum Nachweis von Eiweiß in dem an und fur sich schon gefarbten Harn nicht verwendet werden können und hierzu bloß die unten anzufuhrenden Pracipitationsproben geeignet sind. Da es sich im Harn oft nur um Spuren von Eiweiß handelt (und dies sind eben die kritischen Falle), die auch mit sehr empfindlichen Reagenzien keinen Niederschlag, sondern bloß eine Trubung geben, muß es als Grundregel gelten, daß man die Prufung auf Eiweiß bloß an filtriertem, klarem Harn vornimmt, und zwar am besten so, daß gleiche Mengen desselben in zwei gleich weite Reagensglaser gefullt werden, in einem der Reagensglaser die Reaktion ausgefuhrt und dann durch den Vergleich beider konstatiert wird, ob eine Trubung entstanden ist oder nicht. (Bakterienreicher Harn kann oft auch durch wiederholtes Filtrieren nicht klar erhalten werden.) Als weitere Regel gilt, daß immer zumindest zwei oder drei der nachstehend angefuhrten Proben ausgefuhrt werden müssen, um die Anwesenheit oder Abwesenheit von Eiweiß konstatieren oder ausschließen zu können.

a) Kochprobe: Man pruft zunachst die Reaktion des Harns mit Lackmuspapier; ist der Harn nicht ausgesprochen sauer, so wird er mit einigen Tropfen verdunnter Essigsaure vorsichtig angesäuert, dann erhitzt und wàhrend einiger Minuten im Sieden erhalten. Das Entstehen einer Trubung oder eines Niederschlages allein beweist noch nicht die Anwesenheit von Eiweiß, denn es könnte dies auch von ausfallenden Phosphaten bedingt sein. In letzterem Falle wird der Harn auf Zusatz von 10—15 Tropfen Salpetersaure sofort klar; hingegen bleibt die Trubung unverandert, wenn es sich um Eiweiß gehandelt hat.

Trubt sich der Harn bereits bei der Ansauerung mit Essigsaure (S. 285), so wird er zunachst mit Wasser auf das Dreifache verdünnt, mit Essigsaure vorsichtig angesauert, durch Zentrifugieren oder 12stundiges Sedimentieren vom Niederschlag befreit, und die klare Flussigkeit gekocht.

War der Harn alkalisch und hat man unterlassen, ihn anzusauern, so wird die Koagulation, daher auch die Niederschlagsbildung bzw. Trubung oft auch im Falle der Anwesenheit von Eiweiß ausbleiben, da, wie man fruher angenommen hat, eine Alkali-Eiweißverbindung entsteht, die nicht koagulabel ist. Zur Zeit wissen wir, daß obiges negatives Ergebnis folgende Ursache hat: das Optimum der Koagulation liegt bei einer ganz bestimmten H-Ionenkonzentration; ist diese nicht gegeben, so kann die Koagulation mangelhaft sein oder ausbleiben. Aus demselben Grunde kann die Koagulation mißlingen, wenn man umgekehrt zu stark angesauert hat. Die Gefahr einer Übersauerung wird vermieden, wenn man eine etwa 5,6$^0/_0$ige Lósung von Essigsaure verwendet, die etwa 12$^0/_0$ essigsaures Natrium gelost enthält. Durch Zusatz einer solchen Lósung wird (nach S. 19) eine genau bestimmte H-Ionenkonzentration im Harne erzeugt, die optimale Bedingungen für die Fallung des Eiweißes bildet (siehe hierüber die Bedeutung des isoelektrischen Punktes auf S. 133).

b) HELLERsche Probe: 5 cm³ Harn werden mittels einer Pipette mit 1—2 cm³ konzentrierter Salpetersaure unterschichtet; war Eiweiß vorhanden, so scheidet es sich in Form einer scharf begrenzten weißen Schichte (oft falschlich als Ring bezeichnet) an der Trennungsfläche beider Flussigkeiten aus. An derselben Stelle findet zuweilen auch eine Fallung von salpetersaurem Harnstoff statt, die jedoch als solche leicht daran zu erkennen ist, daß sie aus kleinsten Krystallen besteht. Einige Millimeter oberhalb der Grenzflache zwischen Salpetersaure und Harn kann auch eine Ausscheidung von Harnsaure stattfinden; sie ist als solche daran zu erkennen, daß bei Wiederholung der Probe an dem zwei- oder dreifach verdunnten Harn die Fallung ausbleibt.

c) Essigsaure-Ferrocyankaliumprobe: 5 cm³ Harn werden mit Essigsaure stark angesauert und mit 10—15 Tropfen einer 10$^0/_0$igen Losung von Ferrocyankalium versetzt; in eiweißhaltigem Harn entsteht hierbei eine Trubung oder ein Niederschlag, die sich beim Erwarmen nicht lósen. Wird der Harn bereits bei der Ansauerung trube, so verfahrt man wie sub a).

d) Sulfosalicylsaureprobe: 5 cm³ Harn werden mit 10—15 Tropfen einer 20$^0/_0$igen Lósung von Sulfosalicylsaure versetzt; im eiweißhaltigen Harn entsteht eine Trubung oder ein Niederschlag, die sich beim Erwarmen nicht losen.

e) SPIEGLERsche Probe: Vom SPIEGLERschen Reagens (4$^0/_0$ Mercurichlorid, 2$^0/_0$ Weinsaure und 10$^0/_0$ Glycerin enthaltend) werden 1—2 cm³ unter 5 cm³ Harn geschichtet; war Eiweiß vorhanden, so scheidet es sich an der Grenzflache beider Flussigkeiten in Form einer weißen Schicht aus. Diese Probe ist so empfindlich, daß sie bereits in einem Harn mit physiologischem Eiweißgehalt (S. 283) positiv ausfallen kann.

Quantitative Bestimmung.

Serumalbumin und Serumglobulin werden entweder zusammen oder aber getrennt bestimmt.

a) Gleichzeitige quantitative Bestimmung von Serumalbumin und Serumglobulin.

α) Man verdunnt 50—100 cm³ Harn so weit, daß der Eiweißgehalt 0,2—0,3 % nicht ubersteige, fugt ¹/₁₀ Volumen einer konzentrierten Kochsalzlosung hinzu, sauert mit verdünnter Essigsaure schwach an, erwarmt, laßt die Flussigkeit wahrend einiger Mmuten sieden oder langere Zeit am kochenden Warmbad stehen, filtriert durch ein bei 110° C getrocknetes und genau gewogenes Filter, wascht den Niederschlag erst mit Wasser, dann mit Alkohol und Äther, trocknet und wagt.

β) Fur praktische Zwecke genugt die annaherungsweise Bestimmung nach Esbach. Das Esbachsche Albuminimeter (ein dickwandiges Reagensrohr) wird bis zum Zeichen „U" mit Harn, dann bis zum Zeichen „R" mit dem Esbachschen Reagens gefullt, das 1 % Pikrinsaure und 2 % Citronensaure enthalt, worauf sich in Anwesenheit von Eiweiß ein flockiger Niederschlag bildet. Nun wird die Flussigkeit durch mehrmaliges Umdrehen des Reagensglases (geschuttelt darf nicht werden!) durcheinander gemischt, das Rohr durch einen Gummistopfen verschlossen und fur 24 Stunden beiseite gestellt. Nach Ablauf dieser Zeit wird der Skalenstrich abgelesen, den die Kuppe des am Boden zusammengeballten Niederschlages erreicht; die angebrachten Zahlen bedeuten ¹/₁₀ Prozente. Hatte das spezifische Gewicht des Harnes mehr als 1,008 betragen, so muß er vorher mit destilliertem Wasser auf das Doppelte, Dreifache usw., verdunnt werden.

b) Quantitative Bestimmung von Serumglobulin.

100 cm³ Harn werden mit Ammoniak genau neutralisiert, filtriert und ein bestimmter Teil des Filtrates mit dem gleichen Volumen einer konzentrierten Losung von Ammoniumsulfat gefallt. Der Niederschlag wird auf einem vorher genau gewogenen Filter gesammelt, mit einer halbgesattigten Losung von Ammoniumsulfat gewaschen, eine halbe Stunde lang bei 110° C getrocknet, nach dem Trocknen sulfatfrei gewaschen, getrocknet und gewogen.

c) Quantitative Bestimmung von Serumalbumin.

Das Filtrat nach der Fallung des Serumglobulins wird angesauert, wodurch das Serumalbumin gefallt wird; der Niederschlag wird wie oben behandelt.

„Nucleoalbumine".

Es kommt haufig vor, daß ein klar filtrierter Harn bereits beim Ansäuern mit Essigsäure (was bei manchen der oben angeführten Eiweißproben vorgeschrieben ist) sich trübt. Früher wurde angenommen, daß diese Trübung von phosphorhaltigen Eiweißkörpern herrührt, die nach der älteren Nomenklatur unter dem Namen der Nucleoalbumine, nach der neuen als Phosphorglobuline (S. 138) bezeichnet werden.

Zur Zeit ist es bekannt, daß Phosphorglobuline im Harn kaum je vorkommen und jene Trübung von den Eiweißspuren herrührt, die auch im normalen Harn enthalten sind. Eiweiß wird namlich nicht nur durch die (S. 134, 135) erwahnten Reagenzien, sondern bei saurer Reaktion auch durch die im normalen Harn in wechselnden Mengen vorkommende Nucleinsäure, Chondroitinschwefelsaure usw. gefällt. Wenn nun der Eiweißgehalt des Harns die Norm um ein geringes überschreitet — jedoch noch immer innerhalb der Breite der physiologischen Albuminurie bleibt — und der Harn auch mehr Nucleinsauren usw. enthält, so kann es zur Fällung des Eiweißes durch die erwahnten Harnbestandteile kommen, sobald der Harn mit Essigsäure angesauert wird. Das unter solchen Umständen nachweisbare Eiweiß wird, um an die Rolle der Essigsaure bei der Fallung zu erinnern, als „Essigeiweiß" oder „Essigsäurekorper" bezeichnet.

Bence-Jonessches Eiweiß.

Im Harne von Kranken mit Knochenmarkmyelomen und anderen Erkrankungen des Knochenmarks wird zuweilen eine Art von Eiweiß in einer Konzentration bis zu etwa $1/2^0/_0$ entleert, das nach seinem ersten Beobachter als Bence-Jonessches bezeichnet wird. Diese Eiweißart gibt samtliche Eiweißreaktionen, und unterscheidet sich von anderen bloß bei der Kochprobe dadurch, daß während des Erhitzens (bis 60—70⁰ C) wohl eine Koagulation erfolgt, der Niederschlag jedoch beim weiteren Erwärmen wieder verschwindet und nach dem Erkalten neuerdings erscheint. Da auch der durch konzentrierte Salpetersäure erzeugte Niederschlag durch Erwarmen wieder zum Verschwinden gebracht werden kann, meinte man, es mit einer Albumose zu tun zu haben; später wurde nachgewiesen, daß es sich nicht um eine Albumose, sondern um einen einfachen Eiweißkörper (wahrscheinlich nicht einheitlicher Art) handelt, der nach erfolgter Fallung bei weiterem Erhitzen durch Harnstoff und Ammoniumsalze wieder in Lösung gebracht wird. Wird nämlich die Koagulation in der wäßrigen Lösung des rein dargestellten Bence-Jonesschen Eiweißes, also in Abwesenheit der genannten Verbindungen vorgenommen, so ist diese Fällung irreversibel, so wie die jeder anderen Eiweißart.

Glykoproteide.

Ein der Gruppe der Glykoproteide angehörender mucinartiger Körper, das sog. Harnmucoid, ist ein regelmäßiger Harnbestandteil und scheidet sich beim Stehen des Harns in Form der Nubecula (S. 241) aus.

Das Harnmucoid wird dargestellt, indem man den Harn filtriert, das am Filter gesammelte Mucoid in verdunntem Ammoniak lost, die Losung durch Einleiten von Kohlendioxyd fallt, filtriert, das Filtrat mit Essigsaure ansauert und das Mucoid hierdurch zum Abscheiden bringt.

Nachweis. Das laut obigem isolierte Harnmucoid gibt samtliche Farbenreaktionen des Eiweiß; durch Kochen mit Mineralsaure wird Zucker (siehe S. 143) abgespalten, daher die Losung reduzierende Eigenschaften annimmt.

Albumosen.

In gewissen Darmleiden, in Leberkrankheiten, bei Carcinom, zur Zeit der Resorption größerer Exsudate (Pneumonie oder Pleuritis), bei profuser Eiterung, nach Serumbehandlung usw. können Eiweißumwandlungsprodukte im Harn ausgeschieden werden, die nach der alteren Nomenklatur als Peptone bezeichnet wurden, von denen jedoch heute sicher nachgewiesen ist, daß sie Albumosen sind. Anstatt Peptonurie, wie dieser Zustand früher genannt wurde, soll es demnach richtiger Albumosurie heißen, um so eher, da Peptone kaum je im Harn vorkommen.

Nachweis. Die Albumosen verhalten sich in den (S. 284) erwahnten Reaktionen, die dem Nachweis von Eiweiß im Harn dienen, folgendermaßen:

a) da sie nicht hitzekoagulabel sind, fallt die Kochprobe negativ aus;

b) Albumosen werden durch Salpetersaure, ferner durch Essigsaureferrocyankalium und durch Sulfosalicylsaure wie Eiweiß gefallt, mit dem Unterschiede, daß der Niederschlag beim Erwarmen des Harns verschwindet und beim Abkuhlen wieder erscheint. Sollen in einem Harn Albumosen neben Eiweiß nachgewiesen werden, so fällt man das Eiweiß durch Kochen, die im Filtrat verbliebenen Albumosen durch Sättigung mit Ammoniumsulfat, lost den Niederschlag in Wasser und nimmt in der Losung die charakteristischen Reaktionen vor.

Proteinsäuren und Uroferrinsäure.

Die Proteinsäuren (Oxyproteinsaure, Alloxyproteinsäure, Antoxyproteinsäure) sowie auch die Uroferrinsäure sind schwefelhaltige Derivate der Eiweißkörper, die aber noch nicht sicher rein dargestellt werden konnten. Ein großer Teil des sog. neutralen oder nichtoxydierten Schwefels (S. 251) im Harn ist in den genannten Verbindungen enthalten. Von den Farbenreaktionen des Eiweiß fallen die Biuret- und die Xanthoproteinreaktion bei allen negativ aus.

Der Gehalt des Harnes an Oxyproteinsaure ist vermehrt im Harn von Schwangeren, Krebskranken usw.

H. Farbstoffe.

Im normalen sowohl, wie auch im pathologischen Harn kommen teils vorgebildete fertige Farbstoffe vor, teils an und für sich farblose „Chromogene", die beim Stehen an Licht und Luft, sowie unter der Einwirkung gewisser Reagenzien in Farbstoffe verwandelt werden.

Urochrom. Urochrom wird derjenige Farbstoff genannt, dem der Harn nach Ansicht der meisten Autoren seine gelbe Farbe verdankt; jedoch kann es, so wie es gegenwärtig dargestellt wird, nicht als eine einheitliche Verbindung angesehen werden. Es stellt ein amorphes, gelbes Pulver dar, das N-haltig, jedoch eisenfrei, in Wasser und verdünntem Alkohol leicht löslich ist, und aus seiner wäßrigen Lösung durch Ammoniumsulfat nicht gefällt wird. Seine Lösung gibt mit Zinkchlorid und Ammoniak versetzt keine Fluorescenz. Das Spektrum einer Urochromlösung (wie auch des normalen Harns) weist keine charakteristischen Absorptionsstreifen auf, sondern bloß eine ausgebreitete Verdunkelung von Blau angefangen bis zum violetten Ende.

Darstellung. Der Harn wird mit Ammoniumsulfat gesattigt und mit Alkohol versetzt, worauf das Urochrom in die alkoholische Schicht ubergeht; verdunnt man die alkoholische Lösung mit viel Wasser und sättigt mit Ammoniumsulfat, so erhalt man den Farbstoff in Form eines Niederschlages.

Urochromogen. Im Harn von Gesunden wohl nicht, doch namentlich in Krankheiten, die mit stark erhöhtem Eiweißzerfall einhergehen, ist eine farblose, Urochromogen genannte Verbindung enthalten. Sie läßt sich durch tropfenweisen Zusatz einer sehr verdunnten Lösung von Kaliumpermanganat dadurch nachweisen, daß der Harn hierbei intensiver gelb[1] wird, als er zuvor gewesen ist. Auch der positive Ausfall der EHRLICHschen Diazoreaktion wird dem Urochromogen, von manchen Autoren allerdings gewissen im Harne anwesenden Phenolen zugeschrieben.

---

[1] Es fuhrt zu Mißverstandnissen, wenn man das gelbe Oxydationsprodukt des Urochromogens ebenfalls Urochrom nennt.

Zur Ausfuhrung der EHRLICH schen Diazoreaktion werden 3 cm³ des Harns mit dem gleichen Volumen des EHRLICHschen Diazoreagens I und 1 Tropfen des Diazoreagens II (S. 167) versetzt, umgeschuttelt und 2 cm³ 10%igen Ammoniaks hinzugefugt. Wahrend normaler Harn sich hierbei gelbbraun farbt, entsteht in anderen Harnen eine rosenrote bis carminrote Farbung und auch eine leichte Rotfarbung des Schaumes. Verwendet man bei der Ausfuhrung dieser Reaktion das Diazoreagens nach PAULY (S. 136), nachdem man den Harn mit einem Überschuß von Na_2CO_3 versetzt hat, so erhalt man auch am normalen Harne eine rote Farbenreaktion, die nach dem Ansauern in Orangegelb ubergeht, und die von gewiss n, dem Histidin nahestehenden Harnbestandteilen herrühren soll.

Uroerythrin. Es ist auch im normalen Harn enthalten; in größeren Mengen nach reichlichem Weingenuß, bei Leberkrankheiten, Pneumonie usw.; bildet ein amorphes, rosenrotes Pulver, das in Wasser, besonders aber in Amylalkohol und Essigather mit roter Farbe loslich ist; die Lösungen blassen jedoch am Sonnenlicht rasch ab. Mit konzentrierter Schwefelsaure gibt Uroerythin eine intensiv carminrote Farbenreaktion. Durch die aus erkaltendem Harn ausfallenden Urate wird es mitgerissen; so entsteht die Farbung des Sedimentum lateritium (S. 241). Die alkoholische Lösung weist zwei Absorptionsstreifen auf, deren Mitten bei 537 bzw. 494 $\mu\mu$ gelegen sind.

Zur Darstellung eignet sich am besten das Sedimentum lateritium des Harns; man lost es in warmem Wasser und extrahiert den Farbstoff mit Amylalkohol.

Urorosein. Es entsteht aus einer farblosen Vorstufe, der Indolessigsäure (S. 281), auf Zusatz von starker Salzsäure und einigen Tropfen einer sehr verdünnten Lösung von Kaliumnitrit, und ist in Form eines schon roten, in Wasser, in Äthyl- und Amylalkohol loslichen Farbstoffes zu isolieren. In amylalkoholischer Losung ist das Urorosein durch einen charakteristischen Absorptionsstreifen bei 557 $\mu\mu$ gekennzeichnet.

Die rote, durch Bildung von Urorosein verursachte Farbenreaktion kann auch auf Zusatz von Salzsaure allein zustande kommen, falls sich im Harn infolge bakterieller Zersetzung Nitrite gebildet hatten.

Nephrorosein. Es ist ein roter Farbstoff, der ebenfalls aus einem farblosen Chromogen auf Zusatz von Salz- oder Salpetersaure und wenig Kaliumnitrit entsteht. Er wurde besonders im Harne von Scharlachkranken beobachtet.

Skatolrot. Es soll nach alteren Autoren ein durch Einwirkung von Sauren entstandenes Umwandlungsprodukt der im Harn vorkommenden Skatoxylschwefelsäure sein; nach anderen Autoren soll es von der Indolessigsaure (S. 281) abstammen und sogar mit dem Urorosein (s. oben) identisch sein; endlich wird auch angenommen, daß es mit Indirubin (S. 281) identisch ist.

Melanine. Bei Melanosarkomatosis konnen braune bis schwarze Farbstoffe, oder aber deren farblose Vorstufen, Melanogene, in den Harn übergehen; letztere werden in den dunklen Farbstoff verwandelt, wenn man den Harn mit einem oxydierenden Reagens, z. B. mit Eisenchlorid, Bromwasser usw. versetzt.

Nach THORMAHLEN geben manche melanogenhaltige Harne, mit Nitroprussidnatrium und Lauge versetzt, eine violette Farbenreaktion, die nach Übersattigung mit Essigsaure in reines Blau umschlagt.

Porphyrine. In jedem Menschenharn laßt sich die Anwesenheit wennauch meistens sehr geringer Mengen eines Porphyrines nachweisen, etwas mehr im Kaninchenharn, weit mehr im Menschenharn unter bestimmten pathologischen Umständen. Entgegen der früheren Annahme, daß es sich hierbei um das künstlich aus Hamoglobin darstellbare Hämotoporphyrin (S. 187) handle, steht es zur Zeit fest, daß im Organismus bloß Kopro- und Uroporphyrin (S. 189) gebildet werden. Ersteres wird in beträchtlicheren Mengen ausgeschieden nach langem Gebrauch von Sulfonal, bei akuter Veronal- und chronischer Bleivergiftung, letzteres in der sog. kongenitalen Porphyrinurie.

Nachweis. a) Die von SALKOWSKI ursprünglich fur Hamotoporphyrin ausgearbeitete Methode ist auch zum Nachweis des Kopro- und des Uroporphyrins zu verwenden, wenn der Harn sie in großeren Mengen enthalt. Der Harn wird mit einem Gemisch von gleichen Volumina einer konzentrierten Losung von Bariumhydroxyd und einer $10^0/_0$igen Losung von Bariumchlorid gefallt, der Niederschlag gewaschen, mit salz- oder schwefelsaurem Alkohol stehen gelassen und filtriert. Im sauren Filtrat ist bei Anwesenheit welches Porphyrines immer das von S. 187 her bekannte zweibandige Spektrum zu sehen, das, wenn die Losung alkalisch gemacht wird, in das typische vierbandige Spektrum ubergeht. Ein Unterschied im Spektrum des Hamato-, des Kopro- und des Uroporphyrins besteht nur in der Lage der Absorptionsmaxima, die, je nachdem, um welches Porphyrin es sich handelt, um wenige $\mu\mu$ verschoben erscheinen.

b) Zum Nachweis geringer Mengen der Porphyrine werden etwa 100 cm³ Harn nach Ansauerung mit 1—2 cm³ Eisessig mit Äther ausgeschuttelt; der Äther wird gewaschen, mit $25^0/_0$iger Salzsaure geschüttelt und die Salzsaure spektroskopisch gepruft.

Bilirubin (Eigenschaften siehe auf S. 210). Es ist nach Ansicht mancher Autoren in sehr geringen Mengen auch im normalen Menschenharn enthalten; in größeren Mengen bei Gallenstauung, bei gewissen Vergiftungen, die die Leberfunktion schädigen, in Infektionskrankheiten, bei Lebererkrankungen.

Nachweis. a) GMELINsche Probe: Einige Kubikzentimeter Harn werden mit konzentrierter Salpetersaure unterschichtet, die auf 100 cm³ einige Tropfen rauchende Salpetersaure und hiemit auch salpetrige Saure enthalt. Bei Anwesenheit von Bilirubin sind als verschieden gefarbte Oxydationsstufen des Bilirubins eine Reihe von farbigen Schichten zu beobachten, und zwar von der Grenze beider Flussigkeiten ausgehend in folgender Anordnung: gelbrot, rot, violett, blau und grun. Von diesen Farben ist bloß die grune fur Bilirubin charakteristisch, und beruht, wie auch in den nachfolgenden Proben, auf der Oxydation des Bilirubin zu Biliverdin. Gegenwart von Eiweiß stort nicht; ja, von der durch Salpetersaure bedingten Eiweißfallung hebt sich die grune Farbe noch besser ab.

b) HUPPERTsche Probe: Man macht 10—15 cm³ Harn mit einigen Tropfen einer Losung von kohlensaurem Natrium alkalisch, fallt mit einer Losung von Calciumchlorid, oder aber ohne vorangehende Alkalisierung mit Kalkmilch, sammelt den Niederschlag am Filter, fullt ihn noch feucht mittels eines Spatels in ein Reagensglas, suspendiert ihn durch Schutteln in 10—15 cm³ Alkohol, sauert mit einigen Tropfen konzentrierter Schwefelsaure oder mit 1 cm³ konzentrierter Salzsaure an und erhitzt vorsichtig. Bei Anwesenheit von Bilirubin erscheint die klare, uber dem Niederschlag stehende alkoholische Schicht smaragdgrun gefarbt.

c) HAMMARSTENsche Probe: 1 Vol. $25^0/_0$iger Salpetersaure wird mit 19 Vol. $25^0/_0$iger Salzsaure vermischt und so lange stehengelassen, bis das Gemisch eine gelbliche Farbe angenommen hat. Will man die Reaktion ausfuhren, so wird 1 Vol. dieses Gemisches mit dem vierfachen Vol. Alkohol versetzt, sodann werden zu 2 bis 3 cm³ dieses Reagens einige Tropfen des Harns hinzugefugt, worauf gleich nach dem Umschutteln eine schone Grunfarbung eintritt. Enthalt der Harn bloß sehr wenig Bilirubin, so werden 10 cm³ des sauren Harns mit einer Losung von Bariumchlorid gefallt, zentrifugiert, die Flussigkeit abgegossen, zum Niederschlag 1 cm³ des Reagens hinzugefugt und wieder zentrifugiert. Bei den geringsten Mengen von Bilirubin entsteht eine schone grune Verfarbung der uber dem Niederschlag stehenden Flussigkeit.

d) Nach Rosin uberschichtet man den Harn mit einigen Kubikzentimetern einer 1%igen alkoholischen Jodlösung, worauf, wenn Bilirubin vorhanden war, an der Grenze beider Flussigkeiten eine schön grüne Farbenreaktion eintritt.

e) Sehr empfindlich ist die Reaktion nach OBERMAYER und POPPER. 75 g Kochsalz, 12 g Jodkalium und 3,5 cm^3 einer 10%igen alkoholischen Jodlosung werden in 125 cm^3 95%igem Alkohol plus 625 cm^3 Wasser gelost. Unterschichtet man den Harn mit einigen Kubikzentimetern des Reagens, so entsteht in Anwesenheit von Bilirubin an der Grenze beider Flussigkeiten eine Grunfarbung.

Urobilin und Urobilinogen. Es ist schon lange bekannt, daß manche Harne ihre dunklere Farbe einem Farbstoffe, dem Urobilin verdanken. Spater wurde gefunden, daß in einzelnen Harnen neben dem Farbstoffe Urobilin auch ein farbloser, durch eine spezielle Reaktion nachweisbarer Korper enthalten ist, der sich beim Stehen des Harns an Licht und Luft in Urobilin verwandelt. Diese farblose Vorstufe des Urobilins wurde als Urobilinogen bezeichnet.

Die Muttersubstanz des Urobilinogens, daher indirekt auch des Urobilins, ist Bilirubin, das mit der Galle in den Darm gelangt und dort unter Einwirkung von Bakterien zu Urobilinogen reduziert, dieses aber in Urobilin (nach S. 211 auch Sterkobilin genannt) verwandelt wird. Das Urobilin wird größten Teiles mit dem Kote entleert; ein geringerer Anteil wird aus dem Darme resorbiert, gelangt auf dem Wege des Pfortaderblutes in die Leber, wo es zuruckgehalten wird und vielleicht bei der Synthese des Blutfarbstoffs zur Verwendung gelangt. Geringe Mengen des Urobilin, die durch andere Blutgefäße, als die des Portalvenengebietes resorbiert werden, daher die Leber vermeiden, werden im Harn ausgeschieden. Dasselbe ist, jedoch in weit größerem Ausmaße, der Fall, wenn die krankhaft veränderte Leber die Fahigkeit verloren hat, das Urobilin ab- bzw. im obigen Sinne umzubauen, oder aber, wenn infolge starken Blutkörperchenzerfalles (Trauma, perniziöse Anamie usw.) aus dem Hämoglobin uber Bilirubin solche Mengen von Urobilin entstehen, die auch von der gesunden Leber nicht ab- bzw. umgebaut werden konnen. Unter gewissen pathologischen Umstanden unterbleibt die Umwandlung eines wechselnden Anteiles des Urobilinogens in Urobilin so, daß Urobilinogen im Harn erscheint. (Nach Ansicht mancher Autoren geht nur Urobilinogen in den Harn uber, und wird im frischen Harn nur dieses ausgeschieden; beim Stehen des Harnes an Licht und Luft soll dieses dann nachträglich im Urobilin verwandelt werden.)

Auf den Zusammenhang zwischen Bilirubin und Urobilin weisen außer den (S. 211) erwahnten auch klinische Momente hin. So verschwindet das Urobilin aus dem Harne, wenn der Abfluß der Galle (daher auch des Bilirubins) gegen den Darm gestort ist; desgleichen auch, wenn durch Anwendung von Abfuhrmitteln eine rasche Entleerung des Darminhaltes erfolgt; ferner enthält der Harn des Neugeborenen kein Urobilin, weil in seinem Kot mangels an Darmbakterien die oben erwahnte Umwandlung des Bilirubin nicht vor sich gehen kann.

Das **Urobilinogen,** das (nach S. 211) mit Mesobilirubinogen identisch ist, konnte in Form farbloser Krystalle rein dargestellt werden. In Wasser gelost wird es unter Einwirkung des Sonnenlichtes oder durch Einwirkung oxydierender Substanzen (wie Wasserstoffsuperoxyd, alkoholische Jodlosung) in kurzer Zeit in Urobilin verwandelt. Umgekehrt wird Urobilin wahrend der ammoniakalischen Garung des Harns zu Urobilinogen reduziert.

Der Nachweis des Urobilinogens erfolgt a) mit einer $2^0/_0$igen Losung von p-Dimethylaminobenzaldehyd in $25^0/_0$iger Salzsaure (EHRLICHsches Aldehydreagens), von dem man 1 cm^3 zu 10 cm^3 Harn hinzufugt. Ist Urobilinogen vorhanden, so entsteht eine rosenrote bis rote Farbung, wahrend Urobilin diese Reaktion nicht gibt. Die geringen Mengen von Urobilinogen, die im normalen Harn enthalten sind, lassen sich durch diese Reaktion nicht nachweisen.

b) Wird die EHRLICHsche Diazoreaktion (S. 288) in einem urobilinogenhaltigen Harn ausgefuhrt, so erhalt man nach Zusatz von Ammoniak eine eigelbe Farbenreaktion.

Quantitative Bestimmung. a) Nach einer alteren Methode wird der Harn mit Weinsaure angesauert, mit Äther ausgeschuttelt, aus dem atherischen Extrakt werden fremde Farbstoffe durch Petrolather gefallt, und die nunmehr bloß Urobilinogen enthaltende Flussigkeit wird eingedampft. Wahrend des Eindampfens wird aber das Urobilinogen in Urobilin verwandelt, so daß der Ruckstand nunmehr wie Urobilin weiter behandelt werden muß (siehe unten).

b) Das Verfahren von CHARNAS beruht auf der Eigenschaft des Urobilinogens, mit p-Dimethylaminobenzaldehyd in salzsaurer Losung eine schon rote Farbenreaktion zu geben. Diese wird im atherischen Extrakte des mit Weinsaure angesauerten Harnes erzeugt, und die rote Losung spektrophotometrisch gepruft (S. 190). Aus der Lichtextinktion der Losung an einer bestimmten Spektralstelle und dem bekannten Absorptionsverhaltnis an dieser Spektralstelle kann die Konzentration am roten Farbstoffe, und aus dieser die des Urobilinogens berechnet werden.

Urobilin stellt ein amorphes braunes, rotes oder rötlich-braunes Pulver dar, das in Wasser sehr schwer, in Alkohol und Chloroform gut loslich ist, wahrend die Alkaliverbindungen sich auch in Wasser gut lösen. Das Spektrum seiner sauren Losung ist durch einen charakteristischen Absorptionsstreifen gekennzeichnet, dessen Maximum bei 495 $\mu\mu$ gelegen ist. Es ist aus seiner wäßrigen Losung, daher auch aus dem Harn durch Sattigung mit Ammoniumsulfat fallbar. Seine alkoholische Losung ist gelbbraun, schwach grunlich fluorescierend. Wird sie mit einer Losung von Zinkchlorid und einigen Tropfen Ammoniak versetzt, so färbt sich die Flussigkeit rosenrot und zeigt eine starke grüne Fluorescenz. Auch auf Zusatz von Quecksilbersalzen (Mercurichlorid usw.) farben sich Urobilinlösungen rosenrot. Es ist jedoch zu bemerken, daß die Eigenschaften des Urobilins teilweise verschiedene sind, je nachdem es z. B. aus dem Harn eines Gesunden oder eines Fiebernden erhalten wird, wie denn überhaupt die Einheitlichkeit der als Urobilin bezeichneten Praparate nicht erwiesen ist.

Im normalen Harn ist Urobilin in einer Tagesmenge von etwa 0,02 g enthalten; unter pathologischen Umstanden kann seine Menge 1 g überschreiten, so z. B. bei inneren Blutungen, oder unter der Einwirkung von Blutgiften, wo rote Blutkörperchen in großer Anzahl im Organismus selbst zugrunde gehen; ferner in akuten infektiosen Erkrankungen, bei gesteigerter Eiweißfaulnis im Darm, bei Leberkrankheiten, perniziöser Anamie usw.

Darstellung. Man sattigt den Harn mit Ammoniumsulfat, worauf das Urobilin als Niederschlag erhalten wird. Lost man diesen in Alkohol und verdampft die Losung, so bleibt das Urobilin in Substanz zuruck.

Nachweis. a) Ein großerer Urobilingehalt des Harns ist bereits an dessen eigentumlicher rotbrauner Farbe zu erkennen; in solchen Fallen gelingt es, in dem mit Schwefelsaure angesauerten Harn den charakteristischen Absorptionsstreifen spektroskopisch nachzuweisen.

b) Ist der Urobilingehalt ein geringer, so versetzt man nach SCHLESINGER einige Kubikzentimeter Harn mit dem gleichen Volumen Alkohol, der essigsaures Zink zu 10% teilweise gelost, teilweise suspendiert enthalt, worauf im Filtrat eine schone grune Fluorescenz auftritt. Soll mittels dieser Reaktion neben Urobilin auch Urobilinogen nachgewiesen werden, so versetzt man den Harn nebst dem essigsauren Zink vorher mit 1—2 Tropfen Lugollosung oder Jodtinktur.

Quantitative Bestimmung. a) Es wird das Verfahren angewendet, das oben zu seiner Darstellung beschrieben wurde, und das Gewicht des Verdampfungsrückstandes festgestellt.

b) Zweckmaßiger ist es, das Urobilin durch Reduktion in Urobilinogen zu uberfuhren und in dieser Form zu isolieren. Der Harn wird mit einer Losung von Ammoniumcarbonat bis zur alkalischen Reaktion versetzt und wahrend 24 Stunden in einem Thermostaten bei 37—40° C stehengelassen; infolge der hierdurch eingeleiteten ammoniakalischen Garung des Harns wird das Urobilin zu Urobilinogen reduziert. Nun wird der Harn mit einer Losung von Weinsaure angesauert, mit Äther extrahiert, die in den Äther mitaufgenommenen anderen Farbstoffe durch Petroleumather gefallt, das Filtrat mit ein wenig Wasser gewaschen und bei Zimmertemperatur am Sonnenlicht eingedampft, wobei das Urobilinogen wieder zu Urobilin oxydiert wird. Der Ruckstand wird in wasserige Losung gebracht, durch Sattigen mit Ammoniumsulfat gefallt, am Filter gesammelt, in Alkohol gelost, die filtrierte alkoholische Losung im Vakuum bei Zimmertemperatur eingedampft und der Ruckstand gewogen.

c) Es wurden auch colorimetrische und spektrophotometrische, sowie auch auf die Fluorescenz gegründete Verfahren ausgearbeitet.

Indigobildende Substanzen (S. 281).

Hämoglobin. Es kann in roten Blutkörperchen eingeschlossen oder frei gelöst in den Harn gelangen. Haben sich rote Blutkörperchen in den Nieren, in den Nierenbecken, in der Harnblase dem Harn beigemischt, so besteht der Zustand, der als Hämaturie bezeichnet wird. Noch ehe er entleert wird, oder aber, wenn man einen solchen Harn durch langere Zeit lang stehen läßt, kann das Hamoglobin in Lösung gehen, derart, daß im Sedimente des Harns nur mehr die Stromata der roten Blutkörperchen (Blutschatten) zu sehen sind. Es kann aber der Austritt des Hämoglobins bereits innerhalb der Blutbahn erfolgen, welcher Zustand als Hamoglobinamie (S. 171) bezeichnet wird; in diesem Falle wird das Hamoglobin bereits in gelöstem Zustand gleichzeitig mit den übrigen Harnbestandteilen ausgeschieden: Hamoglobinurie. Dies ist z. B. der Fall in der sog. Kaltehamoglobinurie, in der es in nachweisbarem Zusammenhange mit der Abkühlung einzelner Korperteile nebst schweren Allgemeinerscheinungen zu einem massenhaften Austritt von Hamoglobin aus den roten Blutkörperchen und Übertritt in den Harn kommt. In anderen Fallen tritt eine sog. paroxysmale Hamoglobinurie ohne jede nachweisbare Veranlassung auf. Sowohl in der Hamaturie als auch in der Hamoglobinurie wird das Hamoglobin im Harn leicht in Methamoglobin verwandelt; hamoglobinhaltiger Harn ist heller oder dunkler rot; methämoglobinhaltiger zeigt einen braunen Farbenton.

Nachweis. a) HELLERsche Probe: Der Harn wird stark alkalisch gemacht und gekocht, wobei ein Niederschlag von Phosphaten entsteht, der durch mitgerissenen Blutfarbstoff rot gefarbt ist. Doch kann ein roter Niederschlag bei diesem Verfahren auch in Harnen entstehen, die nach Einfuhr von Senna-, Rheumpraparaten usw. entleert werden.

b) Guajacprobe: 5 cm³ des Harns werden mit einigen Tropfen einer frischbereiteten alkoholischen Losung von Guajac-Harz und 20 Tropfen verharztem Terpentin geschuttelt, wobei in Anwesenheit von Blutfarbstoff rasche Blauung eintritt. Die Reaktion beruht darauf, daß im verharzten Terpentin ein organisches Peroxyd enthalten ist, durch dessen abspaltbaren Sauerstoff ein Bestandteil des Guajac-Harzes, die Guajaconsaure, in eine blaugefarbte Verbindung uberfuhrt wird. Dieser Vorgang geht sehr langsam vor sich, erfahrt aber eine starke Beschleunigung durch Hamoglobin, bzw. seine eisenhaltigen Spaltungsprodukte, die nach Art einer Peroxydase (S. 173) wirken. Das Terpentin laßt sich durch eine 3%ige Losung von Wasserstoffsuperoxyd ersetzen. Außer dem Blutfarbstoff geben auch Eiter, Rhodanide, salpetrige Saure, Jodide usw. diese Reaktion; daher ist es zweckmaßiger, die Guajacprobe in dem atherischen Auszug des mit einigen Kubikzentimetern konzentrierter Essigsaure versetzten Harnes auszufuhren, da die aus dem Hamoglobin durch die Essigsaure abgespaltene eisenhaltige Komponente in den Äther ubergeht, wahrend dies betreffs der genannten storenden Bestandteile nicht der Fall ist.

c) Anstatt der Guajaclosung kann man einen alkoholischen Auszug von Barbadosaloe oder eine Losung von Aloin verwenden; im hamoglobinhaltigen Harn entsteht eine rote Farbenreaktion. Auch diese Probe fallt bei Anwesenheit der sub b) genannten Korper auch in Abwesenheit von Blutfarbstoff positiv aus.

d) Benzidinprobe: 10—15 cm³ des Harns werden mit einigen Kubikzentimetern konzentrierter Essigsaure versetzt und mit Äther ausgeschuttelt, 2—3 cm³ einer gesattigten Losung von Benzidin in Eisessig angefertigt, diese mit dem gleichen Volumen einer 3%igen Losung von Wasserstoffsuperoxyd vermengt und nun 1—2 cm³ des atherischen Harnextraktes hinzugefugt. Hatte der Harn Blutfarbstoff enthalten, so entsteht eine ausgesprochene blaue Farbenreaktion. Wird das Benzidingemisch mit dem nativen Harn selbst versetzt, tritt positive Reaktion bei Anwesenheit der sub b) genannten Stoffe auch bei Abwesenheit von Blutfarbstoff auf.

e) Spektroskopische Untersuchung: Ist der Harn trube, so wird er mit einigen Tropfen einer 10%igen Lösung von Natriumcarbonat versetzt, die Flussigkeit filtriert und erst das Filtrat spektroskopisch gepruft; doch darf man sich nicht etwa mit der Auffindung der Absorptionsstreifen des Oxyhamoglobin oder des Methamoglobin begnugen; vorsichtshalber muß durch entsprechende Zusatze (S. 179) auch die Umwandlung in reduziertes Hamoglobin vorgenommen werden.

f) Der Harn wird alkalisch gemacht, mit einigen Tropfen einer frisch bereiteten Losung von Gerbsaure und mit Essigsaure angesauert; der Niederschlag, der das Hamoglobin enthalt, wird getrocknet und nach TEICHMANN (S. 189) gepruft.

g) Sehr wichtig ist das Auffinden von roten Blutkorperchen bzw. der Stromata durch die mikroskopische Untersuchung des Harnsedimentes (S. 294); auf diese Weise kann noch Blut nachgewiesen werden, das sowohl der spektroskopischen, wie auch der chemischen Prufung entgangen ist.

J. Enzyme.

Die S. 168 als Bestandteile des Blutplasma angefuhrten Enzyme gelangen teilweise auch in den Harn. So ist das Vorkommen der Diastase und des Pepsins im Harne sichergestellt.

Diastase kann auf Grund ihrer verzuckernden Wirkung nachgewiesen werden, die sie auf Starke ausubt (S. 198).

Pepsin wird nachgewiesen, indem man es durch ein Fibrinflockchen adsorbieren laßt, das man fur einige Zeit in den zu untersuchenden Harn eingelegt hat. Wascht man nachher das Flockchen mit Wasser und legt es in eine etwa 0,2%ige Salzsaure ein, so weist die nach und nach erfolgende Auflosung auf die Anwesenheit von Pepsin im Harne hin. Da jedoch das Fibrinflockchen aus dem Blutplasma, von dem es herruhrt, fibrinlosende Enzyme mitgebracht haben konnte, ist obiger Nachweis nur in dem Falle beweisend, wenn man jene Enzyme durch Einlegen des Flockchens in kochendes Wasser vorher zerstort hat.

III. Das Harnsediment.

Außer den gelösten Bestandteilen kommen im Harn auch ungelöste vor, die frei schweben und eine mehr-minder starke Trübung des Harns verursachen, aber nach einiger Zeit zu Boden fallen und das Harnsediment darstellen. Dieses besteht teils aus zelligen Elementen verschiedenen Ursprunges, dem sog. organisierten Sediment, teils aus organischen oder anorganischen Harnbestandteilen, die sich unter ganz bestimmten Bedingungen aus dem Harn amorph oder krystallinisch abscheiden, dem sog. nichtorganisierten Sediment. Rascher als durch längeres Stehenlassen (Sedimentieren) erhält man das Harnsediment durch Zentrifugieren des Harns.

A. Organisiertes Sediment.

Rote Blutkörperchen. Sie kommen im Harn bald einzeln, bald haufenweise vor; erscheinen bald unverandert, bald in der bekannten Stechapfelform, oder aber mehr-minder ausgelaugt in Form der sog. Blutschatten. Sie entstammen der Niere, dem Nierenbecken, der Harnblase usw.; bei Frauen auch dem Menstrualblut. Handelt es sich nicht bloß um den Durchtritt einzelner roter Blutkörperchen, sondern um die Ergießung kleinerer oder größerer Blutmengen in die Harnwege, so mischt sich selbstverstandlich auch Blutplasma dem Harn bei, in dem dann Eiweiß nachzuweisen ist.

Weiße Blutkörperchen. Im Sediment normaler Harne sind in jedem Sehfeld mehrere (2—7) weiße Blutkörperchen sichtbar; wesentlich mehr bei verschiedenen Formen der Nierenentzundung, und in sehr großer Menge bei katarrhalischen und eitrigen Entzündungen des uropoetischen Systems. In letzterem Falle fällt auch die DONNÉsche Eiterprobe positiv aus: man versetzt 5 cm³ des Harns tropfenweise mit 10 %iger Lauge, schuttelt jedesmal um, wodurch kleine Luftblasen erzeugt werden, die in der viscos gewordenen Flussigkeit entweder nur langsam oder uberhaupt nicht emporsteigen. Die gesteigerte Viscositat des Harns ruhrt davon her, daß sich nicht nur die Eiterzellen, sondern auch ihre Kerne in der starken Lauge losen, wobei die Nucleinsauren aus den Nucleoproteiden der Zellkerne abgespalten und in nucleinsaures Alkali verwandelt werden, die Viscositat einer einigermaßen konzentrierten Losung von nucleinsaurem Alkali aber eine recht große ist. Wird diese Probe in einem Harn angestellt, der keinen Eiter enthalt, so steigen die Luftblasen rasch an die Oberflache. Im Filtrat eines eiterhaltigen Harns laßt sich aus den weißen Blutkorperchen in Losung gegangenes Eiweiß in geringen Mengen nachweisen.

Epithelien. In jedem, auch normalem Harnsediment sind Epithelien in wechselnder Anzahl nachzuweisen, und zwar große, rundliche oder polygonale Plattenepithelien, die den oberflachlichsten Schichten der Schleimhaut der Harnblase, der Urethra, und bei Frauen der Vagina entstammen; ferner kleinere Epithelien, die dem Nierenbecken oder den tieferen Schichten des Blasenepithels angehoren. Hingegen kommen im normalen Harn Nierenepithelien kaum je vor. Unter pathologischen Umstanden kann sich das Bild wesentlich andern: a) Bei Blasenkatarrh oder Urethritis findet eine reichliche Desquamation von großeren (oberflachlichen) und kleineren (tiefen) Epithelien statt; ein heftiger Blasenkatarrh ist in der Regel auch mit Eiterbildung und einer ammoniakalischen Garung des Harns verbunden, der dann ausgesprochen alkalisch reagiert. b) Bei Erkrankungen des Nierenbeckens werden die fur die Nierenbeckenschleimhaut charakteristischen geschwanzten, birn- oder spindelformigen Epithelien angetroffen; die Zahl der weißen Blutkorperchen kann eine ansehnliche sein und unter ihnen uberwiegen die kleinen, einkernigen, sog. Lymphozyten; gleichzeitig bleibt der Harn ausgesprochen sauer. Treffen diese Erscheinungen alle zu, so ist die Diagnose der Nierenbeckenentzundung (Pyelitis) sehr nahe gelegt. c) Am wichtigsten sind die Nierenepithelien; es sind dies kleinere Epithelzellen mit gekorntem, oft von Fetttropfchen durchsetztem Protoplasma und mit einem großen Kern. Ihr

Vorkommen bildet einen wichtigen Behelf in der Diagnose einer Nierenentzündung; doch sind sie oft schwer von den sehr ahnlichen Epithelien zu unterscheiden, die z. B. aus den tieferen Schichten der Schleimhaut der mannlichen Urethra herruhren und auch im normalen Harn vorkommen können. Am leichtesten sind die Nierenepithelien als solche zu erkennen, wenn ihrer mehrere noch im ursprunglichen Verband zusammenhangen, oder aber, wenn sie der Oberflache von sog. Zylindern (s. unten) anhaften.

Spermatozoen. Sie sind an der charakteristischen Form, zuweilen auch an den charakteristischen Bewegungen, die sie auch im Harn oft lange Zeit beibehalten, leicht zu erkennen. Ist dem Harn eine großere Menge von Sperma beigemischt, so ist auch Eiweiß bzw. sind Albumosen nachzuweisen.

Prostatakörperchen. Sie sind an der charakteristischen konzentrischen Schichtung, sowie an der Blau- oder Violettfarbung mit einer Losung von Jod-Jodkalium zu erkennen.

Bakterien. Sie konnen sich dem Harn in der Niere selbst, im Nierenbecken, langs der ubrigen Harnwege beimischen, oder aber erst nach seiner Entleerung im Harn vermehren. Am wichtigsten unter ihnen ist der Tuberkelbacillus, der Gonococcus und der Bacillus coli.

Harnzylinder. Sie bestehen aus geronnenem Eiweiß, das hochstwahrscheinlich aus dem Blute (nicht aus den Nierenepithelien) herruhrt, also Serumeiweiß ist. (Moglicherweise handelt es sich hierbei um eine gegenseitige Ausfallung von Eiweiß und Chondroitinschwefelsaure oder Gallensauren, die jedoch nur bei saurer Reaktion des Harns zustande kommt.) Man unterscheidet verschiedene Formen: a) Hyaline Zylinder; sie sind vollkommen farblose, durchsichtige Gebilde von wechselndem Langen- und Dickendurchmesser; in geringer Zahl auch im normalen Harn enthalten; reichlicher bei Nierenentzundungen. b) Fein- oder grobgranulierte Zylinder; sind in der Regel kurzer als die hyalinen; im normalen Harn kommen sie nur nach starker Arbeitsleistung, z. B. sonst nierengesunder Sportleute vor. Sowohl die hyalinen, wie auch die granulierten Zylinder sind oft von einzelnen oder mehreren zusammenhangenden Nierenepithelien bedeckt. c) Wachszylinder; sie sind scharf konturiert, dicker als die hyalinen und granulierten; mit einer Losung von Jod-Jodkalium geben sie rotbraune bis violette Amyloidreaktion (S. 144). d) Endlich gibt es Zylinder, deren Oberflache mit Uraten, Krystallen von oxalsaurem Calcium oder Bakterien bedeckt, und solche, die aus Nierenepithelien, roten oder weißen Blutkorperchen zusammengeballt sind.

Zylindroide. Haufig werden Zylindern ahnliche Gebilde angetroffen, die aus Mucin bestehen und sich im Gegensatz zu den Zylindern in Essigsaure und in alkalisch reagierendem Harn nicht losen; sie sind in der Regel langer und schmaler als die echten Zylinder und an ihrer Langsstreifung kenntlich.

B. Nichtorganisiertes Sediment.

Nebst den unter allen Umständen leicht löslichen Harnbestandteilen gibt es auch eine Anzahl solcher, die, wie z. B. Harnsäure, Erdalkaliphosphate usw., in Wasser, daher auch im Harne eigentlich nur wenig oder kaum loslich sind, und doch im Harne in einer Konzentration vorkommen, die ihre Wasserloslichkeit weit überschreitet. Man kann für diese Fälle annehmen, daß sie im Harne durch eine Art von Schutzkolloiden (S. 39) in Losung erhalten werden, als welche die in geringen Mengen stets anwesenden kolloiden Harnbestandteile, wie Eiweiß, Nucleinsauren, Chondroitinschwefelsaure usw., gelten. Tritt nun eine Änderung in der Menge oder in der Beschaffenheit des Schutzkolloides ein, so muß die bisher „geschützte" Verbindung amorph oder krystallisiert ausfallen. Andererseits werden z. B. saure harnsaure Salze durch saure Phosphate zersetzt, wobei unlösliche Harnsaure in Freiheit gesetzt wird. Ferner ist es (nach S. 252) bekannt, daß die sauren Erdalkali-

phosphate in saurem Harne wohl in Lösung bleiben, jedoch, sobald der
Harn alkalisch wird, unlösliches tertiäres Phosphat liefern, das aus dem
Harne in Form eines Niederschlages ausfallen muß. Es ist also begreiflich, daß Art und Menge des nichtorganisierten Sedimentes weitgehend
von der Reaktion des Harns abhängen.

Sediment des sauren Harnes.

Harnsäure. Durch die Einwirkung von Alkaliphosphat auf harnsaure Salze
entsteht freie Harnsaure, die sich zuweilen in kleinen, dem rhombischen System
angehorenden sechseckigen Krystallen, ofter jedoch in charakteristischer Wetzstein-, Tonnen-, Hantelform usw. ausscheidet, die immer mehr oder minder stark
gelb gefarbt erscheinen. Sie sind unloslich in Sauren und loslich in Natron- oder
Kalilauge. Charakteristisch ist die Murexidprobe (S. 276).

Harnsaures Kalium und Natrium scheiden sich beim Abkuhlen des Harns in
amorphen Kornchen, seltener in krystallinischen Nadeln ab und bilden das ziegelrote Sedimentum lateritium, das durch Erwarmen des Harns sowie durch Zusatz
von Lauge leicht und vollkommen in Losung geht; der Niederschlag löst sich
auch in Mineralsauren, jedoch erfolgt nachtraglich eine Ausscheidung von Harnsaure. Der Nachweis erfolgt durch die Murexidprobe (S. 276).

Oxalsaures Calcium bildet kleinere und größere Doppelpyramiden des tetragonalen Systems, die, im mikroskopischen Präparat von der Spitze aus gesehen,
sehr oft die bekannte Briefumschlagform aufweisen, zuweilen auch Krystallen von
phosphorsaurem Ammoniummagnesium sehr ahnlich sind (s. unten). Zum Unterschied von diesen lost sich das oxalsaure Calcium wohl in Salzsaure, jedoch nicht
in Essigsaure. Es kommt sowohl in saurem, wie auch in neutralem und alkalischem
Harn vor.

Sekundäres phosphorsaures Calcium, $CaHPO_4$, bildet keilformige Krystalle,
die oft strahlenformig gruppiert und in Essigsaure loslich sind.

Cystin bildet kleine sechseckige Tafelchen. Von Harnsaure unterscheiden sie
sich durch Loslichkeit in Salzsaure, von Calciumphosphat durch Unloslichkeit in
Essigsaure. Cystin kommt auch im neutralen und alkalischen Harn vor.

Leucin bildet gelbliche, oft konzentrisch geschichtete mikroskopische Kugelchen,
die sich von Fetttropfen durch die Unloslichkeit in Äther, von den Kugelchen
des Ammoniumurates durch Unloslichkeit in Salzsaure unterscheiden.

Tyrosin kommt gleichzeitig mit Leucin in Form oft garbenförmig geordneter
Krystallnadeln vor, die sich von Fettsaurenadeln durch Unlöslichkeit in Äther
unterscheiden.

Cholesterin kommt im Harnsediment in Form von dunnen, mehrfach ubereinander geschichteten Tafeln mit zackig ausgebrochenen Randern vor. (Nachweis S. 55).

Sediment des alkalischen Harns.

Harnsaures Ammonium kommt in Form von gelben oder gelbbraunen Kugeln
oder morgensternformigen Gebilden vor, die in der Warme und auf Zusatz von
Lauge loslich sind; sie lösen sich auch in Salzsaure, doch erfolgt nachher eine
Ausscheidung von Harnsaure. Sie geben die Murexidprobe (S. 276).

Tricalciumphosphat, $Ca_3(PO_4)_2$, bildet amorphe Kornchen, die sich in Essigsaure ohne Gasbildung losen.

Phosphorsaures Ammonium-Magnesium, auch Triplephosphat genannt, bildet
große, farblose, „sargdeckelförmige" Krystalle, die zuweilen den Krystallen von
oxalsaurem Calcium ahnlich sind; im Gegensatz zu diesen losen sie sich auch in
Essigsaure. Sie kommen in großer Anzahl in ammoniakalisch garendem Harn
vor, in geringer Menge in schwach alkalischen, sogar in schwach saurem Harn.

Kohlensaures Calcium kommt im Menschenharn in der Regel in Form von
amorphen Kornchen vor; in weit großeren Mengen im Harn von Pflanzenfressern.
Es lost sich in Essigsaure unter Gasbildung.

IV. Konkremente.

Im Gegensatze zur älteren Lehre, wonach sich einzelne Körnchen des S. 296 beschriebenen Sedimentes durch ständige Apposition vergrößern sollten, ist es auf Grund von neueren Untersuchungen wahrscheinlich geworden, daß die Bildung der Konkremente durch irreversible Fällung gewisser eiweißartiger Harnkolloide eingeleitet wird; an ihrer Oberfläche erfolgt dann die irreversible Adsorption gewisser bis dahin „geschützter" (S. 39) Harnbestandteile. Auf diese Weise (primäre Steinbildung) entsteht der sog. Steinkern. Indem auf die Oberfläche dieses Steinkernes bald kolloide (eiweißartige) bald aber andere, bis dahin, „geschützte" Harnbestandteile niedergeschlagen werden (sekundäre Steinbildung), können Harnsand, Harngrieß, oder Harnsteine von Haselnuß- bis Gänseeigröße entstehen. Harnsand und Harngrieß werden oft ständig im Harn entleert, während man die Harnsteine im Nierenbecken, in den Nieren, in der Urethra, in der Blase freiliegend oder eingezwängt findet. Dieselbe Rolle, wie die gefällten Kolloide, spielen in der Steinbildung Bakterien-Aggregate, Schleimklümpchen, Fibringerinnsel, die nach einer stattgehabten Blutung zurückgeblieben sind, ferner Fremdkörper, die durch irgendeinen Zufall in die Harnblase gelangt sind. In manchen Fällen wird stets derselbe Harnbestandteil auf den Steinkern (der in weitaus den meisten Fällen aus Harnsäure besteht) aufgelagert; in anderen Fällen sind es aber infolge der wechselnden Reaktion des Harns verschiedene Harnbestandteile; so z. B. zur Zeit eines wenn auch vorübergehenden Blasenkatarrhes mit alkalischer Harnreaktion Phosphate oder Ammoniumurat. In solchen Fällen ist entsprechend dem allmählichen Wachstum und der wechselnden Zusammensetzung an der Sägefläche eines Steines eine ausgeprägte Schichtenbildung wahrzunehmen.

Harnsäuresteine sind gewöhnlich glatt, gelblich gefärbt, hart.

Oxalatsteine sind durch ihre unebene Oberfläche einer Maulbeere ähnlich, werden daher auch „Maulbeersteine" genannt, sind sehr hart und veranlassen hierdurch und durch ihre rauhe Oberfläche Schleimhautblutungen; durch den Blutfarbstoff wird dann die Oberfläche der Steine dunkelbraun gefärbt.

Phosphatsteine sind meisten rauh, gelblich oder gelbweiß gefärbt und leicht zu zerbröckeln; ihre äußeren Schichten bestehen aus phosphorsaurem Calcium, Magnesium und Ammoniummagnesium, der Kern zumeist aus Harnsäure oder aus oxalsaurem Calcium.

Ammoniumurat bildet ebenfalls sekundäre Auflagerungen um einen aus Harnsäure oder oxalsaurem Calcium bestehenden Stein.

Carbonatsteine kommen in der Harnblase von Pflanzenfressern häufig vor.

Chemische Untersuchung der Harnkonkremente:

Ein kleines Bröckelchen des Konkrementes wird am Platinblech erhitzt und festgestellt, daß es a) keinen Rückstand hinterläßt, oder b) vollkommen unverbrennlich ist, oder c) bloß zum Teil unverbrennlich ist.

Im Falle a) prüft man auf Harnsäure (S. 276), Xanthin (S. 278), Cystin (S. 270), und Ammoniumurat. Cystin wird nachgewiesen, indem man ein kleines Stückchen des Konkrementes mit Ammoniak extrahiert, die filtrierte Lösung mit Essigsäure ansäuert, mit Aceton versetzt und in dem nun sich bildenden Niederschlag unter dem Mikroskop nach den kleinen sechseckigen Tafeln des Cystins sucht. Ammoniumurat wird einerseits mit der Murexidprobe nachgewiesen, andererseits, indem man das Konkrement mit Natronlauge erhitzt, wobei Ammoniak in Freiheit gesetzt wird.

Im Falle b) kann es sich um kohlensaures Calcium oder um phosphorsaures Calcium oder Magnesium handeln. Ein Teil des Konkrementes wird in warmer, verdünnter Salzsäure gelöst; erfolgt hierbei Aufbrausen, so waren Carbonate vorhanden. Von der Anwesenheit von Phosphorsäure kann man sich überzeugen, indem man das Konkrement in Salpetersäure löst und mit einer Lösung von molybdänsaurem Ammonium versetzt, worauf, am besten beim Erwärmen, ein gelber Niederschlag (S. 254) entsteht. Zum Nachweis von Calcium wird der salzsaure Auszug mit Ammoniak versetzt, worauf ein Niederschlag entsteht, der sich in Essigsäure löst; wird nun eine Lösung von oxalsaurem Ammonium hinzugefügt, so entsteht ein Niederschlag von oxalsaurem Calcium. Auf Magnesium wird das Filtrat nach Fällung des Calciums geprüft, indem man es stark ammoniakalisch macht und mit einer Lösung von Ammoniumchlorid und phosphorsaurem Natron versetzt; hierbei entsteht allmählich ein Niederschlag von phosphorsaurem Ammoniummagnesium.

Im Falle c) handelt es sich in der Regel um harnsaures Kalium oder Natrium, oder um oxalsaures Calcium. Urate werden mittels der Murexidprobe (S. 278) nachgewiesen. Um auf oxalsaures Calcium zu prüfen, wird ein Teil des Konkrementes in warmer, verdünnter Salzsäure gelöst und der filtrierte Auszug mit Ammoniak versetzt; hierbei entsteht ein Niederschlag, der sich in Essigsäure nicht löst. Oder aber es wird ein Teil des Konkrementes mit einer Lösung von kohlensaurem Natrium erhitzt, das Filtrat mit Essigsäure angesäuert und mit einer Lösung von Calciumchlorid versetzt, worauf ein Niederschlag von oxalsaurem Calcium entsteht.

Zehntes Kapitel.

Stoffwechsel und Energieumsatz.

Die Lebenserscheinungen beruhen auf der chemischen Umwandlung organischer Stoffe. Die der Umwandlung zugrunde liegenden Vorgänge sind von verschiedener Natur: Oxydation (z. B. Verbrennung von Zucker zu CO_2 und H_2O), Reduktion (z. B. Umwandlung von sauerstoffreichem Kohlenhydrat in sauerstoffarmes Fett), Spaltung (z. B. Abbau von Eiweiß in Aminosäuren), Synthese (z. B. Bildung des Harnstoffs aus Kohlensäure und Ammoniak). Vergleicht man jedoch die Stoffe, die dem normal ernährten Tiere mit der Nahrung eingeführt werden, mit den Stoffen, die aus jenen hervorgehen und vom Tiere nach außen abgegeben werden, so muß es sofort auffallen, daß die abgegebenen Stoffe überwiegend sauerstoffreicher und von kleinerem Molekulargewichte sind. Es kann also gesagt werden, daß es sich im Endergebnisse stets um eine oxydative Spaltung handelt, derzufolge hochmolekulare, an Sauerstoff verhältnismäßig ärmere Verbindungen in solche von weit geringerem Molekulargewicht und weit größerem Sauerstoffgehalt überführt werden, u. z. in solche, die den Körpersubstanzen unähnlich sind. Der ganze Vorgang wird daher als Abbau, Katabolismus, oder auch als Dissimilation bezeichnet.

Gleichzeitig wird aber auch die chemische Energie der organischen Substanzen in andere Energiearten umgewandelt, und zwar zu einem Teile sofort in Wärme, zu einem anderen Teile aber je nach der Art der in den verschiedenen Organen verlaufenden Lebenserscheinungen zunächst in Volums-, mechanische, Oberflächenenergie usw., um aber zum Schlusse ebenfalls in Form von Wärme zu erscheinen. Abgesehen von einer gewissen Energiemenge, die im Falle äußerer Arbeitsleistung den Körper in Form von mechanischer Energie verläßt, oder aber in Form von chemischen Energien anderer Art in Se- und Exkreten zur Ausscheidung gelangt, wird im Endergebnisse die gesamte umgesetzte chemische Energie unmittelbar oder mittelbar in Warme verwandelt und so an das umgebende Medium (Luft, Wasser) abgegeben.

Durch diese ständige Stoffveranderung bzw. Energieumwandlung wird aber auch ein ständiger Stoff- bzw. Energieverlust bedingt. Dieser Verlust kann vom tierischen Organismus nicht anders, als durch Aufnahme von organischen, chemische Energie enthaltenden Substanzen, durch Nahrungsaufnahme gedeckt werden, wobei aus einfacheren, durch den hydrolytischen Zerfall ·der Nahrungsbestandteile hervorgegangenen, der Körpersubstanz nicht ähnlichen Bausteinen hochmolekulare Verbindungen entstehen, die der Körpersubstanz ähnlich, richtiger mit ihr identisch sind. Dieser Vorgang wird als Aufbau, Anabolismus, oder auch als Assimilation bezeichnet, und zwar besteht diesbezüglich ein Gegensatz zwischen Tieren und Pflanzen, indem letztere die strahlende Energie der Sonne in chemische Energie zu verwandeln, also sich nutzbar zu machen imstande sind, während, wie oben gesagt, in den tierischen Körper Energie zur Deckung der Abgänge bloß in Form von chemischer Energie eingeführt werden kann.

Selbstverstandlich kann nicht jede organische Substanz als Nahrung dienen, sondern nur eine solche, deren chemische Energie einer entsprechenden Umwandlung im Tiere fähig ist, und die keine Giftwirkung ausübt. Solche Substanzen werden als „Nährstoffe" bezeichnet; sie werden uns in den Naturprodukten in der Regel nicht chemisch rein, sondern in den „Nahrungsmitteln" mit mehr oder weniger wertlosem, weil unverwendbarem Material vermischt geboten. Weitaus am wichtigsten unter allen Nährstoffen sind die Kohlenhydrate, Fette und Eiweißkorper. Auch Alkohol kann, da er im Körper verbrannt wird, zu den Nahrstoffen gezahlt werden, doch nur, wenn es sich um verhaltnismäßig geringe Mengen handelt, da größere Mengen nicht so vollstandig wie geringe Mengen verbrennen und bekanntlich giftig wirken.

Es müssen aber nebst den eigentlichen Nährstoffen auch andere Stoffe vorhanden sein; so der Sauerstoff, der zur Verbrennung der organischen Substanzen unentbehrlich ist, ferner auch solche Verbindungen, die wohl keine chemische Energie enthalten, ohne deren Vorhandensein jedoch eine Verbrennung der organischen Substanz im Tierkörper gar nicht denkbar ist (siehe S. 300).

Die Zersetzung organischer, chemische Energie enthaltender Verbindungen auf dem Wege der Oxydation, Spaltung usw. (Katabolismus, Dissimilation), die Ausscheidung der Zersetzungsprodukte, der Ersatz der zersetzten Substanzen durch Nahrungsaufnahme (Anabolismus, Assimilation) bilden zusammen jenen Erscheinungskomplex, den wir als Stoffwechsel, Stoffumsatz (Metabolismus) bezeichnen.

Oder aus dem energetischen Standpunkt betrachtet: die Umwandlung der chemischen Energie im Tierkörper, die Entfernung der in Warme umgewandelten chemischen Energie
aus dem Tierkörper, und der Ersatz der umgewandelten
chemischen Energie durch die der eingeführten Nahrung,
bilden zusammen den Komplex, den wir als Energieumsatz
oder Energiewechsel bezeichnen.

I. Der Stoffwechsel.

Die Oxydation der organischen Verbindungen findet nicht, wie man
früher vielfach annahm, im Blute allein, oder in den Gewebssäften statt,
sondern in den lebenden Zellen selbst, und ist es der Sauerstoffbedarf
der Zellen allein, durch den ihr Sauerstoffverbrauch bestimmt wird,
nicht aber die Menge bzw. Konzentration des Sauerstoffs in dem dem
Tiere gebotenen Gasgemenge. Dies geht aus der sichergestellten Tatsache hervor, daß der Sauerstoffverbrauch eines Tieres unverandert
bleibt, ob man es in einem Luftgemenge atmen laßt, in dem die Sauer-
stoffkonzentration das Mehrfache der normalen, oder aber bloß deren
Hälfte beträgt. Noch geringere Sauerstoffkonzentrationen konnen
nicht mehr als physiologische angesehen werden, da hierbei die Sauerstoffsättigung des Hamoglobins im Blute (nach S. 178) bereits wesentlich
herabgesetzt ist.

Daß die Oxydationen nicht in den Gewebesaften, sondern in den Zellen vor
sich gehen, und daß abgesehen von den Formelementen des Blutes, die ebenfalls
lebende Zellen, daher Statten der Oxydation sind, der flussige Teil des Blutes,
sowie die Gewebssafte bloß den Transport der Nahrstoffe zu den Zellen und den
Abtransport der Zersetzungsprodukte besorgen, wurde zuerst durch PFLUGER
am sog. Salzfrosch gezeigt, dessen Blut durch physiologische Kochsalzlosung
ersetzt war, und der trotzdem auch weiterhin Sauerstoff verbrauchte und Kohlensaure produzierte.

Ebenso uberzeugend ist folgender von EHRLICH ausgefuhrter Versuch. Wenn
man einem Versuchstier Methylenblau in die Blutbahn einbringt und das Tier
10 Minuten spater totet, so findet man bei der Obduktion das Blut tiefblau gefarbt,
wahrend die Organe zunachst in ihrer Eigenfarbe erscheinen, an der Luft stehend
allerdings bald ebenfalls eine blaue Farbe annehmen. Dieser Versuch beweist am
besten, daß in den Gewebselementen Oxydationen stattfinden: sie nehmen den
Sauerstoff des Methylenblau an sich, wodurch es in die entsprechende Leuko-
verbindung uberfuhrt und erst durch den Luftsauerstoff wieder in die blaue Verbindung ruckverwandelt wird. Daß aber das Blut blau bleibt, beweist, daß die
Oxydationen daselbst zum mindesten nicht intensiver, als in den Gewebselementen
vor sich gehen.

Auch muß bemerkt werden, daß die Intensitat der Oxydationsvorgange durchaus nicht in allen Geweben die gleiche ist; so betragt sie z. B. in der Niere ungefahr das Zehnfache des fur den ganzen Korper berechneten Durchschnittswertes.

Die Hauptrolle im Stoffwechsel spielen organische Verbindungen,
die, wie erwahnt, der Gruppe der Kohlenhydrate, Fette und Eiweißkörper angehören; doch sind, wenn sie verbrannt werden sollen, anorganische Verbindungen, wie Wasser und Salze, unentbehrlich, denn
die Verbrennungen gehen nur in dem charakteristischen Komplex vor
sich, der aus Eiweiß, Fett, Lecithinen, gewissen Kohlenhydraten und
Salzen einerseits, aus Wasser andererseits gebildet wird. Dieser Komplex

wird lebendes Eiweiß genannt, und ihm verdankt das Zellplasma nicht nur den charakteristischen festflüssigen Aggregatzustand, sondern, auf diesem fußend, auch die innere Struktur, auf die es in den verschiedenen, chemischen Vorgängen in hohem Grade ankommt.

Der Oxydation der genannten organischen Verbindungen geht in der Regel eine hydrolytische Spaltung voran, derzufolge die Poly- und Disaccharide zu Monosacchariden, die Fette zu Glycerin und Fettsäuren, und die Eiweißkörper zu Aminosäuren zerfallen. Über den Mechanismus der eigentlichen Verbrennungsvorgange war uns bis vor kurzem kaum etwas bekannt, und ist das Problem unter anderem auch aus dem Grunde ein kompliziertes, weil es sich um Stoffe handelt, die sich durch unsere Laboratoriumsreagenzien nur schwer, im Organismus aber verhältnismäßig sehr leicht oxydieren lassen.

In Verallgemeinerung des Nachweises von kraftig wirkenden Enzymen in gewissen Organen bzw. Organextrakten, die Xanthin, Harnsaure, Tyrosin usw. zu oxydieren vermogen, wurde angenommen, daß auch die Gesamtoxydationen durch Oxydasen vermittelt werden. Von anderer Seite wurde diese Wirkung den sog. Oxygenasen zugeschrieben, d. h. Stoffen, die durch Aufnahme von Sauerstoff in Peroxyde verwandelt werden; aus diesen aber wird durch Peroxydasen aktiver Sauerstoff abgespalten.

Als sehr bedeutungsvoll erwies sich der folgende vor längerer Zeit erhobene Befund. Die Hefezellen enthalten unter anderen zwei Stoffe, die voneinander (nach S. 71) getrennt werden konnen; der eine ist thermolabil, der andere thermostabil. Sie vermitteln die alkoholische Garung des Zuckers, jedoch bloß, wenn beide zusammen anwesend sind. Genau so verhalt es sich bezuglich der Oxydationen im Muskel, die ebenfalls durch einen thermolabilen und einen thermostabilen Bestandteil des Muskels vermittelt werden, und zwar wieder nur, wenn beide zusammen vorhanden sind. Der erstgenannte Stoff befindet sich in der ausgewaschenen Muskelsubstanz, der zweitgenannte in der Waschflussigkeit und wurde seinerzeit „Atmungskorper" benannt.

Gegenwärtig gibt es zwei Theorien, durch die man den Oxydationsmechanismus in den Zellen zu erklaren sucht, ohne jedoch, daß man zur Zeit der einen oder der anderen den Vorzug geben könnte. Die eine ist die WARBURGsche Oxydationstheorie, die andere die WIELANDsche Dehydrierungstheorie.

Nach WARBURG beruht die Beschleunigung der Zelloxydationen, die sonst außerst langsam verlaufen wurden, einerseits auf der Adsorption der zu ver brennenden Stoffe langs der inneren Oberflache des kolloiden Zellinhaltes andererseits auf der aktivierenden Wirkung des Eisens auf den molekularen Sauer stoff, der den im Korper gewohnlich zur Verbrennung kommenden Stoffen gegen uber sonst recht indifferent ist. Diese Theorie ist auf die Tatsache gegrundet daß in einer Losung von Aminosauren, die feinverteilte, neben Eisen auch Stickstof enthaltende Blutkohle suspendiert enthalt, und durch die Luft geleitet wird, die sonst dem molekularen Sauerstoff gegenuber so widerstandsfahigen Aminosaurer ebenso vollkommen verbrannt werden, wie durch die Zellen des lebenden Organismus Im Kohlenversuche ist es die große Oberflache der fein verteilten Kohle, an der die Adsorption erfolgt, in den Zellen die enorme Oberflachenentwicklung des kolloiden Zellmaterials (S. 37); im Kohlenversuch ist es das in der Kohle vor handene Eisen, durch das der molekulare Sauerstoff aktiviert wird (eisenfreie Kohle ist unwirksam!); im Organismus aber das Eisen, das (S. 40) in jeder Zelle wenn auch in minimalen Mengen, enthalten ist. Durch neueste Versuche desselber Autors wurde es sehr wahrscheinlich gemacht, daß es sich in den Zellen des lebender Organismus nicht um freies Eisen handelt, sondern um eine hamatinartige Ver bindung, die, weil sie die Oxydationen in der Zelle, also ihre Atmung, beschleunigt als „Atmungsferment" bezeichnet wurde. Diese Verbindung hat vielleich Beziehungen zum Cytochrom (S. 184).

Nach der von WIELAND aufgestellten Theorie besteht die Oxydation nicht in einem unmittelbaren Angriff des Sauerstoffs auf die zu verbrennenden Stoffe; es findet auch keine Aktivierung des molekularen Sauerstoffes statt. Es werden vielmehr gewisse H-Atome der zu verbrennenden organischen Molekulen, der „Wasserstoffdonätoren", derart reaktionsfähig gemacht, daß sie sich mit gewissen „Wasserstoffakzeptoren" genannten Stoffen, z. B. auch mit dem zur Verfügung stehenden Sauerstoff verbinden. Die Wasserstoffentziehung ist aber fur das organische Molekül gleichbedeutend mit dem Übergang in eine höhere Oxydationsstufe. Dieser Theorie liegt unter anderem die Erfahrung zugrunde, daß z. B. d-Glucose auch in Abwesenheit von Sauerstoff zu Kohlendioxyd und Wasser oxydiert werden kann durch Methylenblau als Wasserstoffakzeptor, wenn feinverteiltes Platin als Katalysator angewendet wird.

Fur gewisse andere Falle muß, um die Oxydation durch Dehydrierung erklaren zu konnen, angenommen werden, daß das zu verbrennende Molekul erst die Elemente des Wassers aufnimmt und nachher Wasserstoff abgibt; so daß hier nicht nur eine relative, sondern auch eine absolute Zunahme des Sauerstoffgehaltes stattfindet.

In Erganzung der Dehydrierungstheorie wird auch die Existenz von „Wasserstoffubertragern" angenommen, die die Abgabe des Wasserstoffs der organischen Molekule an die erwahnten Wasserstoffakzeptoren vermitteln. Daß der im Cystein der Eiweißkorper enthaltenen Sulfhydrylgruppe SH in den Oxydationsvorgangen eine gewisse Rolle zukommt, wurde schon langst vermutet. Nun ist es aber zur Sicherheit geworden, daß eine solche SH-Gruppe in sehr wirksamer Form in einer Verbindung enthalten ist, die außer in der Hefe, auch in verschiedenen Teilen des tierischen Organismus, so zuerst in den Muskeln, spater in weit größerer Konzentration in der Leber, dann in den Nebennieren, in den roten Blutkorperchen gefunden und als ein Tripeptid erkannt wurde, gebildet durch je 1 Molekul Glutaminsaure, Cystein und Glykokoll. Es erhielt den Namen Glutathion. Durch Abgabe von Wasserstoff an den molekularen Sauerstoff verbinden sich zwei Molekule Glutathion, die im Besitze ihrer SH-Gruppen als in „Sulfhydryl"- oder in „reduzierter" Form befindlich bezeichnet werden, zu einem Doppelmolekul (genau wie dies am Cystein bei seiner Umwandlung in Cystein der Fall ist). In dieser Form, die als die „Disulfid"- oder „oxydierte" bezeichnet wird, nimmt das Glutathion als Wasserstoffakzeptor Wasserstoff von dem zu verbrennenden Molekül an sich, und zerfallt dabei wieder in zwei Molekule mit den ursprunglichen Sulfhydrylgruppen (genau wie dies beim Cystin bei seiner Ruckverwandlung in Cystein der Fall ist), usw. Auf diese Weise bildet das Glutathion ein typisches Reduktions-Oxydationssystem; die Sulfhydrylform soll bei $p_H = 6{,}8$, die Disulfidform bei $p_H = 7{.}5$ beständig sein.

A. Der intermediäre Stoffwechsel.

Ein genauer Einblick in die Stoffwechselvorgänge wäre uns nur möglich, wenn wir das Schicksal jeder einzelnen in den Korper eingeführten oder zum Korperbestand gehörenden Verbindung vom Beginne ihrer Umwandlung bis an deren Ende verfolgen konnten, wenn uns also die Gesamtheit der im Korper vor sich gehenden Umwandlungen, d. h. der gesamte intermediäre Stoffwechsel in allen seinen Einzelheiten bekannt ware. Davon sind wir aber zur Zeit noch weit entfernt. Im allgemeinen müssen wir uns damit begnügen, die der Umwandlung unterliegenden Verbindungen einerseits in ihrem ursprünglichen Zustande, andererseits in der Form zu prüfen, in der sie den Korper verlassen, und diesbezügliche qualitative und quantitative Zusammenhange festzustellen. Dies soll in den nächsten Abschnitten geschehen; zunächst sollen aber hier einige der besser bekannten Erscheinungen des intermediaren Stoffwechsels behandelt werden, nachdem auch in den vorangehenden Kapiteln bereits einiges an Ort und Stelle (bei Kreatinin, Oxalsäure, Harnstoff, Harnsaure usw.) erwahnt war.

1. Aufbau und Abbau der Kohlenhydrate.

a) Glykogenbildung.

Die d-Glucose, die mit dem Blutstrome der Vena portae aus dem Darm zur Leber gelangt, wird hier zu Glykogen polymerisiert, vorausgesetzt, daß es sich um normale gesunde Menschen handelt, und daß die Menge des Monosaccharides keine allzu große ist. Dasselbe geschieht bezüglich gewisser anderer Monosaccharide; doch gibt es diesbezüglich quantitative Unterschiede. So wurde festgestellt, daß, wenn ein gesunder Erwachsener nicht mehr als etwa 100 bis 150 g d-Glucose oder ebensoviel d-Fructose zu sich nimmt, in seinen Harn kein unverbrannter Zucker übertritt: man sagt, die Assimilationsgrenze oder Toleranz gegen die beiden Zuckerarten beträgt etwa 100 bis 150 g. Ähnliche Werte gelten für Saccharose und Lactose, hingegen ist gegenüber der d-Galaktose die Toleranz eine weit geringere, sie beträgt etwa 40 g. Werden von d-Glucose oder d-Fructose erheblich mehr als 100 bis 150, von d-Galaktose erheblich mehr als 40 g eingeführt, so erscheint ein Teil unverändert im Harne wieder. Praktisch und auch theoretisch wichtig ist, daß die Toleranz gegenüber der d-Fructose im Falle von Leberkrankheiten sehr oft herabgesetzt ist, insbesondere, wenn es sich nicht um lokal umschriebene, sondern um eine diffuse, allgemeine Erkrankung des Leberparenchyms, bzw. um eine Funktionsstörung der gesamten Leberzellen handelt.

Dem wichtigen Vorgang der Fixierung der Monosaccharide in Form von Glykogen ist es zu verdanken, daß der Organismus durch die oft in großen Mengen zur Resorption gelangende d-Glucose nicht überflutet, resp. der ganze Zucker nicht auf einmal verbrannt wird. Denn dadurch, daß die krystalloide d-Glucose in das kolloide Glykogen verwandelt wird, kann sie während längerer Zeit unverändert aufbewahrt und nach Maßgabe des Bedarfs in Zirkulation gebracht werden. Das Fassungsvermögen der menschlichen Leber für Glykogen soll ungefähr 150 bis 250 g betragen, ist aber auch von ihrem gleichzeitigen Fettgehalt abhängig (S. 220).

Die Bildung des Glykogens gehört zu den am heißesten umstrittenen Problemen der Biochemie, um so mehr, als man von jedem einzelnen der für uns wichtigen Nahrstoffe, den Kohlenhydraten, den Fetten und den Eiweißkörpern, angenommen hatte und heute wieder annimmt, daß sie zur Glykogenbildung befahigt sind. Die Feststellung, ob eine Verbindung im Organismus in Glykogen verwandelt werden kann, also glykogenbildend ist, oder nicht, kann auf mehreren Wegen erfolgen.

α) Laßt man ein Tier langere Zeit hungern, oder laßt man es Muskelarbeit bis zur Übermudung verrichten, so nimmt die Menge des Glykogens in der Leber dieses Tieres erfahrungsgemaß fort und fort ab, und es laßt sich nach einiger Zeit annehmen, daß sie nunmehr glykogenfrei ist. Fuhrt man jetzt eine gewisse Menge der zu untersuchenden Verbindung in den betreffenden Tierkorper ein, und findet nachher Glykogen in seiner Leber, so kann dasselbe nur aus der eingefuhrten Verbindung entstanden sein.

β) In einem kleinen abgetrennten Lappen der dem Tiere frisch entfernten Leber wird eine Glykogenbestimmung vorgenommen; die ubrige Leber laßt man mit Blut durchstromen, dem eine gewisse Menge der zu untersuchenden Verbindung zugesetzt ist, und stellt dann den Glykogengehalt der Leber fest. Der Unterschied zwischen beiden Bestimmungen entspricht dem Zuwachs an neugebildetem Glykogen.

γ) Viele Gifte, so auch das in der Wurzelrinde gewisser Obstbaume enthaltene Glukosid Phlorrhizin (S. 104), haben die Eigenschaft, in den tierischen Korper eingebracht, eine Glucosurie ohne Hyperglykamie zu erzeugen. Wird nun ein Tier in den Zustand der chronischen Phlorrhizinglucosurie versetzt, indem man ihm durch langere Zeit 2—3mal taglich eine gewisse Menge Phlorrhizin subcutan beibringt, so kommt es innerhalb 2—3 Tagen zu einer totalen Erschöpfung des Glykogen-vorrates. Trotzdem wird weiterhin taglich eine gewisse Menge d-Glucose aus-geschieden, die geringer ist als in den ersten 2—3 Tagen, jedoch nicht mehr abnimmt. Diese d-Glucose stammt ausschließlich aus Eiweiß, was schon daraus hervorgeht, daß das Mengenverhaltnis zwischen d-Glucose und Stickstoff im Harn (D : N) ein konstantes bleibt. D : N hat, jenachdem um welches Tier bzw. um welche Umstande, wie z. B. Phlorrhizin- oder Pankreasdiabetes, es sich handelt, einen verschiedenen Wert zwischen 2,8 und 3,6. Auch muß bemerkt werden, daß die tatsachlich aus dem Eiweiß gebildete Zuckermenge geringer ist, als sich aus den betreffenden Formeln rechnerisch ergibt. Wird nun dem phlorrhizinvergifteten Tiere eine Verbindung beigebracht, die zur Glykogenbildung befahigt ist und im normalen Tier auch wirklich als Glykogen zur Ablagerung gekommen ware, so geht die aus der beigebrachten Verbindung hervorgegangene d-Glucose ohne voran-gehende Polymerisation zu Glykogen in den Harn uber und verursacht eine Steige-rung des in den vorangegangenen Tagen konstant gebliebenen Zuckergehaltes des Harns. Das Plus, auch „Extrazucker" genannt, entspricht derjenigen Menge an d-Glucose, die aus der eingefuhrten Verbindung entstanden ist. Ähnliche Ver-suche lassen sich auf Grund derselben Überlegung auch an einem Tiere anstellen, das durch Entfernung des Pankreas glucosurisch geworden ist; ferner auch am Menschen, der an Diabetes leidet.

Auf Grund zahlreicher Versuche wurde festgestellt, daß manche Verbindungen direkt in Glykogen überführt werden können; man nennt sie echte Glykogenbildner. Andere sind einer direkten Umwandlung nicht fahig, tragen aber zur Glykogenbildung bei, indem sie leicht ver-brennlich sind und so eine entsprechende Menge der echten Glykogen-bildner vor der Verbrennung schützen; man nennt sie Pseudoglykogen-bildner.

Sicher bewiesen ist die Bildung von Glykogen bzw. Zucker aus Glycerinaldehyd, Brenztraubensäure, Milchsäure, Methylglyoxal usw.

Auch die Glykogenbildung aus Kohlenhydraten wurde direkt bewiesen durch Versuche, in denen man überlebende Lebern oder Muskeln mit Lösungen verschiedener Zuckerarten durchströmen ließ und eine Zunahme des Glykogengehaltes des durchströmten Organes fand. Echte Glykogenbildner sind unter den Monosacchariden die d-Glucose, die d-Fructose, in geringerem Grade auch die d-Galaktose und vielleicht auch die d-Mannose. Pseudoglykogenbildner sind die Pentosen. Ist es nicht die d-Glucose, die zu Glykogen polymerisiert wird, sondern eine der übrigen Monosaccharide, so mussen diese erst in Glucose ver-wandelt werden.

Da die meisten der gewöhnlich vorkommenden Di- und Polysaccharide unter der Einwirkung von Enzymen im Darmkanal zu Monosacchariden gespalten werden, die echte Glykogenbildner sind, mussen auch die Di- und Polysaccharide selbst als solche bezeichnet werden.

Die Umwandlung der d-Glucose in Glykogen gehört zu den sog. Anhydrid-prozessen, indem zahlreiche Glucose-Molekule unter Austritt von Wasser zu einem großen Glykogen-Molekul polymerisiert werden. Diese Polymerisierung erfolgt offen-bar unter Einwirkung desselben in den Leberzellen tatigen Enzymes, durch das unter anderen Umstanden das Glykogen verzuckert wird; doch kann dabei die

Mitwirkung des vom Pankreas gelieferten inneren Sekretes, des Insulins (S. 323) nicht entbehrt werden, denn ein Tier, dessen Pankreas entfernt wurde, hat seine glykogenbildende Fähigkeit eingebußt und scheidet die eingeführte d-Glucose unverändert im Harn aus.

Die Bildung von Glykogen aus Eiweiß ist eine Frage, deren Beantwortung viel Schwierigkeiten verursacht hat, unter anderem auch aus dem Grunde, weil viele Eiweißarten Kohlenhydrate (Aminozucker) im Molekül enthalten und man Bedenken trug, von wirklicher Zuckerbildung zu sprechen, wo eine einfache Zuckerabspaltung aus dem Eiweißmolekül möglich ist. Solche Bedenken sind nach der Angabe mancher Autoren gegenstandslos, da in ihren Versuchen der in den Körper eingebrachte Aminozucker im Harne wieder erschien, also keinen Zucker durch Abspaltung lieferte. Selbstverständlich sind bezüglich des Caseins (S. 235), das keinen Aminozucker im Molekül enthält, keine derartigen Bedenken geäußert worden.

Durch sorgfältig ausgeführte Versuche wurde bewiesen, daß aus manchen der im Eiweißmolekule enthaltenen Aminosäuren, wie aus Glykokoll, Alanin, Cystin, Glutaminsäure, Lysin im Organismus Zucker gebildet werden kann (aus anderen aber, wie Leucin, Valin, Phenylalanin, Tyrosin, Tryptophan usw., allerdings nicht). Am einfachsten läßt sich der Weg der Bildung des Zuckers z. B. aus Alanin vorstellen, indem es nach Desaminierung durch Oxydation am α-C-Atom in Milchsäure überführt wird, diese aber nach S. 304 sicher ein Zuckerbildner ist; auf alle Fälle ist durch obige Versuche, wie auch durch das S. 304 erwähnte Verhältnis D : N in den Phlorrhizinversuchen erwiesen, daß aus Eiweiß Zucker bzw. Glykogen gebildet werden kann.

Ältere Autoren, die die Bildung von Glykogen aus Eiweiß verfechten, stützten sich auf Versuche, in denen die betreffenden Tiere angeblich erst vollkommen glykogenfrei gemacht worden waren, und dann infolge gewisser Eingriffe doch größere Mengen von Zucker ausschieden, der auf diese Weise nur aus Eiweiß entstanden sein konnte. Von dem größeren Teil dieser Versuche hat später PFLUGER durch Berechnung nachgewiesen, daß die dem Versuche dienenden Tiere durchaus nicht glykogenfrei gewesen sein konnten; ja, daß ihr Glykogenvorrat mehr als hingereicht hatte, die ganze Menge des ausgeschiedenen Zuckers zu decken. Andererseits mußte schon damals zugegeben werden, daß in manchen Fällen von Diabetes solch große Mengen von Zucker im Harn ausgeschieden werden, daß sie weder aus dem Glykogenvorrat, noch aus der Kohlenhydratkomponente des Körpereiweißes entstanden sein konnten. Schließlich hat PFLUGER in einem eigenen einwandfreien Versuch die Zuckerbildung aus Eiweiß direkt bewiesen, also seinen früheren Standpunkt aufgegeben.

Die Bildung von Glykogen aus Fett geht aus der S. 383 näher besprochenen Tatsache hervor, daß beim chemischen Geschehen während der Muskelkontraktion stets Kohlenhydrat den Ausgangspunkt bildet, das entweder den Kohlenhydratlagern entnommen, oder aber aus Eiweiß bzw. auch aus Fett gebildet wird. Daß die kleinere Komponente des Fettes, das Glycerin, ein Glykogenbildner ist, konnte wohl bewiesen werden; bezüglich der Fettsäurekomponente ist jedoch dieser Beweis noch nicht erbracht worden.

b) Verzuckerung des Glykogens.

In nicht ganz frischen Lebern ist Glykogen kaum mehr nachzuweisen, jedoch auch in der dem lebenden Tiere frisch entnommenen Leber findet ein rascher Schwund des Glykogens und eine ebenso rasche Zunahme der d-Glucose, also eine fortschreitende Verzuckerung des Glykogens unter dem Einflusse der Leberdiastase statt.

Im lebenden Tiere wird das in der Leber abgelagerte Glykogen nur nach Maßgabe des Zuckerbedarfs des Organismus unter Vermittelung der Leberdiastase in Glucose gespalten, die alsogleich in das Blut übertritt Ein positiver Beweis hierfür wird dadurch geliefert, daß das Blut der Lebervene zur Zeit, wo keine Resorption von Kohlenhydraten aus dem Darmkanal stattfindet, mehr Zucker enthält, als das Pfortaderblut; ein negativer aber dadurch, daß, wenn man die Leber aus dem Blutkreislaufe ausschaltet, der Zuckergehalt des Blutes weit unter den Normalwert abfällt.

Bei der besonders kraftig verzuckernden Wirkung der Leberdiastase ist es nicht ohne weiteres zu verstehen, wieso neben ihr Glykogen auch nur fur kurze Zeit in der Leber unverzuckert erhalten bleiben kann. Manche Autoren nehmen hierfur an, daß die beiden innerhalb je einer Leberzelle durch lipoide Membranen getrennt sind, die nur unter ganz besonderen Umstanden durchlassig sind; andere setzen voraus, daß die Diastase auf das Glykogen nur dann einwirkt, wenn eine bestimmte Änderung der Reaktion im Zellinneren erfolgt. Nach neueren Untersuchungen durfte es sich aber um die Einwirkung des Insulins auf das Glucosemolekul handeln, von welcher Einwirkung dessen Schicksal, Verbrennung oder Polymerisation zu Glykogen, bestimmt wird (S. 323).

Die Verzuckerung des Glykogens wird auch als „Zuckermobilisierung" bezeichnet, und ist es dem genauen Einklang zwischen Zuckerbedarf und Verzuckerung des Leberglykogens zu verdanken, daß die Blutzuckerkonzentration, obzwar Zucker im Organismus ständig verbraucht wird, daher auch aus dem Blute schwinden müßte, für gewohnlich, so z. B. auch im Hungerzustande, angenähert konstant bleibt.

Erfolgt die Verzuckerung des Glykogens verhältnismäßig rasch, so wird der Zuckergehalt des Blutes über das Normalmaß gesteigert; es kommt zu einer Hyperglykàmie und Glucosurie (S. 166). Es gibt eine ganze Reihe von Glucosurien, die nachweislich auf Hyperglykamie als nächste Ursache zurückgeführt werden können, daher als hyperglykamische Glucosurien bezeichnet werden.

α) Wird im beruhmten Zuckerstichversuch (Piqûre) von Claude Bernard eine bestimmte Stelle am Boden des vierten Gehirnventrikels (am Calamus scriptorius) des Kaninchens verletzt, so wird wahrend einiger Stunden d-Glucose im Harn entleert. Daß die Glucosurie auch hier auf einer Hyperglykamie beruht, und daß die Glucose auch beim Zuckerstich aus dem Glykogen entsteht, wird dadurch bewiesen, daß der Zuckerstich am Hungertiere, dessen Glykogenvorrat erschopft ist, weder eine Hyperglykamie, noch aber eine Glucosurie hervorruft. Daß aber die durch den Stich erzeugte Erregung von der verletzten Stelle auf dem Wege des Sympathicus bzw. durch den Splanchnicus weitergeleitet wird, geht daraus hervor, daß der Zuckerstich bei durchschnittenem Sympathicus wirkungslos ist.

β) Auch die Vergiftung mit Phosphor, Äther, Chloroform, Chloralhydrat, Curare, Morphin, Kohlenoxyd fuhrt wahrscheinlich durch Reizung des obengenannten Zentrums zur Verzuckerung von Glykogen und hierdurch zu einer Glucosurie.

γ) Adrenalin, subcutan oder intraperitoneal beigebracht, hat ebenfalls Verzuckerung des Glykogens und Ausscheidung von d-Glucose im Harn zur Folge; diese Glucosurie kommt zustande infolge des Reizes, den das Adrenalin auf die peripherischen Endapparate des Sympathicus in der Leber ausubt. Auch in den meisten der sub α), β) und γ) angefuhrten Falle durfte die gesteigerte

Verzuckerung des Glykogens auf dieselbe, einheitliche Ursache zuruckgefuhrt werden können, darin bestehend, daß durch die oben genannten Einflusse eine Reizung der Nebennieren auf sympathischen Bahnen und hierdurch eine erhöhte Ausschuttung von Adrenalin aus den Nebennieren in das Blut stattfindet; dieses soll dann auf dem Wege des kreisenden Blutes zu den Leberzellen gelangen und sie zu einer erhohten Verzuckerung von Glykogen veranlassen. Die Richtigkeit dieser Annahme wird allerdings von mancher Seite bezweifelt.

δ) Eine Hyperglykamie liegt auch der chronischen Glucosurie zugrunde, die das hervorstechendste Symptom des praktisch und theoretisch so wichtigen spontanen Diabetes mellitus und des Pankreasdiabetes des Menschen, sowie des nach Exstirpation des Pankreas erzeugten Pankreasdiabetes der Tiere darstellt. (Naheres uber den Diabetes s. auf S. 308, 323.)

ε) Einbringen von Sauren in größerer Menge, Sauerstoffmangel sowie starkere Aderlasse tuhren ebenfalls zur Glucosurie, und zwar offenbar infolge direkter Einwirkung auf die Leber. Wenig geklart sind die Glucosurien, die durch Schilddrusen-, Hypophysenpraparate usw. erzeugt werden.

Nicht streng zur Frage der Glykogenverzuckerung gehört die Tatsache, daß bei rascher Resorption größerer Zuckermengen aus dem Darm nicht aller Zucker von der Leber in Glykogen umgewandelt werden kann, sondern zu einem Teile unverändert in das Blut gelangt, dort zur alimentären Hyperglykamie, und weiterhin zu der sog. alimentären Glucosurie fuhrt.

Aber auch nach Einfuhr von 50 g Glucose oder weniger, und zwar auch am normalen Menschen, steigt die Blutzuckerkonzentration binnen $^1/_2$ Stunde auf etwa $0{,}15\,^0/_0$ an, allerdings um $1-1^1/_2$ Stunden später wieder auf den normalen Wert abzufallen, indem ein Teil des Zuckers verbrannt, ein anderer aber zu Glykogen polymerisiert abgelagert wird. Kompliziert werden jedoch diese Verhältnisse dadurch, daß im Hungerzustande, wo doch der Glykogenvorrat reduziert ist, nach Zuckereinfuhr oft eine stärkere Hyperglykamie zustande kommt, als am Nichthungernden, wo man doch erwarten dürfte, daß der hungernde Organismus bestrebt ist, seinen erschöpften Glykogenvorrat aufzufüllen, daher der Zucker rascher aus dem Blute abströmt.

Ganz anders sind die Fälle von Glucosurie einzuschatzen, in denen keine Hyperglykamie vorhanden ist, ja zuweilen die Blutzuckerkonzentration sogar herabgesetzt ist, also eine Hypoglykämie besteht. Sie werden durch eine gesteigerte Durchlassigkeit der Nieren für Zucker, nach manchen Autoren durch Zuckerbildung in den Nieren erklart, daher auch als ,,renale Glucosurie" bzw. ,,renaler Diabetes", bzw. wenn eine Hypoglykamie besteht, als hypoglykämische Glucosurie bezeichnet.

Hierher gehort wahrscheinlich die Glucosurie, die durch intravenose Eingießung größerer Mengen einer $1\,^0/_0$igen Kochsalzlosung herbeigefuhrt werden kann; sowie die S. 304 erwahnte Phlorrhizinglucosurie. Daß aber diese Verhaltnisse nicht so leicht zu uberblicken sind, geht daraus hervor, daß an mit Phlorrhizin behandelten Hungertieren wohl meistens eine Hypoglykamie besteht, am gefutterten aber oft eine Hyperglykamie zu beobachten ist; ferner auch daraus, daß im Durchstromungsversuch an uberlebenden Nieren ihre Zuckerdurchlassigkeit je nach der Zusammensetzung der Flussigkeit, mit der die Nieren durchstromt werden, sehr stark wechselt: sie kann stark herabgesetzt, aber auch stark erhoht sein; und zwar ist letzteres der Fall, wenn die Durchstromungsflussigkeit wenig Calcium enthalt, sowie auch unter der Einwirkung gewisser Gifte, wie Sublimat, Chromate, Uranylsalze usw.

c) Oxydation des Zuckers.

Der Gang der Oxydation der Monosaccharide — seien sie aus den Polysacchariden der Nahrung durch Spaltung, oder aber aus dem im Körper vorrätigen Glykogen durch Verzuckerung hervorgegangen — ist ein sehr komplizierter, zur Zeit nicht in allen Einzelheiten bekannter Vorgang. Zahlreiche Stoffe wurden als Zwischenstufen der Oxydation des Zuckers erkannt, richtiger vermutet; so Glucuronsäure, Dioxyaceton, Milchsaure, Äthylalkohol usw. Zur Zeit steht es aber so ziemlich fest, daß jedes Zuckermolekül bei seinem Abban eine teilweise ahnliche Umwandlung erfährt, wie nach S. 82 bei der alkoholischen Gärung. Also verbindet sich das Zuckermolekül mit Phosphorsäure zu einem Hexose-Phosphorsäure-Ester, die Zuckerkomponente zerfällt nach Abspaltung der Phosphorsäurekomponente in zwei Moleküle Milchsäure, diese werden zu Brenztraubensäure oxydiert, die Brenztraubensaure liefert durch Abspaltung von Kohlendioxyd Acetaldehyd, der dann weiter oxydiert wird. Welchen Weg immer die Oxydation auch nimmt, verbrennt die d-Glucose, falls normale Verhaltnisse vorliegen, zum überwiegenden Teil schließlich fast vollkommen zu Kohlendioxyd und Wasser.

d) Kohlenhydratstoffwechsel im Diabetes mellitus.

Von außerordentlicher praktischer und theoretischer Wichtigkeit auch für das Verständnis des normalen Zuckerabbaus ist die schwere Störung des Kohlenhydratstoffwechsels, die dem Diabetes mellitus (und dem nach der Erkrankung oder experimentellen Entfernung des Pankreas auftretenden sog. Pankreasdiabetes) zugrunde liegt, und über deren Ursachen die Ansichten zur Zeit noch geteilt sind. Denn es ist nicht sicher entschieden, ob die Ausscheidung oft überaus großer Zuckermengen im Harn einer gesteigerten Neubildung, oder einer herabgesetzten Oxydation des Zuckers zuzuschreiben sei, wenn auch letztere Annahme immer mehr und mehr an Wahrscheinlichkeit gewinnt, allerdings in dem Sinne, daß im diabetischen Organismus nicht die Oxydationsprozesse überhaupt, sondern nur gewisse Teilvorgänge des Kohlenhydratabbaues gehemmt sind. Hierfür spricht auch der allerdings von mancher Seite bestrittene Befund, daß die Oxydationsfähigkeit des diabetischen Organismus verschiedenen Zuckerarten gegenüber in verschiedenem Grade herabgesetzt ist, so z. B. der Fructose gegenüber weit weniger als gegenüber der Glucose.

Die Rolle des Insulins beim Zuckerabbau insbesondere im Diabetes soll an einer anderen Stelle (S. 323) besprochen werden. Hier nur folgendes. Zur Zeit wird vielfach angenommen, daß das Glucosemolekul in der uns am besten bekannten 1,4 bzw. 1,5 Oxydoform (S. 84) sehr wenig reaktiv, daher einem Abbau nicht zugangig ist, und, um diesen zu ermoglichen, erst in die weit reaktivere hypothetische γ-Form (S. 85), auch Neoglucose genannt, uberfuhrt werden musse, zu welcher Umwandlung aber die Anwesenheit von Insulin notig ist. Hier muß daran erinnert werden, was S. 85 uber die alloiomorphen Zucker gesagt wurde. die weit labiler als die Zucker in ihrer gewohnlichen Form sein sollen. Zur Annahme der Existenz einer solchen γ-Form wurde man unter ander anderen durch die allerdings inzwischen widerlegte Beobachtung veranlaßt, daß sich das Drehungsvermogen der d-Glucose in Gegenwart von frischem Muskelgewebe und von Insulin bei unverandertem Reduktionsvermögen verandert. Dies soll die erwahnte γ-Form der Glucose sein, und in dieser labilen Form soll die Glucose gerade unter Einwirkung des Insulins im Blutplasma des Gesunden enthalten sein, hingegen mangels an Insulin nicht im Blutplasma des Diabetikers, dessen Zuckerabbaufahigkeit eben aus diesem Grunde mangelhaft ist.

Eine andere Erklarungsart der Vorgange im Diabetes, die aber wieder fallen gelassen werden mußte, stutzt sich auf den Befund, daß rote Blutkorperchen aus zuckerhaltigem Blutplasma, in dem sie suspendiert sind, bzw. Zellen ein r Leber, die mit solchem Plasma durchstromt wird, weniger Zucker aufnehmen und demzufolge abbauen, wenn es sich um das Plasma eines Diabetikers handelt. Durch Insulin (S. 323) wird diese Zuckeraufnahme gefordert, umgekehrt durch eine aus der Leber darstellbare alkohollösliche Substanz, genannt Glucamin, noch mehr herabgesetzt; Insulin und Glucamin sind also Antagonisten, und durch eine standig erhohte Ausschüttung von Glucamin aus der Leber wird die Wirkung des Insulins und dadurch auch die Verbrennung des Zuckers im diabetischen Organismus gehemmt. Aus weiter gefuhrten Versuchen ging aber hervor, daß die Existenz des soeben beschriebenen Glucamins nicht einwandfrei bewiesen ist.

2. Auf- und Abbau der Fette.

Aufbau. Ein Teil des Fettes, das im Organismus zur Ablagerung kommt, rührt von Nahrungsfett her, das nach vorangehender Spaltung resorbiert wurde, jedoch gleich darauf aus den Spaltprodukten wieder zuzusammengetreten ist (S. 217). Ein weiterer Anteil des Fettes wird aus Kohlenhydraten gebildet, was einerseits aus unbestreitbaren allgemeinen Erfahrungstatsachen hervorgeht (Fettmast der Tiere mit kohlenhydratreichem Futter), andererseits aber auch experimentell nachgewiesen werden kann (S. 333). Durch welche Zwischenstufen hindurch es zur Bildung des Fettes aus Kohlenhydraten kommt, ist nicht sicher bekannt, doch hat man Ursache anzunehmen, daß das Kohlenhydratmolekül zunächst erst in niedere Fettsäuren abgebaut, und erst aus diesen die hochmolekulare Fettsaurekomponente aufgebaut wird.

Die Lehre, daß sich Fett aus Eiweiß bilden könne, wurde wesentlich unterstutzt durch die lange Zeit hindurch unbestrittene Annahme, wonach bei der „fettigen Degeneration" der Organe das Fett aus dem Plasmaeiweiß der betreffenden Zellen durch Abspaltung entstehe, wahrend es im Falle einer sog. „fettigen Infiltration" von außen in die betreffenden Zellen einwandere. Spatere Untersuchungen haben jedoch einerseits gezeigt, daß auch in den klassischen Fallen der „fettigen Degeneration" (z. B. bei Phosphorvergiftung) das Fett aus anderen Korperteilen in die betreffenden Zellen eingewandert ist; andererseits, daß in vielen Fallen, in denen die Zunahme der mikroskopisch sichtbaren Fetttröpfchen Veranlassung zur Annahme eines vermehrten Fettgehaltes der Zelle gab, dieser Gehalt uberhaupt nicht verandert war, sondern nur eine Zustandsanderung des Fettes in dem Sinne stattgefunden hat, daß Fett, das vorher an andere Substanzen gebunden und unter dem Mikroskop nicht sichtbar war, jetzt frei geworden ist und eine sichtbare Form, die von Tröpfchen, angenommen hat. Dieses „Sichtbarwerden" des Fettes wird Fettphanerose genannt.

Abbau. Von den durch die hydrolytische Spaltung der Fette freigewordenen Komponenten verbrennt das Glycerin vollstandig, oder wird vielleicht teilweise in Glykogen verwandelt. Auch die Fettsaurekomponente verbrennt fast vollkommen zu Kohlendioxyd und Wasser; uber die Natur der dazwischen gelegenen, intermediaren Oxydationsstufen erhielt man aber erst aus dem Studium der β-Oxybuttersäure, Acetessigsäure und des Acetons, der sog. Acetonkorper Aufschluß. Es ist namlich eine längst bekannte Tatsache, daß auch der gesunde

Mensch einige Zentigramme Aceton in der 24stündigen Harnmenge, etwas mehr durch die Lungen in der Atemluft ausscheidet; ferner auch, daß in gewissen Krankheiten, so in erster Reihe im Diabetes, große Mengen von Aceton im Harn entleert werden können (Acetonurie); spater wurde nachgewiesen, daß in solchen Fällen neben dem Aceton auch Acetessigsäure (Diacetsäure), zuweilen auch β-Oxybuttersäure in kleineren oder größeren Mengen vorkommen kann.

Für den Zustand, der durch eine gesteigerte Saurebildung (hier durch Bildung von Acetessigsaure und β-Oxybuttersaure, in anderen Fallen durch gesteigerte Milchsaurebildung) charakterisiert ist, hat man die Bezeichnung „Acidosis" gepragt, welche Bezeichnung jedoch seit Jahren schon in einem anderen Sinne verwendet wird (s. S. 157).

Bezüglich der Bildung der Acetonkörper hat man bis vor kurzem angenommen, daß von den Acetonkörpern die β-Oxybuttersäure es ist, die in primärer Weise im Organismus entsteht, während die beiden anderen nur deren Derivate sind. Dies wurde auf folgende altere Beobachtungen gegründet. Brachte man einem Menschen β-Oxybuttersäure in einer 20 g nicht übersteigenden Menge bei, so wurde im Organismus alles glatt verbrannt; führte man eine größere Menge ein, so wurde zwar der größere Teil ganz verbrannt, ein kleiner Teil jedoch in Form von Acetessigsäure ausgeschieden; wurde die Menge der beigebrachten β-Oxybuttersäure noch weiter gesteigert, so erschien sie teilweise unverändert im Harn. Auf Grund dieser Versuche wurde weiter gefolgert, daß die β-Oxybuttersäure ein normales Stoffwechselendprodukt sei, jedoch im Harn aus dem Grunde nicht nachzuweisen ist, weil sie kaum entstanden sofort über Acetessigsäure und Aceton zu Kohlendioxyd und Wasser weiter verbrannt wird. Diese Annahme konnte im wesentlichen bis an den heutigen Tag aufrecht erhalten werden, obzwar nach manchen neueren Autoren umgekehrt Acetessigsäure primär entsteht, und erst aus ihr β-Oxybuttersäure durch Reduktion gebildet wird.

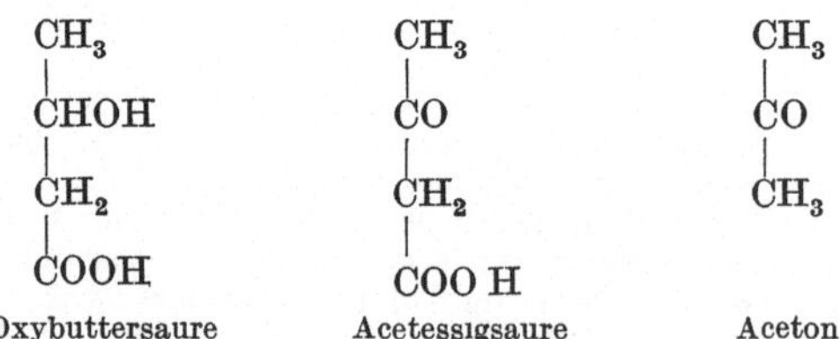

Kompliziert wird das Problem der Bildung der Acetonkörper dadurch, daß sie nicht nur im Diabetikerharn in erhöhter Menge ausgeschieden werden, sondern auch im Harn des gesunden hungernden Menschen (Inanitionsacetonurie), sowie auch in fieberhaften Krankheiten (febrile Acetonurie), offenbar infolge der mangelhaften Nahrungsaufnahme. Ja, zur Erzeugung der Acetonurie ist es nicht einmal notwendig, die Nahrung ganzlich zu entziehen; es genügt, wenn aus ihr die Kohlenhydrate fehlen. Umgekehrt kann eine Acetonurie. die auf obige Weise entstanden ist, durch Zufuhr von Kohlenhydraten oft in der kürzesten Zeit behoben werden. Diese Wirkung der Kohlenhydrate, insbesondere der d-Glucose und der d-Glucose enthaltenden Polysaccharide (sowie auch des Glycerins, der Weinsäure usw.) wird als „antiketogen" oder „antiketoplastisch" bezeichnet.

Eine wichtige Frage ist die, aus welcher der drei Hauptgruppen der den Organismus bildenden bzw. dem Organismus als Nahrung dienenden organischen Verbindungen (Kohlenhydrate, Fette und Eiweißkörper) die β-Oxybuttersäure entsteht, oder wie man zu sagen pflegt: welche dieser Verbindungen die „ketoplastische" ist?

Aus der oben erwähnten antiketoplastischen Wirkung der Kohlenhydrate allein folgt schon, daß die Acetonkörper nicht aus ihnen entstehen können. Bezüglich des Eiweißes, bzw. seiner Bausteine, der Aminosäuren, wurde entweder so verfahren, daß man sie in bestimmten Nährlösungen gelöst durch die überlebende Leber strömen ließ und in der aus der Leber fließende Lösung nach Acetonkörpern fahndete, oder aber so, daß man sie diabetischen Menschen oder diabetisch gemachten Versuchstieren eingab, und den Harn auf Acetonkörper prüfte. Den Ergebnissen der nach beiden Methoden ausgeführten Versuche konnte entnommen werden, daß Leucin, Phyenylalanin, Tyrosin und Histidin ketoplastisch wirken, d. h. eine deutliche Ansammlung von Acetonkorpern in der Durchströmungsflussigkeit bzw. im Harn verursachen; hingegen viele andere Aminosäuren, wie z. B. Glykokoll, Alanin, Asparaginsäure, Glutaminsaure antiketoplastisch wirken, d. h. weder in der Durchströmungsflüssigkeit, noch im Harn eine Ansammlung von Acetonkorpern veranlassen; zu den als antiketoplastisch befundenen Stoffen gehort auch unabgebautes Eiweiß. Aber auch sonst ist es wenig wahrscheinlich, daß Eiweiß eine ausgiebige Quelle zur Bildung von Acetonkörpern wäre, weil ja der hierbei abgespaltene Stickstoff im Harn als Plus erscheinen müßte, was aber durchaus nicht der Fall ist. Zur Zeit kann kaum bezweifelt werden, daß weitaus der größte Teil der Acetonkörper aus Fett gebildet wird (wenn auch hiermit im Widerspruche die Tatsache besteht, daß in vielen Fällen von schwerem Diabetes mellitus durch erhöhte Einfuhr von Fetten die Acetonkörperbildung erfahrungsgemäß nicht gesteigert, sondern eher herabgesetzt wird).

Bezüglich der Bildung von Acetonkörpern aus Fett ist folgendes sichergestellt. Die Fettsäurekomponenten von größerem Molekulargewicht, die, wie aus der Darstellung auf S. 47 ersichtlich, soweit sie im Tierkörper vorkommen, C-Atome stets in gerader Zahl enthalten, unterliegen der sog. β-Oxydation, darin bestehend, daß die Carboxylgruppe gleichzeitig mit der in α-Stellung befindlichen Alkylgruppe abgesprengt wird, und die in β-Stellung befindliche Alkylgruppe zu einer neuen, nunmehr endstandigen Carboxylgruppe oxydiert wird. Dieser Vorgang wiederholt sich so oft bis endlich eine Säure mit vier C-Atomen, die Buttersaure, zurückbleibt, die dann zu β-Oxybuttersäure oxydiert wird. Hieraus folgt, daß nur Fettsauren mit gerader C-Zahl β-Oxybuttersaure liefern können; daß dem tatsächlich so ist, wurde in Versuchen an der überlebenden Leber gezeigt.

Nach allem dem kann man sich vorstellen, daß im normalen Organismus die Acetonkorper, die ständig aus den abgebauten Fetten entstehen, weiter bis zu den Endprodukten verbrannt werden, daher nicht im Harn erscheinen; und zwar geschieht dies infolge der antiketoplastischen Wirkung der Kohlenhydrate. Nach einer alteren Erklarungsart bestünde diese ihre Wirkung darin, daß sie in genügend großen Mengen (100—200 g taglich) eingeführt, im normalen Organismus glatt und rasch verbrennen, und die Fette, bzw. die aus ihnen entstandenen Acetonkörper in diese Verbrennungsprozesse mit hineinbeziehen. Werden die Kohlenhydrate entzogen, oder handelt es sich um einen Diabetiker, der Kohlenhydrate nicht zu verbrennen vermag, so fehlt die „zündende" Wirkung der leicht verbrennenden Kohlenhydrate, in deren Feuer Fett, bzw. die aus ihnen entstehenden Acetonkorper verbrennen könnten, demzufolge letztere zu einem gewissen Anteile unverbrannt im Harne ausgeschieden werden.

Endlich wurde auch erwogen, in welchem Organe die Bildung der β-Oxybuttersäure vor sich geht. Es stellte sich heraus, daß auch dieser Vorgang, wie so viele andere Teilvorgänge des intermediären Stoffwechsels, höchstwahrscheinlich in der Leber vor sich geht.

Hierfur spricht unter anderem auch folgenderVersuch: Wird an einem Hunde, der sich im Zustande der Acidosis (nach S. 310) befindet, eine Ecksche Fistel angelegt (das h.ißt eine Anastomose zwischen Portal- und unterer Hohlvene geschaffen und die Portalvene am Leberhilus abgebunden), so stromt das gesamte Portalblut mit Umgehung der Leber direkt durch ·die Hohlvene gegen das Herz; wird nun einem solchen Hunde Leucin in die Beinvene eingespritzt, so wird die Ausscheidung der Acetonkorper hierdurch nicht verandert. Wird hingegen derselbe Versuch an einem Hunde mit einer sog. umgekehrten Eckschen Fistel ausgefuhrt (wobei die Portalvene gegen die Leber nicht abgebunden ist, wohl aber die untere Hohlvene oberhalb der neu hergestellten Anastomose ligiert ist), so daß das ganze Blut der unteren Korperhalfte durch die Leber fließen muß, so wird nach Einspritzung des Leucins die Bildung der Acetonkorper stark gesteigert.

3. Auf- und Abbau der Eiweißkörper.

Aufbau. Wie (S. 218) gezeigt wurde, wird das im Darmlumen hydrolysierte Nahrungseiweiß in Form von Aminosauren resorbiert, was bereits aus der Zunahme der Konzentration der Aminosäuren im Blute nach der Aufnahme der Eiweißnahrung hervorgeht. Wenn aber die alten kleineren Werte sehr bald zurückkehren, ist dies nicht anders zu erklaren, als daß sie sehr bald auf synthetischem Wege in Eiweiß rückverwandelt werden. Bei dieser Synthese hat schon eine wesentliche Umformung des Nahrungseiweißes stattgefunden, indem die aus der Hydrolyse hervorgegangenen Aminosauren in solcher Qualität, Quantität und in einer solchen Reihenfolge zum wieder erneuten Eiweißmolekul zusammentreten, daß sie, zunachst bloß im Blutplasma kreisend, dem Organismus nunmehr ebensowenig fremd sind, als dessen ursprüngliche Eiweißbestandteile: es ist eben aus artfremdem Eiweiß arteigenes (S. 75) geworden.

Ein Teil des resorbierten, arteigen gewordenen Eiweißes kann zu Zeiten, wo Eiweißansatz (S. 365) stattfindet, nach einer zweiten, der betreffenden Zelle jeweils angepaßten Umformung zu deren integrierendem Bestandteile, zu sog. Organeiweiß (S. 365) werden; der größte Teil wird aber während der Umsetzungen, die eben die Funktion der Zellen ausmachen, von diesen nach vorubergehender Aufnahme weiter verarbeitet.

Abbau der einfachen Eiweißkorper. In bestimmten Lebensperioden werden gewisse Eiweißmengen (im Sperma, im Menstrualblut, in der Milch, in krankhaften Zustanden im Harn) kaum oder gar nicht verändert entleert, haben also an den Umsetzungen eigentlich gar nicht teilgenommen. Hier ist aber nur von solchen Eiweißkörpern die Rede, die in die Umsetzungen tatsachlich einbezogen werden: am gefütterten Tiere ist es überwiegend das wahrend der Resorption umgeformte Nahrungseiweiß, am Hungertiere aber dessen Organeiweiß (S. 365). Dieses Eiweiß erleidet folgende mehr oder minder tiefgreifende Veränderungen.

a) Ein Teil des Eiweißes wird nur bis zu verhältnismäßig großen Komplexen abgebaut, die wie z. B. die schwefelhaltigen Proteinsäuren (S. 287) im Harn, oder andere, die im Kote ausgeschieden werden.

b) Der überwiegende Teil des Eiweißes wird vollkommen bis zu Aminosäuren gespalten, die dann weiter abgebaut werden. Dieser Abbau beginnt mit der Desaminierung der Aminosáuren, wodurch einerseits NH_2-Gruppen, bzw. Ammoniak, andererseits Fettsáuren (teilweise an homo- oder heterocyclische Kerne gebunden) entstehen. Das Ammoniak, das inzwischen in Ammoniumsalze überführt wurde, wird (nach S. 273) in der Leber in Harnstoff verwandelt, die Fettsáuren aber werden zu Kohlendioxyd und Wasser oxydiert.

c) Von großer Bedeutung ist, daß ein geringerer Teil der aus den Eiweißkörpern hervorgegangenen Aminosäuren dem vollkommenen Abbau entgeht. Sie werden nur bis zu einem gewissen Grade durch Desaminierung oder Oxydation, oder CO_2-Abspaltung (Decarboxylierung) umgeformt, ohne jedoch bis zu den oben genannten Endprodukten oxydiert zu werden, wobei so manche physiologisch oder pathologisch wirkende Stoffe entstehen.

Solche intermediare Umwandlungsprodukte sind:

Taurin, Aminoathylsulfonsaure, $C_2H_7NSO_3$. Das durch Spaltung des Cystins (S. 120) entstehende Cystein wird durch Oxydation in Cysteinsaure, und dieses durch Abspaltung von CO_2 in Taurin, eine gut krystallisierbare Verbindung uberfuhrt, die sich zu den entsprechenden Gallensauren (S. 210) paart. In freiem Zustande kommt das Taurin in Muskeln von Mollusken und im Blute des Haies vor.

$$\begin{array}{ccccc}
CH_2SH & & CH_2SO_2OH & & CH_2SO_2OH \\
| & & | & & | \\
CHNH_2 & & CHNH_2 & = CO_2 + & CH_2NH_2 \\
| & & | & & \\
C{<}^{O}_{OH} & & C{<}^{O}_{O\,H} & &
\end{array}$$

Cystein   Cysteinsaure   Taurin

l-Adrenalin, ein wichtiges Produkt des Nebennierenmarkes (S. 320); vielleicht ein Abkömmling des Tyrosins.

Homogentisinsaure oder Dioxyphenylessigsaure; sicherlich ein Umwandlungsprodukt des Tyrosins, das unter Umstánden im Harn ausgeschieden wird (Naheres auf S. 265).

Thyroxin; in der Schilddruse enthalten; sein Zusammenhang mit dem Tyrosin geht aus seiner (S. 318 mitgeteilten) Strukturformel hervor.

Eine ganze Reihe von Umwandlungen, bestehend in einfacher CO_2-Abspaltung aus Aminosauren, wodurch sie in sog. „biogene" oder „proteinogene

Amine" verwandelt werden, wurde bisher nur im Darm und im Experiment während der Faulnis beobachtet. Da jedoch die so entstandenen Produkte durch Resorption in den Körper aufgenommen werden können und ihre Entstehung auch im Zellstoffwechsel nicht ausgeschlossen werden kann, sollen sie an dieser Stelle erwahnt werden. Proteinogene Amine sind:

Putrescin, Tetramethylendiamin, aus Ornithin;

Cadaverin, Pentamethylendiamin, aus Lysin;

Phenylathylamin aus Phenylalanin;

Tyramin oder p-Oxyphenylathylamin aus Tyrosin, eine recht giftige Substanz;

Indolathylamin (Tryptamin) aus Tryptophan;

Histamin oder Imidazolathylamin aus Histidin; durch Histamin werden die glatten Muskelfasern des Uterus und der kleinen Bronchien zu kraftigen Kontraktionen angeregt. Es ist im Mutterkorn enthalten; wurde, wenn auch in sehr geringen Mengen, im Dickdarminhalt nachgewiesen.

Agmatin, das aus Arginin durch CO_2-Abspaltung abgeleitet werden kann, wurde ebenfalls im Mutterkorn, weiterhin in niederen Tierarten gefunden.

Hierher gehort seiner Struktur nach auch das Hordenin, $C_{10}H_{15}NO$, das aus Gerstenkeimlingen dargestellt und als p-Oxyphenyl-Dimethyl-Äthylamin, also als Abkommling des Tyrosins erkannt wurde.

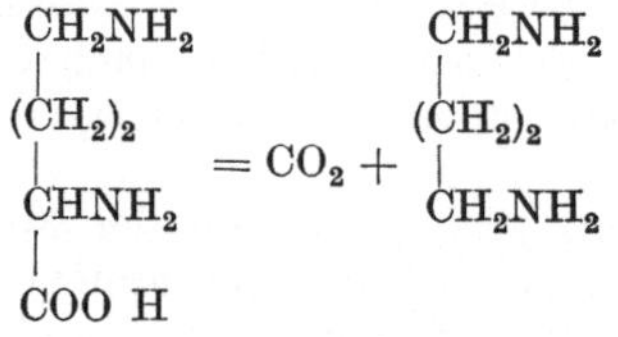

$$
\begin{array}{cc}
\text{Ornithin} & \text{Putrescin} \\[-0.3em]
\begin{matrix} CH_2NH_2 \\ | \\ (CH_2)_2 \\ | \\ CHNH_2 \\ | \\ COO\,H \end{matrix}
\quad = CO_2 + \quad
\begin{matrix} CH_2NH_2 \\ | \\ (CH_2)_2 \\ | \\ CH_2NH_2 \end{matrix}
\qquad\qquad
\begin{matrix} CH_2NH_2 \\ | \\ (CH_2)_3 \\ | \\ CHNH_2 \\ | \\ COO\,H \end{matrix}
\quad = CO_2 + \quad
\begin{matrix} CH_2NH_2 \\ | \\ (CH_2)_3 \\ | \\ CH_2NH_2 \end{matrix} \\[-0.3em]
& \\
\text{Lysin} & \text{Cadaverin}
\end{array}
$$

Ornithin — Putrescin; 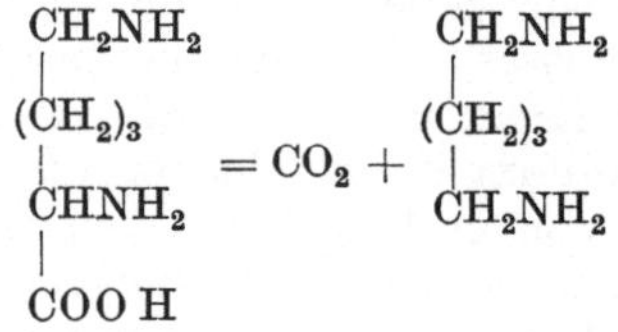 Lysin — Cadaverin

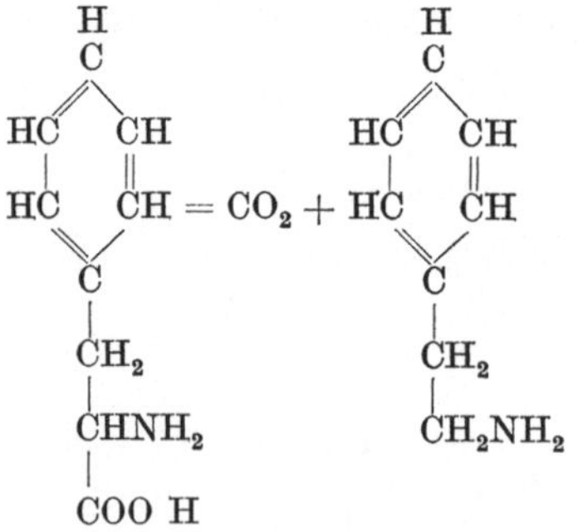

Phenylalanin $=CO_2+$ Phenylathylamin; Tyrosin $=CO_2+$ Tyramin

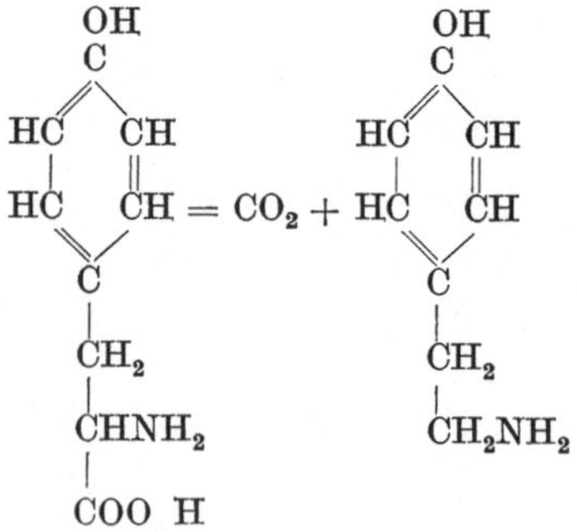

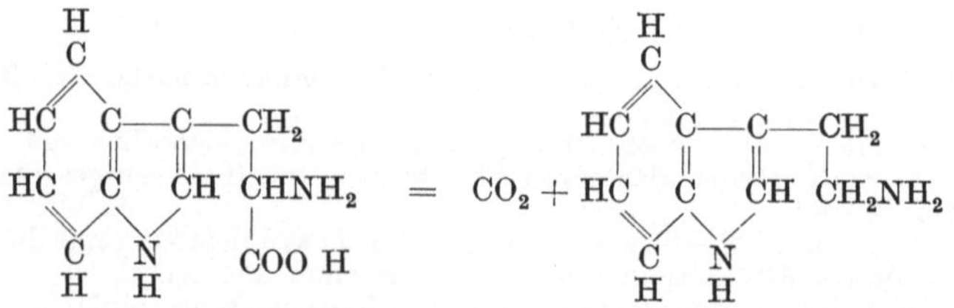

Tryptophan $=CO_2+$ Indolathylamin (Tryptamin)

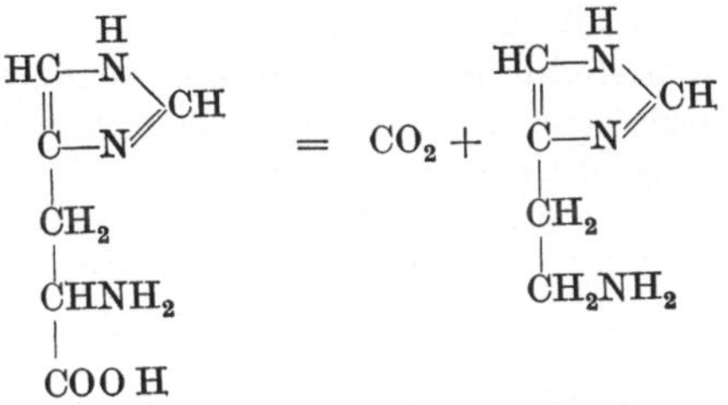

$$\text{Histidin} = CO_2 + \text{Histamin}$$

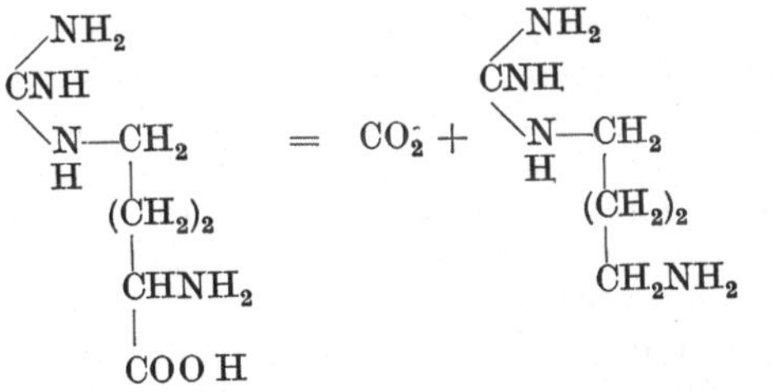

$$\text{Arginin} = CO_2 + \text{Agmatin}$$

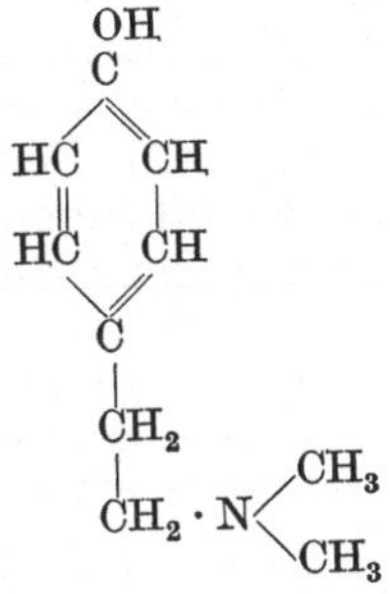

Hordenin

Abbau der zusammengesetzten Eiweißkörper. Dem Abbau der am kompliziertesten zusammengesetzten Eiweißkörper, der Nucleoproteide, muß eine Spaltung vorangehen, die durch Pepsin bis zur Bildung von Nucleinen gedeiht, durch Trypsin und Erepsin zunächst bis zur Abspaltung der Nucleinsäurekomponente fortgesetzt wird. Der weitere Abbau der Eiweißkomponente erfolgt in der oben für das Eiweiß geschilderten Weise, während die in Freiheit gesetzte Nucleinsäurekomponente durch mehrere andere, angeblich im Sekret und in der Schleimhaut des Dünndarmes enthaltene Enzyme aufgespalten wird; und zwar wird die Aufspaltung der zusammengesetzten Nucleinsäuren den sog. **Nucleinasen**, die der Nucleotide den sog. **Nucleotidasen**, die der Nucleoside den sog. **Nucleosidasen** zugeschrieben. Über das Schicksal der aus der Nucleinsäurekomponente in Freiheit gesetzten Purinkörper siehe Näheres auf S. 279.

B. Beeinflussung des Stoffwechsels (und des Energieumsatzes) durch Inkrete (Hormone).

Auf den intermediären Stoffwechsel, dessen einzelne Phasen, soweit sie uns bekannt sind, bereits S. 302ff. geschildert wurden, üben die S. 76 kurz erwähnten Inkrete teilweise ausschlaggebende Wirkungen aus. Sie werden in einer Reihe von Organen gebildet, die in ihrer Struktur teilweise an Drüsen erinnern, jedoch keinen dem Abfluß des Sekretes dienenden Ausführungsvorgang besitzen, und ihre Produkte dem Organismus auf dem Wege der Lymph- bzw. Blutbahnen zuführen. Man nennt sie „Drüsen mit innerer Sekretion" oder „endokrine Drüsen" oder „Hormondrüsen". Es ist jedoch zu bemerken, daß es auch Drüsen gibt, die ihr Hauptsekret durch einen Ausfuhrungsgang in die betreffende Körperhöhle ergießen, außerdem aber Inkrete bilden, die, wie die der Drüsen ohne Ausführungsgang, in das Blut gelangen. Außerdem geben noch viele Organe mit den verschiedensten Funktionen, und die nichts mit einer Drüse zu tun haben, ebenfalls Inkrete, wenn auch zur Zeit unbekannter Art und unbekannter Wirkung an den Organismus ab.

Das Studium der hierher gehörenden Erscheinungen ist aus mehreren Gründen erschwert. Einerseits gibt es vielfach Zusammenhänge zwischen verschiedenen Drüsen mit innerer Sekretion in dem Sinne, daß z. B. die Exstirpation einer solchen Drüse nicht nur zu bestimmten Ausfallserscheinungen, sondern auch zu einer geanderten (gesteigerten oder herabgesetzten) Funktion anderer Drüsen mit innerer Sekretion führt. Diese Beeinflussung bezieht sich nicht nur auf die spezifischen Einzelleistungen der Drüsen, sondern auch auf ihre Einwirkung auf den Gesamtstoffwechsel, oder z. B. auf den Kohlenhydratstoffwechsel allein, doch sind diese Zusammenhänge derart komplizierter Natur, und die betreffenden Beobachtungsergebnisse derart unsicher, daß es zur Zeit nur teilweise möglich ist, über sie zu berichten.

Eine andere Schwierigkeit ist darin gelegen, daß es klinische bzw. pathologisch-anatomische Erscheinungskomplexe gibt, die sich nicht ausschließlich infolge der Hyper- oder Hypofunktion einer einzigen solchen Drüse einstellen, sondern in kaum unterscheidbarer Weise auch durch die krankhaft veranderte Funktion einer zweiten oder dritten usw. Drüse mit innerer Sekretion verursacht werden können. So begleitet der Zwergwuchs oft das infantile Myxödem, kann daher auf mangelhafte Schilddrüsenfunktion zurückgeführt werden; doch kann in anderen Fallen Zwergwuchs durch Funktionsstörungen der Hypophyse, der Thymus usw. verursacht werden; ahnliches gilt auch für die Fettsucht, die, soweit sie nicht durch übermaßige Nahrungsaufnahme verursacht wird, auf Funktionsstorungen der Schilddrüse, der Hypophyse, der Keimdrüsen usw. zurückgeführt werden kann. Von einer ausführlichen Besprechung dieser komplizierten Verhaltnisse soll in nachstehendem abgesehen werden; es sollen nur die einfachsten klinischen Bilder, sowie die sichergestellten experimentellen Befunde erortert werden.

Die Organe, in denen besonders wirksame Inkrete gefunden wurden, sind: Schilddrüse und Nebenschilddrüsen, Hypophyse, Nebennieren, Pankreas, Ovarien, Hoden und Leber. Doch sind es von allen diesen Inkreten zur Zeit bloß zwei, die als wohlcharakterisierte Verbindungen von sichergestellter Struktur krystallisiert dargestellt werden konnten: das vom Nebennierenmark gebildete **Adrenalin** und das aus der Schilddrüsensubstanz darstellbare **Thyroxin**. Zwar wurde auch über einige andere Inkrete berichtet, daß sie krystallisiert erhalten wurden, doch sind diese Angaben noch nicht ganz sichergestellt. In nachfolgender Schilderung sei auch auf solche Wirkungen der Inkrete hingewiesen, die auf einzelne Organfunktionen gerichtet sind, ohne daß dabei eine unmittelbare Beeinflussung des Gesamtstoffwechsels stattfände.

Schilddrüse und Nebenschilddrüsen. Die lebenswichtige Funktion der Schilddruse geht aus der mehr-minder schweren Schadigung des

Organismus hervor, die nach ihrer Exstirpation eintritt. Die Folgen eines solchen Eingriffes sind jedoch nicht bei allen Säugetieren gleich; so gehen manche Tiere, wie z. B. Hunde, in der Regel nach wenigen Tagen unter heftigen Erscheinungen der Tetanie zugrunde, wahrend andere Tiere, z. B. Kaninchen, oft viele Wochen hindurch überhaupt keine pathologischen Veränderungen zeigen, und erst viel später nach langem Siechtum, Cachexia thyreopriva genannt, zugrunde gehen. Diese Unterschiede sind darauf zurückzuführen, daß an einer Tierart, z. B. am Hund, die Nebenschilddrüsen bei der Schilddrüsenexstirpation infolge ihrer anatomischen Lage gleichzeitig mit der Schilddrüse entfernt werden, an einer anderen Tierart, z. B. am Kaninchen, von der Schilddrüse räumlich getrennt gelegen sind, daher bei der Operation verschont bleiben. Die kachektischen Veränderungen rühren demnach von dem Fehlen der Schilddrüse, die Tetanie aber vom Fehlen der Nebenschilddrüsen her.

Schilddrüse. Die Veranderungen, die an verschiedenen Versuchstieren nach der Entfernung der Schilddrüse, im Zustande des sog. Athyreoidismus zu beobachten sind, und die auch als „thyreoprive" Erscheinungen bezeichnet werden, sind auch in dem Falle nicht ganz gleich, wenn alle Nebenschilddrüsen beim Eingriffe erhalten bleiben. Im allgemeinen laßt sich aber sagen, daß es stets zu einer mehr oder minder erheblichen, durchschnittlich ein Fünftel betragenden Herabsetzung des Grundumsatzes (S. 358), insbesondere zu einer oft auf die Hälfte herabgesetzten Eiweißverbrennung, angeblich auch zu einem Ausfallen der spezifisch-dynamischen Wirkung der Nährstoffe (S. 367) kommt. Dasselbe ist der Fall an Menschen, und zwar an Erwachsenen, deren Schilddrüse entartet ist, oder an Kindern, deren Schilddrüse sich mangelhaft entwickelt hat. Infolge des Ausfalles der Schilddrüsenfunktion entwickelt sich an Erwachsenen der Zustand des sog. Myxödems, äußerlich daran zu erkennen, daß die Haut eine eigenartige, an Ödem erinnernde Schwellung zeigt; falls es sich aber um Kinder handelt, kommen Storungen des Wachstums und der Geistesentwicklung („sporadischer Kretinismus") hinzu.

Wird einem Versuchstier Schilddrüse verfüttert, oder ihm ein Schilddrüsenpraparat in erheblicheren Mengen gereicht, so stellt sich ein dem obigen entgegengesetzter Zustand, der des sog. Hyperthyreoidismus ein: der Grundumsatz bzw. der Stoffwechsel steigt an, insbesondere nimmt die Verbrennung der Eiweißkörper zu. Auch zeigen sich eigentümliche Störungen des Kohlenhydratumsatzes in dem Sinne, daß es leichter als sonst zu einer alimentären Glucosurie kommt. Analoge Erscheinungen bestehen auch in der sog. BASEDOWschen Krankheit, die dem Wesen nach ebenfalls als ein Zustand von Hyperthyreoidismus aufgefaßt werden muß, hervorgerufen durch eine krankhaft gesteigerte Funktion der Schilddrüse. Neben anderen Erscheinungen ist es die zuweilen sehr bedeutende Steigerung des Energieumsatzes und des Stoffwechsels, namentlich aber der Eiweißverbrennung, durch die diese Krankheit charakterisiert ist. Welch merkwürdige Eigenschaften der Schilddrüsensubstanz innewohnen, zeigt sich in den Versuchen an Kaulquappen, die man mit Schilddrüsensubstanz füttert:

sie bleiben im Wachstum zurück, ihre Metamorphose geht aber weit rascher vor sich als an normal ernährten Individuen.

Aus all den genannten Erscheinungen wurde mit Recht gefolgert, daß dem inneren Sekret der Schilddrüse eine wichtige Rolle sowohl im Stoffwechsel des erwachsenen, wie auch im Stoffwechsel und in der Weiterentwicklung des jungen Organismus zukommt. Dies geht mit Sicherheit auch aus den überraschenden Heilerfolgen hervor, die sich im Falle einer mangelhaften Entwicklung, oder nach Exstirpation der Schilddrüse entweder durch Einpflanzung der Schilddrüse eines anderen Tieres derselben Art, oder durch Verfütterung von Schilddrüse oder deren Präparate erzielen lassen. Es wurde jahrzehntelang nach dem wirksamen Bestandteil der Schilddrüse gefahndet. Daß es ein jodhaltiger Bestandteil sein müsse, glaubten die Autoren mit Recht aus der längst bekannten Tatsache folgern zu dürfen, daß in der Schilddrüse Jod enthalten ist, und zwar in der eines erwachsenen Menschen in einer Menge bis zu 10 mg. Es wurde im Laufe der Zeit eine Reihe jodhaltiger Körper aus der Schilddrüse isoliert, die das gesuchte wirksame Prinzip in größerer Konzentration als die Schilddrüse selbst enthielten; so unter anderen das sog. Jodthyreoglobulin, ein jodhaltiges Globulin, das in dem vom Schilddrüsenepithel abgesonderten „Kolloid"[1] enthalten sein soll; ferner das durch Behandlung der Schilddrüse mit Säuren darstellbare Jodothyrin. Vor wenigen Jahren wurde aus der Schilddrüsensubstanz das Thyroxin krystallisiert erhalten.

Thyroxin. $C_{15}H_{11}NJ_4O$. Es stellt das wirksame Prinzip der Schilddrüse dar, obzwar vermutet wird, daß es in der Schilddrüse in Form einer weit komplizierteren Verbindung enthalten ist, und auch dem in der Schilddrüse aufgefundenen Dijod-Tyrosin (S. 123) nicht jede Wirkung abgesprochen werden kann. Das Thyroxin kann auch synthetisch dargestellt werden; es wurde anfangs irrtümlicherweise als ein jodierter Tryptophanabkömmling angesehen, später aber als ein Dijod-Oxyphenyl-Dijod-Tyrosin erkannt, in dem das jodierte Phenol und das jodierte Tyrosin ätherartig miteinander verbunden sind. Es ist unlöslich in Wasser und in Säuren, löslich in Alkalien und in Alkohol in Gegenwart von Säuren und Alkalien.

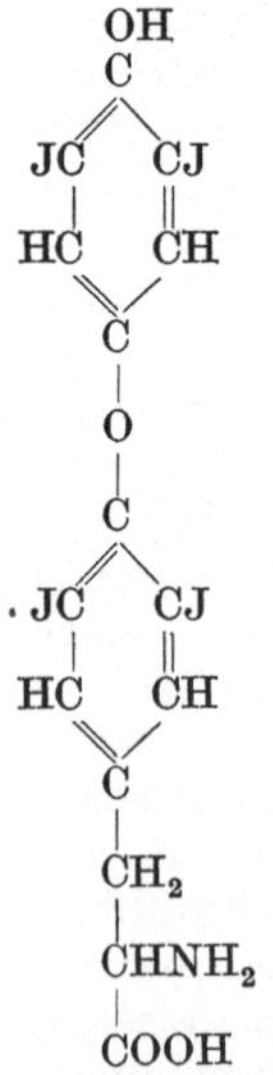

Nebenschilddrüsen (Epithelkörperchen). Die Tetanie, die der Entfernung der Nebenschilddrüsen folgt, wird als Tetania parathyreopriva bezeichnet. Da dieser Zustand ähnlich ist dem, der nach Vergiftung mit Guanidin (nach einzelnen Autoren mit Methyl- bzw. Dimethylguanidin) beobachtet wird, und, da im parathyreopriven Zustande Guanidine im Blute bzw. im Harne angeblich in erhöhter Menge nachgewiesen wurden, hat man den Nebenschilddrüsen die physiologische Funktion zugeschrieben, daß sie das während des Stoffwechsels gebildete Guanidin entgiften

```
        OH
        C
      //  \
   JC      CJ
   |        ||
   HC      CH
      \\  /
        C
        |
        O
        |
        C
      //  \
   JC      CJ
   |        ||
   HC      CH
      \\  /
        C
        |
       CH₂
        |
      CHNH₂
        |
      COOH
     Thyroxin
```

---

[1] Dieser Ausdruck hat nichts mit dem „Kolloid" der physikalischen Chemie zu tun!

(vielleicht in das ungiftige Kreatin überführen). Später wurde nachgewiesen, daß diese Guanidinbefunde irrtümlich waren, und daß die physiologische Funktion der Nebenschilddrüsen in einer Regelung des Calciumgehaltes des Blutplasma besteht; denn, werden die Nebenschilddrüsen entfernt, so nimmt der Calciumgehalt des Blutplasma erheblich ab, und umgekehrt: durch die Hyperfunktion der Nebenschilddrüsen wird der Calciumgehalt des Blutes wesentlich erhöht; endlich kann der in der Tetanie herabgesetzte Calciumgehalt des Blutes durch Einspritzung von wirksamen Extrakten der Nebenschilddruse wieder emporgebracht werden.

Hypophyse. Akromegalie und Dystrophia adiposogenitalis werden von Klinikern schon seit langerer Zeit auf Funktionsstörungen der Hypophyse zurückgeführt. Erstere besteht in einem abnormen Wachstum der prominenten Körperteile, wie Hände, Füße, Lippen, Zunge, Unterkiefer, und rührt von einer pathologisch gesteigerten Funktion der Hypophyse her; letztere besteht in einer Atrophie des Genitalapparates und Ablagerung abnormer Fettmengen an gewissen Körperstellen, und wird der pathologisch herabgesetzten Funktion der Hypophyse zugeschrieben. Wie an andere Drüsen mit innerer Sekretion konnte auch uber die physiologische Wirkung des Hypophyseninkretes Klarheit durch Verabreichung verschiedenartig gewonnener Hypophysenpräparate, durch klinische und Obduktionsbefunde, sowie durch Exstirpationsversuche an Tieren Klarheit erhalten werden. Den operativen Eingriffen stellen sich allerdings durch die Lage der Hypophyse verursachte Schwierigkeiten entgegen, und es wird die Beurteilung der Ergebnisse dieser Eingriffe weiter dadurch erschwert, daß gewisse funktionell offenbar zur Hypophyse gehorende Gehirnteile noch schwerer zugänglich sind. Immerhin ließ sich sicher feststellen, daß dem Vorder- und dem Hinterlappen verschiedene Funktionen zukommen, indem sie verschiedene Inkrete bilden.

Vorderlappen. Im Vorderlappen werden zwei Hormone gebildet. a) Dem EVANSschen „Wachstumshormon" wird die Aufgabe zugesprochen, in das normale Wachstum der Körperteile regulierend einzugreifen; beweisend ist die Tatsache, daß, wenn man Ratten längere Zeit hindurch täglich Vorderlappenauszug einspritzt, sie einen wahren Riesenwuchs, eine der oben erwähnten Akromegalie verwandte Anomalie aufweisen. b) Das andere ist das ZONDEK- und ASCHHEIMsche „Reifungshormon", von diesen Autoren auch Prolan genannt, das in weiblichen Mäusen und Ratten sexuelle Frühreife bzw. Brunst (Oestrus) erzeugt; doch wirkt es nur über das Ovarium, ist also an kastrierten Weibchen völlig wirkungslos. (Über den Nachweis der Brunst siehe auf S. 324.) Im Harne schwangerer Frauen ist es anfangs reichlich, gegen das Ende der Schwangerschaft zu spärlicher enthalten. Es ist in Lipoiden unlöslich, gegen höhere Temperaturen, Sauren und Laugen empfindlich. Die Eigenschaft dieses Hormons, im Harne der schwangeren Frau ausgeschieden zu werden, kann mit Vorteil zur Frühdiagnose der Schwangerschaft verwendet werden, indem an infantilen Mausen, denen von solchem Harn eingespritzt wurde, sich die für die Brunst charakteristischen Veranderungen entwickeln.

Hinterlappen. Im Hinterlappen werden drei Hormone gebildet. a) Durch eines dieser Hormone werden die Muskelfasern des Uterus zur Kontraktion gebracht; b) durch das zweite, sog. pressorische Hormon wird der Blutdruck gesteigert; c) durch das dritte sog. antidiuretische Hormon wird die Diurese gehemmt, bzw. wenn sie, wie im Diabetes insipidus (S. 241) abnorm erhöht ist, auf ein angenahert physiologisches Maß herabgedrückt. Das auf den Uterus einwirkende Hormon konnte, allerdings nicht in reinem Zustande, von den beiden anderen getrennt werden.

Für Zusammenhänge zwischen der Hypophyse und anderen Hormondrüsen spricht a) die Hypertrophie der Vorderlappen nach Exstirpation oder Rückbildung der Schilddrüse, b) Rückbildung der Nebennierenrinde nach Exstirpation der Hypophyse, c) die oben erwahnte Beeinflussung der Ovarien durch das Vorderlappenhormon. Für die Beeinflussung der Umsätze durch die Hypophyse spricht der herabgesetzte Grundumsatz (S. 358) sowie das von mancher Seite behauptete, von anderer Seite in Abrede gestellte Fehlen der spezifisch-dynamischen Wirkung der Nahrstoffe (S. 367) nach Exstirpation oder Degeneration der Drüse.

Thymus. Bezüglich der Allgemeinwirkung dieses Organes bestehen gegenüber anderen Organen grundsätzliche Verschiedenheiten bereits aus dem Grunde, weil es nur an jugendlichen Individuen intakt anzutreffen ist, nach erfolgter Geschlechtsreife aber einer mehr oder minder raschen Involution anheimfällt. Hieraus allein läßt sich bereits schließen, daß die Thymus an gewissen Wachstums- bzw. Entwicklungsvorgangen beteiligt sein dürfte. In der Tat wird an jugendlichen Tieren ihre Entfernung von einer Störung des Wachstums des ganzen Körpers, insbesondere auch der Knochen gefolgt, die weich und biegsam bleiben. Zwischen Schilddrüsen- und Thymusfunktion scheint ein Antagonismus ihrer Wirkungen zu bestehen.

Nebennieren. **Marksubstanz.** Der erste bedeutsame Befund war, daß durch den aus den Nebennieren bereiteten Auszug der Blutdruck in außerordentlichem Maße erhöht wird. Später wurde als wirksamer Bestandteil dieses Auszuges das **Adrenalin** erkannt. Gewebe mit Adrenalin enthaltenden Zellen werden, wenn man eine Lösung von Kaliumbichromat auftropft, gebräunt; solche Gewebe werden als **chromaffine** bezeichnet. Mit Hilfe dieser Reaktion konnte nachgewiesen werden, daß das Adrenalin in der Marksubstanz der Nebennieren und nicht in der Rinde erzeugt wird, und daß chromaffines Gewebe auch anderwärts im Körper vorkommt, so z. B. in der Carotisdrüse, am Herzen usw.; doch wird von manchen Autoren bezweifelt, daß das Produkt dieses Gewebes mit dem Adrenalin identisch sei.

l-Adrenalin (Suprarenin, Epinephrin), $C_{11}H_{13}NO_3$, das sich auch synthetisch darstellen läßt, kann als ein Derivat des Brenzcatechins (S. 52) oder der 3-4-Dioxyphenyl-α-methylamino-β-oxypropionsaure angesehen werden, aus dem es durch Abspaltung von Kohlendioxyd entsteht, daher es zu den „biogenen Aminen" (S. 313) gehort. Es ist aber moglich, daß es im Tierkorper aus Tyrosin über Dioxyphenyl-Alanin entsteht, das zunachst in das Amin verwandelt wird.

Das Adrenalin ist ein krystallisierbarer Körper, der in kaltem Wasser schwer, in fixen Alkalien leicht löslich ist, und in alkalischer Lösung an der Luft rasch oxydiert wird, wobei die ursprünglich farblose Lösung

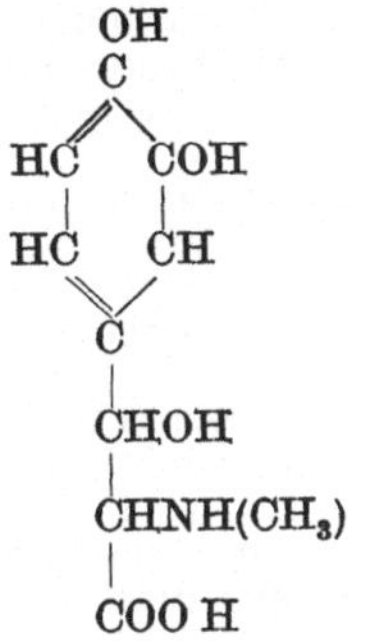

OH
|
C

HC⁀COH

HC⁀CH

C

|
CHOH
|
CHNH(CH$_3$)
|
COO H

3-4-Dioxyphenyl-α-methylamino-
β-oxypropionsäure

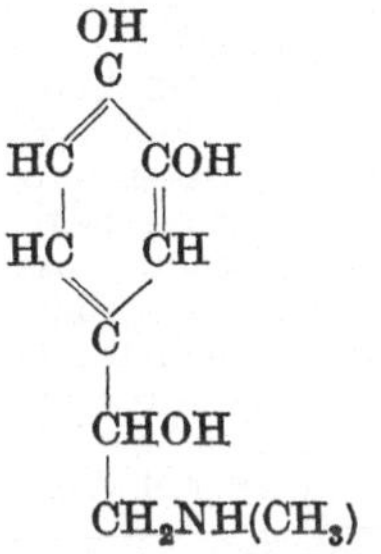

OH
|
C

HC⁀COH

HC⁀CH

C

|
CHOH
|
CH$_2$NH(CH$_3$)

Adrenalin oder Dioxyphenyl-Methylamino-Äthanol
oder Methylamino-Äthanol-Brenzcatechin

eine rötliche Farbe annimmt, jedoch auch ihre Wirksamkeit einbüßt. Das Adrenalin wird aus den Nebennieren durch kochendes Wasser bei saurer Reaktion extrahiert und aus dem Extrakte nach Entfernung störender Beimengungen durch konzentriertes Ammoniak gefällt. Es ist in einer linksdrehenden, in einer rechtsdrehenden und in einer optisch inaktiven racemischen Form bekannt. Im Nebennierenmark wird die linksdrehende Modifikation bereitet; hingegen erhält man bei der synthetischen Darstellung die racemische Form. Die Wirkungen des Adrenalins äußern sich an solchen Organen bzw. Geweben, in denen es vom Sympathicus innervierte Elemente gibt, und zwar stets im Sinne einer Sympathicusreizung.

So wird durch Adrenalin eine Verengerung der kleinen Arterien namentlich im Gebiete des Splanchnicus, und hierdurch eine Steigerung des Blutdruckes bewirkt; bei intravenöser Applikation ist die Wirkung sehr stark, jedoch rasch vorübergehend, bei subcutaner oder intraperitonealer Einwirkung schwacher, jedoch anhaltend; per os gegeben wirkt es überhaupt nicht, da es im Darmtrakt Oxydation erleidet. Adrenalin wirkt hemmend auf die Muskulatur des Intestinaltraktes, der Blase und des Uterus; führt zu einer Erweiterung der Pupillen, der Lidspalten und zu einer Hervordrangung der Augäpfel. Außerdem erzeugt das Adrenalin eine Glucosurie (worüber Weiteres auf S. 306 zu ersehen ist), und zwar besonders bei intraperitonealer oder subcutaner, weniger bei intravenöser Applikation.

Bemerkenswert ist die Abhangigkeit aller dieser Wirkungen von der sterischen Konfiguration des Adrenalins, indem das natürliche, vom Nebennierenmark gebildete l-Adrenalin stärker wirkt, als die rechtsdrehende Form, und diese wieder starker als die synthetische Racemform.

Da die operative Entfernung beider Nebennieren zum Tode fuhrt, hat man sie als Organe angesehen, die für das Leben unentbehrlich sind. Dem widersprachen einzelne Befunde, wonach man Tieren beide Nebennieren weggenommen hat, und sie doch am Leben blieben; allerdings, wie sich herausstellte, weil sie im Besitze akzessorischer Nebennieren waren. Als dann gefunden wurde, daß die Entfernung der Nebennierenrinde, die kein Adrenalin erzeugt, zum Tode fuhrt, die Entfernung des Adrenalin erzeugenden Markes aber nicht, ist eine Klarung dieser Verhaltnisse in weitere Ferne gerückt.

Auf einer Entartung der Nebennieren beruht die als Morbus ADDISONI bekannte Krankheit, deren hervorstechendste Erscheinungen in einer „bronze"-ähnlichen Verfärbung der Haut, in hochgradiger Muskelschwäche usw. bestehen.

Nachweis: 1. Nach VULPIAN erzeugt Zusatz von einigen Tropfen einer verdünnten Lösung von Eisenchlorid in einer angesäuerten waßrigen Lösung von Adrenalin eine Grünfarbung, in der alkoholischen Lösung eine rote Farbenreaktion.

2. Nach COMESSATTI wird durch Zusatz einiger Tropfen einer $1—2\,^0/_{00}$igen Lösung von Sublimat eine durch längere Zeit haltbare Rotfärbung erzeugt. Die Reaktion fallt besonders deutlich aus, wenn die zu untersuchende Substanz nicht in destilliertem, sondern in Leitungswasser gelöst ward, das immer Calciumhydrocarbonat enthält.

3. Nach FRÄNKEL und ALLERS werden einige Kubikzentimeter der vorher enteiweißten bzw. auch entfarbten Lösung mit dem gleichen Volumen einer n/1000-Kaliumbijodat-Lösung und einigen Tropfen verdunnter Phosphorsäure versetzt und bis zum beginnenden Sieden erhitzt. War Adrenalin vorhanden, so entsteht eine schöne rosenrote Farbenreaktion.

4. Der Nachweis gelingt auch auf „biologischem Wege", indem die zu untersuchende Losung auf ein Froschauge aufgetropft wird, worauf, wenn Adrenalin vorhanden war, die Froschpupille sich erweitert. Oder man prüft die Einwirkung der zu untersuchenden Lösung auf überlebende Arterien- oder Uterusstreifen, oder nach LÀWEN auf die Blutgefaße eines Frosches: alle die bringt Adrenalin zur Kontraktion.

Rindensubstanz. Vor einiger Zeit wurde aus der Nebennierenrinde eine der Glucuronsäure nahestehende Verbindung krystallisiert dargestellt, der ein Einfluß auf die Pigmentbildung, und zwar im Sinne einer Hemmung zuzukommen scheint. Diese Verbindung wird, da ihre Stellung zur Glucuronsäure noch nicht gänzlich geklärt ist, als Hexuronsäure angeführt. Über den Cholingehalt der Nebennierenrinde siehe auf S. 56.

Pankreas. Rolle und Wirksamkeit des Bauchspeichels, des äußeren Sekretes des Pankreas, sind seit langer Zeit bekannt, hingegen erst seit kürzerer Zeit, daß dem Pankreas eine andere sehr wichtige Rolle, und zwar im Kohlenhydrathaushalt des Organismus zukommt. MINKOWSKI und MERING haben nämlich als erste gefunden, daß durch die Exstirpation des Pankreas ein sog. **Pankreasdiabetes** erzeugt wird, und haben spätere Untersuchungen erwiesen, daß es ein inneres Sekret des Pankreas, und zwar speziell der LANGERHANSschen Inseln im Pankreas ist, an dessen Vorhandensein der normale Ablauf derjenigen komplizierten Vorgänge gebunden ist, in die auch Nebennierenmark und Vorderlappen der Hypophyse, Schilddrüse usw. eingreifen, und die eben den normalen Kohlenhydrathaushalt bedingen. Unter normalen Umständen wird nämlich die Konzentration des Traubenzuckers im Blute, der sog. **Blutzuckerspiegel,** auf einer standigen Hohe gehalten, indem einerseits der durch die Verbrennung bedingte Zuckerabgang ständig, und zwar genau im Maße des Abganges (größtenteils von der Leber her auf Kosten ihres Glykogengehaltes) gedeckt wird, andererseits einer Überschwemmung des Organismus mit dem vom Darme her resorbierten Zucker dadurch vorgebeugt wird, daß das Zuckerplus, ehe es noch in die allgemeine Zirkulation gelangen könnte, von der Leber abgefangen und in Form von Glykogen fixiert wird. Daß dieser ineinander greifende Mechanismus mit solch wunderbarer Präzision funktioniert, verdankt der normale Organismus eben dem inneren Sekret des Pankreas. Fehlt dieses, so ist die Leber nicht imstande, den Zuckerüberschuß in Form von Glykogen einzulagern; daher es zu einer Überschwemmung des Blutes mit Zucker, zu einer Hyperglykämie und zu einer konsekutiven Glucosurie kommt.

Viele Forscher haben sich seit langer Zeit bemüht, den wirksamen Stoff zu isolieren, doch scheiterten diese Bemühungen, wie sich später herausstellte, hauptsächlich daran, daß in dem aus dem Tierkörper entnommenen Pankreas der wirksame Stoff durch das Trypsin rasch zerstört wird. Erst vor etwa einem Jahrzehnt ist es gelungen, dieser Schwierigkeiten durch Aufbewahrung des Pankreas bei niedriger Temperatur und durch seine Bearbeitung bei entsprechender H-Ionenkonzentration Herr zu werden und so den für die erwähnten Pankreaswirkungen verantwortlichen Bestandteil der LANGERHANSschen Inseln in Form einer Lösung, später in Form eines Pulvers, nach neuesten, wennauch von vielen wieder bezweifelten Angaben sogar krystallisiert zu erhalten. Auf Grund seiner Herkunft wurde dieser Stoff Insulin genannt.

Das Insulin, ein weißes Pulver, ist in Wasser bloß in Gegenwart von Säuren oder Alkalien, in Alkohol ohne solchen Zusatz löslich; es ist nicht dialysierbar, wird leicht adsorbiert, zeigt die Reaktionen einer Albumose. Hydrolysiert liefert es Cystin, Tyrosin, Arginin, Histidin und Leucin. Wird einem gesunden Tiere oder Menschen Insulin in gelöstem Zustande unter die Haut gespritzt, so sinkt innerhalb 2—3 Stunden die Blutzuckerkonzentration erheblich unter den früheren Wert; die Menge des Insulins, durch die die Blutzuckerkonzentration eines 2 kg schweren Kaninchens, das vorangehend 16 Stunden lang hungerte, in 3 Stunden auf $0,045^0/_0$ herabgesetzt wird, bezeichnet man als „eine Kanincheneinheit". (Von dieser ist die „klinische Einheit", die man für praktische Zwecke eingeführt hat, verschieden; sie beträgt $^1/_3$ der Kanincheneinheit.) Am Menschen oft bereits bei einer Blutzuckerkonzentration von $0,060^0/_0$, am Kaninchen oft bei einer solchen von $0,045^0/_0$, in der Regel aber erst, wenn eine weitere Herabsetzung durch größere Insulindosen erreicht wurde, treten Vergiftungserscheinungen auf, unter denen die „hypoglykamischen Krämpfe" am charakteristischsten sind. Man nennt sie so, weil sie sich an die Verarmung des Blutes an Zucker anschließen; und zwar mit um so größerer Berechtigung, weil sie durch Traubenzucker, den man den Tieren in Wasser gelöst unter die Haut spritzt, beinahe sofort behoben werden können. Es fehlt aber nicht an Angaben, wonach die Krampfe bloß eine Nebenwirkung des Insulins bzw. gewisser Stoffe seien, die dem Insulin als Verunreinigung beigemischt sind. Eine einwandfreie Erklärung der Insulinwirkung ist zur Zeit noch ausstandig; denn es ist moglich, daß der Zucker aus dem Blute schwindet, weil er durch Insulin aus der stabilen schwer verbrennlichen in eine labilere alloiomorphe Form (s. S. 308) uberfuhrt und so in erhohter Menge verbrannt wird; oder weil er zu Glykogen synthetisiert und in dieser Form in der Leber oder in anderen Organen abgelagert wird. (Verbrennung des Zuckers und seine Polymerisierung zu Glykogen sollen sogar eine gekoppelte Reaktion darstellen, die durch Insulin beschleunigt wird.) Da, umgekehrt, nach S. 306 durch Adrenalin eine Mobilisierung des Zuckers bewirkt wird, hat man das Recht, Insulin und Adrenalin in bezug auf den Kohlenhydratstoffwechsel als Antagonisten anzusehen. Besonders wertvoll ist das Insulin aus dem Grunde geworden, weil es nicht nur die normale Blutzuckerkonzentration herabsetzt, sondern in entsprechenden Dosen angewendet, auch die Hyperglykamie Zuckerkranker herabzusetzen oder aufzuheben vermag, wodurch eine bestehende, unter Umstanden sehr starke Glucosurie eingeschrankt oder zum Verschwinden gebracht wird; außerdem aber auch dadurch, daß die Produktion großer Mengen von Acetonkörpern, die fur gewisse Stadien der Zuckerkrankheit charakteristisch ist und mit schwersten Vergiftungserscheinungen einhergeht, durch Insulin ebenfalls ruckgangig gemacht werden kann.

Ovarien und Hoden. Längst bekannt ist, daß am Menschen mangelhafte Entwicklung oder Verlust der Hoden bzw. der Ovarien im jugendlichen Alter zu einem Unterbleiben der Entwicklung der sekundären Geschlechtsmerkmale führt: auch wenn das Pubertätsalter längst überschritten ist, fehlt in solchen Fallen an Mädchen z. B. die volle Entwicklung der Brüste, an Knaben z. B. der Haarwuchs an vielen Körperstellen, die normalerweise stark behaart sind, und es kommt nicht zu dem raschen Wachstum des Kehlkopfes, durch das das sonst so auffallende Tieferwerden der Stimme bedingt wird. Analog, wenn auch manchmal mehr, manchmal weniger auffallend sind die Erscheinungen, die unter ähnlichen Umständen an verschiedenen Tieren seit jeher bekannt sind. Es müssen also zur Zeit des Eintretens der Pubertät Stoffe gebildet werden, unter deren Einwirkung sich die jeweiligen sekundären Geschlechtsmerkmale entwickeln, und es lag nahe anzunehmen, daß diese Stoffe in den Ovarien bzw. Hoden gebildet werden. Am schlagendsten wurde dies durch Versuche bewiesen, in denen man einem weiblichen Tiere die Ovarien entfernte, dafür einen Hoden implantierte, worauf sich an diesem weiblichen, nunmehr aber „maskulierten“ Tiere die sekundären Geschlechtsmerkmale eines Männchens entwickelten. Wurden umgekehrt einem jugendlichen männlichen Tiere die Hoden entfernt, und dafür Ovarien implantiert, so entwickelten sich an dem so „feminierten“ Tiere die sekundären Geschlechtsmerkmale eines Weibchens (STEINACH). Das Inkret, dessen Wirkung sich zur Zeit der Pubertät in so auffallender Weise geltend macht, wird offenbar im interstitiellen Gewebe der Ovarien, bzw. der Hoden (hier LEYDIGsche Zellen oder auch „Pubertätsdrüse“ genannt) bereitet.

Sehr bemerkenswert sind die neuen und neuesten Forschungsergebnisse, wonach im heranreifenden Follikel ein Hormon bereitet wird, das kleinen Nagetieren beigebracht, an ihnen die Erscheinungen der Brunst (Oestrus) auch außerhalb der Brunstzeit, ja sogar an nicht geschlechtsreifen, bzw. kastrierten weiblichen Tieren herbeiführt. Zur Zeit der natürlichen sowohl wie der künstlich herbeigeführten Brunst findet nämlich eine gewaltige Vermehrung des Epithels der Uterus- und der Scheidenschleimhaut statt, am Scheidenausstrich daran zu erkennen, daß es neugebildete und wieder verhornte, kernlose, mit Eosin färbbare Epithelien in großer Menge enthält. Diesem angeblich sogar in krystallisierter Form von der Zusammensetzung $C_{24}H_{32}O_3$ erhaltenen Hormon wurde der Namen Folliculin gegeben; es wird auch „weibliches Sexualhormon“ oder „Brunsthormon“ genannt, und ist außer im Follikelinhalt auch in der Placenta, weiterhin in großer Menge im Harn von Schwangeren neben dem Reifungshormon des Hypophysenvorderlappens (S. 319) enthalten. Von diesem unterscheidet sich das Brunsthormon darin, daß seine Menge bis zum Ende der Schwangerschaft immer noch zunimmt, und daß es gegen Laugen resistent, gegen die Einwirkung des Sauerstoffes jedoch empfindlich ist. Der wichtigste Unterschied ist aber, daß sich durch das weibliche Sexualhormon die Brunst, wie erwähnt, auch am kastrierten Tiere auslösen läßt, durch das Reifungshormon aber nicht, woraus gefolgert werden darf, daß letzteres nur die rasche Reifung des Follikels im Ovarium zu bewirken imstande ist, sonst aber mit der Brunst nichts zu tun hat.

Ein weiteres weibliches Hormon soll in den Corpora lutea gebildet werden; ihm werden die wichtigen Änderungen der Uterusschleimhaut zugeschrieben, die die Festhaltung und Einbettung des abwärts wandernden Eies ermöglichen.

Leber. Es wurde erwähnt (S. 316), daß offenbar auch in den verschiedensten Geweben bzw. Organen, die ganz spezifische Funktionen ausüben und anscheinend nichts mit einer Hormondrüse zu tun haben, Inkrete gebildet werden, von denen aber zur Zeit nicht einmal die Wirkungen, geschweige denn die Eigenschaften bekannt sind. Eine Ausnahme stellt die Leber dar, die sich als symptomatisches Heilmittel in der als Anaemia perniciosa bekannten Krankheit erwiesen hat. Diese ihre Wirksamkeit verdankt die Leber einem aus ihr darstellbaren, in Wasser löslichen, in Alkohol und in Äther unlöslichen Stoff, dessen Eigenschaften darauf hinweisen, daß es sich um ein Polypeptid handeln dürfte.

C. Prinzipien und Methodik der Stoffwechseluntersuchungen.

Der Eiweiß-, Kohlenhydrat- und Fettumsatz eines Tieres wird auf Grund des Vergleiches seiner Einnahmen (Nahrung und Sauerstoff) und Ausgaben (Kohlendioxyd, Wasserdampf, Harn und Kot) berechnet. Es sollen zunächst folgende Einzelheiten der Versuchsmethodik vorausgeschickt werden:

1. Sammeln von Harn und Kot.

Das Sammeln und Abgrenzen des 24stündigen Harns stoßt beim Menschen in der Regel auf keine Schwierigkeiten. Handelt es sich um ein Tier, so wird es für die Versuchsdauer in einem sog. Stoffwechselkafig gehalten, dessen Boden zu einem flachen Trichter ausgebildet ist. Über dem Trichter ist ein weitmaschiges Drahtnetz angebracht, auf dem das Tier steht, und durch dessen Lücken der Harn ohne jedweden Verlust in ein unter den Kafig bzw. unter den Trichter gestelltes Sammelgefäß fließt, wahrend der Kot obenauf bleibt. Da die meisten Tiere ihre Blase oft nur unvollkommen entleeren, muß der zurückgebliebene Harn sowohl am Beginn, wie auch am Ende einer jeden Versuchsperiode durch einen Katheter und durch Blasenspulung mit 3°/₀iger Borsäurelösung entfernt werden. Der Kot wird in der Regel nicht täglich, sondern bloß in Perioden von mehreren Tagen abgegrenzt, und zwar durch Verfuttern von Substanzen, die durch ihre Farbe auffallen, wie Kohlenpulver, Kieselsäure usw.

2. Chemische Analyse der Nahrung, des Harns und Kotes.

Stickstoffbestimmung. Der Einfachheit halber nimmt man in der Regel ohne einen wesentlichen Fehler zu begehen an, daß Stickstoff in der eingeführten Nahrung bloß in Form von Eiweiß enthalten ist, und daß der Stickstoff des Harns bloß aus zersetztem Eiweiß herrührt. Die Bestimmung des Stickstoffes erfolgt sowohl in der Nahrung wie auch in Harn und Faeces nach dem KJELDAHLschen Verfahren (S. 268).

Kohlenstoffbestimmung. Der Kohlenstoff wird am besten auf nassem Wege durch Oxydation mit konzentrierter Schwefelsäure und doppeltchromsaurem Kalium nach dem Verfahren von MESSINGER, BRUNNER und SCHOLTZ bestimmt. Es werden 2—3 cm³ des Harns bzw. 0,10—0,15 g der trockenen Substanz (Nahrung, Kot) mit 80 cm³ konzentrierter Schwefelsaure und 10 g doppeltchromsaurem Kalium gekocht, wodurch der gesamte Kohlenstoff der organischen Verbindungen in Kohlendioxyd umgewandelt und als solcher ausgetrieben wird. Durch den Kochkolben zieht ein langsamer, vor seinem Eintritt von Kohlendioxyd befreiter Luftstrom, der das gesamte im Kolben entwickelte Kohlendioxyd durch vorgelegten Natronkalk (oder durch Barytwasser) führt. Da aus den organischen Verbindungen außer dem Kohlendioxyd auch etwas Kohlenoxyd entstehen kann, laßt man, um dieses zu Kohlendioxyd zu oxydieren, die aus dem Kochkolben austretenden Gase durch eine Verbrennungsrohre aus schwer schmelzbarem Glas streichen, das mit Kupferoxyddraht oder Kupferoxydasbest beschickt ist und im Verbrennungsofen bis zu schwacher Rotglut erhitzt wird. Aus der Gewichtszunahme des Natronkalkes (oder aus dem veränderten Titre des Barytwassers) läßt sich der Kohlenstoffgehalt der verbrannten Substanz leicht berechnen.

Die Fette in Nahrung und Kot werden durch Extraktion mittels Äther bestimmt, wobei aber zu bemerken ist, daß außer den Fetten auch andere, ätherlösliche Stoffe in den Äther übergehen können.

Die Kohlenhydrate werden durch Berechnung erhalten; und zwar wird als Kohlenhydrat der Rest der aschenfreien Trockensubstanz nach Abzug des Eiweißes und des Fettes betrachtet.

3. Bestimmung des Gaswechsels. Respirationsversuche.

Die Abgabe des von den Verbrennungen herrührenden Kohlendioxydes und die Aufnahme des zu den Verbrennungen nötigen Sauerstoffes aus dem umgebenden Medium wird als Gaswechsel bezeichnet, und am Menschen wie auch an den für uns am wichtigsten Tierarten durch die Lungen besorgt. Versuche, in denen der Gaswechsel qualitativ, insbesondere aber quantitativ untersucht werden soll, sind die sog. Respirationsversuche. Um sie auszuführen, muß das Versuchsindividuum (Mensch oder Tier) für die Dauer des Versuches in einem abgeschlossenen Raum gehalten und für die Erneuerung der Luft, d. h. Entfernung des produzierten Kohlendioxydes und Ersatz des verbrauchten Sauerstoffes gesorgt werden. Für Versuche an kleineren Tieren, z. B. Ratten bis zu einem Körpergewicht von 200 g, genügt auch ein Exsiccator mit dem Fassungsraum von einigen Litern, mit einem aufgeschliffenen Oberteil und zwei Öffnungen. Für größere Tiere müssen eigene Respirationsschränke gebaut werden. Die Versuche können je nach der getroffenen Einrichtung in verschiedener Vollkommenheit ausgeführt werden. Am einfachsten sind die Versuche, in denen bloß das produzierte Kohlendioxyd bestimmt wird. Mehr erreicht man durch Versuche, in denen die Menge des produzierten Kohlendioxydes bestimmt, die des verbrauchten Sauerstoffes aber berechnet werden kann. Am vollkommensten sind Versuche, in denen nebst der Kohlensäureproduktion auch der Sauerstoffverbrauch direkt bestimmt wird. Zur Zeit kommen wohl nur die beiden letztgenannten Einrichtungen in Betracht, die sich unter anderem auch in der Verläßlichkeit der Versuchsergebnisse unterscheiden.

Respirationsversuche mit Berechnung des Sauerstoffverbrauches. In solchen Versuchen muß außer dem Gewicht des produzierten Kohlendioxyds das Gewicht des Versuchstieres am Beginn und am Ende des Versuches, das Gewicht der während der Versuchsdauer etwa aufgenommenen Nahrung und des Trinkwassers, endlich das Gewicht des während des Versuches entleerten Harns und Kotes genau festgestellt werden. Zu letzterem Behufe muß dieselbe Einrichtung getroffen werden, wie in dem auf S. 325 beschriebenen Stoffwechselkafig. Der Respirationsschrank ist, abgesehen von zwei Öffnungen, die in seinen Innenraum führen, allseits luftdicht verschlossen. Durch die eine Öffnung tritt die Luft aus dem Tierraum heraus, durch die andere tritt zum Ersatz Luft aus dem Zimmer, noch besser von der Straße ein, und zwar wird Aus- und Eintritt der Luft durch Saug- oder Druckwirkung erreicht. In den Weg der austretenden Luft wird einerseits konzentrierte Schwefelsäure zum Auffangen des vom Tiere produzierten Wasserdampfes, andererseits Natronkalk (oder Lauge) geschaltet, die das vom Tier produzierte Kohlendioxyd aufzufangen vermag. Die eintretende Luft läßt man ebenfalls durch konzentrierte Schwefelsaure und Natronkalk (oder Lauge) streichen, um sie wasserdampf- und kohlendioxydfrei zu bekommen.

Ist G_a bzw. G_e das Gewicht des Versuchsobjektes am Anfang bzw. am Ende des Versuches, E das Gewicht der gesamten Einnahmen (Nahrung und Trinkwasser), ferner A das Gewicht der sämtlichen Ausgaben (Wasserdampf, Kohlendioxyd, Harn, Kot), so läßt sich aus diesen Daten der Sauerstoffverbrauch O berechnen, indem

$$O = G_e - (G_a + E - A).$$

Der so berechnete Sauerstoffverbrauch ist aber infolge der zahlreichen Fehlerquellen, die den obigen Bestimmungen anhaften, oft recht unsicher, und zwar in um so größeren Grade, je kürzer der Versuch war. Solche Versuche sollten mindestens 6 Stunden lang dauern.

Soll der Gaswechsel eines größeren Hundes oder gar eines Menschen, eines Pferdes oder Rindes bestimmt werden, so macht es Schwierigkeiten, Wasserdampf und Kohlendioxyd in der ganzen aus dem Tierraum austretenden Luft zu bestimmen. Man begnügt sich in solchen Fallen mit der sog. Teilstromanalyse, die nach PETTENKOFER und VOIT wie folgt ausgefuhrt werden kann. Durch ein eigenartiges, mit Quecksilberventilen versehenes Pumpwerk wird je ein kleiner Bruchteil (etwa $^1/_{300}$ bis $^1/_{3000}$) der Ventilationsluft sowohl vor ihrem Eintritt in den Schrank, wie auch knapp nach ihrem Austritt angesogen, erst durch konzentrierte Schwefelsäure, dann durch eine PETTENKOFERsche Röhre mit Barytwasser und schließlich gegen eine kleine Gasuhr getrieben. Der Gewichtszuwachs der Schwefelsaure ergibt die Menge des in der Luftprobe enthaltenen Wasserdampfes, aus der Konzentrationsanderung des Barytwassers laßt sich aber die Menge des Kohlendioxydes berechnen. Aus dem Verhaltnisse zwischen der an der großen Gasuhr und der an den kleinen Uhren abgelesenen Luftvolumina ergibt sich der Faktor, mittels dessen man die fur Wasserdampf und Kohlendioxyd erhaltenen Werte auf die gesamte Ventilationsluft umrechnen kann. Durch Subtraktion des Wasserdampfes und des Kohlendioxydes in der eintretenden Luft von dem Wasserdampf und dem Kohlendioxyd in der austretenden Luft ergibt sich die gesamte Produktion des Versuchsobjektes.

Respirationsversuche mit direkter Bestimmung des Sauerstoffverbrauches nach dem Prinzip von REGNAULT und REISET. Vom Respirationsschrank, der zum Auffangen von Harn und Kot eingerichtet ist, geht ein Ventilationsrohr ab, das durch ein System von Absorptionsgefäßen (am besten mit konzentrierter Schwefelsäure bzw. Natronkalk beschickt) und ein Pumpwerk unterbrochen, wieder in den Schrank einmundet, also im Verein mit diesen ein geschlossenes Kreissystem bildet. Die Pumpe halt die Luft in standiger Zirkulation und das Absorptionssystem halt Wasserdampf und Kohlendioxyd, die vom Versuchsobjekt gebildet werden, quantitativ zuruck. Aus einem Sauerstoffbehälter (Gasometer oder Druckflasche) stromt standig Sauerstoff in den Respirationsschrank und ersetzt den verbrauchten Sauerstoff. Wird der Strom so reguliert, daß der im Schrank herrschende Innendruck sich nicht andert, so muß, konstanten außeren Luftdruck und konstante Temperatur im Schrank vorausgesetzt, ebensoviel Sauerstoff vom Versuchsobjekt verbraucht worden sein, als zugeströmt ist, da ja der erzeugte Wasserdampf und das Kohlendioxyd in den Absorptionsgefaßen zuruckbehalten wurden. Aus der Volum- bzw. Gewichtsabnahme, die der Sauerstoff im Behalter (Gasometer bzw. Druckflasche) wahrend der Versuchsdauer erfahrt, ergibt sich also unmittelbar das Volumen oder das Gewicht des verbrauchten Sauerstoffes; nur muß entsprechend einer etwaigen Änderung in der Zusammensetzung der durch den Schrank zirkulierenden Luft eine Korrektion angebracht werden. Diese Änderung wird durch Gasanalyse ermittelt, die an einer Probe der Luft im Respirationsschrank je am Beginn und am Ende des Versuches vorgenommen wird. Auch diese Versuche sollen mindestens 6 Stunden lang fortgefuhrt werden.

Respirationsversuche mit direkter Bestimmung des Sauerstoffverbrauches nach dem Prinzip von ZUNTZ-GEPPERT. Mittels dieser Methode können Versuche von weit geringerer Dauer (10—12 Minuten betragend) ausgefuhrt werden, wodurch sie sich fur die Losung so mancher Probleme besonders eignet. In diesen Versuchen wird die Menge des durch die Lunge ausgeschiedenen Kohlendioxydes und der gesamte Sauerstoffverbrauch, also der sog. respiratorische Gaswechsel bestimmt, hingegen der Gaswechsel durch die Haut vernachlassigt, der am Menschen kaum $1\,^0/_0$, an Froschen allerdings etwa die Halfte des gesamten

Gaswechsels ausmacht. Bei dieser Versuchseinrichtung wird der Gaswechsel aus der Größe der Lungenventilation und der Zusammensetzung der Exspirationsluft ermittelt. **Größe der Lungenventilation.** Am Menschen wird die Nasenatmung durch Abklemmen der Nase aufgehoben und der Mund der Versuchsperson mittels eines entsprechenden Verschlußstückes aus Kautschuk luftdicht mit dem Schaft eines T-Rohres verbunden. Der eine Schenkel dieses Rohres führt ins Freie, während der andere mit einer Gasuhr verbunden ist, deren Trommel leicht rotiert. Im Inneren des Rohres sind geeignete Ventile so angebracht, daß Luft nur aus dem Freien in die Lunge einströmen kann, die ausgeatmete Luft aber nur gegen die Gasuhr strömen kann, wobei die Atmung ohne jede Anstrengung erfolgt. Wenn es sich um ein Versuchstier handelt, wird an ihm die Tracheotomie ausgeführt und in den zentralen Stumpf der Trachea eine Kanüle eingebunden, die mit dem Schaft des vorangehend beschriebenen T-Rohres verbunden ist. An der Gasuhr wird das Volumen der Luft abgelesen, die während eines genau bestimmten Zeitraums ausgeatmet wurde; durch Ablesung einer am Apparat angebrachten, nach dem Prinzip des Thermobarometers konstruierten Vorrichtung wird das abgelesene Volumen auf Normalvolumen reduziert. **Zusammensetzung der Exspirationsluft.** Von dem zur Gasuhr führenden Rohr zweigt seitlich eine enge Röhre ab, durch die von Zeit zu Zeit Exspirationsluft abgesogen und in zwei genau kalibrierten Büretten über angesäuertem Wasser aufgefangen wird. Treibt man nun die beiden Luftproben erst in je eine Pipette, wo ihr Kohlendioxyd durch starke Kalilauge in 2—5 Minuten absorbiert wird, dann in je eine Pipette, wo sie durch gelben Phosphor in 8—15 Minuten vom Sauerstoff befreit werden, und liest jedesmal, nachdem die Gasprobe wieder in Büretten überführt wurde, die Volumina ab, so lassen sich aus der Volumsverminderung der prozentische Kohlendioxyd- und Stickstoff- bzw. mit Hilfe dieser beiden Daten der Sauerstoffgehalt der ausgeatmeten Luft berechnen. Selbstverständlich müssen etwaige Änderungen des Luftdruckes und der Temperatur durch gleichzeitiges Ablesen eines Thermobarometers berücksichtigt werden. **Berechnung.** Aus dem Normalvolumen der in der gewählten Zeiteinheit (1′) exspirierten und in obiger Weise analysierten Luft läßt sich die **Kohlendioxydproduktion** in einfachster Weise berechnen, wenn man für den Kohlendioxydgehalt der eingeatmeten (Straßen-) Luft, der in eigens hierzu angestellten Versuchen bestimmt wurde, 0,03—0,04% in Abzug bringt. Der **Sauerstoffverbrauch ist gleich** Sauerstoffgehalt der in der gewählten Zeiteinheit eingeatmeten Luft minus Sauerstoffgehalt der ausgeatmeten Luft. Hierzu stehen uns als bekannt folgende Daten zur Verfügung:

N-Gehalt der Inspirationsluft (Straßenluft) . . . . . . = 79,07%
O- „   „   „   „   . . . . . . = 20,90%
Volumen der Exspirationsluft (an der Gasuhr abgelesen) = V
N-Gehalt der Exspirationsluft ⎱ durch Analyse . . . . = N
O- „   „   „   ⎰ ermittelt; % . . . . = O

Hingegen ist uns das Volumen der Inspirationsluft (da nicht diese, sondern die an O_2 ärmer, an CO_2 reicher gewordene Exspirationsluft durch die Gasuhr streicht) zunächst nicht bekannt, kann jedoch aus dem N-Gehalt der Exspirationsluft leicht berechnet werden. Da es nämlich feststeht, daß der tierische Körper gasförmigen Stickstoff in seinen Bestand weder aufnimmt, noch aber aus seinem Bestand abgibt, und da die Volumina der In- und Exspirationsluft sich ihrem Stickstoffgehalt umgekehrt proportional verhalten, ist das gesuchte Volumen der Inspirationsluft gleich $V \cdot \dfrac{N}{79,07}$. Demzufolge ist der Sauerstoffgehalt der Inspirationsluft $= V \cdot \dfrac{N}{79,07} \cdot \dfrac{20,90}{100}$; da aber der Sauerstoffgehalt der Exspirationsluft $= V \cdot \dfrac{O}{100}$, ist der Sauerstoffverbrauch gleich

$$V \cdot \frac{N}{79,07} \cdot \frac{20,90}{100} - V \cdot \frac{O}{100} = \frac{V}{100} \, (0{,}2643 \, N - O).$$

Respirationsversuche mit direkter Bestimmung des Sauerstoffverbrauches nach der „Sackmethode" von DOUGLAS. Die Versuchsperson atmet, wie in dem vorangehend beschriebenen ZUNTZ-GEPPERTschen Verfahren (S. 328), 10—15 Minuten lang durch ein Mundstuck bei zugeklemmter Nase, und durch zwei Ventile wird dafür gesorgt, daß Luft nur von außen in die Lungen gelange, die Exspirationsluft aber ohne Verlust in einen Sack aus Gummistoff sich ansammle, dessen Wände sich vor Beginn des Versuches beruhren, ohne ein Lumen zu belassen, aber die Aufnahme von etwa 100 Liter gestatten. Am Ende des Versuches, dessen Dauer genau verzeichnet werden muß, wird die Luft, um ihr Volumen zu bestimmen, durch Zusammendrücken des Sackes durch eine Gasuhr getrieben, an einer kleinen Probe ihre Zusammensetzung (Sauerstoff- und Kohlendioxydgehalt) durch Gasanalyse festgestellt, und Kohlensaureproduktion und Sauerstoffverbrauch wie oben berechnet. Dadurch, daß der Gummisack von der Versuchsperson ohne Beschwerden auf dem Rucken getragen werden kann, ist diese Versuchseinrichtung besonders geeignet, den Gaswechsel wahrend des Stehens, Gehens oder welcher Arbeitsleistung immer zu bestimmen.

Respirationsversuche mit direkter Bestimmung des Sauerstoffverbrauches ohne Bestimmung der Kohlendioxydproduktion. Bei dieser Art von Versuchen, die wie die beiden vorangehenden von kurzer Dauer sind, entfallt die Notwendigkeit einer komplizierten Apparatur, daher sie zur Ausführung von Serien- bzw. Massenuntersuchungen besonders geeignet sind.

a) BENEDICTscher Apparat. Sein wichtigster Bestandteil ist das Spirometer, eine leichte, aus dünnem Kupferblech angefertigte, etwa 9 Liter fassende Glocke, die an einer Schnur aufgehangt, in Wasser hineinragt, das im Zwischenraum zwischen zwei Hohlzylindern aus Metall enthalten ist. Der Raum unter der Spirometerglocke bildet im Verein mit zu- und abfuhrenden Röhrenleitungen ein geschlossenes Zirkulationssystem; dieses ist an einer Stelle durch ein Gefaß mit angefeuchtetem Natronkalk unterbrochen, durch das die zirkulierende Luft vom produzierten Kohlendioxyd befreit wird. An dieses Zirkulationssystem ist auch die Versuchsperson angeschlossen, deren Sauerstoffverbrauch bestimmt werden soll. Die Versuchsperson atmet, wie in den Versuchen nach ZUNTZ-GEPPERT (S. 328), bei zugeklemmter Nase durch ein Mundstück, das mittels einer Röhrenleitung seitlich in das Zirkulationssystem einmündet. Die Röhrenleitung ist mit zwei Ventilen versehen; durch eines dieser Ventile wird bewirkt, daß während des Exspiriums die aus den Lungen tretende Luft nur gegen den Raum unter der Spirometerglocke vordringen kann, durch das andere Ventil aber, daß während des Inspiriums in die Lunge nur (durch den Natronkalk) von Kohlendioxyd befreite Luft eindringen kann. Die Schnur, die die Spirometerglocke trägt, läuft über ein leicht bewegliches Rad, und trägt am anderen Ende ein Gegengewicht, das gegen die Glocke genau austariert, diese in jeder beliebigen Höhe frei schwebend erhalt. Beim Exspirium wird die gewichtslos aufgehangte Spirometerglocke durch die eindringende Luft emporgehoben, beim Inspirium hinuntergezogen. Da jedoch ein Teil des in der zirkulierenden Luft enthaltenen Sauerstoffs verbraucht, bzw. zur Bildung von Kohlendioxyd verwendet, dieses aber quantitativ vom Natronkalk zuruckgehalten wird, muß das Gesamtvolumen der zirkulierenden Luft bei jedem Atemzug um einen gewissen Betrag abnehmen. Dementsprechend stellt sich auch die Spirometerglocke bei jedem folgenden Exspirium um einige Millimeter weniger hoch und bei jedem folgenden Inspirium um einige Millimeter tiefer ein. Der jeweilige Stand der Glocke wird durch einen Zeiger angegeben, der am Gegengewicht angebracht ist, und sich längs einer Millimeterskala bewegt. Oder es wird an Stelle des Zeigers ein Schreiber benützt, der den jeweiligen Stand der Glocke auf ein Kymographionpapier aufzeichnet. Ist durch vorangehende Kalibrierung des Apparates das Sauerstoffvolumen bekannt, das verschwinden muß, um eine Senkung der Spirometerglocke um 1 mm herbeizuführen, so ergibt sich aus der in Millimeter ausgedrückten Senkung der Glocke wahrend der Versuchsdauer ohne weiteres das Volumen des verbrauchten Sauerstoffs. Damit aber wahrend eines etwa 10 Minuten dauernden Versuches durch die fortschreitende Konzentrationsabnahme des Sauerstoffs keine unphysiologischen Verhaltnisse geschaffen werden, läßt man vor Beginn des Versuches zu der unter der Glocke befindlichen Luft reinen Sauerstoff strömen (dessen Volumen gar nicht bekannt sein muß), wodurch erreicht wird, daß die Luft in der Glocke auch gegen Ende des Versuches noch Sauerstoff in hinreichender Konzentration enthält.

b) Auf demselben Prinzip beruht auch der KROGHsche Apparat. Ein aus Aluminium angefertigtes Spirometer von der Form einer nach unten offenen Kiste taucht mit dem unteren Rande in Wasser ein. Mit der einen Kante ruht die Kiste auf zwei Metallspitzen so auf, daß sie um diese Kante als um eine horizontale Achse drehbar ist, dabei aber durch ein entsprechend angebrachtes Gegengewicht in jeder Lage gewichtslos schwebend erhalten bleibt, jedoch so, daß die untere Kante längs der ganzen Kiste auch dann unter Wasser bleibt, wenn die Kiste emporgehoben wird. Auch hier bildet der Hohlraum des Spirometers im Verein mit einem Natronkalkgefäß und entsprechenden Röhrenleitungen ein geschlossenes Zirkulationssystem, an das die Atmungsorgane der Versuchsperson durch ein Mundstück unter Einschaltung zweier Ventile angeschlossen sind. Am Spirometer ist ein Schreiber angebracht, der sein Ansteigen während des Exspiriums, sein Absinken während des Inspiriums auf einem Kymographionpapier registriert; werden die den einander folgenden Exspirationsbewegungen entsprechenden höchsten Stellen der Kurve durch eine Gerade verbunden, so läßt sich die Höhe ermitteln, um die die Spirometerglocke während der Versuchsdauer abgesunken ist. Diese Höhe wird mittels eines dem Apparate beigegebenen, eingeteilten und kalibrierten Lineals ausgemessen und gibt den Sauerstoffverbrauch ohne weiteres in Litern an.

4. Der respiratorische Quotient.

Als respiratorischer Quotient (RQ) wird nach PFLÜGER der Quotient aus dem Volumen des ausgegebenen Kohlendioxyds und dem Volumen des verbrauchten Sauerstoffes bezeichnet. Also $RQ = \dfrac{CO_2\,Vol}{O_2\,Vol}$.

Die organischen Verbindungen beanspruchen bei ihrer Verbrennung, also zur Überführung des Kohlenstoffes in Kohlendioxyd, des Wasserstoffes in Wasser, des Schwefels der Eiweißkörper in Schwefelsäure usw. eine ganze bestimmte Menge von Sauerstoff. Nun ist es aber selbstverständlich, daß das Verhältnis zwischen dem bei der Verbrennung eines Moleküls entstehenden Kohlendioxydes und des zur Verbrennung benötigten Sauerstoffes bezüglich verschiedener organischer Verbindungen ein verschiedenes ist, a) je nach dem prozentualen Kohlenstoff- und Wasserstoffgehalt der Verbindung, b) je nach der Menge des Sauerstoffes, den die Verbindung im Molekül bereits enthält, c) je nach dem Grade der Oxydation, die die betreffende organische Verbindung im Tierkörper erleidet, indem Kohlenhydrate und Fette vollkommen zu Kohlendioxyd und Wasser verbrennen, die Eiweißkörper aber nebst Kohlendioxyd und Wasser auch stickstoffhaltige, nicht vollkommen oxydierte Produkte liefern, die zum größten Teile im Harn entleert werden (S. 331). Aus allem dem geht hervor, daß, wenn man einerseits das Volumen des ausgegebenen Kohlendioxyds, andererseits das des verbrauchten Sauerstoffes kennt, man zwei Werte hat, deren Quotient als direkt charakteristisch für jede der drei genannten Hauptgruppen der organischen Verbindungen angesehen werden darf, so daß dieser Quotient, in Respirationsversuchen festgestellt, genau erkennen läßt, welche der genannten Verbindungen im Tierkörper während der Versuchsdauer verbrannt wurde.

Es ist, wenn

ausschließlich Kohlenhydrat verbrennt, der RQ $= 1,$
     ,,   Fett   ,,   ,,   ,, $= 0{,}711,$
     ,,   Eiweiß   ,,   ,,   ,, $= 0{,}801.$

Diese Zahlen ergeben sich aus nachfolgender Berechnung:

Im Kohlenhydratmolekül sind Wasserstoff und Sauerstoff im selben Verhältnis wie im Wasser ($H_2:O$) enthalten, daher es zur Verbrennung des ganzen Moleküls nicht mehr Sauerstoffes bedarf, als zur Überführung des Kohlenstoffes in Kohlendioxyd. Da nun aber das Volumen einer bestimmten Menge von Kohlendioxyd genau so groß ist, wie das Volumen des Sauerstoffes, der beim Entstehen des Kohlendioxyds verbraucht wurde (z. B. 0,829 Liter Kohlendioxyd und 0,829 Liter Sauerstoff, wenn 1 g Glykogen verbrannt wird), so ist der RQ beim Verbrennen von Kohlenhydraten immer $= 1$.

In den **Fetten** ist nicht soviel Sauerstoff enthalten, wie zur Überführung des Wasserstoffs in Wasser notwendig ist, daher der respiratorische Quotient bei der Fettverbrennung kleiner als 1 sein muß. Da die Fette durchschnittlich $76,1\%$ Kohlenstoff, $11,8\%$ Wasserstoff und $12,1\%$ Sauerstoff enthalten, entstehen bei der Verbrennung von 1 g Fett aus den darin enthaltenen 0,761 g Kohlenstoff 2,790 g Kohlendioxyd, da

$$12:44 = 0,761:x, \text{ woraus } x = \frac{0,761 \times 44}{12} = 2,790.$$

Da 1 Liter Kohlendioxyd bei 0^0 C und 760 mm Hg-Druck 1,965 g wiegt, beträgt das Volumen obiger 2,790 g Kohlendioxydes $\frac{2,790}{1,965} = \mathbf{1,419}$ **Liter.**

Bei der Verbrennung von 1 g Fett werden zur Überführung von 0,761 g Kohlenstoff in Kohlendioxyd 2,029 g Sauerstoff verwendet; denn

$$12:32 = 0,761:x, \text{ woraus } x = \frac{0,761 \times 32}{12} = 2,029.$$

Ferner werden zur Überführung von 0,118 g Wasserstoff (die in 1 g Fett enthalten sind) in Wasser 0,944 g Sauerstoff verwendet, da

$$2:16 = 0,118:x, \text{ woraus } x = \frac{0,118 \times 16}{2} = 0,944.$$

Der Sauerstoffbedarf zur Verbrennung des Kohlenstoffs und Wasserstoffs in 1 g Fett beträgt daher $2,029 + 0,944 = 2,973$ g; 0,121 g Sauerstoff sind aber im Fettmolekül bereits enthalten; es werden also bei der Verbrennung von 1 g Fett außer diesen 0,121 g noch

$$2,973 - 0,121 = 2,852 \text{ g Sauerstoff verbraucht.}$$

Da 1 Liter Sauerstoff bei 0^0 C und 760 mm Hg-Druck 1,429 g wiegt, beträgt das Volumen des ganzen verbrauchten Sauerstoffes $\frac{2,852}{1,429} = \mathbf{1,995}$ **Liter.**

Hieraus berechnet beträgt der respiratorische Quotient $\frac{1,419}{1,995} = \mathbf{0,711}.$

Die **Eiweißkörper** werden im Tierkörper nicht vollständig verbrannt, sondern liefern C-, H-, O- und teilweise auch S-haltige Verbindungen, die dann im Harn und Kot entleert werden; darum kann ihr respiratorischer Quotient nur annähernd unter Berücksichtigung der im Harn und Kot entleerten Verbindungen berechnet werden. Im hungernden Hunde, an dem diese Berechnung ausgeführt wurde, enthält das Körpereiweiß neben Stickstoff $52,38\%$ C, $7,27\%$ H, $22,68\%$ O. Hiervon werden im Harn und Kot entleert neben dem ganzen Stickstoff $10,88\%$ C, $2,87\%$ H, $14,99\%$ O; der Rest, der vollkommen verbrennt, beträgt $41,50\%$ C, $4,40\%$ H, $7,69\%$ O.

Es werden demnach, wenn 1 g Eiweiß zersetzt wird, 0,415 g Kohlenstoff in Kohlendioxyd und 0,044 g Wasserstoff in Wasser überführt. Aus 0,415 g Kohlenstoff, die in 1 g Eiweiß enthalten sind, entstehen 1,522 g Kohlendioxyd, da

$$12:44 = 0,415:x, \text{ woraus } x = \frac{0,415 \times 44}{12} = 1,522.$$

Da 1 Liter Kohlendioxyd bei 0^0 C und 760 mm Hg-Druck 1,965 wiegt, beträgt das Volumen obiger 1,522 g Kohlendioxydes $\frac{1,522}{1,965} = \mathbf{0,775}$ **Liter.**

Ferner verbrauchen 0,415 g Kohlenstoff bei ihrer Überführung in Kohlendioxyd 1,107 g Sauerstoff, da

$$12 : 32 = 0,415 : x, \text{ woraus } x = \frac{0,415 \times 32}{12} = 1,107;$$

0,044 g Wasserstoff verbrauchen bei ihrer Überführung in Wasser 0,352 g Sauerstoff, da

$$2 : 16 = 0,044 : x, \text{ woraus } x = \frac{0,044 \times 16}{2} = 0,352.$$

Bei der Verbrennung des Kohlenstoffes und Wasserstoffes, die in 1 g Eiweiß enthalten sind, werden demnach $1,107 + 0,352 = 1,459$ g Sauerstoff verbraucht. Laut vorangehender Berechnung stehen hierfür 0,077 g im Eiweißmolekül zur Verfügung; der gesamte Bedarf beträgt daher

$$1,459 - 0,077 = 1,382 \text{ g.}$$

Da 1 Liter Sauerstoff bei 0^0 C und 760 mm Hg 1,429 g wiegt, beträgt das Volumen des gesamten verbrauchten Sauerstoffes $\dfrac{1,382}{1,429} = 0,967$ Liter.

Aus diesen beiden Daten berechnet, beträgt der respiratorische Quotient $\dfrac{0,775}{0,967} = 0,801.$

Der respiratorische Quotient läßt sich aber auch anders, wie auf S. 330, und zwar logischer definieren: Das Volumen des Sauerstoffs, das zur vollständigen Verbrennung einer bestimmten Menge von Kohlenstoff zu Kohlendioxyd benötigt wird, ist nach den bekannten Gesetzen identisch mit dem Volumen des hierbei entstandenen Kohlendioxydes. Dann kann aber das Kohlendioxyd, d. i. der Zähler im Bruche, durch den Sauerstoff ersetzt werden, der bei der Verbrennung des Kohlenstoffes zu Kohlendioxyd verwendet wurde, während der Nenner, d. i. der gesamte Sauerstoffverbrauch, derselbe bleibt, wie in dem S. 330 gebrauchten Ausdruck. Es ist also

$$RQ = \frac{CO_2 \, Vol}{O_2 \, Vol} = \frac{O_2 \, (\text{zur Oxydation des Kohlenstoffes}) \, Vol}{O_2 \, (\text{Gesamtverbrauch}) \, Vol},$$

naturgemäß auch

$$= \frac{O_2 \, (\text{zur Oxydation des Kohlenstoffes}) \, \text{Gewichtsteile}}{O_2 \, (\text{Gesamtverbrauch}) \, \text{Gewichtsteile}}.$$

Diese beiden letztgenannten Formen des Quotienten haben selbstverständlich denselben Wert wie der ursprüngliche PFLÜGERsche Quotient, bringen es jedoch weit klarer zum Ausdruck, daß der Wert des Quotienten durch den Sauerstoff bestimmt wird, der einerseits zur Oxydation des Kohlenstoffes, andererseits zur Oxydation des ganzen Moleküls erforderlich ist, ob nun beide in Volum- oder Gewichtsteilen angegeben sind, was bei dem PFLÜGERschen Quotienten nicht der Fall ist. Die Berechnung erfolgt auf Grund der oben angeführten Daten, indem

$$RQ \text{ bei Verbrennung von Glykogen} = \frac{0,829}{0,829} = 1,$$

$$\text{,, \quad ,, \quad ,, \quad ,, Fett} \quad = \frac{2,029}{2,852} = 0,711,$$

$$\text{,, \quad ,, \quad ,, \quad ,, Eiweiß} \quad = \frac{1,107}{1,382} = 0,801.$$

Da sich kaum je der Fall ergibt, daß Kohlenhydrat, Fett oder Eiweiß allein verbrennen würde, vielmehr alle diese Verbindungen gleichzeitig, aber zu sehr verschiedenen und wechselnden Anteilen, sich am Stoffwechsel beteiligen, wird auch der respiratorische Quotient das oben erwähnte Minimum von 0,711 und das Maximum von 1 unter normalen Bedingungen kaum je erreichen. Andererseits ist aber zu beachten, daß der respiratorische Quotient sich nur dann in den erwähnten Grenzen zwischen 0,711 und 1 hält,

a) wenn Kohlenhydrate und Fette vollkommen, die Eiweißkörper aber in der (S. 331) beschriebenen Weise verbrennen;

b) wenn Kohlendioxyd nur durch die Verbrennung von Kohlenstoff, also nicht etwa auch durch Abspaltung aus gewissen anorganischen oder organischen Verbindungen entsteht;

c) wenn alles gebildete Kohlendioxyd auch tatsächlich in der Exspirationsluft erscheint;

d) wenn Sauerstoff nicht anders, als zur Bildung von Kohlendioxyd und Wasser, bzw. von gewissen typischen N-haltigen Oxydationsprodukten der Eiweißkörper verwendet wird.

Entsteht Kohlendioxyd auch auf eine andere Weise, als oben erwähnt, oder wird nicht alles durch Verbrennung gebildete Kohlendioxyd in der Exspirationsluft ausgeschieden, oder wird Sauerstoff anders als wie oben dargelegt verwendet, so können jene Grenzen sowohl unter- als auch überschritten werden. So ist z. B. der respiratorische Quotient im protrahierten Hunger (S. 351) oft kleiner als 0,711, kann angeblich sogar noch tiefer, auf 0,60—0,50 sinken, wenn, wie von winterschlafenden Säugetieren behauptet wurde, innerhalb des Tierkörpers aus dem sauerstoffarmeren Fett das sauerstoffreichere Glykogen gebildet wird. In schwereren Fällen von Diabetes ist der respiratorische Quotient oft dauernd niedrig, einerseits infolge des Unvermogens des diabetischen Organismus, Kohlenhydrate zu verbrennen, andererseits, da in solchen Fallen noch in höherem Grade als im Hungerzustande mangelhaft oxydierte Stoffwechselprodukte gebildet werden (S. 310); endlich auch, weil im Diabetiker aus sauerstoffarmeren Verbindungen, wie Eiweiß und Fett, sauerstoffreicherer Zucker gebildet wird. Hierzu im Gegensatz kann der respiratorische Quotient weit mehr als 1 betragen, wenn aus Kohlenhydraten im tierischen Organismus Fett entsteht, wie z. B. an mit Kohlenhydraten gemästeten Tieren. Bei der Überfutterung mit Kohlenhydraten wird namlich einerseits aus sauerstoffreicheren Kohlenhydraten, sauerstoffarmeres Fett gebildet und der auf diese Weise frei gewordene Sauerstoff zur Oxydation verwendet, und laßt den Sauerstoffverbrauch kleiner erscheinen, als er es tatsachlich ist; andererseits wird aus den Kohlenhydraten eine betrachtliche Menge von Kohlendioxyd einfach (ohne Verbrennung) abgespalten. Da auf diese Weise mehr Kohlendioxyd ausgeatmet wird, als bloß durch Verbrennungsvorgange entsteht, muß der respiratorische Quotient aus doppelten Grunden großer sein als 1; er steigt auf 1,2 oder 1,3 und darüber.

5. Berechnung des Eiweißstoffwechsels.

a) Am Hungertier.

Da die uberwiegende Menge der stickstoffhaltigen Zerfallsprodukte der Eiweißkörper im Harn, und nur zu einem geringen, meist zu vernachlässigenden Anteil im Kot, eventuell auch im Schweiß ausgeschieden wird, da es ferner durch überzeugende Versuche sicher festgestellt ist, daß der Tierkörper weder elementaren Stickstoff aus der Umgebung in seinen Bestand aufnimmt, noch aber Stickstoff in Gasform aus seinem stickstoffhältigen Bestand abgibt, läßt sich aus der Menge des im Harn (bzw. auch im Kot und im Schweiß) ausgeschiedenen Stickstoffes auf die Menge der zersetzten Eiweißkörper schließen.

Der Stickstoffgehalt des Harns (bzw. auch des Kotes und des Schweißes) wird nach KJELDAHL (S. 268) bestimmt; und, da die Eiweißkörper durchschnittlich 16% Stickstoff enthalten, ist die Menge des in 24 Stunden zersetzten Eiweißes gleich:

in 24 Stunden ausgeschiedener Stickstoff $\times \dfrac{100}{16}$, oder Stickstoff $\times$ 6,25.

Da wie S. 207 erwähnt, der Magen- und Darmkanal von Pflanzenfressern, insbesondere von Wiederkäuern auch nach längerem Hungern nicht vollständig entleert wird, kann ihr Harnstickstoff auch im Hungerzustande nicht als allein von Körpereiweiß herrührend angesehen werden und darf auch der im Kot entleerte Stickstoff nicht vernachlassigt werden.

b) Bei Nahrungsaufnahme.

Soll der Eiweißstoffwechsel an einem Tiere bestimmt werden, dem Nahrung zugeführt wird, so darf der Stickstoffgehalt des Kotes nicht vernachlässigt werden. Da dieser Stickstoff nur zu einem Teile von den in das Darmlumen ergossenen Sekreten, zum größeren Teil aber von dem nicht resorbierten Anteile der eingeführten Nahrung herrührt, bezeichnet man, ohne einen nennenswerten Fehler zu begehen, die gesamte Menge des Kotstickstoffes als von „nicht resorbiertem" Eiweiß herrührend.

Der Unterschied zwischen dem in der Nahrung eingeführten und dem im Kot entleerten Stickstoff ergibt die Menge des resorbierten Eiweißes; das in Prozenten ausgedrückte Verhältnis zwischen resorbiertem und eingeführtem Eiweiß bezeichnet man als dessen Verdauungs- oder Ausnützungskoeffizienten.

Von dem resorbierten Eiweiß kann ein Teil im Organismus zurückgehalten werden, ein anderer Teil wird zersetzt; der Stickstoff des letzteren wird im Harn ausgeschieden; daher gilt der Harnstickstoff auch am Tier, das Nahrung aufnimmt, als Maß des zersetzten Eiweißes.

Aus einem Vergleich des Stickstoffgehaltes der eingeführten Nahrung mit dem des Harns und Kotes ergibt sich die Bilanz des Stickstoff- bzw. Eiweißumsatzes: α) Wenn in Harn und Kot mehr Stickstoff entleert wird, als in der Nahrung eingeführt wurde, ist die Stickstoff- bzw. Eiweißbilanz negativ, indem außer Nahrungseiweiß auch Körpereiweiß zersetzt wurde. β) Wenn im Harn und Kot weniger Stickstoff entleert wird, als in der Nahrung eingeführt wurde, so ist die Stickstoff- bzw. Eiweißbilanz positiv, indem eine dem Unterschied entsprechende Menge von Nahrungseiweiß im Organismus angesetzt wurde. γ) Wenn die im Harn und Kot entleerte Stickstoffmenge der in der Nahrung eingeführten gleich ist, so befindet sich der Organismus im Stickstoff- bzw. Eiweißgleichgewicht, d. h. sein Eiweißbestand hat sich nicht verändert.

Diese Berechnung, bzw. die ihr zugrunde gelegte Überlegung ist allerdings nicht unbedingt und nicht immer zutreffend. Denn es kann sich ergeben, daß die Aminogruppen nach ihrer Absprengung aus dem Eiweißmolekul zu einer Zeit bereits als Harnstoff ausgeschieden werden, wo der stickstofffreie Rest noch nicht verbrannt wurde, oder gar überhaupt nicht verbrennt, da er in irgendeiner Form in irgendeinem Organe abgelagert wird. Es kann aber auch das Gegenteil erfolgen, indem der stickstofffreie Rest des Eiweißes vollstandig verbrannt ist, der Stickstoff aber irgendwo zurückbehalten wird.

6. Berechnung des Fett- und Kohlenhydratumsatzes.

a) Am Hungertier.

Während der Eiweißumsatz aus dem Stickstoffgehalt der Entleerungen ohne weiteres berechnet werden kann, läßt sich der Fettumsatz nur ermitteln, wenn außer der Menge des ausgeschiedenen Stickstoffes auch die des im ausgeatmeten Kohlendioxyd, ferner im Harn und Kot enthaltenen Kohlenstoffes bekannt ist; der Kohlenhydratumsatz jedoch nur, wenn außerdem noch der Sauerstoff-, bzw. auch der Wasserstoffumsatz bestimmt wird.

α) Berechnung des Fettumsatzes allein.

Im hungernden Warmblüter ist die Menge der zur Verbrennung kommenden Kohlenhydrate (Glykogen) so gering, daß sie ohne weiteres vernachlässigt werden kann, und sich der Fettumsatz aus den Stickstoff- und Kohlenstoffausgaben in einfacher Weise berechnen läßt.

Da das Körpereiweiß durchschnittlich 3,28mal soviel Kohlenstoff als Stickstoff enthält (S. 131), muß auch die Menge des Kohlenstoffes, der in den Ausgaben (Exspirationsluft und Harn) bei der Zersetzung von Eiweiß erscheint, 3,28mal soviel betragen als der Stickstoff im Harn. Wenn daher der Harnstickstoff mit 3,28 multipliziert, und das Produkt von den gesamten Kohlenstoffausgaben abgezogen wird, so verbleibt ein Rest von Kohlenstoff, der nur von Fett herrühren kann. Da aber der Kohlenstoffgehalt der Fette durchschnittlich $76\,^0/_0$ beträgt, ist es klar, daß einem Gramm Kohlenstoff, das aus Fettverbrennung hervorging, $\frac{100}{76} = 1,3$ g Fett entsprechen. Die Menge des verbrannten Fettes ist daher $= 1,3 \times$ (gesamte Kohlenstoffausgabe $- 3,28 \times$ gesamte Stickstoffausgabe).

Es wurden z. B. von einem 8,7 kg schweren Hund in 24 Stunden ausgeschieden:

2,54 g Stickstoff, entsprechend **15,87** g verbranntem Eiweiß.

Weiterhin 120,8 g CO_2, enthaltend . . . . 32,95 g C
ferner im Harn . . . . 1,96 g C
Gesamte Ausscheidung . . . . 34,91 g C
Den 2,54 g Stickstoff entsprechen 2,54 × 3,28 = 8,33 g C
Von verbranntem Fett rühren her . . . . . . 26,58 g C
entsprechend 26,58 × 1,3 = ... **34,55** g verbranntem Fett.

β) Berechnung des Fett- und Kohlenhydratumsatzes.

Soll außer dem Eiweiß- und Fettverbrauch auch der der Kohlenhydrate (Glykogen) berechnet werden, so muß nebst der gesamten Stickstoff- und Kohlenstoffausgabe auch der gesamte Sauerstoffverbrauch bestimmt werden. Mittels dieser beiden Daten kann der Fett- und Kohlenhydratumsatz auf dreierlei Weise berechnet werden: aus Sauerstoffverbrauch und dem respiratorischen Quotienten, aus Sauerstoffverbrauch und Kohlendioxydproduktion und aus dem gesamten N-, C-, H- und O-Umsatz.

αα) Aus Sauerstoffverbrauch und dem respiratorischen Quotienten.

Es läßt sich aus der Größe des respiratorischen Quotienten meistens ohne jede weitere Berechnung beurteilen, welche der drei Hauptgruppen der organischen Verbindungen während der Versuchsdauer in überwiegender Menge verbrannt wurde; nähert er sich dem Minimum von 0,711, so wurde überwiegend Fett zersetzt; nähert er sich dem Maximum von 1, so wurden überwiegend Kohlenhydrate verbrannt. Durch Berechnung läßt sich aber aus dem respiratorischen Quotienten auch das Verhältnis ermitteln, in welchem sich Kohlenhydrate und Fette am Stoffwechsel beteiligt haben. Es entstehen, wie vorangehend (S. 331, 332) gezeigt wurde, bei der Verbrennung von 1 g Eiweiß 0,775 Liter Kohlendioxyd und werden 0,967 Liter Sauerstoff verbraucht, gleichzeitig aber 0,163 g Stickstoff im Harn entleert; folglich müssen, wenn 1 g Stickstoff im Harn erscheint, durch die Zersetzung von Eiweiß $\frac{0,775}{0,163} = 4,75$ Liter Kohlendioxyd erzeugt und $\frac{0,967}{0,163} = 5,93$ Liter Sauerstoff verbraucht worden sein. Wenn daher in einem gegebenen Versuch x Gramm Stickstoff aus zersetztem Eiweiß entleert werden, so sind $4,75 \cdot x$ Liter Kohlendioxyd und $5,93 \cdot x$ Liter Sauerstoff auf Rechnung des Eiweißes zu stellen. Zieht man diese Werte von der gesamten Kohlendioxydproduktion und von dem gesamten Sauerstoffverbrauche ab, so bleibt ein Rest, der von der Verbrennung von Fett und Kohlenhydraten allein herrührt. Hieraus lassen sich die relativen Mengen von verbranntem Fett und Kohlenhydraten auf Grund der folgenden Überlegung ermitteln. Es läßt sich aus den Daten (auf S. 331) leicht berechnen, wie groß der Sauerstoffverbrauch und die Kohlendioxydproduktion ist, wenn Fette und Kohlenhydrate zu verschiedenen Anteilen zur Verbrennung kommen, bzw. welchen Wert zwischen 0,711 und 1 der respiratorische Quotient in diesen Fällen annehmen muß. Eine solche Berechnung liegt auch der nachfolgenden Tabelle zugrunde; in der Tabelle entsprechen

einem respiratorischen Quotienten von	pro je 1 Liter verbrauchten Sauerstoffes verbranntes	
	Glykogen g	Fett g
0,711	0	0,503
0,800	0,365	0,351
0,900	0,786	0,175
1	1,207	0

Es werden also in einem gegebenen Versuche von der gesamten Kohlendioxydproduktion und von dem gesamten Sauerstoffverbrauch die auf verbranntes Eiweiß entfallenden Anteile abgezogen (s. oben), aus den Restbeträgen ein neuer respiratorischer Quotient berechnet und aus dem verbleibenden Sauerstoffverbrauch mit Hilfe obiger Tabelle die dem erhaltenen Quotienten entsprechenden Anteile von Glykogen und Fett ermittelt.

$\beta\beta$) Aus Sauerstoffverbrauch und Kohlendioxydproduktion.

Auf S. 331, 332 ist das produzierte Kohlendioxyd und der verbrauchte Sauerstoff in Normallitern berechnet, wenn je 1 g Glykogen oder Fett oder Eiweiß im Organismus verbrannt wird; diese Daten sind nachstehend zusammengestellt:

	Liefert CO_2 Liter	verbraucht O_2 Liter
1 g Glykogen	0,829	0,829
1 g Fett	1,419	1,995
1 g Eiweiß	0,775	0,967

Mit Hilfe dieser Zusammenstellung läßt sich, wenn von der gesamten Kohlendioxydausgabe und dem gesamten Sauerstoffverbrauch der auf verbranntes Eiweiß entfallende Anteil abgezogen wird (s. oben), nach ZUNTZ die Kohlenhydrat- und Fettverbrennung auf Grund folgender Überlegung berechnen: Da bei der Verbrennung von 1 g Fett 1.419 Liter und bei der von 1 g Kohlenhydrat (z. B.

Glykogen) 0,829 Liter Kohlendioxyd erzeugt werden, so beträgt das Volumen a der bei der Verbrennung von x g Fett und y g Glykogen entstehenden Kohlendioxydes

$$a = 1{,}419 \cdot x + 0{,}829 \cdot y. \tag{I}$$

Andererseits werden verbraucht bei der Verbrennung von 1 g Fett 1,995 Liter, bei der von 1 g Glykogen 0,829 Liter Sauerstoff, daher beträgt das Volumen b des bei der Verbrennung von x g Fett und y g Glykogen verbrauchten Sauerstoffes

$$b = 1{,}995 \cdot x + 0{,}829 \cdot y. \tag{II}$$

Wird Gleichung (I) von Gleichung (II) abgezogen, so erhält man

$$1{,}995\, x - 1{,}419\, x = b - a,$$

woraus $x = \dfrac{b-a}{0{,}576}$, das ist die gesuchte Menge des verbrannten Fettes. Die Menge des verbrannten Glykogens wird erhalten, wenn man den gefundenen Wert von x in eine der beiden Gleichungen einsetzt. Selbstverständlich bedeuten a und b immer die Restbeträge der in dem betreffenden Versuche ermittelten Kohlendioxydproduktion und des Sauerstoffverbrauches, die nach Abzug der auf verbranntes Eiweiß entfallenden Anteile verbleiben.

$\gamma\gamma$) Eiweiß-, Kohlenhydrat- und Fettumsatz lassen sich am genauesten aus der Bestimmung des gesamten N-, C-, H- und O-Umsatzes berechnen, und zwar in analoger Weise, wie bei der Berechnung des Fettumsatzes (S. 335), doch wurden solche Versuche wegen ihrer Umständlichkeit nur in geringer Zahl durchgeführt (in Amerika, durch ATWATER und Mitarbeiter).

b) Berechnung des Fett- und Kohlenhydratumsatzes bei Nahrungsaufnahme.

Der Kohlenhydrat- und Fettumsatz eines ernährten Tieres kann wie am Hungertier berechnet werden: α) aus dem Sauerstoffverbrauch und dem respiratorischen Quotienten (S. 335); β) aus der Kohlendioxydproduktion und dem Sauerstoffverbrauch (S. 336); γ) am genauesten aus dem gesamten N-, C-, H- und O-Umsatz (s. oben).

Ist der Sauerstoffverbrauch nicht bekannt, so läßt sich bloß eine annäherungsweise Berechnung ausführen, und auch diese nur, wenn außer dem Stickstoff- und Kohlenstoffumsatz auch der Eiweiß-, Fett- und Kohlenhydratgehalt in der Nahrung und im Kot bestimmt wird.

Es mussen hierbei gewisse Voraussetzungen gemacht werden, die zwar nicht ganz zutreffen, aber für eine annaherungsweise Berechnung des Kohlenhydrat- und Fettumsatzes zulassig sind. So setzt man voraus, daß von den resorbierten Kohlenhydraten und Fetten die ersteren immer in ihrer ganzen Menge v o r den Fetten verbrennen. Im Sinne dieser Voraussetzung betrachtet man den Rest der Kohlenstoffausgaben, der nach Abzug des auf verbranntes Eiweiß entfallenden Betrages verbleibt, zunächst als ausschließlich von Kohlenhydraten herrührend; und nur wenn dieser Rest mehr beträgt, als den gesamten resorbierten Kohlenhydraten entspricht, stellt man das derart sich ergebende Plus auf Rechnung von verbranntem Fett. (Diese zweite Voraussetzung ist aus dem Grunde falsch, weil nachgewiesenermaßen oft beträchtliche Mengen von resorbierten Kohlenhydraten im Organismus in Form von Glykogen abgelagert werden können, daher in Wirklichkeit weniger Kohlenhydrat und mehr Fett verbrannt ist, als angenommen wurde.)

Beispiel: Eine Versuchsperson soll pro 24 Stunden 420 g Fleisch (enthaltend 67 g Eiweiß), 111,1 g Butter (enthaltend 100 g Fett) und 520 g Brot (enthaltend 300 g Kohlenhydrat und 33 g Eiweiß) verzehrt haben. Einfuhr und Ausfuhr verhielten sich wie folgt:

	Eiweiß	Fett	Kohlen-hydrate	N	C
	g	g	g	g	g
Einfuhr in der Nahrung . . .	100,0	100,0	300,0	16,0	261,8
Ausfuhr { im Kot	6,0	5,0	8,0	1,0	9,6
„ Harn	—	—	—	18,0	20,2
„ CO_2 der Exspirationsluft	—	—	—	—	220,0

Eiweiß: Resorbiert wurden 100,0—6,0 = 94,0 g, welche 15,0 g N enthalten; da im Harn 18,0 g N entleert wurden, müssen 18,0 — 15,0 = 3,0 g N aus verbranntem Körpereiweiß entstanden sein; die Versuchsperson hat demnach 94,0 g Nahrungseiweiß und 3,0 × 6,25 = 18,7 g Korpereiweiß, insgesamt 112,7 g Eiweiß zersetzt.

Kohlenhydrate: Resorbiert wurden 300,0 — 8,0 = 292,0 g mit einem C-Gehalt (bei 44,4%) von 129,6 g. Im Harn und in der CO_2 wurden 240,2 g C ausgeschieden; hiervon rühren 18,0 × 3,28 = 59,0 (S. 335) von verbranntem Eiweiß her; von den restlichen 240,2 — 59,0 = 181,2 g C stammen laut der oben erörterten Voraussetzung 129,6 g aus der Verbrennung von Kohlenhydraten her.

Fett: Resorbiert wurden 100,0 — 5,0 = 95,0 g. Von den gesamten C-Ausgaben verbleiben nach Abzug der auf Eiweiß und Kohlenhydrate entfallenden Anteile 240,2 — (59,0 + 129,6) = 51,6 g, entsprechend 51,6 × 1,3 = 67,1 g Fett. Da auf diese Weise von den 95 g resorbierten Fettes bloß 67,1 g verbrannt sind, wurden im Organismus 95,0 — 67,1 = 27,9 g Fett angesetzt.

Im Endergebnis hatte demnach die Versuchsperson 94 g Nahrungseiweiß und 18,7 g Korpereiweiß zersetzt, ferner von dem eingeführten Fett 67,1 g verbrannt und 27,9 g angesetzt, außerdem noch 292,0 g Kohlenhydrate verbrannt.

II. Allgemeines über den Energieumsatz.

Der Besprechung des Energieumsatzes im Hunger und bei Nahrungsaufnahme, sowie seiner Abhängigkeit von gewissen inneren und äußeren Bedingungen muß vorausgeschickt werden: die Beschreibung der Apparatur, mittels deren der Gehalt der Verbindungen an chemischer Energie bestimmt wird, sodann die Erörterung des Begriffes des physiologischen Nutzeffektes, endlich die Beschreibung der Methoden, mittels deren der Energieumsatz bestimmt werden kann.

A. Bestimmung des Gehaltes organischer Verbindungen an chemischer Energie.

Der Gehalt an chemischer Energie, d. h. die Verbrennungswärme organischer Verbindungen wird am besten durch calorimetrische Verbrennung in der BERTHELOTschen Bombe in reinem Sauerstoff bei erhöhtem Drucke bestimmt.

Zu diesem Behufe werden von der zu verbrennenden Substanz Pastillen im Gewicht von 0,5—1,0 g bereitet. Eine Pastille wird auf 0,1—0,2 mg genau gewogen, in eine kleine Platinschale gelegt, und diese in einen hierfür bestimmten Ring im Innern der Bombe eingehängt. Die Bombe ist aus Gußstahl angefertigt, und besteht aus einem etwa 300 cm³ fassenden Unterteil und einer abschraubbaren Decke. Durch die Decke treten, sowohl voneinander wie auch von der Decke selbst isoliert, ein Platinrohr A, das am oberen Ende mit einem Schraubenventil geoffnet und verschlossen werden kann, sowie ein Platinstab B, der ungefähr in gleicher Hohe wie A im Bombeninneren endigt. A dient zur Einführung des Sauerstoffs in den Hohlraum der Bombe, wahrend B an dem unteren Ende zu dem Ringe umgebogen ist, in dem man das Platinschalchen mit der zu verbrennenden Pastille einhängt. Die uber die Decke hinausragenden Enden von A und B werden mit den Polen eines elektrischen Stromkreises verbunden, der durch Niederdrücken eines Kontakthebels geschlossen werden kann; im Bombeninneren sind A und B mit einem kurzen Stück dunnen (0,1—0,2 mm) Platindrahtes verbunden. An den dünnen Platindraht wird ein Baumwollfaden geknupft, dessen unteres Ende unter die Pastille im Platinschälchen hinunterreicht.

Die Bombe wird durch Aufschrauben der Decke verschlossen, mit Sauerstoff bei einem Druck von etwa 25—30 Atmosphären gefüllt und in ein Blechgefäß, enthaltend eine genau gewogene Menge destillierten Wassers, so versenkt, daß bloß die zwei oberen Enden von A und B aus dem Wasser herausragen. Das Blechgefäß wird in das Innere eines „Calorimeter" genannten größeren Gefäßes gestellt, dessen Wände aus mehreren warmeisolierenden Schichten bestehen, um die Temperatur des Wassers im Blechgefäß von der Temperatur der Umgebung möglichst unabhängig zu machen [1]. Durch ein entsprechendes Rührwerk wird das Wasser im Blechgefäß standig durchgemischt, so daß es uberall dieselbe Temperatur hat. Sobald sich diese gar nicht oder nur mehr gleichmaßig um einige Tausendstel Grade andert, was durch Ablesen eines eintauchenden BECKMANNschen Thermometers von Minute zu Minute kontrolliert wird, bringt man durch Schließen des elektrischen Stromkreises den dünnen Platindraht zum Glühen und hierdurch den Baumwollfaden, sowie gleich darauf auch die Pastille zum Entflammen. Durch die bei der Verbrennung der Pastille entstandene Wärme wird zunachst die Bombe selbst und durch diese das Wasser im Blechgefaße erwarmt. Das Ablesen des Thermometers wird von Minute zu Minute fortgesetzt und die maximale Temperaturerhohung des Wassers festgestellt.

Aus der Menge des Wassers sowie aus dessen Temperaturerhöhung ließe sich die Verbrennungswarme der Pastille ohne weiteres berechnen, wenn nicht außer dem Wasser auch die Bombe, das Blechgefaß, der Ruhrer und das Thermometer miterwärmt wurden, und wenn nicht die Vernachlässigung dieses Umstandes einen argen Fehler in obiger Berechnung ergäbe. Um diesen Fehler zu auszumerz n, mußte eigentlich eine Korrektion entsprechend dem Gewicht und der spezifischen Warme eines jeden der genannten Calorimetergerate angebracht werden. An Stelle dieses umständlichen Vefahrens ist es weit bequemer, den „Wasserwert" des calorimetrischen Systems auf folgende einfache Weise zu bestimmen: Es wird eine genaue abgewogene Pastille einer chemisch reinen organischen Verbindung (z. B. Naphthalin, Benzoesaure, Salicylsaure) von genau bekannter Verbrennungswarme in der oben beschriebenen Weise verbrannt und hierdurch eine bekannte Menge von Warme erzeugt. Aus dieser Warmemenge und der beobachteten Temperatursteigerung des genau abgewogenen Wassers kann in der einfachsten Weise die Wassermenge berechnet werden, die eigentlich hätte vorhanden gewesen sein müssen, wenn die erwahnten Calorimeterbestandteile nicht miterwarmt worden waren. Man wird finden, daß die auf diese Weise berechnete Wassermenge immer größer ist als die, die tatsachlich in das Blechgefaß eingefullt wurde. Das Plus wird als Wasserwert des calorimetrischen Systems bezeichnet, denn es bedeutet diejenige Menge von Wasser, die den genannten Calorimeterbestandteilen thermisch aquivalent ist.

Ist man nun im Besitze dieses „Wasserwertes", so ist es klar, daß der oben erwahnte Fehler vermieden werden kann, wenn man den Wasserwert zu der Menge des im Blechgefaß tatsachlich vorhandenen Wassers hinzuaddiert und die Verbrennungswarme aus dieser Summe und der beobachteten Temperatursteigerung berechnet. Es ist jedoch zuvor noch eine weitere Korrektion anzubringen, entsprechend der Warmemenge, die vom verbrennenden Baumwollfaden, sowie durch die Verbrennung des dem komprimierten Sauerstoff stets beigemischten Stickstoffes herruhrt. Die Verbrennungswarme des Baumwollfadens wird durch calorimetrische Verbrennung von etwa 1 g der Baumwollfäden festgestellt; die

---

[1] Da in dem beschriebenen Calorimeter eine vollkommene Warmeisolierung nicht zu erreichen ist, muß fur den nicht zu vermeidenden Wärmeverlust gegen die Umgebung eine entsprechende Korrektion angebracht werden. Bei einem anderen, sog. adiabatischen Verfahren ist dem Warmeverlust gegen die Umgebung dadurch vorgebeugt, daß in der Calorimeterwand befindliches Wasser durch einen elektrischen Heizstrom annahernd in demselben Maße erwärmt wird, wie das Wasser im Blechgefäß durch die verbrennende Substanz.

des Stickstoffes aber dadurch, daß in die Bombe, ehe man sie verschließt, 1 cm³
destillierten Wassers eingegossen wird, in dem die Verbrennungsprodukte des
Stickstoffes sich zu Salpetersäure lösen. Da die Bildungswärme der Salpetersäure
bekannt ist, braucht man nur nach erfolgter Verbrennung den Salpetersäure-
gehalt des Wassers in der Bombe durch Titration festzustellen, um die durch
Verbrennung von Stickstoff entstandene Wärme berechnen zu können.

Soll die Verbrennungswärme von Kot bestimmt werden, so wird derselbe
getrocknet, pulverisiert und in Form von Pastillen, wie oben, verbrannt. Von
Harn werden 10—15 cm³ in kleinen Verbrennungsschalen aus Platin am Wasserbad eingedampft, der Rückstand im Vakuumtrockenschrank bei 50—60° C
getrocknet und dann verbrannt. Da während des Eindampfens des Harnes
wechselnde Anteile des Harnstoffes hauptsächlich unter Einwirkung der Phosphate
zersetzt werden, womit ein Verlust im Stickstoff- und Energiegehalt einhergeht,
muß der durch das Eindampfen erzeugte Stickstoffverlust in eigens hierzu angestellten Versuchen bestimmt werden, und die gefundene Verbrennungswärme dem
Verluste entsprechend (5,4 kg-Cal. pro 1 g N), korrigiert werden.

Die Verbrennungswärme von 1 g der chemisch reinen, oder aus
dem tierischen Körper in möglichst reinem, trockenem und aschefreiem
Zustande darstellbaren Stoffe wird als ihr spezifischer Energiegehalt bezeichnet. In der Stoffwechsellehre häufig gebrauchte Werte
sind:

Glykogen	4190 g-Cal.
Stärke	4206 ,, ,,
d-Glucose	3743 ,, ,,
Saccharose	3959 ,, ,,
Menschenfett	9540 ,, ,,
Butterfett	9230 ,, ,,
Muskeleiweiß	5650 ,, ,,
Äthylalkohol	7082 ,, ,,

Wie aus dieser Tabelle zu ersehen ist, gibt es auch innerhalb der
einzelnen Hauptgruppen der organischen Verbindungen recht ansehnliche Unterschiede im spezifischen Energiegehalt; daher müssen für
die Berechnungen des Energieumsatzes teils Durchschnittswerte, teils
innerhalb einer Gruppe von verwandten Stoffen die Werte derjenigen
Stoffe angenommen werden, auf die es in erster Reihe ankommt; man
rechnet

für Kohlenhydrate [1]	4,2 kg-Cal.
,, Fett	9,4 ,, ,,
,, Eiweiß	5,6 ,, ,,

B. Die „nutzbare Energie" oder der „physiologische Nutzeffekt" der Nährstoffe.

Laut dem Gesetz der Erhaltung der Energie muß durch die Verbrennung der organischen Substanzen im Tierkörper genau soviel Wärme
erzeugt werden, als wenn sie außerhalb des Tierkörpers in der calorimetrischen Bombe verbrannt würden; natürlich immer vorausgesetzt,
daß infolge der Verbrennung hier wie dort Verbindungen entstehen,
die keine chemische Energie mehr enthalten. Daß sich dies so verhält,
war von vornherein zu erwarten, und wurde für Kohlenhydrate und
Fette durch Tierversuche bewiesen. Bezüglich der Eiweißkörper ist

---

[1] Von den Kohlenhydraten kommen hauptsächlich Stärke und Glykogen
in Betracht.

dies jedoch nicht der Fall, denn ihr chemischer Energiegehalt wird innerhalb des Tierkörpers nicht vollkommen in Wärme, sondern zum Teil in chemische Energien anderer Art umgesetzt; dieser Teil verläßt den Tierkörper in Form verschiedener, nicht vollständig oxydierter Verbindungen im Harn (und im Kot). Aber auch hier behält das Gesetz der Erhaltung der Energie seine Gültigkeit; denn die Wärmemenge, die bei der Verbrennung von Eiweißkörpern entsteht, plus chemischer Energiegehalt der nicht vollkommen oxydiert ausgeschiedenen Anteile, ist gleich dem durch calorimetrische Verbrennung in der Bombe ermittelten Energiegehalt.

Derjenige Anteil des Energiegehaltes eines Stoffes, der innerhalb des Tierkörpers in Wärme umgesetzt werden kann, wird als „nutzbare Energie" oder als „physiologischer Nutzeffekt", bzw. auf 1 g bezogen, als „spezifische nutzbare Energie" oder als „spezifischer physiologischer Nutzeffekt" bezeichnet. Dieser ist, da Kohlenhydrate und Fette im Tierkörper vollkommen verbrennen, dagegen bei der Verbrennung von 1 g Eiweiß chemische Energie in einer Menge von etwa 1,5 kg-Cal. in Harn und Kot ausgeschieden wird, am

```
Kohlenhydrat¹ . . . . . . . . . . . . 4,2 kg-Cal.
Fett  . . . . . . . . . . . . . . . 9,5  „   „
Eiweiß 5,6—1,5 =  . . . . . . . . 4,1  „   „
```

C. Ermittlung des Energieumsatzes.

Die Menge der chemischen Energie, die in einem Tiere in Wärme umgesetzt wird, kann aus dem Kohlen- und Stickstoffumsatz des Tieres, oder aus diesen Umsätzen und der eingeführten Nahrung, oder aus seinem Sauerstoffverbrauch, oder am Menschen aus der „Perspiratio insensibilis" berechnet werden (indirekte Calorimetrie); oder aber direkt bestimmt werden (direkte Calorimetrie).

1. Indirekte Calorimetrie.

a) Berechnung des Energieumsatzes aus dem C- und N-Umsatz.

α) Im Hungerzustande, wo das Glykogen vernachlässigt werden kann (S. 335), läßt sich der Energieumsatz aus den im Stoffwechselversuch ermittelten Mengen von verbranntem Eiweiß und Fett mittels der für den physiologischen Nutzeffekt angegebenen Werte berechnen.

So wurde im (S. 335) angegebenen Beispiel festgestellt, daß 15,87 g Eiweiß und 34,55 g Fett verbrannt sind;

```
aus verbranntem Eiweiß sind entstanden 15,87 × 4,1 =  65,1 kg-Cal.
 „        „       Fett    „       „      34,55 × 9,4 = 324,8  „   „
                                        Zusammen 389,9 kg-Cal.
```

Oder man rechnet nicht mit dem physiologischen Nutzeffekt, sondern mit dem spezifischen Energiegehalt von Eiweiß und Fett, und zieht hinterher die Menge an chemischer Energie, die im Harn entleert und durch calorimetrische Verbrennung bestimmt wurde, ab.

---

¹ Hier sind hauptsächlich Stärke und Glykogen gemeint.

Es waren in 15,87 g Eiweiß enthalten $15,87 \times 5,65 = 89,6$ kg-Cal.
        in 34,55 g Fett   ,, $34,55 \times 9,4 = 324,8$,, ,,

                     Zusammen 414,4 kg-Cal.

      im Harn wurden entleert . . . . 21,1 ,, ,,

      in Wärme wurden verwandelt . . . . . . **393,3** kg-Cal.

Die letztere Art der Berechnung ist die richtigere, weil ja die Eiweißverbrennung durchaus nicht immer gleichmäßig verläuft, daher der für den physiologischen Nutzeffekt des Eiweißes angegebene Wert nur ein angenäherter ist.

β) Findet Nahrungsaufnahme statt, so kann der Kohlenhydratumsatz natürlich nicht vernachlässigt werden. Es muß vielmehr (laut S. 337 f.) festgestellt werden, wieviel Eiweiß, Kohlenhydrat und Fett im Tierkörper verbrannt ist; aus der Menge und dem spezifischen physiologischen Nutzeffekt einer jeden der genannten Verbindungen kann der Energieumsatz leicht berechnet werden.

So wurden in dem (S. 337) angeführten Beispiel verbrannt:
    112,7 g Eiweiß, 67,1 g Fett und 292 g Kohlenhydrat.

Hieraus sind entstanden:
    Aus Eiweißverbrennung . . . . $4,1 \times 112,7 = 462$ kg-Cal.
    ,, Kohlenhydratverbrennung . $4,2 \times 292,0 = 1226$,, ,,
    ,, Fettverbrennung . . . . . $9,4 \times 67,1 = 631$,, ,,

              Zusammen 2319 kg-Cal.

Eine derartige Berechnung liefert jedoch nur einen annähernden Aufschluß über die Menge der in Wärme umgesetzten chemischen Energie, weil ja die Menge der verbrannten Kohlenhydrate und Fette nur in grober Annäherung ermittelt war.

γ) Soll die Berechnung genauer sein, so muß der Energiegehalt sowohl der Nahrung wie auch der Ausscheidungen (Harn und Kot) in jedem Versuch eigens bestimmt werden.

In dem auf S. 337 angeführten Beispiel soll die Versuchsperson pro 24 Stunden 420 g Fleisch, 111,1 g Butter und 520 g Brot verzehrt haben. Die calorimetrische Verbrennung ergab pro 1 g Fleisch 1,033, pro 1 g Butter 7,83 und pro 1 g Brot 2,60 kg-Cal. Entleert wurden 1500 cm³ Harn, die pro 1 cm³ 0,070 kg-Cal. enthielten, und 95 g Kot, der pro 1 g 1,09 kg-Cal. enthielt. Die vergleichende Analyse der Einnahmen und Ausgaben ergab ferner, daß außer 94 g Nahrungseiweiß 18,7 g Körpereiweiß verbrannt und 27,9 g Fett angesetzt wurden.

Es wurden also eingeführt:

    in 420 g Fleisch . . . . 434 kg-Cal.
    in 111,1 g Butter . . . . 869 ,, ,,
    in 520 g Brot . . . . 1352 ,, ,,
    aus verbranntem Körperweiß entstanden . . 106 ,, ,,

             Zusammen 2761 kg-Cal.

    Im Harn wurden ausgeführt . . . . 105 kg-Cal.
    im Kot   ,,   ,, ... 104 ,, ,,
    in angesetztem Fett enthalten $27,9 \times 9,4 = 262$,, ,,

             Zusammen 471 kg-Cal.

    Mithin wurden in Warme umgesetzt . . . . 2761 kg-Cal.
                           -471 ,, ,,

                2290 kg-Cal.

In Magen- und Darmkanal von Pflanzenfressern, namentlich im Magen der Wiederkäuer entstehen durch Gärung der in der Nahrung eingeführten Cellulose außer anderen Spaltungsprodukten auch brennbare Gase, wie Wasserstoff und Methan, deren chemischer Energiegehalt besonders groß ist: 34 kg-Cal. pro 1 g Wasserstoff und 13 kg-Cal. pro 1 g Methan. Da diese Gase teils durch Aufstoßen, teils per anum nach außen gelangen, teils aber nach erfolgter Resorption aus dem Blute an die Exspirationsluft abgegeben werden, muß in Versuchen, die an solchen Tieren ausgeführt werden, und die in obiger Weise berechnet werden sollen, die Menge der genannten Gase bestimmt, ihr Energiegehalt berechnet, und, wie der des Harns und Kotes, als chemische Energie, die im Tierkörper nicht umgewandelt wurde, vom Energiegehalt der eingeführten Nahrung abgezogen werden.

δ) Noch genauer läßt sich natürlich der Energieumsatz in solchen, bisher nur in geringer Anzahl ausgeführten Versuchen berechnen, in denen der gesamte N-, C-, O- und H-Umsatz bestimmt wurde (S. 337), daher die Menge der verbrannten Kohlenhydrate auch ohne die (S. 337) genannten Voraussetzungen berechnet werden kann.

b) Berechnung des Energieumsatzes aus dem Sauerstoffverbrauch.

Der Energieumsatz läßt sich auch aus dem Sauerstoffverbrauch allein, gleichviel, ob im Hungerzustande oder bei Nahrungsaufnahme, berechnen.

Bei der Verbrennung von 1 g Glykogen werden (S. 336) 0,829 Liter Sauerstoff verbraucht, und es entsteht Warme in einer Menge von 4,2 kg-Cal.; folglich geht mit dem Verbrauch von 1 Liter Sauerstoff, wenn Glykogen verbrennt, ein Energieumsatz von 4,2 : 0,829 = 5,07 kg-Cal. einher. Das ist der sog. calorische Wert des Sauerstoffes bei Glykogenverbrennung. Bei der Verbrennung von 1 g Fett werden 1,995 Liter Sauerstoff verbraucht, und es entsteht eine Warmemenge von 9,4 kg-Cal.; folglich ist der Verbrauch von 1 Liter Sauerstoff bei der Verbrennung von Fett mit einem Energieumsatz von 9,4 : 1,995 = 4,72 kg-Cal. verbunden. Das ist der sog. calorische Wert des Sauerstoffes bei der Verbrennung von Fett.

Da die so berechneten Werte des verbrauchten Sauerstoffes in den extremen Fallen ausschließlicher Glykogen- bzw. Fettverbrennung bloß um etwa 7,6% voneinander verschieden sind, laßt sich der Energieverbrauch aus dem Sauerstoffverbrauch allein (wenn z. B., wie in den Methoden auf S. 329, die Kohlendioxydproduktion nicht bestimmt wird, daher auch der respiratorische Quotient fehlt) in guter Annaherung berechnen, indem der Fehler dieser Berechnung maximal 7,6%, bzw. nur 3,8% betragt, wenn man fur 1 Liter verbrauchten Sauerstoffs den Mittelwert von 4,9 kg-Cal. in Rechnung bringt. Selbstverständlich darf nur mit dem Sauerstoffrest gerechnet werden, der aus dem gesamten Sauerstoffverbrauch nach Abzug des auf die Eiweißverbrennung entfallenden Anteiles (S. 336) ubrigbleibt; und erst zum Endergebnis wird die Wärmemenge hinzuaddiert, die dem zersetzten Eiweiß entspricht.

Die Rechnung mit den calorischen Werten der Kohlendioxydproduktion birgt größere Fehlerquellen in sich, da jene Werte in weit hoherem Grade als die des Sauerstoffs voneinander abweichen. Es werden namlich bei der Verbrennung von 1 g Glykogen 0,829 Liter Kohlendioxyd und 4,2 kg-Cal. Warme gebildet; folglich geht mit der Bildung von 1 Liter Kohlendioxyd, die bei der Verbrennung von Glykogen entsteht, ein Energieumsatz von 4,2 : 0,829 = 5,07 kg-Cal. einher; das ist der calorische Wert des produzierten Kohlendioxydes bei der Verbrennung von Glykogen. Bei der Verbrennung von 1 g Fett entstehen aber 1,419 Liter Kohlendioxyd und 9,4 kg-Cal. Warme; folglich ist mit der Bildung von !1 Liter Kohlendioxyd, das aus Fettverbrennung hervorgegangen ist, ein Energieumsatz von 9,4 : 1,419 = 6,62 kg-Cal. verbunden; das ist der calorische Wert des Kohlendioxydes bei Fettverbrennung. Wird daher der Energieumsatz aus der Kohlendioxydproduktion berechnet, kann der begangene Fehler mehr als 30% in maximo betragen, bzw. 15%, wenn man für 1 Liter des ausgegebenen Kohlendioxydes den Mittelwert von 5,84 kg-Cal. in Rechnung bringt.

c) Berechnung [des Energieumsatzes aus dem Sauerstoffverbrauch und dem respiratorischen Quotienten.

Noch genauer als aus dem Sauerstoffverbrauch allein kann der Energieumsatz aus dem Sauerstoffverbrauch und dem respiratorischen Quotienten berechnet werden.

Wenn Kohlenhydrat verbrennt, betragt laut S. 343 der respiratorische Quotient 1 und der calorische Wert des verbrauchten Sauerstoffs 5,07 kg-Cal.; bei Fettverbrennung beträgt der respiratorische Quotient 0,711 und der calorische Wert des verbrauchten Sauerstoffes 4,72 kg-Cal. Wenn daher Kohlenhydrat (Glykogen) und Fett gleichzeitig, jedoch zu verschiedenen Anteilen verbrennen, wird sich der calorische Wert des verbrauchten Sauerstoffes im selben Verhältnis den Werten 4,72 bzw. 5,07 nahern, wie der respiratorische Quotient sich den Werten 0,711 bzw. 1 nahert.

Handelt es sich, wie sehr oft, um Versuche, in denen der Harnstickstoff nicht bestimmt wird, daher sich auch die Menge des verbrannten Eiweißes nicht berechnen läßt, kann man in der im allgemeinen wohl zulassigen Annahme, daß sich das Eiweiß am Gesamtenergieumsatz zu etwa 15% beteiligt, den calorischen Wert des verbrauchten Sauerstoffs folgender, von MAGNUS-LEVY berechneten Tabelle entnehmen:

R.-Q.	Calorischer Wert von 1 Liter Sauerstoff kg-Cal.
0,722	4,673
0,750	4,708
0,800	4,770
0,850	4,831
0,900	4,892
0,950	4,954
0,971	4,980

d) Berechnung des Energieumsatzes aus der Perspiratio insensibilis.

Die Berechnung des Energieumsatzes ist nach F. G. Benedict auch auf der Grundlage möglich, daß der durch die Sauerstoffaufnahme allerdings teilweise wettgemachte Gewichtsverlust infolge der „Perspiratio insensibilis", worunter hier Kohlendioxyd- und Wasserdampfabgabe gemeint ist (siehe die Anmerkung auf S. 345), dem Energieumsatz proportional ist. Zwischen dem auf 24 Stunden berechneten Energieumsatz und dem auf 1 Stunde berechneten Gewichtsverlust durch die Perspiratio insensibilis besteht bezüglich des Menschen der folgende Zusammenhang:

Gewichtsverlust pro Stunde g	Energieumsatz pro 24 Stunden kg-Cal.	Gewichtsverlust pro Stunde g	Energieumsatz pro 24 Stunden kg-Cal.
20	1090	40	1715
24	1215	44	1840
28	1345	48	1965
32	1470	52	2085
36	1590	56	2210

2. Direkte Calorimetrie.

Da im ruhenden Tierkörper der gesamte chemische Energiegehalt der verbrennenden organischen Verbindungen unmittelbar oder mittelbar (S. 299) in Wärme umgesetzt wird, kann die Wärmeproduktion als Maß des Energieumsatzes eines in Ruhe befindlichen Organismus angesehen werden. Wird auch äußere, mechanische Arbeit geleistet, so ist zur Wärmeproduktion das thermische Äquivalent der geleisteten Arbeit hinzuzuaddieren.

a) Die Wärmeabgabe.

Wir sind nicht in der Lage, die Wärmeproduktion zu bestimmen; uns stehen nur Mittel zur Verfügung, die Wärmeabgabe zu ermitteln. Wärmeproduktion und Wärmeabgabe sind aber in dem Falle identisch, wenn sich Körpergewicht und Körpertemperatur im Laufe des Versuches nicht ändern; und da dies bezüglich der Körpertemperatur oft, beim Körpergewicht nie der Fall ist, läßt sich die gesuchte Wärmeproduktion der gefundenen Wärmeabgabe nur gleichsetzen, wenn man entsprechend den obigen Änderungen eine Korrektion an der Wärmeabgabe anbringt.

Die Wärmeabgabe erfolgt auf verschiedenen Wegen: a) durch Strahlung von der Körperoberfläche aus; b) durch Leitung (Unterlage, umgebende Luft); c) durch Wasserverdampfung. Die Beteiligung der genannten Komponenten der Wärmeabgabe hängt sowohl von äußeren Umständen, wie auch von individuellen Eigenschaften der Tiere ab. So ist es klar, daß in kalter Umgebung mehr Wärme durch Strahlung und Leitung abgegeben wird als in warmer; in trockener Luft mehr Wasser verdampft wird als in feuchter; ferner auch, daß ein langhaariges, gegen Wärmeverlust besser geschütztes Tier weniger Wärme durch Strahlung und Leitung abgeben kann, somit entsprechend mehr durch Wasserverdampfung abgeben muß, als ein weniger behaartes. Die Wasserdampfabgabe erfolgt zum größeren Anteil von der Oberfläche der Lungenalveolen; dieser Teil des Wasserdampfes erscheint in der ausgeatmeten Luft; zum kleineren Teil erfolgt die Wasserdampfabgabe von der Hautoberfläche. Der letztere Anteil wird auch als Perspiratio insensibilis[1] bezeichnet, worunter aber nicht das Wasser zu verstehen ist, das von der Haut in Form von Schweißperlen abfällt, oder von der Haarbekleidung (am Menschen von Wäsche) aufgenommen wird.

Die Haut des Menschen ist reichlich mit Schweißdrüsen versehen, daher in hohem Grade geeignet, von seiner Oberfläche Wasser verdampfen zu lassen; Tiere, denen die Schweißdrüsen längs des größten Teiles ihrer Körperoberfläche fehlen, können Wasser hauptsächlich nur von der Oberfläche der Lungenalveolen, bzw. der Zunge (siehe S. 357) verdampfen.

---

[1] Hierunter wird von manchen Autoren der Gewichtsverlust gemeint, der verbleibt, wenn man vom gesamten Gewichtsverlust des Tieres denjenigen abrechnet, der durch die flüssigen und festen Ausscheidungen verursacht ist. Dieser Rest ist gleich Wasserdampf- und Kohlendioxydabgabe.

b) Methodik der direkten Calorimetrie.

Behufs direkter Bestimmung der Wärmeproduktion wird das Tier in einem eigens hierzu konstruierten, Tier-Calorimeter genannten Kasten gehalten, in dem die Wärmeausgabe nach verschiedenen Methoden gemessen wird. In allen diesen Apparaten wird die durch Strahlung und Leitung abgegebene Wärme zum größeren Teile zur Anwärmung gewisser Calorimeterbestandteile (Wandung des Tierraumes, eingeschlossene Luft, zirkulierendes Wasser, Lötstellen) verwendet; ein kleinerer Teil wird in der Ventilationsluft entführt. Selbstverständlich müssen diese Apparate für eine genaue Bestimmung der Wasserdampfabgabe eingerichtet sein, da ja, wie oben erwähnt war, ein (oft ansehnlicher) Teil der Wärmeabgabe durch Wasserverdampfung erfolgt. Die derzeit gebräuchlichen Calorimeter sind auch zur Bestimmung der Kohlendioxydproduktion, bzw. auch zur direkten Bestimmung des Sauerstoffverbrauches eingerichtet und werden daher als **Respirationscalorimeter** bezeichnet; die vollkommensten unter ihnen sind die folgenden:

a) Der RUBNERsche Apparat hat zum Prinzip, daß ein abgeschlossenes Luftquantum, das den Tierraum umgibt, durch die vom Tiere durch Strahlung und Leitung abgegebene Wärme ausgedehnt wird; durch graphische Registrierung dieser Ausdehnung kann die Wärmeabgabe direkt ermittelt werden.

Das RUBNERsche Respirationscalorimeter ist folgendermaßen konstruiert: Als Tierraum dient ein Kasten aus dünnem Kupferblech, der von einem zweiten größeren Kupferkasten umgeben ist. Damit die Luft im Zwischenraum, den RUBNER Mantelraum nennt, gegen die Schwankungen der umgebenden Temperatur möglichst geschützt sei, ist der zweite Kupferkasten von einem dritten umgeben; der Zwischenraum zwischen den beiden enthält Luft, die als Isolator wirkt. Schließlich ist das ganze ineinander geschachtelte System in ein großes Wasserbad versenkt, dessen Temperatur durch einen Thermoregulator bis auf 0,05° C konstant erhalten werden kann. Im Mantelraum sind etwa 40—50 Liter Luft eingeschlossen, die durch eine einzige Öffnung mit der Luft eines „Volumeters" (I) kommunizieren. Das Volumeter besteht aus einer in Petroleum tauchenden Glocke aus dünnem Kupferblech, und wird in jeder Lage durch eine Seidenschnur schwebend erhalten, die über zwei leicht bewegliche Räder lauft, und an ihrem freien Ende ein genau austariertes Gewicht trägt. An diesem Gewicht ist eine mit Farblösung gefüllte Feder befestigt, an der ein mit Millimeterpapier bespannter Metallzylinder, durch ein Uhrwerk angetrieben, langsam vorüberrotiert. Wird im Tierraum auf irgendeine Weise Wärme erzeugt (elektrischer Widerstand, Versuchstier), so wird durch die im Tierraum ausgegebene strahlende Wärme die dünne kupferne Wand des Tierraumes und durch diese hindurch auch die Luft im Mantelraum erwärmt und ausgedehnt; und, da die Ausdehnung bloß gegen die Volumeterglocke stattfinden kann, wird diese gehoben, gleichzeitig aber auch das Gegengewicht mit der Feder gesenkt. Hierdurch wird auf dem langsam rotierenden Papier eine absteigende Kurve gezeichnet, die wieder in die Horizontale umbiegt, sobald der Apparat ins Warmegleichgewicht gelangt.

Wenn man am Ende des Versuches die vor dem Beginn der Warmeentwicklung gezeichnete horizontale Linie verlängert, und entsprechend dem Beginn und dem Ende des Versuches je eine Senkrechte zieht, erhalt man eine Fläche, die der Menge der wahrend der Versuchsdauer durch Strahlung abgegebenen Warme proportional ist. Um aus diesem Flächeninhalt die erfolgte Warmeausgabe berechnen zu konnen, muß erst durch eigens zu diesem Zwecke angestellte Kalibrierungsversuche jene Warmemenge bestimmt werden, die der Einheit (z. B. 1 mm²) der umschriebenen Fläche entspricht. Dies geschieht auf folgende Weise: Im Tierraum wird ein elektrischer Widerstand, z. B. eine Spirale aus Konstantandraht mit dem Widerstand von etwa 350 Ω untergebracht, und elektrischer Strom durch ihn geschickt. Aus dem bekannten Widerstand und der abgelesenen Stromstärke läßt sich die Menge der während einer gewissen Zeitdauer (etwa 5—6 Stunden) entwickelten Warme berechnen; mißt man dann die während dieser Zeitdauer umschriebene Flache (etwa mit dem Planimeter) aus, so läßt sich die 1 mm² entsprechende Warmemenge ermitteln.

Nun wird aber das Volumen der in dem Mantelraum befindlichen Luft auch durch die wenn auch geringen Temperaturschwankungen des Wasserbades, sowie durch die Luftdruckschwankungen ständig verandert, wodurch auch die Feder an Millimeterpapier bald auf-, bald absteigende Kurven beschreiben muß; es ergeben sich Abweichungen von der Horizontalen, die weder im Kalibrierungs- noch im eigentlichen Tierversuch von Wärmeproduktion herruhren. Diese sehr storenden Fehler werden durch einen sog. „Korrektionsapparat" ausgemerzt, bestehend in einem System von zahlreichen Kastchen aus dunnwandigem Kupferblech, die, durch kurze Rohren miteinander verbunden, ebensoviel Luft enthalten, wie im Mantelraum eingeschlossen ist, und durch eine einzige Öffnung mit der Luft in der Glocke eines zweiten Volumeters (II) kommunizieren. Der ganze Korrektionsapparat ist in das Wasserbad so versenkt, daß seine einzelnen Kastchen den Tier- und Mantelraum von allen Seiten umfassen. Die Schwankungen des Luftdruckes, wie auch die etwaigen Temperaturschwankungen des Wasserbades erzeugen an beiden Volumeterpapieren gleichgroße und gleichsinnige Ausschlage, werden also eliminiert, wenn die am Volumeterpapier II ausgemessene Flache von der am Volumeterpapier I abgezogen wird. Zu der auf diese Weise errechneten Wärmemenge wird jene hinzuaddiert, die zur Erwarmung der Ventilationsluft und zur Wasserverdampfung verwendet wurde. Erstere wird aus dem auf das normale reduzierte Volumen der Ventilationsluft, aus dem Temperaturunterschied zwischen aus- und eintretender Ventilationsluft, ferner aus dem spezifischen Gewicht und der spezifischen Warme der Luft berechnet. Für letztere werden je nach der Temperatur etwa 0,6 kg-Cal. pro 1 g verdampften Wassers in Rechnung gebracht. Folgendes Beispiel soll die Berechnung eines RUBNERschen Versuches erlautern:

Die 24 stundige Warmeabgabe eines Hundes mit dem Anfangsgewicht von 8852 g war:

Am Volumeterpapier des Mantelraumes ausgemessen . . 11040 mm²

,, ,, ,, Korrektionsraumes ausgemessen 2472 ,,

Den letzteren Wert vom ersteren abgezogen, bleiben 8568 mm²

Die Kalibrierung des Apparates ergab, daß 1 mm² einer Warmeabgabe von 20,41 g-Cal. entspricht; folglich

entsprechen obigen 8568 mm² . . . . 174,9 kg-Cal.
in der Ventilationsluft wurden entfuhrt . . . . . . 25,4 ,, ,,
zur Verdampfung von 194,2 g Wasser wurden verwendet
194,2 × 0,587 = ... 114,1 ,, ,,

Gesamte Wärmeabgabe 314,4 kg-Cal.

Wahrend des Versuches hat sowohl das Gewicht des Tieres, wie auch seine Körpertemperatur abgenommen; beides zusammen involviert eine Korrektion von . . . . —8,4 ,, ,,

Die Wärmeproduktion beträgt daher **306,0** kg-Cal.

β) **Im Apparat von** ATWATER **und** BENEDICT wird die vom Versuchsobjekt abgegebene Wärme von Wasser aufgenommen, das entlang der Innenfläche des Calorimeterkastens vorüberströmt. Aus der Menge und dem Temperaturanstieg des durchströmenden Wassers läßt sich die Wärmemenge berechnen, die durch Strahlung abgegeben wurde; zu dieser wird jene hinzuaddiert, die zur Erwärmung der Ventilationsluft und zur Wasserverdampfung verwendet wurde (siehe oben).

Der Raum, in dem sich das Versuchsobjekt aufhalt, ist von einer vierfachen Wand umgeben; die zwei außeren sind aus Holz, die nächste aus Zink und die innerste aus Kupfer angefertigt. Zur Wärmeisolierung gegen die Umgebung ist in den Raum zwischen der inneren Holzwand und der Zinkwand eine Heiz- und eine Kühlvorrichtung eingebaut; erstere besteht aus einem elektrischen Widerstand, durch den ein regulierbarer elektrischer Strom geleitet wird; letztere aus einer Röhrenleitung, durch die kaltes Wasser in gewünschter Geschwindigkeit strömt. Geheizt oder gekühlt wird nur, wenn zwischen Zink- und Kupferwand ein Temperaturunterschied besteht; um diesen konstatieren zu können, ist zwischen beide Wande ein System von Thermoelementen eingebaut, die im Falle eines Temperaturunterschiedes Thermoströme liefern. Diese werden durch ein Galvanometer angezeigt und es wird nun entsprechend der Ausschlagsrichtung bald die Heiz-, bald die Kühlvorrichtung in Gang gebracht. So wird erreicht, daß Zink- und Kupferwand immer dieselbe Temperatur haben, daher der Kasten keine Wärme von außen aufnehmen, und auch keine Wärme nach außen, sondern ausschließlich an das Wasser in Kupferspiralrohren abgeben kann. Temperatur und Stromgeschwindigkeit des Wassers, das durch diese Spiralröhren längs der Innenfläche der Kupferwand strömt, wird so geregelt, daß die Temperatur im Innenraume sich nicht andere. Ist die Menge des durchströmenden Wassers, sowie dessen Temperatur beim Eintritt und beim Austritt bekannt, so laßt sich hieraus die Menge der abgegebenen Warme berechnen.

γ) Später wurden Apparate konstruiert, in denen die durch Strahlung und Leitung abgegebene Wärme durch elektrische Kompensation bestimmt wird. Der erste solche Apparat, in dem es möglich war, die Wärmeabgabe bebrüteter Hühnereier zu bestimmen, wurde von BOHR und HASSELBALCH angegeben, ein neuerer, weit vollkommener Apparat wurde nach demselben Prinzip von TANGL konstruiert.

Der TANGLsche Apparat besteht aus zwei gleichdimensionierten dünnwandigen Kupferkasten, deren äußere Flachen sowohl voneinander, wie auch von der Umgebung durch ein mehrfaches System von schlechten Warmeleitern (Korkabfälle, Luft, Vakuum) isoliert sind. Beide Kasten sind an symmetrischen Stellen ihrer außeren Oberflache durch angelötete Konstantandrähte verbunden; außerdem geht von beiden Kasten je ein dicker Kupferdraht zu den Polklemmen eines empfindlichen Galvanometers. Kupfer und Konstantan stellen ein System von Thermoelementen dar, in dem ein Thermostrom erzeugt wird, sobald ein Temperaturunterschied zwischen den beiden Kasten besteht; der Thermostrom wird durch das Galvanometer angezeigt. In den einen Kasten ist ein Drahtkäfig eingeschoben, der zur Aufnahme des Tieres dient, und der von dem kupfernen Boden des Kastens durch Ebonitspangen isoliert ist; der andere enthalt einen genau bekannten elektrischen Widerstand, durch den ein elektrischer Strom geschickt werden kann; die Intensität dieses Stromes wird mittels eines Rheostaten so reguliert, daß das Galvanometer keinen Ausschlag gebe, der Thermostrom daher gleich Null sei. Dies ist der Fall, wenn die vom Tier an den einen Kasten durch Strahlung abgegebene und im Widerstand im anderen Kasten erzeugte Warme gleich groß ist; die letztere laßt sich aus dem Widerstand und aus der an einem Amperemeter abgelesenen Stromstarke leicht berechnen. Der Tierraum wird, wie an anderen Apparaten ventiliert und kann außerdem zu Respirationsversuchen verwendet werden. Auch hier wird zur Warmemenge, die durch Strahlung und Leitung abgegeben wurde, diejenige hinzuaddiert, die zur Erwarmung der Ventilationsluft und zur Wasserverdampfung gedient hatte (s. S. 347).

3. Übereinstimmung zwischen der berechneten und direkt bestimmten Wärmeproduktion.

In tadellosen Versuchen dürfte eigentlich zwischen der aus den Zersetzungen berechneten und der nach einer der obigen Methoden direkt bestimmten Wärmeproduktion kein Unterschied bestehen; tatsächlich beträgt jedoch der Unterschied sogar in guten Versuchen oft 1—2% und darüber. Als Beispiel diene folgender Versuch.

Die Wärmeproduktion eines hungernden Hundes von 7058 g Korpergewicht betrug:

Berechnet:

aus verbrannten 30,2 g Fett . . . . 283,9 kg-Cal.
„   „   10,8 g Eiweiß . . . . 61,0 „   „

Zusammen 344,9 kg-Cal.

Im Harn entleert . . . . 17,3 „   „

Warmeproduktion 327,6 kg-Cal.

Direkt bestimmt:

Durch Strahlung und Leitung abgegeben . . . . . 188,7 kg-Cal.
an die Ventilationsluft abgegeben . . . . 49,8 „   „
zur Wasserverdampfung verwendet . . . . 88,7 „   „

Warmeproduktion 327,2 kg-Cal.

Der Gewichts- und Temperaturveranderung entsprechend
sind abzuziehen. . . . . 0,8 „   „

Warmeproduktion 326,4 kg-Cal.

III. Stoffwechsel und Energieumsatz im Hungerzustand.

A. Stoffwechsel.

Es soll zunächst der Stoffwechsel im Hungerzustand besprochen werden, da hier die Verhältnisse am klarsten zu überblicken sind; wobei aber bemerkt werden muß, daß sich nachstehende Erörterungen nur auf den Ruhezustand, d. h. auf den Fall beziehen, wenn alle umgesetzte chemische Energie den Körper in Form von Wärme verläßt, nicht aber, wenn chemische Energie in mechanische verwandelt, also auch äußere Arbeit geleistet wird.

Als totalen Hunger bezeichnet man den Zustand, in dem dem Organismus jedwede Nahrung entzogen wird. Von partiellem Hungern spricht man, wenn nicht die ganze Nahrung entzogen wird, sondern bloß gewisse Bestandteile aus ihr fehlen. So kann z. B. einem Tiere chemische Energie in hinreichender Menge gegeben werden, wobei jedoch eines der drei wichtigen Nährstoffe (Eiweiß oder Kohlenhydrate oder Fette) fehlt: das Tier wird partiellen Hunger leiden. Oder es können bei sonst tadelloser Zusammensetzung der Nahrung gewisse, oder es kann ein gewisses Salz fehlen; oder es kann ein Mangel an gewissen Stoffen (Vitaminen) bestehen, deren chemischer Energiegehalt bei den geringen in Frage stehenden Mengen wohl kaum in Betracht kommt, deren Mangel jedoch vermöge ihrer spezifischen Wirkungen auf den Stoffwechsel sehr stark ins Gewicht fällt (S. 377f.). In nachfolgendem wird nur vom totalen Hunger die Rede sein.

Menschen und Tiere vermögen mehr-minder lange zu hungern, und erhalten ihr Leben während dieser Zeit durch Umsetzung der chemischen Energie ihres eigenen Körperbestandes. Ein Mensch kann 1 bis 2 Wochen ohne Nahrung am Leben bleiben; Cetti, Succi und andere „Hunger-

künstler" konnten nachweislich 30 Tage fasten, ohne an ihrer Gesundheit
Schaden zu nehmen. Auch die meisten Hunde vertragen 1—2 Wochen
langes Hungern sehr gut; manche bleiben 2 Monate lang am Leben,
ohne Nahrung zu erhalten. In der Regel gehen aber Warmblüter durch
Hunger ein, wenn sie 40% ihres ursprünglichen Körpergewichtes ein-
gebüßt haben.

Das qualvolle Hungergefühl wird meistens nur an den ersten Tagen
empfunden und ist später kaum mehr vorhanden; auch wird kein besonderer Durst empfunden, da die Stoffe, die die Körpersubstanz bilden,
in der mehrfachen Menge Wasser gelöst bzw. dispergiert sind, demzufolge
reichlich Wasser frei wird, wenn jene Stoffe verbrennen. Dieses Wasser,
sowie das durch Verbrennung der organischen Verbindungen entstandene
Wasser reicht hin, um den Wasserbedarf zu decken. Von den Sym-
ptomen, die an Hungernden zu beobachten sind, fallen besonders auf:
zunehmende Muskelschwäche, Verlangsamung der Herz- und Atemfrequenz.

Das Körpergewicht nimmt ständig ab, doch sind an dieser Abnahme
die verschiedenen Organe und Gewebe nicht in gleichem Grade beteiligt. So fehlen am verhungerten Tiere $93—97\%$ des ursprünglichen Fettes, $30—60\%$ der quergestreiften Muskulatur (das Herz aus-
genommen), $50—70\%$ der Leber, $60—70\%$ des Pankreas, $30—60\%$
der Nieren, etwa 24% der Knochen und 18% des Blutes; hingegen
weit weniger von der ursprünglichen Masse des Herzens, und gar nichts
von dem des zentralen Nervensystems. Hieraus ist zu folgern, daß die
Organe, die die wichtigsten Lebensfunktionen (Blutkreislauf, Inner-
vationsvorgänge) zu verrichten haben, imstande sind, ihren Bestand
offenbar auf Kosten anderer Organe und Gewebe möglichst unverändert
zu erhalten. Wir haben für das wechselseitige Eintreten der Organe
ein Beispiel am Rheinlachs, der zur Laichzeit aus dem Meere strom-
aufwärts in den Rhein wandert und sich hier mehrere Monate aufhält,
ohne Nahrung zu sich zu nehmen. Während dieser Zeit nehmen Hoden
bzw. Eierstöcke gewaltig an Masse zu, während die früher so starke
Muskulatur ebenso bedeutend an Masse verliert; also entnehmen die
Geschlechtsdrüsen die zu ihrer Massenzunahme erforderliche Substanz
den Muskeln. Ähnliches muß auch vor sich gehen, wenn an hungernden Tieren Nägel, Haargebilde usw. weiter wachsen, oder in einem
hungernden trächtigen Tiere Uterus, Placenta und Foetus an Masse
zunehmen.

1. Eiweißumsatz.

Wie (S. 333, 334) erwähnt, dient der im Harn entleerte Stickstoff als
Maß der Eiweißzersetzung. Die Größe der Stickstoffausscheidung
nimmt einen an den meisten Tieren wiederkehrenden charakteristischen
Verlauf, und es lassen sich diesbezüglich im großen und ganzen folgende
Gesetzmäßigkeiten feststellen:

Am ersten Tage ist die Stickstoffausscheidung um so beträchtlicher,
je mehr Eiweiß vor dem Beginne des Hungerns zugeführt wurde, nimmt
aber dann um so rascher ab, und erreicht bald ein Minimum. Auf
diesem Minimalstand kann die Stickstoffausfuhr einige Tage verharren,

und man nimmt an, daß während dieser Zeit neben Fett hauptsächlich von der Leber und von anderen Organen herrührendes Glykogen zur Verbrennung kommt, und dadurch der Eiweißbestand vor ausgiebigerer Zersetzung gleichsam geschützt wird.

Sobald aber der Glykogenvorrat dem Erschöpfen nahe ist, steigt die Eiweißzersetzung wieder an, bleibt einige Zeit unverändert; von da ab verhalten sich aber nicht nur die verschiedenen Tierarten, sondern auch Individuen derselben Art recht verschieden. An einem Tiere nimmt die Stickstoffausscheidung ganz allmählich bis zum Tode ab, an einem anderen steigt sie allmählich an, und nimmt bis zu dem Tode des Tieres immerfort noch zu. An einem dritten Tiere ist die Stickstoffausscheidung Tage hindurch unverändert oder schwankend, um einige Tage vor dem Tode ganz bedeutend anzusteigen. Diese Steigerung wird als „prämortal" bezeichnet, und rührt nach einigen Autoren davon her, daß zu dieser Zeit der Fettvorrat des Tieres nahezu gänzlich erschöpft ist, so daß es seinen Eiweißbestand in erhöhter Menge in Angriff nehmen muß, wofür auch die Tatsache spricht, daß man die Stickstoffausscheidung sogar noch in diesem Stadium durch Verfütterung von Kohlenhydraten oder Fetten herabdrücken kann. Nach anderen Autoren soll der protrahierte Hunger die Körperzellen in ihrer Lebensfähigkeit schädigen, so daß sie auf einmal in größerer Zahl absterben, demzufolge aufgelöst werden, ihr Plasmaeiweiß verbrannt wird und ihr Stickstoff im Harn erscheint. An manchen Tieren stellt sich die starke Steigerung der Stickstoffausscheidung bereits in den ersten Hungertagen ein, und dauert bis zu dem viel später erfolgenden Tode des Tieres an; diese Art der Steigerung läßt sich kaum als „prämortale" bezeichnen.

2. Der respiratorische Quotient.

An den ersten Hungertagen wird die zur Unterhaltung der Lebenserscheinungen nötige chemische Energie durch den Fett- und Glykogenvorrat des Tieres, ferner durch das von der letzten Nahrungsaufnahme herrührende Eiweiß geliefert; etwa vom 4. bis 5. Tage angefangen werden nur mehr Körperfett und -eiweiß verbrannt, und zwar liefert letzteres den kleineren Anteil der umzuwandelnden chemischen Energie. Es müßte daher auch der respiratorische Quotient im Hunger zwischen 0,711 und 0,801, näher zu 0,711, liegen, vorausgesetzt, daß Fett und Eiweiß so weit verbrannt würden, wie dies (S. 330, 331) ausgeführt war. Die Erfahrung zeigt jedoch, daß die Oxydationen gerade im Hungerzustande weniger vollkommen verlaufen; denn Acetonkörper und andere nicht vollkommen oxydierte Verbindungen werden (nach S. 310) in erhöhter Menge gebildet und im Harn ausgeschieden. Wenn aber dies der Fall ist, so wird eine ansehnliche Menge von Sauerstoff zur Oxydation verwendet, ohne daß hierbei das Oxydationsprodukt in Form von Kohlendioxyd ausgeschieden würde; dann muß aber der Respirationsquotient noch tiefer sinken, als sogar einer ausschließlichen Fettverbrennung entspräche: am Menschen und anderen Säugern, die lange Zeit hindurch hungern, wurden Quotienten bis herab zu 0,68 gefunden.

B. Energieumsatz.

1. Einfluß des Körpergewichtes und der Körperoberfläche.

Der Energieumsatz eines hungernden Warmblüters nimmt von Tag zu Tag ab. Reduziert man jedoch die einzelnen Tageswerte auf die Körpergewichtseinheit, so ist zwar oft an den ersten Hungertagen ein Absinken des 24stündigen Energieumsatzes zu konstatieren, weiterhin bleibt jedoch dieser (von natürlichen Schwankungen und unvermeidlichen Versuchsfehlern abgesehen) unverändert.

So fand z. B. Rubner in einer Versuchsreihe an einem Meerschweinchen folgendes:

		24 stündiger Energieumsatz in kg-Cal.	
Hungertag	Körpergewicht kg	im Versuche gefunden	auf 1 kg Körpergewicht reduziert
1.	0,672	101,1	149,9
2.	0,625	102,6	162,6
3.	0,582	89,9	156,5
4.	0,550	77,1	140,5
5.	0,524	72,4	137,3
6.	0,498	75,5	150,6
7.	0,474	74,4	157,4
8.·	0,450	65,1	155,6
9.	0,428	69,1	162,6

Dasselbe wurde auch an anderen Tieren beobachtet:

Energieumsatz pro 24 Stunden und 1 kg Körpergewicht; kg-Cal.

Hungertag	Mensch	Hund
2.	30,2	61,2
3.	30,3	55,0
4.	30,6	53,3
5.	30,0	—
6.	28,7	—
7.	27,4	—
8.	27,6	52,7

Es ist aus diesen Zahlen zu ersehen, daß der Energieumsatz, auf 1 kg Körpergewicht reduziert, an einem und demselben Tiere von Tag zu Tag ziemlich konstant bleibt; jedoch auch, daß er an Tieren verschiedener Art sehr verschieden ist, und zwar verhältnismäßig um so größer gefunden wird, je kleiner das Tier ist. Ja, sogar an derselben Tierart erhält man sehr verschiedene Resultate, wenn man Tiere von größerem oder kleinerem Wuchs untersucht.

So betrug z. B. der 24stündige, auf 1 kg Körpergewicht berechnete Energieumsatz am

erwachsenen Hund von 30 kg . . . . 35 kg-Cal.
    „   „   „ 11 kg . . . . 57 „ „
    „   „   „   3 kg . . . . 86 „ „

Es ist dies nach Rubner die natürliche Folge der im Verhältnis zur Masse größeren Oberflächenentwicklung des kleinen Tieres, das aus diesem Grunde verhältnismäßig mehr Wärme durch Strahlung und

Leitung an die Umgebung verliert, daher zur Erhaltung seiner Körpertemperatur mehr Wärme als ein größeres Tier produzieren muß [1].

Wie dem immer sei, der auf die Oberflächeneinheit [2] bezogene Energieumsatz verschieden großer Warmblüter ist laut nachfolgender Zusammenstellung, in der einige bisher festgestellte Werte abgerundet

Tierart	Körpergewicht	Körperoberflache	Energieumsatz		
			pro 24 Stunden	pro 24 Std. und 1 kg Korpergewicht	pro 24 Std. und 1 m² Korperoberflache
	kg	m²	kg-Cal.	kg-Cal.	kg-Cal.
Mensch . .	70	2,09	1800	26	860
Hund . . .	8,2	0,46	410	50	890
Ratte . . .	0,18	0,030	24	133	800
Maus [3] . . .	0,018	0,0063	6	330	950

wiedergegeben sind, annähernd gleich; wobei aber bemerkt werden muß, daß die Versuche an den verschiedenen Tieren nicht immer bei derselben Außentemperatur, namentlich aber nicht alle bei der kritischen Temperaturgrenze (siehe auf S. 358 f.) ausgeführt wurden, daher ihre Ergebnisse nicht ohne weiteres vergleichbar sind.

Es kann jedoch auch der auf die Einheit der Körperoberfläche berechnete Energieumsatz zweier Individuen, die derselben Tierart angehören, verschieden sein, wenn es sich um Individuen verschiedenen Alters handelt. So reduziert, ist der Energieumsatz eines Säuglings in den ersten Lebenswochen erheblich kleiner (500—700 kg-Cal.), der eines Kindes etwa bis zur Pubertät erheblich größer (bis zu 1300 kg-Cal.), als der eines Erwachsenen, welches Plus den Wachstumsvorgängen zugeschrieben werden muß. An Greisen ist der reduzierte Energieumsatz erheblich geringer, als der des Erwachsenen in mittlerem Lebensalter vom selben Gewicht. (Über den Einfluß des Geschlechtes, des Alters, des Körpergewichtes, der Körperhöhe auf den Energieumsatz siehe Naheres auf S. 360, 361.)

---

[1] Von HOESSLIN wird zwar selbstverstandlich zugegeben, daß die Korperoberflache kleiner Tiere verhaltnismaßig größer ist, als die der größeren, doch in Abrede gestellt, daß der hierdurch bedingte größere Warmeverlust die größere Warmeproduktion der kleineren Tiere verursacht; denn auch die Funktion des Herzens, der Lunge, des Darmes dieser kleineren Tiere ist verhaltnismaßig größer, und aus diesem Grunde muß auch ihre Warmeproduktion großer sein.

[2] Die Berechnung der Korperoberflache geschieht nach der folgenden (MEEHschen) Formel: $O = K \sqrt[3]{G^2}$; wo O die Oberflache in d/m², G das Korperwicht in Kilogramm, und K eine Konstante darstellt, die fur jede Tierart eigens bestimmt werden mußte; K betragt für den Menschen 12,3, fur den Hund 11,2, fur die Ratte 9,1, nach einer neueren Angabe fur die hungernde Ratte 7,6 usw. Diese Formel, die sich nach spateren Untersuchungen als nicht hinreichend genau erwiesen hat, wurde in bezug auf den Menschen von DU BOIS und DU BOIS durch eine weit genauere ersetzt, in der man die Oberflache O in Quadratzentimeter erhalt, wenn durch G das Korpergewicht in Kilogramm und durch H die Korperhohe in Zentimeter angegeben sind:

$$O = G^{0,425} \times H^{0,725} \times 71,84.$$

[3] Wenige Versuche!

2. Der Einfluß der Umgebungstemperatur auf den Energieumsatz.

Zwischen Kalt- und Warmblütern besteht ein Unterschied in der Regulation ihrer Körpertemperatur. Die Temperatur des Kaltblüters, namentlich, wenn es sich um kleine oder um solche Tiere handelt, die sich im Wasser aufhalten, ist veränderlich; sie folgt den Schwankungen der Temperatur des umgebenden Mediums, und liegt bloß um 0,5 bis 2 Grade höher als jene. Aus diesem Grunde werden diese Tiere auch als poikilotherm, richtiger heterotherm bezeichnet. Nach der bekannten Reaktionsgeschwindigkeit-Temperaturregel werden die chemischen Reaktionen, wenn die Temperatur des Mediums um 10^0 C zunimmt, auf das 2—3,5fache beschleunigt; daher müssen im Kaltblüter, dessen Körpertemperatur sich nach der der Umgebung richtet, die Oxydationen und damit auch der Energieumsatz sich mit der Außentemperatur ändern.

Im Gegensatz zu den heterothermen Tieren ist die Körpertemperatur des gesunden Warmblüters nicht nur wesentlich höher als die der Umgebung, sondern auch von der Umgebungstemperatur unabhängig, und stellt einen für je eine Warmblüterart charakteristischen Wert dar. Mit Recht werden daher diese Tiere als homootherme bezeichnet. Sie verdanken die Fähigkeit, ihre Körpertemperatur unverändert und von der Umgebung unabhängig zu erhalten, einem präzis funktionierenden Regulationsmechanismus, durch den je nach Bedarf entweder die Wärmeproduktion verändert wird: das ist die chemische Regulation der Körpertemperatur; oder die Warmeabgabe verandert wird: das ist die physikalische Regulation der Körpertemperatur.

a) Die chemische Regulation der Körpertemperatur.

Bestimmt man den Energieumsatz eines Warmbluters erst bei einer Umgebungstemperatur von 20^0 C, dann bei 15, 10 und 5^0 C, so findet man ihn in jedem folgenden Versuche größer als in dem vorangehenden, und zwar beträgt die pro 1^0 C berechnete Zunahme durchschnittlich $2—6^0/_0$. Es ist dies ganz selbstverständlich, wenn wir uns klarlegen, daß das Tier um so mehr Warme durch Strahlung und Leitung von seiner Körperoberfläche verliert, je größer der Unterschied zwischen der Temperatur seines Körpers und der seiner Umgebung ist. Als homöothermes Tier muß es aber seine Körpertemperatur unverändert erhalten, und kann dies dadurch erreichen, daß der in 'der kalteren Umgebung erlittene größere Warmeverlust durch eine Steigerung der Oxydationsvorgänge, also durch Erhöhung der Wärmeproduktion ersetzt wird. Dieser Vorgang wird als chemische Regulation der Körpertemperatur bezeichnet.

Als Beispiel der chemischen Regulation seien angefuhrt die an einem Hunde ausgeführte Versuchsreihe Rubners:

Umgebungstemperatur ^{0} C	24 stundiger Energieumsatz pro kg Korpergewicht; kg-Cal.
18,0	67,1
17,3	69,8
14,9	74,7
13,8	78,7

sowie die von Goto an vier weißen Ratten ausgefuhrten Versuchsreihen:

Umgebungs-temperatur °C	24 stundiger Energieumsatz pro 1 kg Korpergewicht; kg-Cal.			
	Ratte I	Ratte II	Ratte III	Ratte IV
25	138	156	140	150
20	209	191	196	183
13	266	257	255	236
5	316	318	290	337

Es fragt sich nun, welche Organe es sind, in denen eine Steigerung (oder Verringerung) der Oxydationsprozesse stattfindet, die das Wesen der chemischen Regulation bildet. Bereits die Erfahrung lehrt, daß bei einer niedrigeren Umgebungstemperatur Frösteln eintritt, bestehend in mehrminder rhythmischen Muskelkontraktionen, die, wie in kurzen (nach ZUNTZ-GEPPERT ausgeführten) Respirationsversuchen besonders leicht gezeigt werden kann, mit einer Steigerung des Sauerstoffverbrauches und der Kohlendioxydproduktion einhergehen. Außer diesen groben, unter Umständen auch dem freien Auge sichtbaren Muskelkontraktionen kann die Wärmeproduktion auch durch eine Steigerung des Muskeltonus erhöht werden. Welch großen Einfluß gerade der Muskeltonus auf die Wärmeproduktion, insbesondere auf die Regulation der Körpertemperatur ausübt, erhellt aus Versuchen, in denen die Muskulatur eines Tieres durch Curareeinspritzung oder durch hohe Rückenmarksdurchschneidung gelähmt wurde. Ein solches Tier kann wohl durch künstliche Atmung am Leben erhalten werden, doch tritt infolge des Ausfalles der Kontraktionen und des Tonus der Muskulatur alsbald ein Abfall der Körpertemperatur ein, der nur durch wärmende Decken oder, indem man das Tier in einem entsprechend temperierten Thermostaten unterbringt, hintangehalten werden kann.

Eine weitere Frage ist die, ob die Regulation der Körpertemperatur von einem übergeordneten Zentrum aus erfolgt oder nicht. Für diese Annahme spricht der zuerst von ARONSOHN geführte Nachweis, daß die künstliche Verletzung gewisser Teile des Hirnstammes, insbesondere des Corpus striatum, zu einer oft viele Stunden lang andauernden Erhöhung der Körpertemperatur, also zu einer Störung ihrer Regulation führt. Die genannte Verletzung läßt sich an manchen Tieren ohne jeden weiteren Eingriff durch die sonst intakte Schädeldecke hindurch mittels eines geeigneten Instrumentes ausführen, und wird als „Warmestich" bezeichnet. Später hat sich mit großer Wahrscheinlichkeit herausgestellt, daß durch obige Eingriffe stets, wenn auch bloß mittelbar, das Tuber cinereum betroffen wird, und dieses als eigentliches „Warmezentrum" anzusehen ist. Auf welchen zentripetalen Bahnen die Erregung von den erwärmten oder abgekühlten Körperstellen (Haut, Blut) in das Zentrum, bzw. von hier aus als zentrifugale Erregung zu gewissen Endorganen gelangt, ist allerdings zur Zeit noch nicht bekannt.

Die Tatsache, daß die Umsatze im homöothermen Tiere bei niedriger Außentemperatur gesteigert, bei höherer Außentemperatur herabgesetzt werden, steht nicht im Gegensatze zu der (S. 354 erwahnten) Reaktionsgeschwindigkeits-Temperaturregel. Denn diese Regel kann selbstverstandlich nur in dem Falle rein zum Ausdruck gelangen, wenn die Beziehung zwischen Reaktionsgeschwindigkeit und der Temperatur des Mediums, in dem die Reaktion verläuft, von jedwedem anderen Moment unbeeinflußt bleibt. Wenn aber in einem sozusagen künstlich auf derselben Temperatur gehaltenen Medium, wie es der tierische Korper ist, die Reaktionen ın kalterer Umgebung rascher als in wärmerer Umgebung verlaufen, so geschieht dies nicht aus rein chemischen Gründen, sondern infolge des Eingreifens eines komplizierten physiologischen Mechanismus, und ist es ohne weiteres klar, daß ein solcher komplizierter Mechanismus nicht einem System gleichgestellt werden kann, in dem es sich bloß um die Beziehung zwischen chemischer Reaktion und Temperatur des Mediums handelt. Daß dem in der Tat so ist, geht aus beiden folgenden Beobachtungen hervor. a) Einerseits gibt es homootherme Tiere, die sobald die Außentemperatur dauernd unter ein gewisses Niveau sinkt, sich wie heterotherme Tıere verhalten: parallel der Außentemperatur sinkt auch ihre Korpertemperatur, und genau wie am heterothermen Tiere oder wie in einem leblosen System sinkt auch die Reaktionsgeschwindigkeit der Oxydationsvorgange, bzw. ihr Stoff- und Energieumsatz, und zwar in der Nähe von 0^0 bis auf etwa $^1/_{100}$ des normalen Wertes. Dieser Zustand der betreffenden Tiere wird als Winterschlaf bezeichnet und laßt sich an manchen Tieren durch Abkuhlung der Umgebungstemperatur zu jeder Jahres- zeit kunstlich herbeifuhren. b) Andererseits kommt es unter gewissen (S. 357 beschriebenen) Umstanden am homoothermen Tier zu einer über die Norm gesteigerten Korpertemperatur; dann kommt ebenfalls die Reaktionsgeschwindigkeits-Temperaturregel zur Geltung, indem die Umsatze im Körper entsprechend zunehmen.

Der Bereich der Außentemperatur, innerhalb welcher eine wirksame Regulation der Körpertemperatur auf chemischem Wege stattfinden kann, ist recht weit, hat aber immerhin seine Grenzen. Über ihre obere Grenze, die für unsere Betrachtungen von großer Wichtigkeit ist, wird Weiteres im nächsten Abschnitte ausgeführt. Ihre untere Grenze hängt ab von der Behaarung (Federkleid) des Tieres; je besser es vor der Abkühlung geschützt ist, um so niedriger ist die unterste Temperaturgrenze gelegen, bei der das Tier seine Körpertemperatur noch unverändert erhalten kann. Da jedoch die Oxydationen nicht ins Ungemessene gesteigert werden konnen, ist es klar, daß eine weitere exzessive Abkühlung der Umgebung auch zu einem Sinken der Korpertemperatur führen muß, wodurch es zu einer Störung wichtiger Lebensvorgänge, so unter anderem auch zu einer Abnahme der Oxydationen kommt, da, wie (S. 354) erwähnt war, das Gesetz der Abhängigkeit der Reaktionsgeschwindigkeit von der Temperatur auch für die Stoffwechselvorgänge seine Gültigkeit hat.

b) Die physikalische Regulation der Korpertemperatur.

So wie bei abnehmender Umgebungstemperatur das Tier durch Strahlung und Leitung mehr und mehr Wärme an die Umgebung abgibt, welcher Verlust durch zunehmende Oxydationen gedeckt werden muß, so wird es umgekehrt bei zunehmender Umgebungstemperatur immer weniger Wärme abgeben, demzufolge auch seinen Energieumsatz einschränken. Nun laßt sich aber der Energieumsatz, auf dem die unumgänglich notwendigen Lebenserscheinungen (wie Atmung, Blutkreislauf, Muskeltonus, Drüsentätigkeit) beruhen, nicht unter ein gewisses Mindestmaß hinunterdrücken; andererseits wird, wenn die Umgebungstemperatur weiter ansteigt, die durch natürliche Strahlung und Leitung erfolgende Wärmeabgabe selbstverständlich immer geringer und geringer. Soll aber das Tier seine Körpertemperatur auch in der wärmeren Umgebung unverändert beibehalten, so muß es, da seine Wärmeproduktion nicht mehr verringert werden kann, also die obere Grenze der chemischen Regulation (S. 356) erreicht ist, seine Wärmeabgabe steigern, sei es durch Veränderungen in seinen Strahlungsverhältnissen, sei es durch vermehrte Wasserdampfabgabe. Dies gelingt ihm dank einer Reihe von regulatorischen Vorgängen, die ihm zu Gebot stehen, und die insgesamt als physikalische Regulation bezeichnet werden. Diese Vorgänge sind: Vergrößerung der freiliegenden Körperoberfläche durch gestreckte Körperhaltung; Erweiterung der Blutgefäße der Haut, wodurch mehr körperwarmes Blut an die Oberfläche gelangt, und größere Mengen von Wärme mit Leichtigkeit ausgegeben werden; eine stärkere Sekretion der Schweißdrüsen, wodurch große Mengen Wasser von der Körperoberfläche verdampft werden (Mensch); endlich eine Steigerung der Atemfrequenz, wodurch ebenfalls mehr Wasser verdampft wird, und zwar hauptsächlich von der Gesamtoberfläche der Lungenalveolen, am Hund auch von der Oberfläche der lang ausgestreckten Zunge. Dank dieser Vorgänge wird die Körpertemperatur der Tiere auf ihrem normalen Stand erhalten, obzwar eine weitere Einschränkung ihrer Oxydationen, wie eingangs erwähnt, nicht möglich ist.

Man wird, so paradox es auch erscheinen mag, bei diesen hohen Außentemperaturen zuweilen konstatieren können, daß ein Tier, gerade um seine Körpertemperatur auf dem normalen Stand zu erhalten, mehr Energie umsetzt, also mehr Wärme produziert, als in einer etwas kühleren Umgebung. Dies geschieht aus folgendem Grunde: Der überschüssigen Wärme kann es sich nicht anders, als durch sehr stark gesteigerte Wasserverdampfung entledigen, und erreicht dies durch eine mächtige Steigerung der Lungenventilation; das Plus an Energie, das hierbei in der Atemmuskulatur umgesetzt wird, muß sich aber in einer gesteigerten Wärmeproduktion kundgeben, die jedoch durch die erleichterte und erhöhte Wärmeabgabe mehr als wettgemacht wird.

Nun hat aber der Bereich der äußeren Temperatur, innerhalb welcher eine wirksame Regulation der Körpertemperatur auf physikalischem Wege stattfinden kann, ebenfalls eine obere Grenze. Wenn nämlich die Umgebungstemperatur noch mehr ansteigt, läßt sich die Wärmeabgabe nicht mehr steigern; es muß daher zu einer Erhöhung der Körpertemperatur, zu der sog. Hyperthermie kommen. Diese gibt, wenn sie längere Zeit andauert, Anlaß zu schweren Gesundheitsstörungen; hat aber auch bei kürzerer Dauer zur Folge, daß die Wärmeproduktion zunimmt, da ja nun die Reaktionsgeschwindigkeits-Temperaturregel zur Geltung kommt. Dies geht sowohl aus RUBNERs an einem Hunde, wie aus GOTOS an vier weißen Ratten ausgeführten Versuchen hervor, deren Daten teilweise bereits (auf S. 354, 355) mitgeteilt sind.

Umgebungstemperatur ° C	24 stündiger Energieumsatz des Hundes pro 1 kg Körpergewicht; kg-Cal.
7,6	86,4
15,0	63,0
20,0	55,9
25,0	54,2
30,0	56,2
35,0	68,5

Umgebungs- temperatur ^{0} C	24stundiger Energieumsatz pro 1 kg Korpergewicht kg-Cal.			
	Ratte I	Ratte II	Ratte III	Ratte IV
25	138	156	140	150
28	142	133	134	141
30	152	144	151	151
33	182	170	183	190

Die Zunahme des Energieumsatzes des Hundes und der Ratten, sobald die Außentemperatur auf 30⁰ C und daruber ansteigt, ist auf ihre um 1—2⁰ C und daruber erhohte Korpertemperatur, ihre Hyperthermie zuruckzufuhren; die Oxydationsprozesse erfahren eine starke Steigerung, jedoch nicht infolge physiologischer Vorgange, wie sie z. B. nach S. 354 der Regulation der Körpertemperatur dienen, sondern aus rein chemischen Grunden.

c) Die kritische Umgebungstemperatur; der Grundumsatz.

Es wurde (S. 356) gezeigt, daß die Oxydationen und damit parallel der Energieumsatz bei steigender Umgebungstemperatur eine Einschränkung erfahren; jedoch auch, daß diese Einschränkung ihre Grenzen hat, indem die unumganglich notwendigen Lebenserscheinungen, wie Atmung, Blutkreislauf, Drüsentätigkeit, Muskeltonus, sich naturgemäß nicht einschränken lassen. Wird die Außentemperatur, bei der man den Energieumsatz eines Tieres bestimmt, von Versuch zu Versuch erhöht, so gelangt man schließlich an einen Punkt, wo der Energieumsatz, der bis dahin von Versuch zu Versuch abgenommen hat, zum ersten Male nicht mehr absinkt, und zwar, weil er aus oben angeführten Gründen nicht mehr weiter eingeschränkt werden konnte. Diese Außen- oder Umgebungstemperatur wird als die kritische Umgebungstemperatur bezeichnet. Sie stellt gleichzeitig diejenige Umgebungstemperatur dar, unterhalb welcher ein Tier seine Körpertemperatur hauptsachlich durch chemische, oberhalb welcher aber hauptsachlich durch physikalische Regulation unverändert erhält. Die kritische Temperatur liegt für den Hund bei etwa 27⁰ C. Da das Tier, wie soeben erwahnt war, seine Wärmeproduktion oberhalb der kritischen Temperatur nicht weiter reduzieren kann, stellt die Menge der bei der kritischen Temperatur im Hungerzustande umgesetzten Energie das Minimum des Energieumsatzes dar, das zur Erhaltung des Tieres unbedingt nötig ist. Dieser minimale Umsatz wird als Grundumsatz (Erhaltungsumsatz, minimale Erhaltungsarbeit) bezeichnet. (Da, wie S. 207 erwähnt, der Magen-Darmtrakt des Pflanzenfressers, insbesondere des Wiederkäuers auch nach längerem Hungern nicht ganz entleert wird, daher die Verdauungsvorgange nicht vollständig aufhoren, läßt sich an diesen Tieren der Grundumsatz genau genommen, nicht bestimmen). Am Grundumsatz sind die verschiedenen Organe (Gewebe) in ganz verschiedenem Ausmaße beteiligt; denn es hat sich aus den Bestimmungen an isolierten Organen ergeben, daß auf 1 kg berechnet, von Muskel 4, von der Leber 15—20, vom Herzen 35, von den Nieren gar 80 cm³ Sauerstoff pro Minute verbraucht werden. Die Beteiligung der genannten Organe am gesamten Körperumsatz hängt natürlicherweise auch von der Masse des betreffenden Organes (Gewebes) ab, mit welcher es sich am Aufbau des Körpers beteiligt; auf diese Weise berechnet, ergab sich eine Beteiligung der Muskulatur zu 24, der Leber zu 12, des Herzens zu 5% usw. Die kritische Umgebungstemperatur ist für die verschiedenen hungernden Warmblüter nicht die gleiche; sie hängt sogar am selben Tiere von der jeweiligen Beschaffenheit der Behaarung, des Federkleides (am Menschen von der Kleidung) ab; denn selbstverständlich wird es für das vor Warmeverlust besser geschützte Tier, ceteris paribus, bereits bei einer niedrigeren Umgebungstemperatur, als für das weniger gut geschützte Tier, dazu kommen, daß es seine Körpertemperatur nur mehr durch erhöhte Warmeabgabe vor einer Steigerung bewahren kann.

Denken wir uns nämlich, daß in der RUBNERschen Hundeversuchsreihe (auf S. 357) das Tier auf irgendeine naturliche bzw. künstliche Weise (dichtere Behaarung bzw. hullende Decken) gegen die Warmeabgabe an die Umgebung besser als vorher geschutzt ist, und nehmen wir z. B. an, daß das so geschutzte Tier in jedem der bei verschiedenen Außentemperaturen ausgefuhrten Versuche pro 1 kg Korpergewicht und 24 Stunden um je 4 kg-Cal. weniger Warme verliert, daher um ebenso vieles weniger Warme produzieren, d. h. Energie umsetzen muß, so wurde sein Energieumsatz

	nicht betragen	sondern betragen
bei 7,6° C	86,4 kg-Cal.	82,4 kg-Cal.
„ 15,0° C	63,0 „ „	59,0 „ „
„ 20,0° C	55,9 „ „	51,9 „ „
„ 25,0° C	54,2 „ „	50,2 „ „
„ 30,0° C	56,2 „ „	52,2 „ „
„ 35,0° C	68,5 „ „	64,5 „ „

Nun ist aber aus den RUBNERschen Originaldaten im 2. Stabe zu ersehen, daß der minimale Umsatz des Tieres 54,2 kg-Cal. betragt, daher ein Energieumsatz von 51,9 oder gar 50,2 kg-Cal., wie er im 3. Stabe zu finden ist, undenkbar ist. Das Minimum von 54,2 kg-Cal., das nur von den unumganglich notigen Lebenserscheinungen herruhrt, wird bereits bei einer Umgebungstemperatur zwischen 15 und 20° C erreicht, daher erwiesen ist, daß die kritische Umgebungstemperatur, fur die ja dieses Minimum charakteristisch ist, am besser geschutzten Hund tiefer liegt, als am ungeschutzten Hund, fur den die kritische Umgebungstemperatur nach S. 358 bei etwa 27° C gelegen ist.

Was für das Tier gilt, besteht auch für den Menschen zu Recht, und es ist ohne weiteres begreiflich, daß die kritische Temperatur für den nackten Menschen bei etwa 30°, für den angekleideten jedoch bei etwa 16—18° gefunden wurde. Hieraus folgt aber auch, daß der Mensch, der ja unter unserem Himmelsstrich Wäsche und Kleider trägt, und außerdem einen großen Teil seines Lebens im Zimmer bei einer durchschnittlichen Temperatur von etwa 20° C zubringt, seine Körpertemperatur hauptsächlich durch physikalische Regulation erhält; die Tiere hingegen, die sich im Freien, also in der Regel bei einer Temperatur aufhalten, die niedriger ist als die für sie kritische Temperatur, ihre Körpertemperatur hauptsächlich auf chemischem Wege regulieren.

3. Der Grundumsatz des gesunden Menschen.

Auf S. 353 wurden für den pro 24 Stunden und 1 kg Korpergewicht berechneten Energieumsatz hungernder Tiere und Menschen einige

Daten angeführt, und wurde hinzugefügt, daß man, um die an verschiedenen Warmblütern von verschiedenstem Körpergewicht erhaltenen Werte vergleichen zu können, den Energieumsatz besser auf die Einheit der Körperoberfläche bezieht, wobei sich ein Wert von etwa 800—900 kg-Cal. pro 24 Stunden und 1 m² Körperoberfläche ergibt. Doch wurde auch (S. 353) hinzugefügt, daß je nach dem Alter der untersuchten Person Abweichungen von obigen Werten vorkommen, indem an jüngeren Individuen größere Werte, an älteren aber geringere erhalten werden. Auch muß bemerkt werden, daß die an lange hungernden Tieren und Menschen erhaltenen Werte niedriger sind als die, die dem Grundumsatz entsprechen. Denn unter Grundumsatz ist der Energieumsatz bei der kritischen Umgebungstemperatur, bei möglichster Körperruhe, d. h. beim Liegen, und im sog. „nüchternen" oder „postabsorptivem" Zustande, d. h. etwa 12—24 Stunden nach der letzten Mahlzeit gemeint, also in dem vollkommen physiologischen Zustande, in dem alle Lebenserscheinungen mit Ausnahme der Verdauungsvorgänge und von groben Muskelbewegungen normal verlaufen.

In Versuchen, die stets im postabsorptiven Zustande (s. oben) bei Korperruhe an jungen und alten Männern und Frauen von verschiedenem Korpergewicht und von verschiedener Korperhohe ausgeführt wurde, hatten F. G. Benedict und Mitarbeiter gefunden, daß der Energieumsatz weder eine einfache Funktion des Korpergewichtes, noch die der Korperoberfläche ist, sondern, daß er gleichzeitig von Alter und Geschlecht, von Gewicht und Hohe des Korpers beeinflußt wird, und daß sich diese Zusammenhange durch nachfolgende, aus jenen Versuchen abgeleitete, fur die beiden Geschlechter verschieden lautende Gleichungen ausdrucken lassen, wobei W = Energieumsatz pro 24 Stunden, G = Körpergewicht in Kilogramm, H = Korperhohe in Zentimeter, A = Alter in Jahren.

$$\text{Für Manner: } W = 66{,}473 + 13{,}752\,G + 5{,}003\,H - 6{,}755\,A.$$
$$\text{Für Frauen: } W = 655{,}096 + 9{,}563\,G + 1{,}850\,H - 4{,}676\,A.$$

Auf Grund dieser Formeln laßt sich, falls obige Daten gegeben sind, der 24 stundige Energieumsatz fur mannliche Personen vom 12. Lebensjahre und fur weibliche Personen vom 21. Lebensjahre aufwarts berechnen. Um aber die immerhin etwas umstandliche Berechnung zu ersparen, hat Benedict je eine nachstehend abgekürzt wiedergegebene sog. „Voraussagetabelle" (A und B) für die beiden Geschlechter ausgearbeitet, mittels deren man den gesuchten Energieumsatz einfach erhalt, wenn man die betreffenden, der linken und der rechten Halfte der Tabelle entnommenen Daten summiert.

Tabelle A.
Fur männliche Personen; kg-Cal. pro 24 Stunden.

Körpergewicht kg			Körperhohe cm	Alter in Jahren					
				21	30	40	50	60	70
45	685		155	634	573	505	438	370	303
55	823		160	659	598	530	463	395	328
65	960		165	684	623	555	488	420	353
75	1098		170	709	648	580	513	445	378
85	1235		175	734	673	605	538	470	403
95	1373		180	759	698	630	563	495	428
105	1510		185	784	723	655	588	520	453

Tabelle B.
Fur weibliche Personen; kg-Cal. pro 24 Stunden.

Körpergewicht kg			Körperhöhe cm	Alter in Jahren					
				21	30	40	50	60	70
45	1085		155	189	146	100	53	6	—41
55	1181		160	198	156	109	62	15	—31
65	1277		165	207	165	118	71	25	—22
75	1372		170	216	174	127	81	34	—13
85	1468		175	225	183	137	90	43	—4
95	1564		180	235	193	146	99	52	6
105	1659		185	244	202	155	108	62	15

Auf diese Weise ergibt sich z. B. fur einen 30 Jahre alten, 75 kg schweren und 170 cm hohen Mann ein 24 stundiger Energieumsatz von 1098 + 648 = 1746 kg-Cal.

An Madchen unter 20, und an Knaben unter 12 Jahren bestehen laut BENEDICTS Erfahrungen andere Verhaltnisse, als durch die Formeln auf S. 360 ausgedrückt ist und sind fur beide Geschlechter wieder verschieden. Um hier eine „Voraussage" des Energieumsatzes zu ermöglichen, hat BENEDICT die Tabelle C angegeben.

Tabelle C.

Für Knaben bis zum 12. Jahr		Für Madchen bis zum 12. Jahr		Fur Madchen von 12—20 Jahren	
Körpergewicht kg	kg-Cal. pro 24 Stunden	Körperhohe cm	kg-Cal. pro 24 Stunden	Alter in Jahren	kg-Cal. pro 24 Stunden und 1 kg Körpergewicht
3	150	50	150	12	31,0
5	270	60	300	13	28,6
7	390	70	468	14	26,2
10	545	80	586	15	23,8
15	725	90	617	16	21,9
20	860	100	675	17	21,8
25	990	110	769	18	21,8
30	1115	120	866	19	21,8
35	1220	130	965	20	21,8
38	1275	138	1047		

4. Der Energieumsatz im Fieber.

Für gewöhnlich wird unter Fieber eine über die Norm gesteigerte Körpertemperatur verstanden. In Wirklichkeit ist aber die erhöhte Körpertemperatur nur eine der Erscheinungen verschiedener Natur, herbeigeführt durch die eigenartigen Produkte, die sich im Körper im Verlaufe einer sog. Infektionskrankheit bilden. Sowie ein gesunder Warmblüterorganismus seine Temperatur mit Hilfe der auf S. 354 f. geschilderten Mechanismen auf einer charakteristischen Höhe angenähert konstant zu erhalten vermag, geht diese Fähigkeit auch dem fiebernden nicht ab. Auch im Fieber wird die Körpertemperatur reguliert, und in manchen Fieberarten mit erstaunlicher Konstanz, doch auf einem höheren Niveau als am Gesunden erhalten, was nicht anders möglich ist, als daß der Fiebernde mehr Energie umsetzt, d. h. mehr Wärme produziert als der Gesunde. Dies wurde experimentell erwiesen, außerdem auch, daß beim Temperaturanstieg zu Beginn des Fiebers die Wärmeabgabe gegen die Wärmeproduktion zurückbleibt, während der Entfieberung umgekehrt die Wärmebildung von der Wärmeabgabe übertroffen wird. Nur so ist es dem Organismus möglich, die Körpertemperatur vom normalen Niveau des Gesunden auf das höhere Niveau des Fiebernden „einzustellen", später aber wieder auf das normale zurückzubringen.

An den gesteigerten Umsätzen im Fieber sind auch die Eiweißkörper beteiligt, und zwar in höherem Grade bei mangelhafter Nahrungszufuhr, in weit geringerem Grade, wenn für stickstofffreie Nahrung ausreichend gesorgt ist.

IV. Stoffwechsel und Energieumsatz bei Ernährung.

Die Summe der Umsätze, deren es bedarf, um einen entsprechend ernährten Erwachsenen bei normalem Befinden und bei normaler Leistungsfähigkeit zu erhalten, wobei er weder einen Gewinn, noch eine Einbuße an seinem Körperbestand erfahren bzw. erleiden soll, wird als „Betriebsstoffwechsel" bezeichnet. Im wachsenden Organismus kommen hierzu noch die Umsetzungen, die während des Wachstums erfolgen. Nachfolgend ist, wenn nicht ausdrücklich Wachstumsvorgänge erwähnt sind, stets der Betriebsstoffwechsel gemeint.

A. Eiweißumsatz.
1. Das physiologische Eiweißminimum.

Das Eiweiß bildet einen durch kein anderes Nahrungsmittel ersetzbaren Bestandteil der tierischen Nahrung; demzufolge geht ein Tier, dem bloß Kohlenhydrate und Fette zugeführt werden, unfehlbar, wenn auch später zugrunde, als im Falle vollkommener Nahrungsentziehung. Dies ist auch begreiflich, wenn man des ständigen Eiweißverlustes eingedenk ist, den der Organismus durch die fortdauernde Zersetzung von Eiweißkörpern in den lebenden Zellen und Ausscheidung ihrer Zersetzungsprodukte (Abnützungsquote!), ferner durch Absonderung stickstoffhaltiger Sekrete, durch Abschilferung von Epidermis- und Schleimhaut-Epithel, Abstoßen von Haaren, Federn usw. erleidet. Dieser Verlust läßt sich naturgemäß bloß durch stickstoffhaltige Nahrung ersetzen. Findet kein Ersatz statt, so muß das Tier in den Zustand steten Eiweißdefizites geraten. Diejenige geringste Menge von Eiweiß, die, in der Nahrung eingeführt, eben noch genügt, um ein Tier vor dem Eiweißdefizit zu bewahren, wird als physiologisches Eiweißminimum bezeichnet. Dieses Minimum läßt sich am Hungertiere nicht bestimmen, sondern bloß an dem mit N-freien Nährstoffen reichlich gefütterten Tier. Denn am Hungertier wird Eiweiß nicht nur in Mengen verbrannt, die zu den Zelleistungen unbedingt notwendig sind, sondern es wird neben Körperfett auch zur Bestreitung des Grundumsatzes und darüber hinaus zu den Oxydationen, die die

Konstanterhaltung der Körpertemperatur bezwecken, in Anspruch genommen. Anders am gefütterten Tiere. Der Organismus hält an seinem Eiweißbestand, wenn irgend möglich, zähe fest; stehen ihm für die Zwecke des Energieumsatzes die weniger wertvollen N-freien Nahrstoffe in hinreichender Menge zur Verfügung, so nimmt er diese in erster Reihe in Anspruch, und es wird sein Eiweißverlust nur so viel betragen, als aus obigen Gründen unvermeidlich ist. Da es aber verschiedenartigste Zellen des Körpers sind, die den oben erörterten Verlust erleiden, und das Eiweiß dieser Zellen verschiedenartig zusammengesetzt ist, wird nicht von jedem sonst vollwertigen Eiweiß dieselbe Menge genügen, um den Eiweißabgang der verschiedenen Körperzellen zu decken. Das physiologische Eiweißminimum wird also, je nach verschiedenen Umständen, bzw. je nach den verschiedenen Eiweißarten, die dem Tiere gereicht werden, ein verschiedenes sein. Es liegt am Menschen bei etwa 10—20 g Eiweiß pro 24 Stunden.

Von diesem physiologischen Eiweißminimum verschieden ist das sog. praktische oder hygienische Eiweißminimum, das weit mehr als jenes (etwa das Doppelte) betragt und unbedingt gereicht werden muß, wenn der Mensch nicht nur für verhaltnismäßig kurze Zeit im N-Stickstoffgleichgewicht (siehe unten), sondern auch wirklich gesund und vollkommen leistungsfahig bleiben soll. (Weiteres siehe hierüber auf S. 376.)

2. Eiweiß-(Stickstoff-)Gleichgewicht.

Wenn man einem erwachsenen Hund, der längere Zeit mit derselben Fleischmenge ernährt wurde, und sich im Stickstoffgleichgewicht befunden hatte, von einem gewissen Tage angefangen mehr Fleisch gibt, so scheidet er an diesem ersten Tage zwar mehr Stickstoff als bisher aus, jedoch weniger, als die Einfuhr im Fleisch betragen hatte: das Tier setzt also Stickstoff an. An den nächsten Tagen nimmt die Stickstoffausscheidung rasch zu; es wird daher täglich weniger Stickstoff angesetzt, bis endlich die Stickstoffabgabe die Hohe der Einfuhr wieder erreicht hat, das Tier sich also wieder im Stickstoffgleichgewicht (S. 334) befindet.

So hatte sich z. B. in einem bekannten Versuche von Voit der Hund in einem geringen Stickstoffdefizit befunden, indem die Einfuhr 17,0 g, die Ausfuhr aber 18,6 g Stickstoff betrug, worauf mit der erhohten N-Einfuhr begonnen wurde. Es betrug:

| | | | | | die Stickstoff- | |
					Einfuhr g	Ausfuhr g
am letzten Tage der geringen N-Einfuhr				. . . . . .	17,0	18,6
„ 1.	„ „	erhohten	„	. . . . . .	51,0	41,6
„ 2.	„ „	„	„	. . . . . .	51,0	44,6
„ 3.	„ „	„	„	. . . . . .	51,0	47,3
„ 4.	„ „	„	„	. . . . . .	51,0	47,9
„ 5.	„ „	„	„	. . . . . .	51,0	49,0
„ 6.	„ „	„	„	. . . . . .	51,0	49,3
„ 7.	„ „	„	„	. . . . . .	51,0	51,0

Wenn man umgekehrt die Stickstoffeinfuhr von einem bestimmten Tage angefangen reduziert, so wird am ersten Tage mehr Stickstoff ausgeschieden, als das Tier in der Nahrung erhielt: es befindet sich im

Zustand des Stickstoffdefizites; in den nächsten Tagen nimmt jedoch das Defizit von Tag zu Tag ab, und bald stellt sich das Stickstoffgleichgewicht wieder ein.

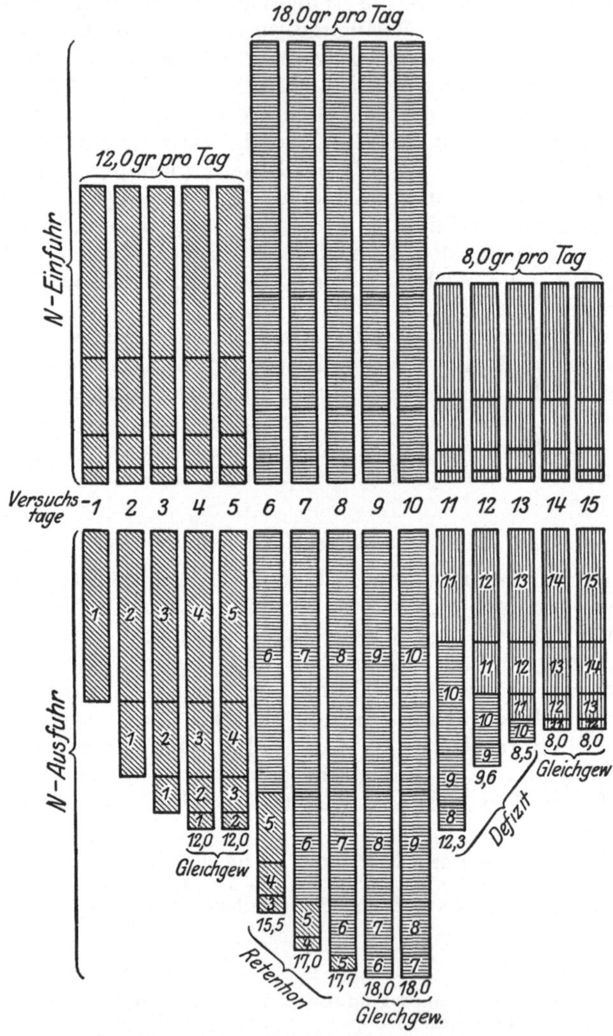

Abb. 10. In der oberen Hälfte der Zeichnung sind die durch GRUBER angenommenen 80, bzw. 13, bzw. 5, bzw. 2 % durch entsprechend angebrachte Querteilung der Säulen angedeutet, allerdings aus technischen Gründen in verzerrten Proportionen. Die den verschiedenen Versuchsperioden entsprechenden N-Mengen sind durch verschiedene Schraffierung gekennzeichnet: Die ersten 5 Versuchstage durch schräge, die zweiten 5 Versuchstage durch horizontale und die dritten 5 Versuchstage durch vertikale Schraffierung. In der unteren Hälfte der Zeichnung, durch die die N-Ausfuhr dargestellt werden soll, ist sowohl durch entsprechende Schraffierung, wie auch durch die eingeschriebenen Zahlen angedeutet, von welchem Versuchstag der betreffende N-Anteil herrührt.

Der Hund in der oben angeführten Versuchsreihe hatte sich eine Zeitlang in Stickstoffgleichgewicht befunden, indem die Ein- und Ausfuhr je 51 g betrug; hierauf wurde die N-Einfuhr herabgesetzt. Daraufhin betrug

	die Stickstoff-	
	Einfuhr g	Ausfuhr g
am letzten Tage der größeren N-Einfuhr	51,0	51,0
„ 1. „ „ herabgesetzten „	34,0	39,2
„ 2. „ „ „ „	34,0	36,9
„ 3. „ „ „ „	34,0	37,0
„ 4. „ „ „ „	34,0	36,7
„ 5. „ „ „ „	34,0	34,9

Für dieses eigentümliche Verhalten des Tieres gegenüber dem in der Nahrung eingeführten Eiweiß wurden verschiedene Erklärungen gesucht.

GRUBERs rechts plausible Erklärung beruht auf der Tatsache, daß die verschiedenen Bausteine des Eiweißmoleküls nicht gleich schnell abgebaut werden: einige so rasch, daß ihr Stickstoff bereits 24 Stunden nach erfolgter Resorption im Harn erscheint, andere wieder so langsam, daß die Ausscheidung ihres Stickstoffes erst nach mehreren Tagen beendet ist; u. z. erscheinen ganz beiläufig am ersten Tage 80% des resorbierten Stickstoffes im Harn, am zweiten Tage 13, am dritten 5 und am vierten Tage der Rest von 2%. In dem in nebenanstehender Zeichnung reproduzierten schematischen Beispiel wurden dem Tiere erst täglich 12,0, dann täglich 18,0, dann wieder täglich bloß 8,0 g N pro Tag gereicht. Am 4. und 5., am 9. und 10., endlich am 14. und 15. Tag hatte N-Gleichgewicht geherrscht (s. Abb. 10).

Nebst anderen Erscheinungen hat namentlich das eben besprochene Verhalten des Eiweißes C. VOIT zur Annahme veranlaßt, daß das Eiweiß im tierischen Organismus in zwei Formen vorkomme.

a) Die eine Form ist das sog. zirkulierende oder labile Eiweiß, das von dem Nahrungseiweiß herrührt und leicht verbrennlich ist. Es wird auch als nichtorganisiertes Eiweiß, als Reserve- oder Vorratseiweiß, als Zelleinschlußeiweiß bezeichnet.

b) Die zweite Form ist das sog. Organ- oder stabile Eiweiß, das den eigentlichen Eiweißbestand des Tieres darstellt, und weit schwerer verbrennlich ist. (Ob man berechtigt ist, das Eiweiß in dieser Form als lebendes, in der ersterwähnten Form als totes Eiweiß anzusehen, steht noch dahin.)

Nach dieser Anschauung wäre es das zirkulierende Eiweiß, das im Augenblick der Entziehung oder Reduktion des Nahrungseiweißes den Tieren noch von der vorausgegangenen Eiweißzufuhr zur Verfügung steht, und die Quelle der ansehnlichen Stickstoffausscheidung des ersten Tages darstellt. Diese muß an den nächsten Tagen in dem Maße abnehmen, als der Vorrat an zirkulierendem Eiweiß erschöpft wird. Im Gegensatz hierzu würde am Hungertiere die gesamte Stickstoffausscheidung vom Organeiweiß bestritten werden.

3. Eiweißansatz.

An der Hand von Hundeversuchen wurde (S. 363 f.) gezeigt, daß sich der Organismus in kürzester Zeit mit beliebigen Stickstoffmengen ins Stickstoffgleichgewicht bringen läßt; woraus hervorginge, daß ein mehr als über wenige Tage hinaus reichender Eiweißansatz sich überhaupt nicht erzielen läßt. Das gilt auch in der Tat für das erwachsene, gesunde, seine Funktionen normal verrichtende Tier, bzw. auch für den Menschen, wennauch zirkulierendes Eiweiß längere Zeit hindurch in den Zellen gestapelt bleiben, und so Eiweißansatz vortäuschen kann. Ein wirklicher, oft wahrend längerer Zeit andauernder Ansatz von Eiweiß kann unter folgenden Umständen beobachtet werden:

a) In einzelnen Muskelgruppen kann es auch am Erwachsenen zu einer Zunahme ihrer Masse, also zum Eiweißansatz kommen, wenn sie dauernd stark in Anspruch genommen werden; dies sehen wir an Skeletmuskeln von Sporttreibenden, oder am Herzen im Falle gewisser Zirkulationsstörungen usw.

b) Auch der Erwachsene, dessen Eiweißbestand durch Hunger oder Krankheit eine wesentliche Einbuße erlitten hat, setzt in der Rekonvaleszenz leicht Eiweiß an, besonders wenn ihm neben Eiweiß auch reichlich Kohlenhydrate und Fett gegeben werden.

c) Daß der im Wachstum befindliche Organismus große Mengen von Eiweiß ansetzt, folgt aus der Tatsache des Wachstums selbst; besonders reichlich ist der Eiweißansatz in den ersten Lebensjahren, spater auch während der Pubertätszeit.

B. Der Umsatz stickstofffreier Nährstoffe.

Eine bloß aus Eiweiß bzw. Fleisch bestehende Nahrung eignet sich nur für den reinen Fleischfresser; aber auch im Stoffwechsel des Fleischfressers spielen die ansehnlichen, im Fleisch eingeführten Mengen von Fett und Glykogen eine wichtige Rolle.

In der Ernahrung des Menschen sind Eiweiß, Kohlenhydrate und Fett gleich wichtig, und wenn auch ihre relativen Mengen in sehr weiten Grenzen variabel sind, kann doch keines das andere vollkommen ersetzen bzw. entbehrlich machen. So kann der Mensch bei ausschließlicher Eiweiß-(Fleisch-)nahrung schon aus dem Grunde nicht bleiben, weil die zur Bestreitung des ganzen Energiebedarfes notwendigen großen Fleischmengen von seinem Magen und Darm für die Dauer nicht bezwungen werden können. Eiweiß und Fett allein, ohne Kohlenhydrate, können dem Menschen auch nicht als Nahrung dienen, weil die Entziehung der Kohlenhydrate zur Bildung von pathologischen Stoffwechselprodukten und zu einem Zustand führt, der als Acidosis bezeichnet wurde (S. 310). Endlich sind Kohlenhydrate allein (nebst einer entsprechenden Menge von Eiweiß) mit Ausschluß von Fett ebenfalls nicht geeignet, weil von den Kohlenhydraten bei ihrem relativ geringen spezifischen Energiegehalt zur Deckung des Bedarfes Mengen eingeführt werden müßten, die den Magen und Darm über Gebühr belasten würden. Außerdem würden aber Cholesterin bzw. andere Sterine fehlen, die im Nahrungsfett gelöst eingeführt werden müssen.

Eine wertvolle Eigenschaft der stickstofffreien Nahrungsmittel ist ihre eiweißsparende Wirkung. Es war schon (S. 351) erwahnt, daß die zunehmende Eiweißzersetzung eines Hungertieres durch Zufuhr von Fetten und Kohlenhydraten wieder eingeschränkt werden kann. Diese eiweißsparende Wirkung ist jedoch auch am dauernd gefütterten Tiere nachzuweisen: Wenn man ein Tier durch gemischtes Futter in Stickstoffgleichgewicht gebracht hat, kann man durch Vermehrung der Kohlenhydrat- oder Fettration Eiweißansatz erzielen, ohne die Eiweißzufuhr zu erhöhen. Von beiden stickstofffreien Verbindungen sind es zweifels- ohne die Kohlenhydrate, mit denen sich eine Ersparnis an Eiweiß leichter erreichen läßt, einerseits weil Fett, in größerer Menge zugeführt, störend auf Verdauung und Resorption des Eiweißes einwirkt, anderer- seits, weil in Abwesenheit von Kohlenhydraten die Fette nur unvoll- kommen verbrennen (S. 312).

Es wurde (S. 365) gezeigt, daß Eiweiß im erwachsenen Organis- mus nur unter ganz bestimmten Bedingungen zum Ansatz gebracht werden kann, und daß es unter normalen Verhältnissen bei Einfüh- rung beliebig großer Mengen von Eiweiß in kürzester Zeit zum Stick- stoff- bzw. Eiweißgleichgewicht kommt. Nicht so nach Einfuhrung größerer Mengen von Fett oder Kohlenhydraten! Wenn mehr chemi- sche Energie in Form von Fett eingeführt wird, als dem Energie- bedarf entspricht, so wird in verschiedenen Organen oder Geweben Fett angesetzt. Wenn Kohlenhydrate im Überfluß eingeführt werden, können sie teilweise zu Glykogen polymerisiert in gewissen Organen (Leber, Muskeln) angesetzt werden; doch ist das Fassungsvermögen der Organe für Glykogen ein recht beschränktes (S. 303), daher ein anderer Teil des überschüssigen Kohlenhydrates in Fett verwandelt und als solches ange- setzt wird. Hierauf beruht die Fettmast mit Kohlenhydraten.‥ Indessen lehrt die Erfahrung, daß im Betreffe des Ansatzes des im Überschuß eingeführten Fettes, bzw. der in Fett umgewandelten Kohlenhydrate Rassen- und individuelle Verschiedenheiten bestehen, indem an manchen Personen ein therapeutisch erwünschter Fettansatz trotz reichlicher Darreichung einer in jeder Hinsicht zweckentsprechend zusammen- gesetzten Nahrung, die zudem auch noch tadellos ausgenützt wird, sich nicht erreichen läßt; und oft umgekehrt an anderen Individuen ein in lästiger Weise fortdauernder Fettansatz auch durch quälende Be- schrankung der Nahrungseinfuhr nicht verhütet werden kann. Wenn für den ersterwähnten Fall eine über den Betriebsstoffwechsel (S. 362) bzw. über den wirklichen Bedarf gesteigerte Erhöhung der Umsetzungen (Luxuskonsumption) angenommen wird, so kann für den zweiterwahnten vielleicht ein abnorm geringer Umsatz als Ursache angenommen werden.

C. Spezifisch-dynamische Wirkung der Nährstoffe.

Bestimmt man den Energieumsatz eines Tieres zuerst im Hunger- zustande, und dann nach reichlicher Fleischfütterung, jedoch unter denselben äußeren Versuchsbedingungen, namentlich bei derselben Um- gebungstemperatur (weiter unten wird gezeigt werden, daß dies die kritische Umgebungstemperatur sein muß!), so wird man den Energie- umsatz des gefütterten Tieres entschieden größer als den des hungernden finden. Diese Steigerung des Energieumsatzes wird von verschiedenen Autoren verschiedenartig gedeutet. RUBNER und — auf Grund neuerer mit vollendeter Technik ausgefuhrter Versuche — amerikanische Autoren nehmen an, daß die eingeführten Nahrstoffe, insbesondere aber gewisse Spaltprodukte derselben, einen Reiz auf die Körperzellen ausüben, demzufolge der Stoffumsatz in ihnen gesteigert wird. Der gesteigerte

Stoffumsatz ist aber mit einer Steigerung des Energieumsatzes, oder, wie man früher wohl auch sagte, des „Kraftwechsels" verbunden, daher RUBNER diese Wirkung der eingeführten Nährstoffe als eine „dynamische Wirkung", bzw. da sie für verschiedene Nährstoffe verschieden groß ist, und für je einen Nährstoff einen spezifischen Wert hat, als „spezifisch-dynamische Wirkung" bezeichnete.

Nach der Erklärungsart von ZUNTZ tritt zu den Energieumwandlungen, die zur Erhaltung des Lebens unumgänglich notwendig sind, die chemische Energie hinzu, die beim Kauen, Schlucken der aufgenommenen Nahrung, bei der Weiterbeförderung des Chymus, bei der Sekretion der Verdauungssäfte, bei der Resorption verbraucht bzw. in Wärme umgesetzt wird. Dieses Plus des Energieumsatzes wird von ZUNTZ als Verdauungsarbeit bezeichnet. TANGL bezeichnet die genannte Steigerung als „Ernährungsarbeit" und glaubt, daß an ihrem Entstehen sowohl die Verdauungsarbeit im Sinne von ZUNTZ, wie auch die spezifisch-dynamische Wirkung im Sinne von RUBNER beteiligt ist.

Die spezifisch-dynamische Wirkung der verschiedenen Nährstoffe wurde in eigens zu diesem Zwecke ausgeführten Versuchen bestimmt, und gefunden, daß Kohlenhydrate eine solche Wirkung nur ausüben, wenn sie in verhältnismäßig großen Mengen eingeführt werden; bezüglich der Fette sind die Versuchsergebnisse vielfach widersprechend, indem die genannte Wirkung auf den Energieumsatz oft überhaupt vermißt wurde; weitaus am stärksten ist die Wirkung des Eiweißes.

Was die zahlenmäßige Bewertung der spezifisch-dynamischen Wirkung anbelangt, so wird sie aus dem Zuwachs an umgesetzter Energie im Vergleich mit dem Nüchternzustande berechnet, welchen Zuwachs manche Autoren in Prozenten des Hungerumsatzes, andere aber in Prozenten der in der betreffenden Nahrung eingeführten chemischen Energie ausdrucken. Die Angabe, daß dem Eiweiß eine spezifisch-dynamische Wirkung von 19%, den Kohlenhydraten aber eine solche von etwa 4% zukommt, kann nur in grober Annäherung die besagten Verhältnisse andeuten; um so eher, da man je nach der oben erwähnten verschiedenen Berechnungsart bzw. auch, je nachdem die Steigerung des Energieumsatzes durch 15 Minuten, wie von manchen Autoren, oder durch mehrere Stunden, wie von anderen, beobachtet wird, ganz verschiedene Zahlenwerte erhält. Die Richtigkeit der Befunde verschiedener Autoren, wonach in gewissen, die Drüsen mit innerer Sekretion betreffenden krankhaften Zuständen (S. 317 und 320) die spezifisch-dynamische Wirkung des eingeführten Eiweißes bald größer, bald geringer ist, als unter gewöhnlichen Verhältnissen, wird von so mancher Seite bezweifelt.

D. Das Kompensationsgesetz.

Die spezifisch-dynamische Wirkung der Nährstoffe, d. h. die der Nährstoffzufuhr folgende Steigerung des Energieumsatzes (S. 367), macht sich in vollem Grade nur bei der kritischen Umgebungstemperatur bemerkbar, denn bei niedrigerer Umgebungstemperatur tritt die aus der Steigerung des Energieumsatzes hervorgehende Wärme ganz oder zu verschiedenen Anteilen kompensatorisch für die Wärme ein, die zum Zwecke der chemischen Regulation der Körpertemperatur ohnehin erzeugt werden muß. Es kann also unter Umständen den Anschein haben, als ob die sonst sehr starke spezifisch-dynamische Wirkung der eingeführten Nahrung gleich Null wäre, während in der Tat die auf diese Weise erzeugte Wärme zur Regulation der Körpertemperatur verwendet wurde.

In der nachfolgend wiedergegebenen, von RUBNER ausgeführten Versuchsreihe wurde der Energieumsatz eines hungernden Hundes erst in der Nähe der
kritischen Umgebungstemperatur, bei 30° C, bestimmt, und so der Grundumsatz
des Tieres, d. h. das Minimum an umgesetzter chemischer Energie (S. 358) erhalten,
das zu den unumgänglichen Lebenserscheinungen eben nötig ist. In den spateren,
bei niedrigeren Außentemperaturen ausgeführten Versuchen mußte aber das
Tier noch um so vieles mehr chemische Energie umsetzen, als zum Konstanterhalten seiner Korpertemperatur nötig war, und zwar gelang ihm dies mittels
der chemischen Regulation (S. 354).

Umgebungs-Temperatur ° C	Energieumsatz pro 24 Stunden und 1 kg Körpergewicht kg-Cal.	Komponenten des Energieumsatzes	
		Grundumsatz kg-Cal.	Zuwachs zu Zwecken der chemischen Regulation; kg-Cal.
30	62	62	0
22	71	62	9
5	121	62	59

In der kalteren Umgebung setzt sich also der Energieumsatz des Tieres aus
zwei Komponenten zusammen: aus dem Grundumsatz und aus dem Zuwachs,
der aus der chemischen Regulation der Körpertemperatur hervorgeht.

In Fortsetzung obiger Versuche fütterte nun RUBNER denselben Hund mit
täglichen 275 g Fleisch und bestimmte dessen Energieumsatz bei denselben
sinkenden Außentemperaturen:

Umgebungs-Temperatur ° C	Energieumsatz pro 24 Stunden und 1 kg Körpergewicht kg-Cal.	Komponenten des Energieumsatzes		
		Grund-umsatz kg-Cal.	Zuwachs infolge der spezifisch-dynamischen Wirkung; kg-Cal.	Zuwachs zu Zwecken der chemischen Regula-tion; kg-Cal.
30	82	62	20	0
22	84	62	20	2
5	122	62	20	40

Aus einem Vergleiche der Daten in obiger Zusammenstellung mit denen des
Hungertieres ist klar zu ersehen, daß der Umsatz des gefütterten Tieres bei der kritischen Temperatur weit größer ist als am Hungertier, während bei niedrigeren Außentemperaturen der Unterschied ein weit geringerer ist. Dies hat folgenden Grund:
Die bei der kritischen Temperatur vom gefütterten Tiere umgesetzte Energie
kann aus zwei Komponenten bestehend betrachtet werden: a) Grundumsatz und
b) Umsatz der infolge der spezifisch-dynamischen Wirkung des eingefuhrten
Eiweißes. Die bei den niedrigeren Außentemperaturen umgesetzte Energie besteht
aber aus drei Komponenten: a) Grundumsatz; b) Umsatz infolge der spezifisch-
dynamischen Wirkung, der hier beilaufig zu 20 kg-Cal. angenommen ist; c) Umsatz zu Zwecken der chemischen Regulation der Korpertemperatur.

Grundumsatz und Zuwachs infolge der spezifisch-dynamischen Wirkung haben
selbstverstandlich bei jeder Umgebungstemperatur denselben Wert, da ja ersterer
nur vom Tierindividuum, letzterer aber bloß von Art und Menge der eingefuhrten
Nahrung abhangt. Hingegen richtet sich die Menge der zur chemischen Regulation
der Korpertemperatur umgesetzten Energie nach der Umgebungstemperatur;
sie ist, da die Umgebungstemperatur von Versuch zu Versuch abnimmt, von
Versuch zu Versuch großer, jedoch am gefütterten Tier wie auch aus nachstehender Tabelle hervorgeht, stets geringer als am hungernden, und zwar
einfach aus dem Grunde, weil im gefutterten Tier infolge der spezifisch-
dynamischen Wirkung der eingefuhrten Nahrung ohnehin schon mehr Wärme
erzeugt wurde als im Hungertier. Dieses Warmeplus wird am gefutterten Tier

Umgebungs-Temperatur ^{0}C	Zuwachs zu Zwecken der chemischen Regulation	
	am Hungertier kg-Cal.	am gefutterten Tier kg-Cal.
30	0	0
22	9	2
5	59	40

zur Konstanterhaltung der Körpertemperatur mitverwendet, und es wird daruber
hinaus nur mehr so viel Warme zu rein regulatorischen Zwecken
erzeugt, als zur Erhaltung der Korpertemperatur noch notig ist.
Da auf diese Weise die durch spezifisch-dynamische Wirkung erzeugte Warme
kompensatorisch fur einen wechselnden Anteil der Warme eintritt, die sonst
eigens erzeugt werden mußte, wird dieser Vorgang als Kompensationsvorgang,
bzw. die Gesetzmaßigkeit, die ihm zugrunde liegt, und zuerst von RUBNER erkannt
wurde, als das RUBNERsche „Kompensationsgesetz" bezeichnet.

Angesichts der je nach der Umgebungstemperatur und der Art und Menge
der eingefuhrten Nahrung wechselnden Große des Gesamtumsatzes bzw. seiner
beiden variablen Komponenten (Zuwachs infolge der spezifisch-dynamischen
Wirkung und der chemischen Regulation) ist es klar, daß die Kompensation in
verschiedenem Ausmaße stattfinden und zu den verschiedensten Ergebnissen
fuhren muß. Hervorgehoben seien bloß die folgenden wichtigsten Moglichkeiten:

a) Bei der kritischen Umgebungstemperatur ist der Energieumsatz des gefutterten Tieres stets großer als der des Hungertieres, und zwar um so vieles
größer, als der spezifisch-dynamischen Wirkung der eingeführten Nahrung
entspricht. Fur dieses Warmeplus hat das gefutterte Tier, dessen Korpertemperatur bereits durch den Grundumsatz gesichert ist, keinerlei Verwendung:
das Warmeplus wird als unnutz an die Umgebung abgegeben; eine
Kompensation findet nicht statt.

b) Unterhalb der kritischen Umgebungstemperatur ist der Unterschied
im Energieumsatz des gefutterten und des Hungertieres stets geringer als bei der kritischen, und zwar um so vieles geringer, als von der
durch die spezifisch-dynamische Wirkung erzeugten Warme zur Erhaltung der
Körpertemperatur kompensatorisch mitverwendet werden konnte.

Ist das Warmeplus, das das hungernde Tier bei einer bestimmten niedrigen
Außentemperatur aufbringen muß, genau so groß, wie die spezifisch-dynamische
Wirkung der demselben Tiere eingefuhrten Nahrung, so ist nicht nur der Energieumsatz des hungernden und des gefutterten Tieres genau gleich,
sondern es weist auch der Energieumsatz des gefütterten Tieres im ganzen
Intervall zwischen der genannten niedrigen und der kritischen
Umgebungstemperatur unverandert denselben Wert auf, wie dies
z. B. in einer Versuchsreihe von RUBNER an einem Hund der Fall war, der erst
hungernd, dann aber mit 320 g Fleisch taglich gefüttert untersucht wurde.

Umgebungs-Temperatur ^{0}C	Energieumsatz pro 1 kg und 24 Stunden	
	am Hungertier kg-Cal.	am gefütterten Tier kg-Cal.
30	56	83
15	63	87
7	86	88

E. Kritische Umgebungstemperatur für das gefütterte Tier.

Für das gefütterte Tier liegt die kritische Umgebungstemperatur
tiefer, als für das betreffende Tier im Hungerzustande; und zwar um

so tiefer, je größer die spezifisch-dynamische Wirkung der eingeführten Nahrung ist, demzufolge auch um so tiefer, je mehr Eiweiß das Tier in der Nahrung erhält.

Dies hat folgenden Grund: Es wurde vorangehend (S. 358) ausgefuhrt, daß die kritische Umgebungstemperatur fur den hungernden Hund etwa bei 27⁰ C liegt; dies will nicht nur besagen, daß der Energieumsatz des Tieres bei dieser Temperatur sein Minimum erreicht hat, sich also nicht weiter einschranken laßt, sondern auch, daß die naturliche Warmeabgabe bei dieser Umgebungstemperatur eben noch hinreicht, um die Korpertemperatur des Tieres auf dem normalen Stand zu erhalten. Erhalt nun derselbe Hund bei der fur das Hungertier als kritisch befundenen Umgebungstemperatur von 27⁰ C Futter, z. B. eine großere Menge Fleisch, so wird seine Warmeproduktion jetzt großer, indem sich dem Erhaltungsumsatz diejenige Warmemenge hinzugesellt, die durch die spezifisch-dynamische Wirkung der eingefuhrten Nahrung erzeugt wird. Es ergibt sich auf diese Weise ein ganz bedeutender Warmeuberschuß, fur den das Tier keinerlei Verwendung hat, und dessen es sich, um seine Korpertemperatur konstant zu erhalten, nur entledigen kann, indem es die Mittel der physikalischen Regulation (S. 356) in erhohtem Maße in Anspruch nimmt. Als kritische Umgebungstemperatur wird jedoch (laut S. 358) diejenige bezeichnet, oberhalb welcher die physikalische Regulation in erhohtem Maße eintritt, woraus folgt, daß die Umgebungstemperatur von 27⁰ C fur das hungernde Tier wohl die kritische gewesen ware, fur das gefutterte aber die kritische Umgebungstemperatur mehr oder minder stark überschritten hat. In der Tat wird man erst bei einer niedrigeren Umgebungstemperatur finden, daß das Tier weder einer physikalischen, noch aber einer chemischen Regulation (was ja das Kriterium der kritischen Umgebungstemperatur ist) bedarf: der physikalischen nicht, weil die durch die spezifisch-dynamische Wirkung erzeugte Warme zur Deckung des in der kalteren Umgebung erhohten Warmeverlustes verwendet wird, daher sich das Tier dieser Warme nicht als eines störenden Warmeuberschusses entledigen muß; der chemischen Regulation aber aus dem Grunde nicht, weil ja die durch die spezifisch-dynamische Wirkung erzeugte Warme im Sinne des Kompensationsgesetzes (S. 368) eine weitere Steigerung der Oxydationen, die das Konstanterhalten der Korpertemperatur bezwecken sollten, uberflussig macht.

F. Das Gesetz der Isodynamie.

Es ist klar, daß das Tier im Hungerzustande seinen Energiebedarf aus dem eigenen Körperbestand bestreitet, d. h. eine gewisse Menge der in seinem Körper in Form von Kohlenhydrat, Fett und Eiweiß enthaltenen chemischen Energie in andere Energiearten, und zum Schluß in Warme verwandelt (S. 299). Ebenso klar ist es auch, daß es gelingen muß, den Energiebedarf des Tieres durch eingeführte Nahrung zu bestreiten, und zwar derart, daß es weder eine Einbuße an seinem Körperbestande erleidet, noch aber irgend etwas ansetzt. Nur fragt es sich, ob eine gewisse Menge an chemischer Energie, die das Tier im Hungerzustande z. B. aus seinem Fettvorrat umsetzt, durch dieselbe Menge an nutzbarer Energie (S. 340) ersetzt werden kann, ob man diese Energiemenge einmal in Form von Fett, ein anderes Mal in Form von Kohlenhydrat, und wieder ein anderes Mal in Form von Eiweiß einführt? Diejenigen Mengen der verschiedenen Nährstoffe, die dieselbe Menge von nutzbarer Energie enthalten, werden als isodyname Mengen der betreffenden Nährstoffe bezeichnet, und da (nach S. 341) 1 g Fett 9,4 kg-Cal., 1 g Glykogen oder Stärke 4,2 kg-Cal., 1 g Eiweiß aber 4,1 kg-Cal. nutzbarer Energie enthält, sind 1 g Fett, $2^1/_4$ g Glykogen oder Stärke und $2^1/_4$ g Eiweiß einander isodynam. Die oben gestellte Frage läßt sich also genauer wie folgt formulieren: Können die Nährstoffe einander in isodynamen Mengen vertreten? Die Antwort lautet: **Kohlenhydrat und Fett können einander im Energiehaushalt gegenseitig in isodynamen Mengen vertreten; durch Eiweiß kann aber Kohlenhydrat und Fett nur bei einer Umgebungstemperatur in isodynamen Mengen ersetzt werden, die niedriger ist, als die für das betreffende Tier kritische Umgebungstemperatur.**

Um die nachfolgenden Erörterungen einfacher zu gestalten, sei als Paradigma der Kohlenhydrate Stärke gewählt, einerseits weil ja tatsächlich die Stärke, wenn auch in einer durch Zubereitung unserer Nahrung mehr oder weniger veränderten Form, ihr massigstes Kohlenhydrat darstellt, andererseits weil der Energiegehalt der Stärke dem des Glykogens (in das die eingeführten Kohlenhydrate wenigstens vorübergehend verwandelt werden), sehr nahe kommt. Will man Spezialberechnungen mit Traubenzucker, Rohrzucker usw. ausführen, so muß mit ihren abweichenden Verbrennungswärmen gerechnet werden. Es ist in nachstehenden Beispielen dem Umstande Rechnung getragen, daß sich eine bestimmte Menge von Eiweiß, das sog. Eiweißminimum (S. 362), durch die beiden anderen Hauptnährstoffe, Kohlenhydrat und Fett, gerade weil sie N-frei sind, nicht ersetzen läßt; hingegen nicht berücksichtigt, daß eine gewisse, wennauch geringe Menge von Fett oder von Kohlenhydrat, weil sie bei gewissen Spezialvorgängen im Organismus unentbehrlich sind, sich weder gegenseitig vertreten können, noch aber durch Eiweiß ersetzen lassen. Um die gegenseitige Vertretbarkeit der Nährstoffe zu prüfen, wollen wir von den unzähligen denkbaren Nährstoffkombinationen bloß einige ins Auge fassen; dabei aber das Verhalten der Tiere bei der kritischen bzw. bei den darunter gelegenen Umgebungstemperaturen, sowie bei eiweißarmen bzw. eiweißreichen Gemischen gesondert behandeln.

a) Bei kritischer Umgebungstemperatur.

Der Grundumsatz eines Hundes, im Hungerzustand und bei der kritischen Umgebungstemperatur bestimmt, soll 243 kg-Cal. pro 24 Stunden betragen und soll das Tier während dieser Zeit, da ja im Hungerzustande Glykogen (nach S. 335) vernachlässigt werden darf,

$$
\begin{aligned}
3{,}0 \text{ g Eiweiß zu je } 4{,}1 \text{ kg-Cal.} &= 12{,}3 \text{ kg-Cal.} \\
24{,}5 \text{ g Fett } \quad \text{„ „ } 9{,}4 \text{ „ „ } &= 230{,}3 \text{ „ „}
\end{aligned}
$$

zusammen 242,6 kg-Cal.

aus seinem eigenen Körperbestand zersetzt haben.

Nun soll derselbe Hund zunächst ein **eiweißarmes** Gemisch erhalten haben, in dem das ganze Fett, das er im Hungerzustande zersetzt hatte, durch Stärke ersetzt ist:

$$
\begin{aligned}
3{,}0 \text{ g Eiweiß zu je } 4{,}1 \text{ kg-Cal.} &= 12{,}3 \text{ kg-Cal.} \\
54{,}9 \text{ g Stärke } \quad \text{„ „ } 4{,}2 \text{ „ „ } &= 230{,}6 \text{ „ „}
\end{aligned}
\tag{I}
$$

zusammen 242,9 kg-Cal.

Läßt man die eingangs erwähnte Tatsache über die Nichtvertretbarkeit gewisser Mengen von N-freien Stoffen untereinander außer acht, und vernachlässigt die ohnehin geringe spezifisch-dynamische Wirkung der Stärke, so kann man annehmen, daß der Hungerbedarf des Tieres durch Gemisch I voll gedeckt ist. In der Tat ließe sich durch Stoffwechselversuche nachweisen, daß der Körperbestand des mit dem Gemisch I ernährten Tieres keinerlei Einbuße erlitten hat; daher kann man sagen, daß bei kritischer Umgebungstemperatur Fett und Stärke einander gegenseitig in isodynamen Mengen vertreten können.

Nun soll der Hund ein **eiweißreiches** Gemisch erhalten, in dem vom Körperfett, das das Tier im Hungerzustand zersetzt hatte, 4,5 g durch ebensoviel Nahrungsfett, andere 20,0 aber durch isodyname Mengen von Eiweiß ersetzt wurden. Der Zweckmäßigkeit halber sollen diese größeren Eiweißmengen von den 3,0 g Eiweiß, die das Tier im Hungerzustand verbrannte, gesondert aufgeschrieben werden, wie wenn letztere das physiologische Eiweißminimum darstellten (obzwar, wie S. 362 erwähnt, dieses Minimum nur bei gleichzeitiger Verabreichung reichlicher Mengen von N-freien Nahrstoffen bestimmt werden kann und stets geringer ist, als die Menge des im Hungerzustande zersetzten Eiweißes). Das Nahrstoffgemisch bestand also aus

$$
\begin{array}{llll}
\text{3,0 g Eiweiß} & \text{zu je 4,1 kg-Cal.} & = & \text{12,3 kg-Cal.} \\
\text{4,5 g Fett} & \text{,, ,, 9,4 ,, ,,} & = & \text{42,3 ,, ,,} \\
\text{46,0 g Eiweiß} & \text{,, ,, 4,1 ,, ,,} & = & \text{188,6 ,, ,,}
\end{array}
\qquad \text{(II)}
$$

zusammen 243,2 kg-Cal.

Auch dieses Gemisch enthalt, wie Gemisch I, die notige Menge an nutzbarer Energie, ist aber trotzdem nicht geeignet, den Hungerbedarf zu decken. Dies liegt an der spezifisch-dynamischen Wirkung des Eiweißes, die, wie schon erwahnt, weit größer ist, als die der N-freien Nahrstoffe, daher in unseren Berechnungen nicht vernachlassigt werden darf. Durch den Reiz, den das eingefuhrte und resorbierte Eiweiß, bzw. seine Spaltungsprodukte auf die Korperzellen ausuben, und welcher Reiz nach RUBNER das Wesen der spezifisch-dynamischen Wirkung ausmachen soll, sind die Umsatze in den Zellen, daher auch im ganzen Organismus größer geworden, von 243 kg-Cal. z. B. auf 314 kg-Cal. angestiegen. Da wir aber im obigen Gemische in der Annahme, den Bedarf des Tieres zu decken, bloß 243 kg-Cal. eingefuhrt haben, mußte es zu einem Defizit von 71 kg-Cal. kommen, das nur durch Verbrennung von Korpersubstanz beschaffen werden konnte. Es geht aus diesen Betrachtungen hervor, daß im Energiehaushalte Fett (und offenbar auch Starke) bei der kritischen Umgebungstemperatur durch isodyname Mengen von Eiweiß nicht vertreten werden kann.

b) Bei niederen Umgebungstemperaturen.

Bei einer Umgebungstemperatur von etwa 7° C muß der Energieumsatz des Tieres wesentlich, z. B. auf 400 kg-Cal. angestiegen sein, da es ja um seine Korpertemperatur zu erhalten, die Oxydationen im Wege der chemischen Regulation (S. 354) steigern mußte. Diesbezüglich sei der Einfachheit halber angenommen, daß die Steigerung ausschließlich das Korperfett betraf, wahrend der Eiweißverbrauch unverandert geblieben war. Der Umsatz soll z. B. betragen haben

$$
\begin{array}{llll}
\text{3,0 g Eiweiß} & \text{zu je 4,1 kg-Cal.} & = & \text{12,3 kg-Cal.} \\
\text{41,2 g Fett} & \text{,, ,, 9,4 ,, ,,} & = & \text{387,3 ,, ,,}
\end{array}
$$

zusammen 399,6 kg-Cal.

Es mußten also, um die Korpertemperatur auch bei der niederen Umgebungstemperatur zu erhalten, um 157 kg-Cal. mehr umgesetzt und zu diesem Behufe um 16,7 g mehr Fett verbrannt werden, als bei der kritischen Umgebungstemperatur (S. 358).

Um den Anfang mit einem eiweißarmen Gemisch zu machen, wollen wir 21,2 g Körperfett durch ebensoviel Nahrungsfett, andere 20 g Korperfett aber durch isodyname Mengen, d. h. 44,8 g Starke ersetzen.

Das Tier soll also erhalten haben

$$
\begin{array}{llll}
\text{3,0 g Eiweiß} & \text{zu je 4,1 kg-Cal.} & = & \text{12,3 kg-Cal.} \\
\text{21,2 g Fett} & \text{,, ,, 9,4 ,, ,,} & = & \text{199,3 ,, ,,} \\
\text{44,8 g Starke} & \text{,, ,, 4,2 ,, ,,} & = & \text{188,0 ,, ,,}
\end{array}
\qquad \text{(III)}
$$

zusammen 399,6 kg-Cal.

Da die spezifisch-dynamische Wirkung des Kohlenhydrates, wie oben, vernachlassigt werden darf, ist es klar, daß der Hungerbedarf des Tieres durch dieses Gemisch voll gedeckt ist, und laßt sich auch durch Bestimmung seines Stoffwechsels nachweisen, daß es weder an seinem Eiweiß-, noch an seinem sonstigen Bestande irgend etwas eingebußt oder aber gewonnen hat. Es laßt sich also sagen, daß isodyname Mengen von Fett und Starke einander auch bei niederen Umgebungstemperaturen gegenseitig ersetzen konnen.

Nun soll aber ein eiweißreiches Gemisch versucht werden, in dem das Korperfett, das das Tier im Hungerzustande verbrannte, teilweise durch Eiweiß ersetzt ist. So seien im nachfolgenden Gemische 21,2 g Korperfett durch ebensoviel Nahrungsfett, 20,0 g Fett aber durch isodyname Mengen von Eiweiß ersetzt, und soll das Tier erhalten haben

$$
\begin{aligned}
3{,}0 \text{ g Eiweiß zu je } 4{,}1 \text{ kg-Cal.} &= 12{,}3 \text{ kg-Cal.} \\
21{,}6 \text{ g Fett } \quad,, \quad,, \; 9{,}4 \;,, \;\;,, &= 199{,}3 \;,, \;\;,, \\
46{,}0 \text{ g Eiweiß } \;,, \quad,, \; 4{,}1 \;,, \;\;,, &= \underline{188{,}6 \;,, \;\;,,}
\end{aligned}
\tag{IV}
$$

zusammen 400,2 kg-Cal.

Es ware zu erwarten, daß infolge des Reizes, der durch resorbiertes Eiweiß auf die Körperzellen ausgeubt wird, und der die spezifisch-dynamische Wirkung des Eiweißes ausmacht, der Energieumsatz wie durch Gemisch II (auf S. 373), um 71 kg-Cal., also auf 471 kg-Cal. ansteigt. Die Bestimmung des Energieumsatzes des Tieres wurde aber ergeben, daß eine Steigerung uberhaupt nicht stattfindet. Dies ist nach dem, was auf S. 368 uber das Gesetz der Kompensation ausgefuhrt wurde, selbstverstandlich. Das gefutterte Tier, das bei der niederen Umgebungstemperatur zur Erhaltung seiner Körpertemperatur um 157 kg-Cal. mehr, und zwar wie angenommen wurde, durch Mehrverbrennung von 16,7 g Fett aufbringen muß, wird zunachst (wie auf S. 373) um 71 kg-Cal. mehr Energie infolge der spezifisch-dynamischen Wirkung des Eiweißes umsetzen, und tut dies durch Mehrverbrennung von 7,5 g Fett. Die auf diese Weise entstandene Warme von 71 kg-Cal. wird aber infolge des (S. 368) erorterten Kompensationsvorganges ebenso, wie wenn sie auf dem Wege der chemischen Regulation entstanden ware, zur Erhaltung der Körpertemperatur verwendet. Auf diese Weise hatte das Tier 12,3 + 188,6 kg-Cal. durch Verbrennung von Eiweiß und 71 kg-Cal. aus (infolge der spezifisch-dynamischen Wirkung) verbrannten 7,5 g Fett, also zusammen 272 kg-Cal. umgesetzt. Zu den 400 kg-Cal., das es zur Erhaltung seiner Korpertemperatur umsetzen muß, fehlen ihm noch 128 kg-Cal.; die bringt es aber durch Verbrennung von weiteren 13,6 g Fett auf. Alles in allem hat es also in der Tat die in Formel IV angegebene Menge von Fett und Eiweiß, namentlich 3 + 46 g Eiweiß und etwa 21 g Fett verbrannt und seine Korpertemperatur auch bei der niedrigen Umgebungstemperatur erhalten, ohne an seinem Korperbestand etwas einzubußen.

Im Endergebnis ließ sich also durch das eiweißreiche Gemisch IV der Hungerbedarf des Tieres ebenso, wie durch das eiweißarme Gemisch III decken, daher man sagen kann, daß bei niederer Umgebungstemperatur Fett (oder Kohlenhydrat) durch isodyname Mengen Eiweiß wohl vertreten werden kann, während, wie S. 373 gezeigt wurde, dies bei der kritischen Umgebungstemperatur nicht möglich ist.

G. Nährstoff- bzw. Energiebedarf des Menschen.

1. Qualität der Nahrung.

Auf S. 299 wurde gezeigt, daß das Leben des Menschen sich nur auf Kosten von chemische Energie enthaltenden Stoffen, wie Eiweiß, Kohlenhydrat und Fett, erhalten laßt, auf S. 366 aber erörtert, in welcher Zusammensetzung diese in der Nahrung enthalten sein mussen.

Es genügt aber nicht, chemische Energie in hinreichender Menge einzuführen; es muß zum normalen Ablauf der Lebenserscheinungen auch das entsprechende günstige Milieu geschaffen werden, bzw. erhalten bleiben. Hierzu gehören Salze, die einerseits eine ständige osmotische Konzentration in den Säften unterhalten (S. 158), andererseits gewisse Ionenwirkungen ausüben (S. 42); da aber ständig eine gewisse Menge von Salzen den Organismus in den verschiedenen Sekreten und Exkreten verläßt, ist es nur selbstverstandlich, daß fur diesen Verlust in der Nahrung Ersatz geschaffen werden muß. Den Salzen kommt jedoch nicht nur diese allgemeine Wirkung zu; sie haben auch Spezialfunktionen. So ist die Einfuhr von Chlor unentbehrlich, da ja bei dem fortwährenden Chlorverlust (in Harn usw.) sehr bald die so notwendige Salzsäurebildung durch die Magenschleimhaut versiegen müßte; der fortwährende Abgang von Erdalkalien und Phosphorsäure (in Harn und Kot) erheischen ebenfalls Ersatz, da sonst die Knochen, die im Verlaufe ihres Eigenstoffwechsels fortdauernd gewisse Mengen der genannten Stoffe abgeben, an diesen schließlich verarmen müßten; Eisen, das aus dem Hämoglobin der fortwährend untergehenden roten Blutkörperchen herstammt, kommt in Zirkulation und wird dann teils ausgeschieden, teils in verschiedenen Organen in nicht mehr verwendbarer Form abgelagert. Sollen aber neue Blutkörperchen gebildet und auf diese Weise Ersatz für die zugrunde gegangenen geschaffen werden, ist Eisen unumgänglich nötig, es muß also von außen eingeführt werden. Endlich ist auch die Einfuhr wenn auch minimaler Mengen von Jod unumgänglich nötig.

Der Kalkverlust des Organismus wird ersetzt durch den reichlichen Kalkgehalt der als Nahrung zugeführten Milch, des Eigelbs, teilweise auch mancher Gemüse; während Kartoffel, noch mehr aber die Kornfrucht der Getreidearten sehr arm an Kalk sind. Der recht geringe tägliche Eisenverlust wird durch den Eisengehalt der Nahrung tierischer und pflanzlicher Herkunft reichlich gedeckt. Jod ist (nach S. 41) in den meisten Trinkwassern enthalten.

Aber auch wenn für eine entsprechende Menge und Auswahl von Salzen im obigen Sinne gesorgt wird, ist es, wie die Erfahrung lehrt, nicht möglich, Menschen oder Tiere höherer Art mit einem Gemisch, bestehend aus chemisch reinem Kohlenhydrat, Fett und Eiweiß, nebst genügendem Wasser und Salzen längere Zeit hindurch zu ernähren; denn es hängt noch von einer ganzen Reihe von Momenten ab, ob die eingeführte Nahrung in der Tat das leistet, was von ihr erwartet wird. Solche Momente sind: a) entsprechender Geruch und Geschmack; b) entsprechender Gehalt an vollwertigem Eiweiß und c) an Vitaminen.

a) Geschmack und Geruch der Nahrung.

Die Absonderung des Speichels (S. 199), des Magensaftes (S. 204), sowie höchstwahrscheinlich auch die des Pankreassaftes wird in hohem Grade von Reflexen beeinflußt, die durch gewisse, eigentümlich riechende und schmeckende Bestandteile der Nahrung ausgelöst werden. In Ermangelung dieser Bestandteile ist ein Nahrungsgemisch nicht zur Ernährung des Menschen geeignet, einerseits weil es infolge der mangelhaften und auch qualitativ nicht entsprechenden Sekretion der Verdauungssäfte nicht recht ausgenützt werden kann, andererseits weil die Einführung eines solchen für die Dauer ekelerregenden Gemisches an und für sich auf Schwierigkeiten stoßen muß. Aus diesen Gründen sind außer Eiweiß, Kohlenhydrat und Fett noch solche eigentümlich riechende und schmeckende Stoffe von Wichtigkeit, die teils in den betreffenden Nahrungsmitteln vorgebildet sind, teils bei der Zubereitung (Kochen, Braten) der Speisen entstehen, teils aber als Gewürze zugesetzt werden.

b) Wertigkeit des Nahrungseiweißes, bzw. des Nahrungsstickstoffes.

Vergleicht man verschiedene in der tierischen und pflanzlichen Nahrung enthaltene Eiweißkörper bezüglich ihrer Eignung Körpereiweiß zu ersetzen, so stellen sich große Verschiedenheiten heraus, indem manche Eiweißkörper diese Eignung haben, andere aber, wenn auch in denselben Mengen beigebracht, weniger oder gar nicht, also unterwertig sind. Diese Unterwertigkeit mancher Eiweißkorper rührt davon her, daß ihrem Molekül gewisse Bausteine, Aminosäuren abgehen, die für die Lebensvorgänge bzw. für das Wachstum unentbehrlich sind und im Organismus synthetisch offenbar nicht aufgebaut werden können. Solche Aminosauren sind in erster Linie Cystin, Tryptophan und Lysin. Insbesondere sind nach der Ansicht mancher Autoren die beiden ersten für den regelrechten Ablauf der Lebensvorgänge, das Lysin jedoch für das Wachstum unentbehrlich, was jedoch von anderen Autoren, wenigstens in dieser scharfen Scheidung, abgelehnt wird. Wenn also die chemische Analyse ergeben hat, daß dem Glutinmolekül das Tyrosin, Cystin und Tryptophan abgehen, im Molekül des Zeins (einem Eiweißkörper des Maiskornes), Lysin und Tryptophan fehlen, oder das Molekül des Gliadins (ein Eiweißkörper des Weizenkornes) kein Lysin enthält, so ist es nur zu begreiflich, daß diese Eiweißkörper sich unterwertig erweisen müssen, wenn sie ohne andere Eiweißkörper an Tiere verfüttert werden, und zwar als unterwertig im Vergleiche zu dem Eiweiß im Fleisch, im Blut, zu Casein, Lactalbumin, Ovalbumin, Ovovitellin usw., die, da sie alle lebenswichtigen Aminosäuren in hinreichender Menge enthalten, als vollwertig angesehen werden müssen, und sich bei der Verfütterung auch als solche erweisen.

Daß durch das Glutin Eiweiß nicht vollkommen ersetzt werden kann, ist seit langem bekannt, doch wurde es erst verständlich, seitdem man weiß, daß ihm Cystin, Tyrosin und Tryptophan fehlen. Ebenso begreiflich ist aber auch, daß, wenn man zum Glutin die fehlenden Aminosauren hinzufügt, das Gemisch dem Eiweiß gleichwertig ist. Aus demselben Gesichtspunkte sind die Versuche zu beurteilen, in denen ein Tier wochenlang bloß mit vollkommen abgebautem Eiweiß oder mit einem Gemisch von N-freien Nahrstoffen uud Aminosauren ernahrt wurde; die Nahrung enthielt keine Spur von intaktem Eiweiß; trotzdem wurde Eiweiß- resp. Stickstoffansatz erzielt. Die Aminosauren sind also geeignet, Eiweiß vollkommen zu ersetzen, vorausgesetzt, daß aus dem betreffenden Gemisch keine der Aminosauren fehlt, die an dem Aufbau des Eiweißmolekuls beteiligt sind. (So wichtig die Resultate dieser Versuche fur die Stoffwechsellehre auch sind, konnen aus ihnen doch keine weitgehenden praktischen Konsequenzen gezogen werden. Denn, wenn es auch richtig ist, daß durch stickstoffhaltige Spaltungsprodukte das Stickstoffgleichgewicht eine gewisse Zeit hindurch aufrecht erhalten werden kann, langere Zeit hindurch laßt sich der Organismus auf diese Weise keinesfalls gesund und funktionstuchtig erhalten.) Endlich wurde an Pflanzenfressern, insbesondere an Wiederkauern festgestellt, daß eine bestimmte Menge Eiweiß durch in der Nahrung enthaltene Amide, durch beigemischtes essigsaures Ammonium, ja sogar durch Harnstoff ersetzt werden kann. Dies wird so erklart, daß die besagten Stoffe durch die namentlich im Wiederkauermagen in ungeheuren Mengen vorhandenen einzelligen Pflanzenorganismen aufgenommen und in ihren Leibern in Eiweiß umgewandelt werden, das, sobald jene absterben, dem Tiere zur Verfugung steht.

Die Unterschiede im Aminosauregehalt der in den verschiedenen Nahrungsmitteln enthaltenen Eiweißkörper, ferner aber auch ihr verschiedener Gehalt an gewissen nicht eiweißartigen N-haltigen Bestandteilen machen es erklärlich, daß gewissen Nahrungsmitteln für die Erhaltung des Individuums, also biologisch, ein weit größerer Wert zukommt, als anderen von demselben Gehalt an chemischer Energie und von demselben oder gar größeren Gehalt an resorbierbarem Eiweiß. Auf diesen Unterschied bezieht sich der Ausdruck „Biologischer Wert des Nahrungsstickstoffes" (Thomas). Diese biologische Wertigkeit wird auf folgende Weise ermittelt: Man vergleicht den N-Verlust des Körpers während der Einfuhr einer bestimmten Menge des zu untersuchenden Nahrungsmittels mit dem N-Verlust während der Einfuhr einer calorisch äquivalenten, jedoch N-freien Nahrung. Im ersten Falle wird der N-Verlust natürlich geringer sein, da der resorbierte Anteil des in der Nahrung zugeführten Eiweißes — es kann ja natürlich nur dieser Anteil in Frage kommen — für einen gewissen Teil des Körpereiweißes eintritt, diesen vor der Verbrennung bewahrt. Die Menge des so ersparten Körpereiweißes ergibt sich aber gerade aus dem Unterschied zwischen dem N-Verlust bei N-freier und bei der zu untersuchenden N-haltigen Nahrung. Das prozentuale Verhältnis zwischen dem Stickstoff im ersparten Körpereiweiß und im resorbierten Nahrungseiweiß ist nichts anderes als der gesuchte „biologische Wert" des betreffenden Nahrungsstickstoffes. Er beträgt z. B. im Fleische über 100%, im Reis etwa 90%, in Kartoffeln etwa 80%, in Erbsen etwa 55%, im Weißbrot bloß etwa 50%, im Mais noch weniger.

c) Vitamine.

Einem sehr verbreiteten, recht alten Glauben nach wohnt den frischen Gemüsen, der rohen Milch, dem Lebertran usw. eine besondere Nährbzw. Heilkraft inne, und neuere Beobachtungen, denen exakte Versuche folgten, haben die Richtigkeit dieses Glaubens erwiesen. Soll nämlich der Erwachsene seinen Körperbestand erhalten und nach aller Hinsicht funktionstüchtig bleiben, oder soll der noch in Entwicklung begriffene Organismus seinen Bestand regelrecht vermehren, d. h. entsprechend wachsen, so muß seine Nahrung außer den reinen Nährstoffen (vollwertiges Eiweiß, Kohlenhydrate und Fette), Salzen, Riechstoffen usw. noch eine Reihe von Substanzen enthalten, die erfahrungsgemäß nur in gewissen pflanzlichen oder tierischen Gebilden bzw. Produkten wennauch in minimalen Mengen enthalten sind. Es handelt sich um folgende Beobachtungen:

Mause gedeihen recht gut bei einem aus Weizenmehl und Milch gebackenem Brot, gehen aber in einigen Wochen sicher zugrunde, wenn man das Milchbrot zuvor mit Äther extrahiert. Daß aber hierbei den Tieren nicht das Fett abgegangen ist, geht daraus hervor, daß sie ebenso rasch zugrunde gehen, wenn man ihnen das entfettete Milchbrot mit reinem Fett gemischt gibt, hingegen, wenn man zum entfetteten Milchbrot etwas vom Ätherextrakt hinzufügt, ebensogut, wie mit dem nicht entfetteten Milchbrot gedeihen.

Dann hat man gefunden, daß Tauben und Hühner bei ungeschältem Reis gut gedeihen, hingegen an einer Art Polyneuritis erkranken und daran zugrunde gehen, wenn sie bloß mit geschliffenem (poliertem) Reis, an dem die Fruchthüllen, die sog Silberhäutchen und die Keime entfernt sind, gefüttert werden. Diesen Erscheinungen durchaus analog ist die schwere Polyneuritis (Beri-Beri oder Kak-Ke), an der die armsten Volksschichten des fernen Ostens in dem Maße in zunehmender Anzahl erkrankten, wie der Reis, unter diesem Himmelsstriche das Hauptnahrungsmittel jener Bevölkerungsklasse, immer mehr in poliertem Zustand in den Verkehr gelangte.

Ferner wurde gefunden, daß weiße Ratten überwiegend mit Getreidesamen, etwas Speck und Salzen gefüttert, wohl eine Zeitlang gedeihen können, jedoch bald an Rachitis erkranken (die auch an Kindern so häufig ist), durch Verabreichung von Lebertran aber geheilt werden konnen.

Endlich konnte die infolge vielfacher Erfahrung auch bis dahin plausible Annahme, wonach die als Skorbut bekannte schwere Allgemeinerkrankung des Menschen vom Mangel an frischen Nahrungsmitteln (Gemüsen) herrührt, durch entsprechende Tierversuche vollinhaltlich bestatigt werden, indem sich analoge Zustände auch an Meerschweinchen durch Fütterung mit trockenen Hülsenfrüchten oder Getreidesamen bei Ausschluß von frischen Vegetabilien experimentell hervorrufen, durch Verfütterung frischer Gemüse, aber auch von Fruchtsäften, wieder prompt beseitigen ließen, ebenso wie an Menschen, die an Skorbut erkrankt waren.

Es müssen also im Milchfett Stoffe enthalten sein, die zur Erhaltung des Lebens der Mäuse unentbehrlich sind, im Lebertran solche, die die Rachitis heilen, in bestimmten Teilen des Reiskornes Stoffe, die die Polyneuritis verhüten, und in den grünen Pflanzenteilen Stoffe, die dem Skorbut entgegenwirken; und man weiß, daß es solche Stoffe auch in anderen Produkten tierischer und pflanzlicher Herkunft gibt.

Die Darstellung des im geschilderten Sinne wirksamen Stoffes des Reiskornes ist in sehr konzentrierter (wenn auch nicht, wie seinerzeit angenommen wurde, in krystallisierter, chemisch reiner) Form zuerst C. Funk gelungen, der ihn mit Rücksicht auf seine Lebenswichtigkeit und seinen N-Gehalt „Vitamin" benannte. Bezüglich der anderen ahnlich wirkenden Stoffe, die man per analogiam ebenfalls Vitamine, aber auch Erganzungsstoffe, Nahrungshormone, Nutramine, akzessorische Nährstoffe nennt, ließ sich bis vor einigen Jahren nur sagen, daß sie a) organische Stoffe (doch weder Eiweißkörper, noch Fette, noch Kohlenhydrate) sind, b) in verhaltnismaßig sehr geringen Mengen einen ausschlaggebenden Einfluß auf das Gedeihen bzw. Wachstum eines Tieres haben, und c) daß die meisten unter ihnen im tierischen Organismus nicht gebildet werden, sondern dem Tiere nur in der Pflanzennahrung (den Fleischfressern unter Vermittlung des von ihnen verzehrten Pflanzenfressers) zugefuhrt werden.

Durch spatere Untersuchungen wurde nicht nur ihr Vorkommen in verschiedenen pflanzlichen und tierischen Gebilden bekannt, sondern auch der Erscheinungskomplex studiert, der an einem Tiere beobachtet wird, wenn man ihm das eine oder das andere Vitamin entzieht. Diese Erscheinungskomplexe bezeichnet man als die entsprechenden

Avitaminosen, deren es so viele gibt, als verschiedene Vitamine bisher bekannt geworden sind, oder es noch werden.

Die genaue Kenntnis der Avitaminosen ist unumgänglich nötig beim Studium der Vitamine selbst; denn die Anwesenheit oder das Fehlen eines bestimmten Vitamines in irgendeinem Nahrungsmittel kann nur an Versuchstieren festgestellt werden, die man künstlich in die entsprechende Avitaminose versetzt hat. Dies geschieht durch Verfütterung von Nahrungsgemischen, deren entsprechende Zusammensetzung in zahllosen, mühevollen Versuchsreihen ermittelt wurde, und die mit Ausnahme des gesuchten Vitamines alle anderen in gehöriger Menge enthalten müssen. Gibt man nun einem Versuchstiere, das man an der entsprechenden Avitaminose erkranken ließ, nebst dem bisher verfütterten Nahrungsgemische, durch das die Avitaminose herbeigeführt wurde, auch das zu prüfende Nahrungsmittel, und wird das Tier nach einiger Zeit wieder gesund, so war im Nahrungsmittel das betreffende Vitamin enthalten; wenn nicht, so hat es gefehlt. Allerdings darf nicht verschwiegen werden, daß diesen Bestimmungen gewisse Schwierigkeiten im Wege stehen. Die eine Schwierigkeit besteht darin, daß sich bei der Verfütterung irgend eines der obigen Gemische anfangs wenig charakteristische Erscheinungen, wie Abnahme der Freßlust, daher Abmagerung, Schwächezustände, an jungen Tieren Wachstumsstillstand usw. einstellen können, die das charakteristische Bild der Avitaminose zu verschleiern, oder eine solche vorzutäuschen geeignet sind. Eine andere Schwierigkeit wird dadurch verursacht, daß in vielen uns von der Natur gegebenen Nahrungsmitteln mehrere Vitamine nebeneinander vorkommen; die dritte aber dadurch, daß der Mangel eines bestimmten Vitamines nicht an allen Tierarten zu denselben Erscheinungen, d. h. zur selben Avitaminose fuhrt.

Mit ganz vereinzelten Ausnahmen lassen sich weitaus die meisten Vitamine voneinander nur durch die verschiedene Wirksamkeit der Naturprodukte, in denen sie enthalten sind, unterscheiden, sowie durch die Art des Lösungsmittels, mit Hilfe dessen sie in mehr oder minder konzentriertem Zustande aus jenen isoliert werden können. Wir müssen uns daher vorläufig damit begnügen, sie nach ihrer Löslichkeit in Fett bzw. in fettlösenden Mitteln, oder in Wasser zu gruppieren, und mit fortlaufenden Buchstaben A, B usw. zu bezeichnen, wobei allerdings bemängelt werden muß, daß oft ein Vitamin von verschiedenen Autoren mit verschiedenen Buchstaben, und Vitamine von verschiedener Wirkung oft mit demselben Buchstaben bezeichnet werden.

Fettlösliche Vitamine sind: das antixerophthalmische Vitamin A, das antirachitische Vitamin D, das Antisterilitats- oder Fortpflanzungsvitamin E. Wasserlösliche Vitamine sind: das antineuritische Vitamin B_1, das Wachstumsvitamin B_2, das antiskorbutische Vitamin C.

Antixerophthalmisches Vitamin A. Der Mangel an diesem Vitamin fuhrt zu erheblicher Gewichtsabnahme, an jungen Tieren zu Wachstumsstillstand, ferner zu den schweren Veranderungen am Auge, die als Xerophthalmie bekannt sind. Es ist am reichlichsten im Lebertran enthalten, reichlich auch im Milchfett (Butter, Sahne), im Fett des Eigelbes, der Leber, im Nierenfett, im fettdurchwachsenen Fleisch, in grünen Pflanzenteilen (Spinat, Salat); wenig enthalten in Karotten, Kartoffeln; keines in Schweineschmalz und in den pflanzlichen Ölen, wie Olivenol, Mandelöl. Von seinen Eigenschaften ist hervorzuheben, daß es fettlöslich ist, durch Kochen mit alkoholischer Kalilauge nicht zerstort wird, hingegen empfindlich gegen Sauerstoff ist. Die Angabe, daß es in Form eines Biosterin benannten Stoffes von der Zusammensetzung $C_{22}H_{44}O_2$, krystallisiert erhalten werden kann, bedarf noch der Nachprufung. Auch wird behauptet, daß es dem Carotin (S. 68) nahesteht oder mit ihm gar identisch ist. Als charakteristisch wird angegeben, daß Chloroformauszuge der Naturprodukte, die es enthalten, mit Antimon- oder Arsentrichlorid eine blaue Farbenreaktion geben.

Antirachitisches Vitamin D. Fehlt es in der Nahrung, so kommt es an jungen Tieren (Ratten) zu Calciumarmut, Weichheit und Verkrummung der Knochen, also zu denselben Veranderungen, die fur die Rachitis der Kinder charakteristisch sind, wobei es aber nicht sicher entschieden ist, ob es sich um eine Störung der Resorption der Calciumsalze handelt, oder um eine herabgesetzte Bindungsfahigkeit der Knochengrundsubstanz den Calciumsalzen gegenuber. Die Erfahrung lehrt, daß eine künstliche Rachitis besonders leicht erzeugt werden kann, wenn ein Mißverhaltnis zwischen Calcium- und Phosphorsaureeinfuhr besteht (also ein Überschuß an Calcium oder an Phosphorsaure). Dieses Vitamin ist in wirksamer Form (s. unten) bloß im Lebertran enthalten und so ziemlich das einzige Vitamin, dessen Natur vollkommen aufgeklärt ist; es entsteht aus dem Ergosterin (S. 55), das dem Cholesterin stets in sehr geringen Mengen beigemischt ist, charakteristische Absorptionsstreifen in Ultraviolett hat, und, sowie Cholesterin selbst, unwirksam gegen die D-Avitaminose ist. Wird es aber höchstens 30 Minuten lang mit ultraviolettem Licht von bestimmter Wellenlange (280—$300\ \mu\mu$) bestrahlt, so laßt sich neben einer Verschiebung der Absorptionsstreifen auch konstatieren, daß es eine eminente Heilwirkung gegen die D-Avitaminose erlangt hat, ohne in seiner Struktur eine nachweisbare Änderung zu erfahren; es ist nach wie vor fettlöslich, allerdings durch Digitonin nicht mehr fallbar, und in Alkohol leicht loslich geworden. Nach allem dem ist das bestrahlte Ergosterin identisch mit dem Vitamin D, und laßt sich folgerichtig das unbestrahlte als dessen Provitamin bezeichnen. Als solches Provitamin ist Ergosterin in minimalen Mengen in vielen tierischen Fetten, so auch in der Milch enthalten, so daß sie bestrahlt, Heilwirkung ausüben konnen, da sie nunmehr Vitamin D enthalten. Da an rachitischen Kindern durch Bestrahlung des Korpers gute Erfolge erzielt werden konnen, nimmt man an, daß Ergosterin auch in der Haut als zunachst unwirksames Provitamin enthalten ist. Von allen Naturprodukten enthalt nur der Lebertran das Ergosterin in fertiger, wirksamer Form.

Antisterilitats- oder Fortpflanzungsvitamin E. Mangel an diesem Vitamin wird von einer Schadigung der Keimdrusen gefolgt, die zur Sterilität, an trächtigen Tieren zum Abortus führt. Es ist am reichlichsten in Getreidekeimlingen enthalten; erweist sich gegen hohe Temperaturen, Lauge, Sauren, Sauerstoff als nicht empfindlich; es ist fettloslich.

Antineuritisches Vitamin B_1* (auch Vitamin F genannt). Fehlt es an diesem Vitamin, so stellen sich an Huhnern oder an Tauben auf einer Polyneuritis beruhende eigentumliche Lahmungserscheinungen, Gehstörungen, Atemnot, an weißen Ratten spastisch-ataktische Zustande, am Menschen aber die als Beri-Beri bekannte (S. 378 erwahnte) Krankheit ein. Es ist in den Keimlingen, in den Fruchthüllen (Silberhautchen) und in der darunterliegenden Aleuronatzellenschicht des Reiskornes, aber auch in den außersten Schichten des Weizen-, Gerstenkornes usw. enthalten. Bei dem Polieren des Reises, beim Vermalen des Weizens usw. fallen die das Vitamin enthaltenden Schichten in Form von Kleie ab, daher z. B. durch die Verfutterung von poliertem Reis die Avitamose verursacht, durch Verfutterung von Reiskleie aber geheilt bzw. verhutet werden kann. Außer in den genannten Kornerfruchten ist dieses Vitamin reichlich in der Bierhefe enthalten, ferner in Bohnen, Linsen, Erbsen, in grunen Pflanzenteilen, Karotten, Tomaten, Orangen, Citronen, Kartoffeln; von tierischen Produkten im Eigelb, in der Hirnsubstanz, im Muskelfleisch. Es ist in Wasser loslich, gegen hohere

---

* Bis vor kurzem wurde bloß von einem Vitamin B kurzweg gesprochen, und diesem antineuritische und wachstumsfordernde Eigenschaften zugesprochen. Erst spater wurde gefunden, daß die beiden verschiedenartig wirksamen Stoffe voneinander gesondert werden konnen.

Temperaturen sowohl, wie auch gegen Alkalien empfindlich. Angeblich soll es chemisch rein, in krystallisiertem Zustande mit der Zusammensetzung $C_6H_{10}N_2O$ zu erhalten sein und zu den Pyrimidinen gehören.

Wachstumvitamin B_2* (auch Vitamin G genannt). Wenn es jungen Ratten an diesem Vitamin fehlt, so stellen sie das Wachstum ein, verlieren an Gewicht und gehen schließlich zugrunde. Es ist in Wasser loslich, in der Hefe, in Tomaten, in Reiskleie usw. enthalten, und unterscheidet sich von Vitamin B_1, mit dem es zusammen angetroffen wird, namentlich durch seine Widerstandsfahigkeit gegen höhere Temperaturen.

Antiskorbutisches Vitamin C. Menschen, die durch längere Zeit frisches Fleisch, namentlich aber frische Gemüse entbehren und sich aus Konserven ernahren mussen, erkranken an dem als Skorbut bekannten Symptomenkomplex. In ganz analoger Weise erkranken Meerschweinchen (Ratten nicht!), die man mit Getreidesamen oder mit Mehl ernahrt, ohne ihnen auch grüne Pflanzenteile zu reichen. Dieses in Wasser loslische Vitamin ist in Orangen, Citronen, in frischen Gemusen, Ruben, Kartoffeln, in keimenden Getreidekörnern, in Tomaten, von tierischen Produkten in der Milch frei weidender Kühe enthalten; hingegen fehlt es vollkommen in allen Konserven. Es ist sehr empfindlich gegen Alkalien, bei länger dauernder Einwirkung auch gegen mäßig hohe Temperaturen (40° C), erst recht gegen hohere Temperaturen, die z. B. bei der Bereitung der Konserven angewendet werden. Insbesondere abergeht es beim Eintrocknen der Naturprodukte, die es enthalten, zugrunde.

2. Der tägliche Bedarf des Menschen an Nahrung und an einzelnen Nährstoffen.

Da die Lebenserscheinungen auf einer fortwährenden Umwandlung der chemischen Energie und hiermit auch der organischen Verbindungen beruhen (S. 298), müssen die zersetzten organischen Verbindungen durch Nahrungsaufnahme ersetzt werden, die sich selbstverständlich nach dem Verbrauche richtet. Die Größe des Energieverbrauches, mithin auch die des Nahrungsbedarfes des Menschen, wurde für verschiedene Lebensverhältnisse experimentell festgestellt, wobei sich für den 24stündigen Energieumsatz eines erwachsenen Menschen von 70 kg Körpergewicht in grobem Durchschnitt folgende Werte ergaben:

bei vollkommen ruhigem Liegen im nüchternen Zustande unter sorgfältiger Vermeidung jeder will-
kürlichen Bewegung = Grundumsatz (S. 358 f.) . .   1800 kg-Cal.

bei behaglicher Körperruhe ohne Bedacht auf Vermeidung geringster Bewegung, jedoch bei Ausschluß jedweder Arbeitsleistung . . . .   2300 ,, ,,

bei leichter Arbeit, z. B. der des Schneiders oder Kontoristen . . . . 2500—2700 ,, ,,

bei mittelschwerer Arbeit, z. B. der eines Mechanikers . . . . 3200—3700 ,, ,,

bei schwerster Arbeit, z. B. der eines Holzfällers oder Kesselschmiedes. . . . . 4500—5500 ,, ,,

Um berechnen zu konnen, wieviel von verschiedenen Nahrungsmitteln gegeben werden muß, um den Nahrungsbedarf des Menschen unter den angeführten Umstanden zu decken, muß auch der Energiegehalt der verschiedenen Nahrungsmittel bekannt sein. So sind in je 1 g der nachstehend angeführten Nahrungsmittel enthalten kg-Cal.:

* Siehe die Anmerkung auf S. 380.

Fleisch (fett) vom Rind 3,4		Schweizerkase 4,0	
„ (mager) vom Rind . . . 1,0		Butter 7,8	
„ vom Huhn 1,3		Erbsen, Linsen, Bohnen 3,3	
„ „ Karpfen oder Hecht . 1,0		Kartoffeln 0,9	
„ „ Lachs 2,0		Weizenbrot 2,7	
Eigelb 3,6		Roggenbrot 2,4	
Kuhmilch 0,6		Äpfel, Birnen, Pflaumen 0,5	

C. Voit stellte das Kostmaß eines Menschen, der nicht ubermäßig starke Arbeit verrichtet, zu 118 g Eiweiß, 56 g Fett und 500 g Kohlenhydrate fest. Doch muß man dieser Zusammenstellung eine allgemeine Gultigkeit absprechen; denn, wenn man auch eine vollkommene Ausnutzung der genannten Kostbestandteile annimmt, betragt ihr physiologischer Nutzeffekt bloß

$$118 \times 4,1 = \quad 483 \text{ kg-Cal. aus Eiweiß}$$
$$56 \times 9,4 = \quad 527 \text{ „ „ „ Fett,}$$
$$500 \times 4,2 = 2100 \text{ „ „ „ Kohlenhydraten,}$$

zusammen **3110** kg-Cal.,

also weniger, als der Energiebedarf eines mittelschwere Arbeit verrichtenden Menschen (S. 381). Andererseits hat sich herausgestellt, daß der auch starke Arbeit verrichtende Mensch mit weit geringeren Mengen von Eiweiß sein Auskommen finden kann, vorausgesetzt, daß ihm stickstofffreie Substanzen in entsprechend großen Mengen zugefuhrt werden. So hat sich auf Grund von statistischen Daten herausgestellt, daß in den Landern, in denen solche Daten gesammelt wurden, der tägliche Verbrauch an Eiweiß durchschnittlich 80 g betrug, bzw. auch, daß etwa 12—15$^0/_0$ des gesamten Energiebedarfes durch Eiweiß, etwa 20$^0/_0$ durch Fett und der Rest durch Kohlenhydrat gedeckt werden. Geradezu erstaunlich ist es, daß nach amerikanischen Beobachtungen (CHITTENDEN) der tagliche Eiweißbedarf junger, kraftiger, sportbetreibender Leute unter 40 bis 60 g, von HINDHEDE gar in einzelnen Versuchen auf 25 g (!) hinuntergedruckt werden konnte. Da endlich Kohlenhydrate und Fette einander in isodynamen Mengen vertreten konnen, kann ihr Mengenverhaltnis innerhalb der Grenzen variiert werden, die ihnen durch die (S. 366) erwahnten Umstande gesteckt sind.

Bei der Berechnung der Mengen, durch die das Nahrungsbedürfnis eines Menschen oder Tieres gedeckt werden soll, darf nicht vergessen werden, daß von der eingeführten Nahrung selbstverständlich nur derjenige Anteil in Rechnung gestellt werden kann, der im Darm verdaut bzw. auch resorbiert wird, und der bezüglich der verschiedenen Nahrungsmittel oder gar desselben Nahrungsmittels verschiedener Herkunft ein sehr verschiedener ist.

So wie es betreffs des Eiweißes (S. 334) erwähnt wurde, wird der resorbierte Anteil je eines in der Nahrung eingeführten Nährstoffs in Prozenten seiner ganzen eingeführten Menge ausgedrückt, und als dessen Ausnützungsgrad oder Verdauungsgrad, oder Verdauungskoeffizient bezeichnet; doch ist dieser Wert je nach der Art bzw. Herkunft (tierisch oder vegetabilisch) des betreffenden Nahrungsmittels sehr verschieden.

So wird z. B. das Muskeleiweiß, wenn das Fleisch sehr wenig grobes Bindegewebe, Sehnen usw. enthalt, bis zu 99$^0/_0$, Casein der Milch bis etwa 90$^0/_0$ ausgenutzt. Hingegen hängt die Ausnutzung des Pflanzeneiweißes vielfach von der Art der Zerkleinerung des betreffenden Pflanzenparenchyms ab. So wird das Eiweiß des feinsten Weizenmehles bis zu 85$^0/_0$, das eines groben Roggenmehles nur bis zu etwa 60$^0/_0$, das der Hülsenfruchte, wenn diese als Mehl verwendet werden, bis zu 90$^0/_0$, ungemahlen als Gemuse verzehrt bloß bis zu etwa 70$^0/_0$ ausgenutzt.

Der Ausnutzungsgrad der Fette hängt zum Teil von ihrem Schmelzpunkt ab, indem von Talgarten etwas weniger (92—94$^0/_0$) resorbiert wird, als von Fetten mit niedrigerem Schmelzpunkt oder von Ólarten (98%). Das Fett von Pflanzenteilen wird um so besser resorbiert, je zarter die das Fett umschließenden Cellulosehullen sind.

Dasselbe gilt auch fur Kohlenhydrate, die, in Form von Zucker oder mehr oder weniger verzuckerter Starke eingefuhrt, vollstandig resorbiert werden, wahrend die in dickwandige Zellen eingeschlossene Starke des Pflanzenparenchyms, wenn dieses grob verkleinert genossen wird, weit schlechter ausgenutzt wird. Noch schlechter ist die Ausnützung der Cellulose der Zellwande; sie wird mit Ausnahme der zartesten Pflanzenteile vom Fleischfresser fast unverandert ausgeschieden, und auch vom Pflanzenfresser bloß bis zu 40—60% ausgenutzt.

V. Stoff- und Energieumsatz bei der Muskelarbeit.

1. Chemismus der Muskelkontraktion.

Es läßt sich sowohl durch kurze Gaswechselversuche, wie auch durch direkte Calorimetrie leicht nachweisen, daß der Energieumsatz durch die Muskeltatigkeit bedeutend gesteigert wird. Bereits beim Sitzen werden mehr Muskeln bzw. Muskelgruppen in Anspruch genommen als beim Liegen, welch letztere Lage eingenommen werden muß, wenn (nach S. 358) das Minimum des Energieumsatzes, der Grundumsatz bestimmt werden soll. Die Inanspruchnahme jener Muskeln tritt in Form einer Steigerung des Energieumsatzes als sog. „Leistungszuwachs" in Erscheinung, und diese Steigerung wird jedesmal größer, wenn die betreffende Versuchsperson nicht liegt, sondern steht, auf ebener Erde geht, längs eines Abhanges emporsteigt, oder gar mehr oder minder schwere Arbeit verrichtet (S. 381).

Da ergeben sich nun folgende Fragen. Welche chemische Veränderungen sind es, die die Nährstoffe während der Muskelkontraktionen erleiden? Welche Nahrstoffe sind es, deren chemische Energie wahrend der Muskelkontraktionen in mechanische Energie umgesetzt wird?

Die allerersten Pioniere der Stoffwechsellehre waren der Ansicht, daß der arbeitende Muskel seinen eigenen Eiweißbestand verbrauche; spaterhin wurde in einwandfreien Versuchen gezeigt, daß die Menge des im Harn ausgeschiedenen Stickstoffes auch nach ganz bedeutenden Muskelleistungen bloß wenig anzusteigen braucht, woraus gefolgert wurde, daß die Quelle der Muskelarbeit in Kohlenhydraten und Fetten zu suchen sei. Dann kam der bekannte Versuch von PFLÜGER, in dem ein Hund Monate hindurch mit Fleisch ernahrt wurde (das möglichst arm an Fett und Glykogen war), und von Zeit zu Zeit taglich anstrengende Arbeit leisten mußte; da hierbei die Stickstoffausscheidung jedesmal stark zunahm, schien es als erwiesen, daß in diesem Falle das Eiweiß die umzuwandelnde chemische Energie geliefert hatte. Im Endergebnisse mußte gefolgert werden, daß sowohl Eiweiß, wie auch Kohlenhydrat oder Fett als Quelle der Muskelarbeit dienen kann, und daß es hauptsachlich von dem Mengenverhaltnis der zu Gebote stehenden Nahrstoffe abhangt, welcher derselben vom Muskel in Anspruch genommen wird, wobei allerdings Kohlenhydrate bevorzugt werden, und, wenn Eiweiß der Energiespender ist, nur der nach Absprengung der Aminogruppe verbleibende stickstofffreie Rest in Frage kommt.

Später wurde eine ganze Reihe von Beobachtungen gemacht, aus denen man sich bereits ein ungefahres Bild von den stofflichen und energetischen Vorgangen machen konnte, die sich bei der Muskelaktion abspielen. So können an Muskelpraparaten Kontraktionen auch dann ausgelost werden, wenn man sie wahrend des Versuches in einer Stickstoffatmosphare aufbewahrt, daher jedweder Oxidationsvorgang ausgeschlossen ist. Dabei ist die Warme, die wahrend einer solchen sauerstofflosen „anoxybiotischen" Kontraktion erzeugt wird, nicht verschieden von der, die bei der Kontraktion in einer sauerstoffhaltigen Atmosphare besteht. Dafur wird aber in Abwesenheit von Sauerstoff mehr Milchsaure unter Verschwinden entsprechender Mengen von Glykogen gebildet, es tritt rascher Ermüdung ein, und die Erregbarkeit des Muskels geht rascher verloren, als in Anwesenheit von Sauerstoff. Die in Abwesenheit von Sauerstoff gebildeten großeren Mengen von Milchsaure schwinden aber zusehends, wenn man den Muskel wieder in eine Sauerstoffatmosphäre bringt; auch die auf der Bildung von Milchsaure beruhende Totenstarre tritt nicht ein, wenn der Muskel standig in einer Sauerstoffatmosphare gehalten wird. Dann wurde als Muttersubstanz der bei der Muskelkontraktion sich bildenden Milchsäure eine als Lactacidogen bezeichnete komplexe Phosphorsäureverbindung von zunächst noch unbekannter Zusammensetzung nachgewiesen, deren Menge bei der Muskelkontraktion im selben Maße abnimmt, wie die der freien Phosphorsaure zunimmt. Erst später wurde erkannt, daß das Lactacidogen ein Hexosephosphorsäureester ist, also merkwurdigerweise dieselbe Verbindung, die auch bei der alkoholischen Gärung der Zucker (S. 82) eine Rolle spielt.

Eine Zeitlang hat es geschienen, daß sich die der Muskelkontraktion zugrunde liegenden Vorgange erschöpfend wie folgt darstellen lassen können: Es ist immer und ausschließlich das Glykogen, das sich am Ausgangspunkte der Vorgänge befindet, wobei es für diese Betrachtungen ganz irrelevant ist, ob der Ersatz des verbrauchten Glykogens aus dem Glykogenvorrat der Leber, oder an Ort und Stelle durch Umwandlung von Fett oder Eiweiß erfolgt. Die chemische Energie des Glykogens wird aber nicht einfach unter glatter Oxydation in mechanische Energie überführt, sondern es handelt sich um komplizierte Vorgänge, die (wie sich allerdings bloß am quergestreiften Muskel feststellen ließ) in zwei einander folgenden Phasen abspielen. Diese zwei Phasen sind als gekoppelte Reaktionen aufzufassen, deren erste im Abbau, die zweite im Aufbau des Glykogens besteht.

Die erste Phase, die die Kontraktion und die gleich darauffolgende Erschlaffung der Muskelfasern in sich einschließt, verläuft anoxybiotisch, d. h. ohne daß Sauerstoff verbraucht würde. Während dieser ersten Phase zerfallt das Glykogen in d-Glucosemoleküle, die sich mit Phosphorsäure zu Hexosemonophosphorsäure, $C_6H_{10}O_5 \cdot H_2PO_4$ verbinden. Nur in diesem Verbande ist das Glucosemolekül, das isoliert einer Oxydation nicht zugänglich ist, oxydationsfähig, und erscheint beim alsbaldigen Zerfall des Doppelmoleküles als Milchsäure neben der in Freiheit gesetzten Phosphorsäure. Durch die so entstandene Milchsaure, bzw. deren H-Ionen wird die kontraktile Substanz der Muskelfasern zur Verkürzung veranlaßt; gleich darauf, im Stadium der Erschlaffung des Muskels, wird aber die Milchsäure neutralisiert, und zwar durch Bindung an das Eiweiß der Muskelsubstanz und an die in den Saften enthaltenen Basen. Während der soeben beschriebenen anoxybiotischen Vorgänge wird die chemische Energie des Glykogens teils in mechanische Energie verwandelt, die sich in der Annäherung der beiden Fixationspunkte des Muskels äußert, teils aber in Wärme verwandelt. Es ist auch gelungen, diese Wärme, sowie die, die bei der Neutralisation der Milchsaure entsteht, gesondert zu bestimmen. Die Wärmebildung wahrend dieser ersten anoxybiotischen Phase wird als „initiale Warmebildung" bezeichnet.

Es muß ausdrucklich hervorgehoben werden, was ubrigens auch aus obiger Darstellung hervorgeht, daß im Muskel nicht wie in calorischen Maschinen aus chemischer Energie zunächst Warme, und aus dieser erst mechanische Energie gebildet wird. Denn es ist zwar richtig, daß ein Teil der chemischen Energie des

Glykogens sofort, wie in den calorischen Maschinen in Warme umgewandelt wird; dieser Anteil geht aber fur die zu leistende Arbeit verloren und mechanische Energie entsteht bloß aus der nicht in Warme umgewandelten chemischen Energie des Glykogens.

Die zweite Phase ist der Erholung, der Restitution des Muskels gewidmet, und wird als „oxydative Phase" bezeichnet, weil nun, im Gegensatze zur ersten, Sauerstoff verbraucht und Kohlendioxyd gebildet wird. Die Richtung der in dieser zweiten Phase sich abspielenden Vorgange ist im großen und ganzen der der ersten Phase entgegengesetzt: der größere Anteil der vorangehend gebildeten Milchsäure wird über die Hexosephosphorsaure-Stufe wieder in d-Glucose bzw. in Glykogen rückverwandelt; ein anderer geringerer Anteil der Milchsaure, der jedoch nur etwa den vierten bis sechsten Teil der in Glykogen rückverwandelten Milchsäure ausmacht, wird unter Sauerstoffaufnahme zu Kohlendioxyd und Wasser verbrannt, und die dabei in Freiheit gesetzte Energie teilweise beim endothermal verlaufenden Wiederaufbau des Glykogens verwendet. Auch in dieser zweiten oxydativen Phase wird Warme gebildet, und zwar angenähert $1^1/_2$mal soviel als in der ersten Phase. Die Warmebildung in dieser zweiten Phase wird als die „verzögerte Wärmebildung" bezeichnet.

Leider erwies sich aber, wie sich ein auf diesem Gebiete hochverdienter Forscher äußert, das „zur Kontraktion führende Geschehen . . . . . als um so komplizierter, je mehr man in die Materie eingeht". Denn den neuesten Forschungsergebnissen kann auch die soeben entwickelte Theorie nicht standhalten. Einerseits wurde nämlich gefunden, daß auf bestimmte Weise (mit Brom- oder Jodessigsaure) vergiftete Muskeln sich kontrahieren, ohne daß hierbei Milchsaure gebildet würde, daher der Milchsäure nicht mehr wie früher die die Kontraktion auslosende Rolle zugesprochen werden kann; andererseits wurde in den Muskeln noch andere leicht zersetzliche Verbindungen gefunden, bei deren Zersetzung Energie frei wird und in mechanische Energie umgesetzt werden kann. Diese Stoffe werden, da bei ihrer Zersetzung Phosphorsäure frei wird (wie auch bei der Zersetzung des Hexosephosphorsaure) „Phosphagene" genannt. Solche sind in den Muskeln der Wirbeltiere die Kreatinphosphorsaure, in denen der Wirbellosen die Argininphosphorsaure. Aus den Zersetzungsprodukten Kreatin und Phosphorsaure (und

$$\underset{\text{Kreatinphosphorsaure}}{\begin{array}{l} \text{HN—C} \overset{\displaystyle \text{NH·PO(OH)}_2}{\underset{\displaystyle \text{N—CH}_2}{\big\backslash}} \ \text{COOH} \\ \qquad\quad \big|\ \\ \qquad\quad \text{CH}_3 \end{array}} \qquad\qquad \underset{\text{Argininphosphorsaure}}{\begin{array}{l} \text{HN—C} \overset{\displaystyle \text{NH·PO(OH)}_2}{\underset{\displaystyle \text{N—CH}_2}{\big\backslash}} \\ \qquad\quad \underset{}{\text{H}\ \ \text{CH}_2} \\ \qquad\qquad \text{CH}_2 \\ \qquad\qquad \text{CH·NH}_2 \\ \qquad\qquad \text{COOH} \end{array}}$$

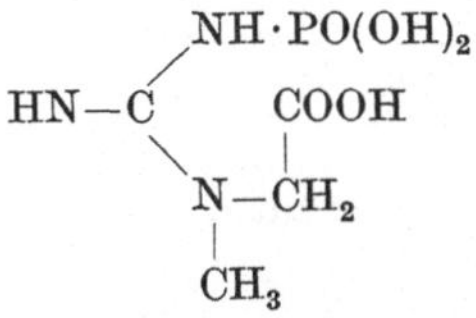

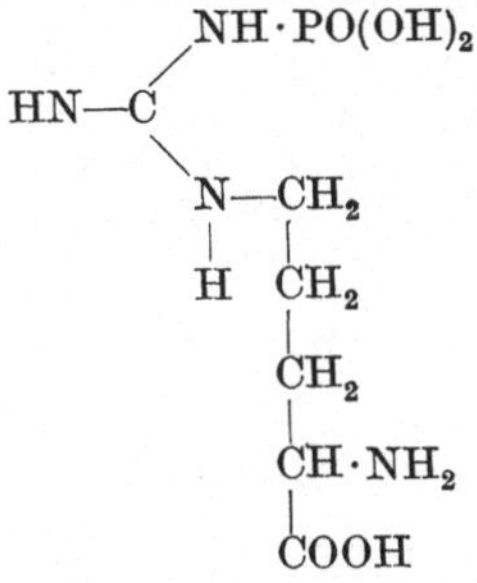

offenbar in gleicher Weise aus Arginin und Phosphorsaure) wird die Doppelverbindung leicht wieder hergestellt, und es soll die zu diesem endothermalen Vorgang nötige Energie eben von demjenigen Anteil der Milchsäure geliefert werden, der verbrannt wird (siehe oben).

Endlich wurde ein Zusammenhang zwischen Adenylsaure (S. 145) und Muskelkontraktion in dem Sinne gefunden, daß die Adenylsäure durch Desaminierung in Inosinsäure verwandelt und durch das auf diese Weise in Freiheit gesetzte Ammoniak die Muskelfaser gereizt und zur Kontraktion gebracht wird.

2. Der Nutzeffekt der Muskelarbeit.

Durch entsprechend eingerichtete Versuche wurde der Nutzeffekt der Muskelarbeit ermittelt, d. h. festgestellt, welcher Anteil der gesamten, im Muskel umgewandelten chemischen Energie in Form von mechanischer Arbeit erscheint. Aus diesen Versuchen ließ sich berechnen, daß der Nutzeffekt des arbeitenden Muskels 20 —30 $^0/_0$, nach manchen Versuchen allerdings bis 50 $^0/_0$ beträgt, und daß die Muskeln okonomischer arbeiten als viele zu Industriezwecken gebaute Maschinen.

Von alteren Versuchen zur Bestimmung des Nutzeffektes sei der nachfolgende erwahnt. Es wurde der Sauerstoffverbrauch von Menschen und Tieren bestimmt, einerseits wahrend sie eine bestimmte Strecke auf einem horizontalen, und andererseits, wenn sie eine bestimmte Strecke auf einem steil (mit bekannter Steigung) ansteigendem Wege zurucklegten. Der so festgesetzte Sauerstoffverbrauch dividiert durch das Produkt aus dem Gewicht des fortbewegten Korpers und der zurückgelegten Weglange ergab fur beide Falle die Menge des Sauerstoffes, der verbraucht wurde, um das Gewicht von 1 kg langs 1 m des horizontalen und des steilen Weges fortzubewegen. Auf dem steil ansteigenden Wege waren die Werte naturlich viel großer, und die Differenz entspricht dem Mehraufwand an chemischer Energie, die wahrend und neben der horizontalen Fortbewegung noch zur Hebung von 1 kg der Korperlast gegen die Gravitation umgesetzt wurde. Wird diese Differenz auf 1 m der Vertikalerhebung umgerechnet, so erhalt man die Menge des Sauerstoffs, die bei einer Arbeitsleistung von 1 m/kg verbraucht wird; diese Menge betrug etwa 1,5 cm^3. Nun wissen wir aber (S. 343), daß beim Verbrauch von 1 Liter Sauerstoff, je nach der Menge des erzeugten Kohlendioxydes, also nach Maßgabe des respiratorischen Quotienten, 4,72—5,07 kg-Cal., daher im Durchschnitt (der in diesem Beispiel gestattet ist) 4,9 kg-Cal. chemischer Energie umgesetzt werden. Dem Mehrverbrauch von 1,5 cm^3 Sauerstoff entspricht daher ein Energieaufwand von 4,9 $\times$ 1,5 = 7,4 g-Cal.; da aber das mechanische Äquivalent von 1 g-Cal. 0,427 m/kg betragt, sind entsprechend dem Verbrauch von 1,5 cm^3 Sauerstoff, zur Leistung einer außeren Arbeit von **1 m/kg** eine Gesamtarbeit von 0,427 $\times$ 7,4 = **3,2 m/kg** erforderlich. Da von 3,2 m/kg geleisteter Arbeit nur 1 m/kg fur den Endzweck gewonnen wurde, betragt der Nutzeffekt in diesem Falle 33 $^0/_0$.

Neuere Versuche wurden im ATWATERschen Respirationscalorimeter in der Weise ausgefuhrt, daß die Versuchsperson ein stabiles Bicycle bzw. eine damit in Verbindung befindliche Dynamomaschine antreiben mußte, in welch letzterer die geleistete Arbeit in elektrischen Strom verwandelt wurde. Dieser Strom wurde durch einen elektrischen Widerstand geleitet, dort in Warme umgewandelt und vom Apparat im Sinne eines Warmeplus (im Vergleiche mit dem Ruheumsatz) registriert. Es ergab sich, daß wahrend einer Arbeitsleistung von 1 m/kg 12 g-Cal. chemischer Energie umgesetzt wurden. Da aber das mechanische Äquivalent von 1 g-Cal. 0,427 m/kg betragt, hatte durch obige 12 g-Cal. eine Arbeit von 12 $\times$ 0,427 = 5,1 m/kg geleistet werden mussen. In der Tat war es aber bloß 1 m/kg, also bloß 20 $^0/_0$ der erwarteten Leistung.

Sachverzeichnis.

Buttermilch 238.
Buttersaure im Harn 259.
— Iso- 46.
— normale 46.
— β-Oxy-γ-Amino-, s. Karnitin.
— β-Oxy- 50.
— — -Bildung 310.
— — im Harn 261.
Butylenoxydform der Monosaccharide 84.

Cachexia thyreopriva 317.
Cadaveralkaloide 57.
Cadaverin 57, 270.
Calcium, im Blutplasma 169, 319.
— im Organismus 40.
— bei Blutgerinnung 149.
— bei Milchgerinnung 238.
— in Nahrungsmitteln 375.
— -Ionenwirkung 43, 149.
Calciumsalze, s. bei den verschiedenen Organen, Geweben und Sekreten.
Calorimeter, Respirations- 346.
— Tier- 346.
Calorimetrie, direkte 345f.
— indirekte 341f.
Calorimetrische Bombe, BERTHELOTsche 338.
Calorischer Wert des Kohlendioxyds, des Sauerstoffs 343.
CAMMIDGE-Reaktion 258.
Campherglucuronsaure 107.
CANNIZARRO-Reaktion 74.
Caprinsaure 47, 234.
Capronsaure, d- 47, 234.
— α-Amino- s. Leucin.
— α-ε-diamino- s. Lysin.
— normale 47.
Caprylsaure 47, 234.
Caramel 96.
Carbamid s. Harnstoff.
Carbaminsaure 58, 272.
Carbohydrase 74.
Carboligase 73.
Carbolsaure s. Phenol.
Carbonate (Bicarbonate) im Blutplasma 153.
— im Harn 254.
Carbonatstein 297.
Carboxylase 51, 74, 82.
Carotin 68.
Carotinoide 69.
Casein 235.

Caseinokyrin 142.
Cellobiose 98, 101.
Cellulose 101.
Cerebraler Magensaft 205.
Cerebrin 221.
Cerebron 221.
Cerebronsaure 51, 221.
Cerebroside 221.
Cerebrospinalflussigkeit 196.
Cerotinsaure 48, 111.
Cerylalkohol 44.
Cetaceum oder Cetin 111.
Cetylalkohol 44, 111.
CHARCOT-LEYDENsche Krystalle 58.
CHARNASsche Urobilinogenbestimmung 291.
Chemische Korrelation 77.
— Regulierung der Korpertemperatur 354f.
Chemischer Magensaft 205.
— Starre des Muskels 226.
Chenodesoxycholsaure 209.
Chinolincarbonsaure, γ-oxy-α- s. Kynurensaure.
Chitin 105.
Chitosamin 105.
Chlor, Bestimmung nach VOLHARD 250.
— im Organismus 41, s. auch bei verschiedenen Organen, Geweben und Saften.
Chlorocruorin 142.
Chlorophyll 186.
Cholagoga 212.
Cholalsaure s. Cholsaure.
Cholancarbonsaure oder Cholansaure 55, 209.
Choleinsaure 209.
Choleprasin 210.
Cholesterin 54.
— Dihydro- 55.
— bei der Hamolyse 171.
— im Harnsediment 296.
— Iso- 55.
— s. auch bei verschiedenen Organen, Geweben und Sekreten.
Cholesterinamie, Hyper- 167.
Cholesterinester 113.
— im Blutplasma 167.
— im Hauttalg 229.
Cholesterinsteine 214.
Choletelin 210.
Cholin 56.
Cholsaure 209.
Chondroglykoproteide 143.
Chondroitin 143.

Chondroitinschwefelsaure 143.
— im Harn 285.
Chondromucoid 144.
Chondrosamin 105, 143.
Chondrosin 143.
Chromaffines Gewebe 320.
Chromogene 287.
Chromoproteide 142.
Chylurie 260.
Chylus 195.
Chymosin 203, 237.
Citronensaure 51.
— in der Milch 232.
Clupein 139.
Cocosfett 109.
Co-Enzyme 71.
Coffein 67.
Colamin 56.
COLE- und HOPKINSsche Eiweißprobe 136.
Colostrum 231, 239.
Comessattis Adrenalinprobe 322.
Conalbumin 230.
Conchiolin 148.
Corpus luteum 68.
Crotonsaure 50, 262.
Crusta, inflammatoria oder phlogistica 149.
CULLEN- und VAN SLYKEsche Harnstoffbestimmung 274.
Cuorin 113.
Cyanhamoglobin 182.
Cyanursaure 59.
Cyclische Albuminurie 283.
Cyclohexan 53.
Cyclosen 53.
Cystein 121.
Cystin, l- 120.
— -Abbau 313.
— im Harn 270.
— im Harnsediment 296.
Cystinurie 270.
Cytidin 145.
Cytidylsaure 145.
Cytochrom 184, 301.
Cytolysine 76.
Cytosin 63, 145.
Cytozym 149.

d-Capronsaure s. Capronsaure.
d-α-Oxypropionsaure 50.
Decarboxylierung 313.
Defibriniertes Blut 149.
Dehydrierungstheorie von WIELAND 302.
Denaturiertes Eiweiß 135.

Druck der Universitätsdruckerei H. Stürtz A.G., Würzburg.

VERLAG VON JULIUS SPRINGER IN BERLIN

Lehrbuch der physiologischen Chemie.
Herausgegeben von **Olof Hammarsten,** ehem. Professor der medizinischen und physiologischen Chemie an der Universität Upsala. Unter Mitwirkung von Prof. S. G. Hedin in Upsala, Prof. J. E. Johansson in Stockholm und Prof. T. Thunberg in Lund. Elfte, völlig umgearbeitete Auflage. Mit einer Spektraltafel. VIII, 836 Seiten. 1926.
RM 29.40; gebunden RM 32.40*

Lehrbuch der physiologischen und pathologischen Chemie
in 75 Vorlesungen. Für Studierende, Ärzte, Biologen und Chemiker. Von Professor Dr. **Otto Fürth,** Vorstand der Abteilung für physiologische Chemie im Physiologischen Institute der Wiener Universität. Zugleich zweite, völlig neubearbeitete und erweiterte Auflage der „Probleme der physiologischen und pathologischen Chemie".
1. Band: **Organchemie.** Vorlesungen 1—40. XX, 583 Seiten.
2. Band: **Stoffwechsellehre.** Vorlesungen 41—75. XI, 615 Seiten.
1928. RM 90.—: gebunden 96.—*

Klinische Chemie.
Von Professor Dr. med. **L. Lichtwitz,** Ärztlichem Direktor am Städtischen Krankenhaus zu Altona. Zweite Auflage. Mit 52 Abbildungen. VIII, 672 Seiten. 1930.
RM 47.—: gebunden RM 49.60*

Praktikum der physiologischen Chemie.
Von Dr. **Peter Rona,** Professor an der Universität Berlin.
Erster Teil: **Fermentmethoden.** Von Dr. **Peter Rona,** Professor an der Universität Berlin. Zweite Auflage. Mit 107 Abbildungen. XI, 420 Seiten. 1931.
RM 18.60
Zweiter Teil: **Blut. Harn.** Von Dr. **Peter Rona,** Professor an der Universität Berlin, und Privatdozent Dr. med. et phil. **H. Kleinmann,** Berlin. Mit 141 Textabbildungen. XIX, 764 Seiten. 1929.
RM 39.60*
Dritter Teil: **Stoffwechsel und Energiewechsel.** Von Dr. **H. W. Knipping,** Privatdozent an der Medizinischen Klinik der Universität Hamburg, und Dr. **Peter Rona,** Professor an der Universität Berlin. Mit 107 Textabbildungen. VI, 268 Seiten. 1928.
RM 15.—*

Kurzes Lehrbuch der allgemeinen Chemie.
Von **Julius Gróh,** o. ö. Professor der Chemie an der Tierärztlichen Hochschule Budapest. Übersetzt von Paul Hári, o. ö. Professor der physiologischen und pathologischen Chemie an der Universität Budapest. Mit 69 Abbildungen. VIII, 278 Seiten. 1923.
Gebunden RM 8.—*

Lehrbuch der Mikrochemie.
Von Dr. phil. h. c., Dr.-Ing. e. h. **Friedrich Emich,** o. Professor an der Technischen Hochschule Graz, W. Mitglied der Akademie der Wissenschaften Wien. Zweite, gänzlich umgearbeitete Auflage. Mit 83 Textabbildungen. XII, 274 Seiten. 1926. RM 16.50: gebunden RM 18.60*

Mikrochemisches Praktikum.
Eine Anleitung zur Ausführung der wichtigsten mikrochemischen Handgriffe, Reaktionen und Bestimmungen mit Ausnahme der quantitativen organischen Mikroanalyse. Von **Friedrich Emich,** Dr. phil. h. c., Dr.-Ing. e. h., o. Professor an der Techn. Hochschule Graz, W. Mitglied der Akademie der Wissenschaften Wien. Zweite Auflage. Mit einem Abschnitt über **Tüpfelanalyse.** Von Dr. Fritz Feigl, Privatdozent an der Universität Wien. Mit 83 Abbildungen. XII, 157 Seiten. 1931.
RM 12.80*

Praktikum der physikalischen Chemie, insbesondere der Kolloidchemie
für Mediziner und Biologen. Von Professor Dr. **Leonor Michaelis,** New York, und Professor Dr. **Peter Rona,** Berlin. Vierte, verbesserte Auflage. Mit 62 Abbildungen. X, 253 Seiten. 1930.
RM 12.60*

Einführung in die Mathematik für Biologen und Chemiker.
Von Professor Dr. **Leonor Michaelis,** New York. Dritte, erweiterte und verbesserte Auflage. Mit 116 Textabbildungen. VI, 313 Seiten. 1927.
RM 16.50: gebunden RM 18.—*

Lehrbuch der Physik
in elementarer Darstellung. Von Dr.-Ing. e. h. Dr. phil. **Arnold Berliner.** Vierte Auflage. Mit 802 Abbildungen. V, 658 Seiten. 1928.
Gebunden RM 19.80*

Auf alle vor dem 1. Juli 1931 erschienenen Bücher wird ein Notnachlaß von 10% gewährt.